大型渡槽结构安全关键技术研究

李海枫　黄涛　康立芸　著

中国水利水电出版社
www.waterpub.com.cn
·北京·

内 容 提 要

全书分三部分，共计10章。第一部分主要介绍大型渡槽在设计阶段需要考虑的结构安全问题，如模型建立、荷载选取、有限元配筋及减隔震措施应用等；第二部分主要介绍大型渡槽在施工过程中所面临的温控防裂、稳定控制等问题；第三部分主要介绍大型渡槽在运行过程中所面临的安全监控、安全检测以及安全评估问题。

本书可作为学习渡槽结构的入门书，也可供水利水电行业从事输水建筑物研究的科技人员、高等院校相关专业的师生参考。

图书在版编目（CIP）数据

大型渡槽结构安全关键技术研究 / 李海枫，黄涛，康立芸著. -- 北京 : 中国水利水电出版社，2021.6
ISBN 978-7-5170-9648-1

Ⅰ. ①大… Ⅱ. ①李… ②黄… ③康… Ⅲ. ①渡槽－结构安全度－研究 Ⅳ. ①TV672

中国版本图书馆CIP数据核字(2021)第105767号

书　名	**大型渡槽结构安全关键技术研究** DAXING DUCAO JIEGOU ANQUAN GUANJIAN JISHU YANJIU
作　者	李海枫　黄　涛　康立芸　著
出版发行	中国水利水电出版社 （北京市海淀区玉渊潭南路1号D座　100038） 网址：www. waterpub. com. cn E－mail：sales@waterpub. com. cn 电话：（010）68367658（营销中心）
经　售	北京科水图书销售中心（零售） 电话：（010）88383994、63202643、68545874 全国各地新华书店和相关出版物销售网点
排　版	中国水利水电出版社微机排版中心
印　刷	清淞永业（天津）印刷有限公司
规　格	184mm×260mm　16开本　24.25印张　591千字
版　次	2021年6月第1版　2021年6月第1次印刷
定　价	**128.00**元

前　言

渡槽是跨越河流、渠道、沟谷、道路等类型的架空输水建筑物。早期渡槽受材料和施工技术等方面限制，多采用小流量截面和小跨度支承。随着现代数值分析方法、新材料及新技术广泛应用于国内外若干跨区域调水工程，渡槽工程得到前所未有的发展，已形成架空高、跨度大、流量大的结构设计特点，基础支承型式由梁式或拱式发展到连续刚构式，槽型截面形式由单箱发展到多箱，槽身跨越型式由正交发展到斜交。随着架空增高、跨度增大及截面增宽，现代渡槽将面临优化何种配筋方式以改进承载性能、设置何种减隔震措施以削减地震响应、采取何种温控措施以确保槽身结构不开裂、选取何种监控指标以把握结构安全状态等问题，这些问题均关系到大流量、大跨度渡槽的结构安全，对保证渡槽工程长效安全运行至关重要。

自2010年以来，作者围绕大型渡槽结构如何确保安全这个核心问题开展了渡槽结构预应力优化布置、动力性能及减隔震措施设置、施工期温控及运行期保温设计、高墩大跨渡槽结构空间稳定性评估、渡槽运行期监控指标确定等方面的研究，成功解决了渡槽预应力优化布置以及锚索预应力持续增长等技术难题。现将取得的若干研究成果予以总结，形成小册，以飨读者。

全书共10章，主要包括三部分内容。第一部分主要介绍大型渡槽在设计阶段需要考虑的结构安全问题，包括第1章～第5章，分别是绪论、渡槽力学建模研究、渡槽荷载问题研究、渡槽静力问题研究和渡槽动力问题研究；其中第1章～第3章由李海枫、康立芸撰写，第4章和第5章由李海枫撰写。第二部分主要介绍大型渡槽在施工过程中所面临的温控防裂、稳定控制等问题，包括第6章和第7章，该部分内容由李海枫撰写。第三部分主要介绍大型渡槽在运行过程中所面临的安全监控、安全检测和安全评估问题，包括第8章～第10章；其中第8章由李海枫撰写，第9章由黄涛撰写，第10章由李海枫、黄涛撰写。

本书在撰写过程中得到了国家重点研发计划项目——长距离调水工程建设与安全运行集成研究及应用之高烈度区高架大型输水渡槽抗震及减隔震关键技术研究（项目编号：2016YFC0401807）、国家自然科学基金委员会提供的面上项目——水力劈裂问题的三维数值流形方法研究（基金编号：51779276）以及中国水利水电科学研究院基本科研业务费专项项目——调水工程安全智能监控关键技术研究（任务编号：SS0145B612017）对本书成果所提供的支持与资助，在此表示感谢。

由于时间仓促，作者水平有限，书中出现谬误在所难免，诚恳希望广大读者和同行专家批评和指正。

李海枫　黄涛　康立芸

2020 年 12 月 20 日于北京玉渊潭

目　　录

第1章 绪 论

1.1 渡槽发展趋势

为提高我国水资源支撑综合保障能力，“十三五”期间国家在中西部严重缺水地区安排建设172项重大水利项目，其中重大调水工程24项，如滇中调水、夹岩水利枢纽及黔西北供水、引汉济渭、引洮供水二期等，工程投资总额达数千亿元。这些调水工程具有工程规模大、输水线路长、施工条件复杂等特点，在跨越河流峡谷时多采用高架大跨输水建筑物。

渡槽是跨越河流、渠道、沟谷、道路等类型的架空输水建筑物，是输水建筑物中应用最广的立体交叉建筑物之一。渡槽最早诞生于中东和西亚地区，我国古代比较著名的渡槽是郑国渠。20世纪50年代，我国开始建造现代渡槽。随着我国在南水北调东中线以及其他跨区域调水工程建设中取得的一系列突破，渡槽结构由低架、小跨发展到高架、大跨、大流量（如沙河渡槽等），结构型式由梁式或拱式发展到连续刚构等（如徐家湾渡槽等），截面型式由单箱发展到多箱（如午河渡槽等），跨越型式由正交发展到斜交（如青兰渡槽）。另外，复合预应力技术广泛应用到设计施工中，预应力体系在解决渡槽所面临的大跨度、大流量问题上功不可没[1-2]。国内外典型渡槽汇总见表1.1.1。

表1.1.1　国内外典型渡槽汇总表

工程名称	总长度/m	结构型式	最大输水流量/(m^3/s)	槽身最大跨度/m	最大输水断面孔数、净宽×净高/(m×m)	断面形式	输水断面总面积/m^2
南水北调中线沙河渡槽	9050（其中梁式渡槽长2166m，箱基渡槽长5354m，落地槽长1530m）	梁式渡槽	380	30	4孔，8×7.8	U形	219.4
		涵洞式渡槽	380	—	2孔，12.5×8	矩形	200
		落地槽	380	—	1孔，22.2×8.1	矩形	177.6
南水北调中线湍河渡槽	1030	梁式渡槽	420	40	3孔，9×7.23	U形	169.1
南水北调中线十二里河渡槽	275	梁式渡槽	410	40	2孔，13×7.78	矩形	197.6
南水北调中线贾河渡槽	480	梁式渡槽	400	40	2孔，13×7.8	矩形	198.1
南水北调中线漕河渡槽	2300（其中落地槽长240m）	梁式渡槽	150	30	3孔，6×5.4	矩形	97.2
		落地槽	150	20	3孔，6×5.4	矩形	97.2
深圳水库渡槽	530	梁式渡槽	24	48	1孔，4.2×4.2	矩形	17.6
湖北排子河渡槽	4320	梁式渡槽	38	25	1孔，3×3.46	矩形	10.4
印度GOMTI渡槽	473.6	梁式渡槽	357	31.8	1孔，12.8×7.45	矩形	95.4
南水北调中线澎河渡槽	310	涵洞式渡槽	380	—	2孔，11×7.20	矩形	158.4
南水北调中线潦河渡槽	190.6	涵洞式渡槽	410	—	2孔，11×8.4	矩形	184.8

续表

工程名称	总长度/m	结构型式	最大输水流量/(m^3/s)	槽身最大跨度/m	最大输水断面孔数、净宽×净高/(m×m)	断面形式	输水断面总面积/m^2
南水北调中线索河渡槽	296	涵洞式渡槽	320	—	2孔，10.6×7.4	矩形	156.88
南水北调中线兰河渡槽	260	涵洞式渡槽	375	—	2孔，12×7.7	矩形	184.8
东深供水改造工程樟洋渡槽	1000m跨度12m的有53跨，跨度24m的有15跨	梁式渡槽	90	24	1孔，7.0×5.4	U形	—
陆浑灌区溢洪道渡槽	120	拱式渡槽	77	拱跨90	1孔，8.1×4.7	矩形	38.1
长岗坡渡槽	5200	拱式渡槽	25	拱跨51	1孔，6×2.2	矩形	13.2
南水北调东线界河渡槽	1990	拱梁组合式渡槽	21.2	拱跨50.6	1孔，4.50×2.95	矩形	13.3

1.2　渡槽类型

渡槽类型一般是指输水槽身及其支承结构的类型。槽身及支承结构的类型各式各样，所用材料又有所不同，施工方法也各异，因而分类方式甚多。按施工方法可分为现浇整体式渡槽、预制装配式渡槽以及预应力渡槽等；按所用材料可分为木渡槽、砖石渡槽、混凝土渡槽以及钢筋混凝土渡槽等；按槽身断面型式可分为矩形渡槽、U形渡槽、梯形渡槽、椭圆形渡槽以及圆管形渡槽；按支承结构型式可分为梁式渡槽、拱式渡槽、桁架式渡槽、涵洞式渡槽、斜拉式渡槽以及悬索式渡槽等。最能反映渡槽结构特点、受力状态、荷载传递方式和结构计算方法区别的分类是按支承结构型式分类[3]。

1.2.1　梁式渡槽

梁式渡槽是最基本的渡槽结构型式，其支承结构是重力墩或排架。槽身搁置于墩（架）顶部，既起输水作用，又起纵梁作用承受荷载，在竖向荷载作用下产生弯曲变形，支承点只产生反力[4]。按支承点数目及布置位置的不同，梁式渡槽又分为简支、双悬臂、单悬臂以及连续梁。

针对南水北调输水量大的要求，我国水利工作者专门提出了一种新型梁式渡槽结构型式——多厢互联式渡槽，该型式渡槽将多个厢室并列在一起，厢室间隔墙兼顾起纵梁作用，与边墙共同承担纵向承载功能；底板与侧墙设置肋板，侧墙与隔墙顶板设置拉杆，增加槽身整体刚度，渡槽整体工作性能较好[5-7]。多厢互联式渡槽由于隔墙的设立，增加了水头损失，减小了槽身过水的水力半径，过流能力有所下降。根据对洺河渡槽的研究，当单厢变成双厢时，通过同样设计流量，过水断面增大约8%，三厢约增加17%，四厢约增加27%；但当渡槽跨度小、进出口水头损失所占份额较大时，槽身过水断面变化趋小，如滏阳河渡槽，两厢过流面积较单厢增加3.5%，三厢增加6.9%[8]。因此，在采用多厢结构时厢室数不宜过多，以免过水断面增大，总荷载加大，对基础工程不利。目前，南水北调中线工程中的19座梁式渡槽中，采用多厢互联结构型式的有11座。其中，双洎河支、双洎河及水北沟渡槽采用的是两厢互联式，其他均采用三厢互联式渡槽，具体见表1.2.1。

表1.2.1 多厢互联式渡槽基本情况表

序号	渡槽名称	设计流量 /(m^3/s)	加大流量 /(m^3/s)	槽身型式	跨度 /m	宽度 /m	单孔净宽 /m	单孔净高 /m
1	滏阳河	230	250	三厢互联式	30	25.5	7	7.1
2	牤牛河南支	230	250	三厢互联式	30	25.5	7	7.0
3	洺河	230	250	三厢互联式	40	25.5	7	6.8
4	泜河	220	240	三厢互联式	30	25.5	7	6.7
5	午河	220	240	三厢互联式	30	25.5	7	6.7
6	沸河	220	240	三厢互联式	30	25.5	7	6.6
7	放水河	135	160	三厢互联式	30	25.5	7	5.2
8	漕河	125	150	三厢互联式	30/20	21.3	6	5.4
9	双洎河支	305	365	两厢互联式	30	16.3	7	7.8
10	双洎河	305	365	两厢互联式	30	16.3	7	7.9
11	水北沟	60	70	两厢互联式	30	14.3	6	4.6

以三厢互联式渡槽为例，其跨度基本在30m左右，宽度基本为20～25m，宽跨比基本为0.67～0.85，三维受力效应明显，传统渡槽那种纵向承载、横向挡水的结构分析方法难以准确反映这种新型渡槽结构的应力分布以及纵、横、竖向相互应力的空间效应。与传统单厢渡槽相比，这种新型渡槽结构型式纵向与横向尺寸相差不大，其采用三向预应力设计，导致其横向刚度与纵向刚度相差不大，承载以后的受力表现更像一块板而不是梁，这种结构的挠度变形很小，但对不均匀沉降变形异常敏感[9-10]。图1.2.1为南水北调中线工程漕河渡槽。

图1.2.1 南水北调中线工程漕河渡槽

有时受既有交通线路制约，渡槽在跨越交通线路时不能采用常规的正交跨越型式，只能采用斜交跨越型式[11]。南水北调中线青兰渡槽是国内首座斜交跨越型式、也是国内首例分离式扶壁梯形渡槽[12-13]，渡槽由下部基础灌注桩工程、承台及墩柱支承结构、平板连续梁承载结构和槽身挡水结构组成，全长63.0m，跨度为19m+25m+19m。槽身结构由平板支承结构和挡水结构两部分组成。其中平板支承结构采用双向预应力连续梁结构，挡水结构采用普通钢筋混凝土结构，分别在渡槽结构中起承重和挡水作用。平板支承结构总长63m，宽52.5m，边墩支座处及中跨跨中部位厚1.5m，中间槽墩支座处厚3.0m，中间槽墩支座位置宽2.0m，从支座位置厚3.0m过渡到1.5m厚底板的弧线水平投影长11.5m。在平板支承结构中顺流向布置2层（12×ϕ^s15.2）间距40cm的预应力锚索，垂直流向布置1层（12×ϕ^s15.2）间距50cm的预应力锚索。挡水结构过水断面底宽22.5m，侧墙高7.55m，渠坡坡比为1：2.25，侧墙与底板为分离式结构，流道中间底板厚0.4m，侧墙采用扶壁结构，面板厚0.4～0.5m，背水面底板厚0.6m，迎水面底板厚0.4m，扶壁间距2.95～3.55m，扶壁厚0.5m，每边侧墙共21个扶壁。槽顶两侧各设置1.5m宽的检修通道，挡水结构沿长度和宽度方向均设置伸缩缝。

针对我国西南地区高山峡谷地形所带来的大跨度问题，我国水利工作者提出了一种新型梁式渡槽结构型式——连续刚构式渡槽[14-18]。该渡槽基于“桥槽合一”的设计理念，基于连续刚构桥梁结构，在变高度截面箱梁内设计过水中隔板与过水铺装层，箱梁在纵向由单箱箱梁、过渡箱梁及上下两箱箱梁依次排列组合而成，从而形成一种独特的变箱变高度截面箱梁槽身构造型式。该型式巧妙地利用连续刚构桥变高度截面箱梁适应梁体受力规律的特点及内部空间，有效地降低自重，是一种经济性良好的新型大跨径梁式渡槽结构，目前已建成贵州徐家湾、草地坡、河沟头、焦家4座连续刚构式渡槽，技术参数见表1.2.2。其中，徐家湾连续刚构式渡槽采用95.95m+2×180m+95.95m槽跨布置，最大支承高度92m，最大单跨跨径180m，最大连续长度551.9m，是目前国内外主跨最大、连续长度最长、支撑高度最高的梁式渡槽（图1.2.2）；在同等箱梁顶板宽度下，该渡槽设计流量水荷载是公路-Ⅰ级车道荷载均布荷载标准值的5.5倍（当按满槽考虑时则达到7倍），将我国输水渡槽的单跨跨径从不足50m大幅提升至180m，槽身连续长度更是大幅提升至551.9m，形成一种适合于跨越山区峡谷的高墩大跨新型渡槽型式。另外，对于跨径大于200m、槽墩超高或单槽输水流量超大的变箱变截面箱梁预应力混凝土连续刚构输水渡槽，由于尚无实践经验，有必要进行专门研究。

表1.2.2 国内已建连续刚构渡槽主要技术参数汇总表

渡槽	设计流量/(m^3/s)	加大流量/(m^3/s)	总长/m	主槽跨径组合/m	墩高/m			最大桩身/m	最大桩径/m
					GG1主墩	GG2主墩	GG3主墩		
草地坡	21.076	24.86	892.50	95.95+180+95.95	45.00	52.00		28.70	2.00
徐家湾	20.942	24.701	987.00	95.95+2×180+95.95	60.00	92.00	60.00	16.70	2.00
焦家	17.783	21.002	836.00	95.95+2×180+95.95	50.00	57.50	52.00	40.00	2.00
河沟头	19.849	23.459	939.70	80.55+2×150+80.55	60.00	81.00	58.00	48.50	2.00

1.2.2 拱式渡槽

拱式渡槽也是常见的渡槽结构型式。拱式渡槽与梁式渡槽的不同之处是在槽身与墩台之间增设了主拱圈和拱上结构。拱上结构将上部荷载传给主拱圈，主拱圈再将传来的拱上竖向荷载转变为轴向压力，除给墩台以竖向荷载外，还给墩台以水平推力。主拱圈是拱式渡槽的主要承重结构，以承受轴向压力为主，拱内弯矩较小，因此可用抗压强度较高的圬工材料建造，跨度可以较大（可达

图1.2.2 黔中调水一期工程徐家湾渡槽

百米以上），这是拱式渡槽区别于梁式渡槽的主要特点。由于主拱圈将对支座产生强大的水平推力，对于跨度较大的拱式渡槽一般要求建于岩石地基上。主拱圈有不同的结构型式，如板拱、肋拱、箱型拱和折线拱等。其轴线可以是圆弧线、悬链线、二次抛物线和折线等；可以设有不同的铰数，如两铰拱和三铰拱，但大多数做成无铰拱。拱上结构又有实腹和空腹之分。

目前，国内跨度最大的拱式渡槽是黔中调水一期工程中的龙场渡槽。龙场拱式渡槽，主拱为C45混凝土等厚变宽悬链线箱型拱，拱跨200m，矢高40m，矢跨比1/5，拱轴系数 $m=2.240$，拱箱截面高为3.5m，截面宽度从拱顶至拱脚按二次抛物线变化，拱顶截面宽5.5m，拱脚截面宽12m。拱座基础为C25混凝土（一期）/C40混凝土（二期）扩大基础[19-21]。

连拱渡槽也是拱式渡槽的一种常见型式。黔中调水一期工程青年队渡槽采用六连拱式渡槽，单拱跨度108m，拱顶距离地面最大高度68m，为国内目前已知最大单跨连拱渡槽[22-24]。上部结构主要为C30混凝土U形槽壳段，由72节简支U形槽壳构成，槽壳为非预应力壳体；其中第1～6节和第68～72节槽壳下部支承为坐落于基础上的普通排架柱，其余槽壳下部支承为单跨108m的六连拱体系。

1.2.3 桁架式渡槽

桁架式渡槽可分为桁架拱式、桁架梁式和梁型桁架式。桁架拱式渡槽是用横向联系（横系梁、横隔板及剪刀撑等）将数榀桁架拱片连接而成的整体结构。桁架拱片是主要承重结构，其下弦杆或上弦杆做成拱形，既是拱形结构又具有桁架的特点；按槽身在桁架拱上位置的不同，桁架拱式渡槽可分为上承式、中承式、下承式和复拱式，按复杆的布置型式可分为斜杆式和竖杆式（只有竖杆无斜杆）。桁架式渡槽一般用钢筋混凝土建造，整体结构刚度大，能够充分发挥材料力学性能，结构轻巧，水平推力小，对墩台变位的适应性也较好，对地基的要求较拱式渡槽低。梁型桁架是指在竖向荷载作用下支承点只产生竖向反力的桁架，其作用与梁相同。梁型桁架有简支和双悬臂两种型式。梁型桁架式渡槽的跨度较梁式渡槽大，一般不小于20m，宜在中等跨度条件下采用。桁架梁式与梁型桁架的不同之处在于桁架梁式以矩形截面槽身的侧墙和1/2槽底板（呈L形）取代梁型桁架的下弦杆或上弦杆，是不产生水平反力的梁型结构。

淠河总干渠渡槽是引江济淮工程中Ⅰ级交叉建筑物，结构型式为桁架式拱梁组合型式，为大跨度、大荷载集度的钢结构渡槽，同时也是拟建的世界上最大的通航渡槽[25-27]。该渡槽采用68m+110m+68m的三跨变桁高拱桁组合式结构，在满足航道的实际要求下采用分幅设计，可满足单向通航要求，单幅净宽16m。墩柱采用混凝土墩，横向和主桁对应布置；主墩采用渐变断面薄壁墩，主墩下部连成一体，提高墩体刚度，减小不均匀沉降。

与淠河总干渠渡槽功能相似的是世界上已建最大通航渡槽——德国Magdeburg通航渡槽，不过该渡槽为桁架梁式渡槽。该渡槽于1919年、1938年都曾有过建造计划，但因为战争一直未能执行，终于在1997年正式开工建造，历经6年，花费5亿欧元，于2003年建成。该通航渡槽采用57.1m+106.2m+57.1m的三跨等高度连续钢桁架梁式结构[28]，采用整幅设计，过水断面净宽34m，设计水深4.25m。

铁窑河渡槽工程是陆浑水库灌区东一干渠上的跨河建筑物之一，主槽为钢筋混凝土双排架支承的预应力空腹桁架矩形槽[29]，跨度37.40m，有8孔。渡槽比降为1/810，槽中设计水深3.35m，满槽水深3.60m，槽底宽3.56m，流速为2.77m/s。双排架最大高度为35.80m，排架上部的预应力钢筋混凝土空腹桁架最大高度为7.17m，排架通过1.5m厚的承台支承在两个直径为1.6m的井柱桩上，井柱桩嵌固于基岩内，最大桩长25.12m。

1.2.4 涵洞式渡槽

涵洞式渡槽是渡槽结构的主要型式之一。当输水渠道与河道交叉，交叉渠底高程低于河道校核洪水位，不能满足梁式渡槽槽下净空要求，不具备梁式渡槽跨越条件或渠道水位高于河道洪水位、不满足暗渠的要求时，可采用涵洞式渡槽。涵洞式渡槽的上部为输送渠水的钢筋混凝土矩形断面渡槽，下部为排泄河水的钢筋混凝土箱形涵洞，涵洞的顶板即为渡槽的底板，槽身总宽即洞身的长度，多孔一联大的洞身总宽度就是一节槽身的长度[30-34]。

目前，南水北调中线工程澎河、潦河、索河、兰河、汤河等渡槽均是涵洞式渡槽[35-36]。其中，汤河涵洞式渡槽工程位于河南省汤阴县城西3km的韩庄乡部落村西北角，槽身为整体式上渡下涵钢筋混凝土结构，采用双槽一联布置，槽身断面为矩形，下部涵洞为箱型结构。汤河河床及漫滩近U形，主槽宽约80m，河底高程79.3m，两侧滩地高程85m左右，两岸高程87～88m。交叉断面处地基基础较软，为了减少开挖土方量，并考虑通过不同频率洪水的流态，将涵洞布置成高低孔。汤河涵洞式渡槽上部工程主要由进口渐变段、节制闸闸室段、进口闸闸渡连接段、槽身段、出口闸闸渡连接段、检修闸闸室段和出口渐变段七部分组成。渡槽槽身段长97.9m，为两个矩形槽共用一个中隔墙，单槽净宽（平均）8.8m，侧墙高7.6m，槽身纵向比降为1/3308。

1.2.5 斜拉式渡槽

斜拉式渡槽一般由塔、墩、拉索及主梁（槽身）四部分组成，自塔上伸出若干斜向拉索将主梁吊起，从而形成一种多次超静定的承重式跨越结构[37-41]。斜拉结构具有以下特点：①由于有拉索支承，梁跨内增加了若干弹性支承点，使主梁获得合理的内力分布，梁内弯矩大大减小，可采用较小的梁体尺寸并使结构的跨越能力增强；②斜拉索的水平力对主梁起着轴向预施压力的作用，能增强混凝土的抗裂能力，有利于充分发挥混凝土抗压和高强钢丝或钢绞线抗拉的材料特性；③斜拉结构是一种高次超静定结构，其构造衰减性能良好，与悬索结构比较具有较好的抗风稳定性；④斜拉结构对各种地形、地基的适应性较强，造型简明轻巧美观。但是，斜拉结构作为一种高次超静定结构，在内力变形计算以及施工作业等方面要求均较严格。

世界上最早的一座钢筋混凝土斜拉渡槽是西班牙的坦佩尔渡槽，于1925年建造，主跨60.3m，边跨各20.1m，对称布置，采用中部带挂梁的结构体系，挂梁与悬臂梁间设伸缩缝，缝中设置止水材料。阿根廷的图伯拉水道斜拉桥，主跨130m，1977年建成通水。国内最早的斜拉式渡槽是北京市政设计院于1974年在北京市至房山区敷设的三条油气管道斜拉桥，桥长1760m，共45跨，每跨长40m；四川石油设计院1975年在宜宾修建了一座管道斜拉桥，管径为72cm，主跨200m，全长400m。1982年在广西梧州地区岑溪县建成了一座斜拉桥式倒虹吸管，管道全长280m，跨河部分100m用斜拉方式，主跨80m，左右岸边跨各10m，管身为直径80cm、厚度8mm的钢管，输水流量约为1.3m^3/s。此后，在我国吉林、内蒙古、陕西、广西、北京等地相继建成斜拉输水结构20余座。

九曲山渡槽是江西省第一座斜拉式输水建筑物，于1992年5月建成[44]。九曲山渡槽通过设计流量为1.0m^3/s，加大流量为1.3m^3/s，槽身全长155.53m；跨越一个较深河谷，槽底距谷底最大高度52m。由于所处位置森林密布、景色优美，再加上渡槽离地面比较高，被誉为“九曲飞渡”。渡槽1992年建成后，为保证荷塘乡2000多亩稻田的灌溉起到了重要作用。2014年，因为新修了水渠，渡槽停止使用。由于渡槽处在寒山水库坝体之内，随着坝区施工的不断推进，渡槽拆除已刻不容缓。为此水库建设指挥部聘请专家制定了拆除方案，经过精心准备与施工，终于成功爆破拆除。

北京军都山斜拉渡槽为自锚式布置，是我国目前最大的一座钢筋混凝土斜拉式渡槽[45]；斜拉段总长258m，其中主跨（两塔墩中心线）126m，两侧边跨各为66m，设计流量为5m^3/s，槽底纵坡为1/500，边跨对主跨比为0.524，宽跨比为1/39.4，是世界上宽跨比最小的斜拉结构。

1.2.6 悬索式渡槽

悬索式渡槽，就是采用悬索、吊杆等作为其支承结构的一种新型渡槽，其受力机理与悬索桥基本相同。目前，国内外悬索式渡槽不多。国内的湖南田坪水库乌泥冲织物渡槽就是悬索式渡槽[46]，设计流量为0.7m^3/s，于1990年建成通水。该渡槽由悬索、吊索、土工织物槽身和支承管架组成；渡槽全长145m，主跨长128m，最大高度为22m，垂度1.08m，悬索选用2根ϕ25mm钢丝绳，间距1.6m，端部锚固在钢管组成的桁架上，吊索为ϕ10mm的尼龙绳，间距为0.5m；槽身采用双面涂塑涤纶，截面积为1.3m^2，呈抛物线形，两端封闭。国外比较有名的悬索式渡槽就是法国的Saint Bachi渡槽，槽身采用圆形截面，该截面形式可避免输水过程中的蒸发与污染[47]。另外，国内有些输油管道在跨越江河时，也采用悬索式支承结构[48]。

1.3 目前存在的问题

渡槽结构与桥梁结构受力方面有些相似，在2011年以前，常规渡槽设计主要基于《灌区建筑物设计丛书——渡槽》，规范方面主要参考《水工混凝土结构设计规范》（SL 191—2008），而一些新型渡槽设计则主要参考相似桥梁结构的设计经验。2011年以后，水利部颁布并实施《灌溉与排水渠系建筑物设计规范》（SL 482—2011）[49]。该规范以章节形式对渡槽设计、施工等问题作出技术规定；但仅对梁式及拱式渡槽作出规定，其他结构型式渡槽未涉及；规范条文多针对渡槽静力计算作出规定，对渡槽抗震问题涉及较少；另外，某些荷载取值未明确，如温度荷载以及动水压力等。2015年颁布实施的能源行业标准《水电工程水工建筑物抗震设计规范》（NB 35047—2015）[50]以及2018年颁布实施的国家标准《水工建筑物抗震设计标准》(GB 51247—2018)[51]先后将渡槽抗震问题纳入其中，并对槽内动水压力取值问题给出明确规定。

随着我国西南高山峡谷地区跨区域调水工程建设取得一系列突破，渡槽结构由低架、小跨发展到高架、大跨，然而上述规范及技术文档对此涉及不多。2018年，贵州省水利水电勘测设计研究院以黔中调水一期工程4座连续刚构渡槽为基础，编写了《高墩大跨连续刚构渡槽技术指南》[52]，对这种新型高墩、大跨度渡槽进行了技术总结，填补了该新型渡槽在技术规范层面上的空白。

综合来看，上述这些技术规范和技术指南中的绝大部分技术条文规定是针对渡槽设计阶段，而针对渡槽施工以及运行阶段所面临的各种问题，涉及不多。

1.4 本书总体思路及内容简介

作者围绕大型渡槽结构安全问题，开展渡槽结构静力计算及配筋校核、动力计算及减隔震设计、施工期温控及运行期保温设计、高墩大跨渡槽空间稳定性评估、渡槽结构检测、监控及安全评估等方面研究，相应成果已成功应用到国内若干重要渡槽工程中。

全书共10章，包含三部分内容，具体如下：

第一部分：第1章～第5章，主要介绍大型渡槽在设计阶段需要考虑的结构安全问题。其中，第1章是绪论，主要围绕渡槽发展趋势、类型分类以及存在问题等展开论述；第2章是渡槽力学建模研究，主要围绕渡槽结构受力特点、槽身结构分析方法、渡槽结构建模研究等问题展开论述；第3章是渡槽荷载问题研究，主要围绕温度荷载、预应力荷载、风荷载以及动水压力荷载的作用机理、计算方法及工程算例展开论述；第4章是渡槽静力问题研究，主要围绕渡槽结构静力计算时关注的荷载组合、应力控制标准、节点荷载与内力转换问题以及基于有限元应力计算结果的配筋问题展开论述；第5章是渡槽动力问题研究，主要围绕渡槽抗震计算要点、减隔震若干问题以及减隔震支座设置等方面展开论述。

第二部分：第6章和第7章，主要介绍大型渡槽在施工过程中所面临的温控防裂、稳定控制等问题。其中，第6章是渡槽稳定问题研究，主要围绕槽身结构稳定、支承结构问题以及整体结构稳定问题展开论述；第7章是渡槽温控问题研究，主要围绕渡槽温控特性分析、施工期温控防裂以及运行期保温等问题展开论述。

第三部分：第8章～第10章，主要介绍大型渡槽在运行过程中所面临的安全监控、安全检测以及安全评估问题。其中，第8章是渡槽安全监控问题研究，主要围绕渡槽典型破坏模式分析、监测物理量分析、安全监控指标拟定及监控阈值确定等方面展开论述；第9章是渡槽安全检测问题研究，主要围绕槽身结构无损检测及评定等问题展开论述；第10章是渡槽安全评估问题研究，主要围绕渡槽安全评估标准、承载能力与正常使用极限状态下的安全评估、抗震安全评估以及耐久性评估等方面问题展开论述。

本书除第1章绪论外，其余章节均配有工程案例以便读者阅读。

参 考 文 献

[1] 竺慧珠，陈德亮，管枫年．渡槽[M]．北京：中国水利水电出版社，2005.

[2] 国务院南水北调工程建设委员会办公室建设管理司. 渡槽工程 [M]. 北京：中国水利水电出版社，2015.

[3] 董安建，李现社. 水工设计手册 第9卷：灌排，供水（精）[M]. 2版. 北京：中国水利水电出版社，2014.

[4] 沈凤生. 特大型输水工程跨河梁式渡槽若干关键技术问题探讨 [J]. 水利规划与设计，2014.

[5] 何英明，王长德，雷声昂，等. 多厢互联预应力混凝土渡槽设计方法 [J]. 水利水电技术，1999 (2)：1-3.

[6] 和秀芬，赵立敏，李书群. 洺河渡槽大跨度三向预应力结构设计 [J]. 水利水电技术，2006，37 (5)：45-47.

[7] 张玉明，贾娟娟，马春安，等. 大流量预应力薄壁多厢矩形槽结构设计 [J]. 人民长江，2013，44 (16)：12-14.

[8] 王长德，朱以文，何英明. 南水北调中线新型多厢梁式渡槽结构设计研究 [J]. 水利学报，1998，29 (3)：52-56.

[9] 和秀芬，李书群. 南水北调大型渡槽纵梁不均匀挠度对结构的受力影响分析 [J]. 南水北调与水利科技，2008，6 (1)：197-199.

[10] 李慧媛，李海枫，李炳奇，等. 考虑不均匀沉降影响的多厢互联预应力渡槽安全评估研究 [J]. 水利水电技术，2021，52 (3)：50-60.

[11] 孙尔超，赵平. 大型斜交渡槽的结构设计计算 [J]. 水科学与工程技术，1999 (2)：53-54.

[12] 郑光俊，张传健，吕国梁，等. 南水北调中线青兰高速交叉渡槽结构设计研究 [J]. 人民长江，2014，45 (6)：38-42.

[13] 董维国，郜文英. 南水北调中线青兰渡槽平板支撑结构设计及荷载计算 [J]. 水利建设与管理，2016，36 (2)：42-47.

[14] 杨勇. 清江隔河岩渡槽连续刚构箱梁施工 [J]. 桥梁建设，2003 (B05)：28-30.

[15] 向国兴，徐江. 徐家湾高墩大跨连续刚构渡槽初步研究 [J]. 中国农村水利水电，2011 (7)：91-95.

[16] 徐江，向国兴，罗代明，等. 高墩大跨连续刚构渡槽技术在贵州峡谷山区的应用 [J]. 人民珠江，2016，37 (2)：8-15.

[17] 徐江，向国兴，罗代明，等. 连续刚构结构在特大跨径渡槽建设中的创新与实践 [J]. 水利水电技术，2017，48 (1)：82-87.

[18] 汤洪洁，徐江，向国兴，等. 变箱变截面连续刚构渡槽技术要点 [J]. 水利水电技术，2019，50 (2)：121-130.

[19] 张健，罗亚松，彭旭东. 大跨径混凝土拱式渡槽拱圈设计与施工 [J]. 中国农村水利水电，2014，07 (7)：120-122.

[20] 杜亚楠，谭振洲. 龙场渡槽充水试验监测分析研究 [J]. 广东水利水电，2017 (5)：51-55.

[21] 罗亚松. 龙场渡槽结构方案比选及施工难点探析 [J]. 黑龙江水利科技，2018 (8)：1-3.

[22] 陈万敏. 连拱高大跨渡槽施工方案设计 [J]. 中国水运（下半月），2013 (6)：242-243.

[23] 雷盼，王鹏，罗亚松. 大跨渡槽加载程序分析 [J]. 甘肃水利水电技术，2016，52 (5)：22-25.

[24] 徐浩然. 高大跨六连拱渡槽支撑体系试验研究 [J]. 铁道建筑技术，2016 (8)：19-22.

[25] 李涛. 引江济淮工程淠河总干渠渡槽设计方案 [J]. 江淮水利科技，2017 (1)：19-20.

[26] 吴志刚，杨善红，朱宇，等. 跨越运河超大通航渡槽系列关键技术研究 [C]//2018世界交通运输大会.

[27] 唐国喜，殷亮，黄浩. 淠河总干渠渡槽总体设计与受力分析 [J]. 公路交通科技（应用技术版），2018，14 (11)：172-174.

[28] Ellinas C. A CRITICAL ANALYSIS OF THE MAGDEBURG CANAL BRIDGE，MAGDEBURG，

GERMANY.

[29] 潘文强. 河南省陆军灌区铁窑河渡槽工程设计 [J]. 人民黄河, 1991 (5): 48-51.

[30] 陈爱玖, 解伟, 赵中极, 等. 涵洞式渡槽结构理论分析研究 [J]. 华北水利水电大学学报(自然科学版), 2001, 22 (1): 15-18.

[31] 张世宝, 解伟, 张淙皎, 等. 大型钢筋混凝土涵洞式渡槽结构分析与试验研究 [J]. 人民黄河, 2001 (05): 36-37.

[32] 陈爱玖, 解伟, 李兴林. 大型钢筋混凝土涵洞式渡槽静动力分析 [J]. 灌溉排水学报, 2002 (3): 50-52.

[33] 柳雅敏, 游万敏, 职承杰. 大型涵洞式渡槽的布置与设计 [C]//中国水利水电勘测设计协会. 调水工程应用技术研究与实践. 中国水利水电勘测设计协会. 2009.

[34] 张建华. 涵洞式渡槽位移和温度应力分析 [M]. 北京: 中国电力出版社, 2018.

[35] 张晖, 张述琴, 彭军. 南水北调漳河涵洞式渡槽结构试验研究 [J]. 长江科学院院报, 2002, 19 (S1): 71-74.

[36] 张世宝, 马军, 司建强, 等. 大型涵洞式渡槽施工期温度场仿真分析 [J]. 水利水电技术, 2012 (4): 83-86.

[37] 凌均忆. 斜拉输水结构在我国的应用与发展 [J]. 农田水利与小水电, 1986 (10): 21-24.

[38] 王汉杰. 斜拉渡槽内力计算及优化设计 [J]. 沈阳农业大学学报, 1986 (S1): 82-89.

[39] 赵润元. 斜拉渡槽风致振动风洞试验研究 [J]. 武汉水运工程学院学报, 1987 (2): 62-68.

[40] 崔兴贝. 斜拉式渡槽应用中的若干问题 [J]. 水利水电技术, 1988 (8): 51-55.

[41] 凌均忆. 斜拉输水结构布置及其技术特性 [J]. 水利水电技术, 1992 (2): 20-24.

[42] 郝文秀, 徐晓, 杜守军, 等. 大流量斜拉渡槽结构选型 [J]. 工程力学, 2001 (增刊), 777-780.

[43] 贾志伟. 大型斜拉渡槽抗震与抗风研究 [D]. 武汉: 武汉理工大学, 2017.

[44] 竺慧珠, 刘志明, 曹文中. 九曲山半自锚式斜拉渡槽设计与施工 [J]. 江西水利科技, 1992 (4): 25-32.

[45] 傅文洵, 李德贤, 贾瑞兴. 军都山斜拉渡槽的设计与施工 [J]. 水利水电技术, 1991 (4): 5-12.

[46] 雷世达, 程永东. 织物渡槽的试验和应用 [J]. 水利水电技术, 1991 (4): 1-4.

[47] 邸庆霜. 大跨径缆索支承渡槽等效静力风荷载研究 [D]. 上海: 同济大学, 2013.

[48] 陈涵, 宋花平, 赵军. 装配式输油管道悬索跨越结构的分析计算 [J]. 油气储运, 2013, 32 (11): 1243-1246.

[49] 中华人民共和国水利部. 灌溉与排水渠系建筑物设计规范: SL 482—2011 [S]. 北京: 中国水利水电出版社, 2011.

[50] 国家能源局. 水电工程水工建筑物抗震设计规范: NB 35047—2015 [S]. 北京: 中国电力出版社, 2015.

[51] 中华人民共和国住房和城乡建设部, 中华人民共和国国家质量监督检验检疫总局. 水工建筑物抗震设计标准: GB 51247—2018 [S]. 北京: 中国计划出版社, 2018.

[52] 向国兴, 徐江, 罗亚松, 等. 高墩大跨连续刚构渡槽技术指南 [M]. 北京: 中国水利水电出版社, 2018.

第2章 渡槽力学建模研究

2.1 概述

渡槽是跨越河流、渠道、沟谷、道路等类型的架空输水建筑物。渡槽结构受力特性与桥梁结构基本类似，唯一的差别在于槽身受力和变形与桥身有所不同，槽内水体质量与槽身结构质量相当，巨大水荷载不仅使槽身纵向产生弯曲变形，同时槽身横向变形也较为显著。桥梁结构受力分析方法原则上都可用于渡槽结构。鉴于槽身属于典型空间薄壁结构，且受力特性与桥身有所区别，目前，槽身应力分析方法主要有结构力学法、折板法、板壳法以及有限元法，但在实际应用中，以结构力学法与有限元法为主。

在渡槽结构建模方面，《灌溉与排水渠系建筑物设计规范》（SL 482—2011）从上部槽身结构与下部支承结构是否存在联合受力出发，给出了渡槽结构静力建模的条文规定。渡槽动力建模方面，《水工建筑物抗震设计标准》（GB 51247—2018）以及《水电工程水工建筑物抗震设计规范》（NB 35047—2015）按照渡槽级别的不同提出了不同的建模要求；另外，对于很长的渡槽，可以选取具有典型结构或特殊地段或由特殊构造的多跨渡槽进行地震反应分析，并考虑相邻跨的结构和边界条件的影响。

这些规范的条文规定是采用有限元方法进行渡槽静力及动力建模应遵循的原则。具体到实际工程问题，应根据渡槽结构受力特性，合理选择单元型式（弹簧单元、质点单元、杆单元、梁单元、壳单元及实体单元等）建立渡槽计算模型。本章围绕渡槽结构受力特点、槽身结构分析方法、渡槽结构建模研究等展开论述，并结合几个实际工程案例进行详细说明。

2.2 渡槽结构受力特点

整体来看，渡槽结构受力特性与桥梁结构相类似[1]，两者之间最大的区别在于渡槽要携带大量的水体，槽内水体的质量通常与槽身结构的质量相当。这就导致渡槽支承结构（排架、墩、桁架、塔架与索等）的受力特点与桥梁支承结构基本一致；而槽身与桥身的受力及变形特性存在较大区别，桥身变形主要以纵向弯曲变形为主，而槽身则不一样，巨大的水荷载不仅使槽身纵向产生弯曲变形，同时槽身横向变形也较为显著。另外，在地震作用下，地面运动会通过支承结构引起槽身的运动，槽身的牵连运动又会带动槽内水体的晃动，而槽内水体的晃动反过来会影响槽身与支承结构的运动（振动），因而在渡槽体系抗震分析中应考虑流体的晃动及其结构的相互作用，这是渡槽抗震不同于桥梁的特点，也是渡槽抗震计算的关键问题[2-3]。此外，渡槽外表面置于复杂的自然环境中，受各种自然环境的影响，其外表面温度随时都在变化，而内表面因与水体相接触，其温度相对保持稳定；在不断变化的外表面温度和相对稳定的内表面温度的联合作用下，内部各点温度不断变化，考虑到渡槽属于典型空间薄壁结构，渡槽结构内部会形成较大的温度梯度，进而产生复杂的温度应力。

目前，渡槽跨越型式基本都是正交型式。受地形条件所致，国内也出现过一些斜交渡槽。相对正交渡槽而言，斜交渡槽在变形及受力方面存在一些差别[4-6]。图 2.2.1～图 2.2.5

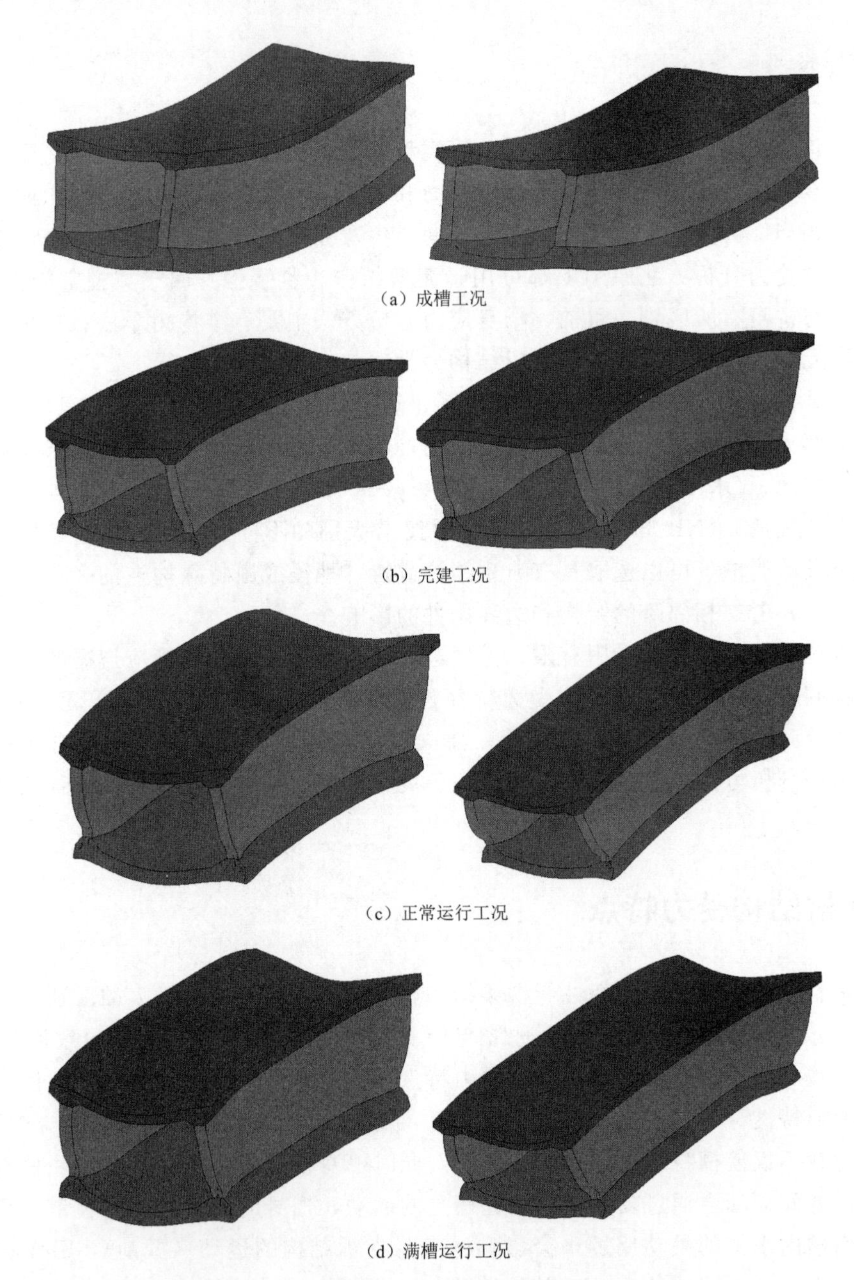

(a) 成槽工况

(b) 完建工况

(c) 正常运行工况

(d) 满槽运行工况

图 2.2.1　不同工况下正交与斜交渡槽变形对比图
（左：正交渡槽；右：斜交渡槽；放大 2000 倍）

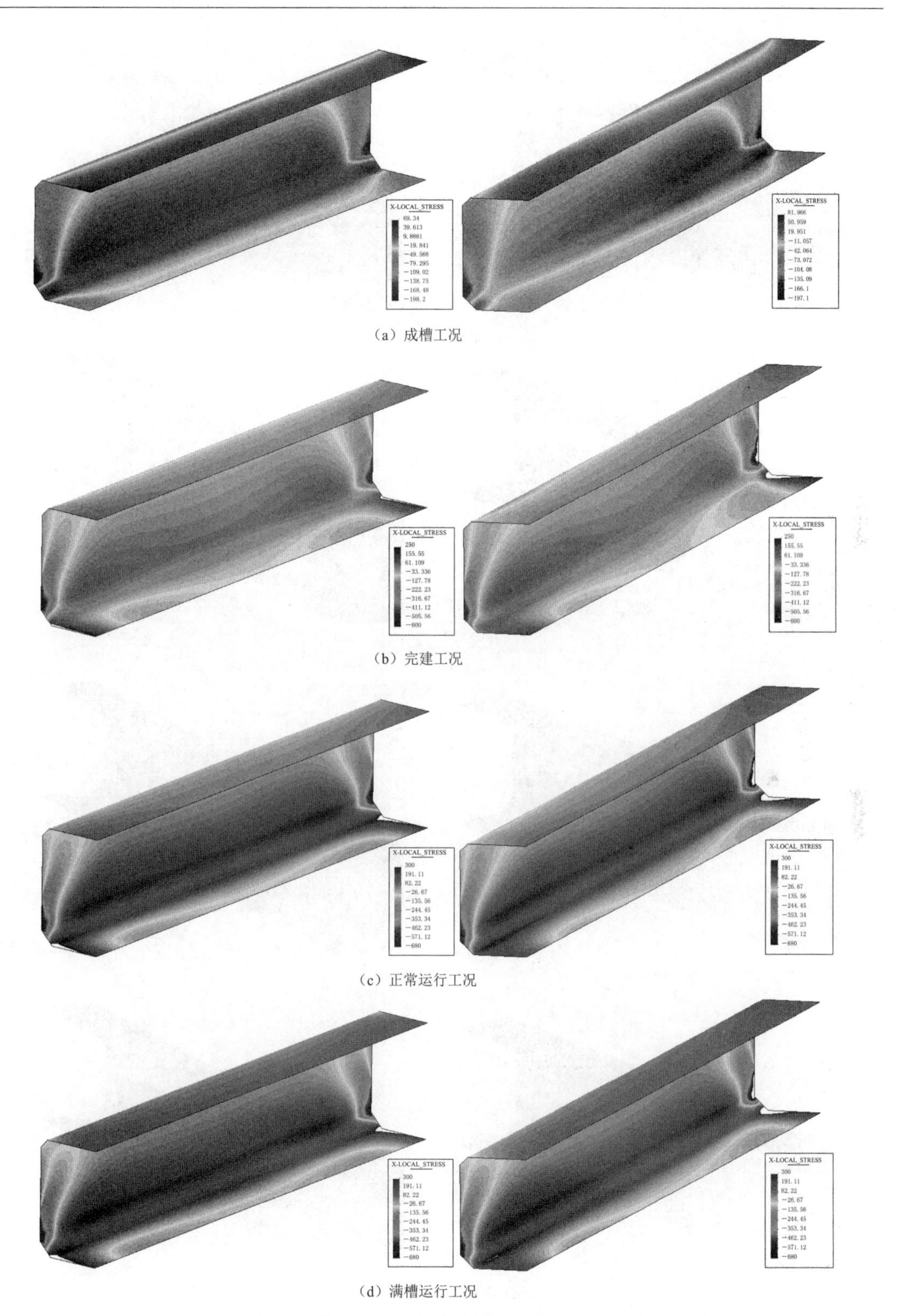

（a）成槽工况

（b）完建工况

（c）正常运行工况

（d）满槽运行工况

图 2.2.2　不同工况下正交与斜交渡槽内壁环向应力分布对比图

（左：正交渡槽；右：斜交渡槽；单位：0.01MPa）

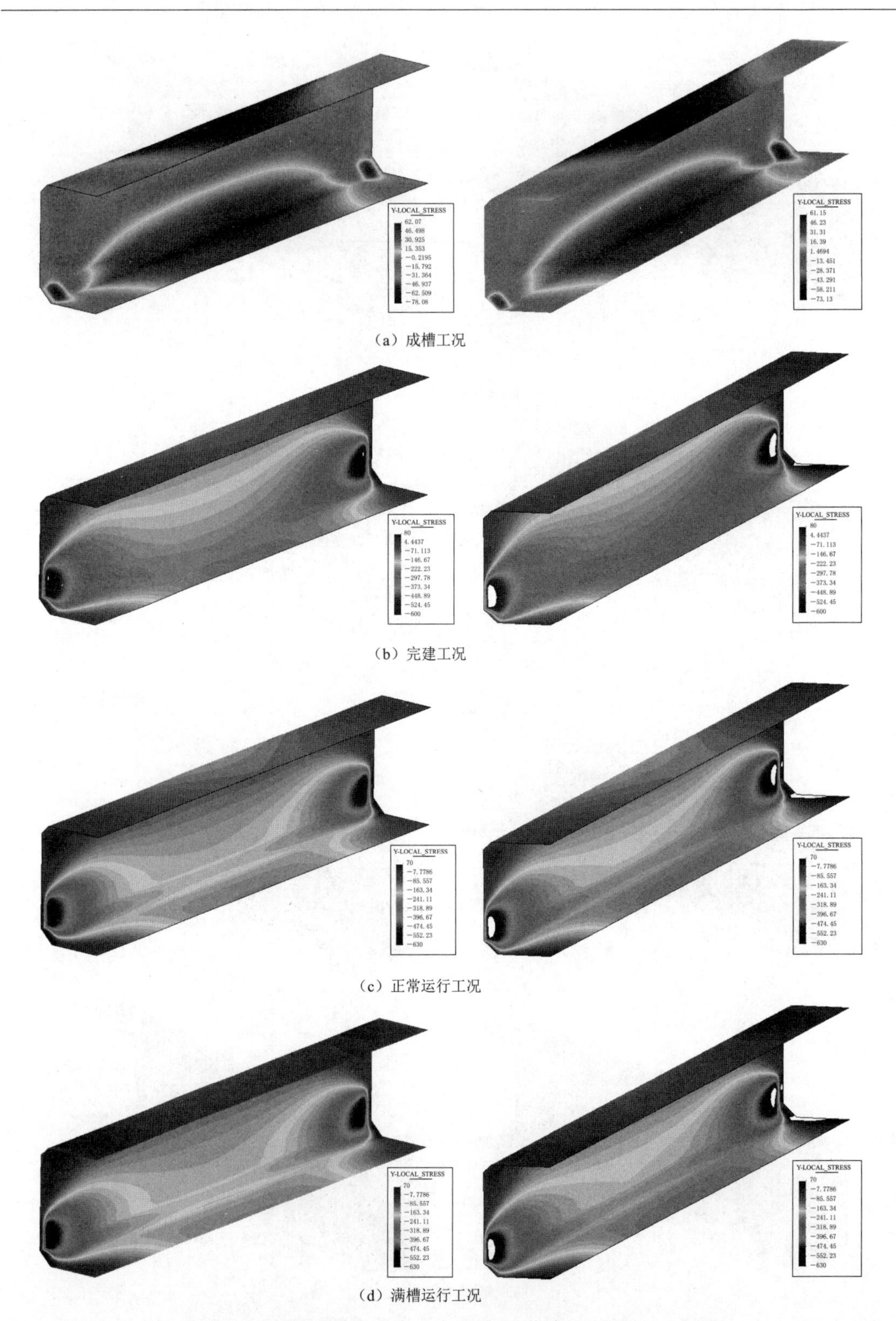

（a）成槽工况

（b）完建工况

（c）正常运行工况

（d）满槽运行工况

图 2.2.3　不同工况下正交与斜交渡槽内壁纵向应力分布对比图
（左：正交渡槽；右：斜交渡槽；单位：0.01MPa）

(a) 成槽工况

(b) 完建工况

(c) 正常运行工况

(d) 满槽运行工况

图 2.2.4　不同工况下正交与斜交渡槽外壁环向应力分布对比图
（左：正交渡槽；右：斜交渡槽；单位：0.01MPa）

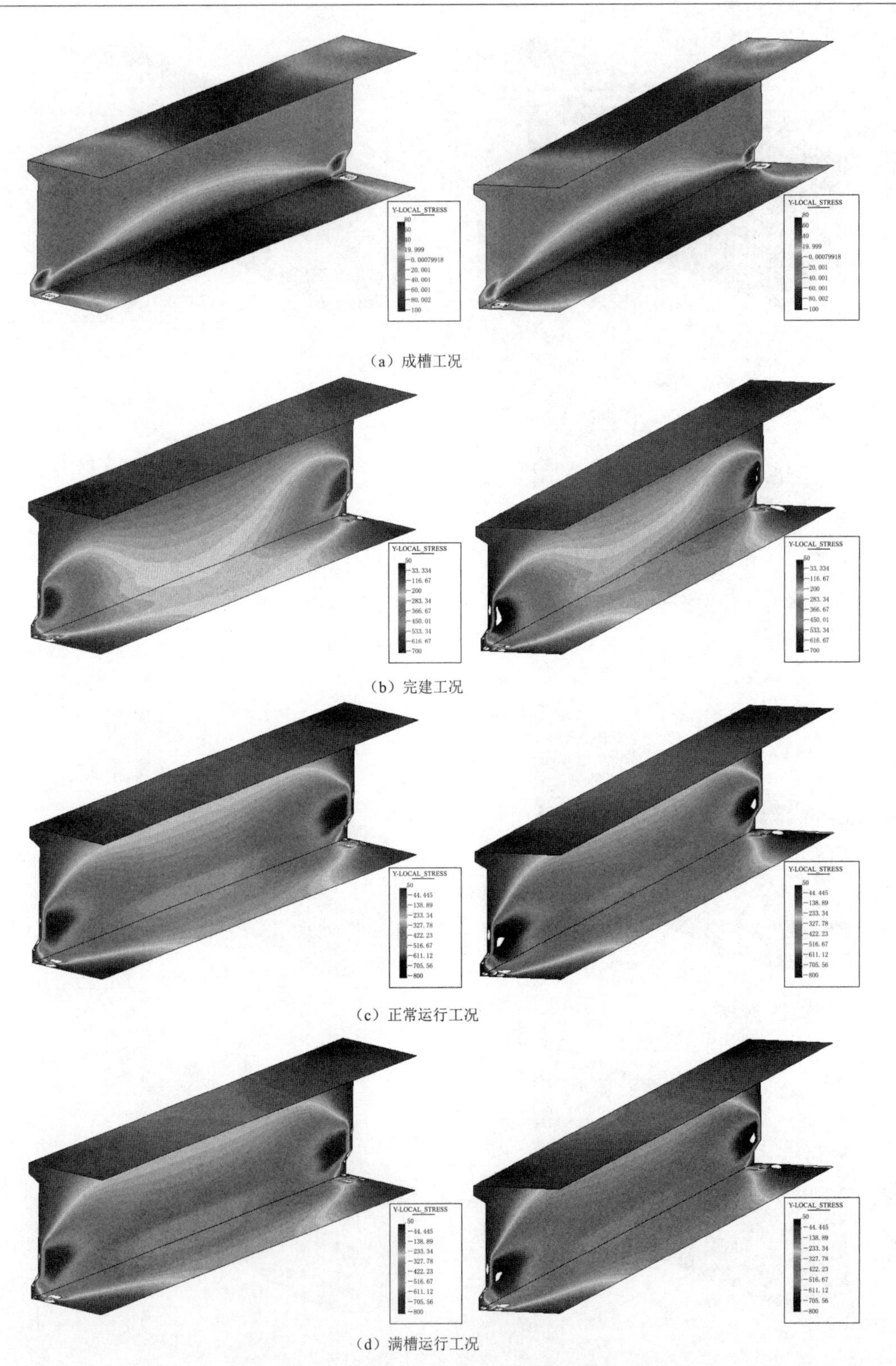

(a) 成槽工况

(b) 完建工况

(c) 正常运行工况

(d) 满槽运行工况

图 2.2.5　不同工况下正交与斜交渡槽外壁纵向应力分布对比图

(左：正交渡槽；右：斜交渡槽；单位：0.01MPa)

给出了不同工况下正交渡槽与斜交渡槽槽身整体变形、内壁及外壁应力的对比情况。由图可知，在水荷载、人群荷载、自重荷载、预应力等作用下，斜交渡槽不仅产生下弯变形，同时上述荷载会在水平方向产生一力偶，在竖直方向产生沿槽轴线方向的扭矩，这就导致槽身沿轴线整体呈弯曲变形，同时还伴随有轻微扭转变形；这种变形趋势会导致腹板的环向应力分布具有不均衡的特征；而正交渡槽整体呈弯曲变形。受力方面，正交渡槽与斜交渡槽纵向应力分布规律及幅值基本一致。环向应力方面，两者相差较大，正交渡槽环向应力沿槽轴线方向呈比较均衡的分布，而斜交渡槽则呈不均衡分布。这是因为正交渡槽主要受弯矩影响，以弯曲变形为主；而斜交渡槽，不仅受弯矩影响，还受扭矩影响，这种差别就导致正交渡槽与斜交渡槽在槽身环向应力分布的不同。

2.3 槽身结构分析方法

如 2.2 节所述，渡槽结构受力特性与桥梁结构基本类似，唯一差别在于槽身受力和变形与桥身有所不同；因此，桥梁结构受力分析方法原则上都可用于渡槽结构。鉴于槽身属于典型空间薄壁结构，且受力特性与桥身有所区别，本节以 U 形槽身为例，重点介绍几种槽身结构的受力分析方法。目前，在工程设计及科学研究中，还是以结构力学法与有限元法为主。

2.3.1 结构力学法

结构力学法多采用横、纵两个方向进行结构简化来分别计算。横向计算一般取一个拉杆间距，底板（底肋）、侧墙（侧肋）、中墙（对于多槽情况）、顶部拉杆等形成一个矩形（或弧形）闭合框架，框架承受一个拉杆间距范围内的水压力、自重等荷载。纵向计算时，将整个渡槽或渡槽的中墙或侧墙简化为简支梁进行计算，简支点为支座，横向计算时的支座反力作为集中荷载加载在这个简化的简支梁上。也有将渡槽纵、横向分别离散为平面杆件单元，采用杆件有限元来进行结构力学计算。结构力学计算无法考虑温度对结构应力的影响。

1. 纵向结构计算

槽身在纵向如同纵梁一样受力，根据其支承位置的不同，可以分布简支梁、等弯矩双悬臂梁、等跨度双悬臂梁等，用一般结构力学法计算纵向弯矩 M 和剪力 Q。

简支梁
$$\begin{cases} M_C=\dfrac{qL^2}{8} \\ Q_A=\dfrac{qL}{2} \end{cases} \tag{2.3.1}$$

等弯矩双悬臂梁
$$\begin{cases} M_A=M_B=-\dfrac{qL^2}{46.7} \\ M_C=\dfrac{qL^2}{46.7} \\ Q_1=\pm 0.293qL \\ Q_2=\mp 0.207qL \end{cases} \tag{2.3.2}$$

等跨双悬臂梁
$$\begin{cases} M_A = M_B = -\dfrac{qL^2}{32} \\ Q_1 = \pm 0.25qL \\ Q_2 = \mp 0.25qL \end{cases} \tag{2.3.3}$$

以上式中：M_A、M_B 为支座处弯矩；M_C 为跨中弯矩；L 为跨度；q 为均布荷载；Q_A、Q_1、Q_2 为支座处剪力。

在进行槽身纵向结构计算时，矩形槽身截面可概化为工字形。槽身侧墙为工字梁的腹板，侧墙厚度之和即为腹板厚度；侧墙顶端加大部分和人行道板构成工字梁的上翼缘，槽身底板构成工字梁的下翼缘，翼缘的计算宽度应按规范取用。对于箱形槽身，如顶盖与侧墙可靠连接且顶盖是连续的整体板，也可概化为工字形截面进行计算。当槽身顶部人行道板厚度较小、宽度不大时，矩形槽身纵向则可按倒 T 形梁计算。U 形槽身纵向内力计算方法与矩形槽相同。

2. 横向结构计算

U 形渡槽，采用等厚度壳内力计算的平面刚性梁法（图 2.3.1），按纵、横两个平面分别进行计算，即纵向受力按平面梁理论计算，横向受力按 U 形曲梁计算[7-8]，具体计算公式如下：

（1）未知力。

$$\begin{cases} \delta_{11} = \dfrac{R^3}{EI_t}(0.333A^3 + 1.571A^2 + 2A + 0.785) \\ \Delta_{1集} = -\dfrac{PR^3}{EI_t}(0.571A + 0.5) \\ \Delta_{1弯} = -\dfrac{M_0R^2}{EI_t}(0.5A^2 + 1.57A + 1) \\ \Delta_{1自} = -\dfrac{\gamma_h tR^4}{EI_t}(0.571A^2 + 0.929A + 0.393) \\ \Delta_{1水} = -\dfrac{\gamma}{EI_t}(0.033h^5 - 0.125h_2h^4 + 0.167h_2^2h^3 - 0.083h_2^3h^2) \\ \qquad -\dfrac{\gamma}{EI_t}R[h_1^3(0.262h + 0.167R) + h_1^2R(0.5h + 0.393R) \\ \qquad + h_1RR_0(0.5R + 0.57h) + RR_0^2(0.215h + 0.197R)] \\ \Delta_{1剪} = \dfrac{1}{EI_t}\dfrac{qt}{I}R^6\left(0.214A - 0.294A\dfrac{K}{R} + 0.197 - 0.265\dfrac{K}{R}\right) \\ \qquad + \dfrac{TR^3}{EI_t}(0.571A + 0.5) + \dfrac{1}{EI_t}T_1\dfrac{a}{2}R^2(0.5A^2 + 1.57A + 1) \end{cases} \tag{2.3.4}$$

$$T = T_1 + T_2 \tag{2.3.5}$$

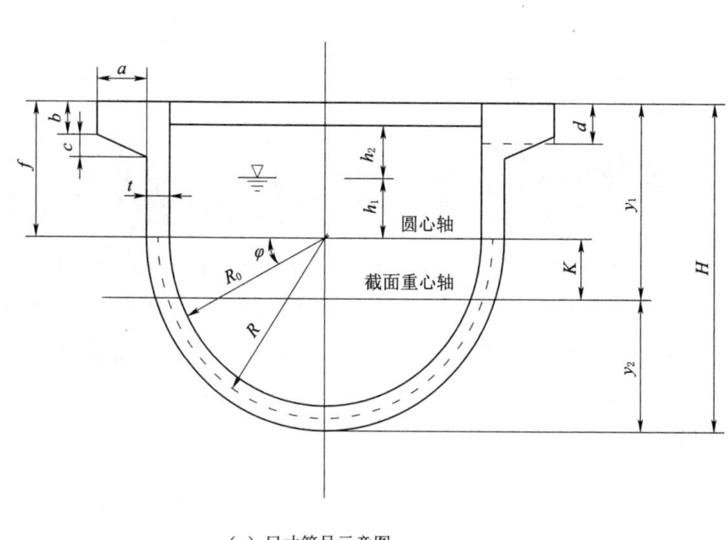

(a) 尺寸符号示意图

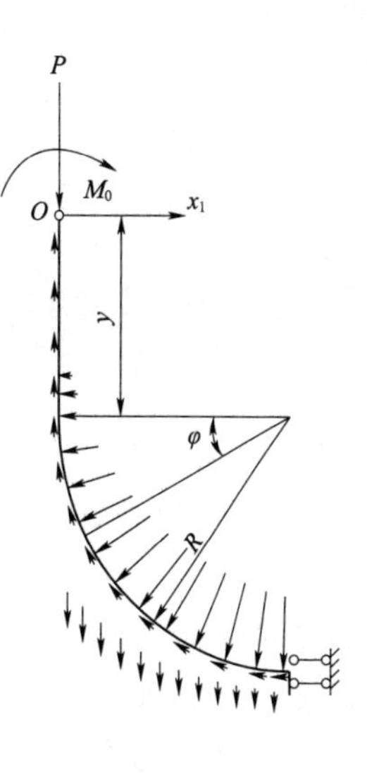

(b) 计算简图

图 2.3.1　槽身横断面结构布置示意图

$$T_1=\frac{q}{I}\left(\frac{y_1d^2}{2}-\frac{d^3}{6}\right)(t+a) \tag{2.3.6}$$

$$T_2=\frac{q}{I}\left[ty_1\left(\frac{f^2}{2}-df+\frac{d^2}{2}\right)-t\left(\frac{f^3}{6}-\frac{d^2f}{2}+\frac{d^3}{3}\right)+(t+a)\left(y_1d-\frac{d^2}{2}\right)(f-d)\right] \tag{2.3.7}$$

$$I_t=\frac{t^3}{12} \tag{2.3.8}$$

$$A=\frac{h}{R} \tag{2.3.9}$$

$$X_1=-\frac{\Delta_{1P}}{\delta_{11}}=-\frac{\Delta_{1集}+\Delta_{1弯}+\Delta_{1自}+\Delta_{1水}+\Delta_{1剪}}{\delta_{11}} \tag{2.3.10}$$

以上式中：h_1 为圆心至水面高度；h_2 为水面至横杆中心高度；I_t 为槽壳横截面对重心轴的惯性矩；y 为从横杆中心向下为正算起；γ 为水容重；γ_h 为槽体容重；q 为每米槽壳长度内的所有荷载；T 为直线段上的剪力；y_1 为槽壳顶面至截面重心轴距离；f 为槽壳槽壁直段全高；h 为圆心至横杆中心高度；X_1 为多余未知力；δ_{11} 为 $X_1=1$ 时在 0 点引起的水平变位；$\Delta_{1集}$、$\Delta_{1弯}$、$\Delta_{1自}$、$\Delta_{1水}$、$\Delta_{1剪}$ 分别为集中力、弯矩、自重、水压力、剪应力在 0 点引起的水平变位；P 为集中力；M_0 为弯矩。

(2) 横向弯矩。

1) 直线部分。

$$\begin{cases} M_{集}=0 \\ M_{自}=0 \\ M_{弯}=M_0 \\ M_{水}=-\dfrac{\gamma}{6}(y-h_2)^3 \\ M_{剪}=T_1\dfrac{a}{2} \\ M_{X_1}=X_1 y \end{cases} \tag{2.3.11}$$

式中：$M_{集}$为集中力引起槽身直线部分的横向弯矩；$M_{自}$为自重引起槽身直线部分的横向弯矩；$M_{弯}$为弯矩引起槽身直线部分的横向弯矩；$M_{水}$为水压力引起槽身直线部分的横向弯矩；$M_{剪}$为剪应力引起槽身直线部分的横向弯矩；M_{X_1}为多余未知力 X_1 引起槽身直线部分的横向弯矩；γ 为水容重；M_0 为弯矩；X_1 为多余未知力；y 为从横杆中心向下为正算起；h_2 为水面至横杆中心高度。

2）圆弧部分。

$$\begin{cases} M_{集}=-PR(1-\cos\varphi) \\ M_{弯}=M_0 \\ M_{自}=-\gamma_h tR^2[A(1-\cos\varphi)+\sin\varphi-\varphi\cos\varphi] \\ M_{水}=-\gamma[(0.5h_1^2R+0.5RR_0^2)\sin\varphi-0.5RR_0^2\varphi\cos\varphi-RR_0h_1\cos\varphi+0.167h_1^3+RR_0h_1] \\ M_{剪}=\dfrac{qtR^4}{2I}\left[\sin\varphi-\varphi\cos\varphi+\dfrac{K}{R}(\varphi^2-\pi\varphi+2\cos\varphi+\pi\sin\varphi-2)\right] \\ \qquad +TR(1-\cos\varphi)+T_1\dfrac{a}{2} \\ M_{X_1}=X_1(h+R\sin\varphi) \end{cases} \tag{2.3.12}$$

式中：$M_{集}$为集中力引起槽身圆弧部分的横向弯矩；$M_{自}$为自重引起槽身圆弧部分的横向弯矩；$M_{弯}$为弯矩引起槽身圆弧部分的横向弯矩；$M_{水}$为水压力引起槽身圆弧部分的横向弯矩；$M_{剪}$为剪应力引起槽身圆弧部分的横向弯矩；M_{X_1}为多余未知力 X_1 引起槽身圆弧部分的横向弯矩；P 为集中力；M_0 为弯矩。

（3）水平轴力。

1）直线部分。

$$\begin{cases} N_{弯}=0 \\ N_{水}=0 \\ N_{X_1}=0 \\ N_{集}=P \\ N_{自}=\gamma_h ty \\ N_{剪}=0\sim -T\text{（直段顶端至直段末端）} \end{cases} \tag{2.3.13}$$

式中：$N_{集}$为集中力引起槽身直线部分的水平轴力；$N_{自}$为自重引起槽身直线部分的水平

轴力；$N_{弯}$为弯矩引起槽身直线部分的水平轴力；$N_{水}$为水压力引起槽身直线部分的水平轴力；$N_{剪}$为剪应力引起槽身直线部分的水平轴力；N_{X_1}为多余未知力 X_1 引起槽身直线部分的水平轴力。

2）圆弧部分。

$$\begin{cases} N_{集}=P\cos\varphi \\ N_{弯}=0 \\ N_{自}=\gamma_h tR(A+\varphi)\cos\varphi \\ N_{水}=\dfrac{1}{2}\gamma R_0^2\varphi\cos\varphi-\dfrac{1}{2}\gamma(R_0^2+h_1^2)\sin\varphi-\gamma h_1R_0(1-\cos\varphi) \\ N_{剪}=-\dfrac{qt}{2I}R^3\left[\varphi\cos\varphi+\left(1-\pi\dfrac{K}{R}\right)\sin\varphi-2\dfrac{K}{R}(\cos\varphi-1)\right]-T\cos\varphi \\ N_{X_1}=X_1\sin\varphi \end{cases} \tag{2.3.14}$$

式中：h_1 为圆心至水面高度；h_2 为水面至横杆中心高度；I 为槽壳横截面对重心轴的惯性矩；φ 为从通过圆心的水平轴量起；y 为从横杆中心向下为正量起；γ 为水容重；γ_h 为槽体容重；q 为每米槽壳长度内的所有荷载；T 为直线段上的剪力；f 为槽壳槽壁直段全高；h 为圆心至横杆中心高度；$N_{集}$为集中力引起槽身圆弧部分的水平轴力；$N_{自}$为自重引起槽身圆弧部分的水平轴力；$N_{弯}$为弯矩引起槽身圆弧部分的水平轴力；$N_{水}$为水压力引起槽身圆弧部分的水平轴力；$N_{剪}$为剪应力引起槽身圆弧部分的水平轴力；N_{X_1}为多余未知力 X_1 引起槽身圆弧部分的水平轴力。

这种计算方法没有考虑端肋对槽壳的约束，对于跨宽比 $L/B<3$ 的中长壳槽身是不适用的[9-10]。为此，姜新佩等对平面刚性梁进行改进，提出了适用于中长槽壳的实用设计方法，详见参考文献［11－12］。

2.3.2 空间计算法——折板法

U形薄壳渡槽属于圆柱壳，按折板法计算时，可近似地用其内接棱柱壳代替。在棱柱壳中任取一板 K，其中面上任一点 m 的位置可用坐标（Z，S）表示，在 $m(Z, S)$ 点取一边长为 dZ、dS 的微分单元体 $macb$，一般这个单元体有 8 种内力：法向力 N_Z、N_S，剪力 H，弯矩 M_Z、M_S，横向力 T_Z、T_S，扭矩 M_γ。有 6 种变形：与 N_Z、N_S 相应的伸缩变形，与 H 相应的剪切变形，与 M_Z、M_S 相应的弯曲变形，与 M_γ 相应的扭转变形。对于中长壳和长壳U形渡槽，内力 M_Z、M_γ 和 T_Z 以及与 M_γ 相应的扭转变形、与 H 相应的剪切变形、与 N_S 相应的伸缩变形都较小，可忽略不计。除内力外，单元体 $macb$ 上也可能有外力作用。单位面积上外力主矢量沿坐标轴的 3 个分量分别用 P_Z、P_S、P_N 表示，于是，单元体 $macb$ 的受力可简化为图 2.3.2，图中，内力和外力都以正向绘出。

空间计算法的基本原理类似于结构力学中的“混合法”。对 K 板的应力和变形进行分析可知：K 板内任一点的内力和变形都可用板边（壳棱）k 和 $k-1$ 处的横向弯矩$M_k(Z)$、$M_{k-1}(Z)$ 和纵向正应力 $\delta_k(Z)$、$\delta_{k-1}(Z)$ 来表示，可取它们为空间计算法的基本未知函数。

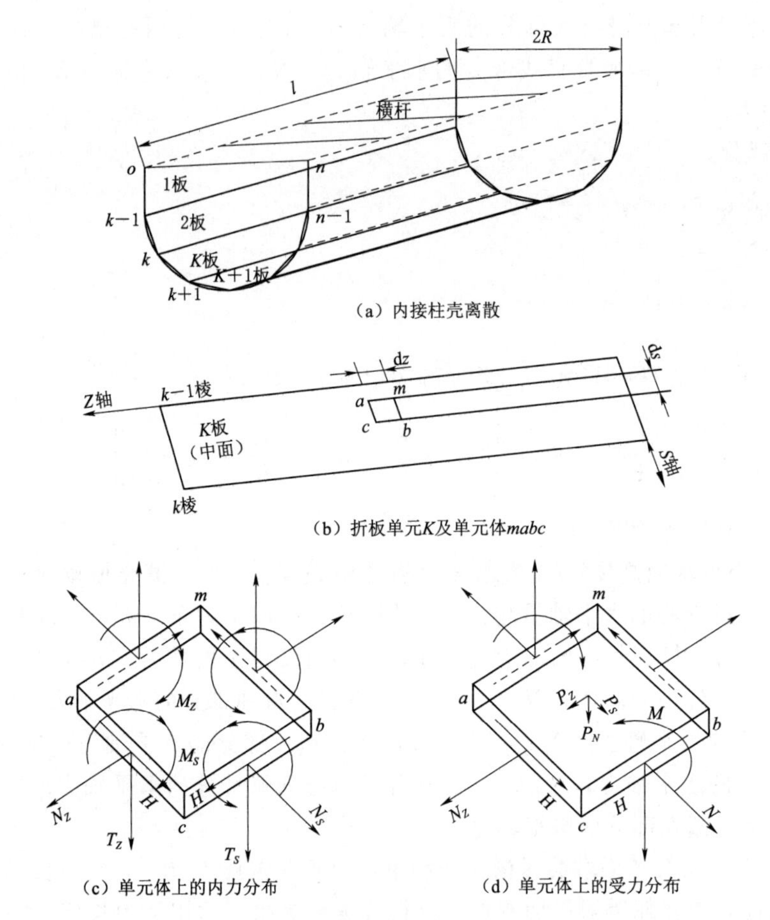

(a) 内接柱壳离散

(b) 折板单元K及单元体$mabc$

(c) 单元体上的内力分布

(d) 单元体上的受力分布

图 2.3.2　计算简图

选择这样的基本体系：将所有壳棱（$0,1,\cdots,k,\cdots,n$）都视为一根空间铰轴［与基本未知函数 $M_k(Z)$ 相应］，并假定其中各点的纵向正应变皆为 0［与基本未知函数 $\delta_k(Z)$ 相应］，即在各条壳棱的每一点，设想加了许多纵向链杆约束而不允许产生纵向变形。由此可以推知，在这个基本体系中，板内任一点的纵横向位移（即在板平面内的 Z 向和 S 向位移）也为 0。于是，每条壳棱都成为一根没有任何线变形的空间刚性铰接轴。

在这样一个基本体系中，在外荷载 P_k 作用下，每根铰轴将发生相邻两板间的夹角改变 $\theta_{P_k}(Z)$ 和约束纵向变形的纵向约束反力 $\gamma_{P_k}(Z)$；在基本未知函数 $M_k(Z)$ 和 $\delta_k(Z)$ 作用下，也引起相应的夹角改变 $\theta_{\delta_k}(Z)$、$\theta_{M_k}(Z)$ 和纵向约束反力 $\gamma_{\delta_k}(Z)$、$\gamma_{M_k}(Z)$。据此可写出与基本未知函数数目相同的两组方程式：

$$\begin{cases}\gamma_{\delta_k}(Z)+\gamma_{M_k}(Z)+\gamma_{P_k}(Z)=0\\ \theta_{\delta_k}(Z)+\theta_{M_k}(Z)+\theta_{P_k}(Z)=0\end{cases} \tag{2.3.15}$$

式中：$k=0,1,2,\cdots,n$；n 为被简化成刚性铰轴的壳棱数。

式（2.3.15）是一个微分方程组，解此微分方程组可以求出基本未知函数 $\delta_k(Z)$ 和 $M_k(Z)$。直接求解上述方程非常困难，可根据边界条件，先拟定基本未知函数的函数形式，然后代入式（2.3.15），即可将上述方程转换为代数方程组，以便求解。

对单跨简支U形渡槽，当两端设有在自身平面内为刚性、在垂直自身平面内为柔性的端肋时，即当符合边界条件 $\delta_k(0)=M_k(0)=\delta_k(l)=M_k(l)=0$ 时，可设基本未知函数的形式为

$$\begin{cases}\sigma_k(Z)=\delta_k\sin\dfrac{\pi Z}{l}\\ M_k(Z)=M_k\sin\dfrac{\pi Z}{l}\end{cases}\tag{2.3.16}$$

式中：δ_k、M_k 为待定参数；l 为渡槽计算跨度，本式取富氏级数第一项。

在跨中截面（$Z=l/2$）处，代入上式可得

$$\begin{cases}\sigma_k\left(\dfrac{l}{2}\right)=\delta_k\sin\dfrac{\pi}{2}=\delta_k\\ M_k\left(\dfrac{l}{2}\right)=M_k\sin\dfrac{\pi}{2}=M_k\end{cases}\tag{2.3.17}$$

可见，待定参数 δ_k、M_k 实为壳槽跨中截面 k 棱处的纵向正应力和横向弯矩。

将式（2.3.16）代入式（2.3.15），即得以 σ_k、M_k 为主元的代数法方程式，解之得 σ_k、M_k，再将 σ_k、M_k 代入式（2.3.16），即得基本未知函数 $\sigma_k(Z)$ 和 $M_k(Z)$。具体公式可参见文献［13－15］。

2.3.3 板壳有限条法

有限条法将薄壳渡槽槽身柱形壳体部分离散为有限个沿柱形母线方向的壳条单元组成的单向内接折板结构。这种壳条单元的应力状态是平面应力状态与弯曲应力状态的组合，因而可将其模拟为平面应力条和三次弯曲条的组合[16]。在结构计算简图2.3.3中，$o'x'y'z'$ 是整体坐标系，$oxyz$ 是局部坐标系，壳条中面为计算中面。采用的基本假定如下：结构是由各向同性或正交各向异性材料组成；壳条分别简支在两端的槽托板上。

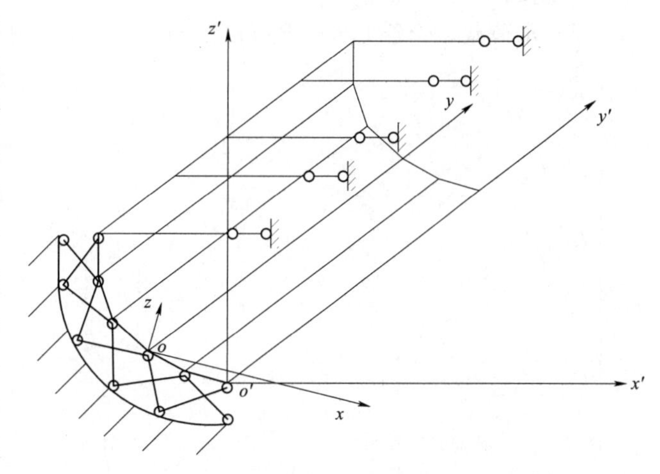

图2.3.3 计算简图

1. 条的单元刚度矩阵

（1）平面应力条。选取满足简支边界条件的位移函数为

$$\begin{cases}u=\sum\limits_{m=1}^{\gamma}\left[\left(1-\dfrac{x}{b}\right)u_{im}+\left(\dfrac{x}{b}\right)u_{jm}\right]\sin K_m y\\ v=\sum\limits_{m=1}^{\gamma}\left[\left(1-\dfrac{x}{b}\right)v_{im}+\left(\dfrac{x}{b}\right)v_{jm}\right]\cos K_m y\end{cases}\tag{2.3.18}$$

式中：$K_m = m\pi/a$；u_{im}、u_{jm}、v_{im}、v_{jm}分别为 m 项的结线位移参数。

根据最小势能原理推导出平面应力条的单元刚度矩阵：

$$[S]_{Pm} = \int_0^a\int_0^b [B]_{Pm}^T [D]_P [B]_{Pm} t\,\mathrm{d}x\,\mathrm{d}y \tag{2.3.19}$$

（2）弯曲条。选取满足简支边界条件的位移函数为

$$W = \sum_{m=1}^{\gamma}\left[\left(1-\frac{3x^2}{b^2}+\frac{2x^3}{b^3}\right)W_{im}+\left(1-\frac{2x^2}{b^2}+\frac{x^3}{b^3}\right)\theta_{im}+\left(\frac{3x^2}{b^2}-\frac{2x^3}{b^3}\right)W_{jm}+\left(\frac{x^3}{b^2}-\frac{x^3}{b^3}\right)\theta_{jm}\right]\sin K_m y \tag{2.3.20}$$

式中：W_{im}、W_{jm}、θ_{im}、θ_{jm}分别为 m 项的结线位移参数。

根据最小势能原理推导出弯曲条的单元刚度矩阵：

$$[S]_{Pm} = \int_0^a\int_0^b [B]_{bm}^T [D]_b [B]_{bm} \mathrm{d}x\,\mathrm{d}y \tag{2.3.21}$$

（3）典型壳条。将平面应力条和弯曲条组合在一起，形成薄膜作用和弯曲作用同时存在的典型壳条（详见图 2.3.4）。通过典型壳条的刚度矩阵建立结线位移分量和荷载列阵之间的关系：

$$[S]_m\{\delta\}_m = \{F\}_m \tag{2.3.22}$$

2. 荷载列阵

（1）水荷载。壳条上水荷载强度分布见图 2.3.5 和图 2.3.6，具体公式如下：

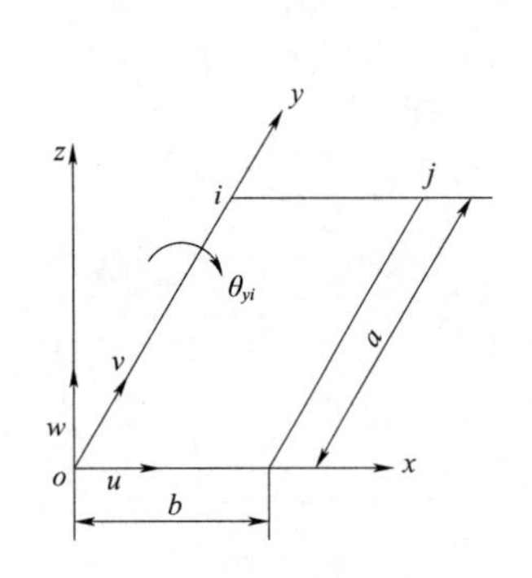

图 2.3.4　典型壳条单元

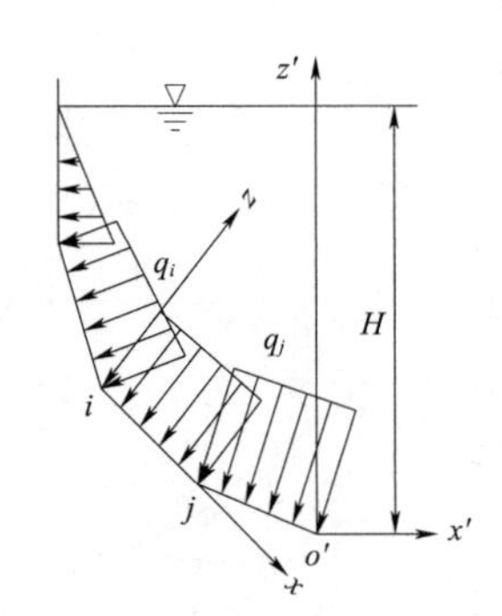

图 2.3.5　水荷载分布

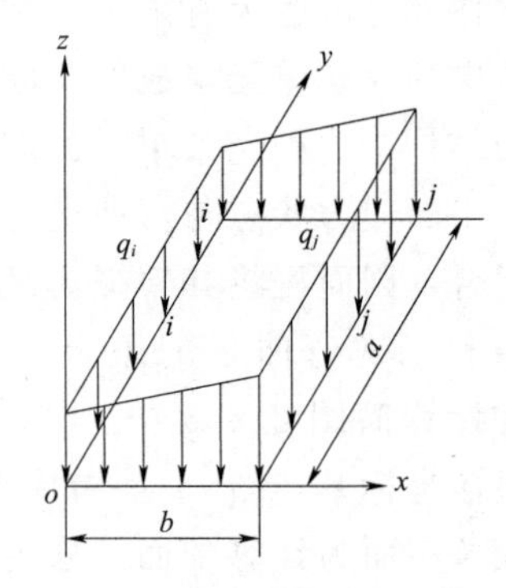

图 2.3.6　典型壳条水荷载强度

$$\{q\} = -\left[\left(\frac{q_j - q_i}{b}\right)x + q_i\right] \tag{2.3.23}$$

$$\{F\}_m = \begin{Bmatrix} W_i \\ M_i \\ W_j \\ M_j \end{Bmatrix} = \frac{-a(1-\cos m\pi)}{m\pi}\begin{Bmatrix} 7bq_i/20+3bq_j/20 \\ b^2q_i/20+b^2q_j/30 \\ 3bq_i/20+7bq_j/20 \\ -b^2q_i/30-b^2q_j/20 \end{Bmatrix} \tag{2.3.24}$$

式中：q_i、q_j 为壳条上的水荷载强度；a、b 为壳条的长度及宽度。

(2) 结构自重。结构自重分布见图 2.3.7，设结构材料容重为 γ_c，壳条厚度为 t，则有

$$q=-\gamma_c t \tag{2.3.25}$$

$$q^b=q\cos\alpha=-\gamma_c t\cos\alpha \tag{2.3.26}$$

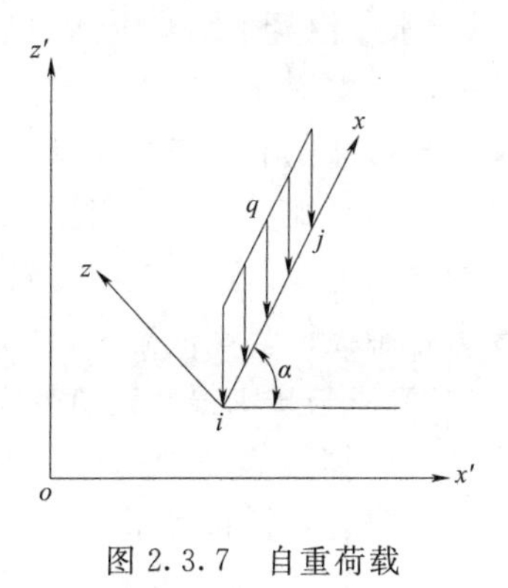

图 2.3.7 自重荷载

$$\{F\}_m^b=\begin{Bmatrix}W_i\\M_i\\W_j\\M_j\end{Bmatrix}=\frac{-\gamma_c ta\cos\alpha(1-\cos m\pi)}{m\pi}\begin{Bmatrix}b/2\\b^2/12\\b/2\\-b^2/12\end{Bmatrix} \tag{2.3.27}$$

$$q^P=q\sin\alpha=-\gamma_c t\sin\alpha \tag{2.3.28}$$

$$\{F\}_m^b=\begin{Bmatrix}W_i\\M_i\\W_j\\M_j\end{Bmatrix}=\frac{-\gamma_c tab\sin\alpha}{2m\pi}\begin{Bmatrix}1-\cos m\pi\\0\\1-\cos m\pi\\0\end{Bmatrix} \tag{2.3.29}$$

3. *总刚度方程的形成*

将各个壳条的单元刚度矩阵和荷载列阵进行坐标变换，然后将其集合，形成总刚度方程：

$$\sum_{i=1}^{N}[S]_i\{\delta\}_i=\sum_{i=1}^{N}\{F\}_i \tag{2.3.30}$$

式中：N 为壳条单元的总数。

关于横向拉杆的处理，可参见文献《用有限条法计算薄壳渡槽》[16]。

2.3.4 等参有限元法

由于三维等参单元适应边界能力强，易于考虑预应力钢筋的布置，且可以描述渡槽结构中局部加强部位的应力分布，因而在大型渡槽槽身应力分析中得到广泛应用[17]。关于等参有限元可参见 Zienkiewicz O C 等的著作《有限元方法》[18]。

2.3.5 各方法对比分析

对于不同横断面形式、不同支承位置以及不同跨宽比与跨高比的槽身，其荷载作用下的应力状态不同，为了使计算结果有较好的精度，应采用不同的计算方法。以梁式渡槽为例，对于跨宽比不小于 4.0 的梁式渡槽槽身，可按梁理论进行计算，即沿渡槽水流方向按简支梁、双悬臂梁、单悬臂梁或连续梁计算纵向应力；对于跨宽比小于 4.0 的梁式渡槽槽身，应按空间问题求解内力和应力。跨宽比小于 4.0 的 U 形槽身一般属于中长壳，除应用有限元法计算外，也可采用折板法、板壳有限条分法分析求解，不过这些方法现在应用很少。

《水工混凝土结构设计规范》（SL/T 191—2008）规定[19]：简支深受弯构件的内力可按一般简支梁计算，当跨高比小于2.5时，连续深受弯构件的内力应按弹性理论的方法计算，当跨高比不小于2.5时，可按一般连续梁用结构力学方法计算。对于预应力渡槽，槽身结构的三维受力效应明显，设计中采用按平面问题与空间问题相结合的分析方法，即常规的结构力学方法和三维有限元计算，以便做到相互补充与验证，为正确判断结构的实际受力状态提供合理依据。

《灌溉与排水渠系建筑物设计规范》（SL 482—2011）第5.5.6条规定："梁式渡槽槽身结构计算内容主要包括：纵向和横向断面的内力、正截面和斜截面强度、正截面抗裂（或限裂）及挠度验算。应根据具体的结构型式选用相应的计算方法并符合下列规定：……6、预应力混凝土槽身应力分析宜采用梁理论和弹性理论相结合的方法，相互补充并进行验证。"根据该条文对应的条文说明可知，对于大、中型预应力槽身结构，其三维受力效应明显，设计中宜采用梁理论与弹性理论相结合的分析方法，即先按常规的结构力学方法，分别按纵向和横向进行内力计算，并以此初步确定预应力筋及普通钢筋数量并进行钢筋布置，然后分析结构在外荷载作用及预应力作用下的应力，进行初步的抗裂验算。但上述结构力学分析方法难以反映大型预应力槽身结构的应力分布以及纵、横、竖向相互影响的空间效应，故在结构及配筋方案基本确定后，需再进行槽身结构三维有限元分析验证[20]。

2.4　渡槽结构建模研究

2.4.1　建模原则

根据《灌溉与排水渠系建筑物设计规范》（SL 482—2011）第5.5.2条可知，上部输水结构、下部支承结构和基础等结构各成独立单元的渡槽，应根据力的传递关系和各部分的具体结构型式，分别进行结构分析。组合拱式渡槽及其他上部槽身与下部支承结构联合受力的渡槽，则应对整体结构进行结构分析。

上述规定是关于渡槽静力建模应遵循的原则，关于渡槽动力建模方面，《水工建筑物抗震设计标准》（GB 51247—2018）以及《水电工程水工建筑物抗震设计规范》（NB 35047—2015）的规定如下[21-22]："对于1级渡槽，应建立考虑相邻结构和边界条件影响的三维空间模型，采用动力法进行抗震计算。对于2级渡槽，可对槽墩和其上部槽身结构，分别按悬臂梁和简支梁结构单独采用动力法进行抗震计算。对于3级及3级以下渡槽的抗震计算，可对槽墩和槽身模型按本标准第5.5.9条规定的拟静力法分别进行抗震计算，其槽墩的地震惯性力的动态分布系数α_i可按本标准第9.1.3条的规定确定；其槽身的地震惯性力的动态分布系数α_i可按水电站压力钢管的本标准第12.1.1条的规定确定。"

相应条文说明规定：由于渡槽动力特性的复杂性，对于1级渡槽，采用简化计算方法难以正确把握其动力响应的特点，要求建立尽可能符合实际的三维空间计算模型。对于很长的渡槽，可以选取具有典型结构或特殊地段或有特殊构造的多跨渡槽进行地震反应分析，并考虑相邻跨的结构和边界条件的影响。

以上是采用有限元法进行渡槽静力及动力建模应遵循的原则，具体到实际工程问题，应根据渡槽结构受力特性，合理选择单元型式（弹簧单元、质点单元、杆单元、梁单元、壳单元及实体单元等）建立渡槽计算模型。

2.4.2 槽身及支承结构模拟

2.4.2.1 槽身结构

槽身为典型空间薄壁结构，如果把它抽象为实心杆件并采用相应的梁单元模拟，那么薄壁杆件的一些特殊问题［如横向弯扭耦合（实心杆件的弯曲与扭转位移是分开的）、约束扭转变形等］不便考虑，该分析模型过于简单，计算结果误差较大。为此，王博等基于薄壁杆件结构力学基本理论，采用能量原理，推导出适应渡槽结构变形特性的空间梁单元，详细见参考文献《大型渡槽结构抗震分析理论及其应用》[23]。目前，大型混凝土渡槽槽身结构通常按预应力结构设计，槽身结构应力状态分布受预应力钢筋空间布置型式影响较大，上述梁单元模型无法考虑预应力钢筋的空间布置，且难以描述槽身局部加强部位的应力分布。为保证计算精度，通常采用空间块体单元进行槽身结构离散，虽然求解规模相比梁单元增加不少，但随着计算机技术的快速发展，计算速度已不是制约因素。

2.4.2.2 支承结构

如前所述，渡槽结构受力特性与桥梁结构相类似，除了槽身与桥身在受力及变形方面存在较大差别外，渡槽支承结构（排架、墩、桁架、塔架与索等）的受力特点与桥梁支承结构基本一致，因此，桥梁支承结构模拟所采用单元类型也适用于渡槽下部支承结构。

通常，渡槽下部支承结构主要有排架、墩、桁架、塔架与索等，根据其受力特点，可选择梁、板壳及空间块体单元进行模拟，具体应视计算精度与效率要求而定。若下部支承结构各部位采用不同类型的单元型式，则不同类型单元之间存在未知量变形协调问题，如承台采用空间块体单元而排架采用梁单元，块体单元未知量是位移，而梁单元除了位移未知量还包括转动未知量，两者就存在变形协调问题；为此，需要建立约束方程或采用自由度耦合技术来解决两类单元的变形协调问题[24]。目前，大型商业有限元软件如 ANSYS 则采用多点约束（MPC）与装配技术来实现不同单元类型之间的连接及变形协调，该技术本质上是利用接触单元技术，根据接触运动自动建立约束方程即 ANSYS 内部建立的多点约束方程[25]。

2.4.3 预应力锚索模拟

2.4.3.1 预应力锚索模拟的主要方法

目前，预应力锚索的模拟方法可分为两种，即等效荷载法和实体力筋法[26]。

等效荷载法是一种较传统的方法，由 R. B. B. Moorman 于 20 世纪 50 年代初提出，其原理是将混凝土和预应力筋的作用（对整体的影响）分别考虑，以荷载形式取代预应力筋的作用，并把这些等效荷载如同外荷载一样施加到混凝土结构上，用以计算结构在预应力作用下的内力。按荷载施加方式的不同，等效荷载法又可分为两种：一种是将预应力筋的作用等效为反向施加在结构上的荷载，可采用结构力学或有限元求解结构内力，一般称为荷载法；另一种是将预应力等效为单元节点荷载施加到结构上，只能应用于有限元分析中，可称为节点力法。

等效荷载法简单方便，但无法模拟预应力损失引起的预应力筋沿程应力不同的现象；当预应力筋线形不是二次曲线时，其等效荷载将比较复杂。另外在等效荷载法中，无论是荷载法还是节点力法，都只能考虑预应力筋的预压应力作用，不能反映结构变形引起的预应力筋的应力变化。在非线性分析时，若混凝土开裂，由于没有预应力筋来承担开裂混凝土释放的应力，计算结果就会发散。

实体力筋法是将混凝土和预应力筋作用一起考虑，采用单元模拟预应力筋，可考虑混凝土和预应力筋的耦合影响。按预应力施加方法的不同，又可分为初应变法和降温法两种[27]。初应变法是通过给预应力筋赋初应变来实现预应力的施加。降温法是通过降低预应力筋单元温度，使其产生收缩来实现预应力，温降值可由有效预应力值反算得到。在实体力筋法中，初应变法和降温法模拟预应力作用的原理相同，都是直接赋予钢筋初应变。目前，大型预应力结构的有限元计算多采用实体力筋法，实体力筋法的优点是能考虑预应力筋受拉作用，可以反映结构变形引起的预应力筋的应力变化，满足非线性的计算要求；缺点是有限元建模较为复杂。为方便有限元建模，预应力筋一般采用埋置式杆单元即隐式杆单元，例如ANSYS软件可采用Link系列杆单元分段线性模拟预应力锚索，可通过实体单元节点、节点耦合法或约束方程法来实现与实体单元耦合。

2.4.3.2　三维隐式锚索单元

对于预应力锚固问题，根据适用工程特点可分为三类，分别是岩土工程、大坝工程及结构工程。对于岩土工程中的预应力锚索，锚索长度较长，基本为60～80m，锚索吨位基本在100～300t之间，由于岩体介质基于连续与非连续介质之间，其变形具有连续与非连续变形耦合的特性，锚索与岩土体之间存在相对滑移，在采用隐式锚索单元时需要考虑滑移效应。对于大坝工程也就是大体积混凝土工程中，锚索长度较长，锚索吨位基本在100～200t之间，索体与混凝土之间可能存在相对滑移，在采用隐式锚索单元时宜考虑该滑移效应。对于薄壁结构如渡槽而言，锚索长度基本在30m以内，锚固吨位基本在100t以内；从设计角度来看，锚索与混凝土按联合受力来考虑；从实际运行来看，锚索与混凝土在外载作用下可视为一致协调变形；从受力角度来看，锚索与混凝土之间由于孔道内灌浆不密实可能导致局部微小的滑移变形，但从整体变形来看，该变形可适当忽略；综合以上分析，对于渡槽结构中的预应力锚索而言，在进行预应力锚索模拟时可忽略锚索与混凝土结构之间的滑移变形，采用隐式锚索单元[28]进行预应力锚固效应模拟。

预应力对混凝土结构的主要作用是在结构承受外荷载之前，对混凝土结构构件施加预压应力，抵消其在受到荷载作用时产生的拉应力，防止混凝土开裂。由于锚索本身是一种柔性结构，只有当锚索受拉时才产生作用；根据锚索的受力特点，采用隐式锚索单元来模拟锚索效果；该隐式锚索单元不考虑锚索与混凝土之间的相对滑移，锚索与周边混凝土协调变形并共同受力。隐式锚索单元布置如图2.4.1所示，图中，i、j分别表示锚索单元I、J所在混凝土的实体单元编号。

隐式锚索单元将锚索单元隐含于实体单元中，有限元网格不受锚索布置的影响，能够反映锚索的宏观预压效果。另外，隐式锚索单元模型可以有效地模拟锚索张拉，考虑锚固荷载和附加刚度的作用。

在具体实施时，通常会将整条锚索按照穿过的单元进行划分，分成若干小段（简称锚索段），每一锚索段端点可取穿过单元线段的中点，如图2.4.1所示；这种处理方式便于锚索端点的局部坐标以及锚索段相应刚度及锚固荷载的计算，关于锚索端点的局部坐标可通过等参逆变换技术得到。

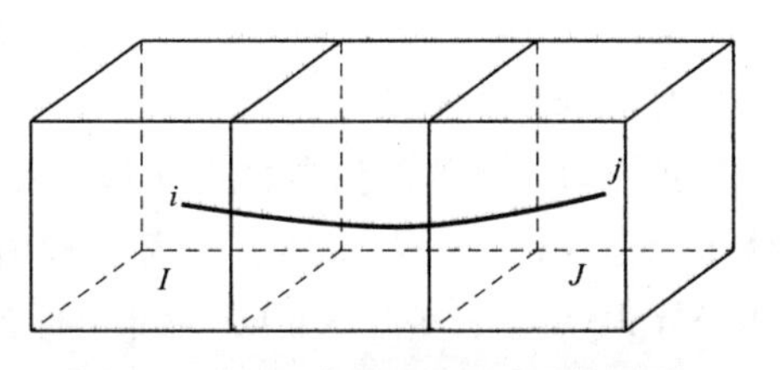

图 2.4.1 隐式锚索单元布置示意图

对于锚索单元的刚度，可以根据弹性理论，求得沿锚索轴线方向的刚度 k，其计算公式为

$$k=E_cA_c/L \tag{2.4.1}$$

式中：E_c、A_c 和 L 分别为锚索的弹性模量、截面面积和长度。

1. 预应力锚索计算流程

每个锚索段的输入信息包括端点的空间坐标、锚索弹性模量、截面面积以及作用于该锚索段上的预应力荷载；具体有限元计算时，预应力锚索计算流程如下：

第一步，根据每个锚索段输入信息，按照式（2.4.3）求得等效荷载列阵，按照式（2.4.16）和式（2.4.17）获得锚索段端点所在单元的刚度矩阵。

第二步，对所有锚索进行遍历，将每个锚索段形成的等效荷载列阵和刚度矩阵，集成到整体荷载列阵和整体刚度矩阵中。

第三步，求解有限元控制方程，获取节点计算成果。

第四步，基于锚索段端头所在单元节点位移计算成果，经位移插值，获取锚头坐标（更新后）。

第五步，根据计算得到的锚索段锚头空间坐标，获取锚索段的长度（更新后）。

第六步，基于更新后的锚索段长度，获取锚索段长度变化量 ΔL。

第七步，将求得的锚索段长度变化量 ΔL 代入式（2.4.4），获取锚索预应力增量 ΔP，将该增量代入式（2.4.5），便可得到当前状态下锚索预应力 P。

2. 预应力荷载计算

对于预应力锚索而言，假定作用于该锚索段上的初始预应力为 P_0、锚索方向余弦向量为 $\{l, m, n\}$，锚索单元 i 和 j 的锚固荷载分量则表示为

$$\{f\}=\{f_{ix},f_{iy},f_{iz},f_{jx},f_{jy},f_{jz}\}^T=P_0\{l,m,n,-l,-m,-n\}^T \tag{2.4.2}$$

因为锚索单元隐埋在混凝土实体单元中，所以必须将锚索单元的锚固荷载等效到混凝土实体单元中去。如果锚索单元 i 和 j 分别隐埋在混凝土实体单元 I 和 J 中，根据有限元的插值理论，混凝土实体单元 I 和 J 的等效节点锚固荷载可以按下式计算：

$$\{F\}=[N]^T\{f\} \tag{2.4.3}$$

预应力结构承载以后，锚索也随之受力，其长度也随之变化，可根据锚索本身的伸长 ΔL，计算出锚索预应力增量 ΔP：

$$\Delta P=k\Delta L \tag{2.4.4}$$

将式（2.4.4）求得的预应力增量代入式（2.4.5），可得到当前状态下锚索预应力即

$$P = P_0 + \Delta P \tag{2.4.5}$$

3. 附加刚度计算

预应力锚索的几何参数定义如下：走向 θ_c，倾角 ϕ_c；外锚端点 A 位于单元 I 内，整体坐标为（x_{cI}，y_{cI}，z_{cI}）、局部坐标为（ξ_{cI}，η_{cI}，ζ_{cI}）；内锚端点 B 位于单元 J 内，整体坐标为（x_{cJ}，y_{cJ}，z_{cJ}）、局部坐标为（ξ_{cJ}，η_{cJ}，ζ_{cJ}）；截面面积为 A_c、长度为 l_c。预应力锚索的力学参数和变量定义如下：弹性模量为 E_c、内力增量为 ΔR_c、变形增量为 $\Delta\delta_c$。

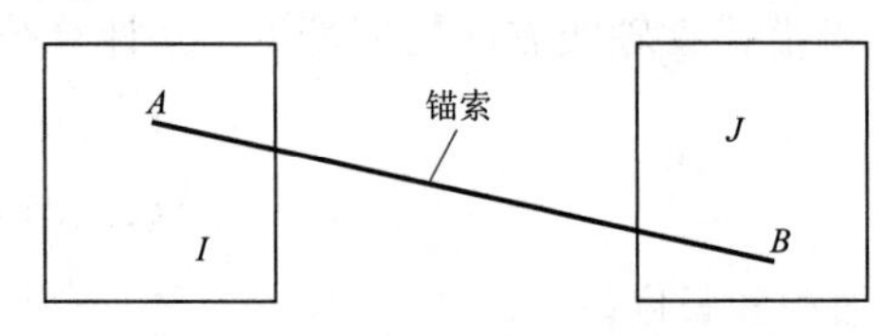

图 2.4.2　预应力锚索模型示意图

图 2.4.2 为预应力锚索模型示意图。点 A 和点 B 的位移增量可分别表示为

$$\{\Delta u\}_A = [N]_I \{\Delta u^e\}_I \tag{2.4.6}$$

$$\{\Delta u\}_B = [N]_J \{\Delta u^e\}_J \tag{2.4.7}$$

式中：$[N]_I$、$[N]_J$ 分别为单元 I 和 J 的形函数矩阵；$\{\Delta u^e\}_I$ 和 $\{\Delta u^e\}_J$ 分别为单元 I 和 J 的节点位移增量。

点 A 和点 B 的位移增量将在预应力锚索 a 上引起变形增量 $\Delta\delta_c$：

$$\Delta\delta_c = \{L\}_c(\{\Delta u\}_A - \{\Delta u\}_B) \tag{2.4.8}$$

$$\{L\}_c = \{\cos\theta_c\cos\phi_c \sin\theta_c\cos\phi_c - \sin\phi_c\} \tag{2.4.9}$$

式中：$\{L\}_c$ 为预应力锚索 a 的方向余弦向量。

预应力锚索 a 的内力增量与变形增量之间的关系可表示为

$$\Delta R_c = A_c E_c \Delta\delta_c / l_c \tag{2.4.10}$$

系统的虚功可表示为

$$W = \sum_{i=1}^{n_e} W_I^e + \sum_{a=1}^{n_c} W_a^c \tag{2.4.11}$$

式中：W 为系统的虚功；W_I^e 为单元 I 的虚功；W_a^c 为预应力锚索 a 的虚功；n_e 为单元总数；n_c 为预应力锚索总数。

（1）外荷载的虚功为

$$W' = \sum_{I=1}^{n_e} \{\Delta\overline{u}^e\}_I^T \{\Delta f\}_I \tag{2.4.12}$$

式中：$\{\Delta\overline{u}^e\}_I$ 为单元 I 的节点虚位移增量；$\{\Delta f\}_I$ 为单元 I 的外荷载增量向量。

（2）单元 I 的虚功为

$$W_I^e = \iiint_\Omega \{\Delta\overline{\varepsilon}\}_I^T \{\Delta\sigma\}_I \mathrm{d}\Omega \tag{2.4.13}$$

式中：$\{\Delta\overline{\varepsilon}\}_I$ 为单元 I 的虚应变增量；$\{\Delta\sigma\}_I$ 为单元 I 的应力增量向量。

（3）预应力锚索 a 的虚功为

$$W_a^e = \Delta\overline{\delta}_{ca} \Delta R_{ca} \tag{2.4.14}$$

式中：$\Delta\bar{\delta}_{ca}$为预应力锚索a的虚变形增量。

将式（2.4.6）～式（2.4.8）、式（2.4.10）、式（2.4.12）～式（2.4.14）代入式（2.4.11），按照向量$\{\Delta\overline{u}^e\}_I$整理，可得

$$\{\Delta f\}=\iiint_{\Omega}[B]_I^T[D]_I[B]_I\{\Delta u^e\}_I \mathrm{d}\Omega+[N]_I^T\{L\}_c^T\{L\}_c[N]_I\{\Delta u^e\}_I A_c E_c/l_c$$
$$-[N]_I^T\{L\}_c^T\{L\}_c[N]_J\{\Delta u^e\}_J A_c E_c/l_c \qquad (2.4.15)$$

从式（2.4.15）可以看出，预应力锚索a对单元I和J的刚度矩阵贡献分别为

$$[K]_{II}=[N]_I^T\{L\}_c^T\{L\}_c[N]_I A_c E_c/l_c \qquad (2.4.16)$$

$$[K]_{IJ}=-[N]_I^T\{L\}_c^T\{L\}_c[N]_J A_c E_c/l_c \qquad (2.4.17)$$

2.4.4 支座模拟

支座是连接渡槽上部结构和下部结构的重要部件，其作用是将上部结构的荷载（恒载和活载）传递给下部支承结构，为此要求支座必须有足够的承载力。同时，支座应能自由变形（移动或转移），能够适应槽身因温度变化、混凝土收缩徐变及荷载作用引起的位移（线位移和角位移），使结构的实际受力情况与计算简图相符合[29]。一般渡槽支座分为固定式支座和活动支座，前者用来固定槽身对下部支承结构的位置，允许绕支座转动而不能移动；后者则允许槽身结构在产生挠曲和伸缩变形时能自由转动和移动。目前，实际渡槽工程中，常用支座有板式支座、盆式支座等；另外，出于减隔震目的，也可采用铅芯橡胶支座、球形抗震阻尼支座或抗震型盆式支座。

尽管支座型式各有不同，但从受力及变形特性来看，均采用一组弹簧来模拟其力学性能。以盆式支座为例，若简化模拟，可将支座简化为短梁[30]，并在单向滑动方向使短梁在该方面的剪切模拟取很小的值，此种处理方式的优点是能够估算盆式支座顶端和底端的相对位移错动，这一错动量对设计来说是一个重要的技术指标；若详细模拟，可根据盆式支座的结构设计特点（图2.4.3），将盆式支座概化为一组具有很小间隙的实体块，实体块采用空间块体单元模拟，实体块之间设置接触单元以反映盆式支座顶端和底端的相对位移错动[31]。

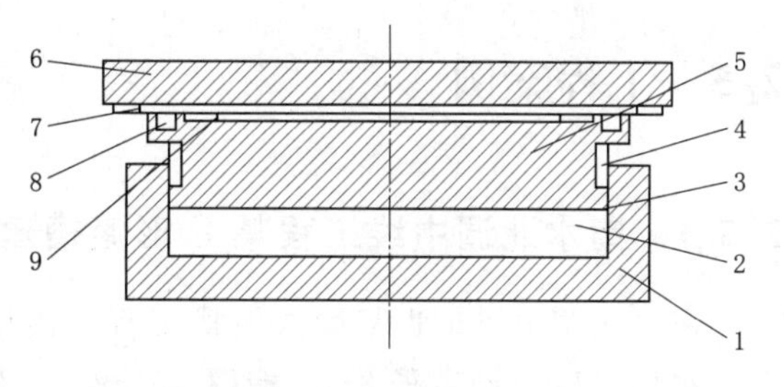

图2.4.3 盆式橡胶支座

1—下支座板；2—承压橡胶板；3—黄铜紧固圈；4—密封圈；5—中间钢衬板组件；6—上支座板；7—不锈钢滑板；8—密封圈Ⅱ；9—聚四氟乙烯板

综合来看，采用一组弹簧单元来模拟支座还是比较方便的，并且弹簧可设置为非线性弹簧，以反映支座的实际变形特征。以有限元分析软件Ansys为例，盆式支座的竖向可采用刚度较大的Combine14单元模拟，对于固定支座各个方向及单向活动支座的非滑移方向，也采用刚度较大的Combine14单元模拟，其承载力取竖向承载力的20%；对于单向活动支座的滑移方向和双向活动支座的各个方向可以采用Combine40单元模拟[32]。

2.4.5 基础及地基模拟

如果基础采用浅基础型式，基础与地基可根据实际情况选择空间块体单元进行模拟。如果基础为桩基础型式，桩基础可采用梁单元或空间块体单元进行模拟，同时必须考虑桩土相互作用的影响。当桩基础按梁单元考虑时，根据《水工建筑物抗震设计标准》（GB 51247—2018）以及《水电工程水工建筑物抗震设计规范》（NB 35047—2015）规定：桩土相互作用可用土体的等效弹簧模拟，按《建筑桩基技术规范》（JGJ 94）的规定，将土体视为弹性介质，按其水平抗力系数随深度线性增加（m法）进行计算。其中，土体的等效弹簧由一系列水平土弹簧和两个竖向土弹簧构成[33]。

当桩基础按空间块体单元考虑时，地基属于典型的复合地基，可采用桩体单元＋界面单元（接触面单元）＋桩间土体单元进行分析。桩体材料刚度一般比地基土大，分析中常采用线弹性模型，桩间土一般采用非线性弹性模型或弹塑性模型。至于接触面单元选取问题[34]，包括两方面：一方面是接触面的本构行为；另一方面是接触面单元本身。总体来讲，接触面单元分成两类：一类是无厚度的弹簧单元；另一类是有厚度的薄层单元。常用的接触面单元有Goodman单元、改进的无厚度弹簧单元、Desai薄层单元、殷宗泽有厚度单元等。其中Goodman单元考虑了两相介质接触面间的单元不连续性，建立了应力与相对位移之间的关系，虽然概念简单但计算时存在数值病态、接触面嵌入等问题；改进的无厚度弹簧单元克服了Goodman单元的缺点，但参数众多，需要进行大量的试验；Desai薄层单元克服了单元的接触面嵌入问题，但其刚度和模量的取值有很大的经验性；殷宗泽提出的有厚度的接触单元假设接触面存在一个剪切破坏带，使本构假设更为合理。

2.5 工程案例

2.5.1 南水北调中线工程某U形渡槽建模[35]

南水北调中线工程某梁式渡槽工程，渡槽上部槽身为U形三向预应力C50混凝土简支结构，U形槽直径8m，壁厚35cm，局部加厚至90cm，槽高8.3～9.2m，单跨跨径30m。单片槽纵向预应力钢绞线共27孔，其中槽身底部21孔为8ϕ^s15.2，槽身上部6孔为5ϕ^s15.2；环向预应力钢绞线共71孔，环向钢绞线均为5ϕ^s15.2，孔道间距420mm。

鉴于梁式渡槽与下部支承结构不存在明显的联合受力问题，且结构计算以静力计算分析为主，故选择渡槽上部结构建立U形渡槽有限元模型。其中，坐标原点取渡槽一端端肋底横梁跨中位置，x向取渡槽横向，y向取渡槽纵向，z轴位于渡槽截面中心线上，方向取铅直方向，以向上为正。实体模型采用8节点等参单元，锚索采用三维锚索单元，共形成实体单元114108个，锚索单元11231个，节点135485个；单个网格尺寸在槽身环向约0.2m，在厚度方向除端部以外为0.05m，在纵向为0.125m（顶部拉杆位置）和0.4m（顶部无拉杆位置）；渡槽4个支撑部位的底部利用不同方向约束的可滑动接触单元模拟简支约束。具体渡槽有限元网格和锚索网格模型如图 2.5.1 和图 2.5.2 所示。

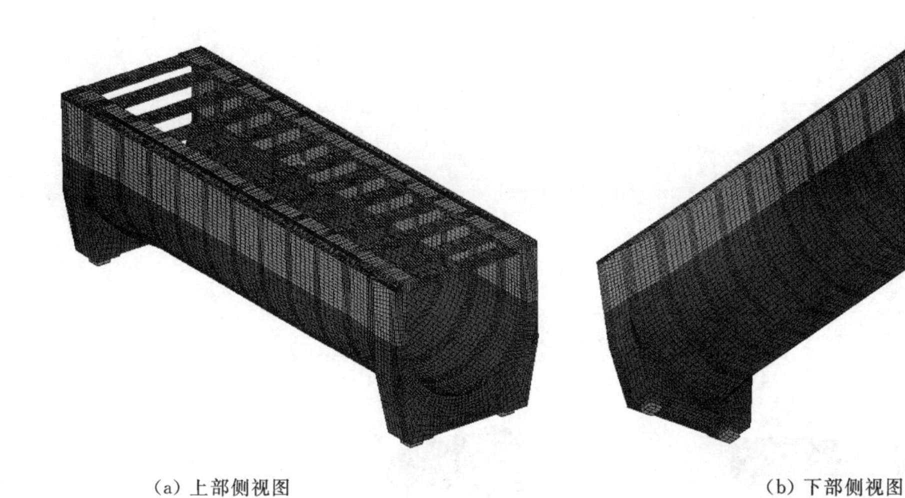

(a) 上部侧视图　　(b) 下部侧视图

图 2.5.1 渡槽有限元网格模型

2.5.2 黔中调水工程某连拱渡槽建模[36]

黔中调水一期工程某渡槽是六连拱式渡槽，单拱跨度 108m，拱顶距离地面最大高度 68m，为国内目前已知最大单跨连拱渡槽。上部结构主要为 C30 混凝土 U 形槽壳段，由 72 节简支 U 形槽壳构成，槽壳为非预应力壳体；其中第 1～6 节和第 68～72 节槽壳下部支承为坐落于基础上的普通排架柱，其余槽壳下部支承为单跨 108m 的六连拱体系。

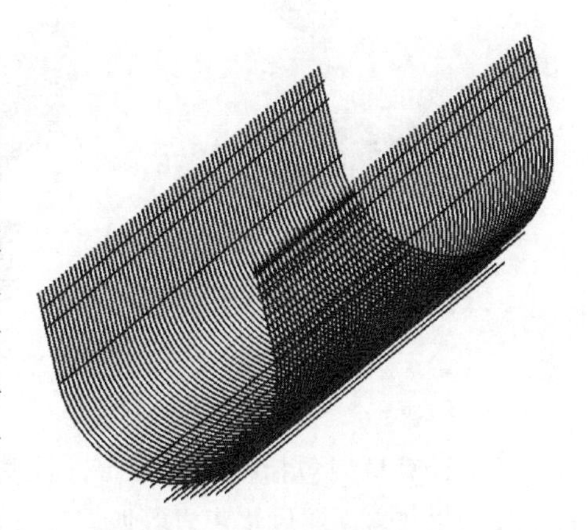

图 2.5.2 锚索网格模型

对于连拱渡槽而言，上部槽身与下部支承结构存在明显的联合受力现象，故选择上部槽身与下部支承结构（排架、主拱圈、槽墩、承台、桩基础等）进行联合建模。其中，坐标原点取 1 号拱圈拱脚处，y 向以指向河流上游为正；x 向取渡槽纵向，沿渡槽桩号增大方向为正；z 轴位于渡槽截面中心线上，方向取铅直方向，以向上为正；模型范围取青渡 0＋015～青渡 0＋843，包括全部连拱渡槽。有限元模型中考虑 U 形渡槽、排架、连拱、槽墩、承台、桩基等结构，同时考虑桩土作用影响。其中，共形成梁单元 2554 个、刚臂单元 50 个、集中质量单元 10 个、弹簧单元 60 个，渡槽整体和局部有限元模型如图 2.5.3 和图 2.5.4 所示。

另外，为研究渡槽上部结构对槽墩的影响，特建立槽墩三维有限元模型进行计算分析。渡槽上部结构对槽墩受力的影响通过施加外荷载方式来实现，具体的荷载转换方法参见 4.3.2 节。

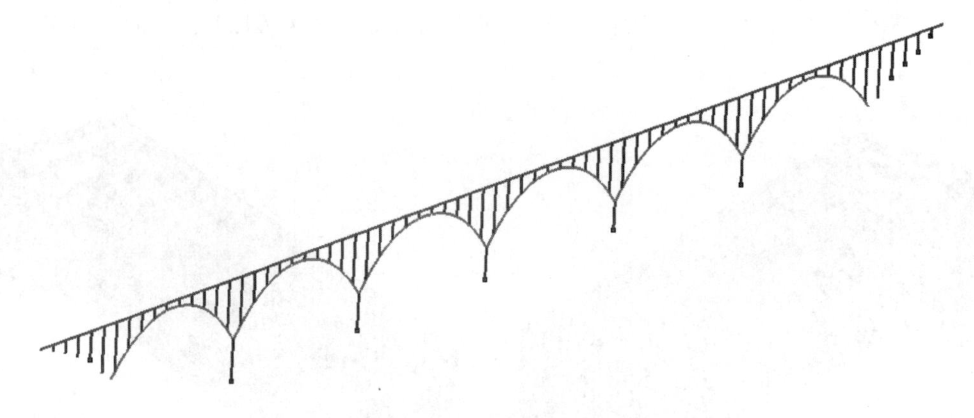

图 2.5.3 渡槽整体有限元模型

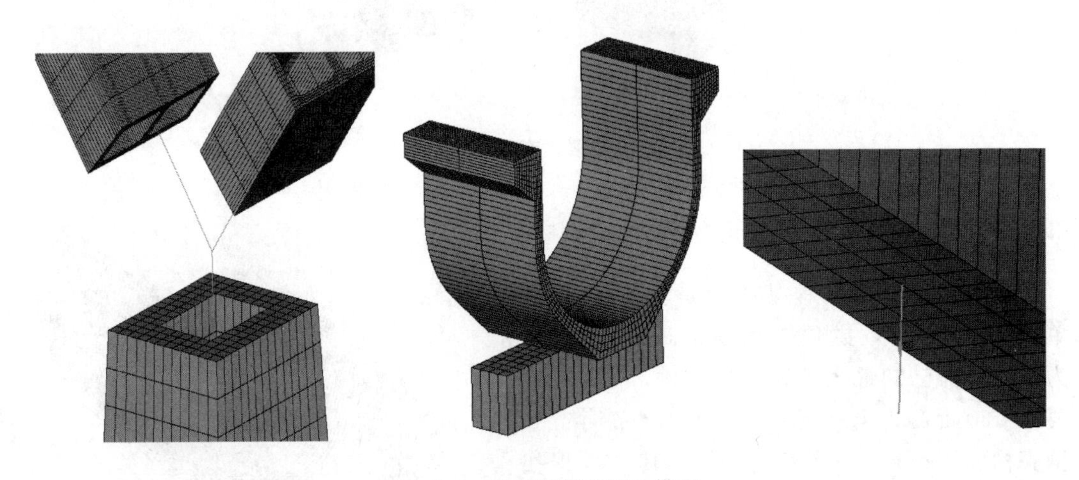

图 2.5.4 渡槽局部有限元模型

整个计算模型包括槽墩、承台、桩基以及基岩等，其中，基岩按覆盖层、强风化泥夹石、强风化灰岩、弱风化灰岩等四层考虑；另外根据1号桩基挖孔地质验收结果，各桩的覆盖层厚度为0.9～1.4m，强风化泥夹石厚度为1.5～2.3m，强风化灰岩厚度为14.23～19.35m，经概化分析，覆盖层厚度取1.5m，强风化泥夹石厚度取2.5m，强风化灰岩厚度取18m，其余按弱风化灰岩考虑。为反映边界对计算结果的影响，将计算范围在水平和竖直方向进行延伸，其中水平方向向四周延伸3倍槽墩高度，垂直方向向下延伸5倍槽墩高度。划分网格时，槽墩、承台、桩基及基岩均采用六面体单元，桩-基岩之间界面采用界面单元，共计生成单元121614个、节点118610个，渡槽下部结构有限元模型如图2.5.5所示。

2.5.3 黔中调水工程某连续刚构渡槽建模[37]

黔中调水一期工程某渡槽总长946m，主槽为100.55＋2×180＋100.55＝561.1m的连续刚构体系，引槽为15m箱型梁。主梁为预应力混凝土箱梁，采用变箱箱梁截面（一部分梁段选用单箱截面作为受力结构并在箱内实现过水，另一部分梁段选用两箱截面作为受力结构并在上箱实现过水）；墩身采用薄壁空心墩；基础为ϕ2000mm挖孔灌注桩基础。

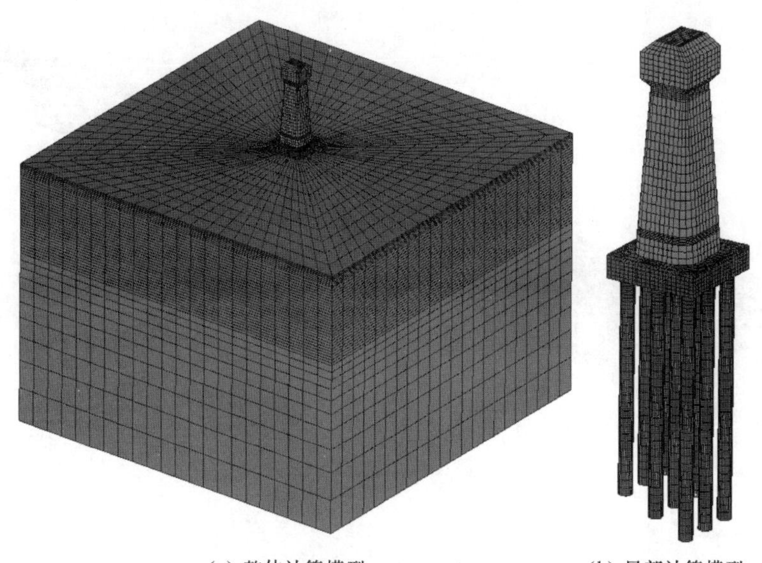

(a) 整体计算模型　　(b) 局部计算模型

图 2.5.5 渡槽下部结构有限元模型示意图

主要施工工艺如下：主墩可采用滑模法施工、箱梁采用对称悬臂浇筑法施工。该渡槽采用高墩大跨连续刚构的新型结构，断面采用变箱箱梁截面，充分利用上箱室作为输水通道，具备桥梁与渡槽结构的双重特点，实现了“槽与桥”的统一。

对于连续刚构渡槽而言，槽身结构既是过水通道又是承载构件，且与下部支承结构（高墩）以固结型式连接，联合受力现象非常突出，故选择整个连续刚构体系进行建模。其中，坐标原点取总干 20＋968 处渡槽顶板中心点，x 向以指向河流上游为正；y 向取渡槽纵向，沿渡槽桩号增大方向为正；z 轴位于渡槽截面中心线上，方向取铅直方向，以向上为正；模型范围取总干 19＋963～总干 20＋703，包括全部主槽部分，引槽部分不予考虑。有限元模型中考虑槽身、槽墩、承台、桩基、盆式支座、临时钢支撑等结构以及纵向、横向及竖向预应力体系，共形成实体单元 475500 个、锚杆单元 117636 个，渡槽整体及各部分有限元模型如图 2.5.6～图 2.5.10 所示。

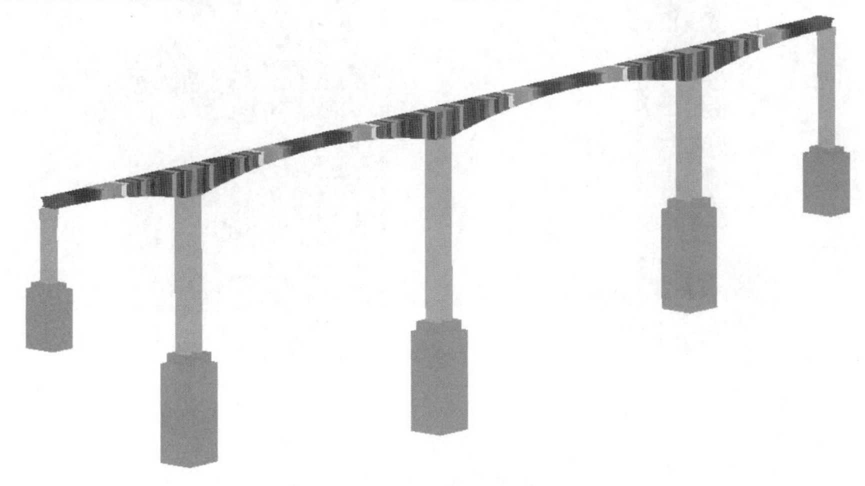

图 2.5.6 渡槽有限元整体模型

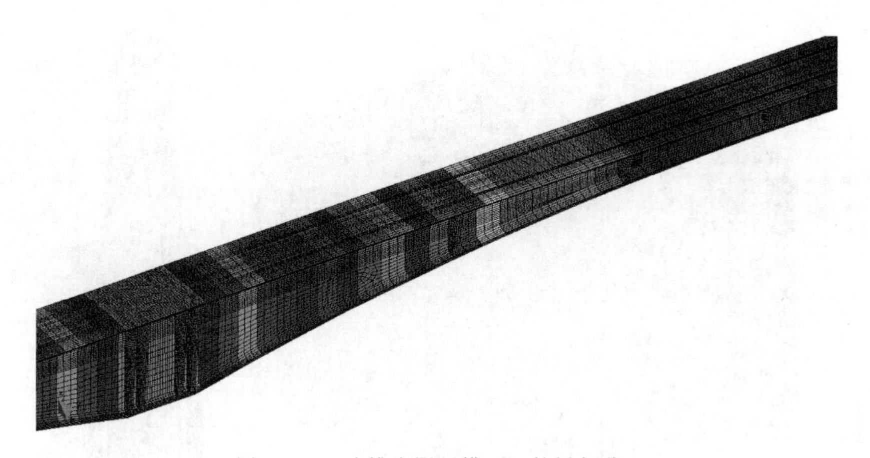

图 2.5.7　渡槽有限元模型（箱梁部分）

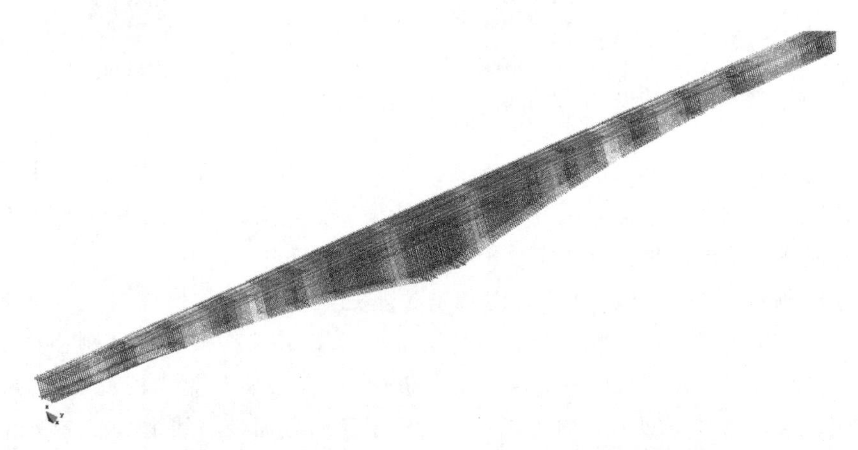

图 2.5.8　纵向、横向预应力钢束及竖向预应力钢筋有限元模型

图 2.5.9　槽墩、承台及桩基有限元模型

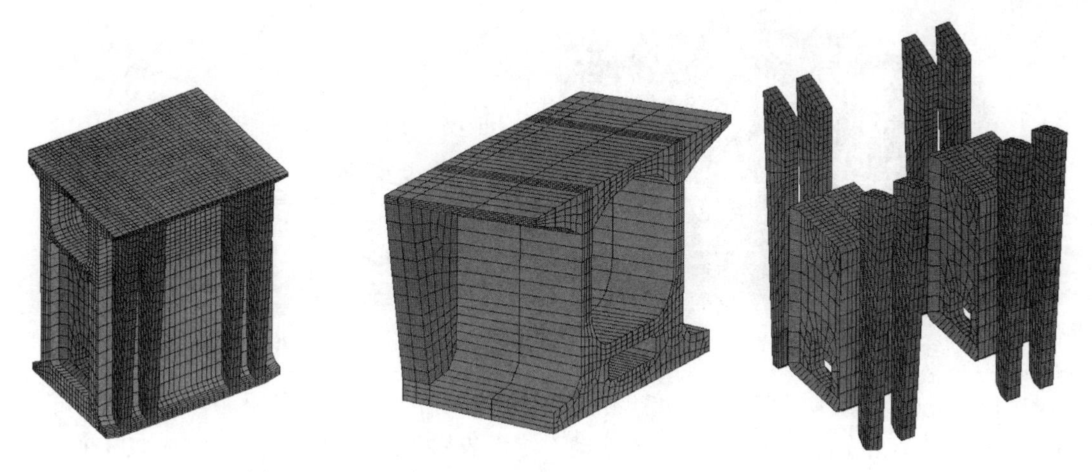

图 2.5.10　0 号箱段、渐变箱段、中隔板及肋板有限元模型

2.5.4　西北地区某两厢互联式箱形渡槽建模[38]

西北地区某两厢互联式渡槽共 3 跨，每跨 2 孔。槽身采用 C50 纤维素钢筋混凝土，单向预应力简支梁结构，箱形槽身，跨度为 18m。各跨布置 2 孔箱形槽身，槽身净宽为 4.4m，槽身净高度 7m，总高度 7.5m。箱形槽身单孔尺寸 $B\times H$ 为 4.4m×7m，顶板厚度 0.4m，边墙厚度 0.5m，净高 7m；中墙厚度 0.5m，底板厚度 0.5m。槽身顶板与墙体结合处布置 0.3m×0.3m 贴角，底板与墙体结合处布置 0.5m×0.5m 贴角。槽身段采用 F300W8C50 纤维素钢筋混凝土，渡槽底部纵向布置 16 道预应力钢绞线。

渡槽中间段下部结构采用三柱框架顶部盖梁的支撑型式，每个立柱直径 1.5m，盖梁高度 2.15m，基础采用扩大基础，基础埋于河床冻土层深度以下。盖梁宽 3.4m，高 2.15m，长 12.5m。排架柱高 16m，中心间距 4.9m、净距 3.4m，排架柱间每 4.5m 设置一道宽 1.0m、高 1.5m 联系梁。基础采用扩大基础，桩柱两侧设置 2 级基础，宽 1.5m，高 1.5m，基础底部尺寸 $B\times L$ 为 9.5m×19.3m，基础底部铺设 1.1m 钢筋石笼，尺寸为 19.8m×20m。台帽及盖梁采用 C40 钢筋混凝土，立柱采用 C35 钢筋混凝土，扩大基础采用 C30 混凝土，混凝土抗冻及抗渗等级分别为 F300 和 W6。

2.5.4.1　静力计算模型

静力计算时，鉴于上部渡槽与下部支承结构不存在明显的联合受力问题，故有限元模型考虑上部槽身结构，同时槽端考虑盆式支座的约束作用。根据设计提供资料建立渡槽有限元模型，其中，坐标原点取渡槽一端底板跨中底部位置，x 向取渡槽横向，y 向取渡槽纵向，z 轴位于渡槽截面中心线上，方向取铅直方向，以向上为正。实体模型采用 8 节点等参单元，锚索采用三维锚索单元，共形成实体单元 353280 个、锚索单元 1244 个、节点 393981 个；渡槽 4 个支撑部位的底部利用不同方向约束的可滑动接触单元模拟简支约束，渡槽与锚索有限元模型如图 2.5.11 和图 2.5.12 所示。

2.5.4.2　动力计算模型

由《水电工程水工建筑物抗震设计规范》（NB 35047—2015）第 13.1.2 条可知，对于

图 2.5.11　渡槽有限元网格模型

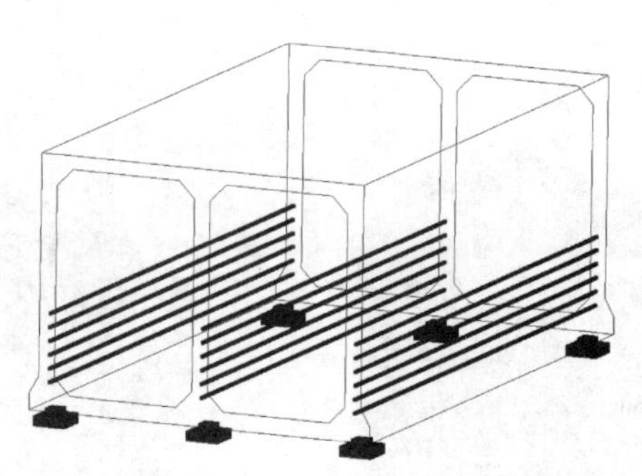

图 2.5.12　锚索有限元模型

1 级渡槽，应建立考虑相邻结构和边界条件影响的三维空间模型，采用动力法进行抗震计算。同时对应的条文说明规定：由于渡槽动力特性的复杂性，对于 1 级渡槽，采用简化计算方法难以正确把握其动力响应的特点，要求建立尽可能符合实际的渡槽空间计算模型。对于很长的渡槽，可以选取具有典型结构或特殊地段或有特殊构造的多跨渡槽进行地震反应分析，并考虑相邻跨的结构和边界条件的影响。

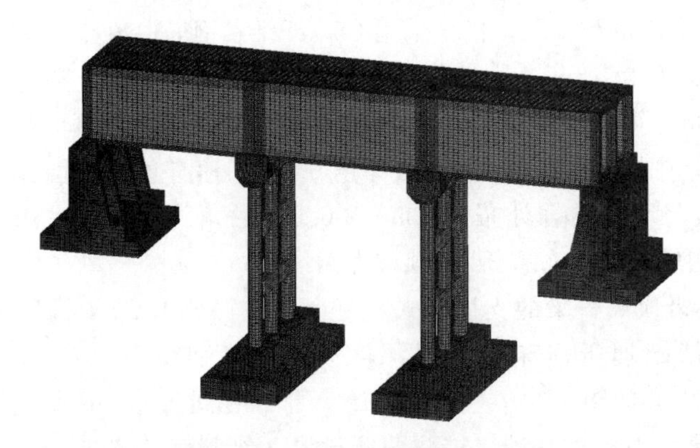

图 2.5.13　槽身及槽墩有限元模型

根据设计资料，该渡槽是按 1 级建筑物进行设计，因此，按照槽身和槽墩联合建模方式来建立渡槽动力计算模型。坐标原点取渡槽一端底板跨中底部位置，x 向取渡槽横向，y 向取渡槽纵向，z 轴位于渡槽截面中心线上，方向取铅直方向，以向上为正。其中，槽身和槽墩采用六面体实体单元模拟，支座采用弹簧单元模拟，锚索采用三维锚索单元，冲击动水压力采用附加质量单元模拟，对流动水压力采用附加质量单元＋弹簧单元组成的弹簧系统来考虑，详见图 2.5.13～图 2.5.15。

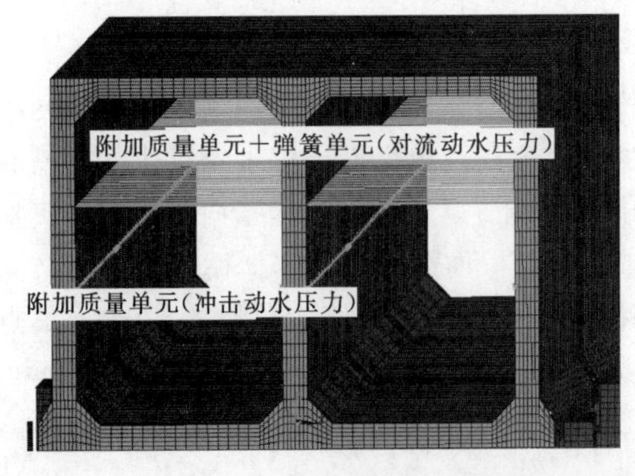

图 2.5.14　动水压力模拟示意图

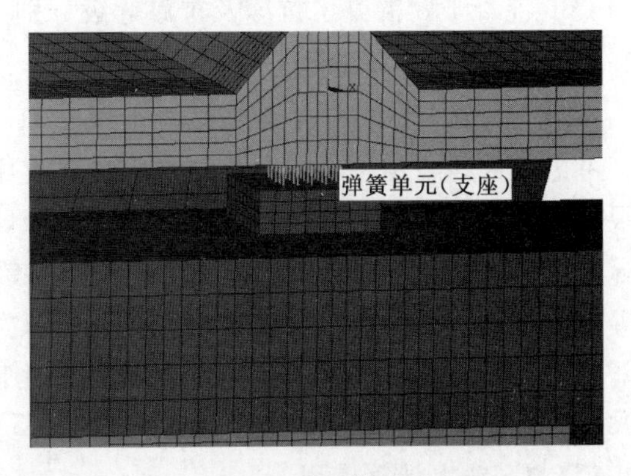

图 2.5.15　支座模拟示意图

参 考 文 献

[1] 项海帆. 高等桥梁结构理论 [M]. 北京：人民交通出版社，2001.

[2] 李遇春，李锦华. 关于大型渡槽结构设计的几个问题 [J]. 中国农村水利水电，2006 (7)：57-60.

[3] 李遇春. 液体晃动动力学基础 [M]. 北京：科学出版社，2017.

[4] 孙尔超，赵平. 大型斜交渡槽的结构设计计算 [J]. 水科学与工程技术，1999 (2)：53-54.

[5] 赵平，唐克东，刘祚秋，等. 大型多纵梁斜交渡槽结构受力特性 [J]. 工程力学，2001，18 (3)：125-130.

[6] 季日臣，李宇，陈尧隆. 简支梁式斜交矩形渡槽槽身结构受力分析 [J]. 西北农林科技大学学报（自然科学版），2005 (6)：117-120.

[7] 梁文藻，杜重华. 装配式渡槽结构型式的革新——U形薄壳渡槽的设计与施工 [J]. 水利水电技术，1965 (11)：40-43.

[8] 熊启钧. 灌区建筑物的混凝土结构计算 [M]. 北京：中国水利水电出版社，2011.

[9] 张存济，雍富强. 底部加厚薄壳渡槽横向计算的改进 [J]. 水利水电技术，1981 (8)：34-39.

[10] 李着. U形薄壳渡槽横向计算方法的探讨 [J]. 水利学报，1986 (1)：59-63.

[11] 姜新佩，汪基伟，周氏. U形薄壳渡槽槽身受力分析及平面刚性梁法的改进 [J]. 水利水电技术，1993 (9)：61-65.

[12] 姜新佩. U形薄壳渡槽槽身设计的研究 [J]. 水利水电技术，1998 (8)：36-38.

[13] 于志秋. U形薄壳渡槽的简化空间计算法 [J]. 西北农林科技大学学报（自然科学版），1981 (2)：16-20+22-28+30-31.

[14] 凌均忆，黄孚美，竺慧珠，等. 用折板分析法简化计算表计算简支U形薄壳渡槽 [J]. 农田水利与小水电，1982 (3)：22-27.

[15] 凌均忆，赵文华，黄孚美，等. 简支式U形槽身壳体理论计算法 [J]. 武汉水利电力学院学报，1985 (2)：47-54.

[16] 陈尧隆. 用有限条法计算薄壳渡槽 [J]. 水利学报，1983 (8)：63-68.

[17] 曹广德，李同春，夏颂佑. 基于非协调强化假定应变单元的U形薄壳渡槽槽身受力分析 [J]. 中国农村水利水电，2005 (10)：50-53.

[18] O C Zienkiewicz，R L Taylor，符松，等. 有限元方法 [M]. 5版. 北京：清华大学出版社，2008.

[19] 中华人民共和国水利部. 水工混凝土结构设计规范：SL 191—2008 [S]. 北京：中国水利水电出版社，2008.

[20] 中华人民共和国水利部. 灌溉与排水渠系建筑物设计规范：SL 482—2011 [S]. 北京：中国水利水电出版社，2011.

[21] 中华人民共和国住房和城乡建设部，中华人民共和国国家质量监督检验检疫局. 水工建筑物抗震设计标准：GB 51247—2018 [S]. 北京：中国计划出版社，2018.

[22] 国家能源局. 水电工程水工建筑物抗震设计规范：NB 35047—2015 [S]. 北京：中国电力出版社，2015.

[23] 王博，陈淮，徐建国，等. 大型渡槽结构抗震分析理论及其应用 [M]. 北京：科学出版社，2013.

[24] 汤华涛，吴新跃. 体壳单元连接MPC法的计算精度分析 [J]. 现代制造工程，2011 (7)：62-65.

[25] 王新敏，李义强，许宏伟. ANSYS结构分析单元与应用 [M]. 北京：人民交通出版社，2011.

[26] 周沈安，汪基伟，冷飞. 混凝土结构有限元计算中预应力模拟方法及比较 [J]. 人民长江，2015，46 (24)：38-42.

[27] 张社荣，祝青，李升. 大型渡槽数值分析中预应力的模拟方法 [J]. 水力发电学报，2009 (3)：

92+99-102.
[28] 张雄，汪卫明，陈胜宏. 小湾拱坝坝体裂缝加固措施研究 [J]. 岩石力学与工程学报，2011 (4)：657-665.
[29] 竺慧珠，陈德亮，管枫年. 渡槽 [M]. 北京：中国水利水电出版社，2005.
[30] 张伯艳，邓迎，李德玉. 渡槽抗震计算中几个关键问题的简化处理方法 [J]. 南水北调与水利科技，2005，3 (2)：46-48.
[31] 刘岳兵，王少华，王宏谋，等. 基于 ANSYS 分析的盆式橡胶支座结构及性能研究 [J]. 铁道建筑，2009 (10)：1-3.
[32] 侯培海，章伊华. 基于有限元的铅芯橡胶支座力学性能模拟及应用 [J]. 机械工程师，2012 (11)：78-79.
[33] 邢世玲，叶见曙，姚晓励. 桥梁桩基础有限元模型构建思路与应用 [J]. 特种结构，2010，27 (2)：77-80，76.
[34] 王满生，周锡元，胡聿贤. 桩土动力分析中接触模型的研究 [J]. 岩土工程学报，2005，27 (6)：616-620.
[35] 中国水利水电科学研究院. ××渡槽上部结构安全评价报告 [R]. 北京：中国水利水电科学研究院，2011.
[36] 中国水利水电科学研究院. 黔中水利枢纽一期输配水工程××大跨连拱渡槽结构计算研究报告 [R]. 北京：中国水利水电科学研究院，2014.
[37] 中国水利水电科学研究院. 黔中水利枢纽一期输配水工程某连续刚构渡槽结构计算研究报告 [R]. 北京：中国水利水电科学研究院，2011.
[38] 中国水利水电科学研究院. 新疆某渡槽槽身三维有限元计算分析研究报告 [R]. 北京：中国水利水电科学研究院，2017.

第3章 渡槽荷载问题研究

3.1 概述

作用在渡槽上的荷载主要有结构重力、槽内水重、静水压力、土压力、风压力、动水压力、漂浮物的撞击力、温度应力、混凝土收缩及徐变影响力、预应力、人群荷载、地震荷载以及施工吊装时的动力荷载等。

对于水工混凝土渡槽而言，温度应力是一个不可忽视的荷载。渡槽外表面置于复杂的自然环境中，受各种自然环境的影响，其外表面温度随时都在变化，而内表面因与水体相接触，其温度相对保持稳定；在不断变化的外表面温度和相对稳定的内表面温度的联合作用下，内部各点温度不断变化，考虑到渡槽属于典型空间薄壁结构，渡槽结构内部会形成较大的温度梯度，进而产生复杂的温度应力。渡槽夏季通水时，槽身外表面温度一般高于内表面，于是在外表面产生压应力，在内表面产生拉应力，这对底板比较有利。相反，冬季通水时，渡槽外表面温度低于内表面，底板应力情况则较为不利。

槽身采用预应力措施后，使得渡槽在结构上发生质的变化，抗裂性、抗震性和刚度大大提高，充分发挥高强钢材的潜力，渡槽截面和变形也相对减小，跨度可显著增大，预应力运行状态好坏直接关系到渡槽工作性态的安全与否。预应力荷载计算的关键在于预应力损失的计算，目前，《水工混凝土结构设计规范》（SL 191—2008）对于预应力损失计算有明确规定。

风荷载也是渡槽研究中一个不容忽视的因素。这是因为渡槽多处于野外空旷或峡谷地带，所处环境风速较大，大型渡槽槽身高达几米，比一般桥梁的迎风面要大得多，甚至可以说，风荷载成为渡槽主要的控制荷载之一。风荷载主要作用在渡槽槽身上，使结构处于很不利的受力状况，若风荷载估计不足，很容易引起支撑结构的失稳破坏，对于大型薄壳渡槽，槽身在空槽时有被（顺风向）大风掀翻的危险。目前，《灌溉与排水渠系建筑物设计规范》（SL 482—2011）对风荷载取值均有明确规定，但是对于风环境条件异常复杂的高架、大跨渡槽如连续刚构渡槽，应通过风洞试验（或数值风洞试验）专项论证风荷载。

在地震作用下，地面运动会通过支承结构引起槽身的运动，槽身牵连运动又会带动槽内水体的晃动，而槽内水体的晃动反过来会影响槽身与支承结构的运动（振动），因而在渡槽体系抗震分析中应考虑流体的晃动及其结构的相互作用即动水压力问题，这是渡槽抗震不同于桥梁的特点，也是渡槽抗震计算的关键问题。目前，关于渡槽动水压力荷载取值问题，《水工建筑物抗震设计标准》（GB 51247—2018）以及《水电工程水工建筑物抗震设计规范》（NB 35047—2015）均有明确规定。

本章重点介绍温度荷载、预应力荷载、风荷载以及动水压力荷载的作用机理、计算方法及参考算例，其他荷载如结构重力、静水压力、土压力等可参见相关规范规定。

3.2 温度载荷

3.2.1 作用机理

温度荷载是指物体由于外部或各部分间的相互约束，在温度变化时不能自由胀缩所引起的约束力。该荷载是一种使渡槽结构体积发生变化的荷载，它与作用在槽身内壁上的水荷载以及作用在槽身外壁上的风荷载有本质区别。从计算角度来看，温度荷载属于体荷载，而后两者则属于面荷载范畴。对于渡槽而言，槽身结构温度变化主要来自两个方面：①施工期混凝土在凝固过程中发生的水化热引起混凝土体内温度发生变化；②混凝土结构在运行期，受周围介质温度变化而导致混凝土结构发生温度变化。根据《水工混凝土结构设计规范》（SL 191—2008）温度作用设计原则，按照第11.1.2条规定："温度作用应按下列情况分别考虑，……拱和框架等非大体积钢筋混凝土结构可只考虑运行期的温度作用……"鉴于渡槽属于典型的非大体积钢筋混凝土结构，只需考虑运行期温度荷载即可[1]；至于施工期温度变化对渡槽结构的影响，属于水工混凝土温度控制问题，具体内容详见第7章。

运行期温度荷载可分为长周期温度荷载（年温度变化引起）和短周期温度荷载（由日照温度变化和秋冬季急剧降温引起）。年温度变化是一种比较缓慢的周期性变化，冬冷夏热，变化相对比较简单；在考虑年温度对结构的影响时，均以结构物的平均温度为依据，一般规定以最高与最低月平均温度的变化值为年温度变化幅度。日照温度变化很复杂，影响因素众多，主要有太阳的直接辐射、天空辐射、地面反射、气温变化、风速以及地理纬度、渡槽方位和壁板的朝向、附近的地形地貌等。由日照温度变化引起的渡槽表面和内部温度变化是一个随机变化的复杂函数。秋冬季急剧降温变化是一种无规律的温度变化，是指水工渡槽结构在冷空气侵袭下，结构外表面迅速降温，在渡槽边壁形成内高外低的温度分布状态。

在长周期温度作用下，渡槽内温度变化比较均匀，结构将产生较大的整体变形，由于支承条件约束，在结构内形成温度应力，一般来讲，这种温度应力不是很大。对于短期温度变化而言，其变化速度很快，而且在结构各表面引起温度变化也不相同，渡槽产生的整体位移往往不太大，却能在局部形成较大温度应力。

3.2.2 计算方法

3.2.2.1 长周期温度荷载

目前，关于渡槽结构运行期温度荷载选取方面，《灌溉与排水渠系建筑物设计规范》（SL 482—2011）已明确规定，对温度变幅值 ΔT 的计算，采用当地最高和最低月平均气温减去结构浇筑、安装或合龙时的气温[2]，即

$$\left.\begin{aligned}&\text{温升荷载} \quad \Delta T = T_1 - T_2\\&\text{温降荷载} \quad \Delta T = T_3 - T_2\end{aligned}\right\} \tag{3.2.1}$$

式中：T_1、T_3 分别为最高和最低月平均气温，℃；T_2 为结构浇筑、安装或合龙时的气温，℃。

然而渡槽运行期温度应力决定于温度场边界条件，气温和水温变化影响最为显著。另外，朱伯芳院士特别强调一种控制工况，即冬季槽内有水，槽外遭遇特别低温，槽内的水是从上游流来的，即使气温在 0℃以下，水温仍在 0℃以上，外面气温可能达到－30～－40℃，甚至更低，这一温差可引起很大的拉应力。由此可见，运行期时渡槽温度荷载应重点关注外界气温和水温的联合作用，如图 3.2.1 所示。综合以上分析，结合南水北调中线工程沙河、午河及洺河等渡槽研究成果，长周期温度荷载边界条件按稳态考虑，温差取多年月平均最高或最低气温与水温差，即

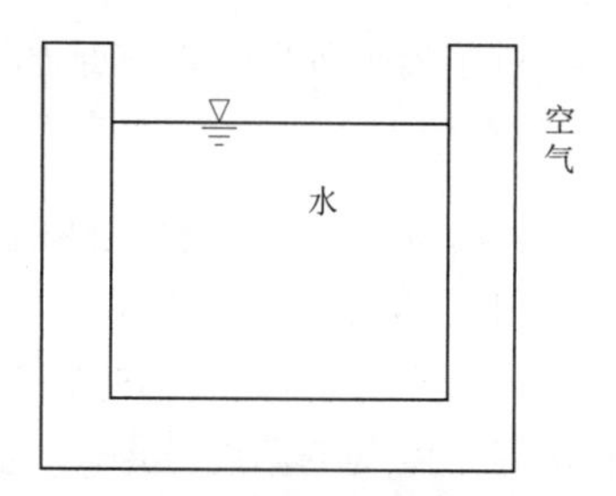

图 3.2.1 外界气温与水温联合作用示意图

$$\left.\begin{aligned} &\text{温升荷载} \quad \Delta T = T_1 - T_w \\ &\text{温降荷载} \quad \Delta T = T_3 - T_w \end{aligned}\right\} \tag{3.2.2}$$

式中：T_1、T_3 分别为最高和最低月平均气温，℃；T_w 为气温最高和最低时对应的水温，℃；若冬季不通水，则温降荷载取 0℃。

关于水温 T_w 的计算方法详见 3.2.2.3 节。

3.2.2.2 短周期温度荷载

渡槽属于典型薄壁结构，在日温度变化、温度骤升骤降、太阳辐射以及内部水温作用下，槽壁沿壁厚方向产生明显且强烈的温度变化；鉴于目前渡槽尚无具体的实测资料，可近似参考桥梁工程的实测数据，假定槽壁内的温差近似按指数形式分布[3]，具体如下：

$$T_x = (T_1 - T_2)e^{-ax} \tag{3.2.3}$$

式中：T_x 为距槽外壁 x 处的槽壁内某点的温差值；T_1 为槽外壁表面温度；T_2 为槽内壁表面温度，通常为槽内水温；x 为距槽外壁 x 处的距离；a 为温差分布指数函数的系数。

式 (3.2.3) 为短周期温度荷载的简化计算公式，对于结构复杂的大、中型渡槽可采用有限元法计算得到较为准确的渡槽温度场分布及短周期温度荷载[4-5]。

对于渡槽而言，短周期温度荷载作用下，其内部温度场属于典型的瞬态温度场，满足以下控制方程：

$$\sum q = -k\left(\frac{\partial T}{\partial x}n_x + \frac{\partial T}{\partial x}n_y + \frac{\partial T}{\partial x}n_z\right) \tag{3.2.4}$$

式中：$\sum q$ 为热流密度，W/m²；$\frac{\partial T}{\partial x}$、$\frac{\partial T}{\partial y}$、$\frac{\partial T}{\partial z}$为温度梯度在直角坐标上的分量；$n_x$、$n_y$、$n_z$ 为法向方向余弦；k 为导热系数，kJ/(m·h·℃)。

对于渡槽内壁，应满足如下边界条件：

$$\sum q = q_w = h_w(T_w - T_s') \tag{3.2.5}$$

式中：q_w 为水流对流换热热流密度，W/m²；h_w 为水体对流热交换系数，W/(m²·℃)；T_w 为槽内水体温度，℃；T_s'为槽壁内表面温度，℃。

当混凝土渡槽通水以后，槽身过水壁面的表面温度近似等于过水水温，即

$$T_s' \approx T_w \tag{3.2.6}$$

对于渡槽外壁，应满足如下边界条件：

$$\sum q = q_c + q_r + q_s \tag{3.2.7}$$

式中：q_c 为空气对流换热热流密度，W/m^2；q_r 为热辐射换热热流密度，W/m^2；q_s 为太阳辐射换热热流密度，W/m^2。

(1) 空气对流换热热流密度 q_c。对流引起的换热热流密度 q_c 依赖于空气的流动速度和边界、空气的温度，即

$$q_c = h_c(T_a - T_s) \tag{3.2.8}$$

式中：h_c 为空气对流热交换系数，$W/(m^2 \cdot ℃)$；T_a 为空气温度，℃；T_s 为槽壁外表面温度，℃。

(2) 热辐射换热热流密度 q_r。长波热辐射引起的热交换热流密度 q_r，根据斯特藩·玻尔兹曼（Stefan - Boltzman）辐射定律可表示为

$$q_r = \sigma\varepsilon[(T^* + T_a)^4 - (T^* + T_s)^4] \tag{3.2.9}$$

式中：σ 为 Stefan - Boltzman 常数，取 $5.677 \times 10^8 W/(m^2 \cdot K^4)$；$\varepsilon$ 为辐射率；T^* 为常数（273.15），用于将℃转化为 K。

式（3.2.9）可写成：

$$\begin{cases} q_r = h_r(T_a - T_s) \\ h_r = \sigma\varepsilon[(T^* + T_a)^2 + (T^* + T_s)^2](T_a + T_s + 2T^*) \end{cases} \tag{3.2.10}$$

式中：h_r 为长波辐射的热交换系数，参考国内外相关试验资料，可取 $8.0W/(m^2 \cdot ℃)$。

(3) 太阳辐射换热热流密度 q_s。太阳辐射引起的热交换热流密度 q_s 可表示为

$$\begin{cases} q_s = \alpha_t I_t \\ I_t = I_\alpha + I_\beta + I_f \end{cases} \tag{3.2.11}$$

式中：α_t 为太阳辐射吸收系数；I_t 为太阳辐射强度，W/m^2；I_α 为渡槽外表面所受的太阳直射强度，W/m^2；I_β 为渡槽外表面所受的太阳散射强度，W/m^2；I_f 为渡槽外表面所受的地面反射强度，W/m^2。

1) 太阳直射强度 I_α。与太阳直接辐射方向垂直的平面上的直射辐射强度 I_α 可按照式（3.2.12）计算：

$$I_\alpha = I_0 \frac{\sin h}{\sin h + \dfrac{1-p}{p}} \tag{3.2.12}$$

式中：h 为太阳高度角；p 为大气透明度系数；I_0 为太阳常数。

a. 太阳常数 I_0。太阳常数 I_0 可按以下经验公式进行计算：

$$I_0 = 1367 \times \left[1 + 0.033\cos\left(360° \times \frac{N}{365}\right)\right] \quad (kW/m^2) \tag{3.2.13}$$

式中：N 为日期对应的计数，按1月1日取1，依次递增。

b. 太阳高度角 h。太阳高度角 h 可按式（3.2.14）进行计算：

$$\sin h = \cos\phi\cos\delta\cos\omega + \sin\phi\sin\delta \tag{3.2.14}$$

式中：ϕ 为当地的地理纬度；δ 为太阳赤纬角；ω 为太阳时角，正午12时为0°，上午为

负，下午为正。

c. 太阳赤纬角 δ。太阳赤纬角 δ 是地心指向日心的连线与赤道平面的夹角，它是日期的函数，按式（3.2.15）计算：

$$\delta=23.45\sin\left(360\times\frac{284+N}{365}\right) \tag{3.2.15}$$

式中：N 为日期对应的计数，按 1 月 1 日取 1，依次递增。

d. 太阳时角 ω。按照天文学的规定，地球以 15°/h 的速度进行自转，中午 12 时为 0°，下午为正，上午为负。太阳时角 ω 按照式（3.2.16）计算：

$$\omega=(S_d-12)\times15° \tag{3.2.16}$$

e. 地方太阳时 S_d。按照本地经度测量的时刻，通称为地方太阳时，太阳入射光线与本地子午线重合时为正午 12 点。太阳辐射与太阳时息息相关，地方太阳时 S_d 按式（3.2.17）计算：

$$S_d=S+[F-(120°-JD)\times4]/60 \tag{3.2.17}$$

式中：S 为北京时间的小时数；F 为北京时间的分钟数；JD 为当地经度。

投射到斜面上的太阳直射辐射 I_α 按照图 3.2.2 导出：

$$I_\alpha=I_m\cos\theta \tag{3.2.18}$$

式中：θ 为太阳入射方向与斜面法线的夹角，此夹角可按式（3.2.19）求得。

$$\cos\theta=\cos\beta\sin h+\sin\beta\cos h\cos(\gamma_z-\gamma) \tag{3.2.19}$$

式中：γ_z 为太阳方位角；γ 为倾斜面的方位角。

太阳方位角 γ_z 可按照式（3.2.20）进行计算：

$$\sin\gamma_z=\cos\delta\sin\omega/\cos h \tag{3.2.20}$$

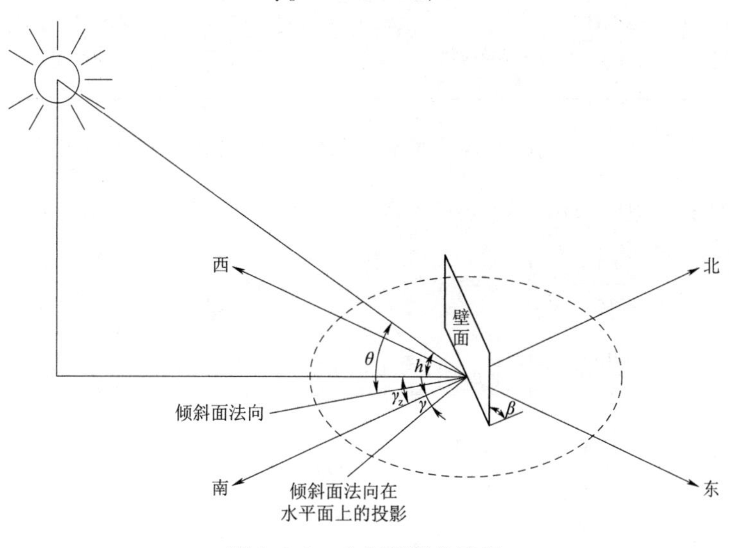

图 3.2.2 太阳辐射角度图

2）太阳散射强度 I_β。大气层中散射的太阳辐射，从天穹的各个地方辐射到地球表面的结构物上，它与壁面的方位角，与是否处于阴影状态无关，主要和太阳高度角、大气的混浊程度以及壁面的倾角 β 有关。如果已知水平面的散射强度 I_d，则任意壁面所受的散射强度 I_β 为

$$I_\beta=I_d(1+\cos\beta)/2 \tag{3.2.21}$$

3）地面反射强度 I_f。渡槽结构总是位于地表面之上，因此，底板会受到地面反射的影响。对于地面倾斜的接受面，反射强度可按照式（3.2.22）计算：

$$I_f=\rho^*(I_m\sin h+I_d)(1-\cos\beta)/2 \tag{3.2.22}$$

式中：ρ^* 为地面反射系数，根据渡槽地质条件来进行选取。

3.2.2.3　水温计算

目前，槽内过水水温 T_w 可以通过理论计算及数值分析、现场实测或工程类比得到。下面给出槽内水温 T_w 的数值分析方法。

1. 开口型渡槽水温计算

对于 U 形或矩形渡槽而言，其槽内水体水温可根据《水电工程水温计算规范》（NB/T 35094—2017）相关规定进行计算[6]，具体如下。

《水电工程水温计算规范》（NB/T 35094—2017）第 5.2.1 条规定：河流水温计算宜采用纵向一维数值模型，计算方法应符合本规范附录 B 中第 B.2 节的有关规定；简单估算可采用简化公式，且应符合本规范附录 E 的有关规定。相关条文说明规定：由于纵向一维数值模型计算河流水温时，对水气热交换及温度的纵向扩散考虑比较全面，因此一般情况下推荐采用纵向一维数值模型，如图 3.2.3 所示。简化公式法忽略了河道地形的变化和区间汇流影响，而且对部分非线性变化的热交换通量进行了线性化处理，因此适用于河流水温的简单计算。

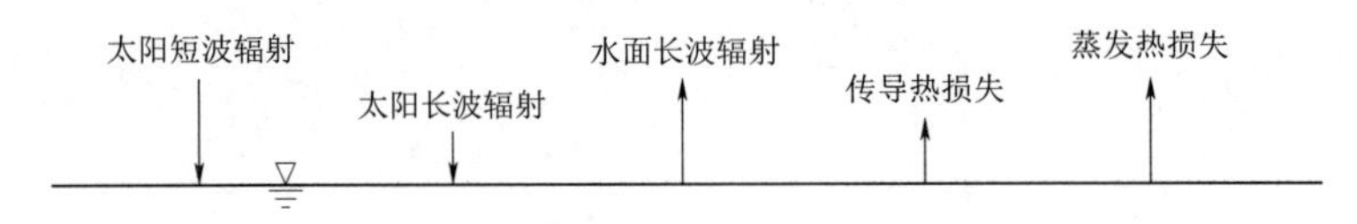

图 3.2.3　水体-大气热交换示意图

纵向一维数值模型应采用下列公式计算：

$$\begin{cases}\dfrac{\partial A}{\partial t}+\dfrac{\partial Q}{\partial x}-q=0\\[2ex]\dfrac{\partial Q}{\partial t}+\dfrac{\partial Q\overline{u}}{\partial x}+gA\left(\dfrac{\partial z}{\partial x}+S_f\right)=0\\[2ex]\dfrac{\partial(AT)}{\partial t}+\dfrac{\partial(QT)}{\partial x}=\dfrac{\partial}{\partial x}\left(AD_L\dfrac{\partial T}{\partial x}\right)+\dfrac{B_0\varphi}{\rho c_p}+qT_b\end{cases} \tag{3.2.23}$$

式中：A 为过水断面面积，m^2；Q 为流量，m^3/s；q 为单位长度的旁侧入流量，m^2/s；$\overline{u}$ 为断面平均流速，m/s；S_f 为摩阻坡降；B_0 为水面宽度，m；φ 为水气热交换的总净流通

量，W/m^2；D_L 为纵向综合扩散系数，m^2/s；T_b 为旁侧入流温度，℃。

其中，水气热的总净流通量 φ 可采用下式计算：

$$\begin{cases}\varphi=\varphi_{sn}+\varphi_{an}-\varphi_{br}-\varphi_e-\varphi_c\\ \varphi_{sn}=\varphi_s(1-\gamma)\\ \varphi_z=(1-\beta_1)\varphi_{sn}e^{-\eta h}\\ \varphi_{an}=(1-\gamma_a)\sigma\varepsilon_a(273.15+T_a)^4\\ \varphi_{br}=\sigma\varepsilon_w(273.15+T_a)^4\\ \varphi_e=f(u_w)(e_s-e_a)\\ \varphi_c=0.626f(u_w)(T_s-T_a)\\ \varepsilon_a=1-0.261\exp(-7.77\times10^{-4}T_a^2)(1+KC^2)\\ f(u_w)=\sqrt{22.0+12.5u_w^2+2.0\times(\Delta T_{aw})}\\ e_s=6.11\times10^{\frac{7.5T_s}{T_s+237.3}}\\ e_a=6.11\times RH\times10^{\frac{7.5T_a}{T_a+237.3}}\end{cases} \tag{3.2.24}$$

式中：φ 为水气热交换的总净热通量，W/m^2；φ_{sn}为净吸收的太阳短波辐射功率，W/m^2；φ_{an}为净吸收的太阳长波辐射功率，W/m^2；φ_{br}为水体长波返回辐射功率，W/m^2；φ_e 为水面蒸发热损失通量，W/m^2；φ_c 为热传导通量，W/m^2；φ_s 为到达地面的太阳短波总辐射功率，W/m^2；γ 为太阳短波辐射的水面反射率；β_1 为太阳短波辐射的表面吸收系数；η 为太阳短波辐射的水中衰减系数，m^{-1}；h 为水深，m；T_a 为气温，℃；γ_a 为太阳长波辐射的水面反射率；σ 为 Stefan - Boltzmann 常数，取 $5.67\times10^{-8}W/(m^2\cdot K^4)$；$T_s$ 为水体表面温度，℃；ε_w 为水体的长波发射率，取值为 0.965；ε_a 为大气的长波发射率；K 为与云层高度有关的参数，推荐取值为 0.17；C 为云层覆盖率；$f(u_w)$ 为风函数，反映了自由对流和强迫对流对蒸发的影响，$W/(m^2\cdot hPa)$；u_w 为近地面风速，m/s；ΔT_{aw}为水、气温差，℃；e_s 为相应于水面温度 T_s 的紧靠水面的空气饱和蒸发压力，hPa；e_a 为水面上空气的蒸发压力，hPa；RH 为相对湿度，%。

纵向综合扩散系数 D_L 可采用下式计算：

$$\begin{cases}D_L=\dfrac{0.11\overline{u}^2B^2}{hu^*}\\ u^*=\sqrt{gRI}\end{cases} \tag{3.2.25}$$

式中：$\overline{u}$ 为断面平均流速，m/s；B 为河宽，m；h 为平均水深，m；u^* 为摩阻流速，m/s；R 为水力半径，m；I 为水力坡降。

假定河段气象条件不变，河段断面形状及水力特性沿程变化不大的情况下，对流交换项进行线性处理后，河流沿程水温可按下列简化公式计算：

$$\begin{cases}T_w=T_0+(T_E-T_0)\left\{1-\exp\left[\dfrac{[109+Lf(u_w)\rho(0.00061p_a+b)]BX}{-86400\rho c_p Q}\right]\right\}\\ L=5976.31-0.5631T_w\\ f(u_w)=0.22\times10^{-3}\times(1+0.31u_w^2)^{0.5}\end{cases} \tag{3.2.26}$$

式中：T_w为河道水温，℃；T_E为平衡水温，℃；T_0为初始断面水温，℃；L为汽化潜热；$f(u_w)$为风速函数；ρ为水的密度，kg/m³；p_a为大气压，Pa；b为常数，当温度为0～10℃时，$b=0.52$，当温度为10～30℃时，$b=1.13$；B为河宽，m；X为影响距离，m；c_p为水的比热容，J/(kg·℃)；Q为河道流量，m³/s；u_w为近地面风速，m/s。

2. 闭口型渡槽水温计算

对于闭口型渡槽（如箱型截面渡槽），可忽略空气的自然对流换热影响，仅考虑空气在水体流动时的被迫对流换热作用，假设渡槽内流体为不可压缩流体，密度为常数，且温度的变化对流体的流动无影响[7]。流体热传输数学控制方程包括连续性方程、动量方恒、能量方程、脉动动能k方程及耗散能ε方程[8]。

（1）连续性方程：

$$\frac{\partial v_i}{\partial x_i}=0 \tag{3.2.27}$$

（2）动量方程：

$$\rho\frac{\partial v_i}{\partial t}+\rho\frac{\partial v_i v_j}{\partial x_j}=-\frac{\partial p}{\partial x_i}+\frac{\partial}{\partial x_j}\left[(\mu+\mu_t)\left(\frac{\partial v_i}{\partial x_j}+\frac{\partial v_j}{\partial x_i}\right)\right] \tag{3.2.28}$$

（3）脉动动能k方程：

$$\rho\frac{\partial k}{\partial t}+\rho k\frac{\partial v_i}{\partial x_i}=\frac{\partial}{\partial x_i}\left[\left(\mu+\frac{\mu_t}{\sigma_k}\right)\frac{\partial k}{\partial x_i}\right]+\mu_t\left(\frac{\partial v_i}{\partial x_j}+\frac{\partial v_j}{\partial x_i}\right)\frac{\partial v_i}{\partial x_j}-\rho\varepsilon \tag{3.2.29}$$

（4）耗散能ε方程：

$$\rho\frac{\partial \varepsilon}{\partial t}+\rho\varepsilon\frac{\partial v_i}{\partial x_i}=\frac{\partial}{\partial x_i}\left[\left(\mu+\frac{\mu_t}{\sigma_\varepsilon}\right)\frac{\partial \varepsilon}{\partial x_i}\right]+c_{1\varepsilon}\frac{\varepsilon}{k}\left(\frac{\partial v_i}{\partial x_j}+\frac{\partial v_j}{\partial x_i}\right)\frac{\partial v_i}{\partial x_j}-c_{2\varepsilon}\rho\frac{\varepsilon^2}{k} \tag{3.2.30}$$

（5）湍流黏性系数方程：

$$\mu_t=c_\mu\rho k^2/\varepsilon \tag{3.2.31}$$

（6）能量方程：

$$\rho\frac{\partial T}{\partial t}+\rho\frac{\partial(v_i T)}{\partial x_i}=\frac{\partial}{\partial x_i}\left[\left(\frac{\lambda_a}{c_p}+\frac{\mu_t}{\sigma_T}\right)\frac{\partial T}{\partial x_i}\right] \tag{3.2.32}$$

式中：v_i、v_j分别为i、j方向的流体流动速度，m/s；x_i、x_j为坐标分量，i、$j=x,y,z$；μ为流体的动力黏度系数，Pa·s，仅与流体的物性有关；μ_t为流体的湍流黏性系数，kg/(m·s)，取决于流动状态；ρ为流体密度，kg/m³；p为流体压强，Pa；k为脉动动能，m²/s²；ε为脉动动能的耗散率，m²/s²；T为温度，℃；σ_k、σ_ε、σ_T、$c_{1\varepsilon}$、$c_{2\varepsilon}$、μ为控制方程中的无量纲经验常数，分别取1.0、1.30、0.90、1.44、1.92、0.09；λ_a为流体的导热系数，W/(m·℃)；c_p为流体定压比热，J/(kg·℃)。

（7）边界条件。

1）流体入口边界：定义为流速入口边界条件，即给定入口流速和入口温度，k、ε根据经验公式确定，具体如下：

$$
\begin{cases}
v_x|_{A1}=v_{x0} \\
v_y|_{A1}=v_{y0} \\
v_z|_{A1}=v_{z0} \\
T|_{A1}=T_0 \\
k|_{A1}=k_0=0.01\times(v_{x0}^2+v_{y0}^2+v_{z0}^2)/2 \\
\varepsilon|_{A1}=\varepsilon_0=c_{\mu}^{\frac{3}{4}}k_0^{\frac{3}{2}}/l
\end{cases}
\tag{3.2.33}
$$

式中：v_{x0}、v_{y0}、v_{z0}为3个坐标方向的初始速度，m/s；T_0为入口流体的初始温度，℃；下标符号0为入口初始值；$A1$为入口边界；l为湍流长度标尺，按混合长度理论计算。

2）流体出口边界：假设出口边界流动与换热均已充分发展，即

$$
\begin{cases}
\left.\dfrac{\partial v_x}{\partial n}\right|_{A2}=0 \\
\left.\dfrac{\partial v_y}{\partial n}\right|_{A2}=0 \\
\left.\dfrac{\partial v_z}{\partial n}\right|_{A2}=0 \\
\left.\dfrac{\partial T}{\partial n}\right|_{A2}=0 \\
\left.\dfrac{\partial k}{\partial n}\right|_{A2}=0 \\
\left.\dfrac{\partial \varepsilon}{\partial n}\right|_{A2}=0
\end{cases}
\tag{3.2.34}
$$

式中：$A2$为出口边界；$\vec{n}$为边界上的方向矢量。

3）固壁边界：

$$
\begin{cases}
v_x|_{A3}=0 \\
v_y|_{A3}=0 \\
v_z|_{A3}=0 \\
T|_{A3}=T_{s0} \\
k|_{A3}=0 \\
\varepsilon|_{A3}=0
\end{cases}
\tag{3.2.35}
$$

式中：$A3$为固体壁面边界；T_{s0}为固壁温度边界初始值。

其中流-固耦合界面，定义固定界面对于黏性流体为无滑移边界，考虑到流体温度与固体温度连续，则有

$$
T|_{A3^+}=T|_{A3^-}
\tag{3.2.36}
$$

式中：$A3^-$为流固耦合界面的接触界面的固体面；$A3^+$为接触界面的流体面。

其中流体耦合界面定义流体界面对于黏性流体为移动边界，考虑到流体基面之间温度与速度连续，则有

$$
\begin{cases}
T|_{A4^+}=T|_{A4^-} \\
v|_{A4^+}=v|_{A4^-}
\end{cases}
\tag{3.2.37}
$$

式中：$A4$ 为流体界面之间耦合接触面；+、-表示耦合界面对应的两个接触面。

式（3.2.27）～式（3.2.37）具有强非线性，无法求得解析解，可采取数值方法进行求解。

3.2.3　参考算例[9]

南水北调中线某渡槽段位于河南省鲁山县，渠段总长 11.9381km，其中明渠长 2.8881km，渡槽长 9.05km。根据段内鲁山站资料统计，段内霜冻最早初日为 10 月 21 日，最晚终日为 4 月 15 日；地面稳定冻结初日为 12 月 26 日，稳定冻结终日为 1 月 4 日，历年月最大冻土深度为 16cm。鲁山站观测有多年各月平均降水量和降水日数，多年各月平均气温和各月平均最高、最低气温，极端最高和最低气温。多年平均风速 2m/s；全年最多风向为西北风，最大风速 21m/s。鲁山站气象要素详细资料见表 3.2.1。

表 3.2.1　　鲁山站气象要素表

气象要素	各月气象要素值												合计	平均	极值
	1月	2月	3月	4月	5月	6月	7月	8月	9月	10月	11月	12月			
各月平均降水日数/d	3.8	5.1	7.4	7.6	8.5	8.9	12.6	11.5	9.5	8.3	5.8	3.8	92.8		
各月平均降水量/mm	12.8	18.0	39.1	48.2	88.6	108.0	187.7	139.4	85.1	59.4	29.3	12.1	827.7		
多年各月平均气温/℃	1.1	3.8	8.4	15.7	20.9	25.8	27.0	25.7	21.2	15.7	8.9	3.2		14.8	
多年各月平均最高气温/℃	7.0	9.4	14.2	21.7	26.9	31.5	31.6	30.5	26.9	21.9	15.2	9.3		20.5	
多年各月平均最低气温/℃	-3.7	-1.6	3.2	9.7	14.7	20.0	22.9	21.7	16.6	10.5	3.9	-1.9		9.7	
多年各月极端最高气温/℃	19.1	25.0	27.5	34.6	38.6	43.3	38.8	38.5	39.9	34.9	27.4	21.5			43.3
多年各月极端最低气温/℃	-15.8	-16.7	-7.2	-2.3	2.2	11.4	15.7	13.7	6.9	-2.6	-7.5	-13.4			-16.7
多年各月平均风速/(m/s)	2.1	2.2	2.4	2.4	2.1	2.1	1.8	1.5	1.4	1.6	2.0	2.1		2.0	
多年各月最大风速/(m/s)	19.0	17.0	19.0	21.0	17.0	14.7	14.0	19.7	13.0	15.7	17.0	19.0			21.0

根据《水工混凝土结构设计规范》（SL 191—2008）温度作用设计原则，参照"拱和框架等非大体积钢筋混凝土结构可只考虑运行期的温度作用"，长周期温度荷载边界条件按稳态考虑，温差取多年月平均最高或最低气温与水温差。

根据长江水利委员会长江勘测规划设计研究院提供的资料，丹江口大坝加高后水库典型水位水温变化过程线为图 3.2.4 和图 3.2.5。不同水深库水温的变化详细资料见表 3.2.2。

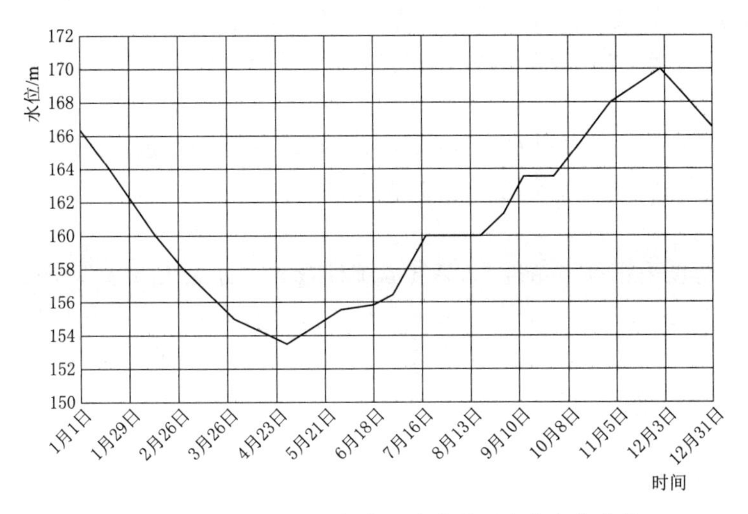

图 3.2.4 丹江口大坝加高后水库典型水位变化曲线

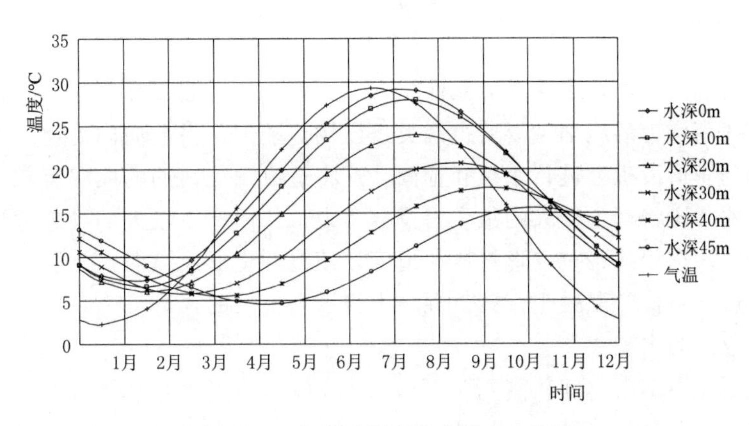

图 3.2.5 水库不同水位水温变化曲线

表 3.2.2 **不同水深库水温的变化表**

距库表深度/m	0	10	20	30	40	45
多年年平均水温/℃	18.2	17.3	15	13.2	11.7	10.1
水温变幅/℃	11	10.7	9	7.5	6.2	5.5
滞后时间/d	20	25	30	55	80	110

陶岔取水口高程为140m。根据取水口高程、典型水深过程线及不同水源库水温随月份的变化，可以求出典型库水深时不同月份取水温度，见表3.2.3。

表 3.2.3 **不同月份取水温度**

时间	1月	2月	3月	4月	5月	6月	7月	8月	9月	10月	11月	12月
水温/℃	7.2	6.5	7.5	12.0	17.0	21.0	22.5	24.3	22.0	18.5	16.0	12.0

该渡槽所在地的气温与取水口水温温降荷载最大温差发生在1月，温升荷载最大温差出现在6月。因此，温降荷载取1月进行计算，温升荷载取6月计算。

水从取水口流到该渡槽所在地，夏天要吸收太阳辐射热，吸收气温与水温差值所引起的热量，因而产生一定的温升；冬季则由于气温低于水温，水和大气的热交换使水温降低。由表3.2.1～表3.2.3可见，1月取水口水温为7.2℃，鲁山站的平均气温为1.1℃，温度差值为6.1℃；6月取水口水温为21.0℃，鲁山站月均气温为25.8℃，温差4.8℃。综合考虑太阳辐射强度并参考其他单位的研究成果，取该渡槽处的水温：1月为4.0℃，6月为25.0℃。

另外，大气温度采用鲁山站近30年气温统计资料（详见表3.2.1），夏季大气多年最高月平均温度为7月（31.6℃），冬季大气多年最低月平均温度为1月（−3.7℃）。

根据式（3.2.2）可以得出，冬季最大温降幅度为7.7℃，夏季最大温升荷载为6.6℃。以上两个温度差值将作为温降、温升荷载，用于渡槽安全评估。

3.3 预应力荷载

3.3.1 作用机理

目前预应力混凝土渡槽多采用后张法施工。后张法中，曲线预应力筋的传力机理与直线筋不同。直线预应力的施加主要通过锚具挤压构件端部，借此向内传递压力。而曲线预应力筋需引伸到楔形齿板上进行张拉和锚固，这将造成预应力筋的曲率有较大的变化，因而在转折点及曲率段将产生较大的集中力及分布力，从而产生较大的局部弯矩和剪力；预应力张拉过程中，钢绞线张拉变形挤压孔道壁，使混凝土形成纵向预压弯应力。而在锚固段，预应力通过锚具传给混凝土，锚下混凝土将承受很大的局部应力，应力非常复杂，常常伴随着劈拉应力的出现[10-11]。

假设曲线预应力钢束空间位置为 $\vec{r}=\{x(s),y(s),z(s)\}^T$，如图3.3.1所示。其中 $\vec{n}$ 为预应力筋曲率方向单位向量，$\vec{s}$ 为切向单位向量，$\vec{m}$ 为正交 $\vec{n}$、$\vec{s}$ 单位向量。

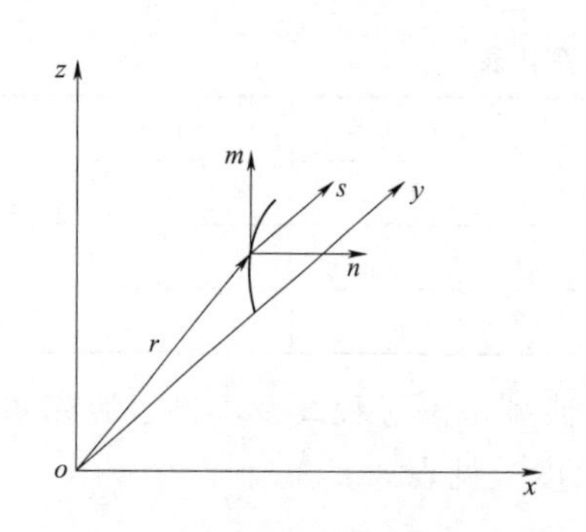

图3.3.1 预应力钢束空间描述图

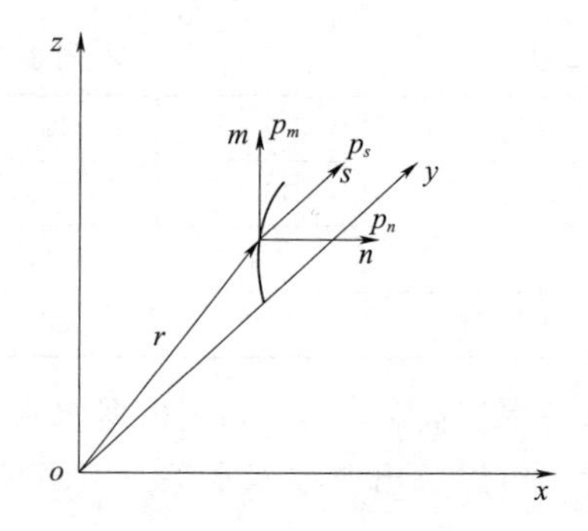

图3.3.2 曲线预应力束作用机理

为分析空间预应力钢筋的受力情况，在预应力钢束中任取一微段 ds，设微段中点处预应力钢束的张力为 T_s，则微段两端的张力为 $T_s \pm \frac{1}{2}\times\frac{\mathrm{d}T_s}{\mathrm{d}s}\mathrm{d}s$。图3.3.2中 p_n、p_s 和 p_m 为张拉过程中预应力束所受到的外力分量，由平衡关系可得

$$\left(T_s+\frac{1}{2}\times\frac{\mathrm{d}T_s}{\mathrm{d}s}\mathrm{d}s\right)\left(\vec{s}+\frac{1}{2}\times\frac{\mathrm{d}\vec{s}}{\mathrm{d}s}\mathrm{d}s\right)-\left(T_s-\frac{1}{2}\times\frac{\mathrm{d}T_s}{\mathrm{d}s}\mathrm{d}s\right)\left(\vec{s}-\frac{1}{2}\times\frac{\mathrm{d}\vec{s}}{\mathrm{d}s}\mathrm{d}s\right)$$
$$+(p_n\vec{s}+p_s\vec{n}+p_m\vec{m})\mathrm{d}s=0 \tag{3.3.1}$$

由于$\frac{\mathrm{d}\vec{s}}{\mathrm{d}s}=\kappa\vec{n}$，式中$\kappa$为$s$点的曲率，则

$$T_s\kappa\vec{n}+\frac{\mathrm{d}T_s}{\mathrm{d}s}\vec{s}=-(p_n\vec{s}+p_s\vec{n}+p_m\vec{m})\mathrm{d}s \tag{3.3.2}$$

写成标量形式：

$$\begin{cases}p_n=-\kappa T_s\\ p_s=-\dfrac{\mathrm{d}T_s}{\mathrm{d}s}\\ p_m=0\end{cases} \tag{3.3.3}$$

根据上述曲线预应力筋的作用机理，预应力钢筋在张拉和锚固过程中对混凝土将产生两种作用，即预应力钢筋对孔道壁的径向挤压力和切向拖拽力。对于预应力混凝土结构而言，预应力束与孔道壁的摩擦系数一般在0.15～0.30之间。数值分析表明，切向拖曳力对混凝土应力状态的影响甚微，其值不超过由径向挤压力所引起应力的5%。

3.3.2 计算方法

目前，预应力作用方式的经典理论有以下3种形式：①预应力使混凝土变成弹性材料；②预应力筋作为一种特殊的钢筋，参与混凝土结构截面受力；③预应力实现等效平衡荷载。本书采用第2种方式来考虑预应力作用，即将预应力锚索（筋）作为一种带有初始应力的钢筋来考虑。

对于渡槽结构而言，预应力锚索通常有直线布索和曲线布索，可采用2.4.3节提到的隐式锚索单元进行模拟，但如何确定每一段锚索单元上的预应力，就需要按照规范要求，考虑各种预应力损失，计算锚索的有效预应力，以确定每段锚索单元上的预应力。

锚索预应力损失主要来源于3个方面，即张拉过程中的损失、锁定过程中的损失和由于时间变化而引起的预应力损失。目前，我国现行规范中一般采用单独计算各种因素引起的预应力损失的简化计算方法，即总预应力损失值等于各种因素产生的预应力损失值之和；这些预应力损失主要有张拉端锚具变形和钢筋内缩引起的预应力损失σ_{l1}，预应力钢筋与孔道壁之间摩擦引起的预应力损失σ_{l2}，混凝土加热养护时受张拉的钢筋与承受拉力的设备之间的温差引起的预应力损失σ_{l3}，预应力钢筋应力松弛引起的预应力损失σ_{l4}，混凝土收缩徐变引起的预应力损失σ_{l5}以及采用螺旋式预应力钢筋作配筋的环形构件，当直径$D\leqslant3$m时由于混凝土的局部挤压引起的预应力损失σ_{l6}。鉴于渡槽截面通常为U形、矩形及箱形，很少采用圆形截面，且预应力渡槽多采用后张法施工，故本节在介绍预应力损失计算时不考虑σ_{l3}和σ_{l6}，重点介绍其他类型预应力损失的计算方法。

1. 张拉端锚具变形和钢筋内缩引起的预应力损失σ_{l1}

在张拉锚固后，钢筋回缩会引起预应力损失，回缩量大小决定了锚索预应力损失的大小，该损失值在预应力锚固端往往占很大比例。这属于锁定过程中的损失，可通过超张

拉、施工工艺和补偿张拉来补偿。

(1) 直线筋。对于直线布筋，根据《水工混凝土结构设计规范》(SL 191—2008) 第 8.2.2 条规定：预应力直线钢筋由锚具变形和预应力钢筋内缩引起的预应力损失 σ_{l1} (N/mm^2) 可按下式计算：

$$\sigma_{l1}=\frac{a}{l}E_s \tag{3.3.4}$$

式中：a 为张拉端锚具变形钢筋内缩值，mm；l 为张拉端至锚固端之间的距离，mm；E_s 为预应力钢筋弹性模量，N/mm^2。

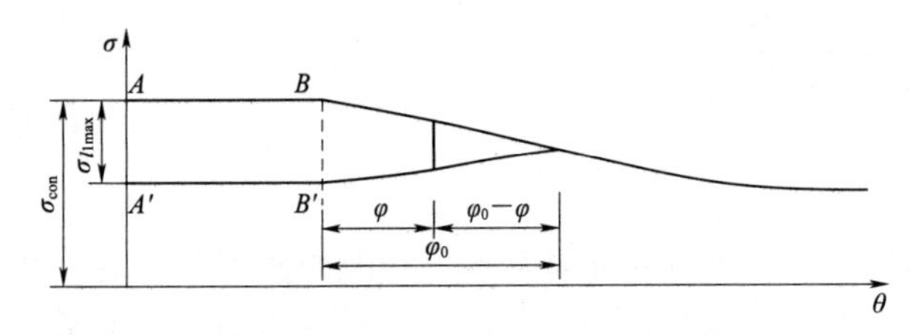

图 3.3.3　因锚具变形和钢筋内缩引起预应力损失示意图

(2) 直线＋圆弧筋。对于 U 形渡槽，环向布筋常采用直线＋一段圆弧形曲线。对于这种布筋方式，规范 SL 191—2008 没有规定 σ_{l1} 的计算方法，这里参考《环形高效预应力混凝土技术与工程应用》(赵顺波、李晓克等著) 提供的方法计算环向锚索由锚具变形和预应力钢筋内缩引起的预应力损失 σ_{l1}[12]，示意图如图 3.3.3 所示。

曲线形预应力钢筋回缩时的摩阻力方向与张拉时的摩阻力方向相反，故这种摩阻力也称反摩阻力。反摩阻力的产生范围是局部性的，因而钢筋回缩引起的预应力损失沿钢筋长度方向也是变化的，在有的区段甚至为 0，这说明部分区域不受钢筋回缩影响。因此，钢筋回缩的影响范围 (或影响长度) 是一个重要的计算参数。对于直线＋一段圆弧曲线筋而言，反向摩擦影响范围以圆弧角度 φ_0 标记，φ_0 按下式进行计算：

$$\varphi_0=\frac{1}{\mu+\kappa r_c}\ln\left[\frac{1-\sqrt{\dfrac{(\mu+\kappa r_c)}{1000r_c}\dfrac{aE_s}{\sigma_{con}}-\left(\dfrac{\mu+\kappa r_c}{1000r_c}\right)^2\left(\dfrac{aE_s}{\sigma_{con}}-l_1\right)l_1}}{1-\dfrac{\mu+\kappa r_c}{1000r_c}l_1}\right]^{-1} \tag{3.3.5}$$

当预应力钢筋为直线＋一段圆弧形曲线筋时，因锚具变形和钢筋内缩引起的预应力损失值 σ_{l1} 可按以下公式进行计算。

对于直线段：

$$\sigma_{l1}=\sigma_{l1\max}=\sigma_{con}\left[1-e^{-2(\mu+\kappa r_c)\varphi_0}\right] \tag{3.3.6}$$

对于圆弧形曲线段：

当 $0\leqslant\varphi\leqslant\varphi_0$ 时，
$$\sigma_{l1}=\sigma_{con}e^{-(\mu+\kappa r_c)\varphi}\left[1-e^{-2(\mu+\kappa r_c)(\varphi_0-\varphi)}\right] \tag{3.3.7}$$

当 $\varphi>\varphi_0$ 时，
$$\sigma_{l1}=0 \tag{3.3.8}$$

式 (3.3.5)～式 (3.3.8) 中：φ_0 为反向摩擦影响范围，以弧度计；l_1 为直线段长度，mm；φ 为从张拉端至计算截面曲线孔道的切线夹角 (以弧度计)；r_c 为圆弧形曲线预应力钢筋的曲率半径，m；μ 为预应力钢筋与孔道壁的摩擦系数；κ 为考虑孔道每米长度局部偏差的摩擦系数；a 为张拉端锚具变形钢筋内缩值，mm；E_s 为预应力钢筋弹性模量，N/mm^2；σ_{con} 为控制张拉力，N/mm^2；$\sigma_{l1\max}$ 为预应力钢筋圆弧形曲线段由锚具变形和钢筋内缩引起的预应力损失最大值，N/mm^2。

2. 预应力钢筋与孔道壁之间摩擦引起的预应力损失 σ_{l2}

受锚索与孔道壁之间摩擦的影响，预应力锚索在张拉过程中也会产生预应力损失，这属于张拉过程中的损失；如果孔道平直，锚索安装后不与孔壁接触，则损失很小或不产生预应力损失。

根据《水工混凝土结构设计规范》(SL 191—2008) 规定，后张法构件张拉时，预应力钢筋与孔道壁之间的摩擦引起的预应力损失 σ_{l2} (图 3.3.4)，可按下式计算：

$$\sigma_{l2}=\sigma_{con}\left[1-e^{-(\mu\theta+\kappa x)}\right] \tag{3.3.9}$$

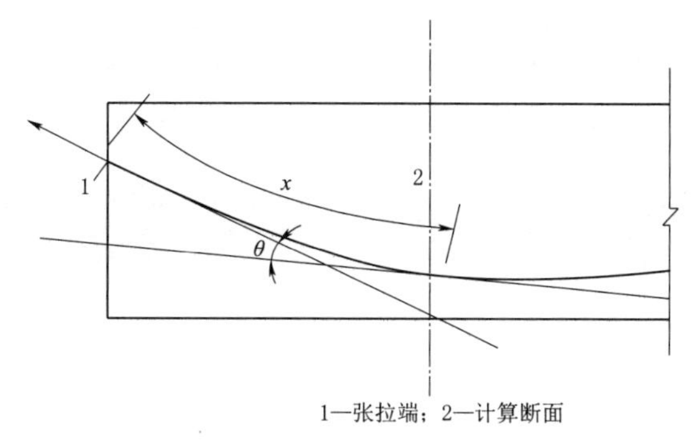

1—张拉端；2—计算断面

图 3.3.4 预应力摩擦损失计算

式中：σ_{con}为控制张拉力，N/mm²；μ 为预应力钢筋与孔道壁的摩擦系数；κ 为考虑孔道每米长度局部偏差的摩擦系数；x 为张拉端至计算截面的距离，m；θ 为从张拉端至计算截面曲线孔道的切线夹角，rad。

根据《混凝土结构设计规范》(GB 50010—2010)，式 (3.3.9) 中，对按抛物线、圆弧曲线变形的空间曲线及可分段后叠加的广义空间曲线，夹角之和 θ 可按下列近似公式计算。

抛物线、圆弧曲线：

$$\theta=\sqrt{\alpha_v^2+\alpha_h^2} \tag{3.3.10}$$

广义空间曲线：

$$\theta=\sum\sqrt{\Delta\alpha_v^2+\Delta\alpha_h^2} \tag{3.3.11}$$

式中：α_v、α_h 分别为按抛物线、圆弧曲线变化的空间曲线预应力筋在竖直向、水平向投影所形成的抛物线、圆弧曲线的弯转角；$\Delta\alpha_v$、$\Delta\alpha_h$ 分别为广义空间曲线预应力筋在竖直向、水平向投影所形成分段曲线的弯转角增量。

3. 预应力钢筋应力松弛引起的预应力损失 σ_{l4}

预应力锚索因筋材自身应力松弛而导致的损失，属于由时间引起的预应力损失；长期受荷的钢材因松弛而引起的预应力损失量通常为 5%～10%，因此现有规范规定设计张拉时预应力钢材强度利用系数不超过 0.70，超张拉时不超过 0.78，同时要求使用低松弛预应力材料。

根据《水工混凝土结构设计规范》(SL 191—2008) 规定，预应力钢绞线应力松弛引起的预应力损失 σ_{l4} 可按下式计算。

当 $\sigma_{con}\leqslant 0.7f_{ptk}$ 时，
$$\sigma_{l4}=0.125\times\left(\frac{\sigma_{con}}{f_{ptk}}-0.5\right)\sigma_{con} \tag{3.3.12}$$

当 $0.7f_{ptk}<\sigma_{con}\leqslant 0.8f_{ptk}$ 时，
$$\sigma_{l4}=0.2\times\left(\frac{\sigma_{con}}{f_{ptk}}-0.575\right)\sigma_{con} \tag{3.3.13}$$

式中：f_{ptk}为钢绞线抗拉强度标准值。

4. 混凝土收缩和徐变引起的预应力损失 σ_{l5}

在长期荷载作用下混凝土也有徐变特性，一般混凝土徐变引起的预应力损失较小，不超过 3%，这属于典型的时间引起的预应力损失。

根据《水工混凝土结构设计规范》（SL 191—2008）规定，由混凝土收缩和徐变引起的受拉区、受压区纵向预应力钢筋的预应力损失 σ_{l5}、σ'_{l5} 可按下式计算：

$$\sigma_{l5}=\frac{35+280\times\dfrac{\sigma_{pc}}{f'_{cu}}}{1+15\rho} \tag{3.3.14}$$

$$\sigma'_{l5}=\frac{35+280\times\dfrac{\sigma'_{pc}}{f'_{cu}}}{1+15\rho'} \tag{3.3.15}$$

式中：σ_{pc}、σ'_{pc} 分别为在受拉区、受压区预应力钢筋合力点处的混凝土法向压应力，N/mm^2；f'_{cu} 为施加预应力时的混凝土立方体抗压强度，N/mm^2；ρ、ρ' 分别为受拉区、受压区预应力钢筋和非预应力钢筋的配筋率。

对于后张法构件：

$$\rho=\frac{A_p+A_s}{A_n} \tag{3.3.16}$$

$$\rho'=\frac{A'_p+A'_s}{A_n} \tag{3.3.17}$$

式中：A_p、A'_p 分别为受拉区、受压区纵向预应力钢筋的截面面积；A_s、A'_s 分别为受拉区、受压区非纵向预应力钢筋的截面面积；A_n 为构件净截面面积。

5. 预应力钢筋有效预应力计算

目前，我国现行规范中一般采用单独计算各种因素引起的预应力损失的简化计算方法，即总预应力损失值等于各种因素产生的预应力损失值之和。对于后张法构件而言，各阶段预应力损失组合及相应的预应力钢筋有效预应力可按表 3.3.1 进行计算。

表 3.3.1　各阶段预应力损失值组合及预应力钢筋的有效预应力

项次	预应力损失值组合	预应力钢筋的有效预应力
1	混凝土预压前（第一批）的损失 $\sigma_{l1}+\sigma_{l2}$	$\sigma_{pel}=\sigma_{con}-\sigma_{l1}-\sigma_{l2}$
2	混凝土预压后（第二批）的损失 $\sigma_{l4}+\sigma_{l5}+\sigma_{l6}$	$\sigma_{pel}=\sigma_{con}-(\sigma_{l1}+\sigma_{l2}+\sigma_{l4}+\sigma_{l5}+\sigma_{l6})$

3.3.3　参考算例

北方某渡槽是梁式渡槽工程，渡槽上部槽身为 U 形三向预应力 C50 混凝土简支结构，U 形槽直径 8m，壁厚 35cm，局部加厚至 90cm，槽高 8.3～9.2m，单跨跨径 30m。单片槽纵向预应力钢绞线共 27 孔，其中槽身底部 21 孔为 8 ϕ^s15.2，槽身上部 6 孔为 5 ϕ^s15.2；

环向预应力钢绞线共 71 孔，环向钢绞线均为 5 Φ^s15.2，孔道间距 420mm，槽身预应力锚索布置如图 3.3.5 所示。钢绞线公称截面面积（Φ^s15.2）为 140mm^2；钢绞线抗拉强度标准值 $f_{ptk}=1860$MPa；钢绞线抗拉强度设计值 $f_{py}=1320$MPa；钢绞线弹性模量 $E_s=1.95\times10^5$MPa；普通钢筋抗拉、抗压强度设计值：$f_y=300$MPa，$f'_y=300$MPa。张拉端锚具变形以及钢筋内缩设计值 $a=6$mm；纵向锚索下张拉控制应力 $\sigma_{con}=0.75f_{ptk}=1395$MPa，环向锚索下张拉控制应力 $1.03\sigma_{con}=1436.85$MPa；塑料波纹管孔道摩阻设计采用值 $\kappa=0.0015$、$\mu=0.15$，现场实测后施工方提供孔道摩阻值 $\kappa=0.00129$、$\mu=0.1808$。

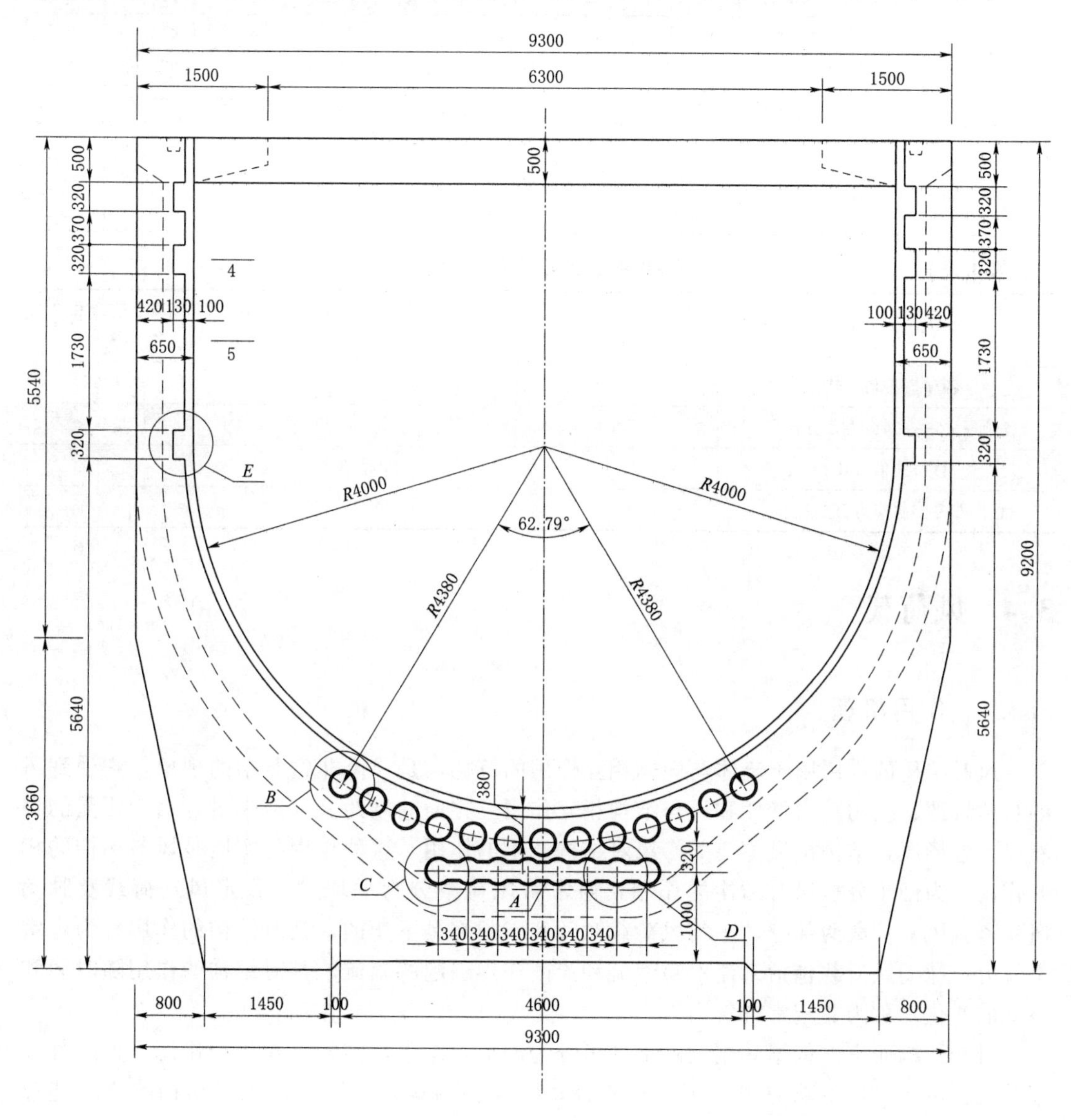

图 3.3.5　槽身预应力锚索布置图

根据 3.3.2 节的计算方法可求得环向和纵向钢绞线各项预应力损失，具体见表 3.3.2 和表 3.3.3。

表 3.3.2　　环向钢绞线各项预应力损失

锚索类型		预应力损失									
		钢筋回缩、锚具变形 (σ_{l1})		预应力摩擦损 (σ_{l2})		钢绞线应力松弛 (σ_{l4})		混凝土收缩和徐变 (σ_{l5})		预应力总损失 (σ_l)	
		损失量 /MPa	损失比 /%	损失量 /MPa	损失比 /%	损失量 /MPa	损失比 /%	损失量 /MPa	损失比 /%	损失量 /MPa	损失比 /%
环向锚索	直线段	265.40	18.47	0.00	0.00	56.76	3.95	47.73	3.32	369.88	25.74
	0°	265.40	18.47	7.03	0.49	56.76	3.95	58.46	4.07	387.64	26.98
	15°	138.48	9.64	68.38	4.76	56.76	3.95	48.83	3.40	312.45	21.75
	30°	11.89	0.83	133.51	9.29	56.76	3.95	52.88	3.68	255.03	17.75
	45°	0.00	0.00	195.54	13.61	56.76	3.95	54.44	3.79	306.74	21.35
	60°	0.00	0.00	254.62	17.72	56.76	3.95	51.95	3.62	363.32	25.29
	75°	0.00	0.00	310.88	21.64	56.76	3.95	49.50	3.45	417.14	29.03
	90°	0.00	0.00	364.47	25.37	56.76	3.95	49.16	3.42	470.38	32.74

表 3.3.3　　纵向钢绞线各项预应力损失

项　目	钢筋回缩、锚具变形 (σ_{l1})	预应力摩擦损失 (σ_{l2})	钢绞线应力松弛 (σ_{l4})	混凝土收缩和徐变 (σ_{l5})
各项损失值/MPa	78.68	26.50	48.83	51.62
各项损失占控制应力百分比/%	5.64	1.90	3.50	3.70
总损失值/MPa	205.63			
总损失占控制应力百分比/%	14.74			

3.4　风荷载

3.4.1　作用机理

风对结构的作用属于流体与固体相互作用的范畴，是一个非常复杂的现象，它受到风的自然特性、结构动力特性和风与结构相互作用三方面的制约。一般来讲，结构所受的自然风为近场风，结构抗风主要关心风对结构产生的作用，这种作用的实质是风与结构的相互作用。为便于分析风对结构的作用，通常将风荷载分为平均风（稳定风）荷载及脉动风（紊流风）荷载两部分。平均风荷载时间和空间都是不变的，其对结构的作用称为定常空气力；脉动风荷载包括来流本身紊流和流固作用引起的紊流，其对结构的作用随时间和空间的变化，称为非定常空气力。

对于结构而言，依据其刚度的不同可分为两类：①刚性结构，在风的作用下保持静止不动或在风的作用下响应很小可忽略不计；②柔性结构，在风的作用下结构响应不能忽略，必须作为一个振动体系来考虑。结构作为一个振动体系在近地紊流风作用下的空气弹性动力响应可分为两大类：一类是在风的作用下，由于结构振动对空气力的反馈作用，产生一种自激振动机制，如颤振和驰振达到临界状态时，将出现危险性的发散振动；另一类是在脉动风作用下的一种有限振幅的随机强迫振动，称为抖振。涡激共振虽带有自激的性质，但也是有限幅的，因而具有双重性。风对结构的作用可分为静力作用和动力作用，具体归纳见表 3.4.1[13]。

表 3.4.1　　风对渡槽结构作用归纳表

<table>
<tr><th>分类</th><th colspan="4">现　　象</th><th>作　用　机　制</th></tr>
<tr><td rowspan="3">静力作用</td><td colspan="4">静风荷载引起的内力和变形</td><td>平均风的静力压产生的阻力、升力和扭转力矩作用</td></tr>
<tr><td colspan="2" rowspan="2">静力不稳定</td><td colspan="2">扭转发散</td><td>静（扭转）力矩作用</td></tr>
<tr><td colspan="2">横向屈曲</td><td>静阻力作用</td></tr>
<tr><td rowspan="5">动力作用</td><td colspan="2">抖振（紊流风响应）</td><td colspan="2" rowspan="2">限幅振动</td><td>紊流风作用</td></tr>
<tr><td rowspan="4">自激振动</td><td>涡振</td><td>旋涡脱落引起的涡激力作用</td></tr>
<tr><td>驰振</td><td rowspan="2">单自由度</td><td rowspan="3">发散振动</td><td rowspan="2">自激力的气动负阻尼效应——阻尼振动</td></tr>
<tr><td>扭转颤振</td></tr>
<tr><td>古典耦合振动</td><td>二自由度</td><td>自激力的气动刚度驱动</td></tr>
</table>

渡槽属于刚性结构，仅考虑静风作用即可。目前静力风荷载的计算模式就其应用的范围不同，有建筑静力风荷载的计算模式及桥梁静力风荷载的计算模式，两个计算模式本质上并没有区别，表现形式上却有所不同。作用在渡槽上的静风荷载主要由两种类型的参数确定，一种是反映结构物所在场地风场特性的参数，如基本风速（风压）、高度修正系数等，这类参数可利用已有的成果，直接从现行规范中取值；另一种是反映结构在风场中的受力特性的参数，即三分力系数，它们是阻力、升力、扭转力系数，这类系数与结构的体型有关。由于渡槽结构体型及特征与桥梁的体型及特征有所不同，因而渡槽静风荷载确定可归结为三分力系数的确定；另外，槽身体型与一般公路桥不同而且槽身体型在满槽及空槽时也不相同[14]。

处于风场中的渡槽断面，在忽略其自身振动的条件下，可以视为风场中固定不动的一个刚体。来流经过这个刚体时发生绕流，使得流线分布发生改变。在任意一根流线上，依据伯努利方程有

$$\frac{1}{2}\rho U^2 + P = \text{常数} \tag{3.4.1}$$

式中：U 为来流速度；ρ 为空气密度，一般取 1.225kg/m^3；U 为离地面足够远的上流来流平均风速。

因此，在渡槽断面表面那些流动较快的点上，压强 P 将小于流动较慢的点上的对应值，对渡槽断面上下表面压强差的面积积分，就是渡槽所受的升力荷载，这个力也可以直接由节段模型风洞试验测得。同理，渡槽断面前后表面压强差的面积积分是渡槽所受的风阻力荷载，这就是通常所说的风荷载。此外，由于升力与阻力的合力作用点往往与渡槽断面的形心不一致，于是还会产生对形心的扭矩。所以整个断面的风荷载包括升力 F_V、阻力 F_H 和扭矩 M_T 3 个分量，如图 3.4.1 所示。

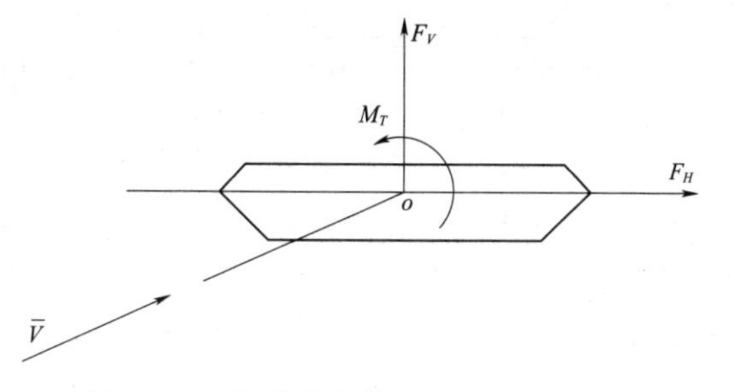

图 3.4.1　风荷载在体轴坐标下的三分力

三分力在体轴坐标系下可以表示为

阻力：
$$F_H=\frac{1}{2}\rho U^2 C_H H \tag{3.4.2}$$

升力：
$$F_V=\frac{1}{2}\rho U^2 C_V B \tag{3.4.3}$$

扭矩：
$$M_T=\frac{1}{2}\rho U^2 C_M B^2 \tag{3.4.4}$$

式中：ρ 为空气密度，一般取 1.225kg/m^3；U 为离断面足够远的上游来流平均风速；H 为槽身高度；B 为槽身宽度；C_H、C_V、C_M 为槽身横向水平阻力系数，与结构体型有关。

对现有渡槽风毁事故的机理研究表明，对于渡槽而言，均是在横向（与输水垂直方向）水平风荷载作用下，渡槽支撑结构（排架或桁架拱）由于强度不足而发生破坏，从而导致整个结构倒塌。引起结构破坏的主要是横向水平风阻力，该作用在支撑结构构件中会引起很大的弯矩，而风升力作用较小，其只可能对支撑结构产生轴拉力或压力，对结构影响较小。另外，槽身截面体形远不像公路桥梁那样扁平，且槽身的刚度较大，扭转风力作用对结构的影响也较小。因此渡槽结构设计中应主要考虑水平横向风荷载的作用，横向风荷载包括槽身风荷载及支承结构风荷载，支撑结构（排架、桁架或墩）的风荷载可按公路桥梁抗风设计指南计算：而槽身风荷载是风荷载的主要来源，作用在矩形渡槽纵向单位长度上的横向风荷载见式（3.4.2）。

李正农、楼梦麟、李遇春等通过开展 U 形和矩形渡槽的风洞试验及 CFD（Computational Fluid Dynamics）数值模拟，得到了不同高宽比、不同流场、满槽与空槽下槽身的体型系数，为渡槽风荷载确定提供了技术支撑[15-21]。

3.4.2　计算方法

风荷载分为横向风、纵向风和竖向风 3 种情况，横向风作用于主槽及槽墩结构，纵向风作用于槽墩结构，竖向风作用于主槽结构。对于一般的梁式渡槽而言，当槽身距地面高度较小时，只需考虑横向风作用，竖向风的影响可忽略不计。渡槽左右侧风荷载作用如图 3.4.2 所示。

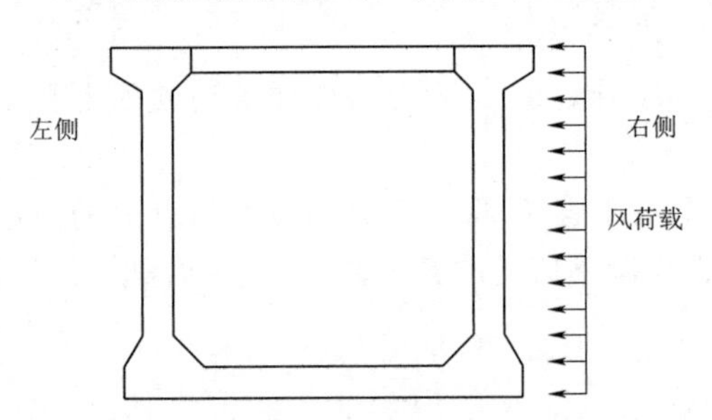

图 3.4.2　渡槽左右侧风荷载作用示意图

长期以来，渡槽的风荷载一直参照《工业与民用建筑结构荷载规范》（TJ 9—74）及其以后的修正版给出的方法及公式进行计算。但渡槽和工业与民用建筑有较大区别，特别是风压力公式中的风载体型系数，工业与民用建筑不能完全概括渡槽的体型情况。以下给出《水工建筑物荷载设计规范》（DL 5077—1997）和《灌溉与排水渠系建筑物设计规范》（SL 482—2011）关于风荷载的计算方法。

(1)《水工建筑物荷载设计规范》（DL 5077—1997）第 12.1.1 条规定，垂直于槽身表面上的风荷载标准值按下述公式计算：

$$w_k=\beta_z\mu_s\mu_z w_0 \tag{3.4.5}$$

式中：w_k 为风荷载标准值；β_z 为高度 z 处的风振系数；μ_s 为风荷载体型系数；μ_z 为风压高度变化系数；w_0 为基本风压，kN/m^2，参照《建筑结构荷载规范》（GB 50009—2001）全国基本风压图，但不得小于 0.25kPa。

（2）根据《灌溉与排水渠系建筑物设计规范》（SL 482—2011）附录 A.0.5.2，横槽方向垂直作用于渡槽表面的风压力应按如下公式计算：

$$w_k=\beta_z\mu_t\mu_z\mu_s w_0 \tag{3.4.6}$$

其中

$$w_0=v_0^2/1600 \tag{3.4.7}$$

式中：w_k 为风压力，kPa；w_0 为基本风压，kPa，当有可靠风速资料时，按式（3.4.7）计算，其中 v_0(m/s) 为当地比较空旷平坦地面离地 10m 高处统一所得的 30 年一遇 10min 平均最大风速，如无风速资料，应按 GB 50009—2001 中全国基本风压分布图采用，但不应小于 0.25kPa；μ_t 为地形、地理条件系数，对于与大风方向一致的谷口、山口，μ_t 取 1.2～1.5，对于山间盆地、谷地等闭塞地形，则 μ_t 取 0.75～0.85；β_z 为高度 z 处的风振系数，对于高度较大的排架、梁式渡槽，当结构的基本自振周期 T 大于 0.25s，应计入风振影响；μ_z 为风压高度变化系数；μ_s 为风荷载体型系数。

风振系数 β_z、风压高度变化系数 μ_z 及风荷载体型系数 μ_s 的具体取值见表 3.4.2～表 3.4.4。

表 3.4.2　风振系数 β_z

T/s	0.25	0.50	1.00	1.50	2.00	3.50	5.00
β_z	1.25	1.40	1.45	1.48	1.50	1.55	1.60

表 3.4.3　风压高度变化系数 μ_z

离地面高度/m	5	10	15	20	30	40	50	60	70	80	90
μ_z	0.80	1.00	1.14	1.25	1.42	1.56	1.67	1.77	1.86	1.95	2.02

表 3.4.4　风荷载体型系数 μ_s

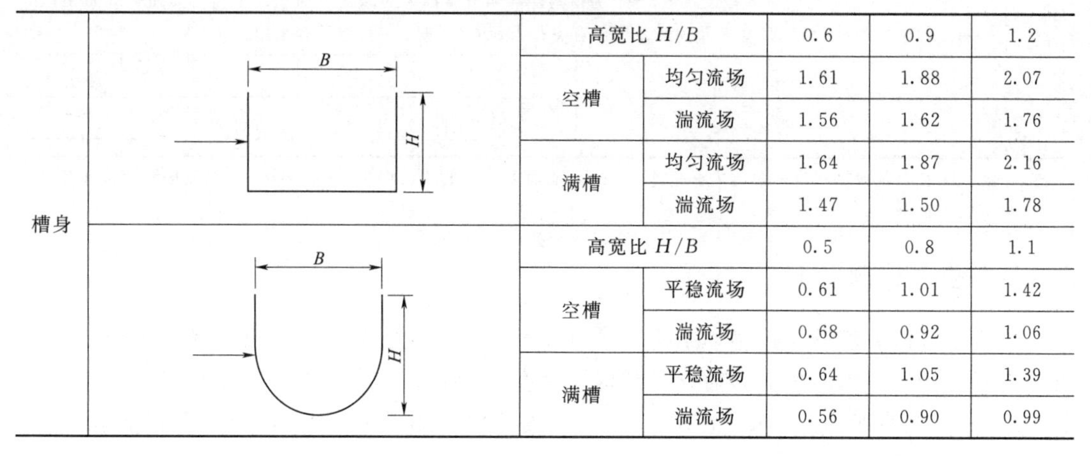

槽身		高宽比 H/B		0.6	0.9	1.2
		空槽	均匀流场	1.61	1.88	2.07
			湍流场	1.56	1.62	1.76
		满槽	均匀流场	1.64	1.87	2.16
			湍流场	1.47	1.50	1.78
		高宽比 H/B		0.5	0.8	1.1
		空槽	平稳流场	0.61	1.01	1.42
			湍流场	0.68	0.92	1.06
		满槽	平稳流场	0.64	1.05	1.39
			湍流场	0.56	0.90	0.99

续表

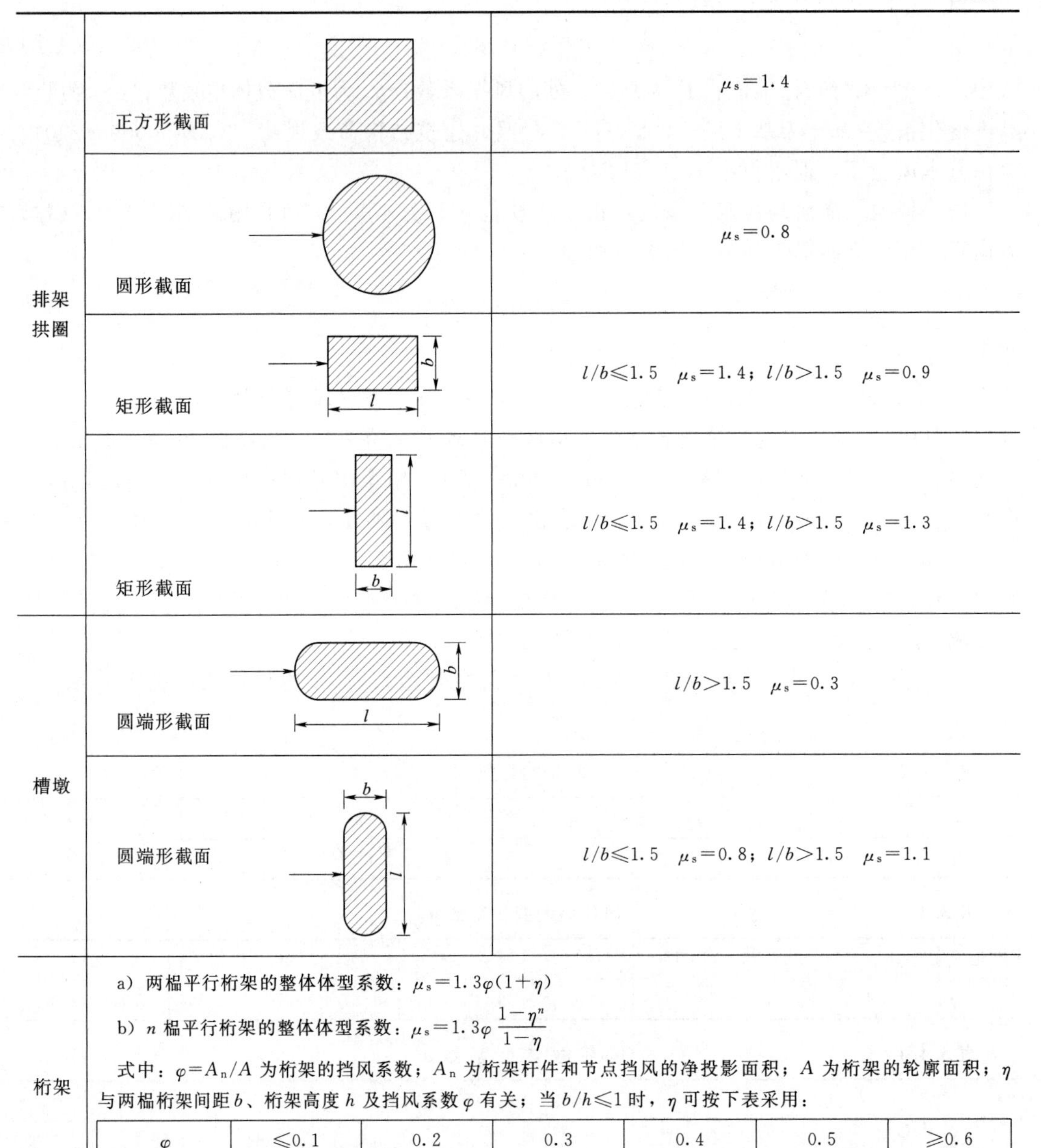

类别	截面形式	体型系数
排架拱圈	正方形截面	$\mu_s=1.4$
	圆形截面	$\mu_s=0.8$
	矩形截面	$l/b\leqslant1.5$　$\mu_s=1.4$；$l/b>1.5$　$\mu_s=0.9$
	矩形截面	$l/b\leqslant1.5$　$\mu_s=1.4$；$l/b>1.5$　$\mu_s=1.3$
槽墩	圆端形截面	$l/b>1.5$　$\mu_s=0.3$
	圆端形截面	$l/b\leqslant1.5$　$\mu_s=0.8$；$l/b>1.5$　$\mu_s=1.1$
桁架	a）两榀平行桁架的整体体型系数：$\mu_s=1.3\varphi(1+\eta)$ b）n 榀平行桁架的整体体型系数：$\mu_s=1.3\varphi\dfrac{1-\eta^n}{1-\eta}$ 式中：$\varphi=A_n/A$ 为桁架的挡风系数；A_n 为桁架杆件和节点挡风的净投影面积；A 为桁架的轮廓面积；η 与两榀桁架间距 b、桁架高度 h 及挡风系数 φ 有关；当 $b/h\leqslant1$ 时，η 可按下表采用：	

φ	≤0.1	0.2	0.3	0.4	0.5	≥0.6
η	1.00	0.85	0.66	0.50	0.33	0.15

注　一般认为在田园地带（地表面起伏不超过20cm），地面上流场的湍流度为15%～20%，如流场湍流度小于4%则为均匀流场。

3.4.3　参考算例

西北某渡槽为双槽3跨箱形结构，槽身段长54m，地震烈度为Ⅶ度。槽身采用C50纤维素钢筋混凝土，单向预应力简支梁结构，跨度为18m。各跨布置2孔箱形槽身，槽身净宽为4.4m，槽身净高度7m，总高度7.5m。槽身段采用F300W8C50纤维素钢筋混凝土，渡槽底部纵向布置16道预应力钢绞线，计算模型详见第2.5.4节。根据以上规范计算风荷载，具体计算结果见表3.4.5。

表3.4.5　　渡槽横向风荷载计算汇总表

参　　数	《水工建筑物荷载设计规范》(DL 5077—1997)	《灌溉与排水渠系建筑物设计规范》(SL 482—2011)
v_0/(m/s)	—	35.1
w_0/kPa	0.70	0.7700
β_z	1.687	1.30
μ_t	—	1.5
μ_z	1.25	1.00
μ_s	1.88	空槽：1.83；满槽：1.83
w_k/kPa	2.775	2.7478

考虑到该渡槽当地条件，为安全计，风荷载取2.775kPa。

3.5 动水压力荷载

3.5.1 作用机理

大型渡槽多为有支墩支承的变截面薄壁钢筋混凝土结构或预应力钢筋混凝土结构，相对于槽内水体而言，槽体结构并非为刚性，需要考虑包括支墩在内的整个渡槽结构和槽内水体相互间的流固耦合作用。渡槽结构的地震响应影响到水体动水压力的幅值和分布，而水体质量也影响到包括槽体和支墩在内的整个渡槽体系结构的频率特性及其地震响应。渡槽内的动水压力与坝体的动水压力不同，除了水体对槽壁或坝面的冲击动力水压力外，其在地震动作用下自由水面晃动导致的对流动水压力不能被忽视。

一般流体运动的支配方程为Navier－Stokes（N－S）方程，若引入无黏（理想流体）和绝热条件，Navier－Stokes方程可简化为欧拉（Euler）方程；进一步假定液体不可压缩及无旋运动并引入流体速度势函数，支配方程可见简化为拉普拉斯（Laplace）方程和伯努力（Bernoulli）方程。容器内液体运动由支配方程和液体在容器壁、底部即液体自由表面的边界条件及初始运动所决定[23]。

一个（具有单位厚度的）矩形容器如图3.5.1所示，假定容器为刚性体，其整体承受一个水平方向的加速度激励$\ddot{G}_x(t)$作用，设x方向为$\ddot{G}_x(t)$的正方向，设液面的波高为$h(x,t)$，坐标系oxz固定在容器上。在地震激励不大的情

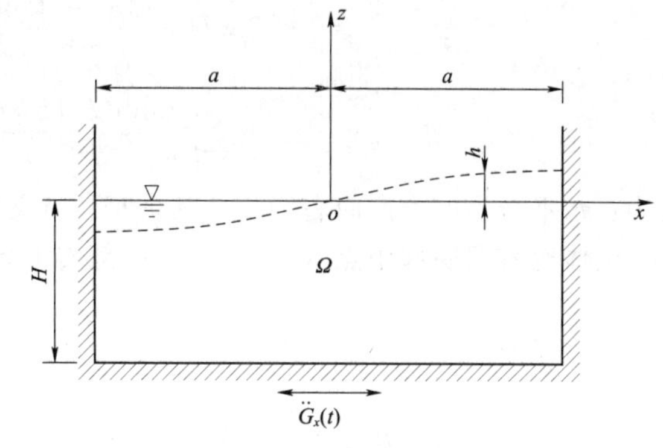

图3.5.1　矩形容器承受水平加速度作用

况下，液体假定为无黏、无旋和不可压缩流体且处于小幅（线性）晃动，在相对坐标 oxz 下液体的强迫运动满足下列方程：

$$\begin{cases}\dfrac{\partial^2\Phi(x,z,t)}{\partial x^2}+\dfrac{\partial^2\Phi(x,z,t)}{\partial z^2}=0\\ \left.\dfrac{\partial\Phi(x,z,t)}{\partial x}\right|_{x=\pm a}=0\\ \left.\dfrac{\partial\Phi(x,z,t)}{\partial z}\right|_{z=-H}=0\\ \left.\dfrac{\partial\Phi(x,z,t)}{\partial z}\right|_{z=0}=\left.\dfrac{\partial h(x,t)}{\partial t}\right|_{z=0}\\ \left.\left[\dfrac{\partial\Phi(x,z,t)}{\partial t}+gh(x,t)\right]\right|_{z=0}+x\ddot{G}_x(t)=0\end{cases}\tag{3.5.1}$$

式中：$\Phi(x,\ z,\ t)$ 为坐标系 oxz 下的相对速度势函数；$h(x,\ t)$ 为液面波高；$\ddot{G}_x(t)$ 为水平加速度；g 为重力加速度；H 为液面高度；a 为矩形容器宽度的一半。

求解式（3.5.1）可得到液动压力 $p(x,\ z,\ t)$ 及液面波高 $h(x,\ t)$，结果如下：

$$p(x,z,t)=-\sum_{j=1}^{\infty}\frac{2\times(-1)^j\rho}{ak_j^2\cosh(k_jH)}\left\{\ddot{G}_x(t)-\omega_j\int_0^t\ddot{G}_x(\tau)\sin[\omega_j(t-\tau)]\mathrm{d}\tau\right\}$$

$$\sin k_jx\cosh[k_j(z+h)]-x\rho\ddot{G}_x(t)\tag{3.5.2}$$

$$h(x,t)=\sum_{j=1}^{\infty}\frac{2\times(-1)^j\tanh(k_jH)}{ak_j\omega_j}\sin k_jx\int_0^t\ddot{G}_x(\tau)\sin[\omega_j(t-\tau)]\mathrm{d}\tau\tag{3.5.3}$$

$$k_j=\frac{(2j-1)\pi}{2a}\quad(j=1,2,3,\cdots)$$

式中：$p(x,\ z,\ t)$ 为液动压力；ω_j 为第 j 阶反对称晃动自然频率；k_j 为系数；其余符号意义见式（3.5.1）。

由式（3.5.3）可得到容器壁上瞬时液动压力分布，具体如图3.5.2所示，进而作用在容器（单位厚度）上的动态水平合力 $F_l(t)$ 为

$$\begin{aligned}F_l(t)&=\int_{-H}^{0}[p(x,\ z,\ t)\,|_{x=a}-p(x,\ z,\ t)\,|_{x=-a}]\mathrm{d}z\\&=-\left[2\rho aH-\frac{4\rho}{a}\sum_{j=1}^{\infty}\frac{\tanh(k_jH)}{k_j^3}\right]\ddot{G}_x(t)\\&\quad-\frac{4\rho}{a}\sum_{j=1}^{\infty}\frac{\tanh(k_jH)\omega_j}{k_j^3}\int_0^t\ddot{G}_x(\tau)\sin[\omega_j(t-\tau)]\mathrm{d}\tau\end{aligned}\tag{3.5.4}$$

式中：水平合力的方向向右为正；其余符号意义见式（3.5.1）～式（3.5.3）。

液体对容器底部中点（0，$-H$）的翻转力矩 M_l 为（取顺时针方向为正）

$$\begin{aligned}M_l&=\int_{-H}^{0}[p(x,\ z,\ t)\,|_{x=a}-p(x,\ z,\ t)\,|_{x=-a}](z+H)\mathrm{d}z+\int_{-a}^{a}p(x,\ z,\ t)\,|_{z=-H}x\mathrm{d}x\\&=-T\ddot{G}_x(t)-\frac{4\rho}{a}\sum_{j=1}^{\infty}\gamma_j\omega_j\int_0^t\ddot{G}_x(t)\sin[\omega_j(t-\tau)]\mathrm{d}\tau\end{aligned}\tag{3.5.5}$$

其中

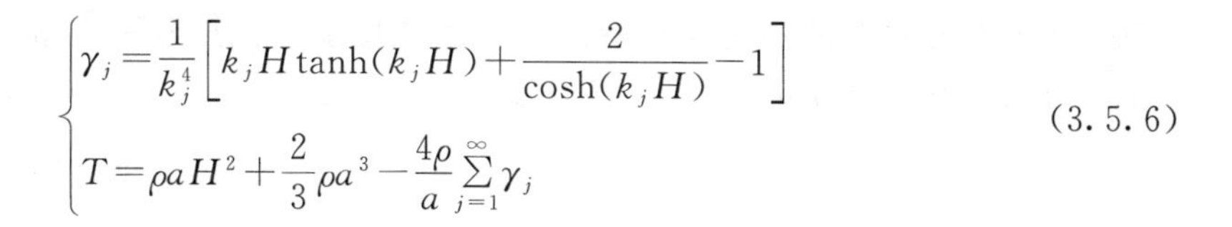

$$\begin{cases}\gamma_j = \dfrac{1}{k_j^4}\left[k_j H \tanh(k_j H) + \dfrac{2}{\cosh(k_j H)} - 1\right] \\ T = \rho a H^2 + \dfrac{2}{3}\rho a^3 - \dfrac{4\rho}{a}\sum\limits_{j=1}^{\infty}\gamma_j\end{cases} \tag{3.5.6}$$

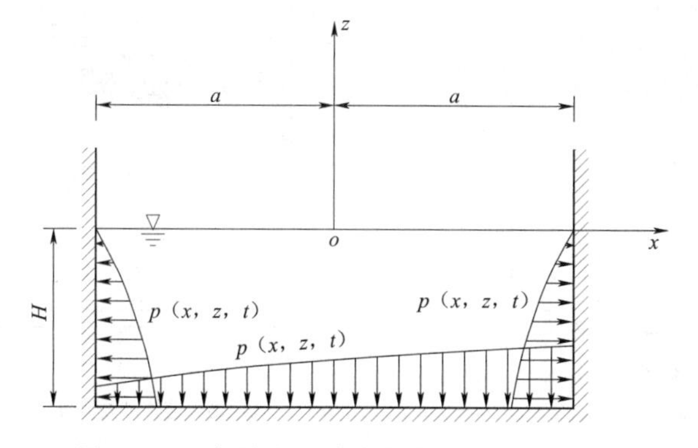

图 3.5.2　容器壁上瞬时液动压力分布示意图

3.5.2　计算方法

渡槽抗震设计中常用的数值计算方法主要有流固耦合问题的耦合求解和等效力学模型两种。耦合求解方法是对流体及固体域分别采用精确的力学模型来表述，进而求解流固耦合动力相互作用。常用的数值耦合求解方法，主要包括边界元法（boundary element method，BEM）、有限元法（finite element method，FEM）、有限体积法（finite volume method，FVM）、光滑粒子流体动力学方法（smoothed particle hydrodynamics，SPH）及任意拉格朗日-欧拉格式有限元法（arbitrary Lagrangian - Eulerian method，ALE）等[24-26]。等效力学模型由于表达简单、求解规模小，通常用于分析渡槽的自振特性，Westergard 附加质量模型和 Housner 质量弹簧模型均为流固解耦等效力学模型；等效力学模型本质上将流固耦合问题简化为纯结构动力学问题，因此该方法在分析流体-结构动力响应中得到较广泛的应用。

3.5.2.1　等效力学模型

当弹性容器固有频率与液体晃动固有频率相差较大时，此时容器壁的微小振动对液体的晃动影响很小，这时可以将容器近似看成刚性的，液体晃动的等效原则为：①液体的原始系统与等效系统具有相同的自然晃动（振动）频率；②在液体动力响应所有时间历程上，这种等效的力学模型与真实的流体具有完全相同或近似相同的（对结构的）作用效应，所谓的作用效应包括液体对结构的合力与合力矩。对于工程师而言，液体的等效力学模型将大大简化液体-结构的耦合计算，使得液固耦合系统的动力响应分析变得相对容易。

1. 考虑水平向地震动条件下的 Graham 和 Rodriguez 等效力学模型[27]

早在 1952 年，Graham 和 Rodriguez 采用线性势流理论，首先提出了矩形容器内液体晃动的等效力学模型，将图 3.5.3（a）中矩形容器内的流体等效为图 3.5.3（b）中的一个固定质量及一系列弹簧振子，该等效系统与真实的流体具有同样的作用效应（对容器侧壁具有相同的作用力与力矩）；但是该模型不能给出作用于槽壁和槽底的动水压力分布而且关于对流质量位置的描述存在错误，后经李遇春、王进廷等[29]重新推导，给出了对流质量的正确位置，具体见式（3.5.7）～式（3.5.11）。

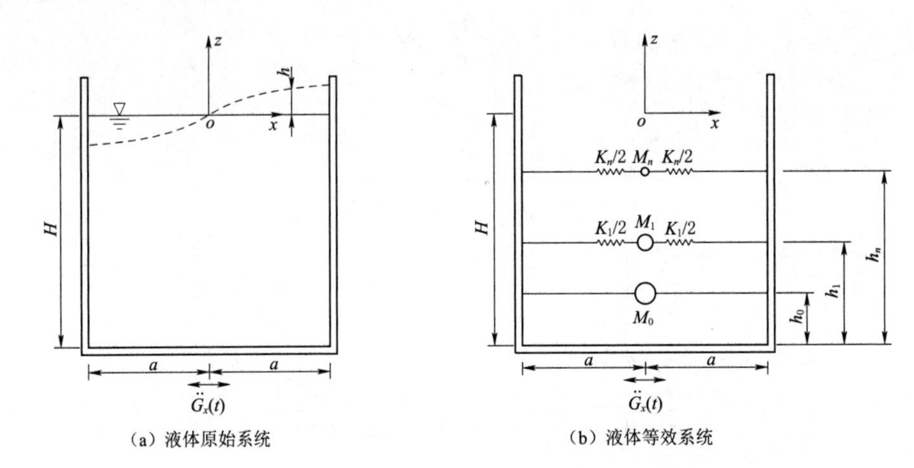

（a）液体原始系统　　（b）液体等效系统

图3.5.3　矩形容器中液体晃动的等效力学模型

$$\frac{M_n}{M}=\frac{2\left(\frac{H}{a}\right)^2\tanh(k_nH)}{(k_nH)^3}\quad(n=1,2,3,\cdots)\tag{3.5.7}$$

$$\frac{h_n}{H}=1+\frac{2-\cosh(k_nH)}{k_nH\sinh(k_nH)}\quad(n=1,2,3,\cdots)\tag{3.5.8}$$

$$\frac{M_0}{M}=1-\sum_{n=1}^{\infty}\frac{M_n}{M}=1-\sum_{n=1}^{\infty}\frac{2\left(\frac{H}{a}\right)^2\tanh(k_nH)}{(k_nH)^3}\tag{3.5.9}$$

$$\frac{h_0}{H}=\frac{\frac{1}{2}+\left(\frac{a}{H}\right)^2-2\left(\frac{a}{H}\right)^2\sum_{n=1}^{\infty}\frac{2+k_nH\sinh(k_nH)-\cosh(k_nH)}{(k_nH)^4\cosh(k_nH)}}{1-\sum_{n=1}^{\infty}\frac{2\left(\frac{H}{a}\right)^2\tanh(k_nH)}{(k_nH)^3}}\tag{3.5.10}$$

$$K_n=M_n\omega_n^2=\frac{2Mg}{H}\left(\frac{H}{a}\right)^2\left[\frac{\tanh(k_nH)}{k_nH}\right]^2\quad(n=1,2,3,\cdots)\tag{3.5.11}$$

其中

$$k_n=\frac{(2n-1)\pi}{2a}\quad(n=1,2,3,\cdots)$$

式中：M 为液体的总质量，$M=2\rho aH$；a 为矩形容器的半底宽；H 为液面静止高度；M_0 为固定质量；M_n 为第 n 阶反对称晃动模态对应的晃动质量；ω_n 为液体的第 n 阶反对称晃动模态圆频率；K_n 为第 n 阶反对称晃动模态对应的弹簧刚度系数；h_0 为固定质量的位置；h_n 为第 n 阶反对称晃动模态对应的晃动质量位置；g 为重力加速度。

2. 考虑水平向地震动条件下的 Housner 等效力学模型[28]

1957年，Housner 在研究水平向地震动分量作用下矩形断面刚性容器内动水压力问题时，为求解冲击动水压力作用，将水体假设为由竖向无质量薄膜分隔的可水平向移动的、竖向水片组成［具体见图 3.5.4（a）］；为求解对流动水压力作用，在水面晃动幅度一般不大时，将水体假设为由水平向无质量薄膜分隔的可自由转动的、水平向移动的水片组成［具体见图 3.5.4（b）］；进而给出了容器内水体的冲击动水压力和对流动水压力分布的近似解，见式（3.5.12）～式（3.5.18）。该近似解基于物理直观分析，便于理解且避免了式（3.5.7）～式（3.5.11）中无穷级数的计算，因而受到工程师的欢迎，在土木、水利工程中得到广泛使用。

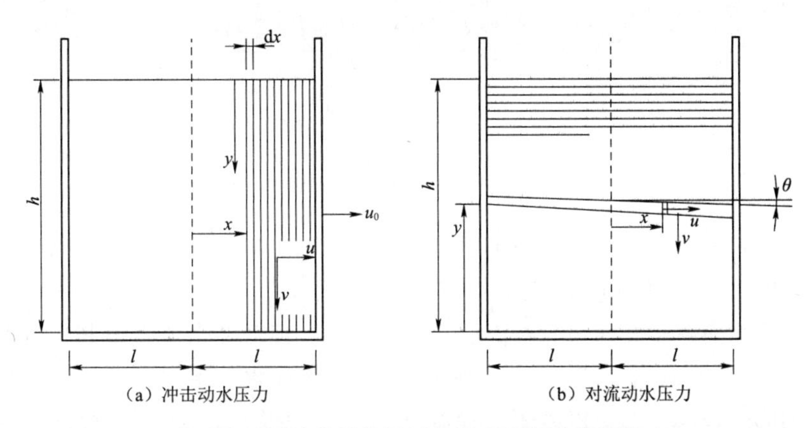

图 3.5.4　水平向地震动分量作用下容器内动水压力假设（Housner）

在横槽向水平地震作用下，槽体内冲击动水压力作用对槽壁产生的水平向压力分布见式（3.5.12），对槽底随 x 变化的竖向压力见式（3.5.13）。

$$p_{\mathrm{w}}=\rho\dot{u}_0 h\left[\frac{y}{h}-\frac{1}{2}\left(\frac{y}{h}\right)^2\right]\sqrt{3}\tanh\left(\sqrt{3}\frac{l}{h}\right) \tag{3.5.12}$$

$$p_{\mathrm{b}}=-\rho\dot{u}_0 h\frac{\sqrt{3}}{2}\frac{\sinh\left(\frac{\sqrt{3}}{2}\frac{x}{h}\right)}{\cosh\left(\frac{\sqrt{3}}{2}\frac{l}{h}\right)} \tag{3.5.13}$$

式中：p_{w} 为冲击动水压力作用对槽壁产生的水平向压力；p_{b} 为冲击动水压力作用对槽壁产生的竖向压力；l 为矩形容器的半底宽；h 为液面静止高度；$\dot{u}_0$ 为水平加速度；ρ 为液体密度；x、y 为坐标。

冲击动水压力对槽壁产生的水平向应力也可概化为一固定于侧壁上的水平向附加质量来考虑，即

$$M_0=M\frac{\tanh\sqrt{3}\frac{l}{h}}{\sqrt{3}\frac{l}{h}} \tag{3.5.14}$$

$$h_0=\frac{3}{8}h\left[1+\frac{4}{3}\left(\frac{\sqrt{3}\frac{l}{h}}{\tanh\sqrt{3}\frac{l}{h}}\right)-1\right] \tag{3.5.15}$$

式中：M 为液体的总质量；M_0 为固定质量；h_0 为固定质量的位置；l、h 符号意义同

式（3.5.12）和式（3.5.13）。

对流动水压力作用，可作为在 h_1 高度处与槽壁相连接的弹簧-质量体系来考虑，其等效质量、等效弹簧刚度和高度 h_1 分别按式（3.5.16）～式（3.5.18）计算：

$$M_1=M\left[\frac{1}{3}\sqrt{\frac{5}{2}}\frac{l}{h}\tanh\left(\sqrt{\frac{5}{2}}\frac{l}{h}\right)\right] \tag{3.5.16}$$

$$h_1=h\left[1-\frac{\cosh\left(\sqrt{\frac{5}{2}}\frac{h}{l}\right)-2}{\sqrt{\frac{5}{2}}\frac{h}{l}\sinh\left(\sqrt{\frac{5}{2}}\frac{h}{l}\right)}\right] \tag{3.5.17}$$

$$K_1=M_1\omega_1^2=M_1\sqrt{\frac{5}{2}}\frac{g}{l}\tanh\left(\sqrt{\frac{5}{2}}\frac{h}{l}\right) \tag{3.5.18}$$

式中：M_1 为晃动质量；ω_1 为弹簧振子的一阶晃动频率；K_1 为等效模型的弹簧刚度系数；g 为重力加速度；l、h 符号意义同式（3.5.12）和式（3.5.13）。

Housner 方法能够很好地估算对流质量及其位置，但对冲击质量及其位置的估算与精确解相比，存在较大误差。为此，李遇春等采用非线性拟合方法简化了级数解，即式（3.5.9）和式（3.5.10），得到矩形容器中 M_0/M 以及 h_0/h 的拟合公式，其建议的脉冲质量及其位置估算式如下[29-30]：

$$\frac{M_0}{M}=0.563\left(\frac{h}{l}\right)^{1.078}\tanh\left(1.437\frac{l}{h}\right) \tag{3.5.19}$$

$$\frac{h_0}{h}=-0.342+\frac{1.038\left(\frac{l}{h}\right)^{0.927}}{\tanh\left(1.481\frac{l}{h}\right)} \tag{3.5.20}$$

式中：M、h_0、l、h 符号意义同式（3.5.12）～式（3.5.15）。

从工程观点来看，考虑到地震动输入的不确定性及数值解计入水体可压缩性且取较低弹性模量值等因素，采用 Housner 公式计算渡槽内水体地震影响，其误差应在工程设计可接受范围内的。另外，对于水平激励而言，由于液体的第一阶晃动模态在地震响应中起主要控制作用，在动力响应分析中仅考虑第一阶模态就可得到能够满足工程需要的足够精度的结果。

3. *考虑水平向地震动条件下任意形状容器的等效力学模型*

对于非矩形容器，上述解析方法难以得到公式解。为此，李遇春等采用半解析/半数值方法获取任意形状容器内的液体晃动等效力学模型，即将容器内晃动液体等效为一个集中质量与一个弹簧振子。现将李遇春等人的成果列举如下[31-34]。

（1）矩形渡槽。对于矩形渡槽，半底宽为 a，水深为 H，槽内水体的等效力学模型如图 3.5.5 所示，相应的等效力学模型计算公式见式（3.5.21）～式（3.5.25），公式适用范围为 $0.5\leqslant H/a\leqslant 6$。

$$\frac{M_0}{M}=0.565\left(\frac{H}{a}\right)^{0.815}\tanh\left[1.692\left(\frac{a}{H}\right)^{0.815}\right] \tag{3.5.21}$$

$$\frac{h_0}{H}=-0.108+\frac{0817\,\frac{a}{H}}{\tanh\left(1.479\,\frac{a}{H}\right)} \tag{3.5.22}$$

$$\frac{M_1}{M}=0.511\left(\frac{a}{H}\right)\tanh\left(1.581\,\frac{H}{a}\right) \tag{3.5.23}$$

$$\frac{h_1}{H}=1+\frac{1.972-\cosh\left(1.549\,\frac{H}{a}\right)}{1.549\,\frac{H}{a}\sinh\left(1.549\,\frac{H}{a}\right)} \tag{3.5.24}$$

$$K_1=M_1\omega_1^2=0.765\,\frac{Mg}{H}\tanh\left(1.581\,\frac{H}{a}\right)\tanh\left(1.681\,\frac{H}{a}\right) \tag{3.5.25}$$

式中：H 为水深；a 为半底板宽；M 为液体的总质量；M_0 为固定质量；M_1 为晃动质量；ω_1 为弹簧振子（M_1，K_1）的一阶晃动频率；K_1 为等效模型的弹簧刚度系数；h_0 为固定质量的位置；h_1 为晃动质量的位置；g 为重力加速度。

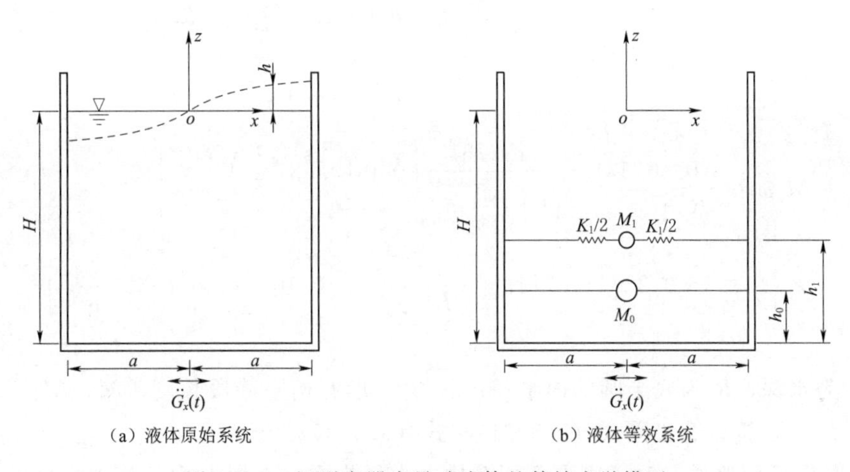

（a）液体原始系统　　（b）液体等效系统

图 3.5.5　矩形容器内晃动液体的等效力学模型

（2）U 形渡槽。对于 U 形渡槽，其底半圆的内半径为 R，水深为 $H=h+R$，槽内水体的等效力学模型见图 3.5.6，相应的等效力学模型计算公式见式（3.5.26）～式（3.5.30），公式适用范围为 $0\leqslant h/R\leqslant 2$（或 $1\leqslant H/R\leqslant 3$）；当 $0.3\leqslant h/R\leqslant 1$，即水深 H 在底半圆以内时，该等效模型可按圆形截面考虑。

$$\frac{M_0}{M}=0.421+0.395\left(\frac{h}{R}\right)^{0.847}\tanh\left[\frac{1.866}{1+\frac{h}{R}}\right] \tag{3.5.26}$$

$$\frac{h_0}{H}=1-1.119\left(\frac{h}{R}\right)^{0.821}\tanh\left[\frac{0.75}{1+\frac{h}{R}}\right] \tag{3.5.27}$$

$$\frac{M_1}{M}=0.571-\frac{1.276}{\left(1+\frac{h}{R}\right)^{0.627}}\left[\tanh\left(0.331\,\frac{h}{R}\right)\right]^{0.932} \tag{3.5.28}$$

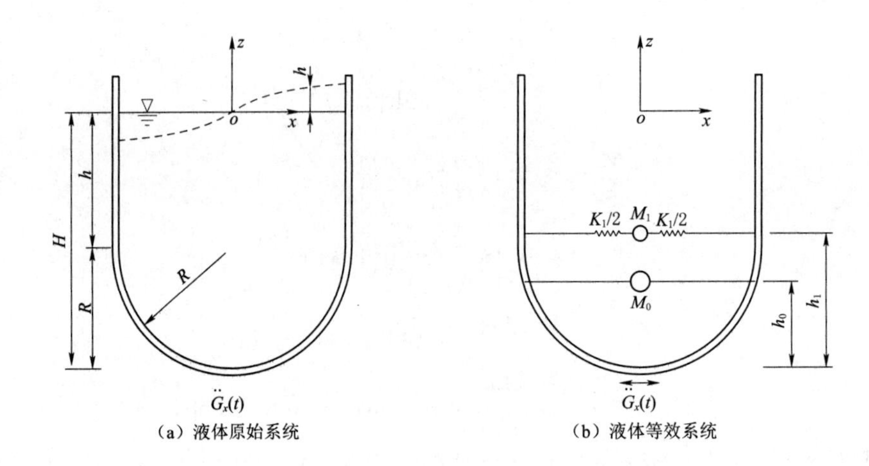

图 3.5.6　U 形容器内晃动液体的等效力学模型

$$\frac{h_1}{H}=1-\left(\frac{h}{R}\right)^{0.664}\frac{0.394+0.097\sinh\left(1.534\,\dfrac{h}{R}\right)}{\cosh\left(1.534\,\dfrac{h}{R}\right)} \tag{3.5.29}$$

$$K_1=M_1\omega_1^2=\frac{Mg}{R}\left\{0.571-\frac{1.276}{\left(1+\dfrac{h}{R}\right)^{0.627}}\left[\tanh\left(0.331\,\frac{h}{R}\right)\right]^{0.932}\right\}$$
$$\times\left\{1.323+0.228\left[\tanh\left(1.505\,\frac{h}{R}\right)\right]^{0.768}-0.105\left[\tanh\left(1.505\,\frac{h}{R}\right)\right]^{4.659}\right\} \tag{3.5.30}$$

式中：H 为水深；R 为底半圆的内半径；h 为 U 形渡槽直墙段长度；M、M_0、M_1、ω_1、K_1、h_0、h_1、g 符号意义同式（3.5.21）～式（3.5.25）。

（3）圆形截面渡槽。对于圆形截面渡槽，内径为 R，水深为 H，槽内水体的等效力学模型见图 3.5.7，相应的等效力学模型计算公式见式（3.5.31）～式（3.5.34），公式的适用范围为 $0.2R\leqslant H\leqslant 1.6R$。

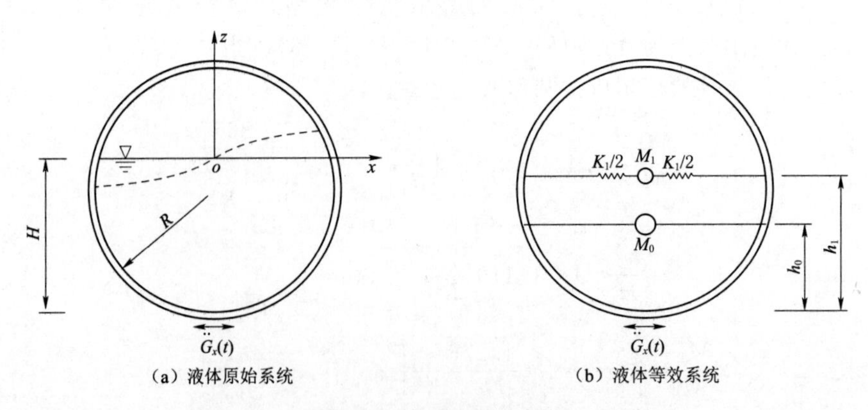

图 3.5.7　圆形容器内晃动液体的等效力学模型

$$\frac{M_0}{M}=1-\frac{M_1}{M}=0.037+0.399\left(\frac{H}{R}\right)^{1.217} \tag{3.5.31}$$

$$\frac{M_1}{M}=0.963-0.399\left(\frac{H}{R}\right)^{1.217} \tag{3.5.32}$$

$$K_1=M_1\omega_1^2=\frac{Mg}{R}\left\{1.044+0.105\sinh\left[2.032\left(\frac{H}{R}\right)-0.333\right]\right\}\times\left[0.963-0.399\left(\frac{H}{R}\right)^{1.217}\right] \tag{3.5.33}$$

$$h_0=h_1=R \tag{3.5.34}$$

式中：H 为水深；R 为内半径；M、M_0、M_1、ω_1、K_1、h_0、h_1、g 符号意义同式（3.5.21）～式（3.5.25）。

（4）梯形截面渡槽。对于梯形截面渡槽，其底宽为 $2l$，水深为 H，侧墙的倾角为 α，槽内水体的等效力学模型见图 3.5.8，相应的等效力学模型计算公式见式（3.5.35）～式（3.5.39），公式适用范围为 $0.3\leqslant H/l\leqslant 6.0$。

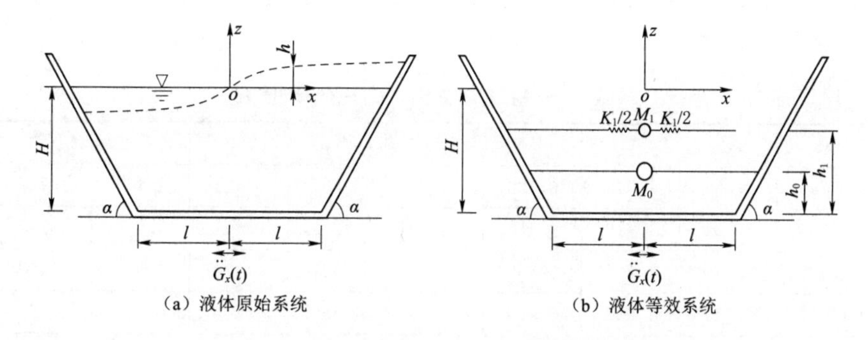

（a）液体原始系统　　（b）液体等效系统

图 3.5.8 梯形容器内晃动液体的等效力学模型

$$\frac{M_0}{M}=C_1\left(\frac{H}{l}\right)^{C_2}\tanh\left[C_3\left(\frac{H}{l}\right)^{C_4}\right] \tag{3.5.35}$$

$$\frac{M_1}{M}=B_1\frac{l}{H}\left(1+B_3\frac{H}{l}\right)\tanh\left(\frac{B_2\frac{H}{l}}{1+B_3\frac{H}{l}}\right) \tag{3.5.36}$$

$$\begin{cases}\dfrac{h_0}{H}=D_1+\dfrac{D_2-\cosh\left[\left(\dfrac{H}{l}\right)^{D_3}\right]}{\dfrac{H}{l}\sinh\left[\left(\dfrac{H}{l}\right)^{D_4}\right]} & (\alpha=30°,35°,\cdots,60°)\\[2ex] \dfrac{h_0}{H}=D_1+\dfrac{D_2\left(1-D_3\dfrac{l}{H}\right)\left(\dfrac{H}{l}\right)^{D_4}}{\tanh\left[\left(1-D_3\dfrac{l}{H}\right)\left(\dfrac{H}{l}\right)^{D_4}\right]} & (\alpha=65°,70°,\cdots,85°)\end{cases} \tag{3.5.37}$$

$$\begin{cases} \dfrac{h_1}{H}=P_1+\dfrac{P_2\left(\dfrac{l}{H}\right)^{P_3}\left(1+P_3\dfrac{l}{H}\right)}{\tanh\left[\left(\dfrac{l}{H}\right)^{P_3}\left(1+P_3\dfrac{l}{H}\right)\right]} & (\alpha=30°,35°,\cdots,70°) \\ \dfrac{h_1}{H}=P_1-\dfrac{P_1-\cosh\left[P_2\left(\dfrac{H}{l}\right)^{P_3}\right]}{P_2\dfrac{H}{l}\sinh\left[P_2\left(\dfrac{H}{l}\right)^{P_3}\right]} & (\alpha=75°,80°,85°) \end{cases} \tag{3.5.38}$$

$$K_1=M_1\omega_1^2=\frac{A_1B_1Mg\left(1+B_3\dfrac{H}{l}\right)\tanh\left(\dfrac{A_2\dfrac{H}{l}}{1+A_3\dfrac{H}{l}}\right)\tanh\left(\dfrac{B_2\dfrac{H}{l}}{1+B_3\dfrac{H}{l}}\right)}{H\left(1+A_3\dfrac{H}{l}\right)} \tag{3.5.39}$$

式中：H 为水深；l 为半底宽；α 为侧墙的倾角；M、M_0、M_1、ω_1、K_1、h_0、h_1、g 符号意义同式（3.5.21）～式（3.5.25）；$A_1\sim A_3$、$B_1\sim B_3$、$C_1\sim C_4$、$D_1\sim D_4$、$P_1\sim P_3$ 为系数，具体取值见表 3.5.1 和表 3.5.2。

表 3.5.1　系数 $A_1\sim A_3$、$B_1\sim B_3$、$C_1\sim C_4$ 取值表

α	A_1	A_2	A_3	B_1	B_2	B_3	C_1	C_2	C_3	C_4
30°	0.761	3.550	1.716	0.423	2.436	2.565	0.125	1.165	1.247	1.093
35°	0.866	3.100	1.419	0.418	2.460	2.272	0.151	1.098	1.302	1.033
40°	0.969	2.770	1.200	0.456	2.214	1.821	0.174	0.971	1.457	0.930
45°	1.072	2.511	1.030	0.450	2.230	1.596	0.206	0.954	1.463	0.907
50°	1.169	2.306	0.886	0.467	2.110	1.325	0.234	0.876	1.603	0.854
55°	1.254	2.144	0.755	0.469	2.072	1.122	0.267	0.843	1.679	0.833
60°	1.308	2.032	0.622	0.478	1.991	0.919	0.300	0.797	1.808	0.811
65°	1.325	1.970	0.484	0.490	1.893	0.729	0.332	0.748	1.992	0.796
70°	1.351	1.905	0.366	0.483	1.894	0.584	0.376	0.763	1.921	0.800
75°	1.397	1.825	0.269	0.489	1.824	0.430	0.416	0.746	1.949	0.746
80°	1.450	1.744	0.181	0.499	1.729	0.275	0.457	0.724	2.026	0.781
85°	1.496	1.677	0.095	0.504	1.657	0.133	0.504	0.720	1.994	0.774

表 3.5.2　系数 $D_1\sim D_4$、$P_1\sim P_3$ 取值表

α	D_1	D_2	D_3	D_4	P_1	P_2	P_3
30°	2.659	2.639	1.084	0.927	1.012	1.948	0.501
35°	2.313	2.242	1.120	0.966	0.790	1.514	0.550
40°	1.642	2.601	0.706	0.493	0.717	1.164	0.616
45°	1.510	2.308	0.747	0.534	0.646	0.934	0.671
50°	0.992	2.592	0.382	0.284	0.644	0.728	0.748

续表

α	D_1	D_2	D_3	D_4	P_1	P_2	P_3
55°	0.864	2.487	0.353	0.231	0.622	0.588	0.816
60°	0.751	2.413	0.315	0.149	0.627	0.463	0.903
65°	0.441	0.235	4.822	−0.011	0.628	0.367	0.994
70°	0.420	0.199	4.900	−0.042	0.622	0.299	1.073
75°	0.358	0.214	4.377	0.033	4.976	2.054	0.557
80°	0.287	0.243	3.842	0.128	2.814	1.657	0.722
85°	0.252	0.243	3.616	0.169	2.208	1.532	0.858

4. 考虑竖向地震动作用下的槽内地震动水压力

已有研究表明，在竖向地震动作用下，渡槽内水体晃动的对流动水压力可忽略不计。在不可压缩的无黏性流体假定下，借助与弹性地基的弹性圆形流体储罐在竖向地震动分量作用下的动态压力分布结果可知，对槽底均匀分布的竖向动水压力和沿槽壁各高程分布的水平向动水压力可按下式计算：

$$p_{wv}(z,t)=0.8\rho_w a_{wv}(t)H\cos\left(\frac{\pi}{2}\frac{H+z}{H}\right) \tag{3.5.40}$$

式中：$a_{wv}(t)$ 为槽底的竖向加速度响应值。

对槽底，可作为均布的固定于其上的竖向附加质量考虑，按下式计算：

$$m_{wv}=0.4\frac{M}{l} \tag{3.5.41}$$

3.5.2.2 现有规范规定

目前，《水工建筑物抗震设计标准》(GB 51247—2018) 和《水电工程水工建筑物抗震设计规范》(NB 35047—2015) 对渡槽槽体内动水压力计算均有明确规定[35-36]，规定内容基本相同，具体如下。

1. 1级渡槽

在1级渡槽抗震计算中，作用在矩形或U形渡槽的顺槽向各截面槽体内的动水压力可分为冲击压力和对流压力两部分（图3.5.9）。

(1) 横槽向水平地震作用。在横槽向水平地震作用下，槽体内冲击动水压力作用，对槽壁可作为沿高程分布的固定于各侧壁上的水平向附加质量考虑，当 $H/l\leqslant1.5$ 时，按式 (3.5.42) 计算；当 $H/l>1.5$ 时，按式 (3.5.43) 计算：

$$m_{wh(z)}=\frac{M}{2l}\left[\frac{z}{H}+\frac{1}{2}\left(\frac{z}{H}\right)^2\right]\sqrt{3}\tanh\left(\sqrt{3}\frac{l}{H}\right) \tag{3.5.42}$$

$$m_{wh}=\frac{M}{2H} \tag{3.5.43}$$

对槽底，当 $H/l\leqslant1.5$ 时，可作为随 x 变化的动水压力，按式 (3.5.44) 计算；当 $H/l>1.5$ 时，槽底的冲击动水压力按线性分布。

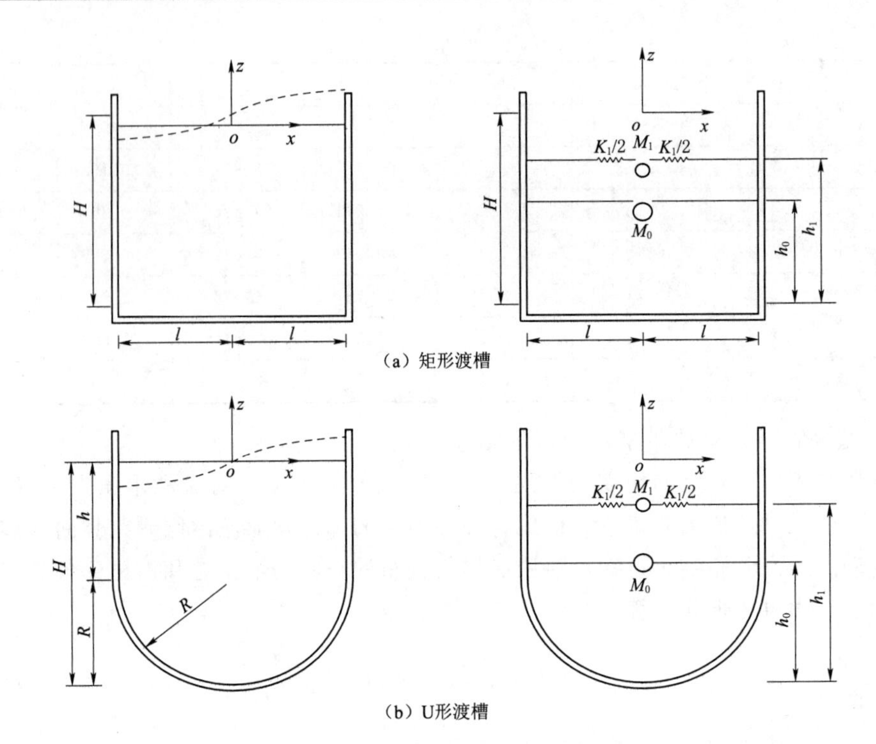

图 3.5.9 动水压力计算模型示意图

$$p_{\mathrm{bh}}(x,t)=\frac{M}{2l}a_{\mathrm{wh}(t)}\frac{\sqrt{3}}{2}\frac{\sinh\left(\sqrt{3}\dfrac{x}{H}\right)}{\cosh\left(\sqrt{3}\dfrac{x}{H}\right)} \tag{3.5.44}$$

式中：M 为沿槽轴向单宽长度的水体总质量，对矩形渡槽 $M=2\rho_{\mathrm{w}}Hl$；对 U 形渡槽，$M=\rho_{\mathrm{w}}(2hR+0.5\lambda R^2)$；$a_{\mathrm{wh}(t)}$ 为各截面槽底中心处的水平向加速度响应值；ρ_{w} 为水体质量密度；H 为槽内水深；$2l$ 或 $2R$ 为槽内宽度。

在横槽向水平地震作用下，槽体内对流动水压力的作用可作为在 h_1 高程处与槽壁相连接的弹簧-质量体系考虑。对矩形渡槽，其等效质量 M_1、等效弹簧刚度 K_1 和高度 h_1 分别按照式（3.5.45）～式（3.5.47）计算：

$$M_1=2\rho_{\mathrm{w}}Hl\left[\frac{1}{3}\sqrt{\frac{5}{2}}\frac{l}{H}\tanh\left(\sqrt{\frac{5}{2}}\frac{H}{l}\right)\right] \tag{3.5.45}$$

$$K_1=M_1\frac{g}{l}\sqrt{\frac{5}{2}}\tanh\left(\sqrt{\frac{5}{2}}\frac{H}{l}\right) \tag{3.5.46}$$

$$h_1=H\left[1-\frac{\cosh\left(\sqrt{\dfrac{5}{2}}\dfrac{H}{l}\right)-2}{\sqrt{\dfrac{5}{2}}\dfrac{H}{l}\sinh\left(\sqrt{\dfrac{5}{2}}\dfrac{H}{l}\right)}\right] \tag{3.5.47}$$

对于 U 形渡槽，其等效质量 M_1、等效弹簧刚度 K_1 和高度 h_1 分别按照式（3.5.68）～式（3.5.71）计算：

$$M_1=M\left\{0.571-\frac{1.276}{\left(1+\frac{h}{R}\right)^{0.627}}\left[\tanh\left(0.331\frac{h}{R}\right)\right]^{0.932}\right\} \tag{3.5.48}$$

$$K_1=M_1\omega_1^2 \tag{3.5.49}$$

$$\frac{R}{g}\omega_1^2=1.323+0.228\left[\tanh\left(1.505\frac{h}{R}\right)\right]^{0.768}-0.105\left[\tanh\left(1.505\frac{h}{R}\right)\right]^{4.659} \tag{3.5.50}$$

$$h_1=H\left\{1-\left(\frac{h}{R}\right)^{0.664}\times\frac{0.394+0.097\sinh\left(1.534\frac{h}{R}\right)}{\cosh\left(1.534\frac{h}{R}\right)}\right\} \tag{3.5.51}$$

(2) 竖向地震作用。在竖向地震作用下，可只计入冲击动水压力的作用。对槽底，可作为均布的固定于其上的竖向附加质量考虑，按下式计算：

$$m_{wv}=0.4\frac{M}{l} \tag{3.5.52}$$

对槽壁，可作为沿高程分布的水平向压力考虑，按式（3.5.53）计算，各时刻作用在相对槽壁上的动水压力指向同一方向。

$$p_{wv}(z,t)=0.4\frac{M}{l}a_{wv}(t)\cos\left(\frac{\pi}{2}\frac{H+z}{H}\right) \tag{3.5.53}$$

2. 2级渡槽

对于2级渡槽，在计算槽墩横槽向地震动水平分量响应时，应将相邻两跨1/2跨度内的上部槽身结构和其中动水压力附加质量都作为连接在墩顶的附加集中质量。

在计算上部槽体时，当渡槽的 $H/l\leqslant1.5$，槽内在地震动水平分量作用下的冲击动水压力可作为附加在槽壁 h_0 处的横向附加集中质量，分别按下列公式计算：

$$M_0=M\frac{\tanh\left(\sqrt{3}\frac{l}{H}\right)}{\sqrt{3}\frac{l}{H}} \tag{3.5.54}$$

$$h_0=\frac{3}{8}H\left\{1+\frac{4}{3}\left[\frac{\sqrt{3}\frac{l}{H}}{\tanh\left(\sqrt{3}\frac{l}{H}\right)}-1\right]\right\} \tag{3.5.55}$$

当 $H/l>1.5$ 时，作用在 $\left|\frac{Z}{l}\right|>1.5$ 以下的渡槽侧壁上的均布水平向附加质量仍按式（3.5.63）修正，按线性分布的槽底冲击动水压力也做相应修正。

对流动水压力的作用可作为在 h_1 高度处与槽壁相连接的弹簧-质量体系考虑，其等效质量 M_1、等效弹簧刚度 K_1 和高度 h_1，对矩形渡槽仍分别按式（3.5.45）～式（3.5.47）计算，对U形渡槽仍分别按式（3.5.48）～式（3.5.51）计算。

槽身结构底部连接支座处的地震动输入应取为槽墩顶部的加速度响应值。

3.5.3　参考算例[37]

我国西北地区某渡槽为双槽3跨箱形结构，槽身段长54m，地震烈度为Ⅶ度。槽身采用C50纤维素钢筋混凝土，单向预应力简支梁结构，跨度为18m。各跨布置2孔箱形槽身，槽身净宽为4.4m，槽身净高度7m，总高度7.5m。计算模型详见第2.5.4节。虽然该渡槽截面型式为箱形，从动水压力荷载作用特性来讲，其与矩形渡槽基本相同，故可采用矩形渡槽的动水压力荷载计算公式进行计算。

根据设计资料，该渡槽是按1级建筑物进行设计。由《水工建筑物抗震设计标准》（GB 51247—2018）附录1可知，在1级渡槽抗震计算中，作用在矩形渡槽的顺槽向的各截面内的动水压力可分为冲击压力和对流压力两部分。

$H=6.6$m，$l=2.2$m，$H/l=3>1.5$，按照式（3.5.42）～式（3.5.47）和式（3.5.52）可得到：$M=29040$kg/m，$m_{wh}=2200$kg/m^2；$M_1=5101.03$kg/m，$K_1=35959.09$N/m^2，$h_1=5.26$m；$m_{wh}=5280$kg/m^2。

参　考　文　献

［1］中华人民共和国水利部. 水工混凝土结构设计规范：SL 191—2008［S］. 北京：中国水利水电出版社，2008.

［2］中华人民共和国水利部. 灌溉与排水渠系建筑物设计规范：SL 482—2011［S］. 北京：中国水利水电出版社，2011.

［3］王长德，冯晓波，朱以文，等. 水工渡槽的温度应力问题［J］. 武汉水利电力大学学报，1998，31（5）：7-11.

［4］冯晓波，夏富洲，王长德，等. 南水北调中线大型渡槽运行期温度场的计算［J］. 武汉大学学报（工学版），2007，40（2）：25-28.

［5］冯晓波，王长德，管光华. 大型渡槽温度场的边界条件计算方法［J］. 南水北调与水利科技，2008，6（1）：170-173.

［6］国家能源局. 水电工程水温计算规范：NB/T 35094—2017［S］. 北京：中国电力出版社，2017.

［7］陈武，刘德仁，董元宏，等. 寒区封闭引水渡槽中水温变化预测分析［J］. 农业工程学报，2012，28（4）：69-74.

［8］陶文铨. 数值传热学［M］. 西安：西安交通大学出版社，2001.

［9］中国水利水电科学研究院. ××渡槽上部结构安全评价报告［R］. 北京：中国水利水电科学研究院，2011.

［10］唐国斌. 基于全寿命设计的混凝土箱梁桥若干理论问题研究［D］. 杭州：浙江大学，2011.

［11］项贻强，唐国斌. 混凝土箱梁桥开裂机理及控制［M］. 北京：中国水利水电出版社，2010.

［12］赵顺波. 环形高效预应力混凝土技术与工程应用［M］. 北京：科学出版社，2008.

［13］中华人民共和国交通运输部. 公路桥梁抗风设计规范：JTG/T 3360-01—2018［S］. 北京：人民交通出版社，2019.

［14］李遇春. 渡槽风工程研究［D］. 上海：同济大学，2001.

［15］李正农，楼梦麟，宋锦忠，等. 渡槽槽体结构风载体形系数的风洞试验研究［J］. 水利学报，2000，31（9）：15-19.

［16］李正农，楼梦麟，宋锦忠，等. U形渡槽槽体结构风载体形系数的风洞试验研究［J］. 空气动力学学报，2002（2）：112-117+124.

[17] 李正农，吴红华，楼梦麟. 流场状态对渡槽槽体结构风载体形系数的影响 [J]. 自然灾害学报，2004 (3)：157-161.

[18] 李遇春，周志勇，周成. 矩形渡槽静风荷载的 CFD 计算 [J]. 中国农村水利水电，2003 (7)：51-53.

[19] 李遇春，邸庆霜，张文杰，等. 多箱渡槽槽身静风三分力系数风洞试验研究 [J]. 水利学报，2012，43 (6)：691-698.

[20] 张婷婷. 大型渡槽静风荷载 CFD 模拟研究 [D]. 上海：同济大学，2009.

[21] 吴红华，李正农，楼梦麟. 排架支撑式渡槽结构风致反应的动力有限元计算和分析 [J]. 地震工程与工程振动，2004，24 (1)：130-134.

[22] 罗亚松. 特大跨渡槽结构风致振动计算和分析研究 [J]. 黑龙江水利科技，2018，46 (2)：58-61.

[23] 居荣初，曾心传. 弹性结构与液体的耦联振动理论 [M]. 北京：地震出版社，1983.

[24] 邵岩，赵兰浩，李同春. 考虑流固耦合的渡槽动力计算方法综述 [J]. 人民黄河，2005 (11)：59-60.

[25] 张华，陈雯雯，刘亮，等. 基于不同水体模型的渡槽结构动力特性对比分析 [J]. 特种结构，2011，28 (5)：74-76，86.

[26] 王庄，李遇春，王立时. 不同截面水槽流体参数晃动的 SPH 模拟 [J]. 计算物理，2013，30 (5)：642-648.

[27] Graham E W，Rodriguez A M. Characteristics of fuel motion which affect airplane dynamics [J]. Journal of Applied Mechanics，1952，19：381-388.

[28] Housner G W. Dynamic Pressure on Accelerated Fluid Containers [J]. Bulletin of the Seismological Society of America，1957，47：15-35.

[29] Yuchun Li，Jinting Wang. A supplementary，exact solution of an equivalent mechanical model for a sloshing fluid in a rectangular tank [J]. Journal of Fluids and Structures，2012，31 (1)：147-151.

[30] 李遇春，张龙. 渡槽抗震计算若干问题的讨论与建议 [C]//现代水利水电工程抗震防灾研究与进展 (2013 年). 中国水力发电工程学会，2013.

[31] Yuchun Li，Qingshuang Di，Yongqing Gong. Equivalent mechanical models of sloshing fluid in arbitrary-section aqueducts [J]. Earthquake Engineering & Structural Dynamics，2012，41 (6)：1069-1087.

[32] 李遇春，来明. 矩形容器中流体晃动等效模型的建议公式 [J]. 地震工程与工程振动，2013，33 (1)：124-127.

[33] 李遇春，余燕清，王庄. 圆管渡槽抗震计算流体等效简化模型 [J]. 南水北调与水利科技，2015，13 (6)：1101，1104.

[34] 李遇春. 液体晃动动力学基础 [M]. 北京：科学出版社，2017.

[35] 中华人民共和国住房和城乡建设部，中华人民共和国国家质量监督检验检疫局. 水工建筑物抗震设计标准：GB 51247—2018 [S]. 北京：中国计划出版社，2018.

[36] 国家能源局. 水电工程水工建筑物抗震设计规范：NB 35047—2015 [S]. 北京：中国电力出版社，2015.

[37] 中国水利水电科学研究院. 新疆某渡槽槽身三维有限元计算分析研究报告 [R]. 北京：中国水利水电科学研究院，2017.

第4章　渡槽静力问题研究

4.1　概述

对于渡槽结构而言，静力计算是后续动力计算、稳定分析等问题的基础。大型渡槽结构静力计算分析通常采用“结构力学方法确定配筋＋有限元方法校核验证”的研究思路，那么在采用有限元方法进行渡槽受力分析时采用何种荷载组合方式以及何种应力控制标准是一个非常值得考虑的问题。

目前，采用有限元等数值方法计算渡槽结构受力分析时，常遇到根据有限元计算结果获取结构内力用于配筋验算或在三维有限元模型边界上施加内力（弯矩、扭矩、剪力、轴力等）型边界条件等问题。通常有限元计算结果（位移、应变和应力）是不能直接用于结构配筋验算的；要么将应力经截面积分转换为截面内力或利用有限元直接反力法获取截面内力再利用构件的承载能力计算公式进行配筋，要么按弹性力学图形进行结构配筋。另外，有限元方法边界条件要么是位移边界条件，要么是力边界条件，力边界条件主要是法向力和切向力，如何将弯矩、扭矩、剪力、轴力等内力型荷载转换为法向力和切向力等有限元方法的力边界条件，是一个非常值得研究的问题。

综合以上，本章围绕渡槽结构静力计算时关注的荷载组合、应力控制标准、节点荷载与内力转换问题以及基于有限元应力计算结果的配筋问题展开论述，并结合两个工程案例进行详细说明。

4.2　荷载组合及控制标准研究

4.2.1　荷载组合及计算工况

在进行渡槽结构计算时，应根据施工、运行及检修时的具体条件、计算对象及计算目的采用不同的荷载进行组合。

(1)《灌溉与排水渠系建筑物设计规范》(SL 482—2011) 第5.5.5条规定：设计时应将可能同时作用于渡槽的各种荷载进行组合，渡槽结构设计的荷载组合应按表4.2.1选用[1]。重要、特殊渡槽必要时尚应考虑其他可能的不利荷载组合。

(2) 根据《水工混凝土结构设计规范》(SL 191—2008) 的相关规定，槽身和下部支承结构采用以分项系数设计表达式进行设计时，应根据承载能力和正常使用极限状态设计要求分别采用不同的荷载组合[2-3]。

1) 按承载能力极限状态设计时，应考虑两种荷载组合：①基本组合（持久设计状况或短暂设计状况下永久荷载与可能出现的可变荷载的效应组合）；②偶然组合（偶然设计状况下永久荷载、可变荷载与一种偶然荷载的效应组合)。各种荷载组合参见表4.2.2，必要时还应考虑其他可能的不利组合。

表4.2.1　　荷　载　组　合

荷载组合	计算工况	荷载														
		自重	水重	静水压力	动水压力	漂浮物撞击力	风压力	土压力	土的冻胀力	冰压力	人群荷载	温度荷载	混凝土收缩和徐变应力	预应力	地震荷载	其他
基本组合	设计水深、半槽水深	√	√	√	√	—	√	√	√	√	√	√	√	√	—	—
	空槽	√	—	—	—	—	√	√	√	√	√	√	√	√	—	—
偶然组合	加大水深、满槽水深	√	√	√	√	—	√	√	√	√	√	√	√	√	—	—
	施工工况	√	—	—	—	—	√	√	√	—	√	—	—	√	—	—
	漂浮物工况	√	—	√	√	√	√	√	—	—	—	√	√	√	—	—
	地震工况	√	√	√	√	—	√	√	√	√	—	√	√	√	√	—

注　温度荷载应分别考虑温升和温降两种情况。

2）进行正常使用极限状态验算时，应按荷载效应的短期组合及长期组合分别验算。

a. 短期组合Ⅰ、Ⅱ、Ⅲ：分别采用表4.2.2所列基本组合中短暂工况Ⅰ、Ⅱ、Ⅲ3种相应的荷载组合。

b. 长期组合：采用表4.2.2所列基本组合中持久工况相应的荷载组合。

表4.2.2　　渡槽按承载能力极限状态设计荷载组合

荷载组合			荷　载
基本组合	持久工况		槽中为设计水深、有风工况下作用于槽身或支承结构的各种荷载
	短暂工况	Ⅰ	槽中无水、有风、检修工况下作用于槽身或支承结构的各种荷载
		Ⅱ	槽中为满槽水、无风工况下作用于或支承结构的各种荷载
		Ⅲ	渡槽施工、有风工况下作用于或支承结构的各种荷载
偶然组合	Ⅰ		槽中为设计水深、地震、有风工况下作用于或支承结构的各种荷载
	Ⅱ		槽中无水、有风、漂浮物撞击工况下作用于或支承结构的各种荷载

4.2.2　控制标准研究

4.2.2.1　承载能力极限状态

《水工混凝土结构设计规范》(SL 191—2008）第3.2.1条规定，承载力极限状态设计时，应采用设计表达式：

$$KS \leqslant R \tag{4.2.1}$$

式中：K 为承载力安全系数，按第3.2.4条的规定采用；S 为荷载效应组合设计值，按第3.2.2条的规定计算；R 为结构构件的截面承载力设计值，按SL 191—2008有关章节的承载力计算公式，由材料的强度设计值及截面尺寸等因素计算得出。

《水工混凝土结构设计规范》(SL 191—2008）第3.2.4条规定：承载能力极限状态计

算时，钢筋混凝土、预应力混凝土及素混凝土结构构件的承载能力安全系数 K 不应小于表 4.2.3 的规定。

表 4.2.3　　混凝土结构构件的承载力安全系数 K

水工建筑物级别		1		2、3		4、5	
荷载效应组合		基本组合	偶然组合	基本组合	偶然组合	基本组合	偶然组合
钢筋混凝土、预应力混凝土		1.35	1.15	1.20	1.00	1.15	1.00
素混凝土	按受压承载力计算的受压构件、局部承压	1.45	1.25	1.30	1.10	1.25	1.05
	按受拉承载力计算的受压、受弯构件	2.20	1.90	2.00	1.70	1.90	1.60

注 1. 水工建筑物的级别应根据《水利水电工程等级划分及洪水标准》(SL 252—2000) 确定。
2. 结构在使用、施工、检修期的承载力计算。安全系数 K 应按表中基本组合取值；对地震及校核洪水位承载力计算，安全系数 K 应按表中偶然组合取值。
3. 当荷载效应组合由永久荷载控制时，表列安全系数 K 应增加 0.05。
4. 挡结构的受力情况较为复杂、施工特别困难、荷载不能准确计算、缺乏成熟的设计方法或结构有特殊要求时，承载力安全系数 K 宜适当提高。

4.2.2.2　正常使用极限状态

《水工混凝土结构设计规范》(SL 191—2008) 第 3.2.5 条规定，正常使用极限状态验算应按荷载效应的标准组合进行，并采用设计表达式：

$$S_k(G_k, Q_k, f_k, a_k) \leqslant c \tag{4.2.2}$$

式中：$S_k(\cdot)$ 为正常使用极限状态的荷载效应标准组合值函数；c 为结构构件达到正常使用要求所规定的变形、裂缝宽度或应力等的限值；G_k，Q_k 分别为永久荷载、可变荷载标准值，按《水工建筑物荷载设计规范》(DL 5077—1997) 的规定取用；f_k 为材料强度标准值；a_k 为结构构件几何参数的标准值。

根据《水工混凝土结构设计规范》(SL 191—2008) 第 3.2.7 条的规定：预应力混凝土结构构件设计时，应根据该规范表 3.2.7，根据环境类别选用不同的裂缝控制等级：

一级：严格要求不出现裂缝的构件，应按荷载效应标准组合验算，构件受拉边缘混凝土不应产生拉应力。

二级：一般要求不出现裂缝的构件，应按荷载效应标准组合验算，构件受拉边缘混凝土的拉应力不应超过混凝土轴心抗拉强度标准值的 0.7 倍。

三级：允许出现裂缝的构件，应按荷载效应标准组合进行裂缝宽度验算，构件正截面最大裂缝宽度计算值不应超过该规范表 3.2.7 规定的限值。

按《水工混凝土结构设计规范》(SL 191—2008) 中第 8.7.1 条的规定，对严格要求不出现裂缝的构件，应力须满足以下条件：

(1) 正截面验算。

1) 对严格要求不出现裂缝的构件，在荷载效应标准组合下，正截面混凝土法向应力应符合以下规定：

$$\sigma_{ck} - \sigma_{pc} \leqslant 0 \tag{4.2.3}$$

2) 对一般要求不出现裂缝的构件，在载荷效应标准组合下，正截面混凝土法向应力应符合以下规定：

$$\sigma_{ck}-\sigma_{pc}\leqslant 0.7\gamma f_{tk} \tag{4.2.4}$$

（2）斜截面验算。

1）对严格要求不出现裂缝的构件，在荷载效应标准组合下，斜截面混凝土主拉应力应符合下列要求：

$$\sigma_{tp}\leqslant 0.85 f_{tk} \tag{4.2.5}$$

2）对严格要求和一般要求不出现裂缝的构件，在荷载效应标准组合下，斜截面混凝土的主压应力应符合以下要求：

$$\sigma_{cp}\leqslant 0.6 f_{ck} \tag{4.2.6}$$

式（4.2.3）～式（4.2.6）中：σ_{ck}为荷载标准值（结构预应力除外）作用下构件正截面抗裂验算边缘的混凝土法向应力；σ_{pc}为扣除全部预应力损失后在构件抗裂验算边缘的混凝土预压应力；σ_{tp}、σ_{cp}分别为混凝土主拉应力、主压应力；f_{tk}、f_{ck}分别为混凝土轴心抗拉强度、轴心抗压强度标准值；γ为受拉区混凝土塑性影响系数。

4.2.3 最不利运行控制工况研究

整体来看，对槽身而言，温升工况下，渡槽外壁趋向于受压，内壁趋向于受拉；温降工况下，渡槽外壁趋向于受拉，内壁趋向于受压。渡槽除遇到正常运行时设计水深、加大水深以及满槽水深等工况和检修时的空槽情况，还有可能遇到半槽水深、1/3 槽水深等一些特殊运行工况，这些特殊工况下渡槽工作性态如何是个值得研究的问题。以南水北调中线工程某 U 形渡槽为例，本节研究其最不利运行控制工况，计算模型详见 2.5.1 节。计算荷载考虑水荷载、自重、人群、温升、预应力及风荷载，不同水深包括满槽水深（7.4m）、加大水深（6.745m）、设计水深（6.05m）、3/4 槽水深（5m）、半槽水深（4m）、1/3 槽水深（2.5m）以及空槽情况，不同水深条件＋温升工况下渡槽内壁环向及纵向应力分布情况如图 4.2.1～图 4.2.2 所示。

温升工况下，渡槽外壁趋向于受压，内壁趋向于受拉。内壁环向在满槽、加大及正常水深下，均处于受压状态；当水位降至 3/4 槽水深时，在内壁两端端肋竖墙与弧形段连接处开始出现拉应力，约为 0.15MPa；随着水位降低，拉应力及受拉范围逐渐增大，当降至 1/3 槽水深时（即槽内水位低于圆心轴），拉应力达到最大，约为 1.3MPa；空槽时，拉应力有所缓和，仍有 0.4MPa 左右。内壁纵向在满槽时，在内壁弧形段 0°～15°范围两端端肋处出现拉应力，约为 0.11MPa，随着水位降低，受拉区域增大，拉应力增加，最大拉应力出现在内壁弧形段 0°～15°范围，靠近过渡段处；加大水深时为 0.24MPa，正常水深为 0.5MPa，3/4 槽水深为 0.6MPa，半槽水深达到最大，为 0.8MPa；空槽时，纵向基本处于受压状态。

外壁在满槽时，在外壁两端端肋底部出现环向拉应力，约为 0.25MPa，随着水位降低，受拉范围及拉应力逐渐增大，当水位降至半槽水深时，跨中底部也出现受拉区域，拉应力约为 0.6MPa；空槽时，环向拉应力达到最大，为 1.0MPa。渡槽纵向在满槽、加大及正常水深时，均处于受压状态，当水位降至 3/4 槽水深时，外壁两端端肋底部出现纵向拉应力，约为 0.1MPa，随着水位进一步降低，受拉区域及拉应力逐渐增大，空槽时达到最大，约为 0.8MPa。

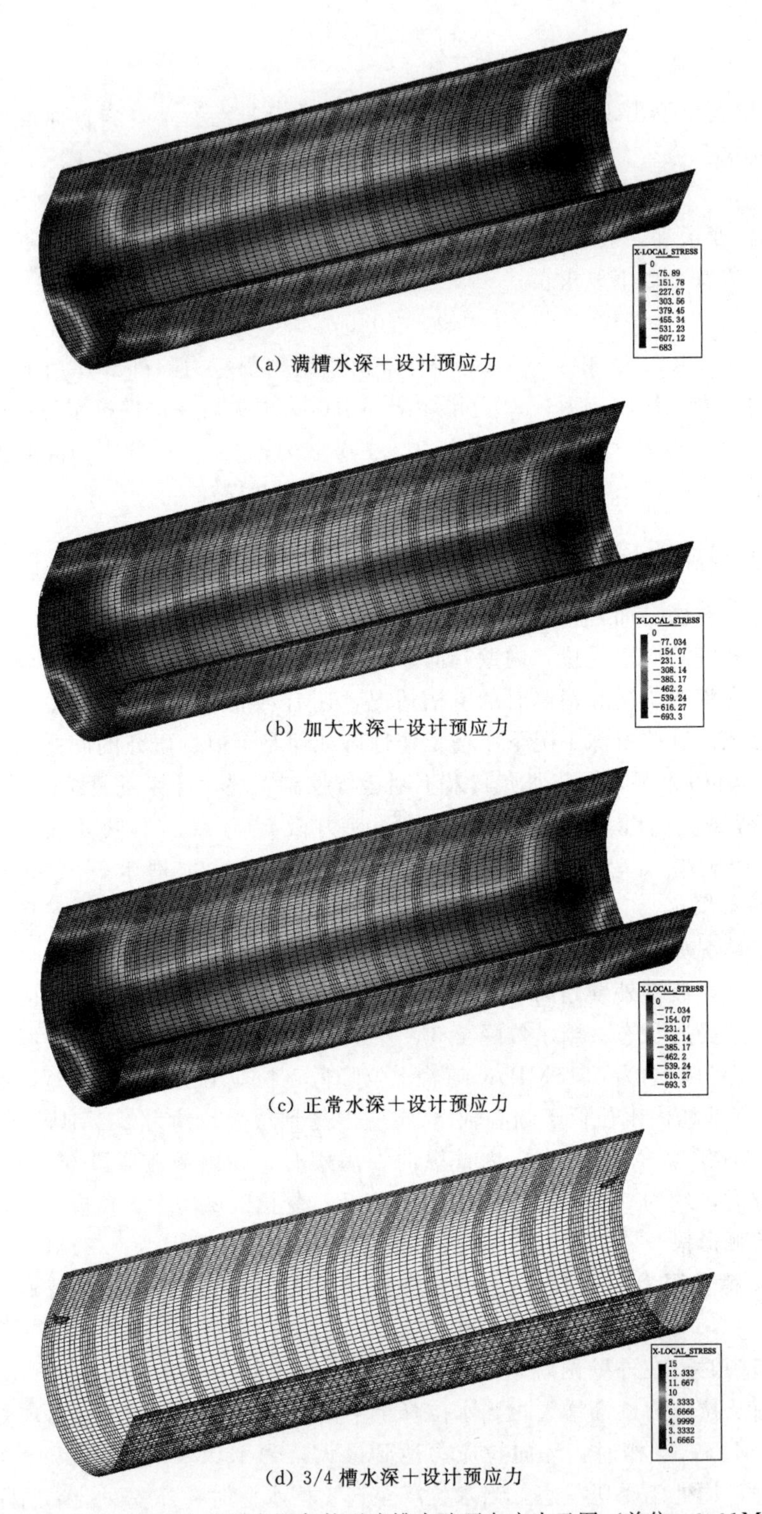

(a) 满槽水深＋设计预应力

(b) 加大水深＋设计预应力

(c) 正常水深＋设计预应力

(d) 3/4 槽水深＋设计预应力

图 4.2.1（一）　温升＋不同水深条件下渡槽内壁环向应力云图（单位：0.01MPa）

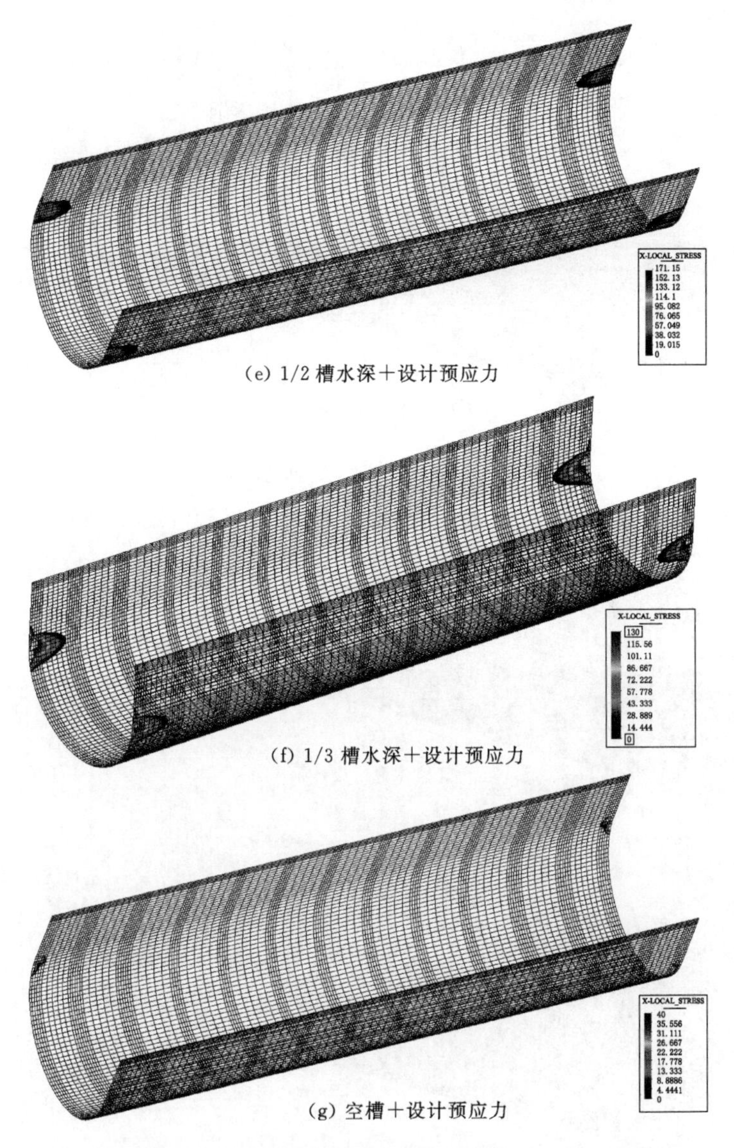

(e) 1/2 槽水深＋设计预应力

(f) 1/3 槽水深＋设计预应力

(g) 空槽＋设计预应力

图 4.2.1（二） 温升＋不同水深条件下渡槽内壁环向应力云图（单位：0.01MPa）

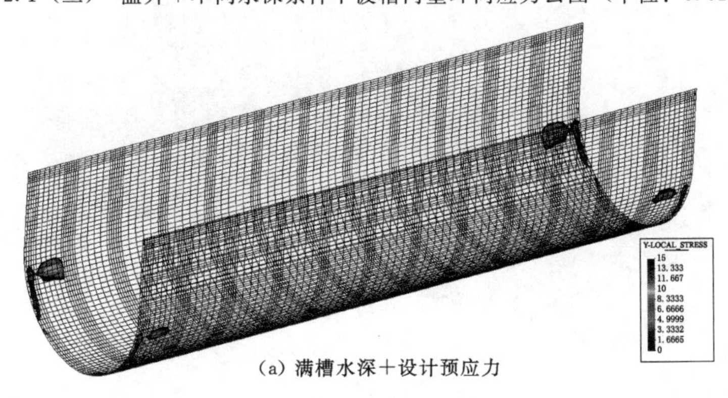

(a) 满槽水深＋设计预应力

图 4.2.2（一） 温升＋不同水深条件下渡槽内壁纵向应力云图（单位：0.01MPa）

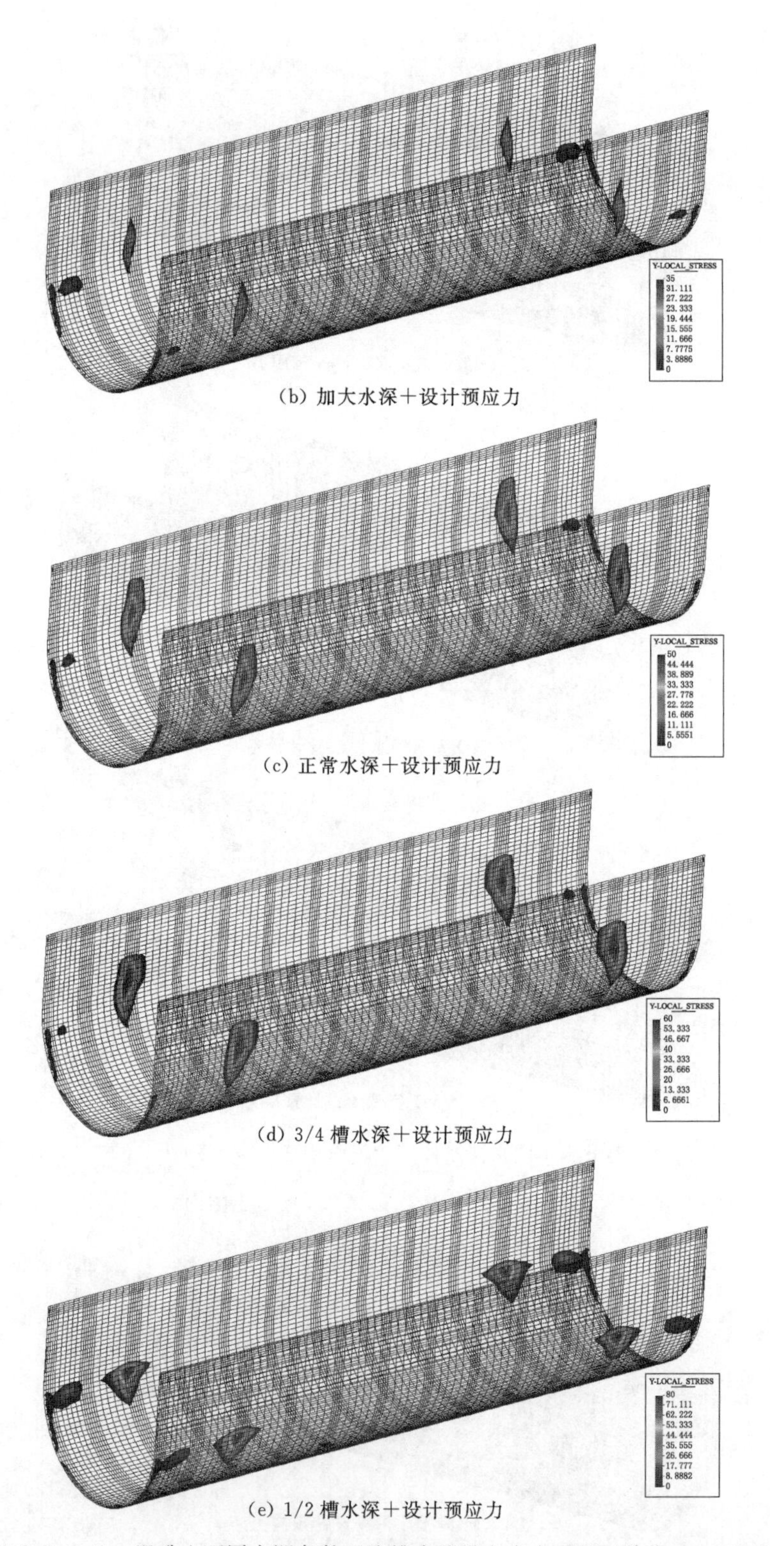

(b) 加大水深＋设计预应力

(c) 正常水深＋设计预应力

(d) 3/4 槽水深＋设计预应力

(e) 1/2 槽水深＋设计预应力

图 4.2.2（二）　温升＋不同水深条件下渡槽内壁纵向应力云图（单位：0.01MPa）

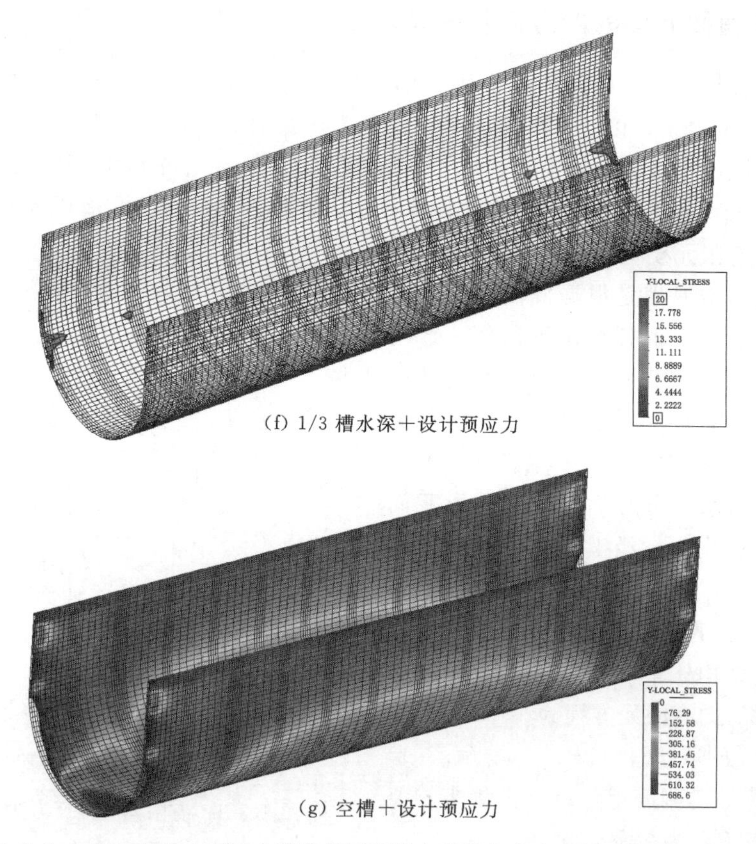

(f) 1/3 槽水深+设计预应力

(g) 空槽+设计预应力

图 4.2.2（三）　温升+不同水深条件下渡槽内壁纵向应力云图（单位：0.01MPa）

综合以上分析，渡槽水位在 1/3 槽水深时，内壁环向拉应力达到最大，约为 1.3MPa；在半槽水深时，纵向拉应力达到最大，约为 0.8MPa；由此可知，渡槽水位在 1/3 槽～1/2 槽水深时，渡槽工作状态最为不利。

4.3　节点荷载与内力转换问题研究

目前，采用有限元等数值方法计算渡槽结构受力时，常遇到根据有限元计算结果获取结构内力用于配筋验算或在三维有限元模型边界上施加内力（弯矩、扭矩、剪力、轴力等）型边界条件等问题[4]。对于前者，有限元计算结果是位移、应力和应变，虽然应力经积分可得到所需截面的内力，但是应力积分法精度差且受网格形态与网格尺寸影响较大，导致该方法的整体计算效率偏低；有限元直接反力法是基于有限元弹性分析成果获取截面内力的一种方法，由于该方法未经过应力—积分—内力的过程，直接由平衡方程获取节点内力，克服了应力积分法上述不足，具有精度高、稳定性好的优点。对于后者，有限元方法边界条件要么是位移边界条件，要么是力边界条件，力边界条件主要是法向力和切向力，如何将弯矩、扭矩、剪力、轴力等内力型荷载转换为法向力和切向力等有限元法的力边界条件，是一个非常值得研究的问题。

4.3.1　基于有限元法的内力荷载获取方法

有限元直接反力法又称为有限元内力法，是基于有限元弹性分析成果获取截面内力的一种方法[5-8]。有限元直接反力法在求解结构截面内力时，只能选择单元的边界面作为结构截面，这就限制了该方法的使用；鉴于有限元直接反力法在求解截面内力方面的优势，本节提出一种求解任意位置截面内力的计算方法，即将等参逆变换与有限元直接反力法相结合用于求解有限元模型任意位置截面的内力。

该方法的基本原理是根据截面与有限元模型的相对位置，获取任意位置截面，运用等参逆变换技术求解截面上各节点的局部坐标，利用有限元直接反力法得到截面所在单元（即被截面所切割的单元）各节点的不平衡内力，运用有限元分片插值技术获取截面上各节点不平衡内力，经坐标变换形成截面上合力。

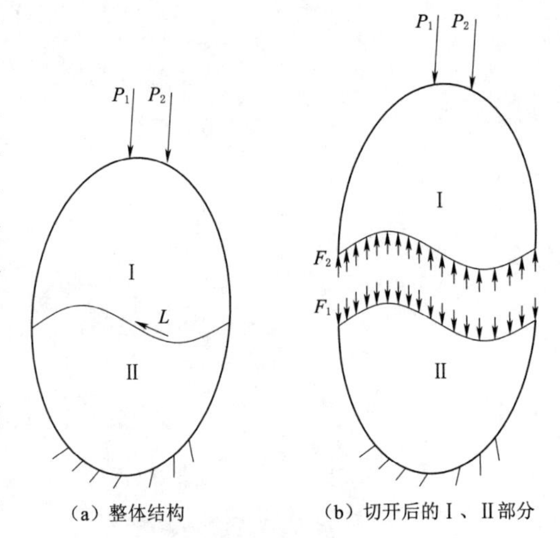

（a）整体结构　（b）切开后的Ⅰ、Ⅱ部分

图 4.3.1　有限元直接反力法示意图

4.3.1.1　有限元直接反力法

对一给定结构体系（图 4.3.1），施加相应的约束条件后的有限元方程为

$$[K]\cdot\{u\}=\{P\} \tag{4.3.1}$$

式中：$[K]$ 为结构刚度矩阵；$\{u\}$ 为未知节点位移向量；$\{P\}$ 为荷载列阵。

将整体结构沿切面 L 切为Ⅰ、Ⅱ两部分（图 4.3.1），切面的内力为 $\{F\}$。令Ⅰ、Ⅱ的子刚度分别为 $K_{Ⅱ}$、$K_{Ⅲ}$、$K_{Ⅳ}$，荷载为 $P_{Ⅰ}$、$P_{Ⅱ}$，则式（4.3.1）可写成

$$\begin{bmatrix} K_{Ⅱ} & K_{Ⅲ} \\ K_{Ⅲ} & K_{Ⅳ} \end{bmatrix}\begin{bmatrix} u_{Ⅰ} \\ u_{Ⅱ} \end{bmatrix}=\begin{bmatrix} P_{Ⅰ} \\ P_{Ⅱ} \end{bmatrix} \tag{4.3.2}$$

如只对部分结构Ⅰ进行刚度和荷载集中，则考虑切面上的不平衡力后，方程（4.3.2）仍然成立，即

$$[K_{Ⅱ}][u_{Ⅰ}]+\{F\}=[P_{Ⅰ}] \tag{4.3.3}$$

当求解方程（4.3.1）得到 $u_{Ⅰ}$ 时，式（4.3.3）中的不平衡力 $\{F\}$ 可由下式求出：

$$\{F\}=[P_{Ⅰ}]-[K_{Ⅱ}][u_{Ⅰ}] \tag{4.3.4}$$

$\{F\}$ 即为沿 L 将结构切开后切面上的不平衡力，由于该力是由有限元方程直接求解的内力，故称为有限元直接反力法。有限元直接反力法本质上是力的平衡方程，由于该内力未经过应力—积分—内力的过程，因此会有较高精度，且受网格形态影响小。由于有限元位移采用的是分片插值函数，因此截面上的内力只与Ⅰ或Ⅱ部分中所有包含截面上的节点与单元有关。在实际求解过程中，只需对Ⅰ或Ⅱ部分中所有包含该截面上的节点和单元进行循环求解即可。

4.3.1.2 任意截面处的内力获取方法

根据被截面所切割的单元，利用有限元直接反力法可得到被截面所切割单元各节点的不平衡力 $\{f_i\}=\{f_{ix} \quad f_{iy} \quad f_{iz}\}$；根据所切割单元各节点与截面的空间关系，利用式（4.3.5）可求解各节点的空间位置标记，结果见式（4.3.5)；而后根据分片插值技术，利用式（4.3.6）可得到截面上各节点的不平衡力 $\{f_c^i\}$，鉴于截面已被离散化，可对截面上各节点的不平衡力进行绕节点平均，以达到光滑修正目的。

$$\mathrm{sign(node)}=\begin{cases}1,\text{节点在截面上侧}\\0,\text{节点位于截面上}\\-1,\text{节点在截面下侧}\end{cases} \tag{4.3.5}$$

$$\{f_c^i\}=\sum_{i=1}^{\mathrm{node}}\mathrm{sign(node)}\cdot N_i\cdot\{f_i\} \tag{4.3.6}$$

式中：N_i 为截面上各节点的局部插值函数值。

以上得到的截面不平衡力是整体坐标系下的每个节点的约束内力值 $\{f_c^i\}=\{f_{cx}^i \quad f_{cy}^i \quad f_{cz}^i\}$，而对于某个特定截面而言，需要将截面上每个节点的约束内力值进行坐标转换，转换为截面所在局部坐标下的约束内力值 $\{f^i\}=\{f_x^i \quad f_y^i \quad f_z^i\}$，具体转换公式如下：

$$\{f^i\}^T=[T]\{f_c^i\}^T \tag{4.3.7}$$

$$[T]=\begin{bmatrix}\cos(x,x') & \cos(x,y') & \cos(x,z')\\ \cos(y,x') & \cos(y,y') & \cos(y,z')\\ \cos(z,x') & \cos(z,y') & \cos(z,z')\end{bmatrix} \tag{4.3.8}$$

式中：$\{f^i\}$ 为截面上每个节点的内力值；$\{f_c^i\}$ 为整体坐标下每个节点的约束内力值；$[T]$ 为坐标转换矩阵。

假设截面的形心为 A，截面面内局部坐标为 $x-y$，垂直于该截面的坐标轴为 $x-y$ 轴，截面在 y 方向和 x 方向的中性轴分别为 $x-x$ 和 $y-y$，根据截面上每个节点的约束内力 $\{f^i\}$ 和轴力、剪力以及弯矩的定义，便可合成该截面相对于点 A 的结构内力 $\{p\}=\{N \quad Q_x \quad Q_y \quad M_x \quad M_y \quad M_z\}^T$，具体见式（4.3.9）。

$$\begin{cases}N=\sum_{i=1}^{n}f_z^i\\ Q_x=\sum_{i=1}^{n}f_x^i\\ Q_y=\sum_{i=1}^{n}f_y^i\\ M_x=\sum_{i=1}^{n}f_z^i(y_i-y_A)\\ M_y=\sum_{i=1}^{n}f^i(x_i-x_A)\\ M_z=\sum_{i=1}^{n}[f_x^i(y_i-y_A)+f_y^i(x_i-x_A)]\end{cases} \tag{4.3.9}$$

对于一般的受弯构件而言，只需计算 N、M_x 和 Q_y 即可。

目前，主流商业有限元软件基本都具有提取节点不平衡力的功能。以 ANSYS 软件为例，可通过 FSUM 和 * GET 命令的联合使用获取节点不平衡力，具体命令流如下。当然也可通过在商业有限元软件中的二次开发功能或自行编写程序来获取节点不平衡力。

```
nsel,r,,,min_node                  ! 选择节点
esln,r                             ! 选择与该节点关联的单元
FSUM,rsys                          ! 获取该节点的不平衡力
*get,nd_fx,fsum,0,Item1,FX         ! 提取该节点 X 方向的不平衡力
*get,nd_fy,fsum,0,Item1,FY         ! 提取该节点 Y 方向的不平衡力
*get,nd_fz,fsum,0,Item1,FZ         ! 提取该节点 Z 方向的不平衡力
```

4.3.2　内力荷载与节点荷载转换问题

如何将弯矩、扭矩、剪力、轴力等内力型荷载转换为法向力和切向力等有限元方法的力边界条件，是一个非常值得研究的问题[9]。下面给出内力（弯矩、轴力及剪力）与节点荷载的转换公式。在实际有限元分析中，可建立一个具有平动和旋转自由度的节点，使用多点约束技术来实现三维有限元模型内力荷载的施加。

1. 弯矩处理

以 yoz 平面上的弯矩 M_z 为例，如图 4.3.2 和图 4.3.3 所示，设墩帽端面上有 n 个节点，并设第 i 个节点为 $f_i^z = ky_i$，则

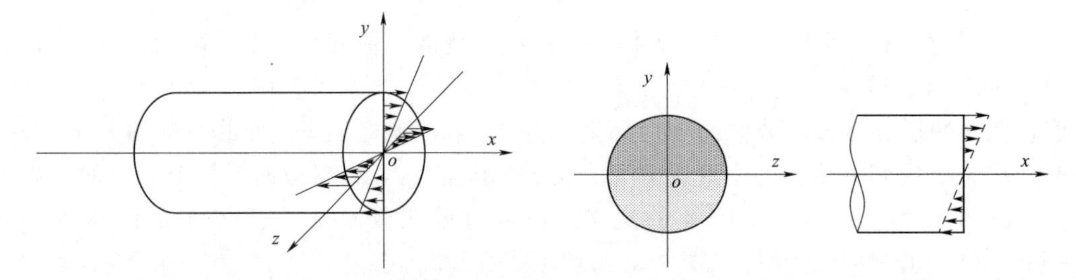

图 4.3.2　弯矩转换为节点力示意图　　　图 4.3.3　yoz 平面上弯矩 M_z 转换为节点力示意图

$$M_z = \sum_{i=1}^{n} f_{ix}^z y_i = \sum_{i=1}^{n} k y_i^2 = k \sum_{i=1}^{n} y_i^2 \tag{4.3.10}$$

$$f_{ix}^z = \left(M_z \Big/ \sum_{i=1}^{n} y_i^2\right) y_i \tag{4.3.11}$$

式中：y_i 为节点 i 至断面中性轴 y 向距离。

根据式（4.3.10）可得到 x 方向上的节点力 f_{ix}^z、y 方向上的节点力 f_{iy}^z 和 z 方向上的节点力 f_{iz}^z（均为 0）。同理可求得 M_y 产生的节点力 f_{ix}^y，则 i 节点的 x 方向节点力为

$$f_{ix} = f_{ix}^y + f_{ix}^z \tag{4.3.12}$$

2. 扭矩处理

设端面上有 n 个节点（分布可以不均匀，具体如图 4.3.4 所示），并设第 i 个节点力为 $f_i = kr_i$，则有

$$T=\sum_{i=1}^{n}f_i r_i=\sum_{i=1}^{n}kr_i^2=k\sum_{i=1}^{n}r_i^2 \tag{4.3.13}$$

其中，r_i 为第 i 个节点到端面中心点的距离，$r_i=\sqrt{y_i^2+z_i^2}$。则有

$$f_i=\left(T\Big/\sum_{i=1}^{n}r_i^2\right)r_i \tag{4.3.14}$$

根据式（4.3.14）可得到 yoz 平面上的合力，再把它分解到坐标轴 y、z 上，即可得到相应的 f_{iy}、f_{iz}，而 f_{ix} 为0。

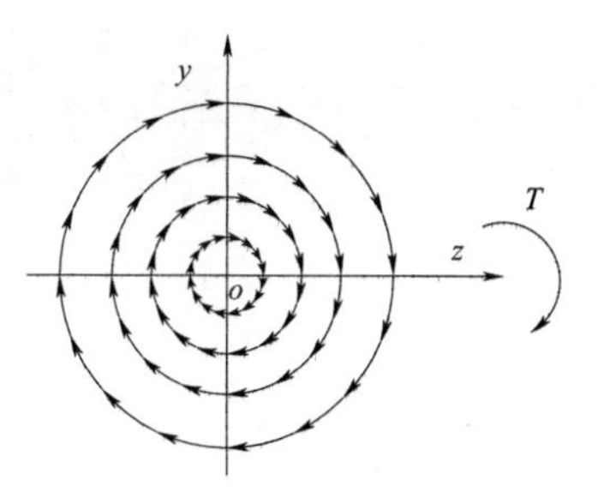

图4.3.4　扭矩转换为节点力示意图

3. 剪力和轴力处理

以 yoz 平面为例，端面上有 n 个节点（分布可以不均匀），并设第 i 个节点力为 f_{ix}，假定轴力呈均匀分布，则有 $N=\sum_{i=1}^{n}f_{ix}=nf_{ix}$，进而得到 $f_{ix}=N/n$。同理，可得到剪力转换后的节点力 $f_{iy}=Q_y/n$ 和 $f_{iz}=Q_z/n$。

将弯矩、扭矩、剪力和轴力等内力转换后得到的节点力进行相加，便可到相应的节点荷载。

4.4　基于应力的配筋方法研究

目前，渡槽结构配筋是基于结构力学得到内力计算结果，经构件不同受荷条件（受拉、受压、受弯等）下的承载能力计算公式得到的；而当使用有限元等数值分析方法开展渡槽结构应力分析时，其计算结果是位移、应变和应力，是不能直接用于结构配筋验算的；要么将应力经截面积分转换为截面内力或利用有限元直接反力法获取截面内力再利用构件的承载能力计算公式进行配筋，要么按弹性力学图形进行结构配筋。

应力图形法是工程界常用的方法，一直被水工混凝土结构设计规范采用。在《水工钢筋混凝土结构设计规范》（SDJ 20—78）、《水工混凝土结构设计规范》（SL/T 191—1996）和现行《水工混凝土结构设计规范》（SL 191—2008）中，该方法的表达形式有所不同，但实质是相同的，其区别仅在于拉力 T 的计算上。在 SDJ 20—78 中，T 模糊指拉应力的合力。在 SL/T 191—1996 中，T 明确指主拉应力的合力。由于在结构截面上，各点主拉应力方向不同，且不能与配筋方向一致，用主拉应力的合力来计算钢筋用量，是无法确定各方向的配筋量。因而现行 SL 191—2008 将 T 改为主拉应力在配筋方向投影的合力，即用主拉应力在配筋方向投影的合力来计算钢筋用量，解决了 SL/T 191—1996 的这一缺陷。此时，按弹性应力图形配筋实际上是按截面上主拉应力投影分量进行配筋[10-11]。

4.4.1　按弹性应力图形配筋

由计算得出结构在弹性阶段的截面应力图形，并按弹性主应力图形配置钢筋，可按下列原则处理：

（1）当截面应力在配筋方向的正应力图形接近线性分布时，可换算为内力并进行配筋

计算。

（2）当截面在配筋方向的正应力图形偏离线性较大时，受拉钢筋截面面积 A_S 应符合下列规定：

$$A_S \geqslant \frac{KT}{f_y} \tag{4.4.1}$$

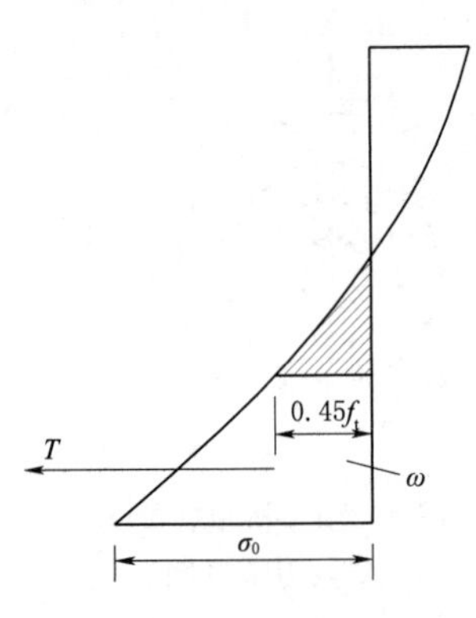

图 4.4.1　按弹性应力图形面积配筋

式中：K 为承载力安全系数；f_y 为钢筋抗拉强度设计值，N/mm^2；T 为由钢筋承担的拉力设计值，N，$T=\omega b$；ω 为截面主拉应力在配筋方向投影图形的总面积扣除其拉应力值小于 $0.45f_t$ 后的图形面积，N/mm，但扣除部分的面积（如图 4.4.1 中的阴影部分所示）不宜超过总面积的 30%；f_t 为混凝土轴心抗拉强度设计值，N/mm^2；b 为结构截面宽度，mm。

当弹性应力图形的受拉区高度大于结构截面高度的 2/3 时，应按弹性主拉应力在配筋方向投影图形的全面积计算受拉钢筋截面积。

（3）当弹性应力图形的受拉区高度小于结构截面高度的 2/3 时，且截面边缘最大拉应力 σ_0 不大于 $0.45f_t$ 时，可仅配置构造钢筋。

（4）钢筋的配置方式应根据应力图形及结构受力特点确定。当配筋主要由承载力控制，且结构具有较明显的完全破坏特征时，受拉钢筋可集中配置在受拉区边缘；当配筋主要由裂缝宽度控制时，钢筋可在拉应力较大的范围内分层配置，各层钢筋的数量宜与拉应力图形的分布相对应。

4.4.2　主拉应力在配筋方向的投影[12]

在整体坐标中，从垂直于配筋方向的截面上任取不共线的 3 点 $M_1(x, y, z)$、$M_2(x, y, z)$、$M_3(x, y, z)$，则向量 $\overrightarrow{M_1M_2}$ 和 $\overrightarrow{M_1M_3}$ 可用下列公式表示：

$$\overrightarrow{M_1M_2}=(x_2-x_1, y_2-y_1, z_2-z_1) \tag{4.4.2}$$

$$\overrightarrow{M_1M_3}=(x_3-x_1, y_3-y_1, z_3-z_1) \tag{4.4.3}$$

由 $\overrightarrow{M_1M_2}$ 和 $\overrightarrow{M_1M_3}$ 的向量积求得截面 Ⅱ 的法向向量，即配筋方向的向量 $\vec{n}$：

$$\vec{n}=\overrightarrow{M_1M_2}\times\overrightarrow{M_1M_3}=\begin{vmatrix} \vec{i} & \vec{j} & \vec{k} \\ x_2-x_1 & y_2-y_1 & z_2-z_1 \\ x_3-x_1 & y_2-y_1 & z_2-z_1 \end{vmatrix}=A\vec{i}+B\vec{j}+C\vec{k} \tag{4.4.4}$$

向量 $\vec{n}$ 的方向余弦 (n_1, n_2, n_3) 为

$$n_1=\frac{A}{|n|}、n_2=\frac{B}{|n|}、n_3=\frac{C}{|n|} \tag{4.4.5}$$

记空间一点 3 个方向的主应力为 σ_1、σ_2、σ_3，相应的方向余弦分别为 (ξ_1, η_1, ζ_1)、(ξ_2, η_2, ζ_2)、(ξ_3, η_3, ζ_3)；主应力 σ_1、σ_2、σ_3 与配筋方向的夹角余弦分别为

$\cos\theta_1$、$\cos\theta_2$ 和 $\cos\theta_3$，则 $\cos\theta_1$ 可表示为

$$\cos\theta_1=\frac{|n_1\xi_1+n_2\eta_1+n_3\zeta_1|}{\sqrt{n_1^2+n_2^2+n_3^2}\sqrt{\xi_1^2+\eta_1^2+\zeta_1^2}} \tag{4.4.6}$$

由于$\sqrt{n_1^2+n_2^2+n_3^2}=1$，$\sqrt{\xi_1^2+\eta_1^2+\zeta_1^2}=1$，式（4.4.6）可简化为

$$\cos\theta_1=|n_1\xi_1+n_2\eta_1+n_3\zeta_1| \tag{4.4.7}$$

同理有

$$\cos\theta_2=|n_1\xi_2+n_2\eta_2+n_3\zeta_2| \tag{4.4.8}$$

$$\cos\theta_3=|n_1\xi_3+n_2\eta_3+n_3\zeta_3| \tag{4.4.9}$$

主拉应力在配筋方向投影的取值可分为以下 4 种情况（$\sigma_1\geqslant\sigma_2\geqslant\sigma_3$），具体如下：

（1）$\sigma_3>0$ 时 $$\sigma=\sigma_1\cos\theta_1+\sigma_2\cos\theta_2+\sigma_3\cos\theta_3 \tag{4.4.10}$$

（2）$\sigma_2>0$ 且 $\sigma_3<0$ 时 $$\sigma=\sigma_1\cos\theta_1+\sigma_2\cos\theta_2 \tag{4.4.11}$$

（3）$\sigma_1>0$ 且 σ_2、$\sigma_3<0$ 时 $$\sigma=\sigma_1\cos\theta_1 \tag{4.4.12}$$

（4）$\sigma_1<0$ 时 $$\sigma=0 \tag{4.4.13}$$

在采用按弹性应力图形进行结构配筋时，既可以选择典型截面，并在截面代表性应力处布置截面线进行一维积分求解配筋量，也可以在典型截面上直接进行二维积分，并进行配筋。

根据戴咸广、汪基伟等[14-15]对受弯、大偏压与小偏压、大偏拉与小偏拉等构件分别按内力和按弹性应力图形配筋的研究成果可知，按应力图形法计算杆系构件受拉钢筋时，钢筋用量要大于按内力计算得到的钢筋用量，受弯构件的钢筋用量最大偏差可达 33.9%；可见按应力图形法配筋能够满足承载能力极限状态要求，且偏于安全。另外，根据他们对空间壁式牛腿和闸首等非杆系结构配筋的研究成果可知，对于非杆系结构，按主拉应力投影分量图形面积配筋能够满足承载能力的要求，但裂缝宽度超过了允许值，即按主拉应力分量图形面积配筋不一定能满足正常使用极限状态的要求。因而对裂缝限制较严的非杆系混凝土结构，按主拉应力分量图形面积配筋后，还需采用钢筋混凝土有限元法对其正常使用极限状态进行验算[13-15]。

综合以上分析，鉴于渡槽结构属于典型的杆系结构，可采用按弹性力学图形的方法进行结构配筋。

4.5 工程案例

4.5.1 某 U 形渡槽槽身工作性态研究[16]

南水北调工程某梁式渡槽，其上部槽身为 U 形三向预应力 C50 混凝土简支结构，U 形槽直径 8m，壁厚 35cm，局部加厚至 90cm，槽高 8.3～9.2m，单跨跨径 30m。单片槽

纵向预应力钢绞线共 27 孔，其中槽身底部 21 孔为 8 ϕ^s15.2，槽身上部 6 孔为 5 ϕ^s15.2；环向预应力钢绞线共 71 孔，环向钢绞线均为 5 ϕ^s15.2，孔道间距 420mm。该渡槽有限元模型见 2.5.1 节。

4.5.1.1 应力控制标准拟定

该渡槽混凝土设计强度等级为 C50，根据《水工混凝土结构设计规范》（SL 191—2008）表 4.1.4 的规定，抗拉强度的标准值 f_{tk}为 2.64MPa，设计值 f_t 为 1.89MPa；抗压强度的标准值 f_{ck}为 32.4MPa，设计值 f_c 为 23.1MPa。

按《南水北调中线一期工程总干渠初步设计梁式渡槽土建工程设计技术规定》（2007 - 9 - 29）第 7.2.3 条规定：

槽身正截面内壁处法向应力为 $\sigma_{ck}-\sigma_{pc}\leqslant 0$；

槽身正截面外壁处法向应力为 $\sigma_{ck}-\sigma_{pc}\leqslant 0.9f_t=1.7$MPa。

裂缝的产生一般取决于主拉应力的大小，并且渡槽内壁比外壁有更严格的抗裂要求，综上所述，建议该渡槽采用以下标准：

槽身正截面内壁处法向应力为 $\sigma_{ck}-\sigma_{pc}\leqslant 0$；

槽身正截面外壁处法向应力为 $\sigma_{ck}-\sigma_{pc}\leqslant 0.9f_t=1.7$MPa；

槽身内壁主拉应力为 $\sigma_{tp}\leqslant 1.0$MPa

槽身外壁主拉应力为 $\sigma_{tp}\leqslant 0.85f_{tk}=2.24$MPa

槽身主压应力为 $\sigma_{cp}\leqslant 0.6f_{ck}=19.2$MPa

4.5.1.2 槽身应力分析

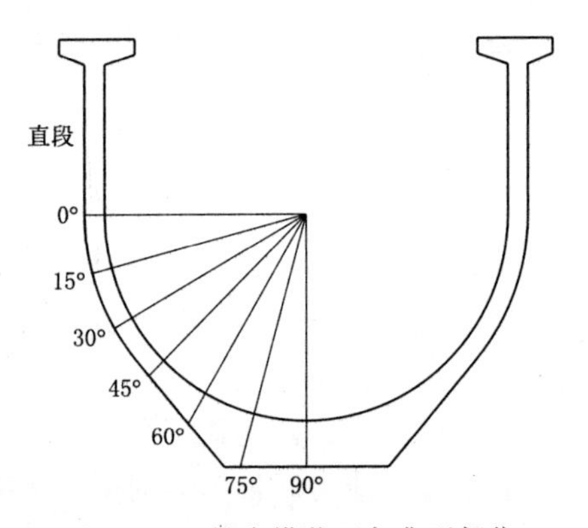

图 4.5.1 槽身横截面各典型部位

根据 U 形槽受力特点，选定槽体跨中、1/4 跨、1/8 跨、及 1/16 跨支座断面作为纵、环向应力分析的典型断面，每个典型断面上选取直墙段、半圆弧段（以 15°间隔变化）作为特征位置（图 4.5.1），可得到正常水深下各典型横断面不同位置点的内外壁环向及纵向应力，见表 4.5.1～表 4.5.4。

表 4.5.1 温升＋正常水位时不同断面关键部位横向应力表 单位：MPa

部 位	分 项	1/16 断面	1/8 断面	1/4 断面	1/2 断面
直线段	内壁应力	0.19	0.02	−3.45	0.03
	外壁应力	0.51	−7.24	−8.02	−8.50
0°	内壁应力	−0.88	−2.64	−2.96	−2.23
	外壁应力	−6.49	−6.80	−7.22	−7.69
15°	内壁应力	−1.41	−3.00	−3.20	−2.74
	外壁应力	−6.27	−6.02	−6.14	−6.58
30°	内壁应力	−1.48	−3.00	−3.19	−2.75
	外壁应力	−4.31	−5.16	−4.90	−5.10

续表

部 位	分 项	1/16 断面	1/8 断面	1/4 断面	1/2 断面
45°	内壁应力	−1.34	−2.52	−2.64	−2.71
	外壁应力	−3.51	−4.86	−4.32	−4.19
60°	内壁应力	−1.60	−1.96	−2.26	−2.81
	外壁应力	−3.08	−4.80	−4.17	−3.51
75°	内壁应力	−2.20	−1.99	−2.26	−2.81
	外壁应力	0.32	−6.32	−1.18	−0.67
90°	内壁应力	−2.25	−1.61	−1.96	−2.52
	外壁应力	0.33	−6.36	−1.22	−0.64

表 4.5.2　　温升＋正常水位时不同断面关键部位纵向应力表　　单位：MPa

部 位	分 项	1/16 断面	1/8 断面	1/4 断面	1/2 断面
直线段	内壁应力	−2.58	0.51	−3.11	−3.76
	外壁应力	−0.93	−3.63	−3.87	−4.96
0°	内壁应力	−0.61	0.46	−1.19	−1.68
	外壁应力	−0.93	−3.63	−3.74	−4.90
15°	内壁应力	0.01	0.29	−1.51	−1.83
	外壁应力	−0.83	−3.79	−3.61	−4.77
30°	内壁应力	−1.02	−0.85	−1.75	−1.84
	外壁应力	−1.14	−4.52	−3.78	−4.44
45°	内壁应力	−2.50	−1.43	−1.93	−1.81
	外壁应力	−2.53	−5.56	−4.12	−4.09
60°	内壁应力	−4.77	−2.28	−2.36	−1.84
	外壁应力	−3.45	−6.31	−4.14	−3.72
75°	内壁应力	−6.04	−2.55	−2.42	−1.84
	外壁应力	−3.50	−6.93	−4.17	−2.92
90°	内壁应力	−6.22	−2.60	−2.40	−1.71
	外壁应力	−2.64	−6.96	−4.21	−2.72

表 4.5.3　　温降＋正常水位时不同断面关键部位横向应力表　　单位：MPa

部 位	分 项	1/16 断面	1/8 断面	1/4 断面	1/2 断面
直线段	内壁应力	0.17	0.01	−6.30	0.02
	外壁应力	0.59	−6.58	−7.64	−7.87
0°	内壁应力	−5.37	−6.50	−6.68	−5.96
	外壁应力	−2.57	−3.17	−3.62	−4.13

续表

部　位	分　项	1/16 断面	1/8 断面	1/4 断面	1/2 断面
15°	内壁应力	－5.37	－6.52	－6.72	－6.17
	外壁应力	－2.61	－2.45	－2.66	－3.11
30°	内壁应力	－5.11	－6.27	－6.53	－6.17
	外壁应力	－2.37	－1.99	－1.77	－1.94
45°	内壁应力	－4.28	－5.40	－5.70	－5.84
	外壁应力	－2.17	－2.23	－1.57	－1.34
60°	内壁应力	－3.80	－3.88	－4.24	－4.80
	外壁应力	0.27	－2.21	0.01	0.42
75°	内壁应力	－4.55	－3.19	－3.36	－3.92
	外壁应力	1.32	－3.95	0.16	0.48
90°	内壁应力	－4.64	－2.91	－3.00	－3.54
	外壁应力	1.34	－3.99	0.06	0.46

表 4.5.4　　温降＋正常水位时不同断面关键部位纵向应力表　　单位：MPa

部　位	分　项	1/16 断面	1/8 断面	1/4 断面	1/2 断面
直线段	内壁应力	－3.27	－3.81	－4.44	－5.06
	外壁应力	0.76	0.39	－2.85	－3.66
0°	内壁应力	－2.39	－3.68	－4.51	－5.10
	外壁应力	0.83	0.58	－1.75	－2.94
15°	内壁应力	－2.15	－3.82	－4.56	－5.11
	外壁应力	0.86	0.63	－1.51	－2.78
30°	内壁应力	－2.42	－4.02	－4.59	－4.98
	外壁应力	0.77	0.51	－1.37	－2.26
45°	内壁应力	－3.54	－4.23	－4.61	－4.75
	外壁应力	0.21	－2.45	－1.63	－1.75
60°	内壁应力	－5.39	－4.69	－4.68	－4.45
	外壁应力	－1.76	－3.53	－1.73	－1.25
75°	内壁应力	－6.77	－4.95	－4.70	－4.17
	外壁应力	1.33	0.39	－1.89	－0.51
90°	内壁应力	－6.97	－5.01	－4.71	－4.02
	外壁应力	1.39	0.39	－1.92	－0.27

温升工况下，渡槽外壁趋向于受压，内壁趋向于受拉。内壁环向绝大部分呈受压状态，竖直段压应力较大，底部压应力较小，基本在－5.00MPa 以内，与满槽水深接近，

但在端头段中部高程出现微小范围的拉应力区，最大拉应力为约 0.3MPa；端头段和渐变段区域中部高程处纵向出现一定范围拉应力区，受拉区域较满槽水深时有所扩大，其中端头段为由端头至距端头 2.0m 处长，由距槽顶 4.2m 处至 4.8m 处高，过渡段与中间段结合处有 1.5m 长、3.6m 高的拉应力区，拉应力最大值为 0.51MPa；第一主应力在内壁两端渐变及端头处弧形段 0°～45°范围内存在拉应力，长度方向上最大为 6.0m，高度方向为 4.5m，最大拉应力出现在两端端肋内壁竖墙与圆弧连接处，约为 0.97MPa。外壁除个别由于计算本身造成的受拉区外，环向和纵向均为压应力；环向压应力上中部较大，向下逐渐减小，最大值为－8.5MPa；纵向压应力受锚索分布影响，槽底两端压应力较大，槽体中上部中间压应力较大，最大值为－6.90MPa；外壁第一主应力基本在 1MPa 以内，如图 4.5.2 和图 4.5.3 所示。温降工况下，渡槽外壁趋向于受拉，内壁趋向于受压，与温升相

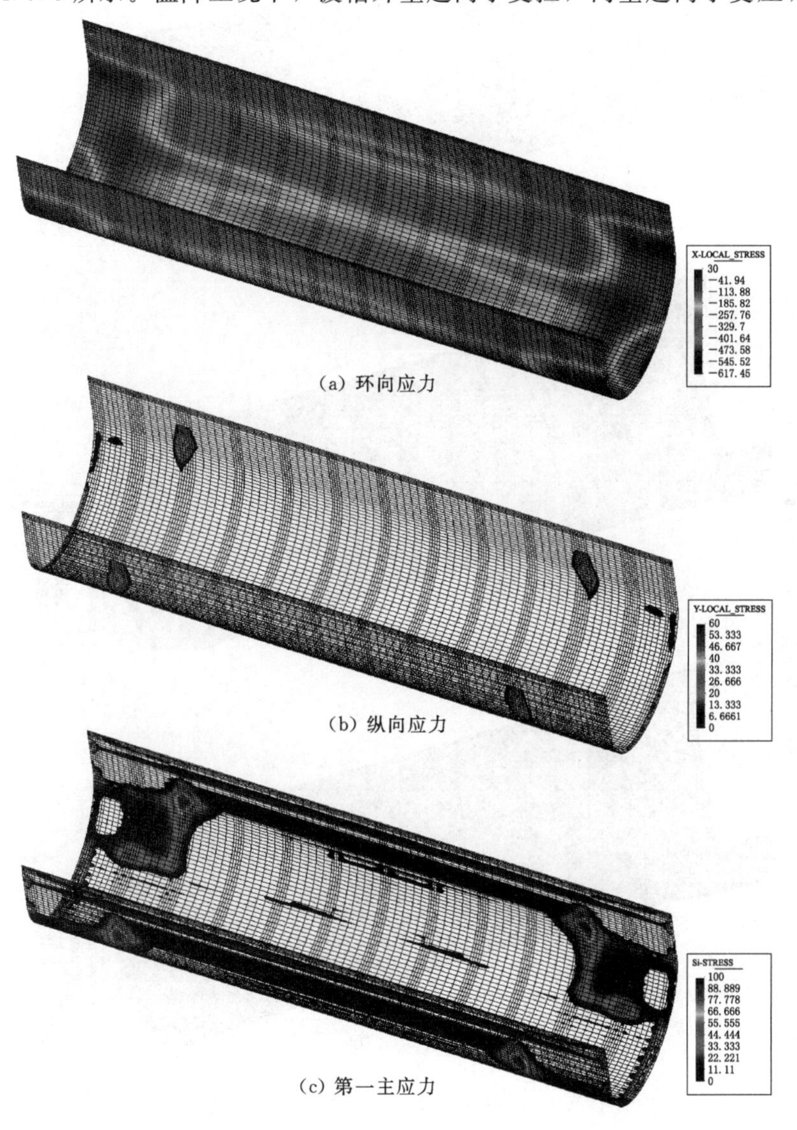

(a) 环向应力

(b) 纵向应力

(c) 第一主应力

图 4.5.2　温升＋正常水位时内壁应力分布云图（单位：0.01MPa）

反。渡槽内壁环向和纵向均为受压，最大压应力分别为－7.26MPa 和－7.04MPa；内壁第一主应力均在 1MPa 以内。渡槽外壁底面中间约 19.5m 长范围内、端头段底部靠近渐变段 1.0m 长范围环向受拉，最大拉应力为 1.34MPa；外壁两端端肋底部及端肋侧墙纵向受拉，最大拉应力 1.39MPa；外壁大部分区域的第一主应力为拉应力，最大可达 1.58MPa，如图 4.5.4 和图 4.5.5 所示。

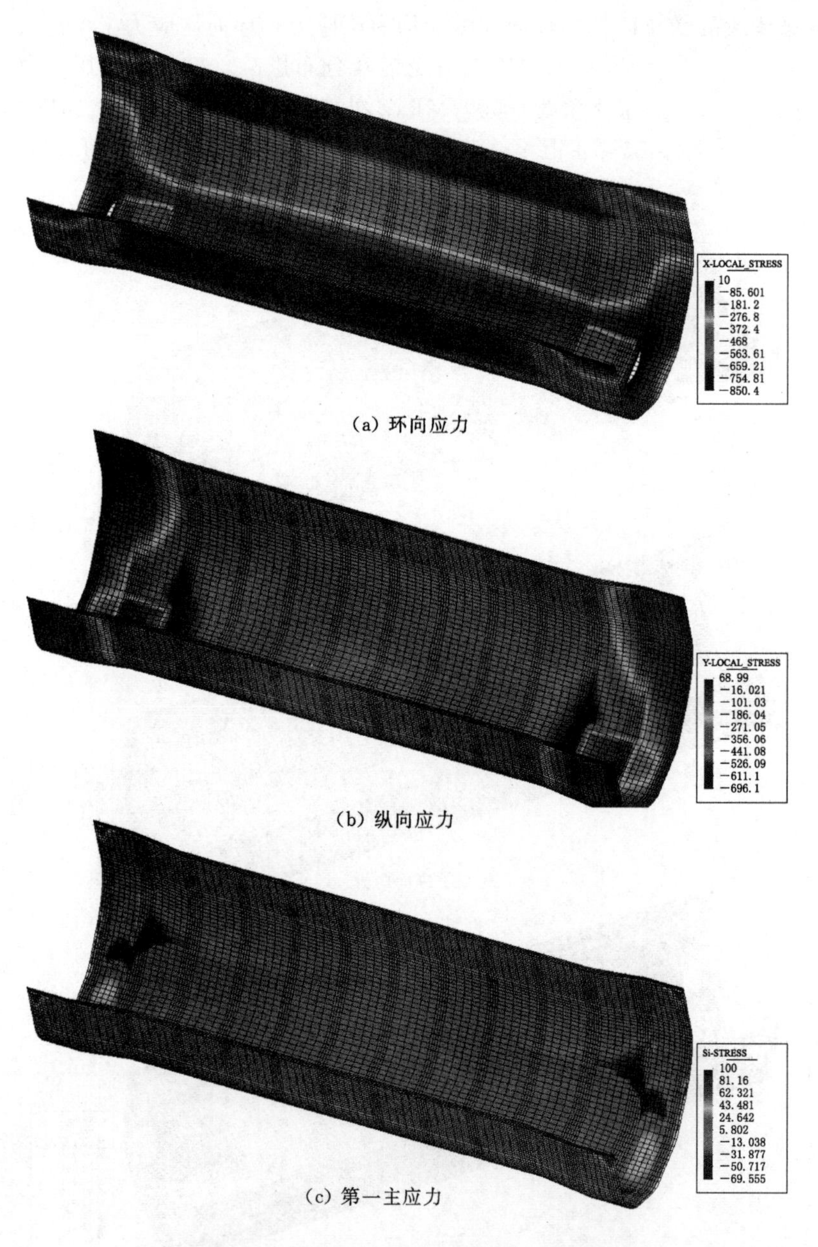

(a) 环向应力

(b) 纵向应力

(c) 第一主应力

图 4.5.3　温升＋正常水位时外壁应力分布云图
（单位：0.01MPa）

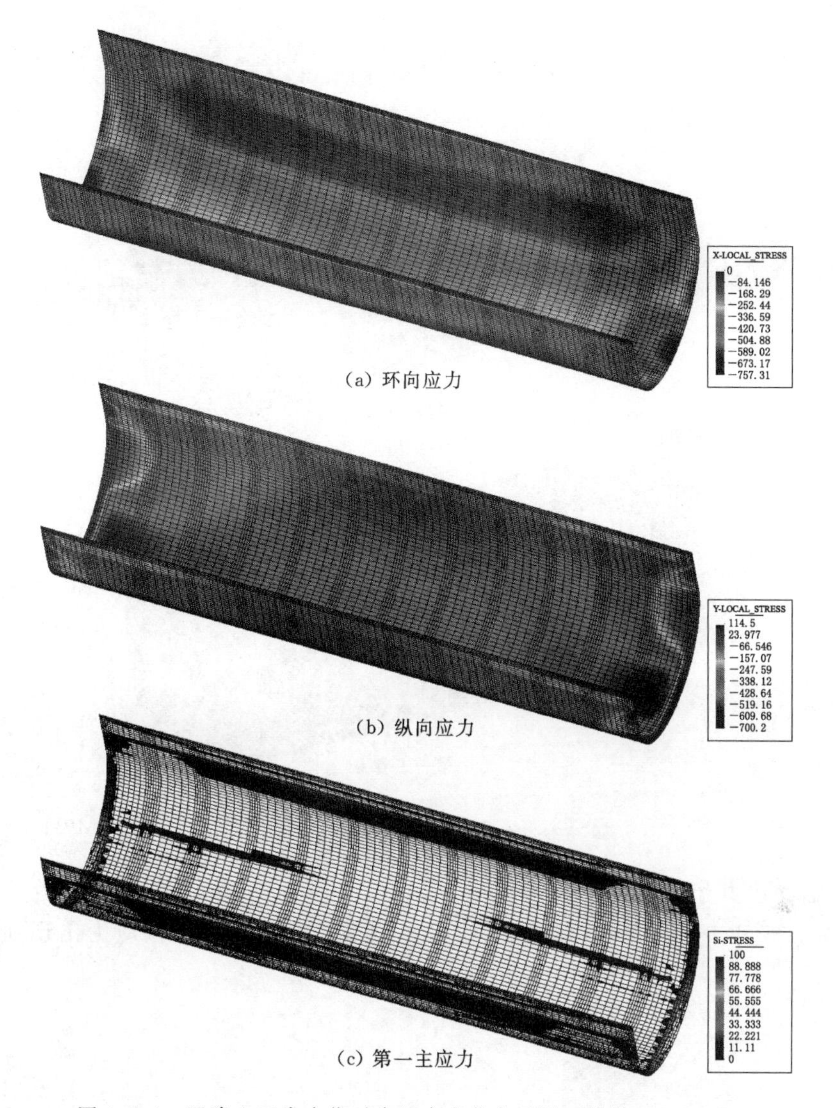

(a) 环向应力

(b) 纵向应力

(c) 第一主应力

图 4.5.4　温降＋正常水位时内壁应力分布云图（单位：0.01MPa）

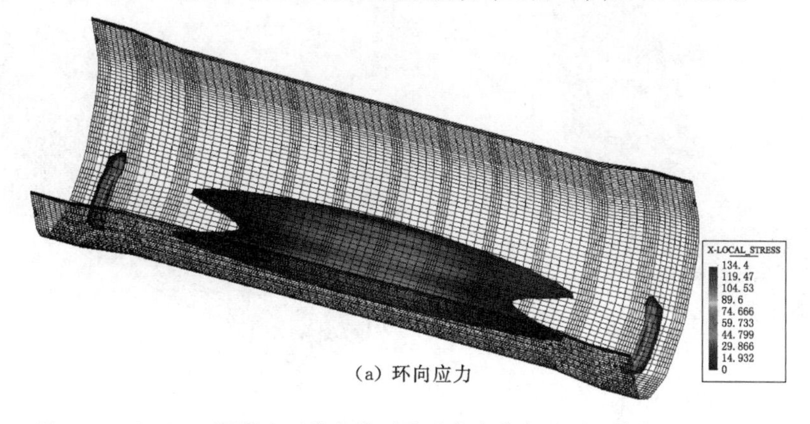

(a) 环向应力

图 4.5.5（一）　温降＋正常水位时外壁应力分布云图（单位：0.01MPa）

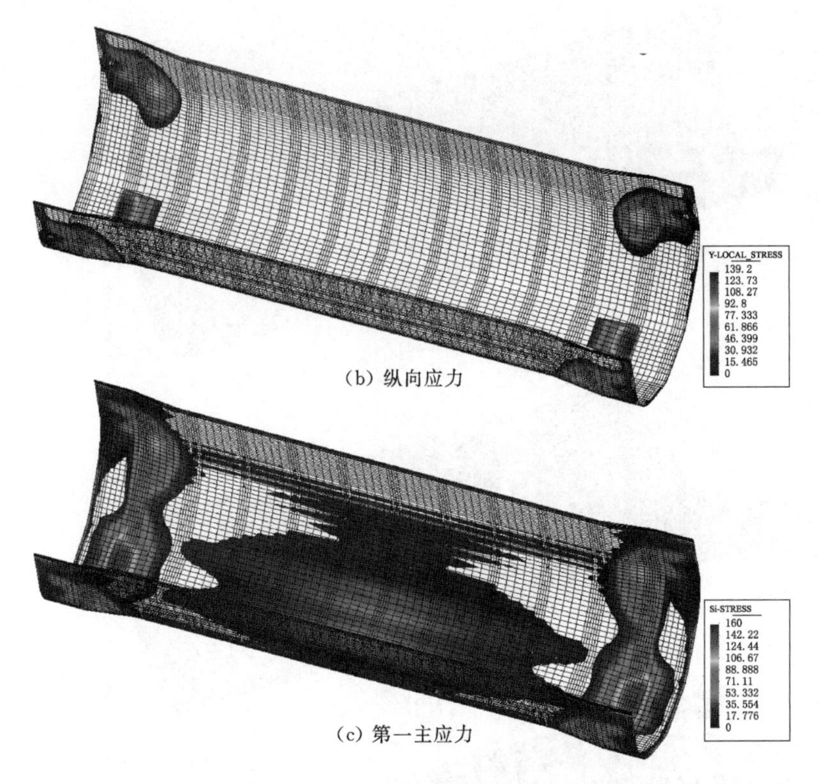

(b) 纵向应力

(c) 第一主应力

图 4.5.5（二）　温降＋正常水位时外壁应力分布云图（单位：0.01MPa）

4.5.1.3　端肋应力分析

由图 4.5.6 可知，温升时，端肋底横梁内侧横向受拉，最大拉应力出现在底横梁跨

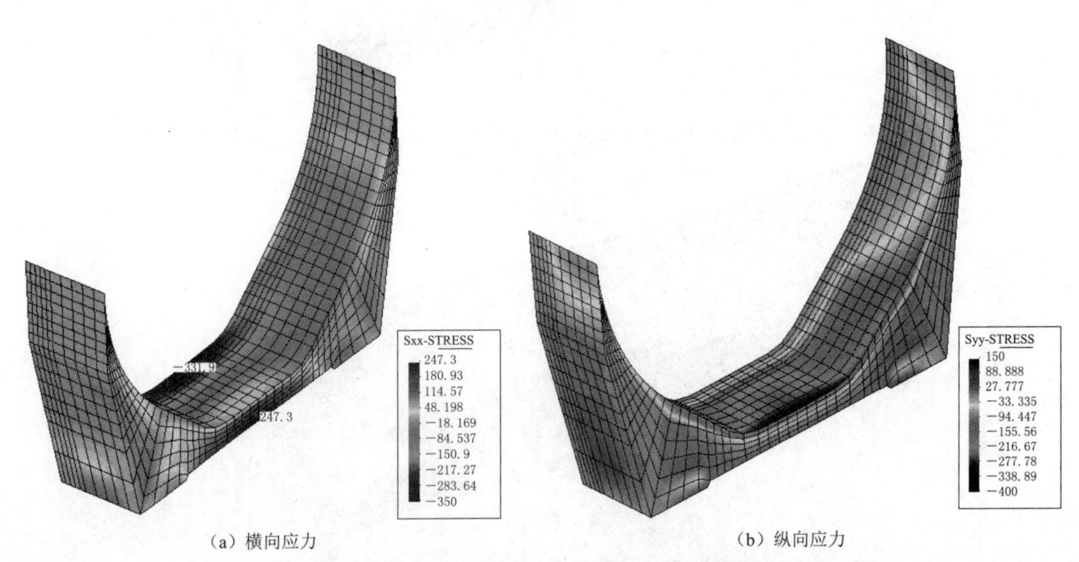

(a) 横向应力　　(b) 纵向应力

图 4.5.6　温升＋正常水位时端肋应力分布云图（单位：0.01MPa）

中，约为2.47MPa，其他基本受压，最大压应力出现在端肋外侧底横梁跨中，约为3.31MPa；端肋纵向存在部分受拉区域，应力均在1.5MPa以内，最大压应力出现在端肋内侧底横梁跨中，约为3.95MPa。由图4.5.7可知，温降时，端肋横向受力状况有所恶化，受拉范围及拉应力大小较温升时有所增大，端肋内侧底横梁跨中的拉应力增大到3.74MPa，较温升时增大1.27MPa，外侧底横梁跨中压应力减小到2.02MPa，减小约1.3MPa；端肋纵向受力有所改善，受拉区域有所减小，应力基本在0.87MPa以内。综合以上，温降时，端肋应力状态更加危险。

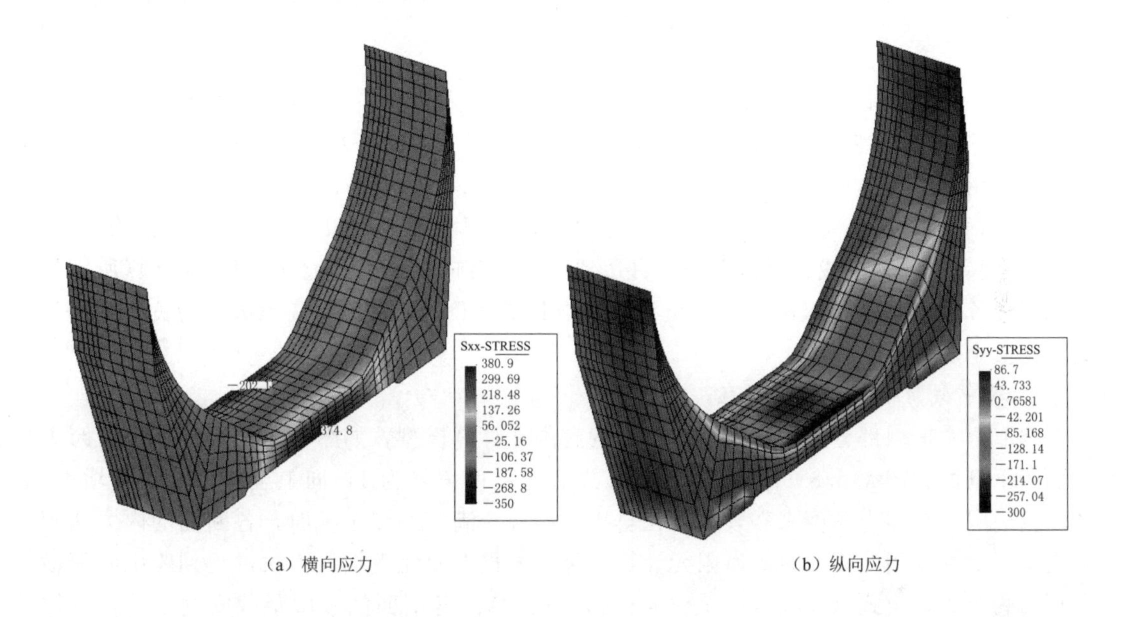

(a) 横向应力　　(b) 纵向应力

图4.5.7　温降+正常水位时端肋应力分布云图（单位：0.01MPa）

4.5.1.4　槽身横向承载力复核

在进行U形渡槽承载力复核时，通常采用基于结构力学中的力法推导出相关公式进行典型截面内力计算，该方法简单便于理解，但对截面上不平衡剪力进行了简化处理，影响截面内力的求解精度（详见第2章）。为此，本节采用有限元直接反力法来求解截面内力（具体方法详见4.3.1节）。为便于比较，同时列出结构力学解法的计算成果。

为求取极限承载安全系数，构件先按大偏压（拉）计算，对《水工混凝土结构设计规范》（SL 191—2008）中大偏压计算公式（6.3.2-1）、公式（6.3.2-2）和公式（6.3.2-3）（令$\eta=1$）和大偏拉计算公式（6.4.3-1）和公式（6.4.3-2）中的安全系数取为1，简化后的计算公式统一用式（4.5.1）～式（4.5.3）表示；将已配受拉区钢绞线、普通钢筋各自达到设计强度时的承载力合力与计算所需承载力的比值视为极限承载安全系数，相应公式见式（4.5.4）～式（4.5.6），安全系数应不小于1.35。

$$Ne \leqslant f_c bx\left(h_0-\frac{x}{2}\right) \tag{4.5.1}$$

偏压构件

$$e=e_0+\frac{h}{2}-a \tag{4.5.2}$$

偏拉构件
$$e=e_0-\left(\frac{h}{2}-a\right) \tag{4.5.3}$$

$$R_1=f_c bx+N \tag{4.5.4}$$

$$K=\frac{R_0}{R_1}=\frac{A_p f_{py}+A_s f_y}{f_c bx+N} \tag{4.5.5}$$

当只考虑普通钢筋承载时，式（4.5.5）变为下式：

$$K=\frac{R_0}{R_1}=\frac{A_s f_y}{f_c bx+N} \tag{4.5.6}$$

式中：N 为偏心力设计值，以压力为负，拉力为正代入计算；f_c 为混凝土轴心抗压强度设计值；b、x 分别为计算断面受压区宽度、受压区计算高度；h_0 为断面有效高度：钢绞线与普通钢筋合力作用点至受压区边缘的距离；A_p、A_{py} 分别为已配受拉区钢绞线面积和计算所需钢绞线面积；A_s、A_{sy} 分别为已配受拉区普通钢筋面积和计算所需普通钢筋面积；R_0 为已配受拉区钢绞线、普通钢筋各自达到设计强度时的承载力合力；R_1 为计算所需的承载力；K 为计算截面极限承载安全系数，当其值为负时，表明所需承载力为负，则可认为满足安全承载要求。

1. 跨中截面横向承载力复核

选取跨中区域部分单元作为求解内力的有限元计算模型，如图 4.5.8（a）所示，跨中断面若干剖面如图 4.5.8（b）所示，圆弧段底部剖面编号为 1，向上至直墙段逐步增大。从结构极限承载能力角度来看，渡槽在自重+升温+满槽水深工况时，各断面的内力达到最大。因此，采用此工况时的有限元计算结果，根据有限元直接反力法可得到跨中断面横向剖面的内力，由式（4.5.1）～式（4.5.6）可核算出各剖面的极限承载安全系数，具体见表 4.5.5。其中，截面轴力以受拉为正，弯矩以内侧受拉为正。由表 4.5.5 可知，各剖

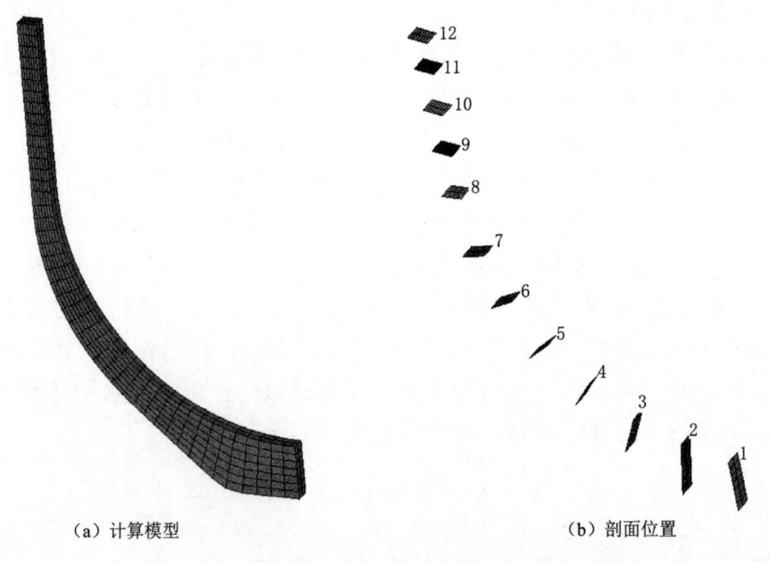

(a) 计算模型　　(b) 剖面位置

图 4.5.8　跨中断面计算模型及剖面位置示意图

面的极限承载安全系数均大于1.35，满足《水工混凝土结构设计规范》（SL 191—2008）相关要求。

表4.5.5　跨中断面槽壳各截面极限承载安全复核表（基于有限元直接反力法）

工　况	剖面编号	弯矩/(kN·m)	轴力/kN	受拉区实际承载力/kN	计算所需承载力/kN	极限承载安全系数
1.05自重+1.10满槽水深+1.2夏季温度	1	246.57	451.94	673.11	2515.40	3.74
	2	268.09	443.68	636.50	2515.40	3.95
	3	212.38	416.33	696.75	2515.40	3.61
	4	158.29	373.95	784.29	2515.40	3.21
	5	126.04	322.72	725.36	2515.40	3.47
	6	89.77	264.80	626.60	2515.40	4.01
	7	51.05	203.17	489.59	2515.40	5.14
	8	5.58	130.78	225.22	2515.40	11.17
	9	−17.20	79.57	−25.34	2515.40	−99.27
	10	−20.18	38.59	−108.08	2515.40	−23.27
	11	−10.16	0.75	−82.34	2515.40	−30.55
	12	2.84	−35.64	75.94	2515.40	33.12

基于结构力学方法的计算结果见表4.5.6。由表4.5.6可知，各剖面的极限承载安全系数均大于1.35，满足《水工混凝土结构设计规范》（SL 191—2008）相关要求。

表4.5.6　跨中断面槽壳各截面极限承载安全复核表（基于结构力学方法）

工　况	剖面	弯矩/(kN·m)	轴力/kN	受拉区实际承载力/kN	计算所需承载力/kN	极限承载安全系数
1.05自重+1.10满槽水深+1.2夏季温度	$\varphi=0°$	64.93	112.59	785.59	2515.40	3.20
	$\varphi=15°$	130.19	193.58	1012.58	2515.40	2.48
	$\varphi=30°$	194.03	275.58	1104.06	2515.40	2.28
	$\varphi=45°$	247.55	349.92	1158.57	2515.40	2.17
	$\varphi=60°$	282.44	408.90	1032.15	2515.40	2.44
	$\varphi=75°$	292.37	446.45	662.89	2515.40	3.79
	$\varphi=90°$	274.01	458.74	719.23	2515.40	3.50

2. 渐变段截面横向承载力复核

选取渐变区域中间部位单元作为求解内力的有限元计算模型，如图4.5.9（a）所示，跨中断面若干剖面如图4.5.9（b）所示，圆弧段底部剖面编号为1，向上至直墙段逐步增大。从结构极限承载能力角度来看，渡槽在自重+升温+满槽水深工况时，各断面的内力达到最大。因此，采用此工况的有限元计算结果，根据有限元直接反力法可得到渐变断面横向剖面的内力，由式（4.5.1）～式（4.5.6）可核算出各剖面的极限承载安全系数，见表 4.5.7。其中，截面轴力以受拉为正，弯矩以内侧受拉为正。由表 4.5.7 可知，各剖面的极限承载安全系数均大于 1.35，满足《水工混凝土结构设计规范》（SL 191—2008）相关要求。

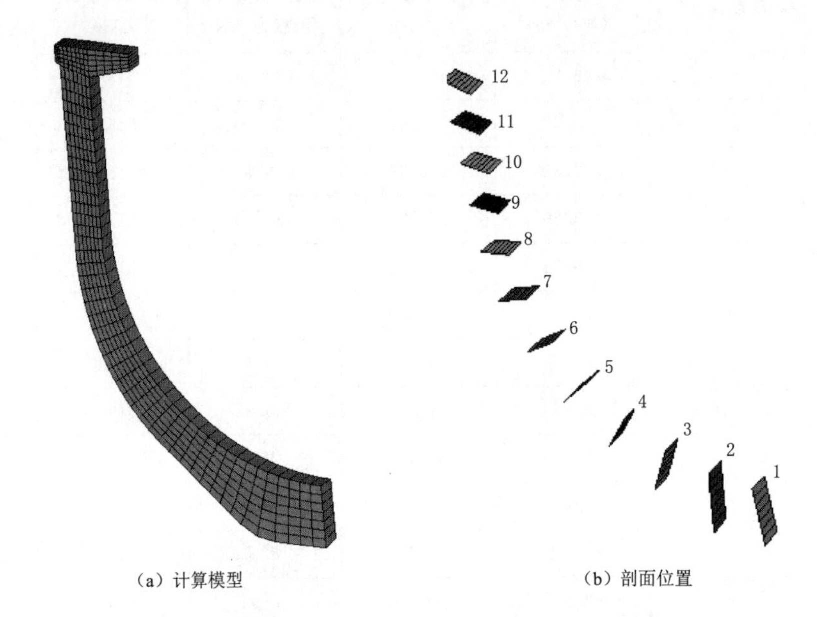

（a）计算模型　　（b）剖面位置

图 4.5.9　渐变段断面计算模型及剖面位置示意图

表 4.5.7　渐变断面槽壳各截面极限承载安全复核表（基于有限元直接反力法）

工　况	剖面编号	弯矩 /(kN·m)	轴力 /kN	受拉区实际承载力/kN	计算所需承载力/kN	极限承载安全系数
1.05 自重＋1.20 满槽水深＋1.2 夏季温度	1	330.62	486.55	683.50	2749.14	4.02
	2	373.14	504.95	694.12	2749.14	3.96
	3	326.87	472.52	751.49	2749.14	3.66
	4	265.00	392.84	762.16	2749.14	3.61
	5	222.22	244.98	623.86	2749.14	4.41
	6	168.08	86.62	436.88	2749.14	6.29
	7	101.02	−33.67	277.93	2749.14	9.89
	8	32.85	−121.16	193.73	2749.14	14.19
	9	−4.88	−146.68	109.73	2749.14	25.05
	10	−16.19	−141.61	71.40	2749.14	38.50
	11	−12.09	−116.69	62.46	2749.14	44.01
	12	0.89	−66.14	57.63	2749.14	47.70

基于结构力学方法的计算结果见表 4.5.8。由表 4.5.8 可知，各剖面的极限承载安全系数均大于 1.35，满足《水工混凝土结构设计规范》（SL 191—2008）相关要求。

表 4.5.8　渐变断面槽壳各截面极限承载安全复核表（基于结构力学方法）

工　况	剖面	弯矩/(kN·m)	轴力/kN	受拉区实际承载力/kN	计算所需承载力/kN	极限承载安全系数
1.05 自重＋1.10 满槽水深＋1.2 夏季温度	$\varphi=0°$	64.90	113.36	243.10	2749.14	11.31
	$\varphi=15°$	136.32	178.45	416.75	2749.14	6.60
	$\varphi=30°$	215.78	254.55	577.59	2749.14	4.76
	$\varphi=45°$	300.46	331.75	729.27	2749.14	3.77
	$\varphi=60°$	384.81	400.75	809.22	2749.14	3.40
	$\varphi=75°$	462.23	453.71	701.95	2749.14	3.92
	$\varphi=90°$	526.51	485.09	845.70	2749.14	3.25

3. 支座处断面横向承载力复核

选取支座区域部分单元作为求解内力的有限元计算模型，如图 4.5.10（a）所示，跨中断面若干剖面如图 4.5.10（b）所示，圆弧段底部剖面编号为 1，向上至直墙段逐步增大。从结构极限承载能力角度来看，渡槽在自重＋升温＋满槽水深工况时，各断面的内力达到最大。因此，采用此工况的有限元计算结果，根据有限元直接反力法可得到支座断面横向剖面的内力，由式（4.5.1）～式（4.5.6）可核算出各剖面的极限承载安全系数，见表 4.5.9。其中，截面轴力以受拉为正，弯矩以内侧受拉为正。由表 4.5.9 可知，各剖面的极限承载安全系数均大于 1.35，满足《水工混凝土结构设计规范》（SL 191—2008）相关要求。

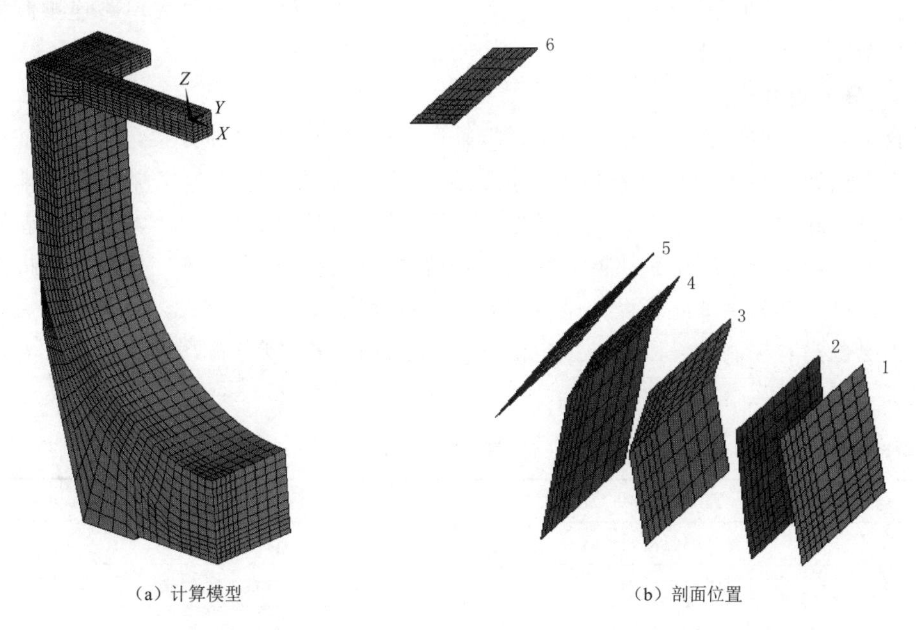

（a）计算模型　　（b）剖面位置

图 4.5.10　支座处断面计算模型及剖面位置示意图

采用结构力学经典方法进行渡槽内力分析，可得到端肋横梁跨中的轴力为 584.90kN，弯矩为 1061.13kN·m，极限承载安全系数为 4.41，大于 1.35，满足《水工混凝土结构设计规范》(SL 191—2008)相关要求。

表4.5.9 支座断面槽壳各截面极限承载安全复核表(基于有限元直接反力法)

工况	剖面编号	弯矩/(kN·m)	轴力/kN	受拉区实际承载力/kN	计算所需承载力/kN	极限承载安全系数
1.05自重+1.10满槽水深+1.2夏季温度	1	724.14	−927.89	1029.30	4687.00	4.55
	2	796.69	−891.12	1037.81	4687.00	4.52
	3	1419.24	−679.99	1124.72	4687.00	4.17
	4	1612.69	−1386.67	1334.68	4687.00	3.51
	5	1458.54	−1981.42	1976.74	4687.00	2.37
	6	15.17	−922.29	746.07	4687.00	6.28

4. 小结

由跨中、渐变及支座断面的内力计算结果可知,采用三种内力计算方法求解的各断面极限承载安全系数均大于1.35,满足《水工混凝土结构设计规范》(SL 191—2008)相关要求。其中,采用有限元直接反力法求解的安全系数偏大,采用结构力学经典方法求解的安全系数偏安全。

4.5.2 某连拱渡槽及槽墩工作性态研究[17]

某连拱渡槽横跨马桑河,总长848m(含上下游渐变段共25m),采用六连拱型式,单拱跨度为108m,拱顶距离地面最大高度为68m,是国内目前已知最大单跨连拱渡槽。相应计算模型见第2.5.2节。

4.5.2.1 整体受力分析

综合考虑总工期、施工安全等因素,拟采用六连拱同时浇筑的方案,即同时搭设六个拱圈的支撑拱架,在拱架上浇筑拱圈,拱圈封拱后,按照一定的顺序浇筑拱上排架及槽壳,最后再拆除拱架完成施工。支撑拱架虽然不拆除,但考虑到变位不均、刚度差异等因素,施工期间有可能出现个别拱圈先行受力的情况。因此,在整个施工期间,主拱圈未封拱前以及封拱后部分拱圈先行受力是施工阶段比较危险的工况。另外,渡槽建成后,其长期运行工况也具有控制性。因此,拟定以下四种工况进行计算分析,见表4.5.10,本书只介绍施工2和正常运行工况。

表4.5.10 计算工况表

编号	工况说明	荷载组合
施工1	未封拱前各槽墩承载	自重+风荷载
施工2	部分拱圈封拱后先行受力	自重+风荷载
施工3	全部封拱后部分拱圈先受力	自重+风荷载
运行1	长期运行工况	自重+风荷载+人群荷载+满槽水荷载+收缩和徐变

1. 施工2工况分析

支撑拱架虽然不拆除,但考虑到变位不均、刚度差异等因素,施工期间有可能出现个别拱圈先行受力的情况。此计算工况考虑部分拱圈已封拱后先行受力的情况，按照1～6号拱圈分别先行受力进行计算分析。1号拱圈支架先行拆除后的连拱渡槽受力情况如图4.5.11～图4.5.16所示，墩顶和墩底的内力计算及截面承载力计算结果见表4.5.11和表4.5.12。由图可知，连拱渡槽中某一拱圈封拱后支架先行拆除后，会在该拱圈槽墩出产生较大的纵向剪力和纵向弯矩，由于其他拱圈未封拱，因此对远端槽墩不产生影响。1号拱圈先行受力时，1号槽墩产生9590kN纵向剪力和215861kN·m纵向弯矩；2号拱圈先行受力时，1号槽墩纵向剪力为9376kN，墩底纵向弯矩为207361kN·m，2号槽墩纵向剪力为9376kN，墩底纵向弯矩为184230kN·m；3号拱圈先行受力时，2号槽墩纵向剪力为9449kN，墩底纵向弯矩为186986kN·m，3号槽墩纵向剪力为9449kN，墩底纵向弯矩为159037kN·m；4号拱圈先行受力时，3号槽墩纵向剪力为9515kN，墩底纵向弯矩为161339kN·m，4号槽墩纵向剪力为9515kN，墩底纵向弯矩为142590kN·m；5号拱圈先行受力时，4号和5号槽墩纵向剪力为9541kN，墩底纵向弯矩为143455kN·m；6号拱圈先行受力时，5号槽墩纵向剪力为9698kN，墩底纵向弯矩为148508kN·m。

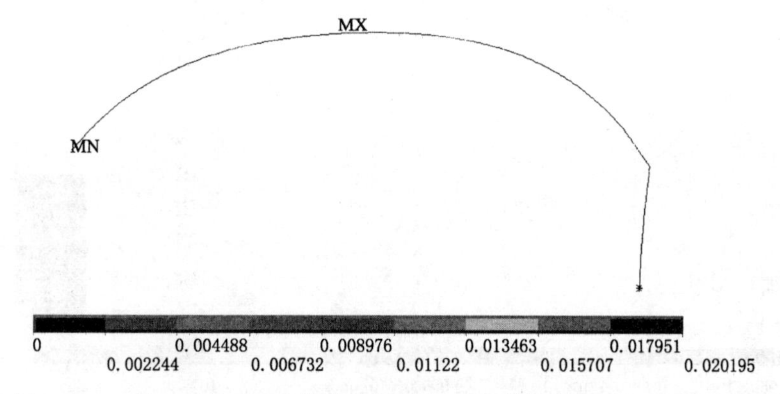

图4.5.11 施工工况2下的位移分布云图（1号拱圈先行受力）（单位：m）

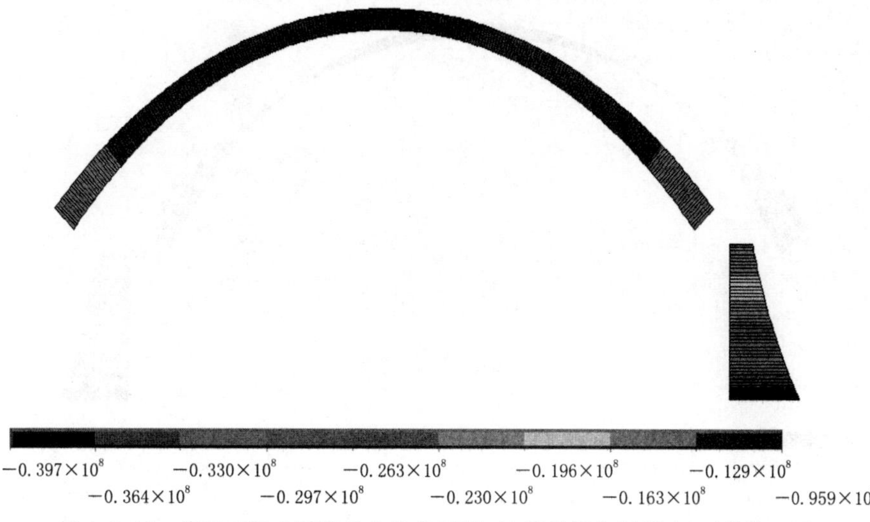

图4.5.12 施工工况2下的轴力分布云图（1号拱圈先行受力）（单位：N）

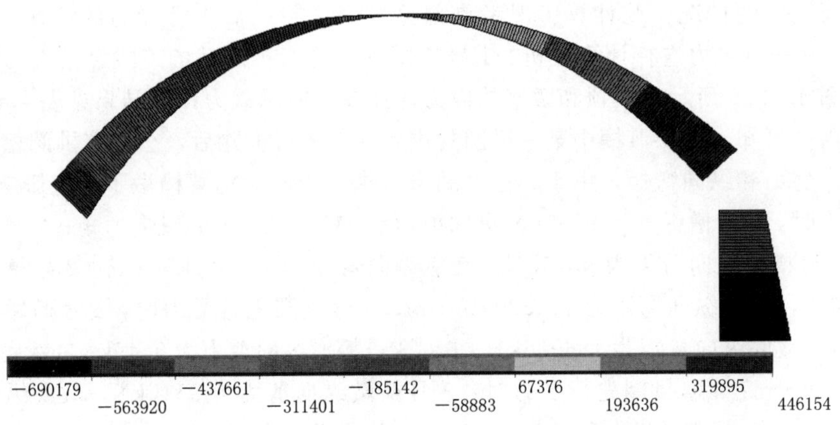

图 4.5.13　施工工况 2 下的横向剪力分布云图（1 号拱圈先行受力）（单位：N）

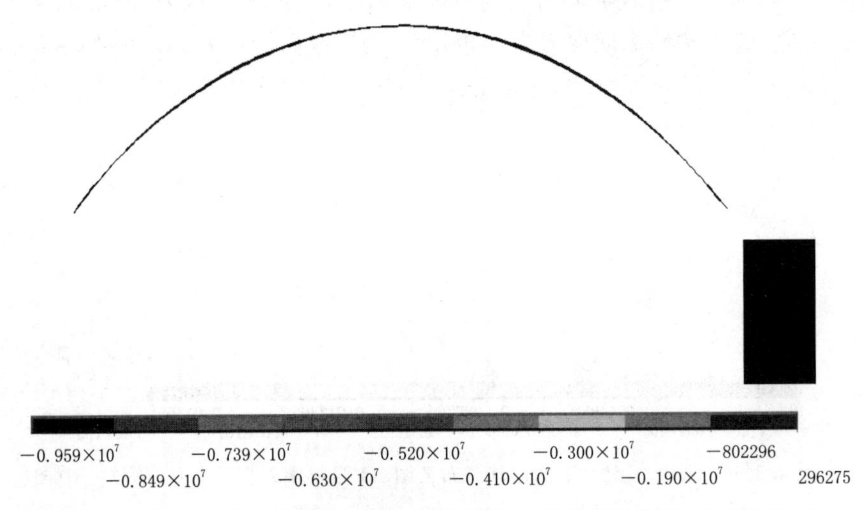

图 4.5.14　施工工况 2 下的纵向剪力分布云图（1 号拱圈先行受力）（单位：N）

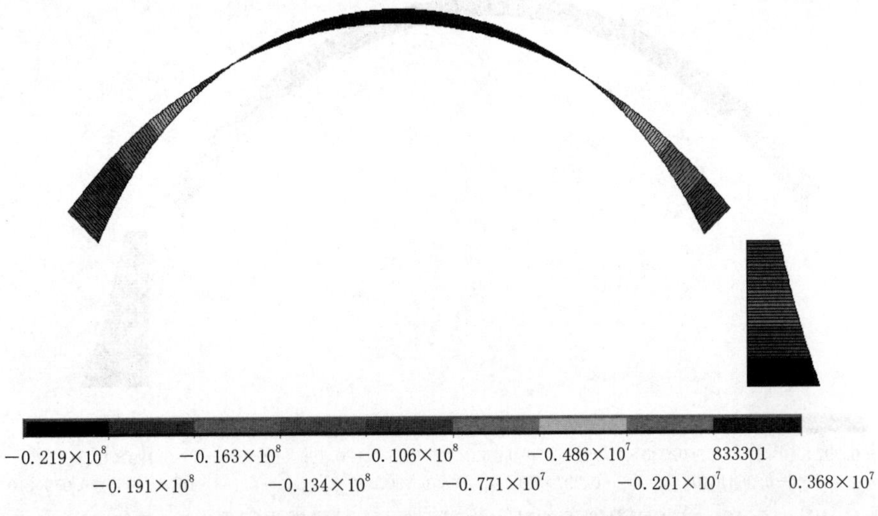

图 4.5.15　施工工况 2 下的横向弯矩分布云图（1 号拱圈先行受力）（单位：N·m）

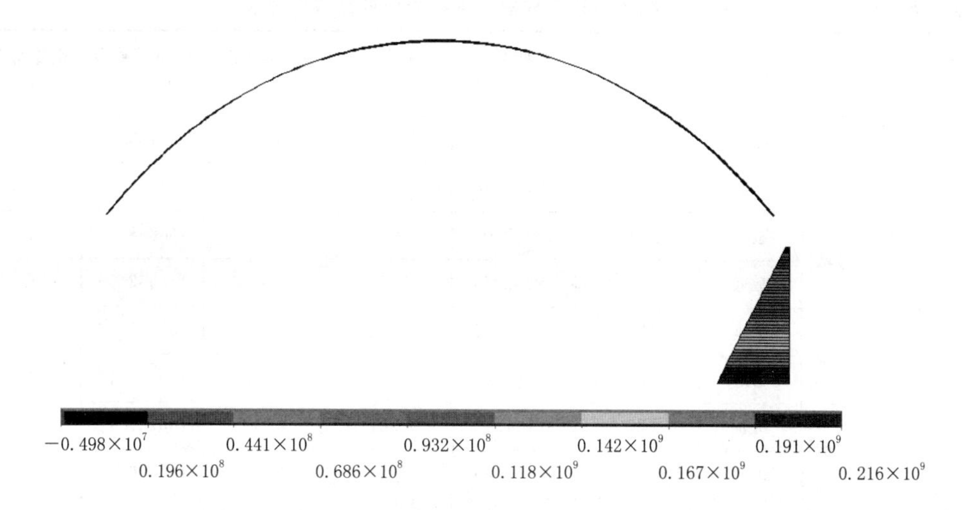

图 4.5.16 施工工况 2 下的纵向弯矩分布云图（1 号拱圈先行受力）（单位：N・m）

表 4.5.11 施工工况 2 下各槽墩内力计算结果汇总表

受力拱圈	部位		位移 /mm	轴力 /kN	横向剪力 /kN	纵向剪力 /kN	纵向弯矩 /(kN・m)	横向弯矩 /(kN・m)
1 号拱圈	1 号墩	墩顶	6.67	12820.08	−446.15	−9590.87	9657.41	−9729.45
		墩底	0.46	39704.30	−690.18	−9590.87	215861.04	−21945.03
2 号拱圈	1 号墩	墩顶	6.39	12797.07	−463.58	9376.83	−5759.83	−10441.37
		墩底	0.45	39681.29	−707.60	9376.83	−207361.74	−23031.61
	2 号墩	墩顶	5.25	12791.45	−465.76	−9376.83	6070.39	−10531.54
		墩底	0.45	34986.04	−681.41	−9376.83	184230.21	−21429.72
3 号拱圈	2 号墩	墩顶	5.33	12797.75	−463.24	9449.21	−7451.83	−10427.19
		墩底	0.45	34992.34	−678.89	9449.21	−186986.91	−21277.38
3 号拱圈	3 号墩	墩顶	4.07	12790.80	−466.11	−9449.21	7850.20	−10545.68
		墩底	0.45	29953.83	−647.71	−9449.21	159037.64	−19456.17
4 号拱圈	3 号墩	墩顶	4.13	12796.85	−463.62	9515.11	−9098.13	−10442.91
		墩底	0.45	29959.88	−645.22	9515.11	−161339.83	−19313.57
	4 号墩	墩顶	3.36	12791.92	−465.73	−9515.11	9379.33	−10529.96
		墩底	0.45	26945.67	−624.63	−9515.11	142590.82	−18162.44
5 号拱圈	4 号墩	墩顶	3.38	12794.51	−464.67	9541.43	−9874.95	−10486.52
		墩底	0.45	26948.26	−623.57	9541.43	−143455.02	−18104.21
	5 号墩	墩顶	3.38	12794.36	−464.67	−9541.43	9875.50	−10486.36
		墩底	0.45	26948.11	−623.57	−9541.43	143455.57	−18104.06
6 号拱圈	5 号墩	墩顶	3.50	12812.16	−449.78	9698.78	−12725.63	−9879.46
		墩底	0.46	26965.91	−608.68	9698.78	−148508.51	−17288.67

表 4.5.12　　施工工况 2 下的槽墩截面承载力计算结果汇总表

受力拱圈	部位		弯矩 /(kN·m)	轴力 /kN	偏心距 e_0/m	受压区高度 /m	截面承载力 N_u/kN	墩底承载力安全系数
1 号拱圈	1 号墩	墩顶	9729.45	12820.08	0.76	5.25	162133.19	12.65
		墩底	215861.04	39704.30	5.44	0.91	148988.92	3.75
2 号拱圈	1 号墩	墩顶	10441.37	12797.07	0.82	5.20	156658.01	12.24
		墩底	207361.74	39681.29	5.23	1.00	165652.56	4.17
	2 号墩	墩顶	10531.54	12791.45	0.82	5.19	155955.26	12.19
		墩底	184230.21	34986.04	5.27	0.90	139433.15	3.99
3 号拱圈	2 号墩	墩顶	10427.19	12797.75	0.81	5.20	156767.42	12.25
		墩底	186986.91	34992.34	5.34	0.87	134356.63	3.84
	3 号墩	墩顶	10545.68	12790.80	0.82	5.19	155846.60	12.18
		墩底	159037.64	29953.83	5.31	0.81	117871.53	3.94
4 号拱圈	3 号墩	墩顶	10442.91	12796.85	0.82	5.20	156645.24	12.24
		墩底	161339.83	29959.88	5.39	0.79	113994.11	3.80
	4 号墩	墩顶	10529.96	12791.92	0.82	5.19	155969.82	12.19
		墩底	142590.82	26945.67	5.29	0.77	105788.06	3.93
5 号拱圈	4 号墩	墩顶	10486.52	12794.51	0.82	5.20	156307.49	12.22
		墩底	143455.02	26948.26	5.32	0.76	104380.03	3.87
	5 号墩	墩顶	10486.36	12794.36	0.82	5.20	156307.77	12.22
		墩底	143455.57	26948.11	5.32	0.76	104377.82	3.87
6 号拱圈	5 号墩	墩顶	12725.63	12812.16	0.99	5.05	140385.98	10.96
		墩底	148508.51	26965.91	5.51	0.71	96787.13	3.59

由截面承载力计算结果可知，当 1 号拱圈先行受力时，1 号墩墩底承载力安全系数最小，为 3.75；2 号拱圈先行受力时，2 号墩墩底承载力安全系数最小，为 3.99；3 号拱圈先行受力时，2 号墩墩底承载力安全系数最小，为 3.84；4 号拱圈先行受力时，3 号墩墩底承载力安全系数最小，为 3.80；5 号拱圈先行受力时，4 号墩墩底承载力安全系数最小，为 3.87；6 号拱圈先行受力时，5 号墩墩底承载力安全系数最小，为 3.59。综合以上分析，当 6 号拱圈先行受力时漕渡受力相对危险；经截面验算可知，施工工况下各墩墩顶与墩底承载力安全系数均在 1.5 以上，大于 1.35，满足规范要求。

2. 正常运行工况

正常运行工况下，渡槽位移及弯矩分布情况如图 4.5.17～图 4.5.22 所示，各槽墩的墩顶和墩底的内力计算结果见表 4.5.13，槽墩的截面承载力计算结果见表 4.5.14。由表 4.5.13 和表 4.5.14 可知，在正常运行工况下，受风荷载作用，槽墩的横向弯矩较大，墩顶横向弯矩均在 86000kN·m 以上，墩底弯矩均在 130000kN·m 以上；经截面验算可知，正常运行工况下各墩墩顶承载力安全系数约为 1.6，墩底承载力安全系数均在 6.0 以上，均大于 1.35，满足规范要求。

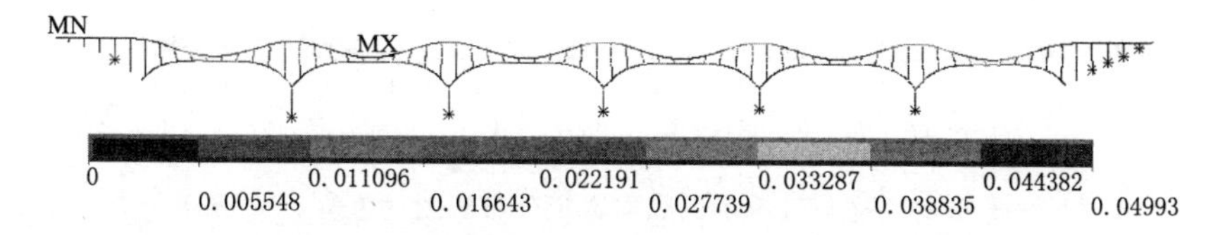

图 4.5.17 运行工况下的位移分布云图（单位：m）

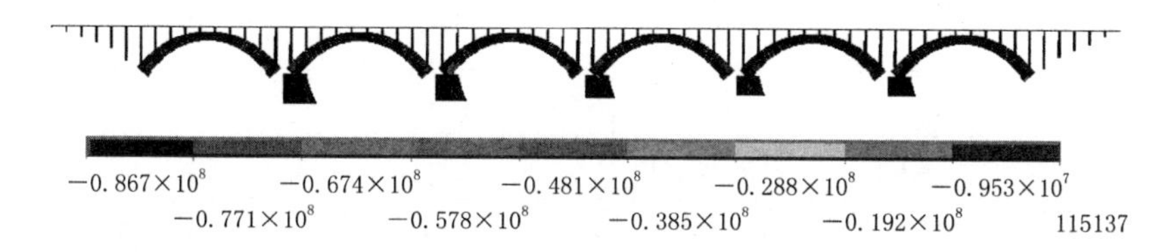

图 4.5.18 运行工况下的轴力分布云图（单位：N）

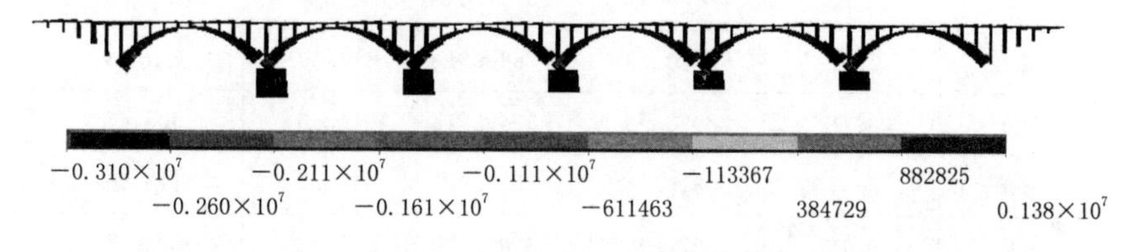

图 4.5.19 运行工况下的横向剪力分布云图（单位：N）

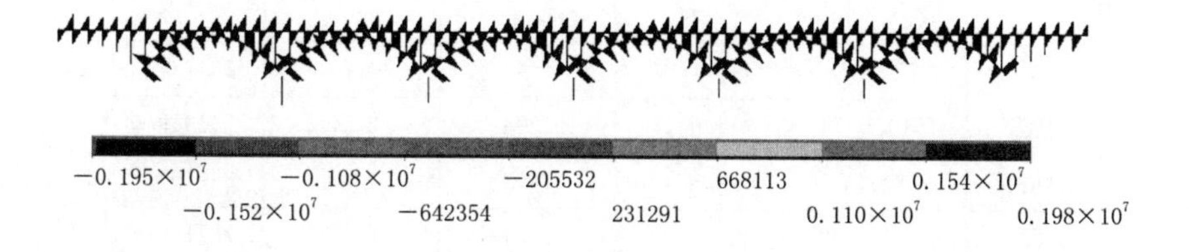

图 4.5.20 运行工况下的纵向剪力分布云图（单位：N）

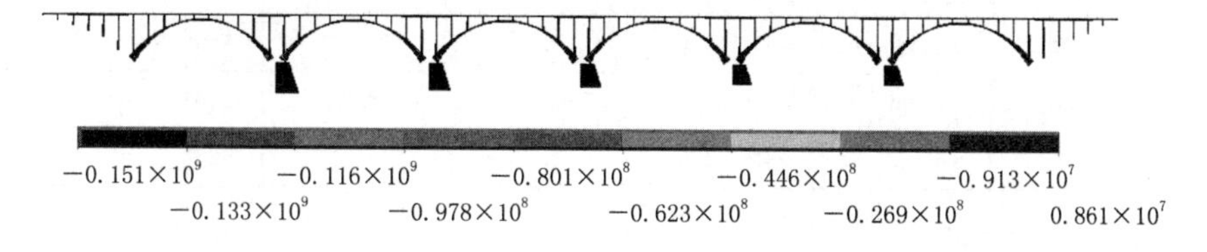

图 4.5.21 运行工况下的横向弯矩分布云图（单位：N·m）

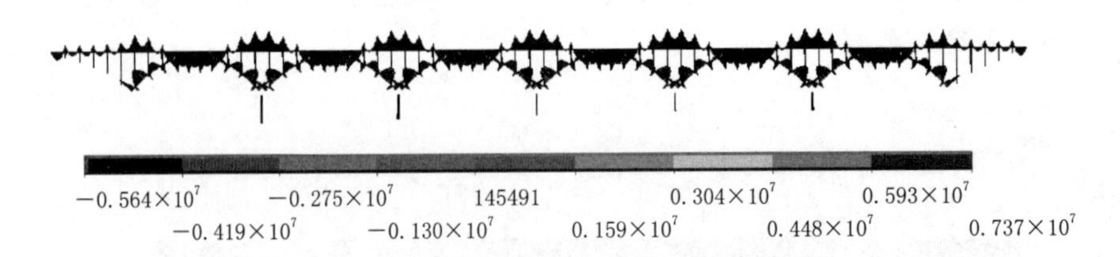

图 4.5.22　运行工况下的纵向弯矩分布云图（单位：N·m）

表 4.5.13　　运行工况下各槽墩内力计算结果汇总表

部位		位移/mm	轴力/kN	横向剪力/kN	纵向剪力/kN	纵向弯矩/(kN·m)	横向弯矩/(kN·m)
1号墩	墩顶	4.29	59811.92	−2817.91	−12.69	315.31	−87842.38
	墩底	0.19	86696.14	−3061.94	−12.69	588.11	−151050.74
2号墩	墩顶	3.80	59838.48	−2886.29	−24.21	114.83	−91321.75
	墩底	0.19	82033.08	−3101.94	−24.21	574.84	−148209.99
3号墩	墩顶	3.08	59838.28	−2880.05	−6.47	17.11	−91143.72
	墩底	0.18	77001.31	−3061.65	−6.47	120.59	−138677.27
4号墩	墩顶	2.62	59840.23	−2890.61	14.50	−102.63	−91530.92
	墩底	0.18	73993.98	−3049.51	14.50	−305.67	−133111.78
5号墩	墩顶	2.57	59819.14	−2848.90	15.55	−310.99	−89061.37
	墩底	0.18	73972.90	−3007.80	15.55	−528.66	−130058.34

表 4.5.14　　运行工况下的槽墩截面承载力计算结果汇总表

部位		弯矩/(kN·m)	轴力/kN	偏心距 e_0/m	受压区高度/m	截面承载力 N_u/kN	墩底承载力安全系数
1号墩	墩顶	87842.38	59811.92	1.47	4.24	234734.59	3.92
	墩底	151050.74	86696.14	1.74	6.83	541059.95	6.24
2号墩	墩顶	91321.75	59838.48	1.53	4.14	230167.72	3.85
	墩底	148209.99	82033.08	1.81	6.37	787166.74	9.60
3号墩	墩顶	91143.72	59838.28	1.52	4.15	230402.65	3.85
	墩底	138677.27	77001.31	1.80	6.00	691761.65	8.98
4号墩	墩顶	91530.92	59840.23	1.53	4.13	229894.88	3.84
	墩底	133111.78	73993.98	1.80	5.70	619284.15	8.37
5号墩	墩顶	89061.37	59819.14	1.49	4.21	233125.48	3.90
	墩底	130058.34	73972.90	1.76	5.78	626578.19	8.47

4.5.2.2　槽墩受力分析

在进行连拱渡槽整体受力分析时，采用的是梁、刚臂、集中质量以及弹簧等结构单元，但在进行渡槽下部结构有限元分析时，采用的是三维实体单元和界面单元；结构单元的输出结果是位移和内力（弯矩、轴力及剪力），三维实体单元和界面单元输入荷载通常是位移和力。为了反映渡槽上部结构对槽墩、群桩基础等下部结构的影响，需要将拱圈端部的内力结果转化为节点力，才能准确地体现上部结构对下部结构的影响。

1. 荷载转换

连拱渡槽上部结构所承受的荷载经由墩帽进而传递至槽墩、承台以及桩基等下部结构，鉴于该渡槽的传力特点，假定拱端的内力荷载经变换，装换为等效节点荷载作用于槽墩两侧面上的所有节点上，该系列节点编码如图 4.5.23 所示。不同计算工况下的拱端内力荷载见表 4.5.15，按照 4.3.2 节中的计算方法，可将不同工况下拱端内力荷载转换为节点荷载，具体转换结果见表 4.5.16 和表 4.5.17。

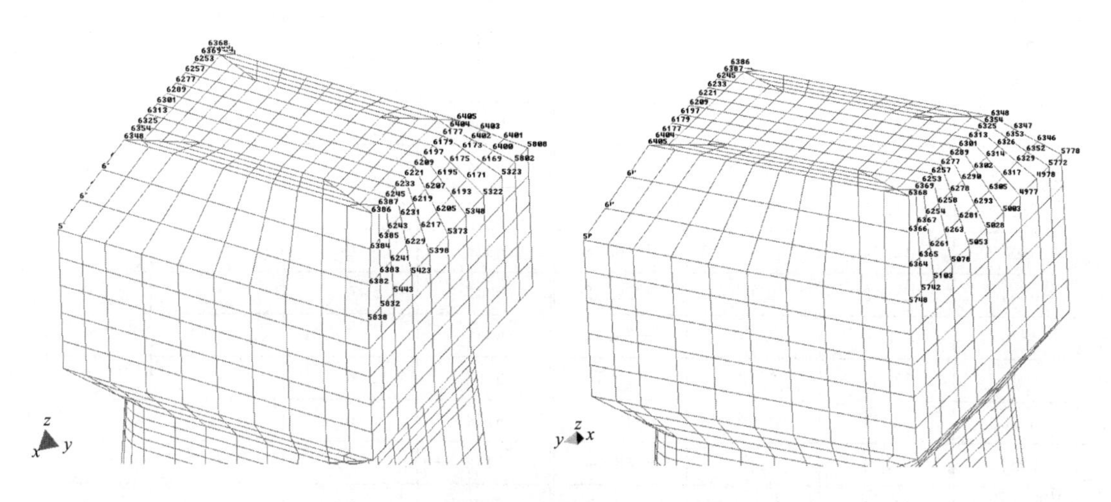

图 4.5.23 槽墩与拱圈连接处节点编码示意图

表 4.5.15 **不同工况下拱端内力计算结果汇总表**

内　力	施工 1		施工 2		施工 3		运行 1	
	1 号拱圈拱端	2 号拱圈拱端	1 号拱圈拱端	2 号拱圈拱端	1 号拱圈拱端	2 号拱圈拱端	1 号拱圈拱端	2 号拱圈拱端
轴力/kN	−36569.29	−36575.83	−14246.06	−14245.97	−14395.83	0.00	−10.30	−147.09
剪力 Q_y/kN	1307.02	−1510.90	457.63	−457.62	446.15	0.00	466.37	−462.86
剪力 Q_z/kN	1447.13	−1470.20	−47.65	47.71	67.33	0.00	−8.93	202.09
弯矩 M_y/(kN·m)	4754.98	4953.39	−495.13	−495.19	5315.46	0.00	−178.17	−6298.08
弯矩 M_z/(kN·m)	−41017.87	−46877.29	−11419.81	−11419.50	−10441.33	0.00	−11830.40	−11591.75
扭矩/(kN·m)	−6826.66	6784.18	606.02	−606.04	230.00	0.00	670.15	−600.97

2. 槽墩变形分析

不同工况下槽墩变形云图如图 4.5.24 和图 4.5.25 所示。施工 2 工况为 1 号拱圈封拱后先行受力，此时槽墩要承受单侧的不平衡推力和横向风荷载影响，槽墩主要为侧弯变形，最大变形为 15mm。其中，最大横向变形为 1.8mm，最大纵向变形为 14.67mm。运行 1 工况为长期运行工况，两侧拱端传递至墩帽的荷载基本为对称荷载，槽墩主要为横向变形与竖向变形。

表 4.5.16　　施工 2 工况下的节点荷载汇总表　　单位：10kN

节点	f_{ix}	f_{iy}	f_{iz}	节点	f_{ix}	f_{iy}	f_{iz}
5748	24.72	7.403	−34.2	6348	0	0	0
5763	34.73	0.1143	−48.76	6345	0	0	0
5488	39.18	1.276	−59.17	6167	0	0	0
5487	42.89	−1.062	−65.84	6155	0	0	0
5513	39.13	−2.802	−60.11	6143	0	0	0
5538	35.46	−3.676	−54.16	6131	0	0	0
5563	31.97	−4.195	−48.42	6119	0	0	0
5588	28.44	−4.728	−42.88	6106	0	0	0
5608	21.05	−4.76	−32.17	6104	0	0	0
5823	15.87	−2.6	−23.16	6390	0	0	0
5808	10.04	−4.59	−16.18	6386	0	0	0
6364	28.12	4.431	−29.92	6347	0	0	0
6370	34.5	2.76	−36.44	6344	0	0	0
6018	37.37	1.289	−40.76	6166	0	0	0
6020	38.94	−0.09335	−43.05	6154	0	0	0
6034	35.24	−1.516	−38.94	6142	0	0	0
6046	31.61	−2.31	−34.5	6130	0	0	0
6058	28.17	−2.829	−30.21	6118	0	0	0
6070	24.73	−3.31	−25.97	6105	0	0	0
6082	18.65	−3.303	−19.52	6103	0	0	0
6406	13.87	−3.093	−14.33	6389	0	0	0
6401	9.519	−2.846	−10.77	6384	0	0	0
6366	24.19	2.575	−21.82	6346	0	0	0
6371	30.22	1.499	−24.83	6343	0	0	0
6004	28.73	0.531	−23.47	6168	0	0	0
6008	27.16	0.0329	−22.35	6156	0	0	0
6028	23.95	−0.7623	−19.56	6144	0	0	0
6040	20.84	−1.276	−16.69	6132	0	0	0
6052	17.89	−1.644	−13.93	6120	0	0	0
6064	14.98	−1.964	−11.19	6108	0	0	0
6076	11.26	−1.998	−8.078	6107	0	0	0
6407	8.582	−1.909	−5.945	6388	0	0	0

续表

节点	f_{ix}	f_{iy}	f_{iz}	节点	f_{ix}	f_{iy}	f_{iz}
6403	5.26	−1.549	−4.415	6382	0	0	0
6368	17.7	1.285	−15.07	5778	0	0	0
6372	23.41	−0.5285	−16.87	5793	0	0	0
6001	19.88	−0.1348	−13.77	5273	0	0	0
6005	17.17	−0.3305	−11.55	5253	0	0	0
6025	14.53	−0.7071	−9.462	5228	0	0	0
6037	11.98	−0.979	−7.423	5203	0	0	0
6049	9.54	−1.19	−5.457	5178	0	0	0
6061	7.167	−1.356	−3.534	5152	0	0	0
6073	4.728	−1.41	−1.654	5153	0	0	0
6408	2.724	−1.492	−0.2585	5853	0	0	0
6405	0.9497	−0.8722	0.3415	5838	0	0	0

表 4.5.17　　运行 1 工况下的节点汇总表　　单位：10kN

节点	f_{ix}	f_{iy}	f_{iz}	节点	f_{ix}	f_{iy}	f_{iz}
5748	58.15	21.39	−96.06	6348	−73.84	3.055	−76.79
5763	70.75	6.863	−121.4	6345	−96.4	−6.139	−88.02
5488	76.71	10.39	−139.9	6167	−82.22	−3.394	−72.22
5487	81.46	4.431	−147.2	6155	−71.19	−4.39	−60.91
5513	71.07	−2.034	−125.7	6143	−60.39	−6.172	−50.08
5538	60.78	−6.5	−103.6	6131	−49.83	−7.596	−39.62
5563	50.61	−9.295	−81.41	6119	−39.5	−8.703	−29.43
5588	40.51	−10.69	−59.67	6106	−29.39	−9.424	−19.53
5608	26.58	−9.584	−34.55	6104	−19.06	−9.69	−9.563
5823	17.81	−5.937	−18.88	6390	−10.59	−9.747	−1.087
5808	10.7	−5.039	−10.25	6386	−4.689	−5.52	2.148
6364	78.09	13.04	−104.5	6347	−82.79	7.103	−92.68
6370	83.81	10.7	−117.1	6344	−97.18	4.302	−103.6
6018	87.56	7.163	−122.9	6166	−91.06	0.6874	−94.11
6020	88.04	2.935	−122.4	6154	−83.9	−1.47	−85.91
6034	76.53	−2.459	−103.6	6142	−71.84	−4.863	−71.22
6046	65.09	−6.277	−84.33	6130	−59.94	−7.405	−56.65
6058	53.8	−8.822	−65.22	6118	−48.23	−9.194	−42.33
6070	42.69	−10.23	−46.5	6105	−36.71	−10.25	−28.37
6082	28.38	−9.498	−26.16	6103	−23.66	−9.998	−14.12
6406	18.86	−7.891	−12.65	6389	−14.66	−9.407	−3.684

续表

节点	f_{ix}	f_{iy}	f_{iz}	节点	f_{ix}	f_{iy}	f_{iz}
6401	12.05	−5.149	−6.645	6384	−7.506	−5.3	0.6701
6366	77.73	6.803	−87.83	6346	−83.36	13.52	−109.9
6371	91.6	4.311	−98.36	6343	−89.6	10.71	−123.4
6004	86.66	0.9102	−89.92	6168	−92.8	6.769	−129
6008	80.95	−1.203	−82.94	6156	−92.05	2.251	−127.4
6028	70.49	−4.505	−69.84	6144	−78.65	−3.363	−106.3
6040	60.15	−7.017	−56.88	6132	−65.37	−7.25	−84.6
6052	50	−8.821	−44.17	6120	−52.23	−9.759	−63.04
6064	40.09	−9.947	−31.81	6108	−39.21	−10.98	−41.96
6076	28.5	−9.736	−18.75	6107	−23.56	−9.97	−20.44
6407	20.69	−9.388	−9.312	6388	−13.37	−7.959	−6.682
6403	12.91	−5.573	−4.458	6382	−6.937	−4.769	−1.492
6368	69.44	2.979	−72.49	5778	−62.52	22.2	−101.4
6372	91.12	−5.583	−83.45	5793	−76.38	6.154	−129.1
6001	78.52	−3.024	−69	5273	−82.15	9.435	−148.2
6005	68.94	−4.03	−58.95	5253	−85.88	2.907	−154.5
6025	59.53	−5.782	−49.35	5228	−73.5	−3.849	−129.8
6037	50.35	−7.198	−40.11	5203	−61.29	−8.409	−104.4
6049	41.39	−8.307	−31.14	5178	−49.18	−11.16	−78.95
6061	32.69	−9.048	−22.48	5152	−37.06	−12.3	−54.01
6073	23.83	−9.3	−13.77	5153	−21.93	−10.66	−27.62
6408	16.99	−9.124	−6.668	5853	−12.82	−6.698	−12.2
6405	9.873	−5.619	−2.922	5838	−6.725	−4.406	−5.685

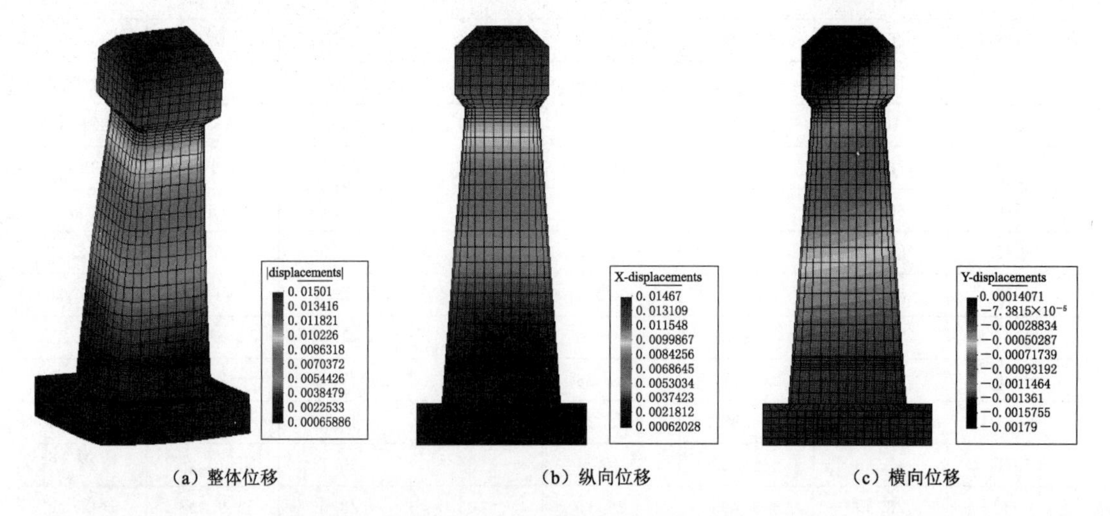

(a) 整体位移　(b) 纵向位移　(c) 横向位移

图 4.5.24 施工 2 工况下槽墩位移云图（单位：m）

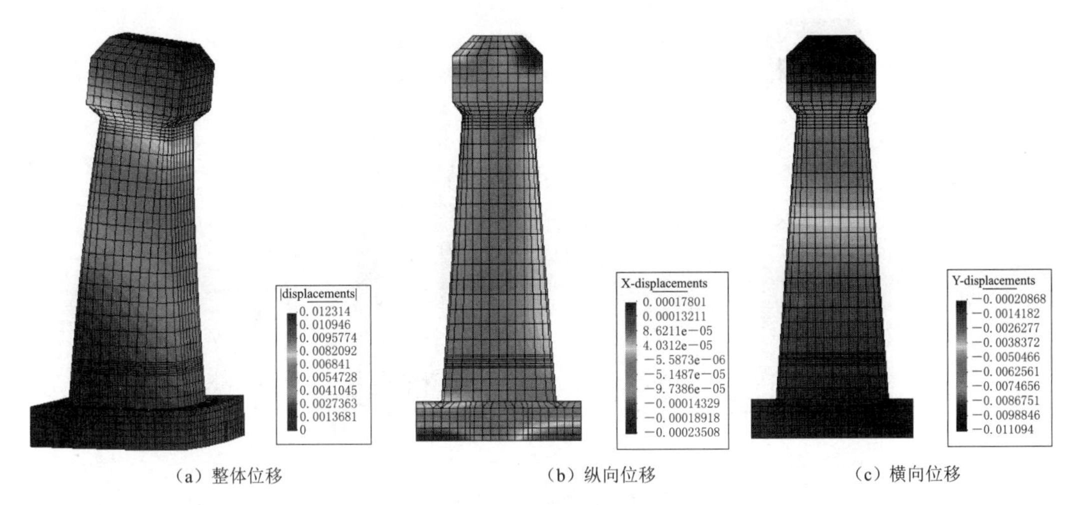

(a) 整体位移　　(b) 纵向位移　　(c) 横向位移

图 4.5.25　运行 1 工况下槽墩位移云图（单位：m）

3. 槽墩应力分析

选取不同工况下槽墩计算结果进行应力分析，具体计算结果如图 4.5.26～图 4.5.31 所示。为便于说明，选取沿槽墩中心线位置处的横剖面与纵剖面进行结果显示；同时为便于显示槽墩内部应力结果，取槽墩 3/4 有限元模型进行显示主应力计算成果。从受力角度来看，槽墩两侧不仅承受呈拱端荷载，槽墩侧面要承受横向风荷载影响，但拱端荷载占主导作用。

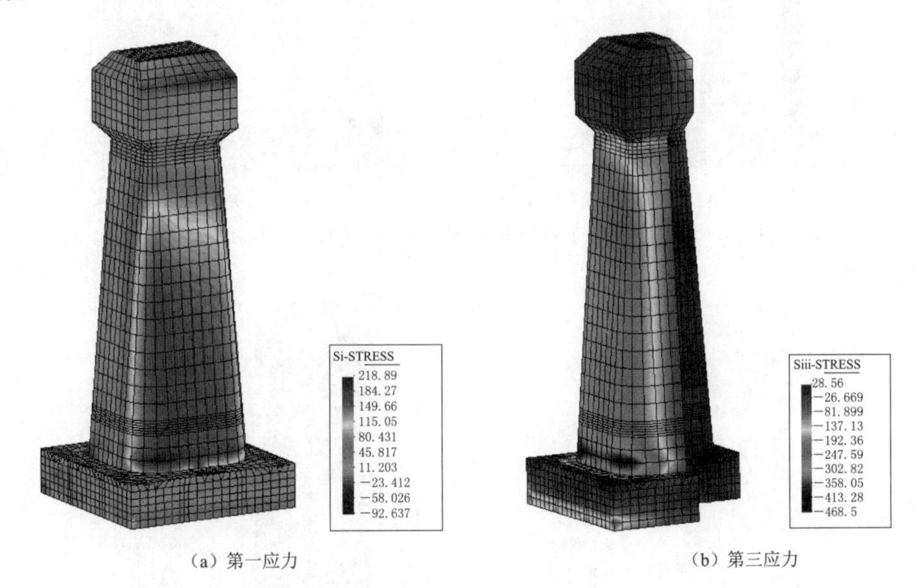

(a) 第一应力　　(b) 第三应力

图 4.5.26　施工 2 工况下槽墩主应力分布云图（单位：0.01MPa）

施工 2 工况下，槽墩要承受较大的单侧不平衡推力，槽墩呈现明显的纵向变形，受力上属于典型的偏压构件；槽墩靠近 1 号拱圈一侧面出现大面积的受拉区，应力基本为 0.3～1.5MPa，最大拉应力出现在槽墩底部，达到 2.0MPa；槽墩靠近 2 号拱圈的一侧，主压应力基本为 2～3.6MPa，最大主压应力达到 4.7MPa；槽墩受拉一侧的竖向拉应力基

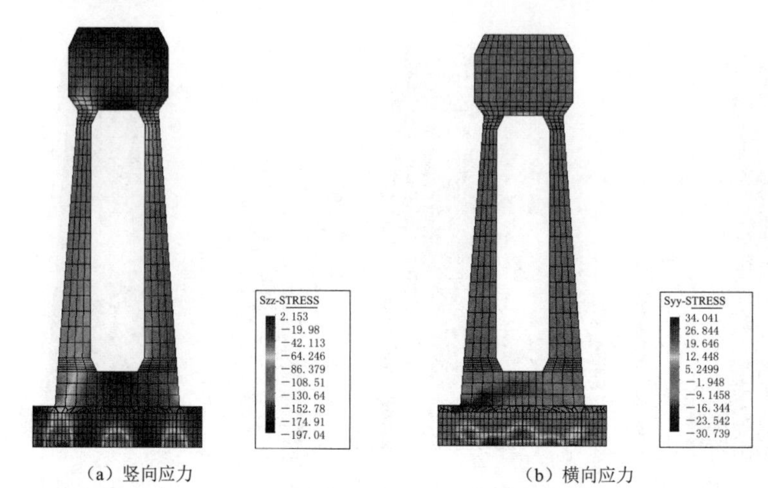

（a）竖向应力　　（b）横向应力

图 4.5.27　施工 2 工况下槽墩横剖面应力分布云图（单位：0.01MPa）

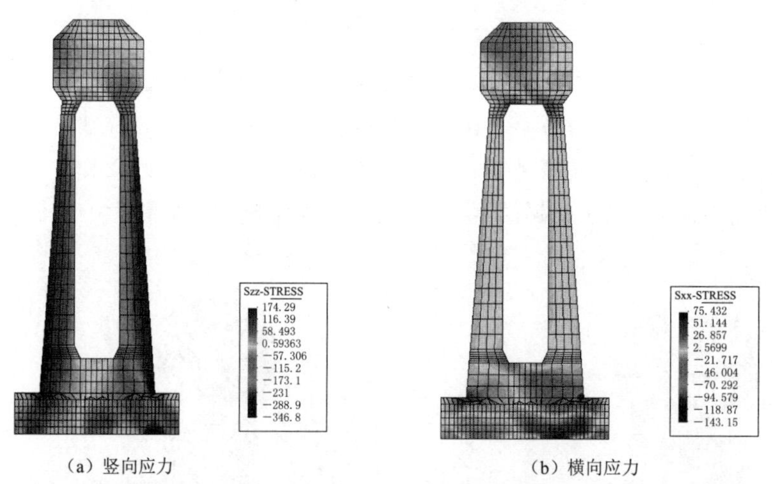

（a）竖向应力　　（b）横向应力

图 4.5.28　施工 2 工况下槽墩纵剖面应力分布云图（单位：0.01MPa）

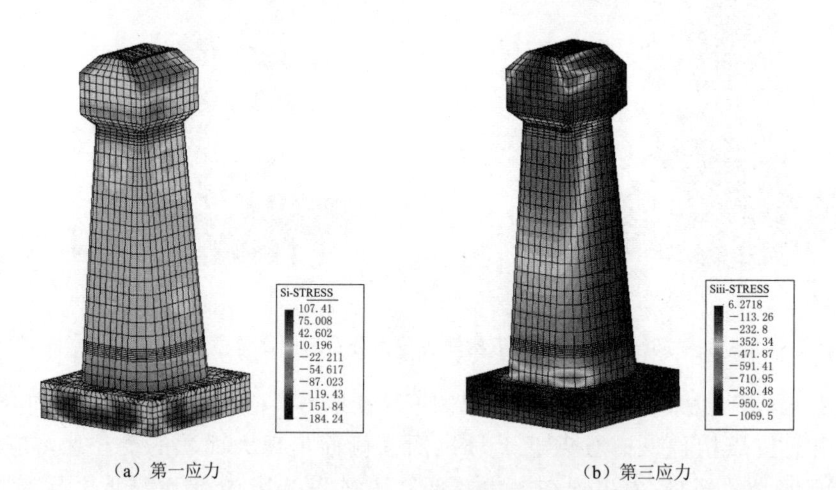

（a）第一应力　　（b）第三应力

图 4.5.29　运行 1 工况下槽墩主应力分布云图（单位：0.01MPa）

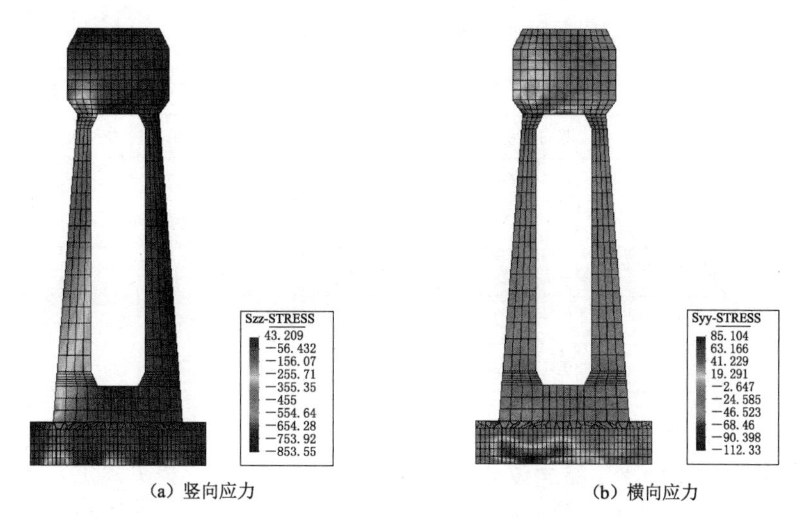

(a) 竖向应力 (b) 横向应力

图 4.5.30 运行 1 工况下槽墩横剖面应力分布云图（单位：0.01MPa）

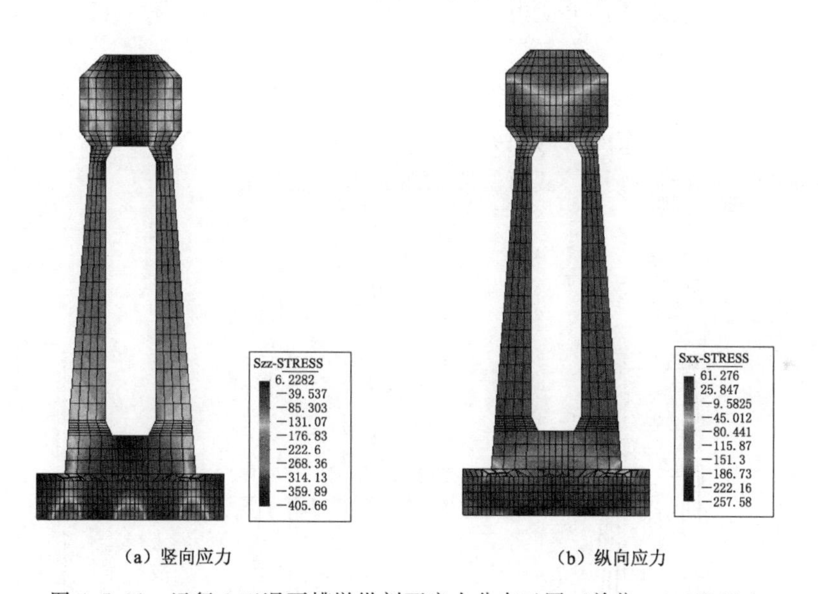

(a) 竖向应力 (b) 纵向应力

图 4.5.31 运行 1 工况下槽墩纵剖面应力分布云图（单位：0.01MPa）

本为 0.3～1.5MPa，最大可达 1.7MPa，受压一侧的竖向压应力基本为 2.0～3.6MPa。运行 1 为长期运行工况，槽墩主要承受拱端传递下来的上部荷载，受力上基本属于纯压构件；槽墩绝大部分处于受压，压应力基本为 2.0～6.0MPa，最大压应力出现在墩帽与墩身连接处，可达 9.5MPa；竖向应力基本为 2.5～6.0MPa，最大竖向压应力可达 9.4MPa。

综合来看，槽墩属于典型的受压构件，在最不利施工状态下，槽墩为一偏压构件，不平衡推力产生的拉应力，最大可达 2.0MPa；运行期可简化为一纯压构件，上部结构传递下来的荷载所产生的压应力，最大可达 9.5MPa。

由槽墩应力分析成果表（表 4.5.18）可知，槽墩绝大部分区域的纵向最大拉应力不超过 1.0MPa，最大压应力不超过 6.30MPa；横向最大拉应力不超过 0.9MPa，最大压应力不超过 1.90MPa；竖向最大拉应力不超过 2.00MPa，最大压应力不超过 9.5MPa；最大主拉应力不超过 2.03MPa；最大主压应力不超过 11MPa。

表 4.5.18　　槽墩应力分析成果表　　单位：MPa

工况	纵向应力		横向应力		竖向应力		最大主拉应力	最大主压应力
	$\sigma_{x\max}$	$\sigma_{x\min}$	$\sigma_{y\max}$	$\sigma_{y\min}$	$\sigma_{z\max}$	$\sigma_{z\min}$	σ_1	σ_3
施工 1	0.50	−2.68	0.43	−0.80	0.1	−3.17	0.52	−4.17
施工 2	0.80	−1.48	0.85	−1.40	1.95	−4.52	2.01	−4.68
施工 3	0.82	−2.10	0.85	−1.46	1.98	−4.58	2.03	−4.75
运行 1	1.02	−6.26	0.89	−1.91	0.43	−9.41	1.07	−10.70

鉴于槽墩结构采用 C40 混凝土，其抗压强度标准值为 26.8MPa，抗拉强度标准值为 2.39MPa。按照《水工混凝土结构设计规范》（SL 191—2008）相关规定，容许压力值为 $0.6\times f_{ck}=16.08$MPa；容许拉应力值为：$0.85\times f_{tk}=2.03$MPa。根据以上分析可知，除槽墩与承台接触处以及墩顶部分应力集中区域外，槽墩应力状态满足规范要求。

4.5.2.3　槽墩配筋分析

槽墩属于受压构件，在最不利施工工况下为一偏压构件，运行期可近似视为纯压构件。鉴于以上受力特点，按照横向和纵向两个方向进行槽墩部位配筋复核分析，选取典型横截面和纵截面进行配筋分析。截面位置如图 4.5.32 所示。

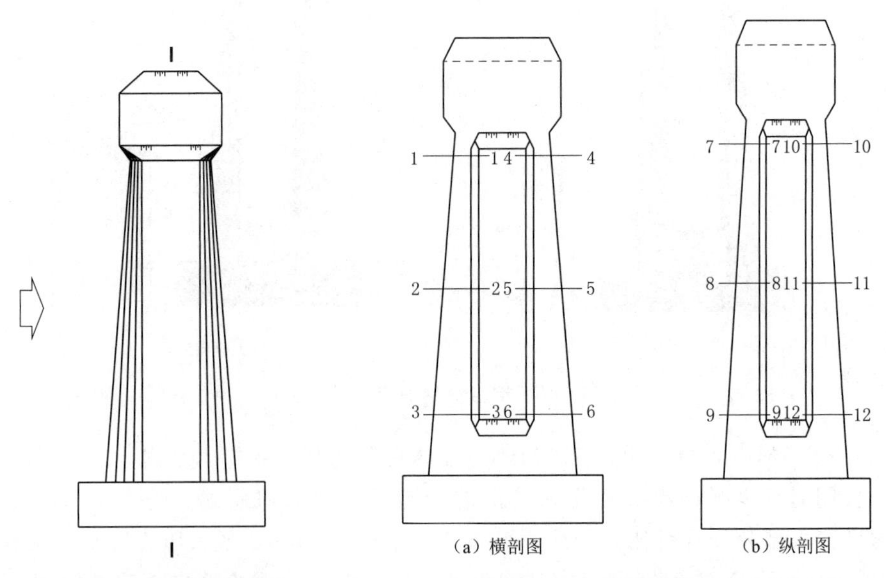

图 4.5.32　截面位置示意图　　图 4.5.33　截面线位置示意图

为便于对横截面与纵截面进行配筋分析，需设置若干截面线确定配筋方向。根据槽墩截面特点，故在槽墩上部、中部以及下部设置 6 条截面线。具体截面线位置如图 4.5.33 所示。

根据弹性应力图形配筋方法，可求解各配筋方向的主拉应力分量以及配筋，具体计算结果见表 4.5.19～表 4.5.22。

表 4.5.19　施工 2 工况下横剖面按应力图形面积配筋计算成果汇总表

部位	剖面线位置	剖面线上最大应力 σ_{max} /(N/mm²)	主应力合力 T/(kN/m)	混凝土承受拉力 T_c /(kN/m)	钢筋承受拉应力 f_yA_s /(kN/m)	配筋面积 A_s/mm²
上部	背风面（1—1 剖面线）	0.29	261.30	0.00	261.30	1011.48
	迎风面（4—4 剖面线）	0.12	188.36	0.00	188.36	729.13
中部	背风面（2—2 剖面线）	0.05	18.11	18.11	0.00	0.00
	迎风面（5—5 剖面线）	0.22	227.00	0.00	227.00	878.72
下部	背风面（3—3 剖面线）	0.12	188.51	0.00	188.51	729.71
	迎风面（6—6 剖面线）	0.05	17.54	17.54	0.00	0.00

表 4.5.20　施工 2 工况下纵剖面按应力图形面积配筋计算成果汇总表

部位	剖面线位置	剖面线上最大应力 σ_{max} /(N/mm²)	主应力合力 T/(kN/m)	混凝土承受拉力 T_c /(kN/m)	钢筋承受拉应力 f_yA_s /(kN/m)	配筋面积 A_s/mm²
上部	1 号拱圈一侧（7—7 剖面线）	0.30	207.30	0.00	207.30	802.45
	2 号拱圈一侧（10—10 剖面线）	1.53	1746.41	0.00	1746.41	6760.31
中部	1 号拱圈一侧（8—8 剖面线）	1.72	2308.29	0.00	2308.29	8935.30
	2 号拱圈一侧（11—11 剖面线）	0.03	8.57	0.00	8.57	33.18
下部	1 号拱圈一侧（9—9 剖面线）	0.00	0.35	0.00	0.35	1.34
	2 号拱圈一侧（12—12 剖面线）	0.01	3.85	3.85	0.00	0.00

表 4.5.21　运行 1 工况下横截面按应力图形面积配筋计算成果汇总表

部位	截面线位置	截面线上最大应力 σ_{max} /(N/mm²)	主应力合力 T/(kN/m)	混凝土承受拉力 T_c /(kN/m)	钢筋承受拉应力 f_yA_s /(kN/m)	配筋面积 A_s/mm²
上部	背风面（1—1 截面线）	0.00	0.00	0.00	0.00	0.00
	迎风面（4—4 截面线）	0.00	0.13	0.00	0.15	0.50
中部	背风面（2—2 截面线）	0.00	0.09	0.09	0.05	0.17
	迎风面（5—5 截面线）	0.40	72.73	0.00	87.28	281.54
下部	背风面（3—3 截面线）	0.25	67.18	67.18	40.31	130.03
	迎风面（6—6 截面线）	0.23	87.71	87.71	52.63	169.76

表 4.5.22　运行 1 工况下纵截面按应力图形面积配筋计算成果汇总表

部位	截面线位置	截面线上最大应力 σ_{max} /(N/mm²)	主应力合力 T/(kN/m)	混凝土承受拉力 T_c /(kN/m)	钢筋承受拉应力 f_yA_s /(kN/m)	配筋面积 A_s/mm²
上部	1 号拱圈一侧（7—7 截面线）	0.00	0.01	0.01	0.01	0.02
	2 号拱圈一侧（10—10 截面线）	0.00	0.13	0.13	0.08	0.26
中部	1 号拱圈一侧（8—8 截面线）	0.00	0.00	0.00	0.00	0.00
	2 号拱圈一侧（11—11 截面线）	0.00	0.05	0.05	0.03	0.10

续表

部位	截面线位置	截面线上最大应力 σ_{max} /(N/mm²)	主应力合力 T/(kN/m)	混凝土承受拉力 T_c /(kN/m)	钢筋承受拉应力 f_yA_s /(kN/m)	配筋面积 A_s/mm²
下部	1号拱圈一侧（9—9截面线）	0.00	0.72	0.00	0.86	2.79
	2号拱圈一侧（12—12截面线）	0.00	0.00	0.00	0.00	0.00

参 考 文 献

[1] 中华人民共和国水利部. 灌溉与排水渠系建筑物设计规范：SL 482—2011 [S]. 北京：中国水利水电出版社，2011.

[2] 中华人民共和国水利部. 水工混凝土结构设计规范：SL 191—2008 [S]. 北京：中国水利水电出版社，2008.

[3] 董安建，李现社. 水工设计手册 第9卷：灌排 供水 [M]. 2版. 北京：中国水利水电出版社，2014.

[4] 周厚德，介玉新. 基于有限元的弯矩计算中若干问题探讨 [J]. 岩土力学，2007，28（增）：300-304.

[5] 李同春，温召旺. 拱坝应力分析中的有限元内力法 [J]. 水力发电学报，2002（4）：18-24.

[6] 张国新，刘毅. 坝基稳定分析的有限元直接反力法 [J]. 水力发电，2006，32（12）：30-38.

[7] 颜天佑，李同春，赵兰浩，等. 有限元法求解截面内力方法比较 [J]. 水电能源科学，2008，26（3）：141-143.

[8] 苏海东，谢小玲，祁勇峰. 三峡升船机塔柱联系梁三维有限元内力计算 [J]. 长江科学院院报，2009，26（1）：38-41.

[9] 林宏，彭慧莲，张新宇，等. 适用于复杂空间结构的快速载荷提取技术 [J]. 强度与环境，2017，44（6）：15-22.

[10] 中华人民共和国水利电力部. 水工钢筋混凝土结构设计规范：SDJ 20—78（试行）[S]. 北京：水利电力出版社，1979.

[11] 中华人民共和国水利部. 水工混凝土结构设计规范：SL/T 191—1996 [S]. 北京：中国水利水电出版社，1997.

[12] 钮新强，汪基伟，章定国. 新编水工混凝土结构设计手册 [M]. 北京：中国水利水电出版社，2010.

[13] 孟影，汪基伟，冷飞. 水工混凝土结构设计规范应力图形法配筋计算的比较 [J]. 水利水电科技进展，2014，34（2）：31-35.

[14] 汪基伟，王海云，冷飞. 应力图形法中混凝土承担拉力取值探讨 [J]. 低温建筑技术，2014，36（11）：34-37.

[15] 戴咸广. 应力图形法配筋程序研制与非杆系混凝土结构配筋方法比较 [D]. 南京：河海大学，2008.

[16] 中国水利水电科学研究院. ××渡槽上部结构安全评价报告 [R]. 北京：中国水利水电科学研究院，2011.

[17] 中国水利水电科学研究院. 黔中水利枢纽一期输配水工程××大跨连拱渡槽结构计算研究报告 [R]. 北京：中国水利水电科学研究院，2014.

第5章　渡槽动力问题研究

5.1　概述

我国是世界上地震最活跃的国家之一，目前国内很多跨区域、长距离调水工程基本穿越地震带，作为长距离调水工程的主要建筑物——渡槽结构一旦遭受震害，将可能造成巨大损失[1]。因此，研究大型渡槽抗震问题，并采取安全、经济、可靠的减隔震措施，进而有效减轻地震灾害的影响，具有十分重要的现实意义。

国内外对大型渡槽结构在地震作用下的动力反应和抗震安全评价的成果及运行经验相对较少。我国原水电部于1978年颁行的《水工建筑物抗震设计规范》(SDJ 10—78)的编制说明中指出："渡槽等水工建筑物，由于缺少动力特性资料及实际运用经验，尚不能在此《规范》中概括，有待于进一步积累资料，于今后修订时逐步补充。"经过我国科研工作者30多年的不懈努力，2015年国家发展和改革委员会能源局颁布的《水电工程水工建筑物抗震设计规范》(NB 35047—2015)和2018年颁布的国家标准《水工建筑物抗震设计标准》(GB 51247—2018)先后将渡槽抗震问题纳入其中[2]，使大型渡槽结构在抗震设防标准、设计分析方法、安全评价准则及抗震措施选取等方面做到有章可循。

隔震技术是一种新的抗震技术，并在实际工程中得到广泛应用。在已发生的几次大地震中，采用隔震技术的桥梁等建筑物都达到预期目标，体现了很好的抗震性能。与桥梁结构不同，隔震装置在大型渡槽结构中虽然能产生较好的减震效果，但也引起上部槽体产生较大整体位移的问题。该位移可能使得跨间伸缩缝止水装置难以适应，止水材料拉伸破坏从而导致漏水。另外，由于槽内存在大量水体，槽墩上部结构的质量将远大于桥梁上部结构的质量，此时适用于渡槽结构隔震支座，在水平刚度、竖向承载能力等力学性能参数方面将与适用于桥梁结构的隔震支座存在显著区别。隔震渡槽在地震作用下的动力反应的特点也与隔震桥梁有所不同。

另外，在地震作用下，渡槽槽身结构很有可能发生碰撞震害。目前，国内对渡槽碰撞的研究较少，鉴于渡槽结构与桥梁结构存在一定程度的相似性，所以可以借鉴桥梁方面部分研究成果，具体可参见王博等[8-9]的研究成果。综合以上分析，本节重点围绕渡槽抗震计算要点、隔震若干问题以及隔震支座设置等展开论述。

5.2　渡槽抗震计算要点研究

目前，我国国家标准《水工建筑物抗震设计标准》(GB 51247—2018)(以下简称"国标")和能源行业标准《水电工程水工建筑物抗震设计规范》(NB 35047—2015)(以下简称"行标")针对渡槽抗震及抗震措施作出了详细规定[3-4]，具体如下。

1. 地震作用分量选取

国标及行标均规定：设计烈度为Ⅷ度及Ⅷ度以上时，应同时考虑顺槽向、横槽向和竖向的地震作用。

在结构抗震计算中，相对于水平地震作用，一般认为竖向地震作用效应较小，对于一般建筑结构而言，只有8度抗震设防时才考虑竖向地震作用效应，然而对于渡槽而言，由于巨大水体质量，竖向地震作用效应比一般桥梁要大。李遇春、楼梦麟等采用解析与数值方法分别分析了大型梁式渡槽以及一般大型渡槽的竖向地震效应，分析结果表明在7度抗震设防时，结构的地震响应可达到静力响应的百分之十几，竖向地震效应不可忽视。因此，国标及行标规定：如渡槽设计烈为Ⅷ度及Ⅷ度以上时，应考虑竖向地震作用的影响。

2. 渡槽建模

关于渡槽抗震建模，国标及行标按照渡槽级别不同均作出了详细规定。

对于1级渡槽，应建立考虑相邻结构和边界条件影响的三维空间模型，采用动力法进行抗震计算。

对于2级渡槽，可对槽墩和其上部槽身结构，分别按悬臂梁和简支梁结构单独采用动力法进行抗震计算。

对于3级及3级以下渡槽的抗震计算，可对槽墩和槽身模型按国标或行标第5.5.9条规定的拟静力法分别进行抗震计算，其槽墩的地震惯性力的动态分布系数α_i可按国标或行标第9.1.3条的规定确定；其槽身的地震惯性力的动态分布系数α_i可按国标或行标第12.1.1条的规定确定。

相应条文说明规定：由于渡槽动力特性的复杂性，对于1级渡槽，采用简化计算方法难以正确把握其动力响应的特点，要求建立尽可能符合实际的三维空间计算模型。对于很长的渡槽，可以选取具有典型结构或特殊地段或由特殊构造的多跨渡槽进行地震反应分析，并考虑相邻跨的结构和边界条件的影响。

对于渡槽工程常采用的桩基础问题，国标及行标规定：采用桩基时，应考虑桩土相互作用的影响。桩土相互作用可用土体的等效弹簧模拟，按现行行业标准《建筑桩基技术规范》(JGJ 94) 的规定，将土体视为弹性介质，其水平抗力系数随深度线性增加（m法）进行计算。

3. 槽内动水压力作用

横向地震反应分析是渡槽抗震计算中最为重要的内容之一。横向地震作用下流体与结构相互作用效应最为强烈，抗震计算中应考虑流-固耦合效应。地震作用下渡槽内的液体可采用简化的等效力学模型进行分析，流体等效模型是基于作用效应等效原则，即在地震作用下，等效模型与实体流体对容器的反作用力以及力矩均相同，等效模型相当于流体瞬时动水压力的积分结果，这样分析对于上部结构动力响应计算不会引起太大的误差，工程设计可接受。

为此，国标和行标按照渡槽级别不同均作出详细规定：1、2级渡槽抗震计算中，应考虑槽内动水压力的作用，动水压力的计算公式见国标或行标附录B。关于槽内动水压力取值问题，本书第3.5节有详细论述，可供读者参考。

对于1级大型渡槽，首先在刚性槽体假定下，按在水平向地震作用下的冲击动水压力，确定附加在两槽壁结构迎水面不同高程分布的水平方向附加质量；按在竖向地震作用下沿槽底均匀分布的冲击动水压力，确定附加在槽底结构迎水面的竖向附加质量。此外，按对流动水压力确定附加在距槽底 h_1 处连接与槽壁间的质量 M_1 和弹簧 K_1。然后，在水平和竖向地震动加速度输入下，对包括槽内动水压力的各附加质量和弹簧在内的槽体结构、支墩结构、和槽、墩间连接结构在内的整个渡槽体系，在时域内按输入地震动加速度时程进行显式数值求解其地震响应。在计算过程的每个时间步长中，在求解当前时刻的渡槽结构地震响应时，需分别按上一时刻槽底中心的水平向和竖向加速度响应值，确定施加在槽底的预槽底水平向加速度响应相关联的竖向冲击动水压力，以及施加在槽壁的与槽底竖向加速度响应相关联的水平向冲击动水压力。

对于2级渡槽工程，在槽壁各高程水平向的附加质量总和作为集中固定于槽壁间一定高程的水平向总质量，该高程可由3.5.2.1节的等效力学模型确定，而在计算弯矩时计入了地震动水平分量对槽底竖向动水压力的影响。在考虑竖向地震动分量的作用时，仅粗略地把槽内水体作为竖向附加质量，忽略了在地震动竖向分量作用下冲击动水压力在槽壁的动水压力影响。因集中质量法不能反映动水压力的分布状态，所以仅适用于2级及其以下的一般渡槽工程。

此外，国标及行标还规定：河道内水体对槽墩的动水压力可按现行国家标准《铁路工程抗震设计规范》(GB 50111) 的规定进行计算。

需要指出的是，国标及行标中关于槽内水体晃动的计算未考虑水体阻尼影响，而实际情况是水体阻尼总是存在的。阻尼来源于水体的内部摩擦，特别是水体与固体表面的摩擦。水体阻尼异常复杂且呈现非线性，它依赖于水体自身及相关结构的运动，在国标及行标中有关流体晃动效应的等效力学模型中精确计入阻尼因素是极端困难的，但阻尼比较小时，采用等效线性黏性阻尼是一个合理的选择。根据矩形TLD试验结果，液体的阻尼比系数通常都小于1%，对于其他形状的液体容器，即使在容器内壁上增加挡板（一种增加液体阻尼的措施），阻尼比系数也很少会大于5%，对于较大容器，单纯由黏性效应产生的阻尼相当小[5]。Li与Luo研究过渡槽内水的阻尼比对结构风振反应的效应，当水体阻尼比的变化范围为0～5%时，结构反应的最大相对变化不超过5%。对于实际渡槽而言，槽体结构尺寸比较大，水体的阻尼很小，其作用效应可以忽略不计。横向地震作用下的结构响应将偏于安全（保守）。

另外，顺槽向地震作用下，当采用势流理论计算时，由于忽略流体的黏性，流体与槽壁表面无剪切力传递，因而顺槽向地震作用时，水体对结构无影响，即顺槽向地震作用时可不考虑水体影响，只需按空槽情况计算即可。然而实际情况中，水体具有一定的黏性，槽体表面会存在一个附面层（边界层），结构在顺槽向运动时，会携带一些附层面的水质量。同时，水体的黏性对结构具有附加阻尼效应，顺槽向的液体作用效应问题需要做进一步的研究，可采用边界层理论分析附加水质量与阻尼效应。当不考虑顺槽向水体阻尼效应时，结构的地震动力反应偏于安全，但不考虑顺槽向附面层的水质量对于结构地震响应可能会偏于不安全[6]。

4. 计算方法

鉴于振型分解反应谱法可较好地给出渡槽的动力响应[7]。国标及行标均规定：渡槽的动力分析一般可采用振型分解反应谱法求解。对于 1 级渡槽，应按本标准第 5.5.8 条的规定用时程分析法进行计算。

国标及行标第 5.5.8 条规定：采用时程分析法计算地震作用效应时，应以阻尼比为 5%的设计反应谱为目标谱，生成至少 3 套人工模拟地震加速度时程作为基岩的输入地震动加速度时程，各套地震动的各分量之间的相关系数均不应大于 0.3。应对按不同地震加速度时程计算的结果进行综合分析，以确定设计采用的地震作用效应。

5. 地震动输入

大型渡槽结构的多点输入问题是大型渡槽抗震的一个关键问题[8]。以南水北调中线工程为例，沿线大型渡槽单跨跨度大、总跨数多，渡槽延绵距离也很长，各跨槽墩所在的局部地基条件可能存在较大的差别，各跨槽墩高度也可能不同。地震时，沿大型渡槽各跨槽墩的地震输入将存在差异[9]。中国水利水电科学研究院抗震中心经多年研究得出以下结论：

（1）若不考虑地震沿各跨槽墩输入的不均匀性时，渡槽各跨槽身、支座的地震反应基本一致，槽墩高度的差异对渡槽水平向地震反应影响小，特别是采用柔性支座时，槽墩高度差异的影响甚至可以忽略。

（2）在大型渡槽中设置刚性支座时，各跨槽墩所处局部地基材料特性的不均匀性对渡槽各跨地震反应的影响很大，此时，渡槽各跨槽身、支座的地震反应差异很大，各跨渡槽之间的相互影响程度显著。

（3）在大型渡槽中设置柔性支座时，各跨槽墩所处局部地基材料特性的不均匀性对渡槽各跨水平向地震反应的影响程度较设置刚性支座时降低，但对渡槽各跨竖向地震反应的影响仍然很大。此时，渡槽各跨槽身、支座的水平向变形最大值基本一致，各跨渡槽之间的水平向相互影响程度降低。

（4）地震作用下，槽内水体对渡槽横槽向反应影响显著。沿各跨槽墩均匀输入地震波时，水体与槽身的动力相互作用对渡槽各跨槽身、支座的地震反应影响程度基本相同。

国标及行标规定：渡槽场址存在顺槽向地质条件显著差异或地形特征突变时，宜研究输入地震动空间变化的影响。可采用多点地震输入方式进行分析，也可建立渡槽-地基的整体有限元模型进行分析。

6. 承载力验算

由于渡槽使用功能的要求，需承受远超过结构自重的水荷载，并保证结构不漏水。地震作用下，渡槽槽身迎水面要求严格抗裂。因此，渡槽设计时常采用预应力技术。为此，国标及行标规定：采用动力法验算预应力钢筋混凝土渡槽槽体的截面承载力时，地震作用的效应折减系数宜取 1.0。

7. 抗震措施

隔震设计可以延长结构的自振周期，对降低结构的地震作用效果显著，在国际上已得到广泛应用。对于设计烈度为Ⅶ度及Ⅶ度以上、结构复杂、抗震设计困难的渡槽，宜采用减、隔震设计。另外采用减、隔震设计的简支梁渡槽，相邻跨段槽身间的止水材料及型式应满足位移的要求。为此，国标及行标规定：

（1）对设计烈度为Ⅶ度及Ⅶ度以上的渡槽，宜在槽体与槽墩间设置满足承载力要求的铅芯橡胶支座、球型抗震阻尼支座或抗震盆式支座等减、隔震装置。

（2）对渡槽设置减、隔震装置时，当下部支承结构刚度较小且地基场地土较软弱时，应考虑地震时可能引起的渡槽结构共振等问题。

（3）槽墩顶部应设置防止槽体的横向跌落的挡块。槽体端部在墩台上应留有防止槽体纵向滑脱的足够搭接长度。

（4）槽体端部与支座连接处、桩基顶部均应适当增加配筋。

（5）对相邻跨段槽体之间的止水结构，应选择满足抗震要求的类型和材料。

5.3 隔震若干问题研究

5.3.1 隔震机理、目标及装置

传统抗震设计是通过增强结构强度与延性来抗御地震的作用。而隔震的本质和目的就是将结构与可能引起破坏的地面运动分离开来。要达到这个目的，主要通过以下两种方式：①增加结构的柔性以延长结构的自振周期，达到减小由于地震震动所产生的地震荷载；②增加结构的阻尼或能量耗散能力以减小地震震动所引起的结构反应。图 5.3.1 反映了上述隔震机理[11]。

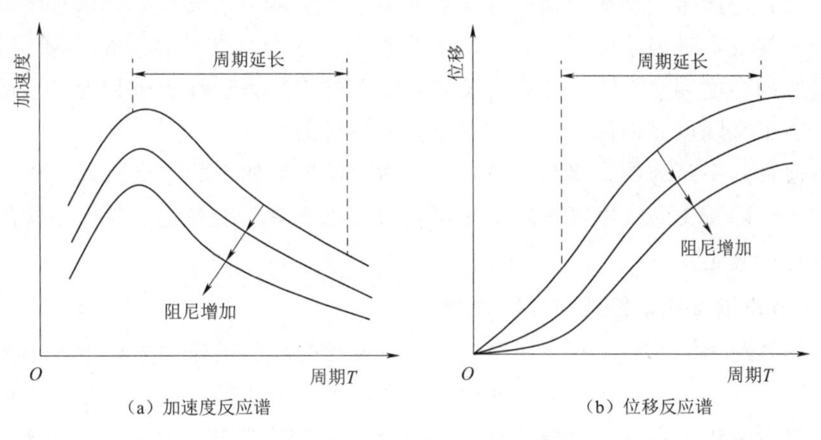

（a）加速度反应谱　　（b）位移反应谱

图 5.3.1　隔震机理示意图

基于隔震机理及目前常用的隔震装置，在大型渡槽中应用隔震技术的主要目标包括：①在满足渡槽正常使用功能的前提下，延长渡槽基本周期，达到改变结构动力特性的目的，从而避开地震能量相对集中的频段，并利用耗能装置消耗大量地震能量，减少槽身结构的地震应力反应；②改善降低后的地震作用在各槽墩间的分布，保护基础和槽墩。在实际工程中，为满足大型渡槽隔震目标的要求，还应综合考虑渡槽结构本身的各种特殊性，如槽身为薄壁结构，槽内水体与结构之间存在动力相互作用，地震作用下相邻跨段槽身之间的止水材料不被拉裂、槽身内壁不开裂等[12]。

根据渡槽结构工作特性与地震动力反应特征，以隔震方法来保证抗震安全性。隔震装置布设有几个部位可供选择[13-14]：①渡槽与墩顶（在桥梁上普遍使用）；②在槽墩与

地基承台之间；③桩基。后两种属于基础隔震，能够使槽墩、槽体均减小地震的作用。但实际安装上存在较大难度，保证正常运用也存在很大问题，目前在桥梁抗震上也很少应用。采取在槽体与槽墩之间设置隔震装置是一种切实可行的方案，能够有效地削减槽墩与槽体的地震效应。对渡槽横向而言，由于渡槽与水体的相互作用会产生比一般桥梁更大的地震惯性力，隔震装置能隔离地震对槽身的作用，反过来减少渡槽槽身地震惯性力对槽墩的作用。由于隔震装置，传给槽身的地震加速度也会大大降低，槽身与水体动力相互作用力也会减少，会有较好的减、隔震效果。

5.3.2 隔震分析方法

隔震结构的地震反应分析方法取决于所处设计阶段、场地类型、支座的力学特性、设计结构的复杂程度等因素。整体来看，渡槽结构与桥梁结构比较相似，可参考隔震桥梁的地震反应分析方法分析隔震渡槽。国内外规范中关于隔震桥梁的地震反应分析方法大致可分为单自由度反应谱法、多自由度反应谱法、动力时程法等，可参考有关规范的相关规定以及张艳红给出的隔震渡槽地震反应分析方法[15]。

5.3.2.1 单自由度反应谱法

将隔震渡槽简化为单质点体系进行分析，主要基于以下两点：①隔震层水平刚度远远小于槽身刚度，地震时，整体结构的水平变形集中于隔震层，槽身只做水平整体运动，如果忽略槽身扭转变形等因素的影响，可将结构作为一个具有集中质量的单质点进行模拟；②当各跨槽墩的高度和水平刚度相近、设置的隔震支座的力学性能也相近且槽墩的质量影响较小时，将整个隔震渡槽简化为单质点模型是可行的。

取隔震渡槽的一跨为例，将渡槽简化为单质点体系，体系的刚度由各个槽墩的刚度与设置其上的所有隔震支座的刚度进行串联组合后形成的总刚度确定，整体结构的阻尼比由隔震层的阻尼比确定。

5.3.2.2 多自由度反应谱法及动力时程法

如果渡槽各跨槽墩的高度和水平刚度相近，设置的隔震支座的力学性能也相近，在给定地震作用下，不仅隔震支座、槽墩和槽身也几乎不发生非弹性变形，此时，可采用多自由度反应谱进行分析。在强烈地震作用下，渡槽、隔震支座均可能进入非线性变形状态，此时，应采用动力时程分析方法。

当采用多自由度反应谱法时，隔震支座往往简化为线性分析模型（详见第 5.3.5 节），即采用等效刚度、等效阻尼这两个参数进行描述。另外，由于隔震支座的使用，整个渡槽结构体型的耗能能力不再均匀分布，隔震层的耗能能力大，而其他部位的耗能能力相对较少，因此，隔震渡槽各阶振型的阻尼比也不相同，基本周期（即隔震周期）的阻尼比一般比较大，反应谱分析中应考虑对不同振型采用不同的阻尼比。关于不同阻尼比对反应谱值的修正，目前各种规范尚无统一规定，可参考《建筑抗震设计规范》（GB 50011—2019）中关于不同阻尼比对地震影响系数调整的有关规定进行调整。此外，由于隔震支座的非线性性质，支座的等效刚度和等效阻尼比在整个地震过程中不再是常量，而是支座位移的函数，如果采用多自由度反应谱法，计算分析过程应进行迭代求解。

5.3.3 隔震简化模型

对于常规的梁式渡槽，可采用隔震简化模型进行研究。由于渡槽结构的特殊性，其槽内有质量巨大的水体，水体与槽体间的相互作用在顺槽向和横槽向是不同的。

5.3.3.1 顺槽向

对于顺槽向隔震模型，由于槽内水体不受槽体侧壁的约束，只受槽体垂直方向的约束和支承作用。从机理上分析可知，流体是从动体，由于流体的特殊性，在地震作用下，槽体开始震动时，与槽体接触的边界层受摩擦作用的影响，将和槽体一起震动，而其上层的流体由于惯性的作用，将保持瞬时的静止状态。另外，流体具有黏性，上层流体将对边界层流体产生与其振动方向相反的内摩擦力，进而对槽体产生一个与其振动方向相反的力，从而减弱槽体的振动。因此，空槽模型地震响应最大值必定要大于真实耦合模型地震响应的最大值。另外众多学者研究表明，在不同的地震波作用下，空槽模型的最大值都在流-固耦合模型最大值的 1.5 倍以上。由此可知，空槽工况是顺槽向抗震的最不利工况，渡槽顺槽向水体与槽壁之间相互作用的摩擦力对于顺槽向抗震设计时有利的。因此，在建立顺槽向模型时，可忽略水体的作用，参考规则桥梁结构的隔震模型的形式，并忽略槽墩刚度和阻尼影响，渡槽结构隔震模型可简化为仅有一跨槽体质量的单自由度模型，如图 5.3.2 所示。图中 M 为一跨槽体质量，k_b 和 c_b 分别为一跨槽体下所有隔震支座的纵向刚度之和以及阻尼系数之和。

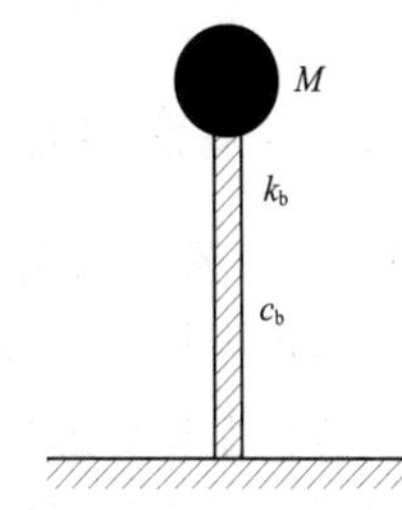

图 5.3.2 单自由度模型

5.3.3.2 横槽向

在横槽向，槽体内水体除了受到槽体垂直方向的约束和支承作用外，还受到槽体两侧壁的约束作用。当地震激励方向为横槽向时，水体与槽体两侧壁之间存在复杂的动力相互作用，根据《水工建筑物抗震设计标准》（GB 51247—2018）相关规定，渡槽隔震设计中采用 Housner 一阶水体晃动模型。

根据大型渡槽结构型式特点，针对基于反应谱的线性等效线性化方法，槽墩简化为顶部具有集中质量的单柱，则渡槽横槽向模型可以简化为三自由度模型。若槽墩刚度大且表现为刚体性质，则模型可以简化为双自由度模型。根据聂丽英等关于多个梁式渡槽横槽向隔震简化模型对比研究可知[11]，槽墩对槽-水耦合体与隔震装置构成的结构体系影响较小，可以假定槽墩为刚体，即渡槽横槽向隔震模型可以采用双自由度模型。另外，根据叶昆的研究成果可知[16]，当槽墩的刚度远大于支座刚度（一般为 20 倍，实际工程中大都能够满足该要求）时，槽墩刚度、阻尼对整个结构体系的刚度、阻尼影响很小，故在进行隔震设计时可忽略槽墩的影响。

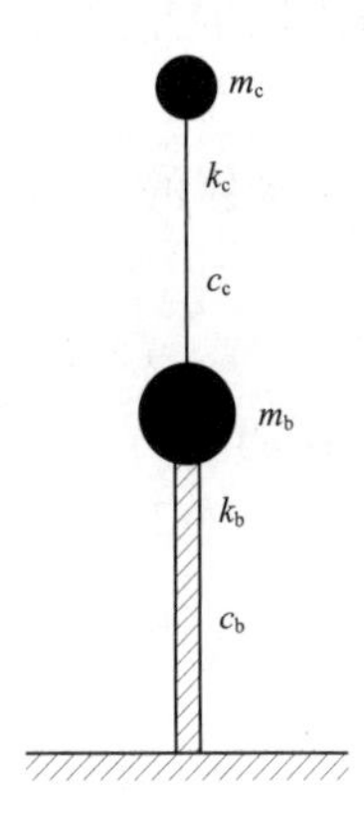

图 5.3.3 双自由度模型

综合以上分析，渡槽横槽向隔震模型可以采用图 5.3.3 所示的双自由度模型。图中，m_c 为等效水体晃动质量，k_c 为等效水体晃动刚度，c_c 为水体阻尼系数，m_b 为等效固结水体与一跨槽体的总质量，k_b 为一跨槽体下所有隔震支座的横向刚度之和，c_b 为一跨槽体之下所有隔震支座的阻尼系数之和。

对于双槽和多槽结构，由于水体晃动周期以及对流晃动质量和等效刚度为单槽控制，且隔震装置在地震作用下水平位移相同，因此多槽上部水体模型为并联模型。以三槽为例，存在以下关系：

$$\begin{cases} m_c = m_{01} + m_{02} + m_{03} \\ k_c = k_{01} + k_{02} + k_{03} \\ c_c = c_{01} + c_{02} + c_{03} \end{cases} \tag{5.3.1}$$

槽体晃动周期 $\omega_c = \sqrt{\dfrac{k_c}{m_c}}$，阻尼比 $\xi_c = \dfrac{c_c}{2\omega_c m_c}$ 均与单槽一致。

5.3.4　隔震参数确定

5.3.4.1　隔震周期

隔震周期（支座的等效刚度是由隔震周期的假定来决定的）和隔震装置等效附加阻尼比这两项参数的假定直接决定了隔震结构地震响应值的大小。渡槽隔震设计中，隔震周期的假定必须考虑水体晃动的影响。为获得最佳的隔震效果以及合理的隔震支座参数，对于隔震周期的讨论是很有必要的。在渡槽隔震设计中，以横槽向进行隔震设计时，并验算纵向隔震性能，故隔震周期也是依据横槽向双自由体系的隔震设计来确定的。

隔震的本质和目的是将结构与可能引起破坏的地面运动尽可能分离开来。要达到这个目的，可通过延长结构的基本周期，避开地震能量集中的范围，从而降低结构的地震力，如图 5.3.1 (a) 所示。然而通过延长周期以达到折减的地震力，必然伴随着结构位移的增大，从而造成设计上的困难。因此，对隔震周期的选取不宜过大，在受力减小的同时还应满足位移的控制需求。

渡槽是输水建筑，设置有止水带，所以隔震的同时也需要控制槽身在地震作用下位移的大小，确保不会因为位移过大而导致渡槽漏水，造成不必要的经济损失。张艳红等研究指出，为了防止相邻渡槽之间的止水材料被拉断及地震过程中出现落梁现象，支座变形不宜超过 0.075m，但相关规范中并无规定，故位移限值需要根据具体工程来具体设定。

根据聂利英等人[11,17]的研究，渡槽隔震周期 T_b 的确定原则可以总结为以下几点（具体如图 5.3.4 所示）：

(1) 隔震周期假定时，需满足隔震前槽体振动周期 T_0 的两倍，并小于水体的晃动周期 T_c，即

$$2T_0 < T_b < T_c \tag{5.3.2}$$

式中：T_b 为渡槽隔震周期；T_0 为隔震前槽体振动周期；T_c 为水体晃动控制周期。

以双自由度模型（见图 5.3.3）为例，T_b、T_0 及 T_c 表达式具体如下：

$$T_b = 2\pi\sqrt{\frac{m_b + m_c}{k_b}} \tag{5.3.3}$$

式中：m_b 为等效固结水体与一跨槽体质量总和；m_c 为等效晃动水体质量；k_b 为隔震支座等效刚度。

T_c 为以水体晃动为主的一阶振动周期，未隔震时按式（5.3.4）计算：

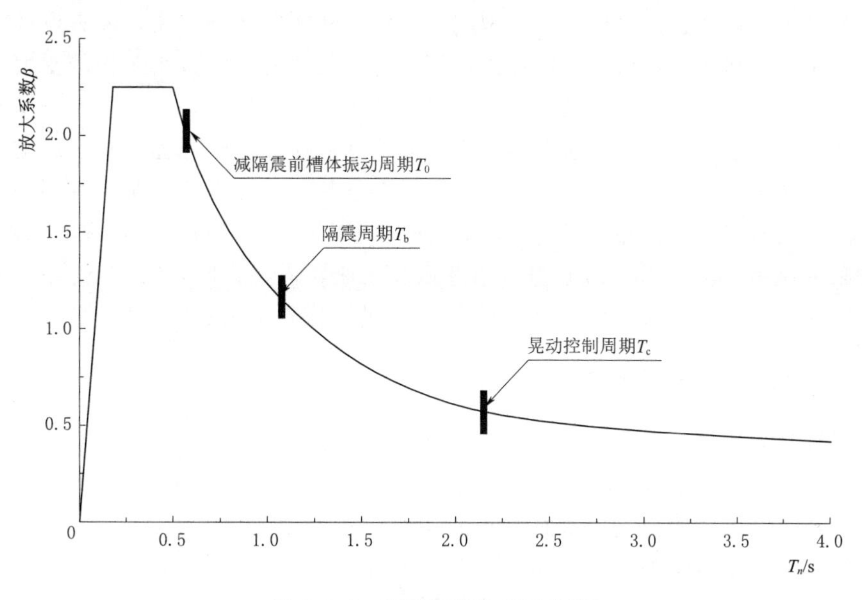

图 5.3.4　隔震周期选择示意图

$$T_c = \frac{2\pi}{\omega_c} \tag{5.3.4}$$

$$\omega_c^2 = \frac{\sqrt{10}\,g}{a}\tanh\frac{\sqrt{10}\,h}{a} \tag{5.3.5}$$

式中：ω_c 为水体一阶晃动频率；a 为槽体宽度；h 为槽体高度；g 为重力加速度。

T_0 为与图 5.3.3 所示模型相对应的普通支座下第二振型振动周期及槽体振动周期，具体见式（5.3.6）。

$$T_0 = \frac{2\pi}{\omega_c\sqrt{\dfrac{[1+\gamma(1+k'/k_c)]+\sqrt{[1+\gamma(1+k'/k_c)]^2-4\gamma k'/k_c}}{2}}} \tag{5.3.6}$$

其中

$$\gamma = \frac{m_c}{m_b} \tag{5.3.7}$$

$$\eta = \frac{k_b}{k_c} \tag{5.3.8}$$

式中：γ 为质量比；η 为刚度比；k_c 为等效晃动水体刚度；k' 为假定刚度；m_b、m_c、k_b 意义同式（5.3.3）。

（2）选取隔震周期后，进行隔震设计，得到隔震设计参数，随后对 θ 值进行验算，确保 θ 值大于或等于 0.9，以避免隔震设计对于波高的放大影响。

$$\theta = \frac{\omega_1}{\omega_c} = \sqrt{\frac{(1+\gamma+\gamma\eta)-\sqrt{(1+\gamma+\gamma\eta)^2-4\gamma\eta}}{2}} \tag{5.3.9}$$

式中：θ 为等效晃动频率与水体晃动频率之比；γ、η 意义同式（5.3.7）和式（5.3.8）。

5.3.4.2　附加阻尼比

渡槽在加入铅芯橡胶隔震支座后，体系阻尼为非经典阻尼，从聂利英等人的研究可知，此时渡槽阻尼体系仍然可以采用经典阻尼假定。从隔震原理来说，隔震设计会导致结构在地震作用下位移增大，而阻尼的增加可以在限制位移的同时减小结构的受力。现有隔震设计中附加阻尼的方式通常有两种：①通过隔震支座自身提供，如铅芯橡胶支座、高阻尼橡胶支座等；②通过附加阻尼装置提供，如非线性液体黏滞阻尼器。对于渡槽隔震，比较常用的铅芯橡胶支座，国内外众多学者经过试验研究，发现其等效附加阻尼比为 0.1～0.3。而从众多公司生产的铅芯橡胶支座的产品说明书中也可以看出，常规的 LRB 支座的等效附加阻尼比为 0.1～0.3。故在进行铅芯橡胶支座隔震设计时，可在 0.1～0.3 之间假定其等效附加阻尼比。目前，附加阻尼比为 0.15 的支座最为常见。

5.3.5　等效线性化分析方法

等效线性化方法的概念最初由 Jacobsen 提出。弹塑性结构的等效线性化方法，是以线性等效刚度考虑弹塑性结构屈服后的刚度衰减，以等效黏滞阻尼考虑结构的弹塑性耗能，通过求解等效弹性体系的响应，从而近似获得原来非线性体系的响应。以单自由度体系为例来说明等效线性化的原理[18]。

在地震激励作用下，原非线性系统运动方程为

$$M\ddot{x}+C\dot{x}+Kx=-M\ddot{x}_g \tag{5.3.10}$$

式中：M 为质点的质量；$C\dot{x}$、Kx 分别为阻尼力与非线性恢复力；$\ddot{x}$、$\dot{x}$、x 分别为质点相对于底面运动的加速度、速度及位移；$\ddot{x}_g$ 为地面运动加速度。

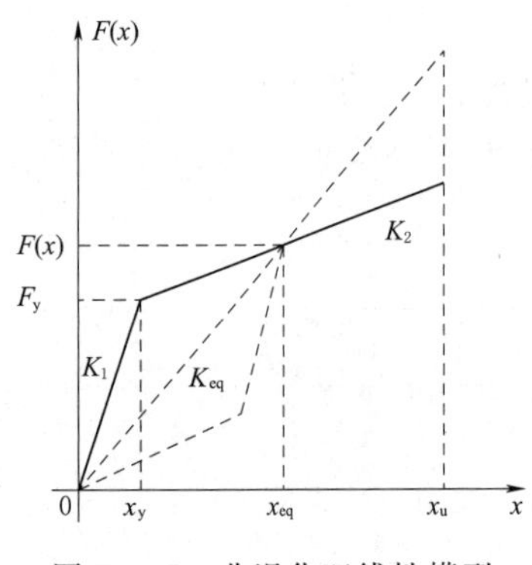

图 5.3.5　非退化双线性模型

为了线性等效原来的非线性系统，就需要构造适当的线性方程，并最大程度地逼近上面非线性方程的解，设等效后的线性方程为

$$\ddot{x}+2\xi_{eq}\cdot\omega_{eq}\cdot\dot{x}+\omega_{eq}^2x=-\ddot{x}_g \tag{5.3.11}$$

式中：ξ_{eq} 为等效阻尼比；ω_{eq} 为等效振动频率。

对于隔震系统而言，原来非线性系统的力-位移骨架曲线可用非退化的双线性模型来表示，如图 5.3.5 所示。图中，F_y 为隔震装置的屈服力；x_y 为隔震装置的屈服位移；x_{eq} 为等效线性化对应的位移；x_u 为隔震装置所允许发生的最大位移；K_1 为弹性刚度；K_2 为屈服后刚度。

$$\alpha=K_2/K_1$$

式中：α 为屈服后刚度比，一般取 0.15。

等效线性化方法的关键在于确定有关的等效参数，即等效刚度 K_{eq} 和等效黏滞阻尼系数 C_{eq} 或等效阻尼比 ξ_{eq}，其确定原则一般是令等效线性系统与原来非线性系统的位移反应或能量耗散的均方差最小。如果等效刚度和等效黏滞阻尼系数的等效原则不同，则等效后的线性体系的等效刚度和等效阻尼比参数也不同，由此形成了不同的等效线性化方法[19-20]。例如，美国 ASSHTO 规范、日本及欧洲规范大都取支座滞回曲线上最大位移处的割线刚度作为等效刚度，根据等效体系与原非线性体系在共振时每周期消耗的能量相等的原则确定等效阻尼比；而美国加州运输部规范（CAL 方法）则采用经验公式计算等效

刚度和等效阻尼比；Hwang 对 CAL 方法的两个经验公式做进一步改进，并在计算公式中计入硬化系数和材料阻尼比；ASE 法则是建立在随机振动理论基础上的，该方法定义等效刚度和等效阻尼比分别为振幅小于最大振幅的几何刚度和耗能的平均值。上述规范关于等效刚度和等效阻尼比的具体公式见表 5.3.1。

表 5.3.1 等效刚度与阻尼比公式

方法名称	等效刚度	等效阻尼比
美国 AASHTO 规范及欧洲规范	$K_{eq}=\frac{1+\alpha(\mu-1)}{\mu}K_1$	$\xi_{eq}=\frac{2(1-\alpha)\left(1-\frac{1}{\mu}\right)}{\pi[1+\alpha(\mu-1)]}$
日本 JPWRI 规范	$K_{eq}=\frac{1+\alpha(0.7\mu-1)}{0.7\mu}K_1$	$\xi_{eq}=\frac{2(1-\alpha)\left(1-\frac{1}{0.7\mu}\right)}{\pi[1+\alpha(0.7\mu-1)]}$
美国加州 CAL 规范	$K_{eq}=\frac{K_1}{\{1+\ln[1+0.13(1-\mu)^{1.137}]\}^2}$	$\xi_{eq}=0.0587(\mu-1)^{0.371}$
Hwang 建议的方法	$K_{eq}=\left[\frac{\mu}{1+\alpha(\mu-1)}\right]^{-1}\left(1-0.737\frac{\mu-1}{\mu^2}\right)^{-2}K_1$	$\xi_{eq}=\frac{1.7\left(1-\frac{1}{\mu}\right)}{\pi[1+\alpha(\mu-1)]}\frac{\mu^{0.58}}{4.5}$
Jara 建议的方法	$K_{eq}=\frac{1+\alpha(\mu-1)}{\mu}K_1$	$\xi_{eq}=0.05\ln\mu$
平均刚度与能量法 ASE 法	$K_{eq}=\left[\frac{1-\alpha}{\mu}(1+\ln\mu)+\alpha\right]K_1$	$\xi_{eq}=\frac{2(1-\alpha)(\mu-1)^2+\pi\xi_0\left[(1-\alpha)\left(\mu^2-\frac{1}{3}\right)+\frac{2}{3}\alpha\mu\right]}{\frac{2}{3}\pi\mu^2[(1-\alpha)(1+\ln\mu)+\alpha\mu]}$

基于表 5.3.1 中各公式，假定屈服后刚度比 α 取 0.15，可得到不同延性比下支座的等效刚度比变化情况，具体如图 5.3.6 所示。

模型支座的阻尼比为

$$\xi_b=\xi_{eff}+\xi_0$$

式中：ξ_0 为材料阻尼比，对于混凝土一般取 0.05。

因此可得到不同延性比下支座阻比变化情况，如图 5.3.7 所示。由图 5.3.6 可知，这 6 种方法求得的等效刚度比变化趋势相同，上述方法中以 ASE 法计算的等效刚度比最大，这是因为 ASE 法的等效刚度是不同振幅下割线刚度的平均值；ASSTHO 规范、JPWRI 规范、Hwang 法和 Jara 法计算得到的等效刚度比相接近；当延性比 $\mu<13$ 时，ASSTHO 规范计算得到的等效刚度比最小，当延性比 $\mu>13$ 时，CAL 计算得到等效刚度比最小。由图 5.3.7 可知，不同方法计算的等效阻尼比差别较大；ASSTHO 规范、JPWRI 规范、Hwang 法及 ASE 法得到等效阻尼比随延性比的增加先增加后降低；CAL 规范和 Jara 法得到等效阻尼比随延性比的增加而增加。

根据聂利英等的研究成果可知，ASSTHO、JPWRI、Hwang 和 Jara 四种等效线性方法适合大型渡槽反应谱隔震设计；而桥梁设计规范中采用等效线性化方法为 ASSTHO 规范提供的等效线性化方法，鉴于渡槽结构与桥梁结构的相似性，建议渡槽结构采用 ASSTHO 规范提供的等效线性化方法进行隔震设计。

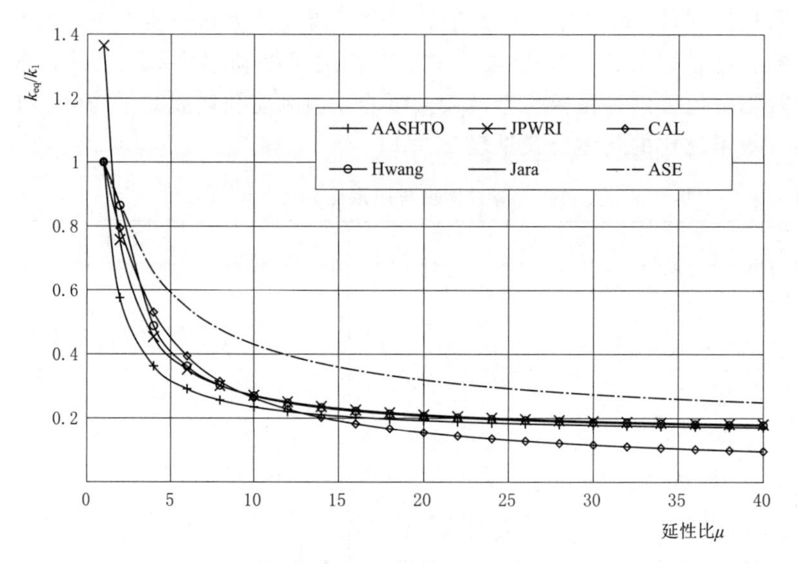

图 5.3.6　等效刚度比随延性比的变化曲线

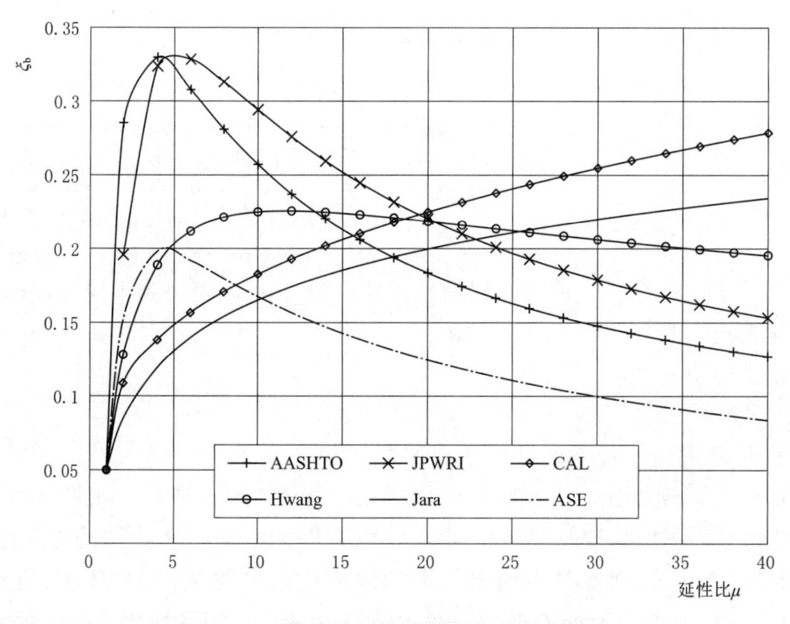

图 5.3.7　等效阻尼比随延性比的变化曲线

5.3.6　隔震设计基本流程

对于常规梁式渡槽而言，可采用基于反应谱的等效线性化分析方法进行隔震设计。由第 5.3.3 节隔震简化模型可知，横槽向为考虑 Housner 一阶晃动的双自由度质量弹簧体系，而顺槽向为不考虑水体作用的单自由度质量弹簧体系，横槽向为设计控制方向，顺槽向为验算方向。虽然目前工程上采用的隔震装置有所不同，但是隔震设计基本流程是一致的，具体如下：

(1) 根据第5.3.4节提及的隔震周期选择准则，选择隔震周期，并计算其等效刚度。

(2) 假定隔震装置的附加等效阻尼比，修正反应谱并计算地震响应。

(3) 验算剪力和位移是否满足抗震要求，若不满足，则重新选择隔震周期；若满足，则采用等效线性化方法进行隔震装置的参数计算。

(4) 完成隔震装置参数计算后，需验算隔震周期是否满足第5.3.4节中对于θ值的限定，若不满足，则重新假定隔震周期进行隔震计算即重复第(1)～(3)步。

(5) 进行顺槽向抗震验算，若不满足要求，则需重新假定隔震周期进行隔震计算即重复第(1)～(4)步。

(6) 确定隔震支座几何尺寸，并校核支座性能（承载力、稳定性和构造要求等）。

详细计算过程可参见聂利英等人的著作《基于反应谱法的大型渡槽减震耗能设计》一书。

5.4 隔震支座研究

5.4.1 隔震支座设计原则及目标

渡槽结构有别于桥梁结构，在对渡槽进行隔震设计时，应考虑渡槽结构自身的特点，其设计原则和目标为[21-23]：

(1) 由于隔震支座属于柔性结构，地震作用时变形较大，过大槽身位移会导致槽身间的止水材料破坏，因而在隔震支座关键设计参数（如支座水平设计位移）取值上，需综合考虑。

(2) 隔震支座应具有适度的初始水平刚度，保证在小震或一般风荷载下不至于产生屈服振动。

(3) 地震水平变形较大时，支座仍应保持足够的竖向承载力。

(4) 隔震支座非线性变形情况下，应尽可能使渡槽其他结构构件保持弹性状况。

(5) 强震后有较好的复位能力。

5.4.2 隔震支座力学分析模型及参数

目前，世界各国有多种减震、隔震支座型式，其中常用的有摩擦阻尼型、黏滞阻尼型和摆锤式减震支座，以及铅芯橡胶支座和高阻尼橡胶支座等[24-31]。

摩擦阻尼型减震、隔震支座是目前世界上采用较多的一种支座，它通过支座的摩擦阻尼耗能，以及增加地震时支座的位移量，从而降低结构的自振周期，达到减小地震力的目的。一般摩擦阻尼型减震、隔震支座运用聚四氟乙烯板（或其他滑动摩擦材料）与不锈钢板的滑动摩擦来达到摩擦耗能的目的，但是在支座产生地震位移后，支座本身无法复位，因此通常采用其他措施使其复位，如摩擦型盆式橡胶支座与板式橡胶支座组合、摩擦型盆式橡胶支座与聚氨酯橡胶弹性元件组合或摩擦型盘式支座与聚氨酯橡胶弹性元件组合等方式。

黏滞阻尼型减震、隔震支座是在普通盆式橡胶活动支座的两侧设置黏滞阻尼器。支座正常使用时，由于变位速度缓慢，黏滞阻尼器几乎不产生位移阻力；而地震时，黏滞阻尼器在快速地震力作用下，几乎不能发生位移，将产生很大的位移阻力，此时活动支座成为一个固定支座，使得支座所在部位承受地震力，达到减震目的。

摆锤式减震、隔震支座是 1985 年由美国地震保护体系（EPS）公司研制而成，并首先用于房屋建筑结构。摆式减震、隔震支座的本质也是摩擦阻尼支座，但它依靠两个曲面的摩擦来实现支座的正常功能。支座的下支座板是一个较大半径的凹球面，地震时支座中心部分的摆动球面板，沿下支座板的凹球面发生摆动位移，利用一个简单的钟摆机理延长下部结构的自振频率周期，以达到减少地震力的目的。地震发生时，摆动球面板沿下支座板摆动，球面板的高程发生变化，使上部结构抬高，通过势能做功，进而达到消耗地震能的目的。

铅芯橡胶支座和高阻尼橡胶支座是目前国内外广泛使用的隔震支座，该类支座主要利用在地震作用下产生较大的橡胶剪切变形，耗散地震能量。下面主要介绍铅芯橡胶支座的力学性能、分析模型及参数。

5.4.2.1　力学模型及参数

铅芯橡胶支座是在普通橡胶支座中部竖直地灌入一个或多个铅棒而形成的，利用铅芯在地震动过程中的弹塑性性能来达到耗散地震能量的效果，如图 5.4.1 所示。铅芯橡胶支座由上连接板上封板、铅芯、多层橡胶、加劲钢板、保护层橡胶、下封板和下连接板组成。多层橡胶、加劲钢板构成多层橡胶支座承担建筑物重量和水平位移的功能，铅芯在多层橡胶支座剪切变形时，靠塑性变形吸收能量。由于铅的屈服应力较低（约 10MPa），并在塑性变形条件下具有较好的疲劳特性，被认为是一种较好的阻尼器。铅芯橡胶支座具有较好的滞回特性，滞回曲线饱满而稳定，近似呈现为双线性行为。铅芯橡胶支座的主要技术性能参数如下。

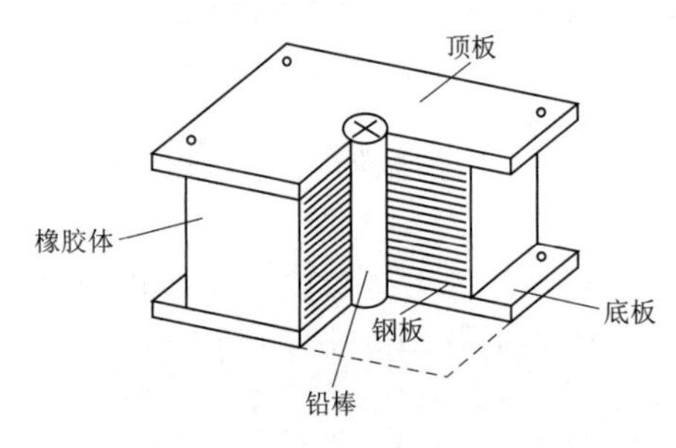

图 5.4.1　铅芯橡胶支座

（1）第一形状系数。指支座单层橡胶板平面面积和侧面积之比值，与普通板式橡胶支座的形状系数一致，它决定了铅芯橡胶支座的抗压弹性模量。通常铅芯橡胶支座的第一形状系数 $7 \leqslant S_1 \leqslant 13$。

（2）第二形状系数。指支座橡胶板平面面积和按支座橡胶总厚计算的侧面积之比值。第二形状系数通常用于确定支座的稳定性，第二形状系数 $S_2 \geqslant 12$。

（3）容许压应力。支座的容许压应力取决于第二形状系数和最大地震位移，容许压应力通常为 $\sigma_0 \geqslant 8$MPa。

（4）等价刚度和等效阻尼比。等价刚度和等效阻尼比是衡量铅芯橡胶支座动力性能的指标，它与支座中所含铅芯面积的比例有关，一般需通过反复水平剪切试验来确定。通常等效阻尼比可达到 0.15～0.25。

5.4.2.2　分析模型

对铅芯橡胶隔震支座的非线性性质进行数值模拟时，常用的有两种模型，即等效线线性化模型和非线性分析模型。等效线性化模型是用一个线性模型来近似模拟实际支座的非线性性质，分析中需要两个力学参数：等效线性刚度 K_{eq}、等效阻尼比 ξ_{eq}；而非线性分析模型是直接对支座的非线性性质进行数值模拟，可分为双线性模型、修正双线性模型等。一般为了计算方便，常将支座非线性滞回曲线简化为双线性模型，并用初始弹性刚度 K_1、屈服后刚度 K_2、屈服强度 Q_d 三个参数描述。等效线性化模型与双线性模型表示的隔震支座剪力（F）-水平剪切位移（x）关系如图 5.4.2 所示。

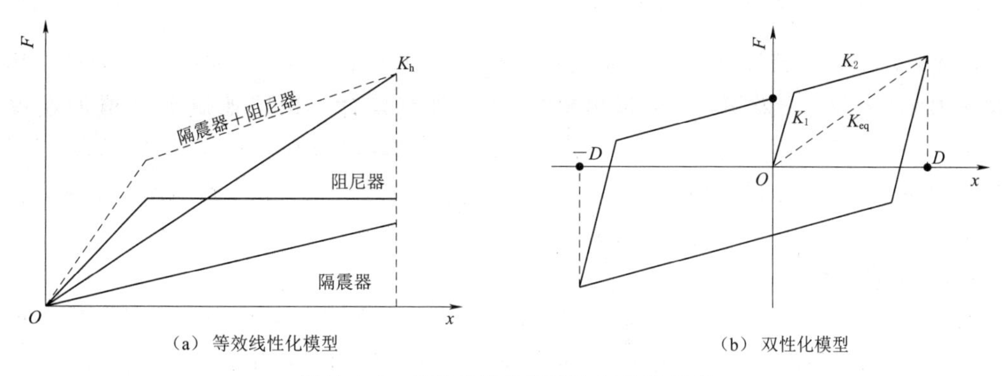

(a) 等效线性化模型　　(b) 双性化模型

图 5.4.2　等效线性化模型和双线性模型

在日本 JPWRI 规范中，采用双线性模型模拟铅芯橡胶支座时有关参数的确定如下：

$$K_1=6.5K_2 \tag{5.4.1}$$

$$K_2=\frac{F-Q_d}{u_{Be}} \tag{5.4.2}$$

$$F=A_R G\gamma+A_P q \tag{5.4.3}$$

$$Q_d=A_p q_0 \tag{5.4.4}$$

式中：F 为阻尼力；A_R 为橡胶承压面积（钢板面积减去铅芯面积）；A_P 为铅芯截面积；G 为橡胶剪切模量；γ 为橡胶中的剪应变；q 为铅芯中产生的剪应力，取值见式（5.4.5）；Q_d 为支座屈服强度；u_{Be}为有效设计位移；K_1 为弹性刚度；K_2 为屈服后刚度。

其中，$q_0=85\text{kgf/cm}^2$，对应于剪应变 $\gamma=0$ 时铅芯的剪应力。

$$q=\begin{cases}-283.6\gamma^2+183.8\gamma+85.0 & 0\leqslant\gamma\leqslant0.5\\ 28.3\gamma^2-128.1\gamma+163.0 & 0.5<\gamma\leqslant2.0\\ 20 & 2.0<\gamma\leqslant2.5\end{cases} \tag{5.4.5}$$

根据以上分析，铅芯橡胶隔震支座的力学模型可以简化为由水平两方向的非线性弹簧、黏滞阻尼器以及竖向的线性弹簧所组成。以有限元分析软件 ANSYS 为例，双线性模型的恢复力特性可利用非线性弹簧单元 Combine40 进行模拟，如图 5.4.3 所示。图中，FSLIFDE 代表屈服强度 Q_d；K_1^* 为屈服前刚度减去屈服后刚度即 K_1-K_2；K_2 为屈服后刚度；C 为阻尼系数；GAP 为间隙大小；M 为质量。

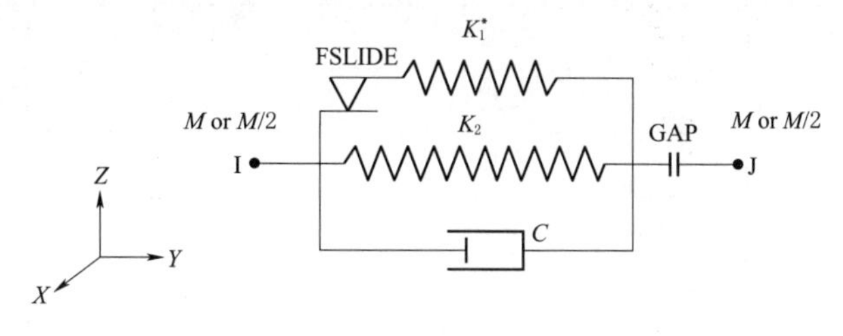

图 5.4.3　Combine 40 单元

5.5 工程案例

5.5.1 某连拱渡槽动力计算分析[32]

某渡槽按1级建筑物设计（水利行业标准）。地震基本烈度为Ⅵ度，设计烈度采用地震基本烈度（6度），采用50年超越概率10%进行设计，相应地震动峰值加速度为0.05g；采用50年超越概率5%进行校核，相应地震动峰值加速度为0.07g。动力计算时，动弹模为静弹模的1.3倍；阻尼比取5%。计算模型同第2.5.2节工程案例。根据规范规定，采用振型分解反应谱法开展渡槽动力分析。

5.5.1.1 模态分析

结构模态分析是动力分析的基础，是验证模型的关键环节。使用预条件共轭梯度兰索斯法计算该渡槽动力特性，前20阶的频率、周期和振型特征见表5.5.1～表5.5.3，

表5.5.1 渡槽整体结构自振频率与振型特性（通水前）

频率阶次	频率/Hz	周期/s	振型特性
1	0.6484	1.5422	局部侧弯
2	0.6991	1.4303	横向S形弯曲
3	0.7392	1.3529	横向S形弯曲
4	0.8073	1.2387	横向反对称弯曲
5	0.9123	1.0962	横向S形弯曲
6	0.9455	1.0576	横向S形弯曲
7	1.3460	0.7429	横向对称弯曲
8	1.5288	0.6541	横向反对称弯曲
9	1.5987	0.6255	竖向反对称挠曲
10	1.7454	0.5729	横向对称弯曲
11	1.9340	0.5171	以竖向对称挠曲为主，略带横向侧弯
12	1.9777	0.5056	横向反对称弯曲
13	2.0709	0.4829	以竖向挠曲为主，略带横向侧弯
14	2.1549	0.4641	以竖向挠曲为主，略带横向侧弯
15	2.2145	0.4516	横向对称弯曲
16	2.2743	0.4397	竖向挠曲
17	2.3509	0.4254	竖向挠曲
18	2.3812	0.4200	以竖向挠曲为主，略带横向侧弯
19	2.4538	0.4075	横向反对称弯曲
20	2.5444	0.3930	以竖向挠曲为主，略带横向侧弯

表 5.5.2 渡槽整体结构自振频率与振型特性（通水后）

频率阶次	频率/Hz	周期/s	振 型 特 性
1	0.5100	1.9608	局部侧弯
2	0.5476	1.8262	横向S形弯曲
3	0.5793	1.7263	横向S形弯曲
4	0.6337	1.5780	横向反对称弯曲
5	0.7156	1.3974	横向S形弯曲
6	0.7442	1.3438	横向S形弯曲
7	1.0199	0.9805	横向对称弯曲
8	1.1552	0.8657	横向反对称弯曲
9	1.3104	0.7631	横向对称弯曲
10	1.4068	0.7108	竖向反对称挠曲
11	1.4730	0.6789	横向反对称弯曲
12	1.6386	0.6103	横向对称弯曲
13	1.7519	0.5708	以竖向对称挠曲为主，略带横向侧弯
14	1.8090	0.5528	横向反对称弯曲
15	1.8471	0.5414	以竖向对称挠曲为主，略带横向侧弯
16	1.9328	0.5174	以竖向对称挠曲为主，略带横向侧弯
17	1.9796	0.5052	横向对称弯曲
18	2.0329	0.4919	以竖向对称挠曲为主，略带横向侧弯
19	2.1095	0.4740	以竖向对称挠曲为主，略带横向侧弯
20	2.1191	0.4719	以竖向对称挠曲为主，略带横向侧弯

表 5.5.3 渡槽整体结构自振频率对比表（空槽与满水）

频率阶次	$\omega_{通水前}$ /Hz	$\omega_{通水后}$ /Hz	$\frac{\omega_{通水前}-\omega_{通水后}}{\omega_{通水前}}$ /%	频率阶次	$\omega_{通水前}$ /Hz	$\omega_{通水后}$ /Hz	$\frac{\omega_{通水前}-\omega_{通水后}}{\omega_{通水前}}$ /%
1	0.6484	0.5100	21.3497	11	1.9340	1.4730	23.8366
2	0.6991	0.5476	21.6741	12	1.9777	1.6386	17.1462
3	0.7392	0.5793	21.6327	13	2.0709	1.7519	15.4039
4	0.8073	0.6337	21.5028	14	2.1549	1.8090	16.0518
5	0.9123	0.7156	21.5539	15	2.2145	1.8471	16.5907
6	0.9455	0.7442	21.2935	16	2.2743	1.9328	15.0156
7	1.3460	1.0199	24.2273	17	2.3509	1.9796	15.7940
8	1.5288	1.1552	24.4375	18	2.3812	2.0329	14.6271
9	1.5987	1.3104	18.0334	19	2.4538	2.1095	14.0313
10	1.7454	1.4068	19.3996	20	2.5444	2.1191	16.7151

通水前的振型分布如图 5.5.1～图 5.5.3 所示，通水后的振型分布如图 5.5.4～图 5.5.6 所示。

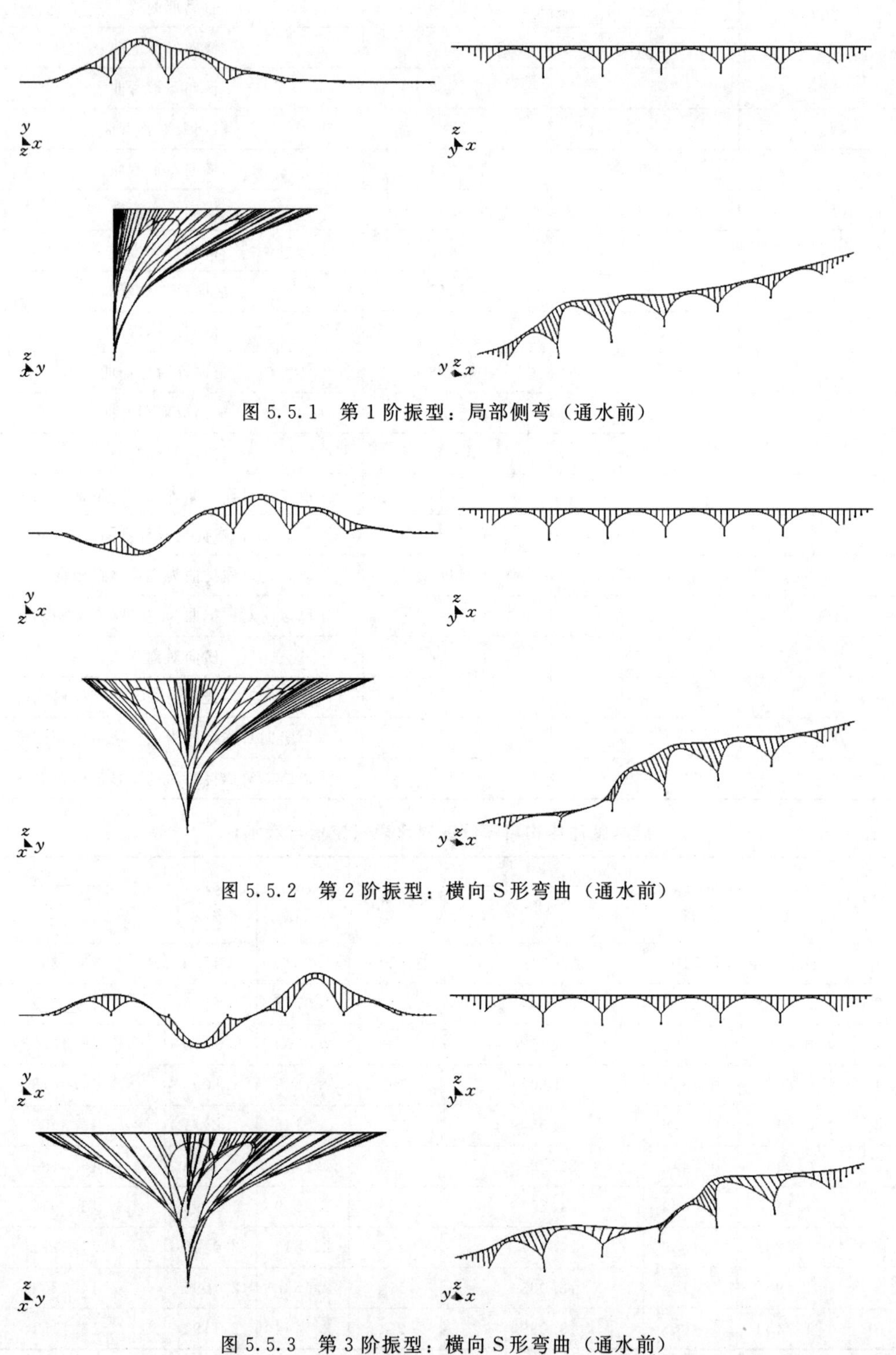

图 5.5.1　第 1 阶振型：局部侧弯（通水前）

图 5.5.2　第 2 阶振型：横向 S 形弯曲（通水前）

图 5.5.3　第 3 阶振型：横向 S 形弯曲（通水前）

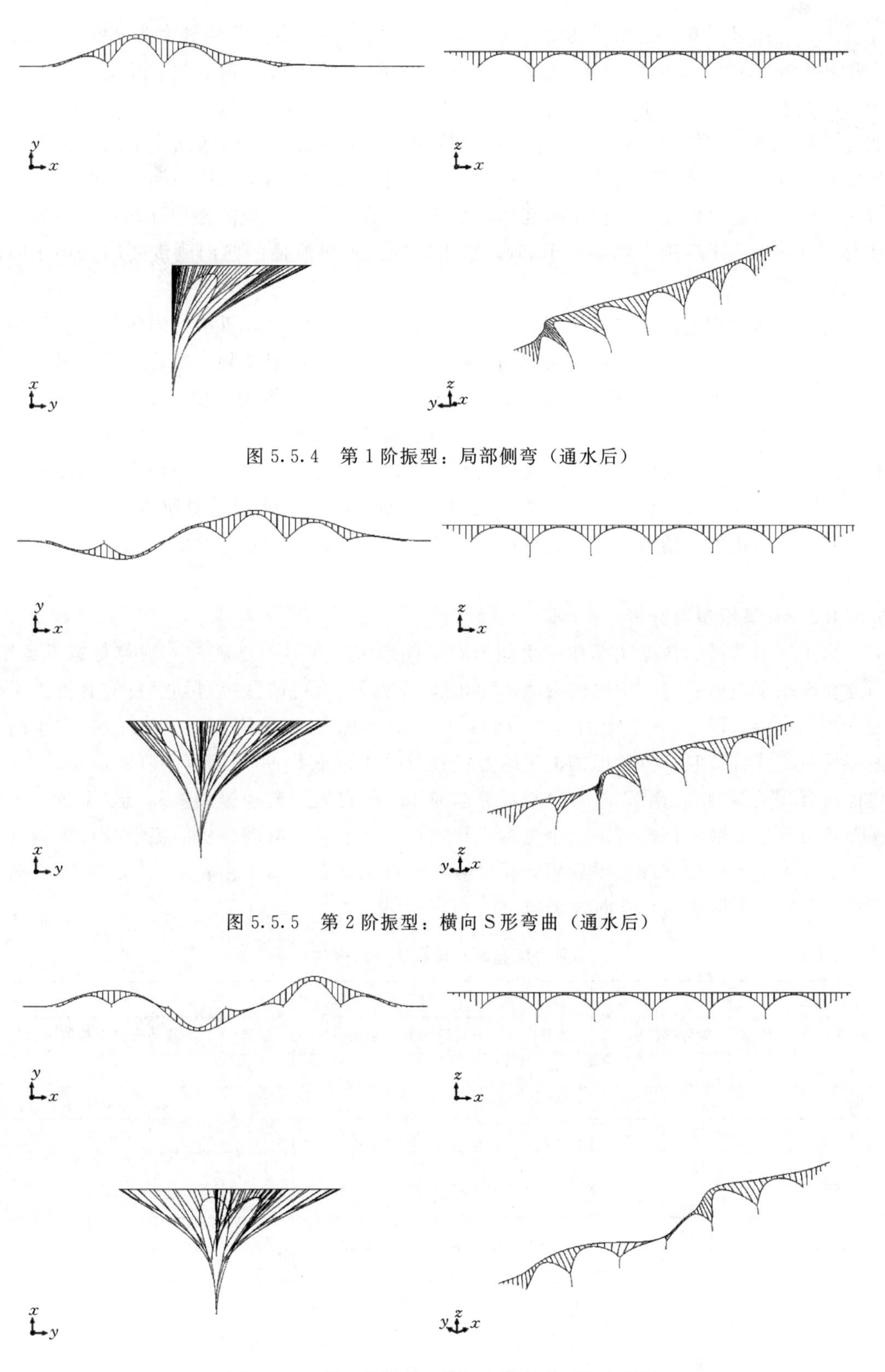

图 5.5.4 第 1 阶振型：局部侧弯（通水后）

图 5.5.5 第 2 阶振型：横向 S 形弯曲（通水后）

图 5.5.6 第 3 阶振型：横向 S 形弯曲（通水后）

由计算结果可知，通水前的第1阶频率为0.6484Hz，第2阶的频率为0.6991Hz，第3阶频率为0.7392Hz……第10阶频率为1.7452Hz；通水后的第1阶频率为0.5100Hz，第2阶的频率为0.5476Hz，第3阶频率为0.5793Hz……第10阶频率为1.4068Hz。通水前与后两种情况下，前20阶振型中，均为横向或竖向变形，且以横向变形为主，无纵向变形；通水前后的渡槽结构的前8阶振型完全一样，第1阶振型为局部侧弯变形，第2～8阶振型均为横向对称或反对称弯曲变形；由于水体作用，竖向挠曲振型在通水前最先出现在第9阶，而通水后则出现在第10阶。以上表明，连拱渡槽的横向刚度要明显小于竖向和纵向刚度。

另外，从渡槽整体结构自振频率对比表（表5.5.3）可知，通水后的各阶自振频率要小于通水前的自振频率，其对应振型均为横向或竖向变形，但是频率减小比较明显，基本为14%～25%，这是因为水体质量不参与顺槽向（即纵向）振动，仅对横向和竖向振动产生影响，另外由于槽中水位较深，相应的水体总质量约占渡槽结构本身总质量的19.5%左右，因此对横向和竖向振动的影响比较明显。综合以上可知，连拱渡槽的横向刚度要明显小于竖向和纵向刚度；相比渡槽结构本身总体质量而言，水体总质量所占重较大，因此，水体对渡槽结构的横槽向、竖向自振特性有比较明显的影响，而对顺槽向的自振特性基本没有影响。

5.5.1.2　计算振型数分析

由于连拱渡槽的自振频率在一个相当宽的频带内密布，而地震波一般都是宽带激励，因此在应用反应谱法时，所取的振型必须足够，否则极有可能漏掉对局部反应有重大贡献的振型。《公路桥梁抗震设计细则》（JTG/T B02-01—2008）第6.4.3条规定："采用多振型反应谱法计算时，所考虑的振型阶数应在计算方向获得90%以上的有效质量。"为获得比较合适的振型参与数，本节分别计算了前150阶自振周期和振型参与质量系数。根据振型参与质量系数在该渡槽150个振型中找到在三个平动自由度分析的振型参与质量贡献最大的几个主要振型，计算得到累计振型参与质量比见表5.5.4和表5.5.5，其中X向为顺槽向，Y向为横槽向，Z向为竖向。

表5.5.4　累计振型参与质量比（通水前）

X向		Y向		Z向	
振型	累计阵型参与质量比	振型	累计阵型参与质量比	振型	累计阵型参与质量比
9	0.53	1	0.41	44	0.02
13	0.55	2	0.55	105	0.04
18	0.56	3	0.66	123	0.14
22	0.57	5	0.73	124	0.79
24	0.61	6	0.74	125	0.98
25	0.74	7	0.74		
48	0.78	10	0.75		
50	0.82	15	0.76		
64	0.85	21	0.77		
124	0.86	26	0.77		

续表

X 向		Y 向		Z 向	
振型	累计阵型参与质量比	振型	累计阵型参与质量比	振型	累计阵型参与质量比
125	0.88	32	0.83		
128	0.89	43	0.85		
132	0.94	45	0.87		
		46	0.89		
		52	0.90		

表 5.5.5 累计振型参与质量比（通水后）

X 向		Y 向		Z 向	
振型	累计阵型参与质量比	振型	累计阵型参与质量比	振型	累计阵型参与质量比
10	0.55	1	0.43	33	0.04
15	0.56	2	0.56	54	0.04
16	0.57	3	0.67	119	0.38
20	0.58	5	0.74	120	0.39
24	0.59	6	0.75	121	0.44
26	0.70	7	0.76	122	0.63
28	0.79	9	0.77	123	0.97
32	0.80	12	0.78		
43	0.81	17	0.79		
75	0.82	23	0.80		
78	0.83	27	0.81		
97	0.86	30	0.82		
117	0.90	34	0.85		
126	0.91	35	0.86		
131	0.97	38	0.87		
		40	0.89		
		41	0.90		
		60	0.91		
		118	0.94		

由表 5.5.4 和表 5.5.5 可知，通水前，X 方向振型参与质量比在取 132 个振型时已超过 94%，表明取前 132 阶振型作为计算分析即可，而 Y 向和 Z 向分别取到 52 阶和 125 阶振型才能达到工程抗震设计需要；通水后，X、Y 及 Z 向需分别取到 126 阶、41 阶和 123 阶才能满足《公路桥梁抗震设计细则》（JTG/T B02－01—2008）第 6.4.3 条规定。

5.5.1.3 振型叠加反应谱成果分析

为了提高计算精度，本节提取前 150 阶振型进行组合，对该渡槽进行反应谱抗震分析，图 5.5.7～图 5.5.24 为通水前各概率地震作用下的渡槽结构变形和内力结果，表 5.5.6～表 5.5.9 为通水前槽墩最大反应值，图 5.5.25～图 5.5.42 为通水后各概率地震作用下的渡槽结构变形和内力结果，表 5.5.10～表 5.5.13 为通水后槽墩最大反应值。

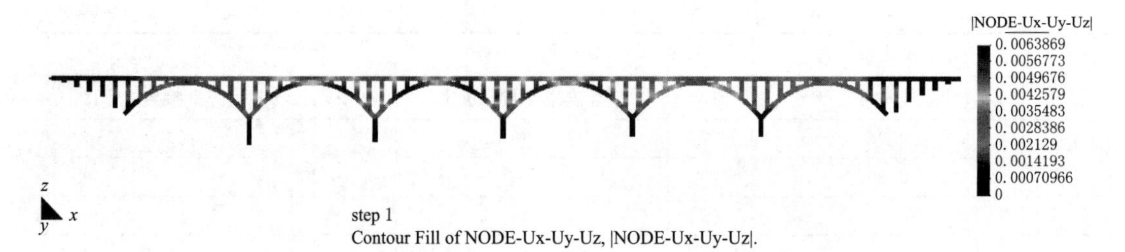

图 5.5.7 通水前按50年超越概率10%工况且考虑纵向输入的位移分布云图（单位：m）

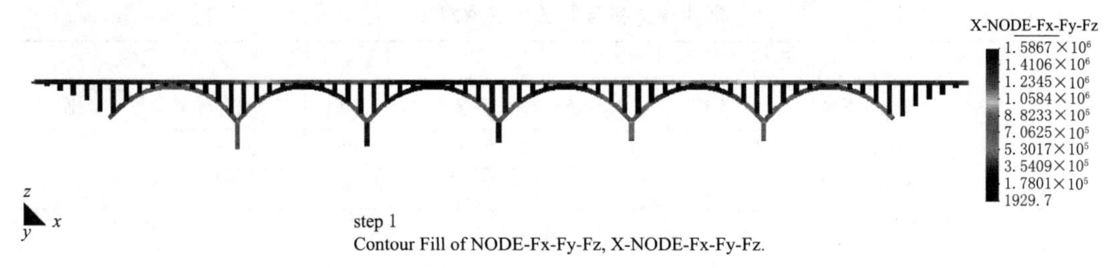

图 5.5.8 通水前按50年超越概率10%工况且考虑纵向输入的轴力分布云图（单位：N）

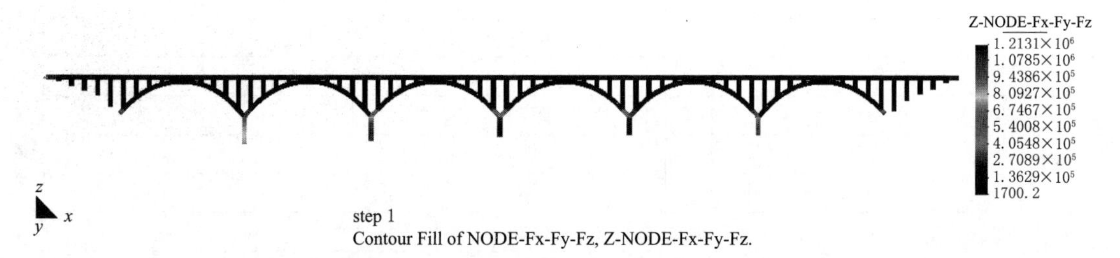

图 5.5.9 通水前按50年超越概率10%工况且考虑纵向输入的横向剪力分布云图（单位：N）

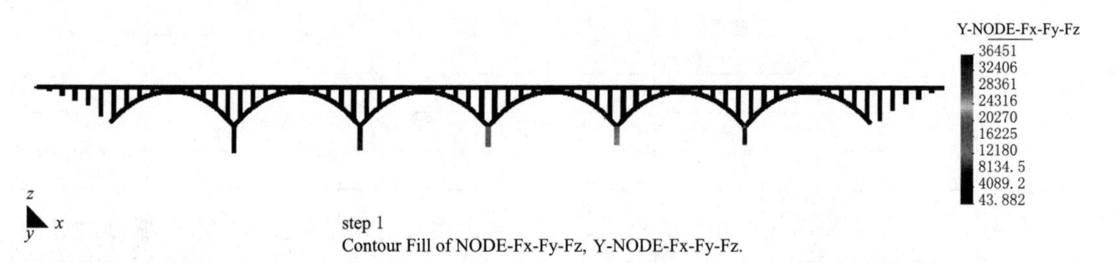

图 5.5.10 通水前按50年超越概率10%工况且考虑纵向输入的纵向剪力分布云图（单位：N）

图 5.5.11 通水前按50年超越概率10%工况且考虑纵向输入的纵向弯矩分布图

图 5.5.12 通水前按 50 年超越概率 10%工况且考虑纵向输入的横向弯矩分布图

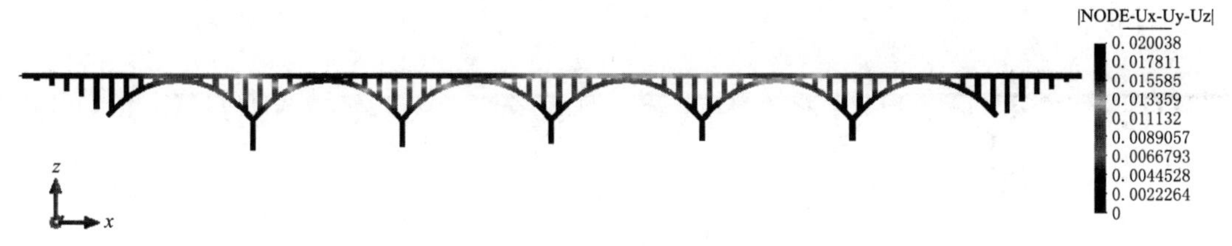

图 5.5.13 通水前按 50 年超越概率 10%工况且考虑横向输入的位移分布云图（单位：m）

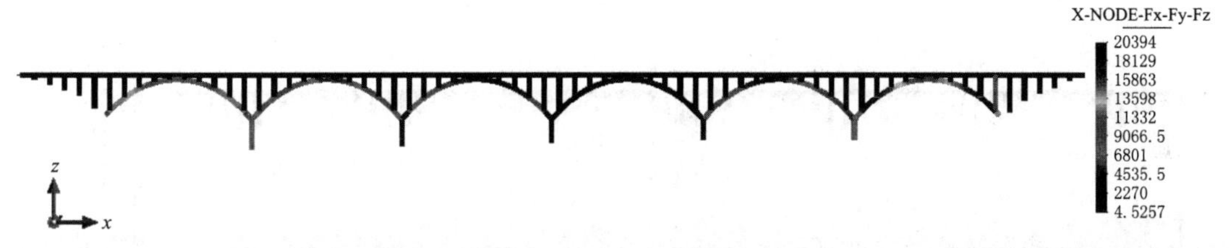

图 5.5.14 通水前按 50 年超越概率 10%工况且考虑横向输入的轴力分布云图（单位：N）

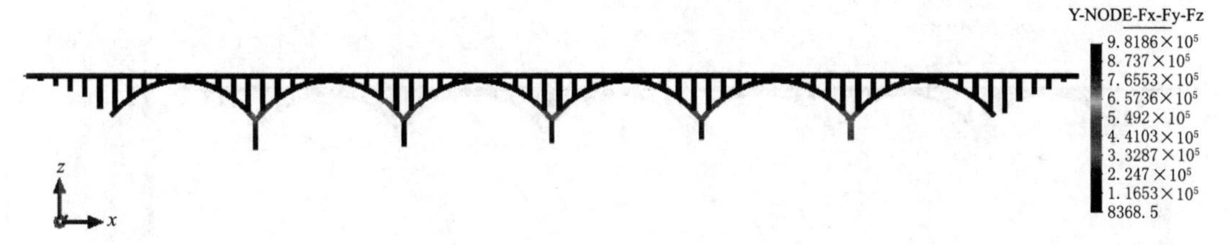

图 5.5.15 通水前按 50 年超越概率 10%工况且考虑横向输入的横向剪力分布云图（单位：N）

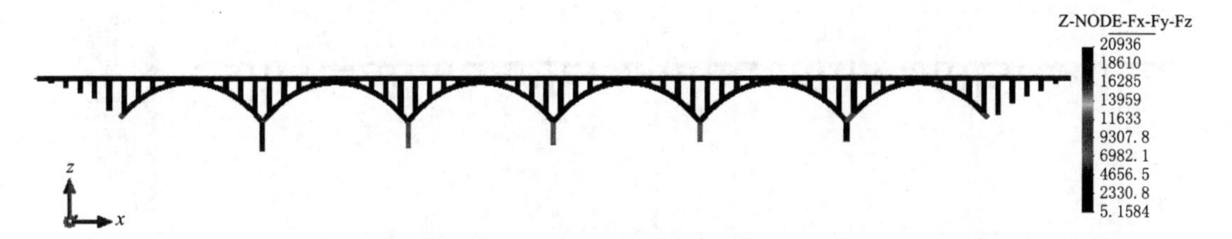

图 5.5.16 通水前按 50 年超越概率 10%工况且考虑横向输入的纵向剪力分布云图（单位：N）

图 5.5.17 通水前按 50 年超越概率 10%工况且考虑横向输入的纵向弯矩分布图

图 5.5.18　通水前按 50 年超越概率 10%工况且考虑横向输入的横向弯矩分布图

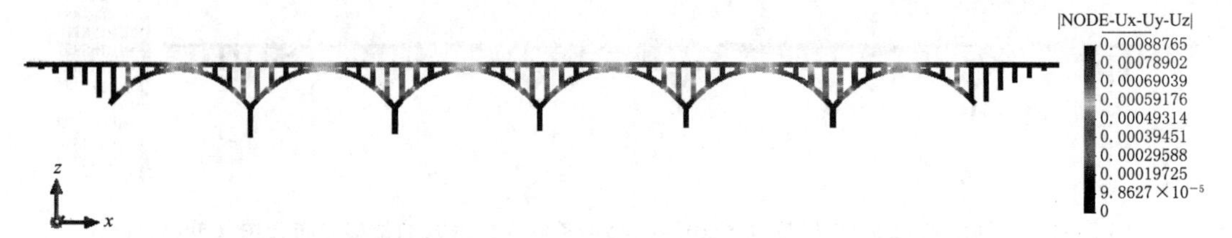

图 5.5.19　通水前按 50 年超越概率 10%工况且考虑竖向输入的位移分布云图（单位：m）

图 5.5.20　通水前按 50 年超越概率 10%工况且考虑竖向输入的轴力分布云图（单位：N）

图 5.5.21　通水前按 50 年超越概率 10%工况且考虑竖向输入的横向剪力分布云图（单位：N）

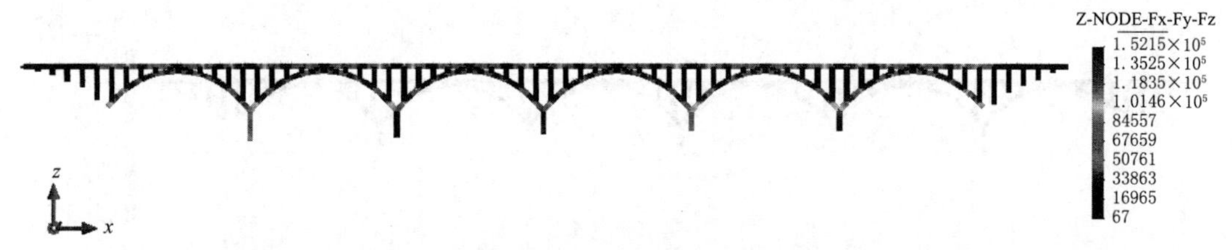

图 5.5.22　通水前按 50 年超越概率 10%工况且考虑竖向输入的纵向剪力分布云图（单位：N）

图 5.5.23　通水前按 50 年超越概率 10%工况且考虑竖向输入的纵向弯矩分布图

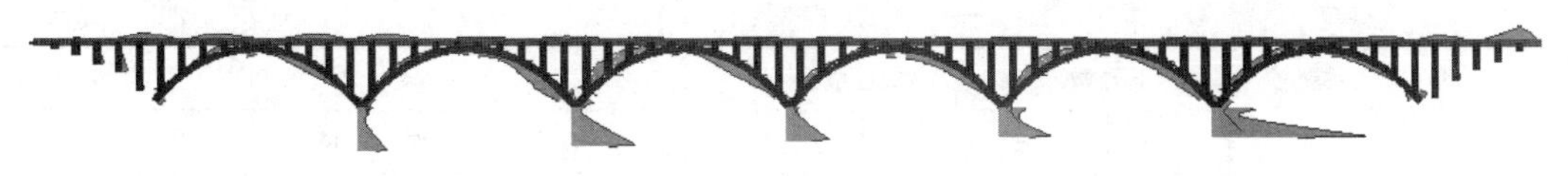

图 5.5.24 通水前按 50 年超越概率 10%工况且考虑竖向输入的横向弯矩分布图

表 5.5.6 通水前反应谱分析得到的槽墩最大反应值（沿顺槽向输入）

内力			1号墩		2号墩		3号墩		4号墩		5号墩	
			墩顶	墩底	墩顶	墩底	墩顶	墩底	墩顶	墩底	墩顶	墩底
沿顺槽向输入	按50年超越概率10%	位移/mm	1.74	0.04	1.71	0.05	1.41	0.06	1.05	0.06	0.80	0.05
		轴力/kN	857.33	887.14	345.76	354.00	305.53	309.76	520.04	528.27	670.87	681.14
		横向剪力/kN	4.40	5.24	7.62	8.89	12.55	14.12	19.69	22.26	32.54	36.51
		纵向剪力/kN	662.47	807.48	840.89	1021.71	1044.17	1210.10	1074.04	1214.83	854.00	964.81
		纵向弯矩/(kN·m)	3755.18	18655.31	6456.53	21905.40	7209.67	23057.93	6515.61	20666.62	4537.30	15759.46
		横向弯矩/(kN·m)	28.07	128.51	73.14	221.79	110.22	310.03	125.23	396.81	194.70	644.30
	按50年超越概率2%	位移/mm	2.43	0.05	2.40	0.07	1.97	0.08	1.47	0.08	1.11	0.07
		轴力/kN	1200.27	1242.00	484.06	495.60	427.74	433.66	728.06	739.58	939.22	953.60
		横向剪力/kN	6.16	7.33	10.67	12.44	17.57	19.77	27.57	31.16	45.56	51.11
		纵向剪力/kN	927.45	1130.48	1177.25	1430.39	1461.84	1694.14	1503.65	1700.77	1195.60	1350.73
		纵向弯矩/(kN·m)	5257.25	26117.44	9039.14	30667.56	10093.54	32281.11	9121.86	28933.28	6352.22	22063.24
		横向弯矩/(kN·m)	39.29	179.91	102.39	310.50	154.31	434.04	175.33	555.53	272.58	902.02

表 5.5.7 通水前反应谱分析得到的槽墩最大反应值（沿横槽向输入）

内力			1号墩		2号墩		3号墩		4号墩		5号墩	
			墩顶	墩底	墩顶	墩底	墩顶	墩底	墩顶	墩底	墩顶	墩底
沿横槽向输入	按50年超越概率10%	位移/mm	2.47	0.04	2.56	0.05	1.55	0.04	1.30	0.04	1.06	0.04
		轴力/kN	6.73	6.80	3.70	3.73	1.17	1.18	2.46	2.47	7.13	7.16
		横向剪力/kN	728.74	908.25	873.32	982.56	765.06	846.38	789.47	843.67	689.15	746.33
		纵向剪力/kN	4.09	4.98	6.24	6.74	7.16	7.52	11.86	12.51	19.70	20.95
		纵向弯矩/(kN·m)	98.16	192.02	172.03	302.44	197.66	324.19	320.12	502.61	511.84	817.13
		横向弯矩/(kN·m)	15491.60	31717.40	21421.88	39049.56	18027.52	30810.63	19308.60	31157.45	15415.49	25561.10

续表

内力			1号墩		2号墩		3号墩		4号墩		5号墩	
			墩顶	墩底	墩顶	墩底	墩顶	墩底	墩顶	墩底	墩顶	墩底
沿横槽向输入	按50年超越概率2%	位移/mm	3.46	0.06	3.58	0.07	2.18	0.06	1.81	0.06	1.49	0.05
		轴力/kN	9.43	9.52	5.17	5.22	1.63	1.65	3.44	3.46	9.98	10.03
		横向剪力/kN	1020.23	1271.55	1222.65	1375.59	1071.08	1184.93	1105.25	1181.14	964.81	1044.86
		纵向剪力/kN	5.72	6.97	8.73	9.44	10.02	10.53	16.61	17.51	27.58	29.33
		纵向弯矩/(kN·m)	137.42	268.82	240.84	423.42	276.73	453.87	448.17	703.65	716.58	1143.98
		横向弯矩/(kN·m)	21688.24	44404.36	29990.63	54669.39	25238.53	43134.88	27032.04	43620.43	21581.69	35785.54

表 5.5.8　通水前反应谱分析得到的槽墩最大反应值（沿竖向输入）

内力			1号墩		2号墩		3号墩		4号墩		5号墩	
			墩顶	墩底	墩顶	墩底	墩顶	墩底	墩顶	墩底	墩顶	墩底
沿竖向输入	按50年超越概率10%	位移/mm	0.11	0.01	0.07	0.00	0.06	0.00	0.06	0.01	0.09	0.01
		轴力/kN	2916.41	3000.98	2898.71	2966.08	2828.93	2877.73	2779.19	2817.83	2812.29	2851.76
		横向剪力/kN	0.39	0.72	1.00	1.43	0.76	1.13	1.46	1.96	4.48	5.78
		纵向剪力/kN	38.52	92.53	14.31	20.72	25.31	39.26	65.07	87.59	112.00	152.80
		纵向弯矩/(kN·m)	610.73	1114.48	205.17	238.63	261.72	403.63	598.88	802.46	654.17	1585.65
		横向弯矩/(kN·m)	3.66	11.10	2.71	25.32	3.08	17.28	10.43	21.20	20.07	66.98
	按50年超越概率2%	位移/mm	0.16	0.01	0.10	0.01	0.09	0.01	0.09	0.01	0.13	0.01
		轴力/kN	4082.98	4201.37	4058.20	4152.51	3960.51	4028.82	3890.87	3944.96	3937.20	3992.47
		横向剪力/kN	0.55	1.01	1.40	2.01	1.06	1.58	2.05	2.75	6.28	8.09
		纵向剪力/kN	53.92	129.54	20.03	29.01	35.43	54.97	91.10	122.63	156.80	213.91
		纵向弯矩/(kN·m)	855.02	1560.28	287.24	334.08	366.41	565.09	838.44	1123.45	915.84	2219.91
		横向弯矩/(kN·m)	5.12	15.54	3.80	35.45	4.32	24.20	14.60	29.68	28.09	93.77

表 5.5.9　通水前反应谱分析得到的槽墩最大反应值（沿纵向+横向+竖向输入）

内　力			1号墩		2号墩		3号墩		4号墩		5号墩	
			墩顶	墩底	墩顶	墩底	墩顶	墩底	墩顶	墩底	墩顶	墩底
沿横向+纵向+竖向输入	按50年超越概率10%	位移/mm	3.02	0.06	3.08	0.07	2.10	0.07	1.67	0.07	1.33	0.06
		轴力/kN	3039.82	3129.37	2919.26	2987.13	2845.38	2894.35	2827.43	2866.92	2891.21	2931.99
		横向剪力/kN	728.75	908.26	873.35	982.60	765.16	846.50	789.71	843.97	689.93	747.24
		纵向剪力/kN	663.60	812.78	841.04	1021.94	1044.51	1210.76	1076.07	1218.05	861.53	977.06
		纵向弯矩/(kN·m)	3805.79	18689.56	6462.08	21908.79	7217.13	23063.74	6550.90	20688.30	4612.70	15860.09
		横向弯矩/(kN·m)	15491.63	31717.66	21422.00	39050.20	18027.86	30812.19	19309.01	31159.98	15416.73	25569.31
	按50年超越概率2%	位移/mm	4.23	0.08	4.31	0.10	2.94	0.10	2.34	0.10	1.86	0.08
		轴力/kN	4255.75	4381.11	4086.97	4181.98	3983.54	4052.09	3958.40	4013.69	4047.69	4104.78
		横向剪力/kN	1020.25	1271.57	1222.69	1375.65	1071.22	1185.09	1105.60	1181.55	965.91	1046.14
		纵向剪力/kN	929.04	1137.90	1177.45	1430.71	1462.31	1695.06	1506.50	1705.27	1206.15	1367.88
		纵向弯矩/(kN·m)	5328.10	26165.38	9046.91	30672.31	10103.98	32289.24	9171.27	28963.63	6457.78	22204.13
		横向弯矩/(kN·m)	21688.28	44404.73	29990.80	54670.28	25239.00	43137.07	27032.62	43623.98	21583.43	35797.03

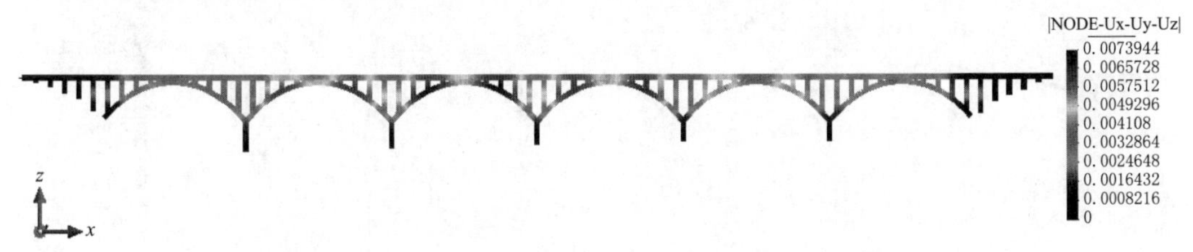

图 5.5.25　通水后按50年超越概率10%工况且考虑纵向输入的位移分布云图（单位：m）

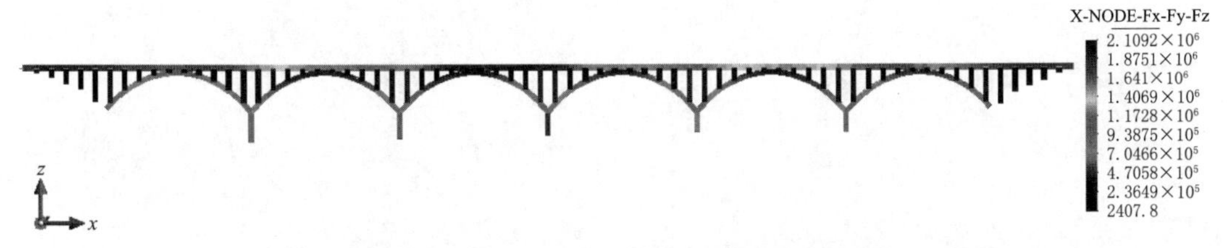

图 5.5.26　通水后按50年超越概率10%工况且考虑纵向输入的轴力分布云图（单位：N）

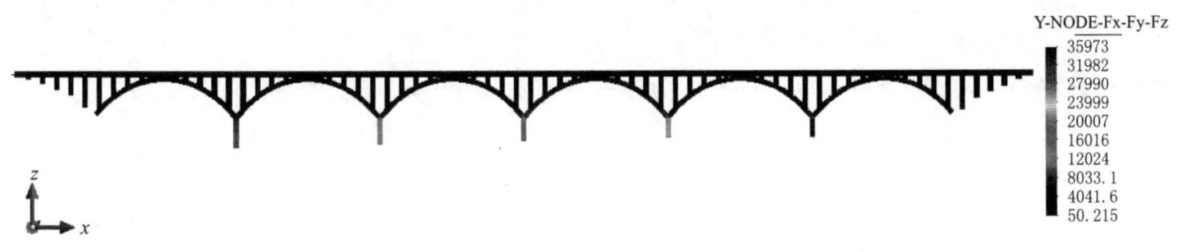

图 5.5.27　通水后按50年超越概率10%工况且考虑纵向输入的横向剪力分布云图（单位：N）

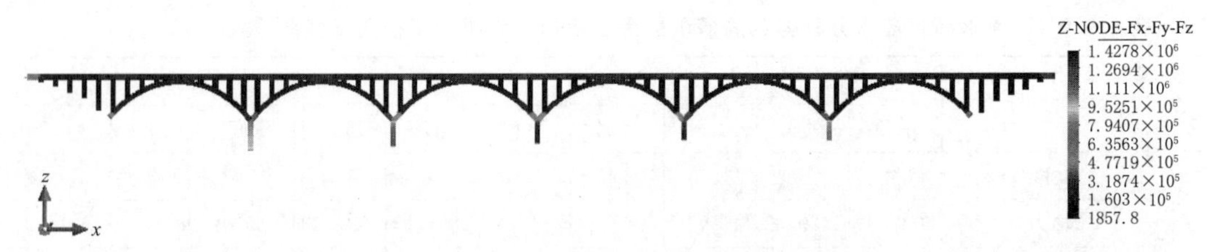

图 5.5.28　通水后按 50 年超越概率 10%工况且考虑纵向输入的纵向剪力分布云图（单位：N）

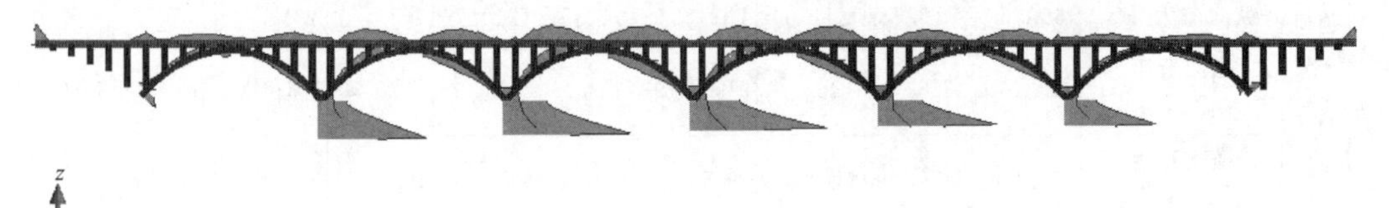

图 5.5.29　通水后按 50 年超越概率 10%工况且考虑纵向输入的纵向弯矩分布图

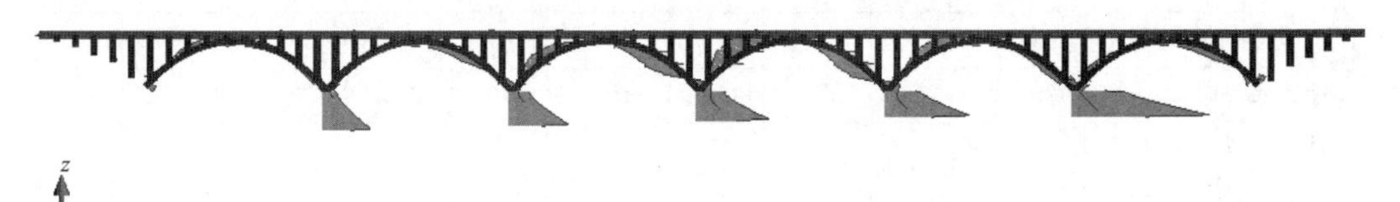

图 5.5.30　通水后按 50 年超越概率 10%工况且考虑纵向输入的横向弯矩分布图

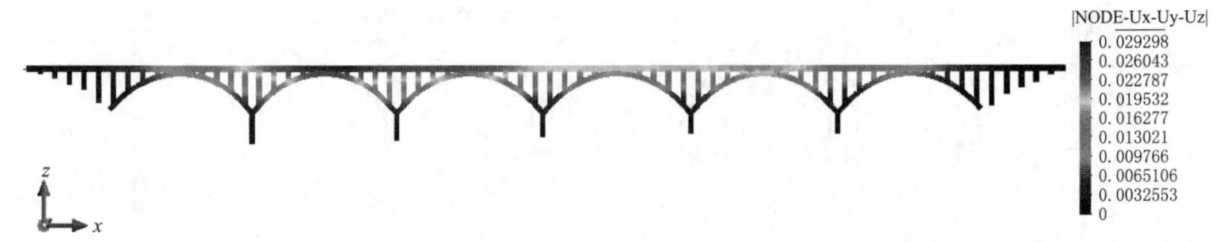

图 5.5.31　通水后按 50 年超越概率 10%工况且考虑横向输入的位移分布云图（单位：m）

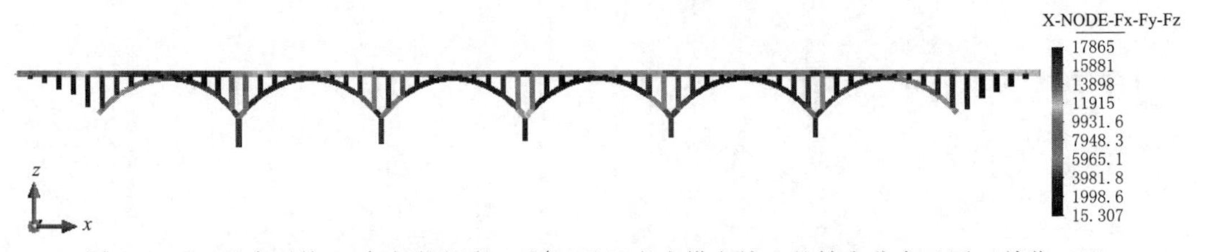

图 5.5.32　通水后按 50 年超越概率 10%工况且考虑横向输入的轴力分布云图（单位：N）

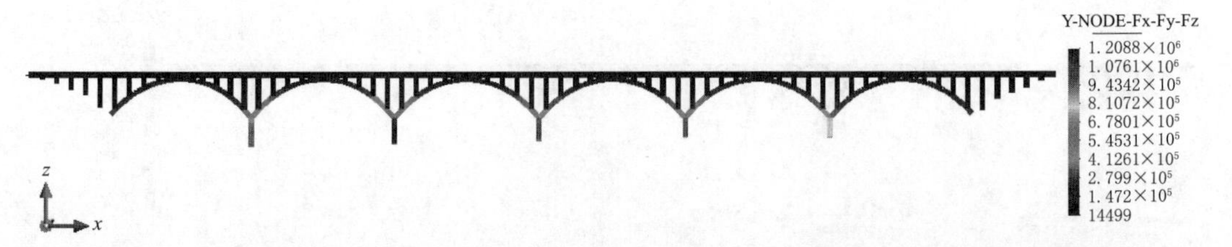

图 5.5.33　通水后按 50 年超越概率 10%工况且考虑横向输入的横向剪力分布云图（单位：N）

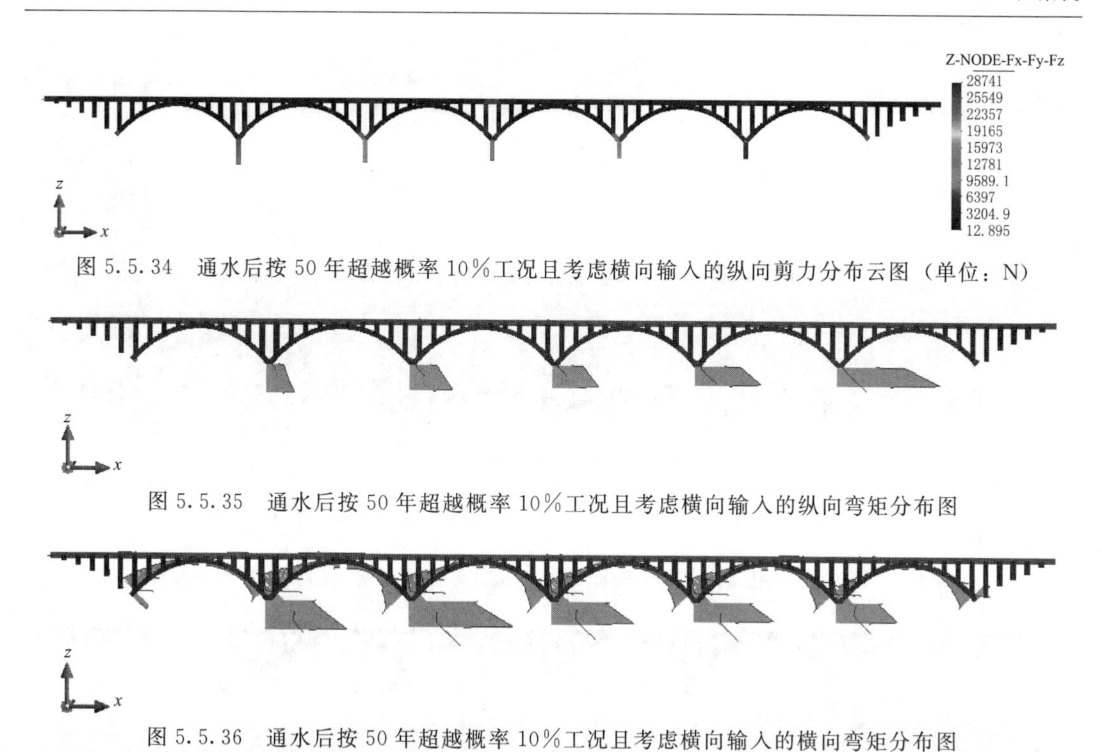

图 5.5.34 通水后按 50 年超越概率 10%工况且考虑横向输入的纵向剪力分布云图（单位：N）

图 5.5.35 通水后按 50 年超越概率 10%工况且考虑横向输入的纵向弯矩分布图

图 5.5.36 通水后按 50 年超越概率 10%工况且考虑横向输入的横向弯矩分布图

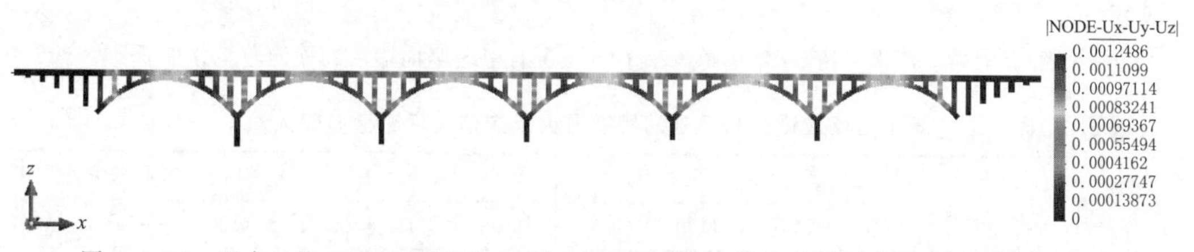

图 5.5.37 通水后按 50 年超越概率 10%工况且考虑竖向输入的位移分布云图（单位：m）

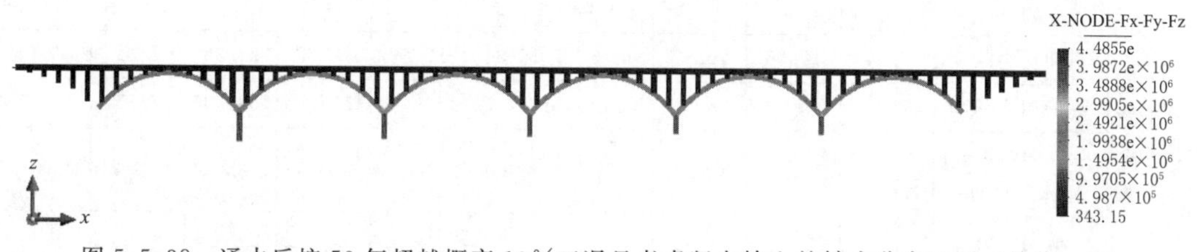

图 5.5.38 通水后按 50 年超越概率 10%工况且考虑竖向输入的轴力分布云图（单位：N）

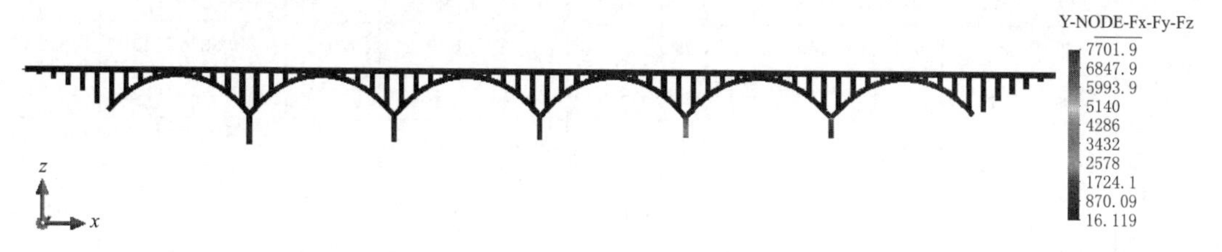

图 5.5.39 通水后按 50 年超越概率 10%工况且考虑竖向输入的横向剪力分布云图（单位：N）

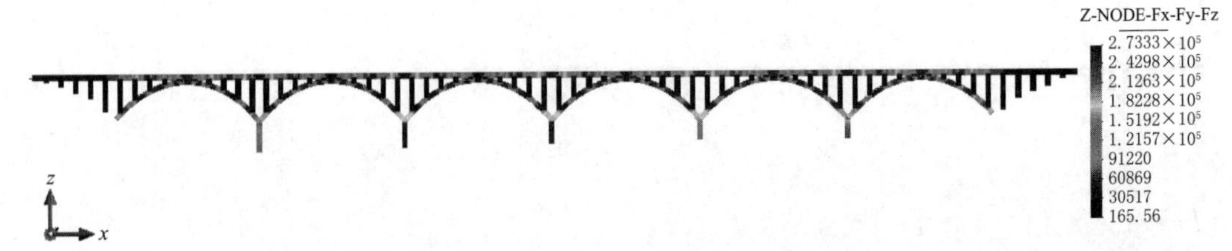

图 5.5.40　通水后按 50 年超越概率 10%工况且考虑竖向输入的纵向剪力分布云图（单位：N）

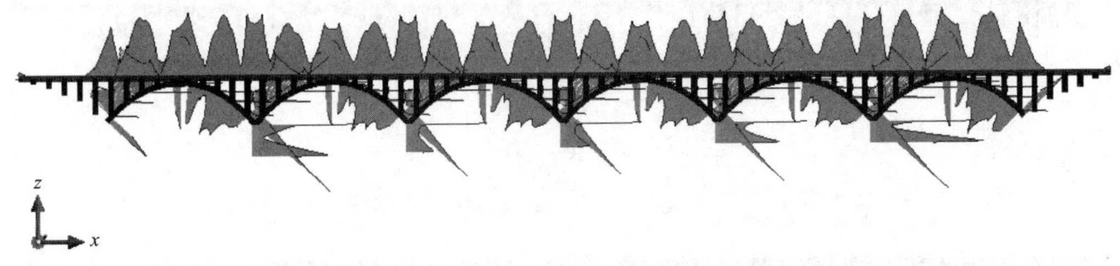

图 5.5.41　通水后按 50 年超越概率 10%工况且考虑竖向输入的纵向弯矩分布图

图 5.5.42　通水后按 50 年超越概率 10%工况且考虑竖向输入的横向弯矩分布图

表 5.5.10　　通水后反应谱分析得到的槽墩最大反应值（沿顺槽向输入）

内　力			1 号墩		2 号墩		3 号墩		4 号墩		5 号墩	
			墩顶	墩底	墩顶	墩底	墩顶	墩底	墩顶	墩底	墩顶	墩底
沿顺槽向输入	按 50 年超越概率 10%	位移/mm	1.95	0.04	1.93	0.06	1.63	0.07	1.19	0.07	1.95	0.04
		轴力/kN	1079.35	1106.88	610.41	621.09	491.31	496.61	764.41	774.14	1079.35	1106.88
		横向剪力/kN	7.34	10.06	10.67	13.35	15.31	17.42	20.72	22.22	7.34	10.06
		纵向剪力/kN	775.56	913.30	996.71	1171.09	1264.54	1429.47	1251.65	1381.35	775.56	913.30
		纵向弯矩/(kN·m)	4521.27	21000.02	7644.11	24771.94	8621.95	26677.78	7754.54	23492.86	4521.27	21000.02
		横向弯矩/(kN·m)	48.52	220.84	83.02	288.81	113.21	346.25	153.05	415.35	48.52	220.84
	按 50 年超越概率 2%	位移/mm	2.73	0.06	2.71	0.08	2.28	0.10	1.67	0.09	2.73	0.06
		轴力/kN	1511.09	1549.63	854.58	869.53	687.84	695.26	1070.17	1083.80	1511.09	1549.63
		横向剪力/kN	10.28	14.08	14.94	18.69	21.43	24.39	29.01	31.10	10.28	14.08
		纵向剪力/kN	1085.78	1278.62	1395.40	1639.53	1770.35	2001.26	1752.32	1933.89	1085.78	1278.62
		纵向弯矩/(kN·m)	6329.78	29400.02	10701.76	34680.71	12070.74	37348.89	10856.36	32890.01	6329.78	29400.02
		横向弯矩/(kN·m)	67.93	309.18	116.22	404.33	158.50	484.75	214.26	581.49	67.93	309.18

表 5.5.11　　通水后反应谱分析得到的槽墩最大反应值（沿横槽向输入）

内　力			1 号墩		2 号墩		3 号墩		4 号墩		5 号墩	
			墩顶	墩底	墩顶	墩底	墩顶	墩底	墩顶	墩底	墩顶	墩底
沿横槽向输入	按50年超越概率10%	位移/mm	3.37	0.05	3.63	0.06	2.20	0.05	1.76	0.05	3.37	0.05
		轴力/kN	3.63	3.67	3.68	3.71	2.07	2.08	3.92	3.93	3.63	3.67
		横向剪力/kN	864.49	969.81	1127.52	1209.34	961.52	1024.81	973.42	1009.44	864.49	969.81
		纵向剪力/kN	6.74	8.15	8.81	9.62	12.53	13.66	15.53	16.10	6.74	8.15
		纵向弯矩/(kN·m)	152.21	271.81	256.51	433.66	298.98	474.87	452.44	687.69	152.21	271.81
		横向弯矩/(kN·m)	22624.73	42194.16	31844.13	54874.16	26842.10	43289.17	27296.67	42120.41	22624.73	42194.16
	按50年超越概率2%	位移/mm	4.71	0.07	5.08	0.08	3.08	0.07	2.46	0.07	4.71	0.07
		轴力/kN	5.09	5.13	5.15	5.19	2.89	2.91	5.48	5.51	5.09	5.13
		横向剪力/kN	1210.28	1357.74	1578.53	1693.07	1346.12	1434.74	1362.79	1413.21	1210.28	1357.74
		纵向剪力/kN	9.44	11.41	12.33	13.47	17.54	19.13	21.75	22.54	9.44	11.41
		纵向弯矩/(kN·m)	213.09	380.53	359.12	607.12	418.58	664.82	633.42	962.77	213.09	380.53
		横向弯矩/(kN·m)	31674.63	59071.84	44581.80	76823.86	37578.94	60604.84	38215.33	58968.57	31674.63	59071.84

表 5.5.12　　通水后反应谱分析得到的槽墩最大反应值（沿竖向输入）

内　力			1 号墩		2 号墩		3 号墩		4 号墩		5 号墩	
			墩顶	墩底	墩顶	墩底	墩顶	墩底	墩顶	墩底	墩顶	墩底
沿竖向输入	按50年超越概率10%	位移/mm	0.16	0.01	0.10	0.01	0.09	0.01	0.10	0.01	0.16	0.01
		轴力/kN	3906.95	3990.09	3852.14	3918.11	3796.93	3845.25	3727.81	3766.03	3906.95	3990.09
		横向剪力/kN	0.50	0.76	0.60	1.00	0.73	0.96	1.83	2.45	0.50	0.76
		纵向剪力/kN	68.26	124.66	27.93	37.72	33.21	46.91	96.37	120.36	68.26	124.66
		纵向弯矩/(kN·m)	850.55	1635.71	288.48	551.00	322.56	597.48	758.42	1395.11	850.55	1635.71
		横向弯矩/(kN·m)	4.47	12.63	3.37	16.15	4.00	15.95	14.48	29.06	4.47	12.63
	按50年超越概率2%	位移/mm	0.22	0.01	0.14	0.01	0.12	0.01	0.14	0.01	0.22	0.01
		轴力/kN	5469.73	5586.12	5392.99	5485.35	5315.70	5383.35	5218.94	5272.45	5469.73	5586.12
		横向剪力/kN	0.70	1.06	0.85	1.40	1.02	1.34	2.57	3.44	0.70	1.06
		纵向剪力/kN	95.57	174.52	39.10	52.80	46.49	65.67	134.91	168.51	95.57	174.52
		纵向弯矩/(kN·m)	1190.76	2289.99	403.85	771.40	451.58	836.48	1061.79	1953.15	1190.76	2289.99
		横向弯矩/(kN·m)	6.25	17.68	4.72	22.61	5.60	22.34	20.27	40.68	6.25	17.68

表5.5.13 通水后反应谱分析得到的槽墩最大反应值（沿纵向+横向+竖向输入）

内力			1号墩		2号墩		3号墩		4号墩		5号墩	
			墩顶	墩底	墩顶	墩底	墩顶	墩底	墩顶	墩底	墩顶	墩底
沿横向+纵向+竖向输入	按50年超越概率10%	位移/mm	3.89	0.06	4.12	0.08	2.74	0.09	2.13	0.08	3.89	0.06
		轴力/kN	4053.31	4140.77	3900.20	3967.03	3828.58	3877.19	3805.38	3844.78	4053.31	4140.77
		横向剪力/kN	864.52	969.86	1127.58	1209.41	961.64	1024.96	973.65	1009.68	864.52	969.86
		纵向剪力/kN	778.59	921.81	997.14	1171.74	1265.04	1430.31	1255.45	1386.68	778.59	921.81
		纵向弯矩/(kN·m)	4603.10	21065.38	7653.85	24781.86	8633.16	26688.70	7804.67	23544.30	4603.10	21065.38
		横向弯矩/(kN·m)	22624.78	42194.73	31844.24	54874.93	26842.34	43290.55	27297.10	42122.47	22624.78	42194.73
	按50年超越概率2%	位移/mm	5.45	0.09	5.76	0.11	3.83	0.12	2.98	0.12	5.45	0.09
		轴力/kN	5674.63	5797.08	5460.29	5553.85	5360.02	5428.06	5327.53	5382.69	5674.63	5797.08
		横向剪力/kN	1210.33	1357.81	1578.61	1693.18	1346.30	1434.95	1363.10	1413.56	1210.33	1357.81
		纵向剪力/kN	1090.02	1290.53	1396.00	1640.43	1771.05	2002.43	1757.64	1941.35	1090.02	1290.53
		纵向弯矩/(kN·m)	6444.33	29491.53	10715.39	34694.60	12086.43	37364.17	10926.54	32962.01	6444.33	29491.53
		横向弯矩/(kN·m)	31674.70	59072.65	44581.95	76824.93	37579.28	60606.78	38215.94	58971.45	31674.70	59072.65

由图可知，在地震作用下，渡槽的最大位移出现在第3拱圈的1/4跨至半跨之间，最大弯矩出现在墩底，最大轴力出现在拱上结构的部分U形渡槽处，最大剪力出现在槽墩。综合来看，地震效果主要体现在槽墩底部和顶部以及跨中拱圈截面，墩身内力反应最大值发生在墩底截面，墩底截面是墩的危险截面，而墩底截面内力也较大；在地震作用下，主拱圈的最大位移出现中跨靠近跨中截面处。

由表5.5.6～表5.5.13可知，通水以后，各槽墩的位移和内力结果均比通水前要大。

5.5.1.4 抗震验算与抗震性能评价

为了验算该渡槽的抗震安全性，需对控制截面的强度进行验算。通过前述地震反应分析可知，地震效果主要体现在槽墩底部和顶部以及跨中拱圈截面，墩身内力反应最大值发生在墩底截面，墩底截面是墩的危险截面。《水工混凝土结构设计规范》(SL 191—2008)第13.6.8条规定：桥跨结构的下部支承结构采用墩式结构，且墩的净高与最大平面尺寸之比大于2.5时，可按柱式墩考虑。其抗震设计与构造措施应满足下列要求：

(1) 考虑地震作用组合的柱式墩，其正截面受压承载力可按《水工混凝土结构设计规范》(SL 191—2008)第6.3节计算。

(2) 考虑地震组合作用的柱式墩，其斜截面受剪承载力可按《水工混凝土结构设计规范》(SL 191—2008)式(13.3.7)计算。

槽墩采用箱形截面墩，可将其等效为工字形截面进行截面承载力计算（图5.5.43）。因此，槽墩截面受压承载力可按式(5.5.1)、式(5.5.2)进行核算。

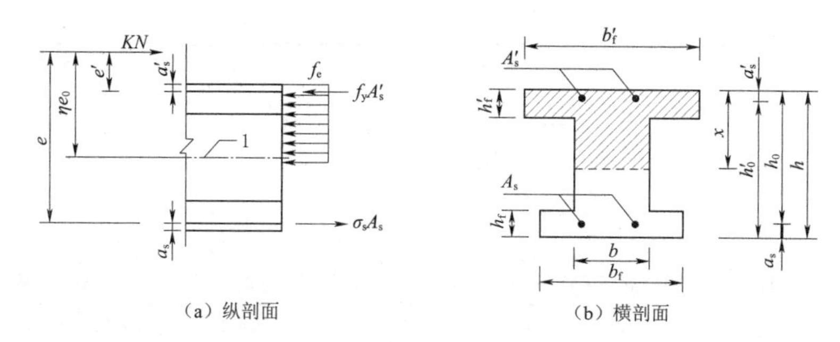

图 5.5.43 I形截面偏心受压构件的正截面受压承载力计算简图

$$KN \leqslant f_c bx + f_c(b_f'-b)h_f' + f_c(b_f-b)(x-h+h_f) + f_y'A_s' - \sigma_s A_s \quad (5.5.1)$$

$$KN_e \leqslant f_c bx\left(h_0-\frac{x}{2}\right) + f_c(b_f'-b)h_f'\left(h_0-\frac{h_f'}{2}\right) + f_y'A_s'(h_0-a_s')$$
$$+ f_c(b_f-b)(x-h+h_f)\left(h_f-a_s-\frac{x-h+h_f}{2}\right) \quad (5.5.2)$$

式中：当 $x \leqslant h_f'$时，$b=b_f'=b_f$；当 $h_f'<x\leqslant h_0-h_f'$时，$b=b_f$。

根据式（5.5.1）和式（5.5.2）可计算考虑地震组合作用下的槽墩截面极限承载力，进而核算截面的承载力安全系数，具体计算成果见表 5.5.14～表 5.5.17。

表 5.5.14 不通水时考虑地震组合作用下的槽墩截面承载力（按 50 年超越概率 10%）

部位		弯矩 /(kN·m)	轴力 /kN	偏心距 e_0/m	受压区高度 /m	截面承载力 N_u/kN	K
1 号墩	墩顶	103334.01	62851.74	1.64	3.93	220926.65	3.52
	墩底	182768.40	89825.51	2.03	6.28	838252.03	9.33
2 号墩	墩顶	112743.75	62757.74	1.80	3.67	209258.24	3.33
	墩底	187260.19	85020.21	2.20	5.54	704233.52	8.28
3 号墩	墩顶	109171.58	62683.66	1.74	3.76	213422.25	3.40
	墩底	169489.46	79895.66	2.12	5.33	630118.37	7.89
4 号墩	墩顶	110839.93	62667.66	1.77	3.71	211362.70	3.37
	墩底	164271.76	76860.90	2.14	5.00	558899.67	7.27
5 号墩	墩顶	104478.10	62710.35	1.67	3.89	219226.66	3.50
	墩底	155627.65	76904.89	2.02	5.23	579148.45	7.53

表 5.5.15 不通水时考虑地震组合作用下的槽墩截面承载力（按 50 年超越概率 2%）

部位		弯矩 /(kN·m)	轴力 /kN	偏心距 e_0/m	受压区高度 /m	截面承载力 N_u/kN	K
1 号墩	墩顶	109530.66	64067.67	1.71	3.82	215871.61	3.37
	墩底	195455.47	91077.25	2.15	6.04	813023.78	8.93
2 号墩	墩顶	121312.55	63925.45	1.90	3.50	201688.43	3.16
	墩底	202880.27	86215.06	2.35	5.23	672646.52	7.80

续表

部位		弯矩/(kN·m)	轴力/kN	偏心距 e_0/m	受压区高度/m	截面承载力 N_u/kN	K
3号墩	墩顶	116382.72	63821.82	1.82	3.62	207219.73	3.25
	墩底	181814.34	81053.40	2.24	5.08	606723.50	7.49
4号墩	墩顶	118563.54	63798.63	1.86	3.56	204610.76	3.21
	墩底	176735.76	78007.67	2.27	4.74	536068.89	6.87
5号墩	墩顶	110644.80	63866.83	1.73	3.78	214124.41	3.35
	墩底	165855.37	78077.68	2.12	5.03	561219.08	7.19

表5.5.16　通水时考虑地震组合作用下的槽墩截面承载力（按50年超越概率10%）

部位		弯矩/(kN·m)	轴力/kN	偏心距 e_0/m	受压区高度/m	截面承载力 N_u/kN	K
1号墩	墩顶	110467.16	63865.23	1.73	3.78	214333.67	3.36
	墩底	193245.47	90836.91	2.13	6.08	817251.73	9.00
2号墩	墩顶	123165.99	63738.68	1.93	3.44	199132.86	3.12
	墩底	203084.92	86000.11	2.36	5.21	670913.96	7.80
3号墩	墩顶	117986.06	63666.86	1.85	3.57	205000.77	3.22
	墩底	181967.82	80878.50	2.25	5.07	605427.37	7.49
4号墩	墩顶	118828.02	63645.61	1.87	3.55	203967.83	3.20
	墩底	175234.25	77838.76	2.25	4.77	538622.95	6.92
5号墩	墩顶	111686.15	63872.45	1.75	3.75	212892.17	3.33
	墩底	172253.07	78113.67	2.21	4.86	546816.65	7.00

表5.5.17　通水时考虑地震组合作用下的槽墩截面承载力（按50年超越概率2%）

部位		弯矩/(kN·m)	轴力/kN	偏心距 e_0/m	受压区高度/m	截面承载力 N_u/kN	K
1号墩	墩顶	119517.08	65486.55	1.83	3.62	207106.60	3.16
	墩底	210123.39	92493.22	2.27	5.78	784503.98	8.48
2号墩	墩顶	135903.70	65298.77	2.08	3.19	188359.06	2.88
	墩底	225034.92	87586.93	2.57	4.77	627311.95	7.16
3号墩	墩顶	128723.00	65198.30	1.97	3.37	196060.80	3.01
	墩底	199284.05	82429.37	2.42	4.72	573230.56	6.95
4号墩	墩顶	129746.86	65167.76	1.99	3.34	194850.66	2.99
	墩底	192083.23	79376.67	2.42	4.42	508699.11	6.41
5号墩	墩顶	120736.07	65493.77	1.84	3.59	205726.33	3.14
	墩底	189130.99	79769.98	2.37	4.52	517372.71	6.49

由表5.5.14～表5.5.17可知，在地震作用下，各墩的墩顶与墩底承载力安全系数均在1.5以上，大于1.15，满足规范要求。

5.5.2 某梁式渡槽隔震计算分析[33]

某渡槽为双槽3跨箱形结构，槽身段长54m，地震烈度为Ⅷ度。槽身采用C50纤维素钢筋混凝土，单向预应力简支梁结构，跨度为18m。各跨布置2孔箱形槽身，槽身净宽为4.4m，槽身净高度7m，总高度7.5m。槽身段采用F300W8C50纤维素钢筋混凝土，渡槽底部纵向布置16道预应力钢绞线。计算模型同2.5.4节工程案例。根据规范规定，采用振型分解反应谱法开展渡槽动力分析。鉴于该渡槽属于典型的梁式渡槽，故采用基于振型分解反应谱的等效线性化分析方法进行隔震支座设计研究，并采用振型分解反应谱法进行不同支座型式下渡槽隔震效果评估。另外，地震工况下荷载组合参见第4章表4.2.1。

5.5.2.1 地震工况下槽身应力分析

由渡槽应力云图可知（图5.5.44和图5.5.45），地震工况下边墙、中墙中下部以及顶板中部区域环向受拉，拉应力基本在1.2MPa以内，仅在边跨靠近边墩附近的中墙底部（即距八字墙顶部0.8m区域内，深度约8cm）的环向拉应力超过了1.85MPa，最大可达3.0MPa；内壁纵向槽身各跨连接处存在很小的受拉区，拉应力基本在0.4MPa以内，其他区域受压；内壁第一主应力全部为拉应力，大部分区域拉应力在1.50MPa以内，中墙底部的主拉应力超过2.24MPa，甚至达到3.0MPa。外壁环向边墙上部以及底板大部分区域受拉，拉应力基本在1.50MPa以内，其中，底板端部部分区域拉应力超过1.85MPa，最大可达2.50MPa；槽身各跨连接处纵向存在一定范围受拉区，最大拉应力不超过1.0MPa，其他区域均受压；外壁第一主应力基本在2.20MPa以内。

综合来看，地震工况下内壁环向仅在边跨部分剖面存在很小范围的超标拉应力（即拉应力大于1.85MPa），纵向不存在超标拉应力，这使得槽身基本满足“裂缝控制等级二级”的要求。

5.5.2.2 隔震支座设计研究

对该渡槽而言，其设防地震目标地震加速度为0.15g。单跨槽体体重9.135×10^5kg，槽体水重9.07344×10^5kg。隔震支座布置在墩顶与槽身之间，每个单墩顶部布置6个支座，支座等效阻尼比取0.15。工程场地特征周期为0.30s，非隔震渡槽基本周期T_0为0.396s，水体的晃动周期T_c为3.399s，未隔震支座处最大剪力$Q_{未隔震}$为7371.064kN。

根据式（5.3.4）可知晃动控制周期$T_c=3.368$s；由式（5.3.2）可知，该渡槽隔震周期T_b应满足：$0.786\text{s}\leqslant T_b<3.399\text{s}$。根据该工程特点，在非隔震周期基础上放大2～6倍$T_0$来研究隔震支座选取问题，具体计算成果见表5.5.18。

由于渡槽是输水建筑物，设置有止水带，所以隔震同时需控制槽身在地震作用下位移大小，确保不会因为位移过大而导致渡槽漏水，造成不必要的经济损失。为防止相邻渡槽之间的止水材料被拉断及地震过程中出现落梁现象，支座变形不宜超过0.075m。参考类似工程经验并结合该工程特点，选取4倍隔震周期进行隔震支座设计。

因此，每个槽墩支座特征参数为

$Q_d=155.64\times10^3$N；$K_1=72.00\times10^6$N/m；$K_2=10.80\times10^6$N/m。

对于单跨而言，每侧设置3个支座，每个隔震支座的特征参数为

$Q_d=51.88\times10^3$N；$K_1=24.00\times10^6$N/m；$K_2=3.6\times10^6$N/m；等效阻尼比为0.15。

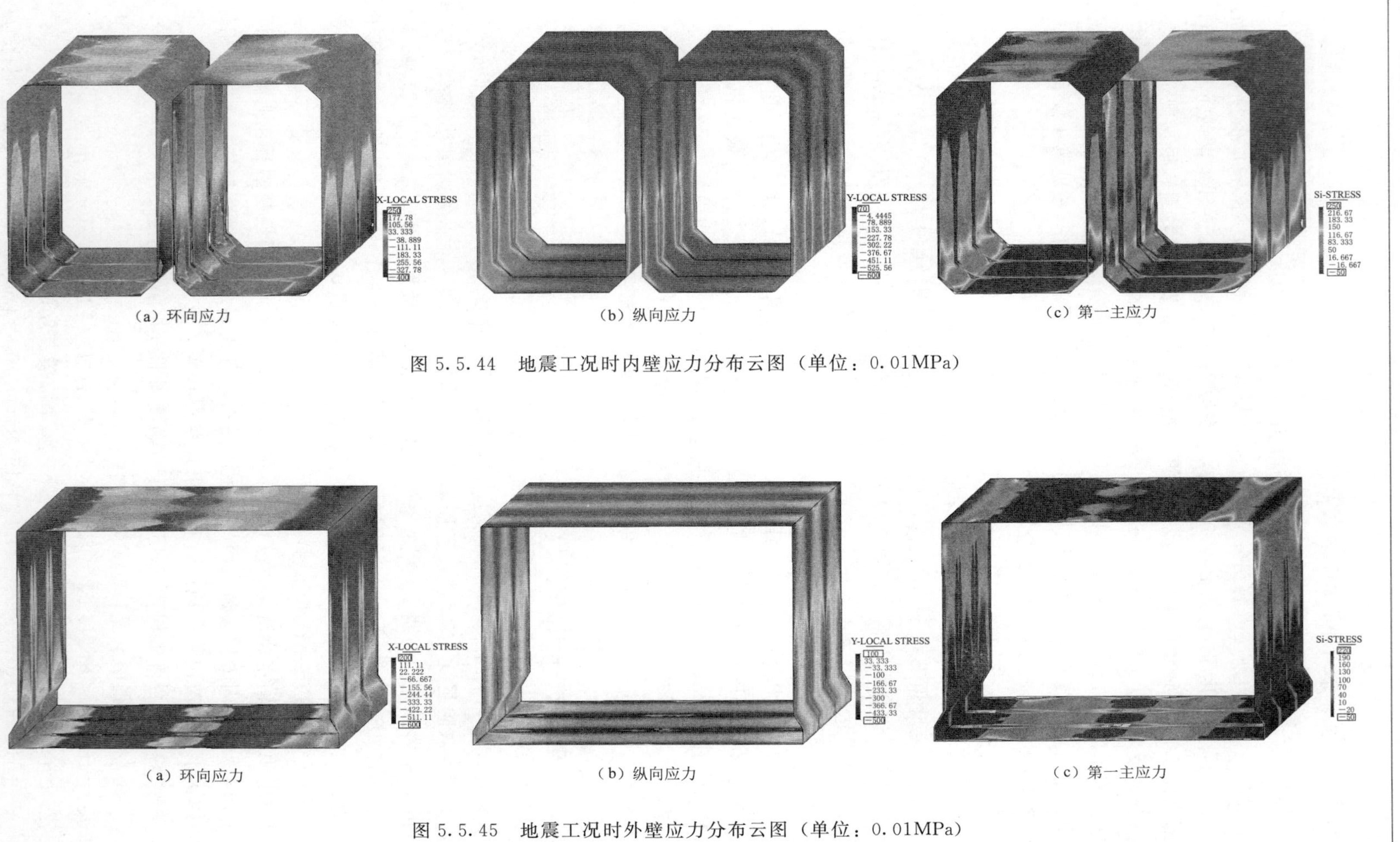

（a）环向应力　（b）纵向应力　（c）第一主应力

图 5.5.44　地震工况时内壁应力分布云图（单位：0.01MPa）

（a）环向应力　（b）纵向应力　（c）第一主应力

图 5.5.45　地震工况时外壁应力分布云图（单位：0.01MPa）

表 5.5.18 铅芯橡胶隔震支座设计参数

支座设计参数	隔震周期				
	2倍	3倍	4倍	5倍	6倍
T_b/s	0.786	1.179	1.572	1.965	2.358
K_{eq}/(MN/m)	119.022	52.899	29.755	19.043	13.225
ξ_{eq}	0.150	0.150	0.150	0.150	0.150
Q/kN	1948.832	1291.904	964.983	773.090	650.108
$Q/Q_{未隔震}$	0.264	0.175	0.131	0.105	0.088
d_{max}/m	0.016	0.024	0.032	0.041	0.049
θ	0.995	0.988	0.977	0.960	0.937
K_1/(MN/m)	506.475	225.100	143.978	92.146	66.123
K_2/(MN/m)	75.971	33.765	21.597	13.822	9.918
Q_d/kN	829.290	549.746	311.285	249.384	191.208

5.5.2.3 隔震效果评估

为评估隔震效果，现将刚性支承、抗震型盆式支座以及铅芯橡胶支座3种支座形式下的渡槽动力工作性态进行对比分析。刚性支承、抗震型盆式支座及铅芯橡胶支座的模拟方法详见2.4.4节。

表5.5.19为3种不同支座型式下通水时的渡槽动力特性对比表，表5.5.20为3种不同支座型式下通水时支座最大位移对比表，图5.5.46～表5.5.49为3种不同支座型式下通水时槽身内外壁环向及纵向正应力分布对比图。

表 5.5.19 不同支座形式下渡槽动力特性对比表

振型序号	自振频率/Hz			振型序号	自振频率/Hz		
	刚性支承	抗震型盆式支座	铅芯橡胶支座		刚性支承	抗震型盆式支座	铅芯橡胶支座
1	3.259	2.545	0.992	11	14.348	12.974	9.562
2	5.263	2.821	1.072	12	14.882	13.476	12.958
3	6.899	4.332	1.159	13	15.699	13.696	13.022
4	9.069	8.531	3.473	14	16.240	14.257	13.150
5	10.207	8.850	3.630	15	16.465	15.051	13.474
6	10.681	9.118	5.160	16	17.436	15.065	13.690
7	13.152	10.595	5.162	17	17.580	16.092	14.248
8	13.265	11.059	6.374	18	17.605	16.170	14.988
9	13.531	11.275	6.438	19	17.621	16.207	16.201
10	13.745	12.348	9.372	20	17.847	16.688	16.383

表 5.5.20 支座位移对比表 单位：mm

位移方向	支座位移		
	刚性支承支座	抗震型盆式支座	铅芯橡胶支座
横槽向	0.755	4.414	35.574
顺槽向	4.469	13.899	36.203

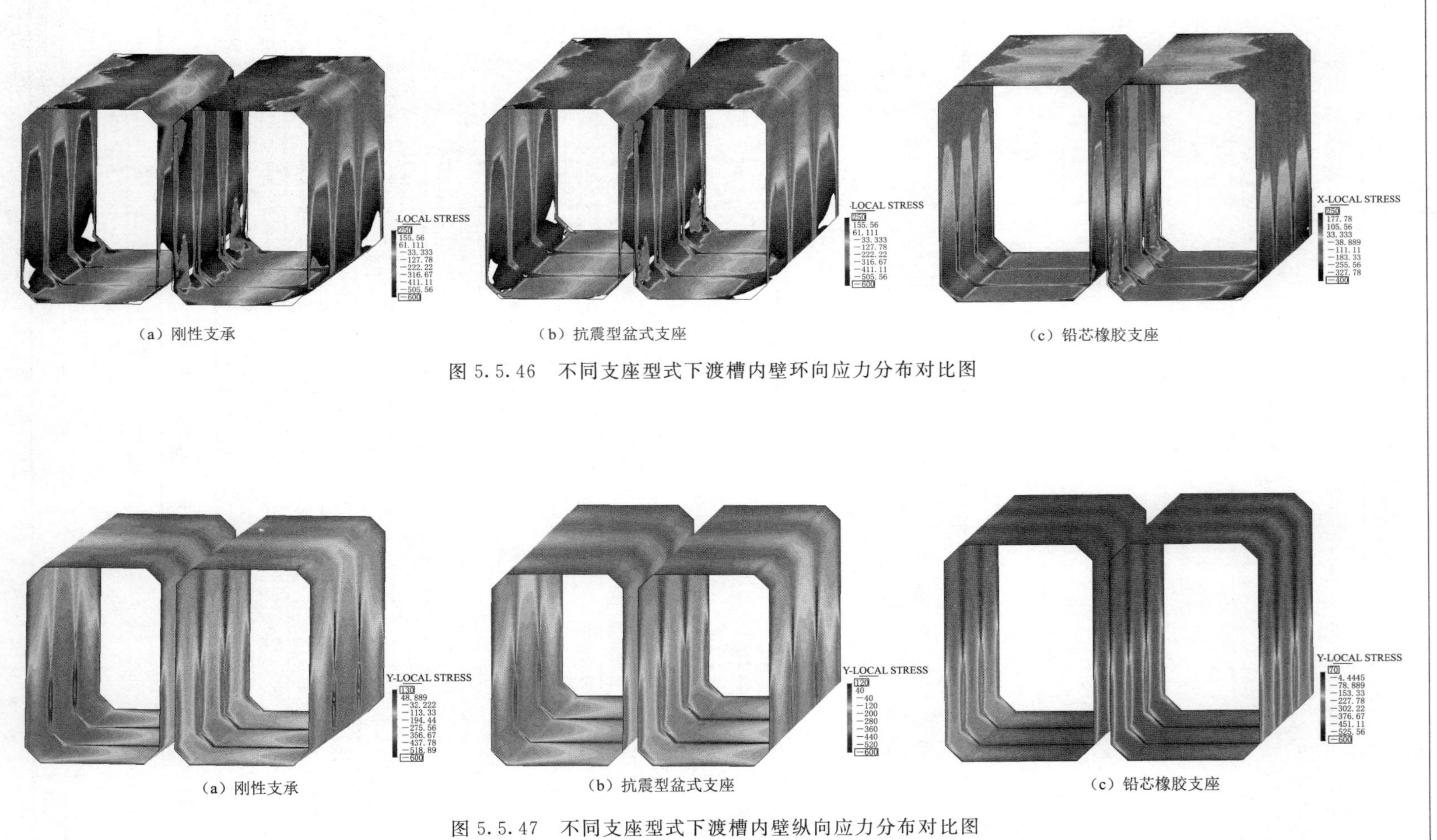

（a）刚性支承　（b）抗震型盆式支座　（c）铅芯橡胶支座

图 5.5.46　不同支座型式下渡槽内壁环向应力分布对比图

（a）刚性支承　（b）抗震型盆式支座　（c）铅芯橡胶支座

图 5.5.47　不同支座型式下渡槽内壁纵向应力分布对比图

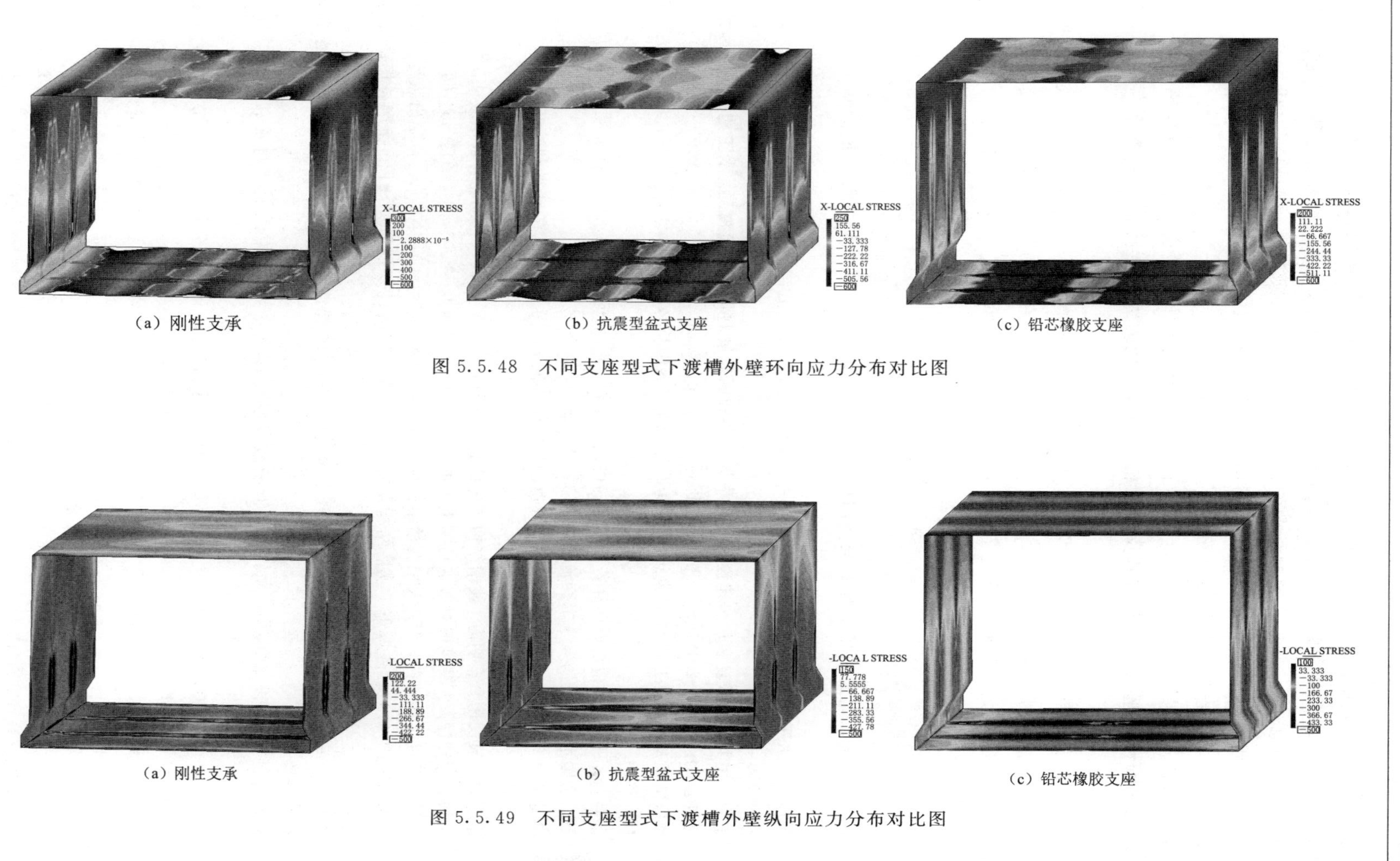

（a）刚性支承

（b）抗震型盆式支座

（c）铅芯橡胶支座

图 5.5.48 不同支座型式下渡槽外壁环向应力分布对比图

（a）刚性支承

（b）抗震型盆式支座

（c）铅芯橡胶支座

图 5.5.49 不同支座型式下渡槽外壁纵向应力分布对比图

由表5.5.19可知，由于支座刚度不断降低，渡槽的自振频率也随之降低；当采用铅芯橡胶支座时，渡槽基频降至0.992Hz。由表5.5.20可知，由于采用铅芯橡胶支座，降低了支座的水平刚度，改变了渡槽结构的振动特性，减少了渡槽槽身的地震反应，并同时减低了槽墩的地震反应；此时，支座处的最大顺槽向位移为36.203mm，最大横槽向位移为35.574mm，满足支座变形不宜超过75mm的要求。

由图5.5.46～图5.5.49可知，由于采用铅芯橡胶支座等隔震措施，减少槽身的地震反应，相比刚性支座和抗震型盆式支座，槽身内外壁应力大幅度降低，基本不存在应力超标区。

综合以上分析可知，采用铅芯橡胶支座以后，改变渡槽结构的振动特性，减少了槽身地震反应，相比其他两种支承型式，槽身内外壁基本不存在应力超标区，虽然支座处位移有所增大，但最大支座变形不超过75mm，满足相应变形要求。

参 考 文 献

[1] 陈厚群. 南水北调工程抗震安全性问题 [J]. 中国水利水电科学研究院学报，2003，1 (1)：17-22.

[2] 陈厚群. 水工混凝土结构抗震研究60年 [J]. 中国水利水电科学研究院学报，2018，16 (5)：322-330.

[3] 中华人民共和国城乡和住房建设部，中华人民共和国质量监督检验检疫局. 水工建筑物抗震设计标准：GB 51247—2018 [S]. 北京：中国计划出版社，2018.

[4] 国家能源局. 水电工程水工建筑物抗震设计规范：NB 35047—2015 [S]. 北京：中国电力出版社，2015.

[5] 李遇春，张龙. 渡槽抗震计算若干问题的讨论与建议 [C]//现代水利水电工程抗震防灾研究与进展，全国水工抗震防灾学术交流会. 2013：23-29.

[6] 李遇春，李锦华. 关于大型渡槽结构设计的几个问题 [J]. 中国农村水利水电，2006 (7)：57-60.

[7] 李正农，袁文阳，秦明海. 渡槽结构抗风抗震计算与分析 [M]. 武汉：湖北科技出版社，2001.

[8] 王博，徐建国. 大型渡槽对多点地震输入的反应 [J]. 水利学报，2000，31 (9)：55-60.

[9] 王博，陈淮，徐建国，等. 大型渡槽结构抗震分析理论及其应用 [M]. 北京：科学出版社，2013.

[10] 庄中华，李敏霞，陈厚群. 渡槽结构隔震与耗能减振控制机理的研究 [J]. 噪声与振动控制，2002，22 (2)：10-12.

[11] 聂利英，郑立平，闫海青. 基于反应谱法的大型渡槽减震耗能设计 [M]. 南京：河海大学出版社，2015.

[12] 陈玲玲，钱胜国，陈敏中，等. 大型渡槽减隔震设计研究 [J]. 南水北调与水利科技，2008，6 (1)：212-215.

[13] 陈玲玲，钱胜国，陈敏中，等. 大型水工渡槽减隔震机理与效应分析 [J]. 长江科学院院报，2005 (5)：78-81.

[14] 陈玲玲，钱胜国，徐德毅，等. 大型水工渡槽减隔震设计研究 [J]. 长江科学院院报，2009，26 (1)：42-45.

[15] 张艳红. 大型渡槽抗震概论 [M]. 北京：地震出版社，2004.

[16] 叶昆，符蓉，李黎. LRB隔震渡槽结构地震响应的简化计算方法 [J]. 土木工程与管理学报，2011，28 (3)：119-123.

[17] 聂利英，施晓丽，田进，等. 矩形渡槽槽-水耦合体高阶共振特性研究 [J]. 水力发电学报，2009 (5)：174-178.

[18] 刘云贺，张俊发，田洁，等. 减震耗能系统等效线性化方法研究 [J]. 西安理工大学学报，2000 (1)：74-79.

[19] 朱东生. 桥梁抗震设计中几个问题的研究：输入地震动·曲线桥地震反应·梁桥隔震 [D]. 成都：西南交通大学，1999.

[20] 孔德怡，李黎，江宜城，等. 桥梁隔震设计中几种等效线性化方法比较研究 [J]. 公路交通科技，2008，25 (2)：73-78.

[21] 范立础. 桥梁减隔震设计 [M]. 北京：人民交通出版社，2001.

[22] 何俊荣，尤岭，李世平，等. 高烈度区梁式渡槽减隔震设计研究 [J]. 水利规划与设计，2019，191 (9)：143-149.

[23] 张多新，崔越越，王静，等. 大型渡槽结构动力学研究进展：2010—2019 [J]. 自然灾害学报，2020，29 (4)：22-35.

[24] 庄军生. 桥梁减震、隔震支座和装置 [M]. 北京：中国铁道出版社，2012.

[25] 庄军生. 桥梁支座 [M]. 北京：中国铁道出版社，2015.

[26] 丁晓唐，彭继莹，殷开娟. 渡槽双曲面球型减隔震支座设计及减隔震效果 [J]. 水电能源科学，2016，34 (7)：80-83.

[27] 丁晓唐，周逸仁，颜云燕. 高阻尼橡胶隔震渡槽的设计和动力性能研究 [J]. 水资源与水工程学报，2013 (1)：119-122.

[28] 丁晓唐，颜云燕，唐德嘉. 铅芯橡胶隔震双槽渡槽设计与动力分析 [J]. 水电能源科学，2012，30 (1)：96-99.

[29] 张艳红，胡晓，胡选儒，等. 球型支座应用于大型渡槽的隔震研究 [J]. 南水北调与水利科技，2011 (5)：1-5.

[30] 刘云贺，张俊发，王克成，等. 铅芯橡胶减震支座的非线性动力性态研究 [J]. 西安交通大学学报，1999，33 (12)：73-77.

[31] 杨世浩，李正农，宋一乐，等. 大型渡槽支座隔震研究 [J]. 振动工程学报，2009 (2)：188-192.

[32] 中国水利水电科学研究院. 黔中水利枢纽一期输配水工程××大跨连拱渡槽结构计算研究报告 [R]. 北京：中国水利水电科学研究院，2014.

[33] 中国水利水电科学研究院. 新疆某渡槽槽身三维有限元计算分析研究报告 [R]. 北京：中国水利水电科学研究院，2017.

第6章　渡槽稳定问题研究

6.1　概述

对于渡槽而言，稳定问题主要包括槽身结构稳定与支承结构稳定两方面。槽身属于典型空间薄壁结构，主要特征是壁薄即槽壁厚度相对槽身的横截面尺寸和跨度均较小，其安全评价除了结构强度外，结构的稳定问题同样需要考虑。槽身结构的稳定性包括局部稳性和整体稳定性两个方面。整体失稳破坏是指由于槽身横向刚度较小，在横向外荷载作用下发生侧向弯曲和扭转而失去平衡，导致整个槽身破坏；局部失稳破坏是指槽身在运行期或施工期，巨大水荷载使得槽身上缘、侧壁板及预应力工况下的底板等槽身局部的压应力过大，局部结构失稳而丧失承载力，导致整体结构破坏。在研究薄壁槽身结构侧弯扭转稳定问题时，首先比较分析渡槽结构的侧向刚度与结构的纵向刚度，如果槽身结构的侧向刚度小于其纵向刚度，则薄壁槽身可能发生侧弯扭失稳屈曲破坏；如果侧向刚度大于纵向刚度，则槽身不可能发生侧弯扭失稳屈曲，无须进行侧弯扭稳定性分析。

渡槽的支承结构型式有墩式、排架式、混合式墩架及桩柱式槽架、拱式、斜拉式等。墩式支承结构是典型的压弯构件，其稳定性属于极值点失稳问题。拱式支承结构以承受轴向压力为主，拱内弯矩较小，因此主拱圈稳定问题是一个重要问题。斜拉渡槽的梁、塔在外荷载作用下，处于压弯状态；随着外荷载增大，梁、塔压力增大到一定值时，斜拉渡槽可能产生平面内的压弯失稳或出平面的弯扭失稳；另外斜拉渡槽在静风三分力作用下，也可能出现扭转发散或弯扭失稳；当风力的升力矩超过渡槽的抗扭能力时，将导致加筋梁扭转发散。主塔梁在恒载梁柱效应与风的三分力共同作用下，结构的有效切线刚度降为0时，将导致主梁弯曲与扭转复合的失稳模态，即侧弯扭失稳。

最后就是渡槽整体结构的稳定问题，即槽身结构本身的失稳模式与下部支承结构的失稳模式存在高度耦合，这类问题比较复杂且没有解析解，只能通过数值分析方法进行求解。常规梁式渡槽不存在这类问题，只有上部槽身结构与下部支承结构存在联合受力的渡槽如组合拱式渡槽、连续刚构渡槽以及斜拉渡槽等才存在这种问题。

6.2　结构稳定理论及其求解方法

结构失稳是指结构在外力增加到某一量值时，稳定性平衡状态开始丧失，稍有扰动，结构变形迅速增大，使结构失去正常工作能力的现象[1]。结构常见失稳现象可分为下列几类：①个别结构失稳，例如压杆的失稳和梁的侧倾；②构件局部失稳，例如组成压杆的板和板梁腹板的翘曲等，而局部失稳常导致整个体系的失稳；③部分结构或整个结构失稳，例如桥门架或整个拱桥的失稳。

稳定问题可以分为第一类稳定问题和第二类稳定问题[2]。第一类稳定问题叫作平衡分支问题，即机构达到临界荷载时，除了原来的平衡状态外，还会出现另外的平衡状态，这一临界荷载是使结构原有的平衡形式保持稳定的最大荷载。第二类稳定问题又称为极值点失稳问题，即结构在初始平衡状态下，随着荷载的不断增加，在应力比较大的区域出现塑性变形，结构的变形会很快增大；当荷载达到一定的数值时，即使不再增加，结构的变形也迅速增加，从而导致结构破坏。目前，研究结构稳定问题的常用方法有平衡法、能量法（Timoshenko 法）、缺陷法和振动法。由于渡槽结构复杂性，不可能单靠上述方法来解决其稳定问题，实际中经常使用的是稳定问题的近似求解方法，一类为微分方程求解法；另一类是基于能量变分原理的近似法，如有限元法。

根据线性屈曲理论，结构在外荷载 F 作用下处于初始构形线性平衡状态，其平衡方程为

$$([K]_0+[K]_\sigma)\cdot\{\delta\}=0 \tag{6.2.1}$$

式中：$[K]_0$、$[K]_\sigma$ 分别为弹性刚度矩阵和初应力刚度矩阵；$\{\delta\}$ 为位移列阵。

由于线性假设，多数情况下应力与外荷载为线性关系。因此，令某一参考荷载 F^r 对应的初应力矩阵为 $[K^r]_\sigma$，设屈曲极值荷载为 F_c，且与参考荷载有 $F_c=\lambda^c F^r$ 的关系，λ^c 为临界荷载比例因子，则 $[K]_0=\lambda^c[K^r]_\sigma$，可得到线性屈曲特征方程：

$$|[K]_0+\lambda^c[K^r]_\sigma|=0 \tag{6.2.2}$$

理论上存在 n 个特征值 λ_i^c 及对应特征模态，它们都是平衡模态，当荷载达到 $\lambda_i^c F^r$ 时，平衡由一种模态跳到另一种模态，对于工程问题只有最小特征值才有实际意义，即

$$F_{\min}^c=\lambda_{\min}^c F^r \tag{6.2.3}$$

工程中存在的稳定问题大多数属于极值点失稳，即第二类稳定问题[3]。从力学分析角度看，分析结构第二类稳定性，就是通过不断求解计入几何非线性和材料非线性的结构平衡方程，寻找结构的极限荷载。考虑材料非线性，就是考虑混凝土弹性模量随应力的变化而变化，随着荷载的增大，混凝土应力-应变关系并非线性变化的，其截面的抗弯刚度也都随之变化，其稳定分析基本方程为

$$([K]_0+[K]_\sigma)\cdot\{\delta\}=\{P\} \tag{6.2.4}$$

式中：$[K]_0$ 为小位移弹塑性刚度矩阵；$[K]_\sigma$ 为初应力刚度矩阵；$\{P\}$ 为节点荷载列阵。

在考虑几何非线性后，结构的总体平衡方程可写为

$$([K]_0+[K]_\sigma+[K]_L)\cdot\{\delta\}=\{P\} \tag{6.2.5}$$

与材料非线性基本方程相比，几何非线性方程增加了位移刚度矩阵 $[K]_L$，同时小位移弹塑性刚度矩阵变为小位移弹性刚度矩阵。

考虑双重非线性，即同时考虑材料和几何非线性的效应，其基本方程为

$$([K]_0+[K]_\sigma+[K]_L)\cdot\{\delta\}=\{P\} \tag{6.2.6}$$

式中：$[K]_0$ 为小位移弹塑性刚度矩阵；$[K]_L$ 为大位移弹塑性刚度矩阵。

实际工程中，渡槽结构稳定问题一般都表现为第二类失稳。但是第一类稳定问题力学情况简单明确，采用线弹性有限元法求解特征值来分析结构的稳定性更容易处理，求得的临界荷载又近似地代表第二类稳定问题的上限，工程中通常以第一类稳定问题的计算结果作为设计的依据，实际应用中取得了令人满意的结果。

6.3　槽身结构稳定问题

6.3.1　槽身结构稳定问题特点

薄壁梁式渡槽按截面类型来分，有U形、矩形及箱形薄壁渡槽。薄壁渡槽的主要特征是壁薄，即其槽壁厚度相对槽身的横截面尺寸和跨度均较小，其安全评价除了结构强度外，结构的稳定问题同样需要考虑。槽身结构的稳定性包括局部稳性和整体稳定性两个方面问题[4-5]。整体失稳破坏是指由于槽身横向刚度较小，在横向外荷载作用下发生侧向弯曲和扭转而失去平衡，导致整个槽身破坏；局部失稳破坏是指槽身在运行期或施工期，由于巨大的水荷载使得槽身上缘、侧壁板及预应力工况下的底板等槽身局部的压应力过大，局部结构失稳而丧失承载力，导致整体结构破坏。

槽身结构稳性分析原理与压杆稳定性分析基本相同，分为弹性状态和塑性状态。稳定性分析过程中，如果所求出的临界应力较大，混凝土材料处于塑性状态，应参照压杆塑性稳定性分析的基本原理进行计算。但是，由于混凝土材料缺乏塑性失稳应力曲线，塑性状态的稳定性分析难以实现，该状态的稳定性分析仍按弹性状态考虑，如果失稳临界应力超过结构材料的抗压强度设计值，则结构的破坏形式不再是失稳破坏，而是强度破坏。

目前，国内外有关薄壁槽身结构稳定性分析的研究还比较缺乏。针对槽身结构整体失稳问题，刘东常等[6]采用能量原理，考虑薄壁槽身承受横向均布荷载作用时，槽身结构发生侧向弯曲并伴随截面扭转变形（或称为侧弯扭变形），建立薄壁槽身侧弯扭稳定性分析的力学模型。研究表明槽身侧弯扭屈曲临界应力的影响因素包括渡槽上缘宽度、壁厚、跨度、高宽比和跨高比等，以渡槽跨度影响最大；一般情况下渡槽不会发生侧弯扭屈曲破坏，只会发生强度破坏。对于槽身局部失稳问题，刘东常[7]等采用半解析柱壳有限元法分析槽身结构受压临界失稳应力。研究成果表明临界失稳屈曲应力的影响因素包括槽顶翼缘宽度、壁厚、高宽比、高厚壁，以高厚比影响最大；一般情况下槽身上翼缘板和侧壁板及槽底混凝土不会发生局部失稳破坏。

6.3.2　渡槽截面几何性质

结构稳定性是结构的固有属性，它与槽身结构截面几何性质有关。因此，在研究槽身侧弯扭失稳问题之前，需要获取渡槽截面几何性质参数。U形、矩形及箱形渡槽截面示意情况如图6.3.1～图6.3.3所示。

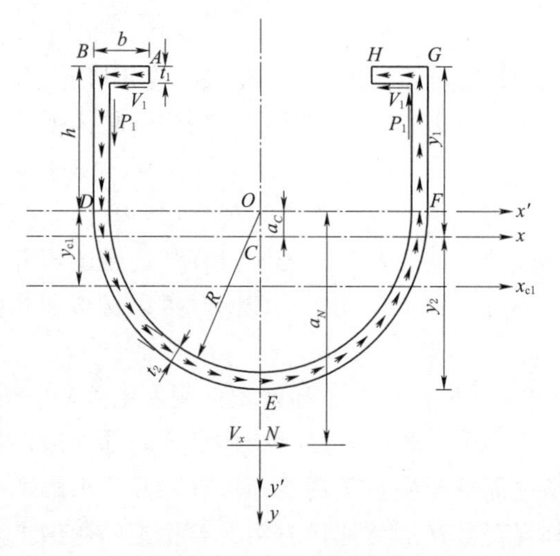

图6.3.1　U形截面

6.3.2.1　截面形心位置

在$x'Oy'$坐标系中，U形、矩形及箱形截

面渡槽形心 C 到 x' 轴的距离 a_C 分别为

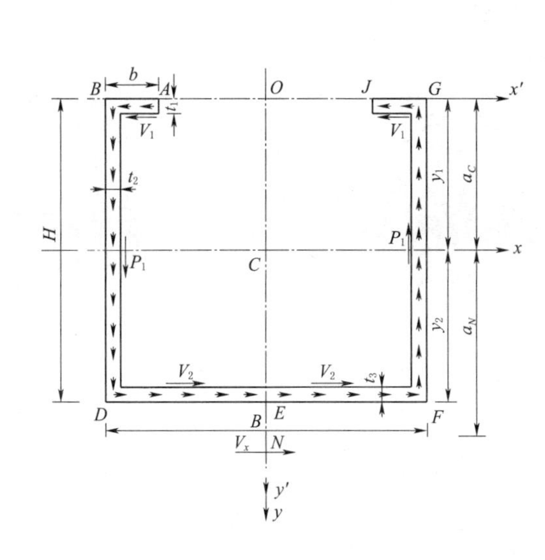

图 6.3.2 矩形截面

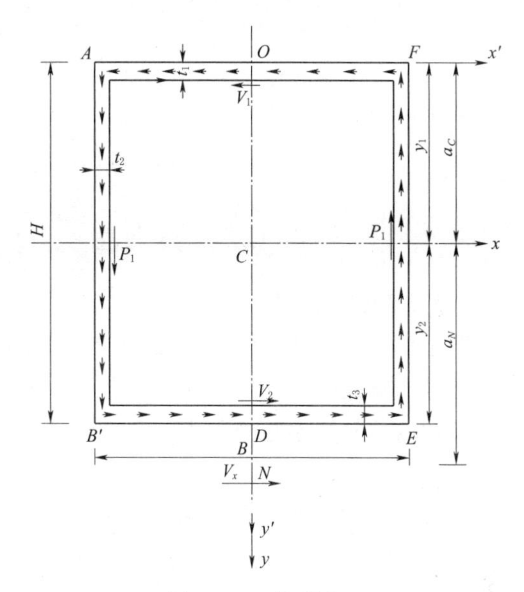

图 6.3.3 箱形截面

U 形：
$$a_C=\frac{2R^2t_2-bt_1(2h-t_1)-(h-t_1)^2t_2}{t_2[\pi R+2(h-t_1)]+2bt_1} \tag{6.3.1}$$

矩形：
$$a_C=\frac{(b-t_2)t_1^2+H^2t_2+(B-2t_2)\left(H-\frac{1}{2}t_3\right)t_3}{2(b-t_2)t_1+2Ht_2+(B-t_2)t_3} \tag{6.3.2}$$

箱形：
$$a_C=\frac{\left(\frac{B}{2}-t_2\right)t_1^2+H^2t_2+(B-2t_2)t_3\left(H-0.3-\frac{t_3}{2}\right)}{(B-2t_2)t_1+2Ht_2+(B-2t_3)t_3} \tag{6.3.3}$$

式中：a_C 为截面形心 C 到 x' 轴的距离；其余符号意义见图 6.3.1～图 6.3.3 中标注。

6.3.2.2 截面对形心轴的惯性矩

U 形、矩形及箱形截面绕惯性主轴 x'、y' 轴的惯性矩 I_x、I_y 分别如下：

U 形：
$$\begin{cases} I_x=\frac{1}{6}bt_1^3+2\left(y_1-\frac{t_1}{2}\right)^2bt_1+\frac{1}{6}(h-t_1)^3t_2+\frac{1}{2}t_2R^3\left(\pi-\frac{8}{\pi}\right) \\ \qquad +2(h-t_1)t_2\left[y_1-\frac{1}{2}(h-t_1)\right]^2+\pi Rt_2\left(\frac{2R}{\pi}-a_C\right)^2 \\ I_y=\frac{1}{6}(b-t_2)^3t_1+\frac{1}{6}ht_2^3+2(b-t_2)t_1\left(R-\frac{1}{2}b\right)^2+2ht_2R^2+\frac{\pi}{2}R^3t_2 \end{cases} \tag{6.3.4}$$

矩形：
$$\begin{cases} I_x=\frac{1}{6}bt_1^3+2\left(y_1-\frac{t_1}{2}\right)^2bt_1+\frac{1}{6}(y_1-t_1)^3t_2+(y_1-t_1)^3t_2 \\ \qquad +\frac{1}{6}(y_2-t_3)^3t_2+(y_2-t_3)^3t_2+\frac{1}{12}Bt_3^3+\left(y_2-\frac{t_3}{2}\right)Bt_3 \\ I_y=\frac{1}{6}b^3t_1+2\left(B-\frac{b}{2}\right)^2bt_1+\frac{1}{6}(H-t_1-t_3)t_2^3 \\ \qquad +2(H-t_1-t_3)t_2\left(B-\frac{t_2}{2}\right)^2+\frac{1}{48}B^3t_3+\frac{1}{16}B^3t_3 \end{cases} \tag{6.3.5}$$

箱形：
$$\begin{cases} I_x=\dfrac{1}{12}(B-2t_2)t_1^3+(B-2t_2)t_1\left(y_1-\dfrac{t_1}{2}\right)^2+\dfrac{1}{6}y_1^3t_2+\dfrac{1}{2}y_1^3t_2 \\ \quad +\dfrac{1}{6}y_2^3t_2+\dfrac{1}{2}y_2^3t_2+\dfrac{1}{12}(B-2t_2)t_3^3+(B-2t_2)t_1\left(y_2-\dfrac{t_3}{2}\right)^2 \\ I_y=\dfrac{1}{6}\left(\dfrac{B}{2}-t_3\right)^3t_1+\dfrac{1}{2}\left(\dfrac{B}{2}-t_2\right)^3t_1+\dfrac{1}{6}\left(\dfrac{B}{2}-t_2\right)^3t_3+\dfrac{1}{2}\left(\dfrac{B}{2}-t_2\right)^3t_3 \\ \quad +\dfrac{1}{6}Ht_2^3+\dfrac{1}{2}Ht_2(B-t_2)^2 \end{cases} \tag{6.3.6}$$

6.3.2.3　截面抗扭惯性矩

对于 U 形、矩形及箱形截面渡槽，根据薄膜比拟法分析可知，这些狭窄条形截面可以用一组同宽同长的矩形截面来代替，而不致引起多大的误差。因此，U 形、矩形及箱形截面渡槽的抗扭惯性矩分别为

U 形：
$$I_t=\frac{\eta}{3}[2(b-t_2)t_1^3+2ht_2^3+\pi Rt_2^3] \tag{6.3.7}$$

矩形：
$$I_t=\frac{\eta}{3}[2(b-t_3)t_1^3+2Ht_2^3+(B-2t_2)t_3^3] \tag{6.3.8}$$

箱形：
$$I_t=\frac{\eta}{3}[2(B-2t_2)t_1^3+2Ht_2^3+(B-2t_2)t_3^3] \tag{6.3.9}$$

式中：I_t 为截面抗扭惯性矩；η 为考虑板件连接处的有利影响系数，对于槽形截面，$\eta=1.12$。

6.3.2.4　截面扇性惯性矩

在计算扇性惯性矩之前必须首先确定薄壳渡槽扭转的主扇性坐标 ω，其计算公式如下：

$$\omega=\int_0^s r\,\mathrm{d}s \tag{6.3.10}$$

式中：ω 为以剪切中心为极点，以主零点 E 为弧长计算起点的扇性坐标；r 为剪切中心到剪力流上任一点沿周界的切线的垂直距离。

根据问题对称性，可求得薄壳渡槽的扇性惯性矩 I_ω，即

$$I_\omega=\int_A \omega^2\,\mathrm{d}A \tag{6.3.11}$$

式中：I_ω 为扇性惯性矩。

对于由诸多矩形板段组成的开口薄壁截面，其中任一板段截面的厚度为 t_i，长度为 l_i，板段两端的主扇性坐标分别为 ω_{ni} 和 ω_{ni+1}，则整个截面的扇性惯性矩为

$$I_\omega=\int_A \omega_n^2\,\mathrm{d}A=\int_0^{l_i}\left[\omega_{ni}+\frac{\omega_{ni+1}-\omega_{ni}}{l_i}s\right]^2 t_i\,\mathrm{d}s=\frac{1}{3}\Sigma(\omega_{ni}^2+\omega_{ni}\omega_{ni+1}+\omega_{ni+1}^2)t_il_i \tag{6.3.12}$$

以 U 形渡槽为例，其扇性惯性矩为

$$I_\omega=I_{\omega1}+I_{\omega2}+I_{\omega3} \tag{6.3.13}$$

其中，$I_{\omega1}$、$I_{\omega2}$、$I_{\omega3}$ 由下式计算：

$$\begin{cases} I_{\omega 1}=\dfrac{1}{12}R^3t_2(\pi^3R^2-48Ra_N+6\pi a_N^2) \\ I_{\omega 2}=\dfrac{2}{3}R^3t_2\left[\left(a_N-\dfrac{1}{2}\pi R\right)^3+\left(h-a_N+\dfrac{1}{2}\pi R-\dfrac{t_1}{2}\right)^3\right] \\ I_{\omega 3}=\dfrac{4t_1}{3(2a_N+2h-t_1)}\left[\dfrac{1}{2}\pi R^2-Ra_N+R\left(h-\dfrac{t_1}{2}\right)\right]^3 \\ \qquad +\dfrac{4t_1}{3(2a_N+2h-t_1)}\left[\dfrac{\pi R^2}{2}-Ra_N+R\left(h-\dfrac{t_1}{2}\right)+\left(a_N+h-\dfrac{t_1}{2}\right)\left(b-\dfrac{t_2}{2}\right)\right]^3 \end{cases} \tag{6.3.14}$$

6.3.2.5 剪力中心

根据剪力流理论，可求得 U 形、矩形及箱形渡槽截面各段的剪力流，如图 6.3.1 所示。根据剪力中心定义，渡槽截面各段剪力流对剪力中心 N 点的力矩之和应等于 0，由于问题对称性，通过积分计算可分别求得 U 形渡槽的剪力中心 N 至 x' 轴的距离 a_N 为

$$a_N=\frac{V_1\left(h-\dfrac{1}{2}t_1\right)+P_1R+A_1}{A_2-V_1} \tag{6.3.15}$$

式中：a_N 为剪力中心 N 至 x' 轴的距离；V_1、P_1、A_1、A_2 由下式计算。

$$\begin{cases} V_1=\dfrac{Vt_1\left[\dfrac{1}{2}\left(R-b+\dfrac{t_2}{2}\right)\left(b-\dfrac{t_2}{2}\right)^2+\dfrac{1}{6}\left(b-\dfrac{t_2}{2}\right)^3\right]}{I_y} \\ P_1=\dfrac{V\left[t_1\left(b-\dfrac{t_2}{2}\right)\left(h-\dfrac{t_1}{2}\right)\left(R-\dfrac{b}{2}+\dfrac{t_2}{4}\right)+\dfrac{t_2R}{2}\left(h-\dfrac{t_1}{2}\right)^2\right]}{I_y} \\ A_1=\dfrac{V\left[\dfrac{\pi t_1}{2}\left(b-\dfrac{t_2}{2}\right)\left(R-\dfrac{b}{2}+\dfrac{t_2}{4}\right)+\dfrac{\pi t_2R}{2}\left(h-\dfrac{t_1}{2}\right)+R^2t_2\right]}{I_y} \\ A_2=\dfrac{V\left[t_1\left(b-\dfrac{t_2}{2}\right)\left(R-\dfrac{b}{2}+\dfrac{t_2}{4}\right)+Rt_2\left(h-\dfrac{t_1}{2}\right)+\dfrac{\pi R^2t_2}{4}\right]}{I_y} \end{cases} \tag{6.3.16}$$

6.3.2.6 截面不对称特征参数

截面不对称特征参数是计算弯扭失稳临界弯矩的重要几何参数。一般截面不对称特征参数可根据下式计算：

$$\begin{cases} \beta_x=\dfrac{\iint_A x(x^2+y^2)\mathrm{d}A}{2I_y}-x_s \\ \beta_y=\dfrac{\iint_A y(x^2+y^2)\mathrm{d}A}{2I_x}-y_s \end{cases} \tag{6.3.17}$$

式中：β_x、β_y 为截面不对称特征参数。

对于渡槽而言，不管是 U 形、矩形还是箱形，其截面为沿 y 轴对称，因此，只需计算 β_y 即可，具体如下式：

$$\beta_y=\frac{1}{2I_x}\iint_A y(x^2+y^2)\mathrm{d}A-(a_N-a_C) \tag{6.3.18}$$

以U形渡槽为例，其不对称特征参数 β_y 为

$$\begin{aligned}\beta_y=&\frac{Rt_2}{I_x}\left(3R^2a_C+R^3-\pi R^2a_C-\frac{1}{2}\pi a_C{}^3\right)-a_N+a_C+\frac{t_2R^2}{4I_x}\left[a_C^2-\left(h+a_C-\frac{t_1}{2}\right)^2\right]\\&+\frac{t_2}{8I_x}\left[a_C^4-\left(h+a_C-\frac{t_1}{2}\right)^4\right]-\frac{t_1}{6I_x}\left(h+a_C-\frac{t_1}{2}\right)\left[R^3-\left(R-b+\frac{t_2}{2}\right)^3\right]\\&-\frac{t_1}{2I_x}\left(h-a_C-\frac{t_1}{2}\right)^3\left[R-\left(R-b+\frac{t_2}{2}\right)\right]\end{aligned} \tag{6.3.19}$$

6.3.3 薄壁槽身结构侧弯扭失稳

薄壁槽身结构侧弯扭失稳问题，主要是薄壁槽身结构（结构的侧向刚度小于纵向刚度）在运行工况下，槽身结构在发生纵向弯曲变形的同时，结构断面伴随扭转失稳而破坏。

图6.3.4为一U形薄壳渡槽，在刚度最大的 yz 平面内，渡槽两端各受一弯矩作用。采用右手坐标系 $Oxyz$ 以及弯扭变形相应的移动坐标系 ξ、η、ζ，C 点为截面形心，x 轴和 y 轴为形心主轴，N 点为剪力中心。u 和 v 为渡槽截面剪力中心沿 x 轴和 y 轴方向的线位移，φ 为渡槽截面绕剪力中心的扭转角，均以图示方向为正。u、v 和 φ 是 z 的函数，图6.3.4中力矩用双箭头矢量表示，其方向按矢量的右手规则确定。

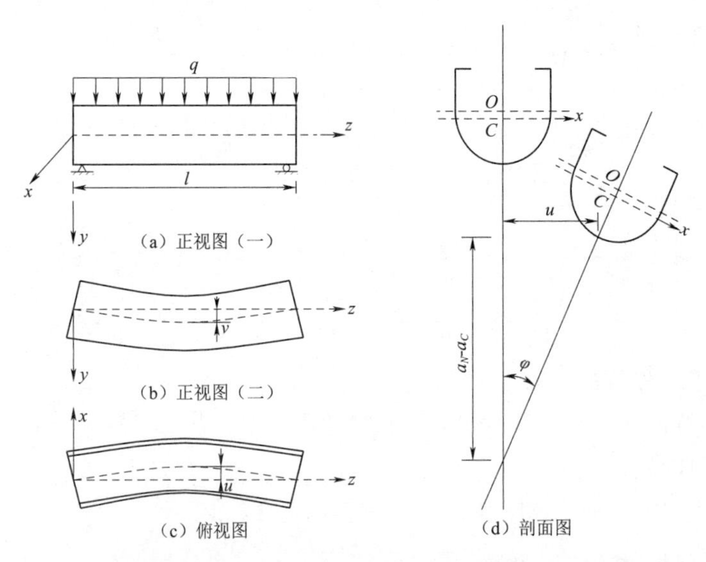

图6.3.4　薄壳渡槽侧弯扭失稳的变形图

在计算薄壁槽身的侧扭屈曲时，作如下假设：①材料是各向同性的完全弹性体；②等截面薄壁槽身侧扭屈曲时截面的几何形状保持不变；③变形是微小的；④不考虑槽身初始缺陷的影响；⑤由于渡槽在弯曲平面内的抗弯刚度很大，屈曲前的弯曲变形对侧扭的影响略去不计。

当构件发生侧移时，荷载在平移过程中，总的势能并无变化；但是当构件绕截面剪力

中心扭转时，荷载作用点位于剪力中心之上的距离为（$a_N - a_C$）时，将下落一段距离（$a_N - a_C$）$(1-\cos\varphi) \approx \frac{1}{2}(a_N - a_C)\varphi^2$，这时增加的外力势能为 $-\frac{1}{2}\int_0^l q(a_N - a_C)\varphi^2 \mathrm{d}z$。于是表达式为

$$\Pi = \frac{1}{2}\int_0^l [EI_y u''^2 + EI_\omega \varphi''^2 + GI_t \varphi'^2 + 2\beta_y M_x \varphi'^2 + 2M_x u''\varphi - q(a_N - a_C)\varphi^2]\mathrm{d}z \tag{6.3.20}$$

采用瑞利-里兹法求解时，假定符合几何边界条件的位移函数为 $u = C_1 \sin\frac{\pi z}{l}$，$\varphi = C_2 \sin\frac{\pi z}{l}$，并且 $M_x = \frac{1}{2}q(lz - z^2)$，将它们代入式（6.3.20），可得

$$\begin{aligned}\Pi = \frac{1}{2}\int_0^l \Big\{ & \left[\frac{\pi^4 EI_y}{l^4}C_1^2 + \frac{\pi^4 EI_\omega}{l^4}C_2^2 - q\frac{\pi^2}{l^2}(lz - z^2)C_1 C_2 - q(a_N - a_C)C_2^2\right]\sin^2\frac{\pi z}{l} \\ & + \frac{\pi^2}{l^2}[GI_t + q\beta_y(lz - z^2)]C_2^2 \cos^2\frac{\pi z}{l}\Big\}\mathrm{d}z\end{aligned} \tag{6.3.21}$$

可利用积分式

$$\begin{cases}\int_0^l (lz - z^2)\sin^2\frac{\pi z}{l}\mathrm{d}z = \frac{\pi^2 + 3}{12\pi^2}l^3 \\ \int_0^l (lz - z^2)\cos^2\frac{\pi z}{l}\mathrm{d}z = \frac{\pi^2 - 3}{12\pi^2}l^3 \\ \int_0^l \sin^2\frac{\pi z}{l}\mathrm{d}z = l/2 \\ \int_0^l \cos^2\frac{\pi z}{l}\mathrm{d}z = l/2\end{cases} \tag{6.3.22}$$

经积分，并引入符号 $M = \frac{1}{8}ql^2$ 后，得

$$\begin{aligned}\Pi = & \frac{1}{4}\frac{\pi^4 EI_y}{l^3}C_1^2 + \left[\frac{1}{4}\frac{\pi^4 EI_\omega}{l^3}C_2^2 + \frac{\pi^2 GI_t}{4l} + \frac{M\beta_y(\pi^2 - 3)}{3l} - \frac{2M}{l}(a_N - a_C)\right]C_2^2 \\ & - \frac{M}{3l}(\pi^2 + 3)C_1 C_2\end{aligned} \tag{6.3.23}$$

根据势能驻值原理，由 $\frac{\partial \Pi}{\partial C_1} = 0$ 可得

$$\frac{\pi^2 EI_y}{l^2}C_1 - \frac{2}{3}\frac{(\pi^2 + 3)M}{\pi^2}C_2 = 0 \tag{6.3.24}$$

由 $\frac{\partial \Pi}{\partial C_2} = 0$ 可得

$$-\frac{2}{3}\times\frac{(\pi^2 + 3)M}{\pi^2}C_1 + \left[\frac{\pi^2 EI_\omega}{l^2} + GI_t + \frac{4\beta_y(\pi^2 - 3)M}{3\pi^2} - \frac{8(a_N - a_C)M}{\pi^2}\right]C_2 = 0 \tag{6.3.25}$$

考虑到薄壳渡槽屈曲的条件，必须有

$$\begin{vmatrix} \dfrac{\pi^2 EI_y}{l^2} & -\dfrac{2}{3}\dfrac{(\pi^2+3)M}{\pi^2} \\ -\dfrac{2}{3}\dfrac{(\pi^2+3)M}{\pi^2} & \dfrac{\pi^2 EI_\omega}{l^2}+GI_t+\dfrac{4\beta_y(\pi^2-3)M}{3\pi^2}-\dfrac{8(a_N-a_C)M}{\pi^2} \end{vmatrix}=0 \quad (6.3.26)$$

求解式（6.3.26），可得临界弯矩 M_{cr}，即

$$M_{cr}=\frac{3\pi^2}{2(\pi^2+3)}\times\frac{\pi^2 EI_y}{l^2}\left\{-\frac{6}{\pi^2+3}\times(a_N-a_C)+\frac{\pi^2-3}{\pi^2+3}\times\beta_y+\sqrt{\left[-\frac{6}{\pi^2+3}\times(a_N-a_C)+\frac{\pi^2-3}{\pi^2+3}\times\beta_y\right]^2+\frac{I_\omega}{I_y}\left(1+\frac{GI_t l^2}{EI_\omega\pi^2}\right)}\right\} \quad (6.3.27)$$

$$M_{cr}=1.15\frac{\pi^2 EI_y}{l^2}\left\{-0.466(a_N-a_C)+0.534\beta_y+\sqrt{[-0.466(a_N-a_C)+0.534\beta_y]^2+\frac{I_\omega}{I_y}\left(1+\frac{GI_t l^2}{EI_\omega\pi^2}\right)}\right\} \quad (6.3.28)$$

在前面的分析中，假定荷载作用平面内梁的抗弯刚度 EI_x 远大于侧向抗弯刚度和约束扭转抗扭刚度，所以没有考虑屈曲前竖向变形的影响。但当这些刚度属于同一量级时，竖向变形的影响不可忽略。根据理论分析，考虑屈曲前竖向变形的影响时，应将临界弯矩 M_{cr}除以一修正系数 β，即

$$\beta=\sqrt{\left(1-\frac{EI_y}{EI_x}\right)\left[1-\frac{\dfrac{\pi^2 EI_\omega}{l^2}+GI_t}{EI_x}\right]} \quad (6.3.29)$$

当求出 M_{cr}以后，利用下式可求出薄壳渡槽的失稳荷载 q_{cr}及上缘失稳应力 σ_{cr}。

$$q_{cr}=\frac{8M_{cr}}{L^2} \quad (6.3.30)$$

$$\sigma_{cr}=\frac{M_{cr}y_1}{I_y} \quad (6.3.31)$$

根据刘东常、白新理等人研究成果[7-9]可知，影响渡槽侧弯扭屈曲临界应力的主要因素有渡槽上缘宽度、壁厚、跨度、高宽比和跨高比等，其中对侧弯扭屈曲临界应力影响最大是渡槽跨度。对于 U 形薄壳渡槽而言，在常用渡槽截面尺寸和跨度下，其侧弯扭屈曲临界应力基本在 1000MPa 以上，比混凝土抗压强度设计值大很多，这说明在一般情况下，渡槽不会发生侧弯扭屈曲破坏，只会发生强度破坏。

6.4 支承结构稳定问题

6.4.1 支承结构稳定问题特点

如前所述，渡槽的支承结构型式有墩式、排架式、混合式墩架及桩柱式槽架、拱式、斜拉式等。墩式支承结构可分为重力墩和加强墩两种，常规渡槽墩高一般在 50m 以内，墩体自身稳定问题相对不突出。随着西南高山峡谷地区长距离调水工程的相继兴建，槽墩

高度已经超过 50m，达到 80～90m，如徐家湾渡槽最大墩高可达 92m，高墩稳定性问题成为槽墩设计的关键问题之一[10]。槽墩是典型的压弯构件，其稳定性属于极值点失稳问题。

主拱圈是拱式渡槽的主要承重结构，以承受轴向压力为主，拱内弯矩较小，因此主拱圈稳定问题是一个重要问题。《灌溉与排水渠系建筑物设计规范》（SL 482—2011）第 5.5.8-7 条规定：采用无支架或吊装施工的主拱圈，应按裸拱进行纵向稳定验算；采用无支架或早期脱架施工的大、中跨径主拱圈，拱上结构未与拱圈共同作用时，应按主拱圈承受全部拱上荷载进行验算；拱上排架无纵向联系且槽身简支于排架顶部时，应按主拱圈承受拱跨结构全部荷载进行验算。

斜拉渡槽一般由塔、墩、拉索及主梁（槽身）四部分组成，自塔上伸出若干斜向拉索将主梁吊起，从而形成一种多次超静定的承重跨越结构，其受力特性与斜拉桥基本相同。斜拉渡槽的梁、塔在外荷载作用下，处于压弯状态；随着外荷载增大，梁、塔压力增大到一定值时，斜拉渡槽可能产生平面内的压弯失稳或出平面的弯扭失稳。斜拉渡槽在静风三分力作用下，也可能出现扭转发散或弯扭失稳；当风力的升力矩超过渡槽的抗扭能力时，将导致加筋梁扭转发散。主塔梁在恒载梁柱效应与风的三分力共同作用下，结构的有效切线刚度降为 0 时，将导致主梁弯曲与扭转复合的失稳模态，即侧弯扭失稳。在实际工程中，斜拉渡槽的失稳原因十分复杂，梁、塔在面内外的失稳可能是耦合的，要精确计算斜拉渡槽的稳定性，一般应采用有限元方法。

6.4.2 高墩稳定性分析

目前，国内已建的连续刚构渡槽（表 1.2.2），跨度均超过 100m、支撑高度基本在 50m 以上，墩身通常采用高强混凝土和空心薄壁结构，墩截面尺寸小而高度大，属于典型的压弯构件，槽墩结构的稳定状态异常重要。这类渡槽通常采用悬臂法施工，在不平衡荷载作用下，随着槽墩增高，稳定性安全系数降低。对于连续刚构渡槽而言，其稳定性问题包括高墩自身稳定性问题、主梁悬臂施工过程中的稳定性问题以及成槽后的整体结构稳定性问题；其中，施工过程中最大悬臂状态下槽墩结构稳定性最差，是连续刚构渡槽稳定问题的主要控制因素。

《高墩大跨连续刚构渡槽技术指南》第 8.2.5 条规定[11]：应验算墩身整体稳定，当墩身为薄壁空心墩且墩较高时，还应验算墩壁的局部稳定性。因此，在充分考虑结构自重、施工荷载和风荷载等作用的最不利荷载组合下（不考虑挂篮坠落，施工单位应采取压重和后锚等多种措施来确保挂篮不会坠落），需要对高墩在最大悬臂施工状态下的稳定性问题进行分析。

6.4.2.1 高墩稳定性近似计算[12]

在高墩大跨连续刚构渡槽悬臂浇筑施工中，当最末段施工时，在恒载、施工荷载、块段重量的施工误差、风载、挂篮作用下为最不安全。单薄壁墩在该状态下侧向失稳变形情况如图 6.4.1 所示，包括挂

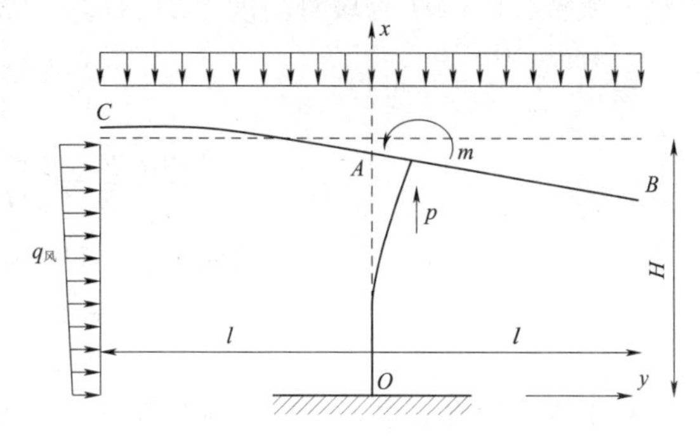

图 6.4.1 单薄壁墩侧向失稳

篮正常工作和非正常工况（跌落）；图中，p、m 为悬臂端不平衡竖向力及弯矩；H 为墩身高度；l 为最大悬臂长度。在稳定公式推导时以挂篮跌落为对象来求解屈曲临界力。

OA 段：侧向弯曲失稳的位移函数为 $y(x)=\alpha(1-\cos\pi x/2H)$。由此式可知屈曲临界力与施工阶段的不平衡弯矩无关，挂篮正常工作与非正常工作的屈曲临界力相同。

$y(x)=\alpha(1-\cos\pi x/2H)$ 应满足边界条件：

$$\begin{cases} y(x)=0 \\ y'(x)=0 \end{cases} \tag{6.4.1}$$

$y'(H)=\theta$，得 $\theta=\alpha/(2H)$；$y''(H)=0$；

$$U_{OA}=\frac{1}{2}\int_0^H RI(y'')^2\mathrm{d}x=\frac{\pi^2 KI\alpha^2}{GqH^2} \tag{6.4.2}$$

$$V_{OA}=-\frac{1}{2}\int_0^H P(y')^2\mathrm{d}x-\frac{1}{2}\int_0^H qx(y')^2\mathrm{d}x-\frac{1}{2}\int_0^H q_{风}\,y\mathrm{d}x$$

$$=-\frac{I^2\pi^2\alpha^2}{16H}-\frac{0.149\pi^3 q\alpha^3}{8}-\frac{A}{8}\alpha \tag{6.4.3}$$

式中：H 为墩身高度；q 为墩身自重沿高度 H 的分布荷载；$q_{风}$ 为风荷载；E 为墩身混凝土弹性模量；I 为墩身截面惯性矩，一般按顺槽向计算；A 为常数；$y(x)$ 为位移函数；α 为参数；P 为作用在墩顶的所有竖向力之和。

BC 段：失稳的位移函数 $x(y)=-\theta y+b(1-\cos\pi y/2l)$，满足边界条件：

$$\begin{cases} \overline{x}(0)=0 \\ \overline{x'}(0)=-\theta \\ \overline{x''}(\pm 1)=0 \end{cases} \tag{6.4.4}$$

$$U_{BC}=\frac{1}{2}\int_{-l}^{l} E_{\mathrm{b}}I_{\mathrm{b}}(\overline{x''})^2\mathrm{d}y=\frac{1}{2}Bb^2 \tag{6.4.5}$$

$$V_{BC}=-\frac{1}{2}\int_{-l}^{l} Q_H\overline{x}\mathrm{d}y-p\Delta_{\mathrm{c}}=-\frac{1}{2}Cb-pb-mb\,\frac{\pi}{2l}-Ma\,\frac{\pi}{2H} \tag{6.4.6}$$

式中：I_{b} 为悬臂梁的惯性矩；E_{b} 为悬臂梁的弹性模量；Q_{b} 为悬臂梁的自重；b 为参数；p 为悬臂端不平衡竖向力；m 为悬臂端弯矩；M 为作用在墩顶的所有不平衡弯矩之和；l 为最大悬臂长度；H 为墩身高度；B、C 均为常数。

由 $\dfrac{\partial(U+V)}{\partial\alpha}=0$ 可得

$$\frac{EI\pi^4\alpha}{32H^2}-\frac{0.149\pi^2 q\alpha}{8}-\frac{p\pi^2}{8H}\alpha-\frac{1}{2}A-M\,\frac{\pi}{2H}=0 \tag{6.4.7}$$

当 $\alpha\to\infty$ 时，$y(x)\to\infty$，结构失稳，可得临界力 P_{cr}：

$$P_{\mathrm{cr}}=\frac{\pi^2 EI}{4H^2}-0.3qH \tag{6.4.8}$$

对于双薄壁空心墩，失稳按刚架考虑。挂篮正常工作时，尽管梁段浇筑速度存在施工误差，可近似按双墩对称承载考虑，由理论可知，考虑墩的自重影响可采用临界力的方法得到墩顶实际临界力：

$$P_{cr}=\pi^2 EI/(\beta H)^2-0.3qH \tag{6.4.9}$$

式中：β 为墩身有效长度系数。

当挂篮跌落时，墩顶不平衡力 M 可等效到两墩顶，按刚架不对称加载考虑，此时求解临界力可采用有限元法计算。初步估算时，可直接取 $\beta=1$。

6.4.2.2 高墩稳定性有限元计算[13]

以西南地区某连续刚构渡槽为例，本节采用有限元法研究其最大悬臂状态下槽墩结构稳定性问题。各高墩在最大悬臂施工状态下的有限元模型从 6.5 节中所建立的渡槽结构整体模型中取得，具体模型如图 6.4.2～图 6.4.4 所示。

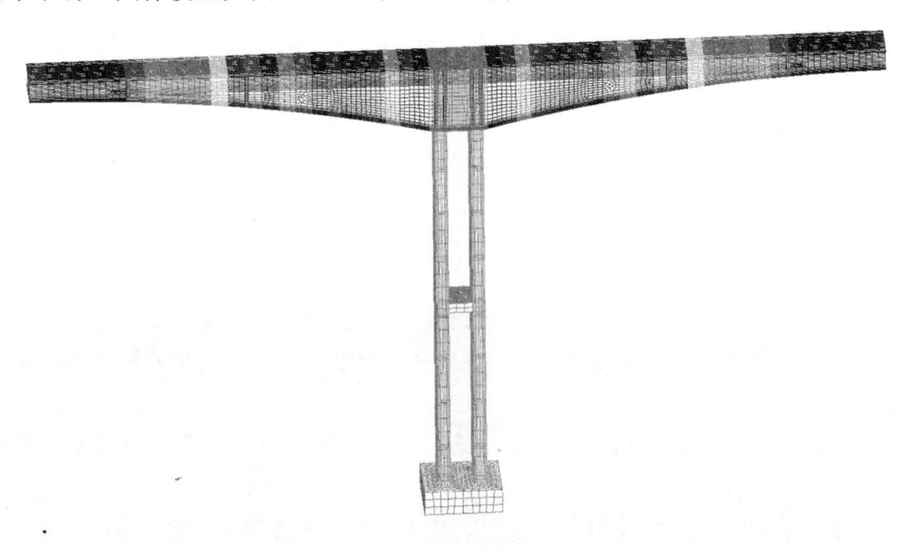

图 6.4.2 最大悬臂施工状态下 GG _ 1 墩的有限元模型

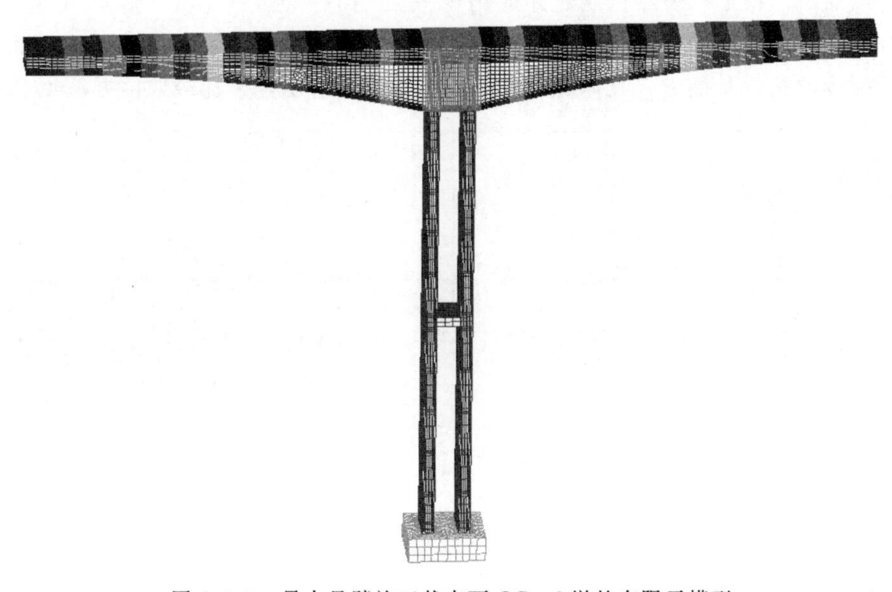

图 6.4.3 最大悬臂施工状态下 GG _ 2 墩的有限元模型

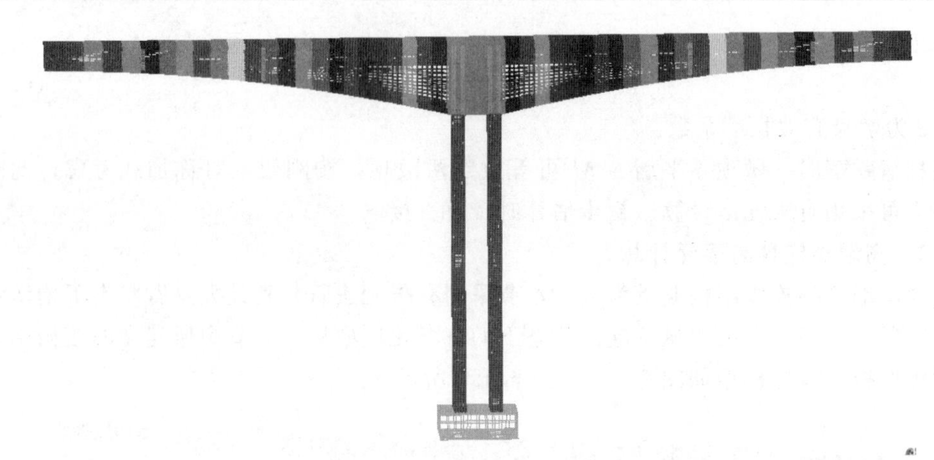

图 6.4.4　最大悬臂施工状态下 GG _ 3 墩的有限元模型

从可能出现的最大不利受力图式考虑，参考国内外其他桥梁有关荷载取值，拟定最大悬臂状态下的施工荷载，具体如下：

（1）梁体自身不均匀。假设最大悬臂状态下的梁体自重不均匀，一侧取主梁自重的1.04倍，另一侧取主梁自重的0.96。

（2）动力系数不均匀。根据设计要求，挂篮（含全部施工荷载）设计自重为1100kN。挂篮、现浇块段及施工机具的动力影响系数，一端采用1.2，另一端采用0.8，即挂篮的重量分别为1320kN、880kN。

（3）梁段施工不同步。最后一悬臂浇筑梁段不同步施工，不平衡荷载相差一个底板自重，即最后一块悬臂浇筑段长度为4m。

（4）材料、机具堆放不均匀。为便于施工，施工单位要求在梁体上堆放一些工具材料，计算时取一悬臂作用有8.5kN/m均布荷载，并在其端头有200kN集中力，另一悬臂空载。

（5）风荷载。根据《公路桥涵设计通用规范》（JTG D60—2015）附录A，从保守的风载组合出发，考虑横桥向、顺桥向及竖向三个方向风荷载作用，作用范围为箱梁一端悬臂长度范围内的箱段及槽墩，具体施加方式如图6.4.5所示，风荷载取值办法见3.4节。

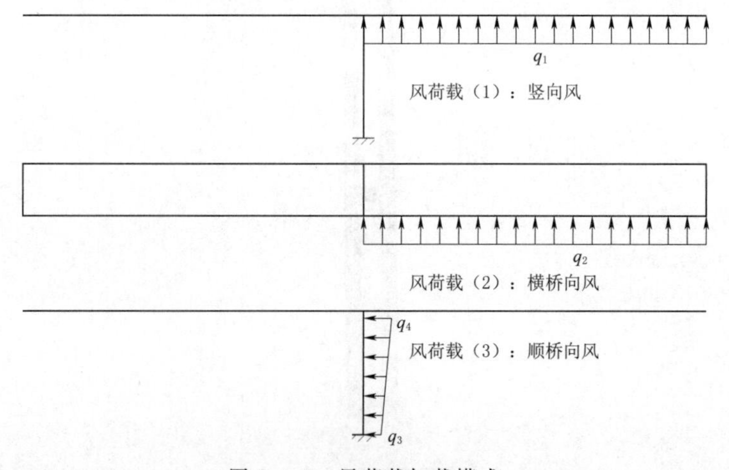

图 6.4.5　风荷载加载模式

稳定计算考虑了五阶失稳模态，具体计算成果见表 6.4.1 及图 6.4.6～图 6.4.8。由表 6.4.1 可知，GG _ 1 墩和 GG _ 2 墩的 1 阶失稳模态均为横桥向侧倾，GG _ 3 墩的 1 阶失稳模态为纵桥向 S 形，这可能是由于 GG _ 3 墩未设置横系梁的缘故。在 1 阶模态中，以 GG _ 2 墩的稳定系数最小，为 5.8146，GG _ 1 墩的稳定系数最大，为 7.6965；均大于 4.0，满足《公路斜拉桥设计规范》（JTG/T 3365 - 01—2020）的要求。对比表 6.4.1 及表 6.5.1 可知，最大悬臂阶段稳定特征值最小，是最不利的施工阶段。

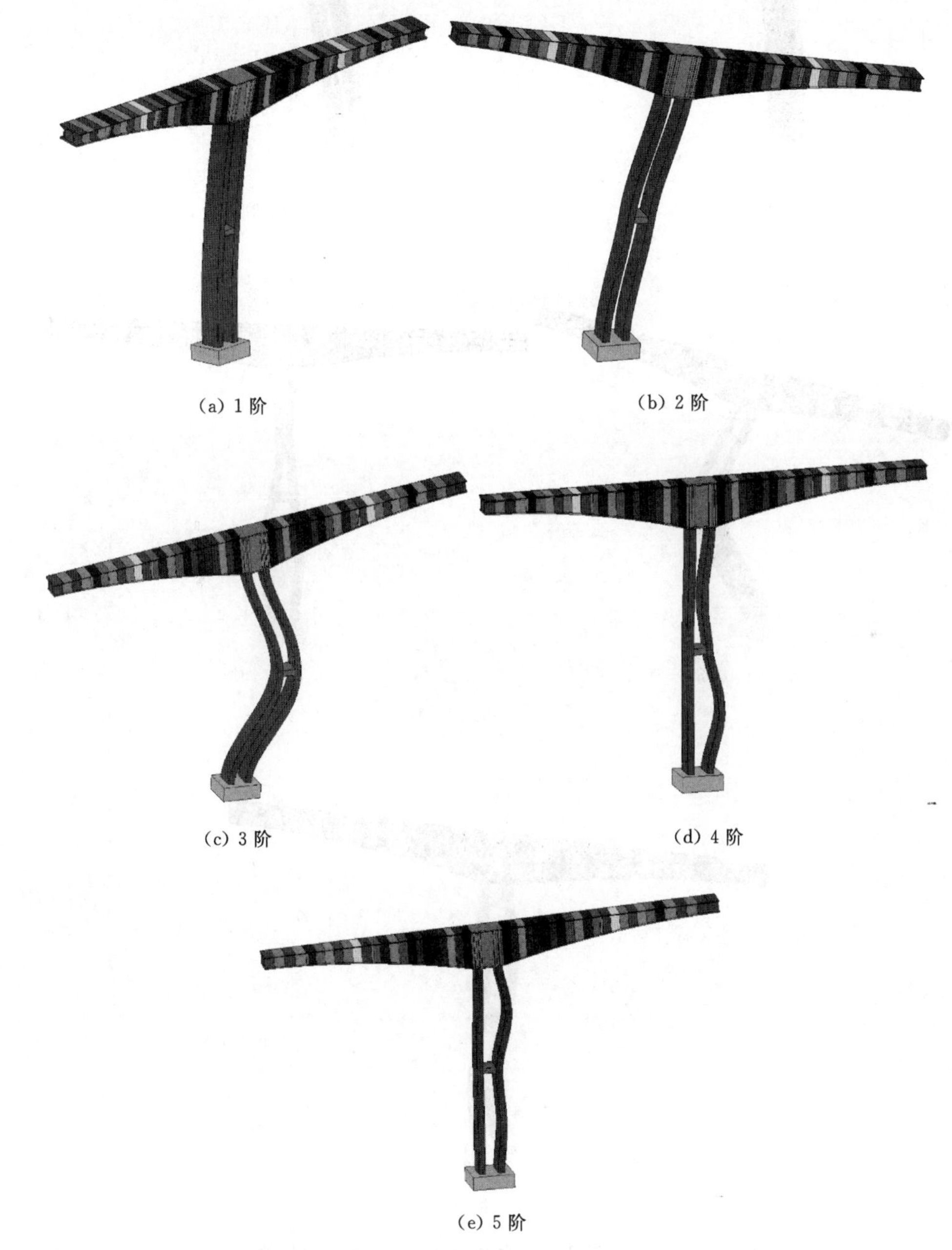

(a) 1 阶

(b) 2 阶

(c) 3 阶

(d) 4 阶

(e) 5 阶

图 6.4.6 最大悬臂施工状态下 GG _ 1 墩的失稳模态

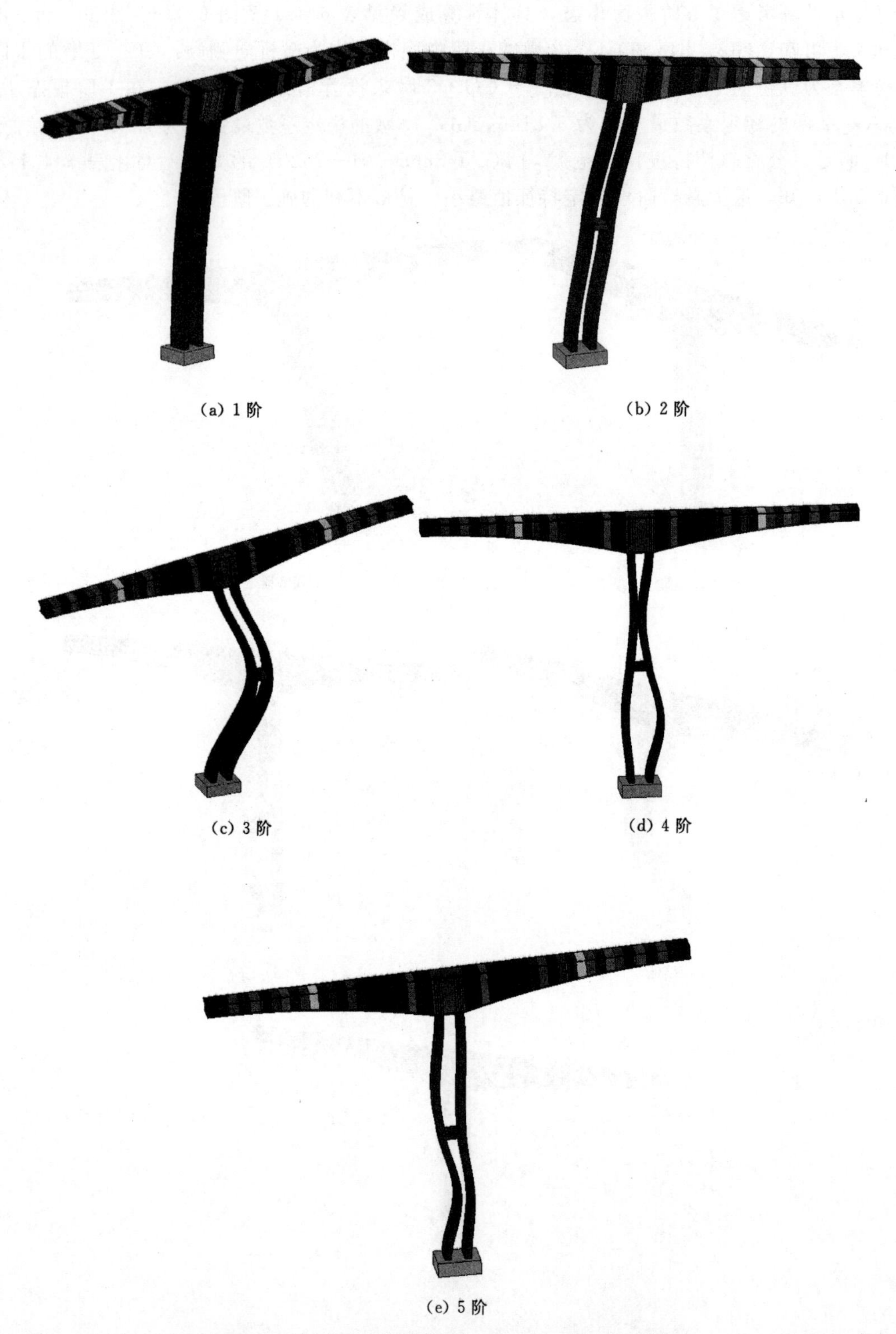

图 6.4.7　最大悬臂施工状态下 GG _ 2 墩的失稳模态

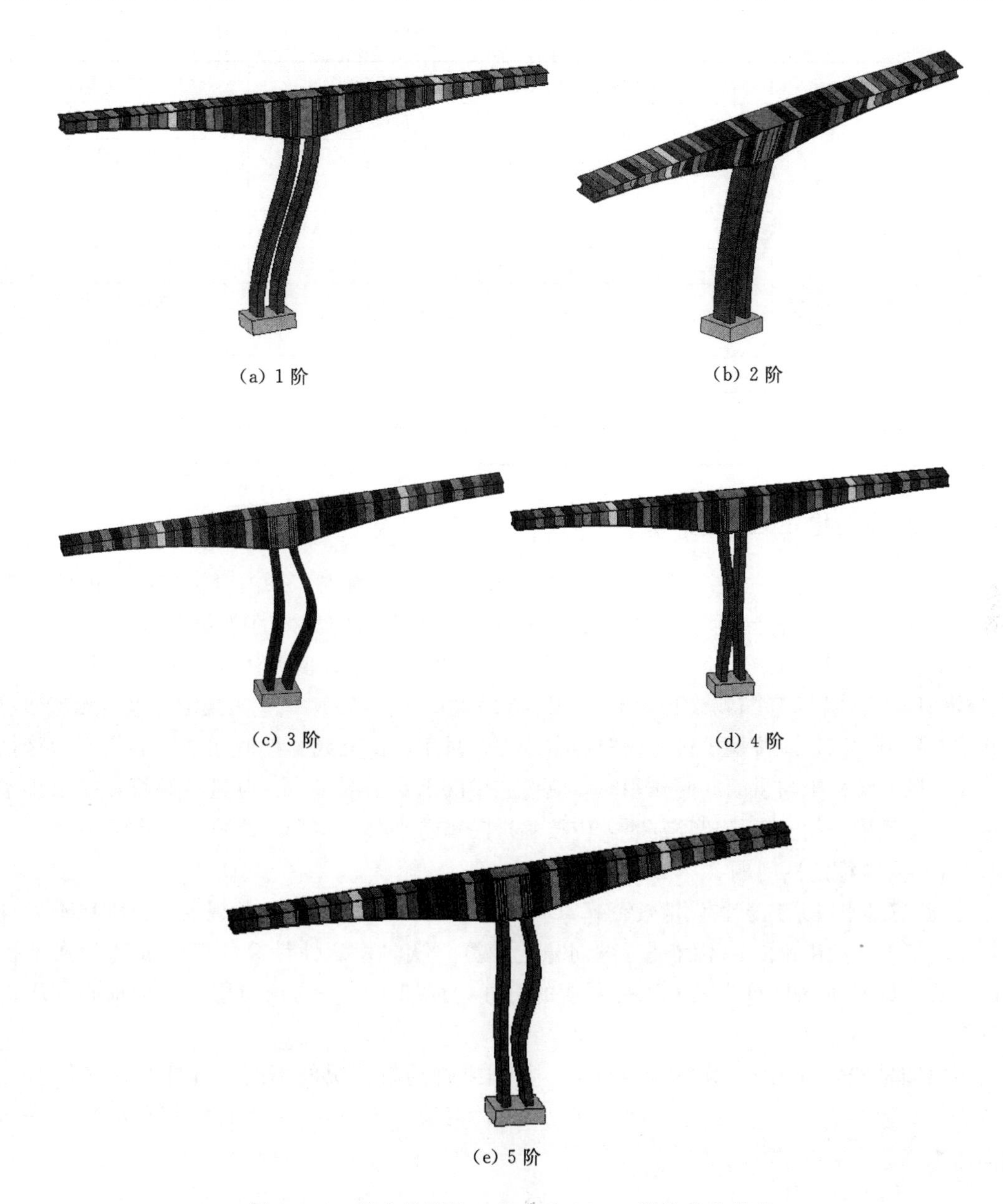
(a) 1 阶　(b) 2 阶　(c) 3 阶　(d) 4 阶　(e) 5 阶

图 6.4.8 最大悬臂施工状态下 GG _ 3 墩的失稳模态

表 6.4.1 最大悬臂状态下槽墩结构稳定性分析计算成果表

位　置	模态阶数	稳定系数	失稳模态
GG _ 1 墩	1	7.6965	横桥向侧倾
	2	9.5061	纵桥向弯曲
	3	14.682	纵桥向 S 形
	4	31.737	纵桥向 S 形
	5	37.507	纵桥向 S 形

续表

位　置	模态阶数	稳定系数	失稳模态
GG_2墩	1	5.8968	横桥向侧倾
	2	6.9073	纵桥向弯曲
	3	11.080	纵桥向S形
	4	32.545	纵桥向S形
	5	37.481	纵桥向S形
GG_3墩	1	6.9035	纵桥向S形
	2	12.276	横桥向侧倾
	3	25.259	纵桥向S形
	4	29.705	纵桥向S形
	5	55.003	纵桥向S形

6.4.3　主拱圈稳定性分析

主拱圈是拱式渡槽的主要承重结构，以承受轴向压力为主，拱内弯矩较小，因此主拱圈稳定问题是一个重要问题。目前，在设计阶段，主拱圈的稳定性按纵向及横向分别考虑，计算方法即可以采用规范规定的计算公式，也可以采用数值方法进行模拟分析。

《灌溉与排水渠系建筑物设计规范》(SL 482—2011) 第5.5.8-7条规定：采用无支架或吊装施工的主拱圈，应按裸拱进行纵向稳定验算；采用无支架或早期脱架施工的大、中跨径主拱圈，拱上结构未与拱圈共同作用时，应按主拱圈承受全部拱上荷载进行验算；拱上排架无纵向联系且槽身简支于排架顶部时，应按主拱圈承受拱跨结构全部荷载进行验算[13]。

6.4.3.1　纵向稳定性问题

《灌溉与排水渠系建筑物设计规范》(SL 482—2011) 第5.5.8-8条规定：长细比不大且矢跨比小于1/3的主拱圈，不宜进行纵向稳定验算。纵向稳定性计算一般可表达为强度校核的形式，即将拱圈换算为具有同等刚度的直杆，杆端承受平均轴向压力，按轴心受压构件计算。

主拱圈轴线长度为 s，换算为直杆时，根据拱脚约束情况的不同，直杆的计算长度 l_0 分别为：无铰拱 $l_0=0.36s$；两铰拱 $l_0=0.54s$；三铰拱 $l_0=0.58s$。直杆两端承受的平均轴向压力 N_m，采用下式计算：

$$\begin{cases} N_m=\dfrac{H_m}{\cos\varphi_m} \\ \cos\varphi_m=\dfrac{1}{\sqrt{1+4\left(\dfrac{f}{L}\right)^2}} \end{cases} \tag{6.4.10}$$

对于钢筋混凝土拱圈，求得的 N_m 即为换算直杆的轴向力设计值，可按轴心受压构件进行正截面受压承载力计算，如能满足要求，表明拱圈在纵向是稳定的。

对于砖、石及混凝土拱圈，正截面稳定性的验算公式为

$$N_j\leqslant\varphi\alpha R_a^j/\gamma_m \tag{6.4.11}$$

式中：N_j 为轴心力设计值，也可采用计算荷载作用下的平均轴心力 N_m；φ 为受压构件的纵向

弯曲系数，主拱圈为偏向受压构件，弯曲平面内的纵向弯曲系数 φ 可按式（6.4.12）计算。

$$\varphi=\frac{1}{1+\alpha'\beta(\beta-3)\left[1+1.33\left(\frac{e_0}{\gamma_w}\right)^2\right]} \tag{6.4.12}$$

其中

矩形截面：
$$\beta=\frac{l_0}{h_w}$$

非矩形截面：
$$\beta=\frac{l_0}{\gamma_w}$$

式中：α'为与砂浆强度有关的参数，对于 5 号、2.5 号、1 号砂浆，α'分别取 0.002、0.0025、0.004；对于混凝土，α'取 0.002；β 为偏心受压构件的长细比；γ_w 为在弯曲平面内构件截面的回转半径；e_0 为轴心力的偏心距；l_0 为直杆的计算长度；h_w 为矩形截面偏心受压构件在弯曲平面内的高度。

《灌溉与排水渠系建筑物设计规范》（SL 482—2011）第 5.5.8-8 条规定：对于长细比 $l_0/h_w>30$（矩形截面）或 $l_0/\gamma_w>104$（非矩形截面）的砖石及混凝土主拱圈、长细比 $l_0/b_0>50$ 或 $l_0/i_0>174$ 的钢筋混凝土主拱圈（b_0 为矩形截面短边尺寸，i_0 为截面最小回转半径），拱圈的纵向稳定可按式（6.4.13）～式（6.4.17）验算。

$$N_m\leqslant\frac{1}{K_v}N_L \tag{6.4.13}$$

$$N_m=\frac{H_m}{\cos\varphi_m} \tag{6.4.14}$$

$$\cos\varphi_m=\frac{1}{\sqrt{1+\left(\frac{f}{L}\right)^2}} \tag{6.4.15}$$

$$N_L=\frac{H_L}{\cos\varphi_m} \tag{6.4.16}$$

$$H_L=k_L\frac{EI_x}{L^2} \tag{6.4.17}$$

式中：N_m 为计算荷载作用下的平均轴向压力，kN；K_v 为纵向稳定安全系数，可采用 4～5；N_L 为拱圈丧失纵向稳定时的临界平均轴向压力，kN；H_m 为计算荷载作用下拱脚水平推力，kN；φ_m 为半拱的弦与水平线的夹角，(°)；f 为拱的计算矢高，m；L 为拱的计算跨度，m；H_L 为临界水平推力，kN；E 为拱圈材料的弹性模量，kN/m^2；I_x 为主拱圈截面对水平主轴的惯性矩，m^4，对于变截面拱圈，可近似采用 1/4 拱跨处截面惯性矩；k_L 为临界推力系数，等截面悬链线拱在均布荷载作用下的 k_L 值可参考表 6.4.2 确定。

表 6.4.2　等截面悬链线拱临界推力系数 k_L 值表

支承条件	l/L				
	0.1	0.2	0.3	0.4	0.5
	k_L				
无铰拱	74.2	63.5	51.0	33.7	25.0
两觉拱	36.0	28.5	19.0	12.0	8.5

6.4.3.2 横向稳定性问题

《灌溉与排水渠系建筑物设计规范》（SL 482—2011）第5.5.8-9条规定：当主拱圈宽跨比小于1/20或采用无支架施工时，应验算拱圈的横向稳定性。

对于宽跨比小于1/20的板拱或采用单肋合拢时的拱肋，可按式（6.4.18）～式（6.4.20）验算拱圈（肋）的横向稳定：

$$N_{m} \leqslant \frac{1}{K_{H}} N_{L}' \tag{6.4.18}$$

$$N_{L}' = \frac{H_{L}'}{\cos\varphi_{m}} \tag{6.4.19}$$

$$H_{L}' = K_{L}' \frac{EI_{y}}{8fL} \tag{6.4.20}$$

式中：K_{H}为横向稳定系数，可采用4～5；N_{L}'为拱圈（肋）丧失横向稳定时的临界轴向压力，kN；H_{L}'为临界推力，kN；I_{y}为拱圈（肋）截面对其自身竖直轴的惯性矩，m^4；f、L为拱圈（肋）的计算矢高和计算跨度，m；E为拱圈（肋）材料的弹性模量，kN/m^2；K_{L}'为临界荷载系数，可参考表6.4.3确定；N_{m}、φ_{m}意义同式（6.4.10）。

表6.4.3 等截面抛物线双铰拱横向稳定临界荷载系数 K_{L}'

f/L	λ		
	0.7	1.0	2.0
	K_{L}'		
0.1	28.5	28.5	28.5
0.2	41.5	41.0	40.0
0.3	40.0	38.5	36.5

注 表中λ为截面抗弯刚度与抗扭刚度之比。$\lambda = EI_y/GI_k$（其中，I_k为扭转惯性矩，m^4），G为剪切弹性模量，$G=0.43E$，kN/m^4。

对于具有横向联系构件的肋拱或无支架施工时采用双肋合拢的拱肋，在验算横向稳定时，可将拱展开成一个与拱轴等长的平面桁架，按组合压杆进行计算，组合杆的长度等于拱轴线长度S_a。拱圈（肋）的横向稳定验算公式与式（6.4.18）相同，但式中临界轴向压力N_{L}'为

$$N_{L}' = \frac{\pi^2 E_a I_y'}{L'^2} \tag{6.4.21}$$

$$L' = \alpha' S \sqrt{1 + \frac{\pi^2 E_a I_y'}{(\alpha' S_a)^2} \left(\frac{a'b'}{12E_b I_b} + \frac{a'^2}{24E_a I_a} \right)} \tag{6.4.22}$$

式中：I_y'为两拱肋截面对其公共竖直轴的惯性矩，m^4；E_a为拱肋材料的弹性模量，kN/m^2；L'为组合压杆计算长度，m；S_a为拱轴线长度，m；α'为横向计算长度系数，无铰拱为0.5，两铰拱为1.0；a'为横系梁的间距，m；b'为两拱肋中距，即横系梁的计算长度，m；I_a为拱肋（单根）截面对自身竖轴的惯性矩，m^4；I_b为横系梁（单根）截面对自身竖轴的惯性矩，m^4；E_b为横系梁材料的弹性模量，kN/m^4。

6.5 整体结构稳定问题

对于连续刚构渡槽而言，当连续刚构渡槽建成之后进入使用阶段，其求解稳定的理论

方法可按刚架失稳考虑。由于结构属高次超静定，受载种类增加，槽跨数又随槽址不同而变化，使用位移法或力法建立的平衡方程数目多，不易手算；其次基本公式的建立首先要确定正确的失稳模态，求出相应临界荷载，其中最小值为所求值这样使得计算工作量增大，不易手算；另外很难用统一公式来表达不同跨数结构失稳的临界力，使理论解的通用性受到限制，在实际分析中要得到正确的屈曲失稳临界力多采用有限元法。

以西南地区某连续刚构渡槽为例，本节采用有限元法开展该渡槽成槽后的整体稳定性分析[14]。整体结构有限元模型考虑了槽身、槽墩、承台、桩基、盆式支座、临时钢支撑等结构以及纵向、横向及竖向预应力体系，如图 6.5.1 和图 6.5.2 所示。

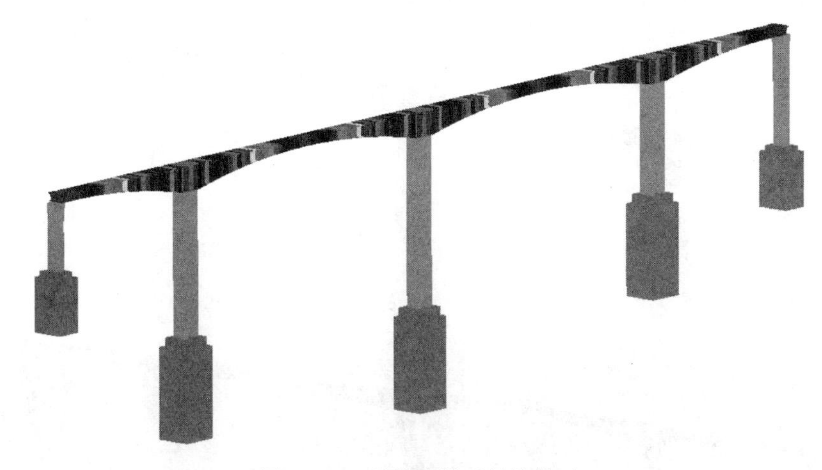

图 6.5.1　渡槽有限元整体模型

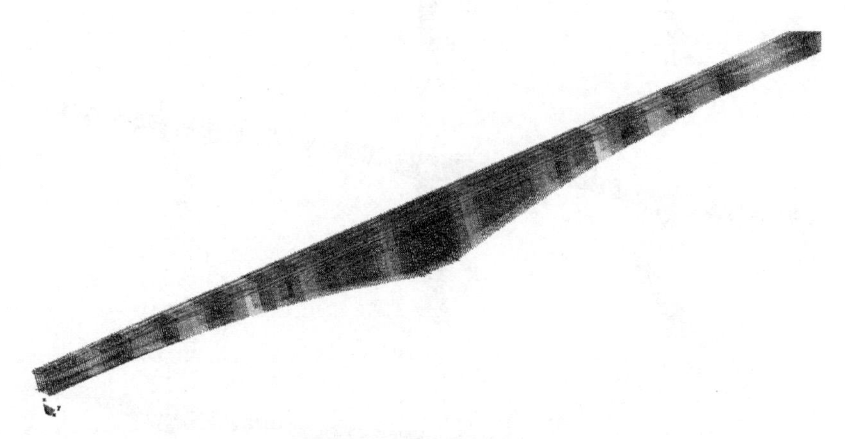

图 6.5.2　纵向、横向预应力钢束及竖向预应力钢筋有限元模型

由于该渡槽受水荷载较大，是同等桥梁车辆荷载的 5 倍。因此，通水后全槽的整体稳定性也非常关键，计算时充分考虑自重、水荷载及风荷载的最不利影响。

稳定计算考虑了 5 阶失稳模态，具体计算成果见表 6.5.1 及图 6.5.3。由表 6.5.1 可知，结构的 1 阶失稳模态为横桥向侧倾，1 阶稳定系数为 14.496，大于 4.0，满足《公路斜拉桥设计规范》（JTG/T 3365－01—2020）的要求。与施工阶段最大悬臂状态下渡槽稳定性相比，成槽后的渡槽受力情况发生根本变化，即受力体系由悬臂体系转为连续体系，

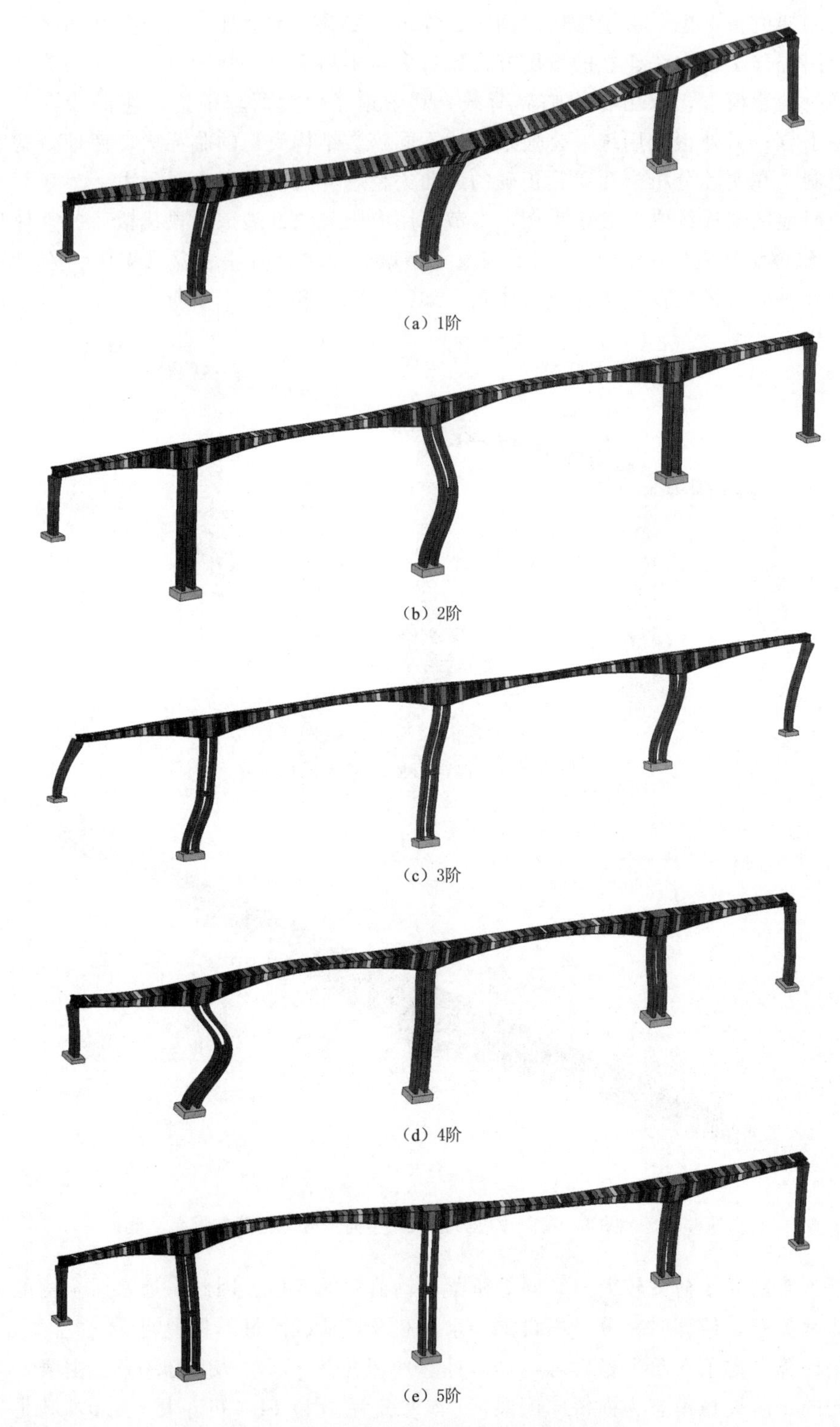

(a) 1阶

(b) 2阶

(c) 3阶

(d) 4阶

(e) 5阶

图6.5.3 渡槽整体失稳模态变形示意图

因而桥墩的受力状态也随之改变。槽墩在悬臂状态下的稳定性要弱于成槽阶段的稳定性，其原因是槽墩的整体联系加强了各杆件之间的联系，客观上限制了墩顶位移及墩身变形，对槽墩的稳定性有利。

表 6.5.1　　整体结构稳定性分析计算成果表

模态阶数	稳定系数	失稳模态	模态阶数	稳定系数	失稳模态
1	14.496	横桥向侧倾	4	30.592	纵桥向弯曲
2	19.819	GG _ 2 纵向弯曲	5	31.175	横桥向 S 形
3	26.878	纵桥向弯曲			

参　考　文　献

[1] 项海帆. 高等桥梁结构理论［M］. 北京：人民交通出版社，2001.

[2] 陈骥. 钢结构稳定理论与设计［M］. 2 版. 北京：科学出版社，2001.

[3] 何君毅，林祥都. 工程结构非线性问题的数值解法［M］. 北京：国防工业出版社，1994.

[4] 河南省水利勘测设计研究有限公司. 南水北调特大型渡槽关键技术研究与实践［M］. 北京：中国水利水电出版社，2018.

[5] 冯光伟，刘东常，左丽，等. 南水北调沙河渡槽结构局部稳定性分析［J］. 人民黄河，2010（9）：134-135.

[6] 刘东常，刘琰玲，袁志刚. U 形薄壳渡槽结构稳定性问题的研究［J］. 工程力学，1997（增刊）：685-689.

[7] 刘东常，白新理. U 形薄壳渡槽结构侧弯扭稳定性分析的研究［J］. 华北水利水电学院学报，1997，18（2）：1-6.

[8] 马文亮，刘东常，白新理，等. U 形预应力薄壳渡槽侧扭稳定性分析［J］. 云南水力发电，2008（1）：46-48.

[9] 白新理，马文亮. 大型预应力梁式薄壳渡槽整体稳定性分析［J］. 水利与建筑工程学报，2008（3）：12-14.

[10] 向国兴，徐江. 徐家湾高墩大跨连续刚构渡槽初步研究［J］. 中国农村水利水电，2011（7）：91-95.

[11] 向国兴，徐江，罗亚松，等，高墩大跨连续刚构渡槽技术指南［M］. 北京：中国水利水电出版社，2018.

[12] 马保林. 高墩大跨连续刚构桥［M］. 北京：人民交通出版社，2001.

[13] 中华人民共和国水利部. 灌溉与排水渠系建筑物设计规范：SL 482—2011［S］. 北京：中国水利水电出版社，2011.

[14] 中国水利水电科学研究院. 黔中水利一期工程×××渡槽结构有限元分析报告［R］. 北京：中国水利水电科学研究院，2011.

第7章 渡槽温控问题研究

7.1 概述

渡槽属于典型的空间薄壁结构，又是钢筋混凝土结构；与素混凝土结构特别是大体积混凝土结构相比，在温度应力方面差别很大。渡槽混凝土多为一级配或二级配，胶凝材料用量要大于坝工混凝土，绝热温度升比较高；渡槽混凝土结构在长度及其高度（或宽度）远大于厚度，渡槽底板的顶面以及墩墙的两侧面散热条件都比较好，散热后温降（即前后期温差）也很大。工程中大型渡槽多采用预应力钢筋混凝土，预应力主要是针对运行期结构荷载和非结构荷载施加的，一般在混凝土强度达到设计强度的80%后进行张拉，而施工期内的温度裂缝和收缩裂缝问题并没有得到解决，预应力钢筋仅起到限裂作用。渡槽进入运行期后，对外界温度变化很敏感，日温度变化、气温骤升骤降、太阳辐射等都会对槽身温度带来很大影响。

相比大体积混凝土，渡槽结构的温控防裂问题具有特殊性；另外，考虑到薄壁结构易受外界环境温度影响的自身特点，渡槽结构施工期和运行期间易产生超标拉应力，温控防裂问题不容忽视。综合来看，渡槽施工期温控问题主要是后浇部件受先行浇筑并已冷却部件的约束而产生拉应力，渡槽运行期的温度应力决定于温度场边界条件，如气温、水温的变化及日照影响等。为防止施工期温度裂缝，渡槽施工期温控防裂主要可从控制温度和改善约束两方面入手；控温方面除了改善材料性能、降低浇筑温度及规定合理拆模时间外，主要采用“内降外保”的综合温控措施即外部采用保温措施、内部采用通水冷却，南水北调东中线多座渡槽工程实践表明，该措施对于防止裂缝十分有效。对于处于运行期的渡槽而言，表面保温是防止表面裂缝的最有效措施，鉴于渡槽属于典型空间薄壁结构，在温度应力方面与坝工混凝土差别很大，故渡槽保温问题需要单独研究。

综合以上分析，本章重点围绕渡槽温控特性分析、施工期温控问题研究以及运行期保温问题研究等方面展开论述。

7.2 渡槽温控特性分析

7.2.1 渡槽结构特点

与常规坝工混凝土结构相比，渡槽混凝土结构具有如下特点[1]：

（1）从结构尺寸来看，渡槽混凝土结构在长度及其高度（或宽度）远大于厚度，介于大坝混凝土与工民建混凝土之间，属于典型的水工薄壁混凝土结构；以矩形或箱型渡槽为例，上述特点导致渡槽底板的顶面以及墩墙的两侧面散热条件都比较好，水泥水化热较易散发；但由于断面尺寸或钢筋间距的限制，混凝土所用的石子粒径较小，坍落度大，水泥用量高，混凝土中仍然会形成很高的水化热温升，散热后温降（即前后期温差）也很大。

（2）从材料角度来看，渡槽混凝土多为一级配或二级配，胶凝材料用量要大于坝工混凝土，绝热温度升比较高。如一般渡槽混凝土水泥用量高达到 270～350kg/m³，因水化热引起的最高温升可达 40～60℃；若采用泵送混凝土，水泥用量更高达 350～410kg/m³，最高温升高达 60～70℃；个别渡槽工程中，夏季浇筑的墩墙虽经两侧面散热，中心最高温度仍超过 50℃。

（3）从裂缝控制角度来看，渡槽混凝土配有钢筋，在外荷载作用下是允许裂缝的，一般要做裂缝控制验算，规范也有裂缝最大宽度允许值的规定；但是目前温度控制和预防裂缝的技术水平难以对裂缝宽度进行控制，温度控制和预防裂缝如有较严格的要求仍以不允许出现裂缝为出发点。

（4）与混凝土的温度传导相比，其湿度传导极慢，由失水引起的干缩在很长时间内仅限于浅表。但干缩对渡槽混凝土的影响比大体积混凝土要大，原因来自两个方面：①渡槽混凝土水泥用量大，灰浆量高，干缩值高于大体积混凝土；②渡槽结构断面尺寸与大坝相比较小，干缩裂缝的深度和影响相对要大。

7.2.2 温度应力特点

渡槽属于典型的空间薄壁结构，又是钢筋混凝土结构。与素混凝土结构特别是大体积混凝土结构相比，在温度应力方面差别很大，主要有两个原因：厚度差别和配筋影响[2]。

7.2.2.1 厚度差别

一般来说，素混凝土结构比较厚，钢筋混凝土结构比较薄。固体中热的传播速度与距离的平方成反比，厚度对结构温度场和温度应力影响极大。设混凝土的绝热温升变化曲线为 $\theta(\tau)=\theta_0(1-e^{-m\tau})$，厚度为 $2L$ 的平板，按第一类边界求解，由水化热引起板的平均温度为 T_r，T_r 的理论解见式（7.2.1）。

$$T_r=\theta_0\left[\frac{\sin L\sqrt{m/a}}{L\sqrt{m/a}\cos L\sqrt{m/a}}-1\right]e^{-m\tau}-\frac{8m\theta_0}{\pi^2}\sum_{n=1,3,5,\cdots}\frac{1}{n_2\left(\frac{an^2\pi^2}{4L^2}\right)}\exp\left(-\frac{an^2\pi^2\tau}{4L^2}\right) \tag{7.2.1}$$

式中：T_r 为水化热引起板的平均温度；θ_0 为绝热温升；m 为参数；τ 为龄期；L 为无限大平板板厚的一半；a 为导温系数；n 为系数。

最高平均温度 T_r 与板厚 $2L$ 关系如图 7.2.1 所示。由图 7.2.1 可知，板厚度对 T_r/θ_0 影响很大；当厚度 $2L=1.0$m 时，$T_r/\theta_0=0.21$，侧面散热较多；当 $2L=10.0$m，$T_r/\theta_0=0.80$，靠侧面基本不能散热。对于渡槽而言，槽壳厚度基本在 0.4～0.6m 之间，可见薄壁结构散热很厉害。

混凝土结构表面与空气或水体接触时，气温和水温都随着时间而变化，外界温度变化影响到内部的温度，设厚度为 L 的无限大平板，表面温度为 $T=A_0\cos[2\pi(\tau-\tau_0)/P]$，板内平均温度 T_m 的理论解见式（7.2.2）。

$$\begin{cases}T_m=k_mA_0\cos\dfrac{2\pi}{P}(\tau-\theta_m-\tau_0)\\k_m=\dfrac{1}{\zeta_0}\sqrt{\dfrac{2(ch\zeta_0-\cos\zeta_0)}{ch\zeta_0+\cos\zeta_0}}\\\theta_m=\dfrac{1}{\omega}\left[\dfrac{\pi}{4}-\tan^{-1}\left(\dfrac{\sin\zeta_0}{sh\zeta_0}\right)\right]\\\zeta_0=\dfrac{L}{\sqrt{aP/\pi}}\end{cases} \tag{7.2.2}$$

式中：T_m 为板内平均温度。

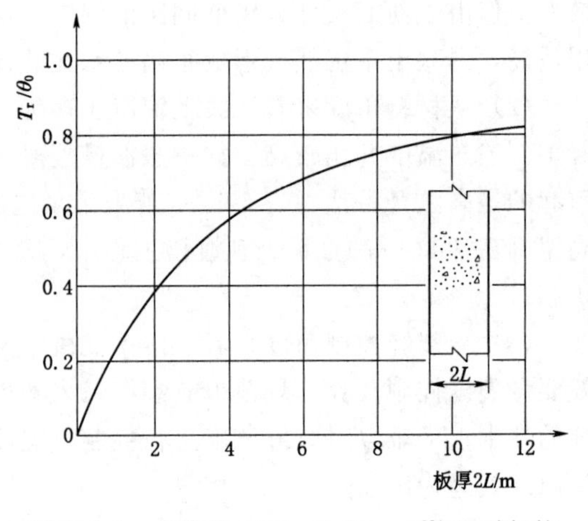

图 7.2.1　水化热 $\theta(\tau)=\theta_0(1-e^{-384\tau})$ 引起的最大平均温升 T_τ 与板厚 $2L$ 的关系[2]

取导温系数 $a=0.10\text{m}^2/\text{d}$，周期 $P=1$ 年，由式（7.2.2）可得到混凝土板（厚度 L）内的平均温度，如图 7.2.2 所示。

由图可知，板厚 L 对平均温度影响很大，当 $L=3.0\text{m}$ 时，板的平均温度基本随着外温的变化而变化；而当 $L=10.0\text{m}$ 时，平均温度变幅只有外温的一半左右（53.5%）。

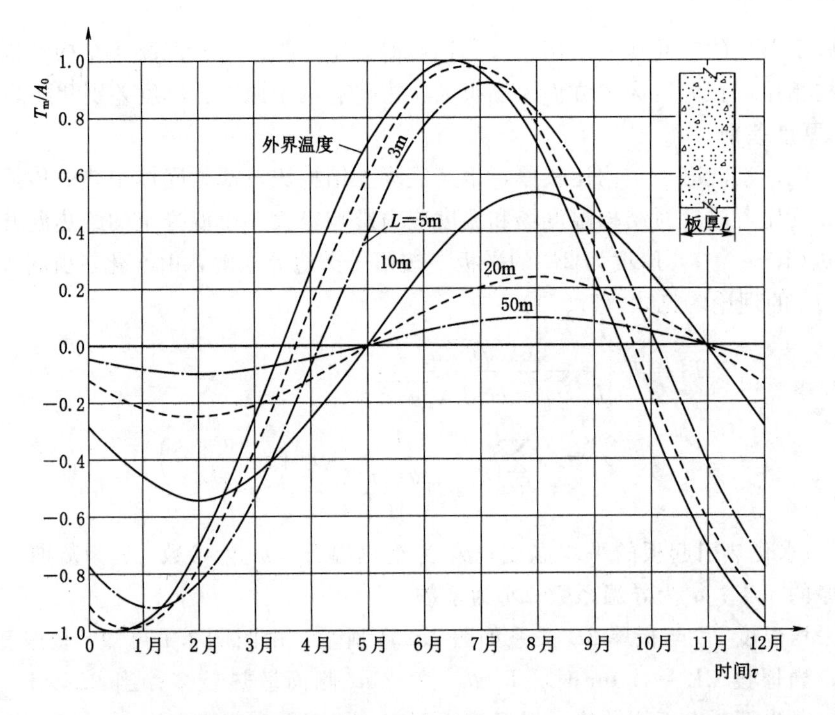

图 7.2.2　外温间谐变化时混凝土板内平均温度 T_m 的同年变化过程[2]

至此，关于结构厚度对其温度场的影响，可归纳如下两点：①对于内部热量（水化热和初温）散失，厚度越小越有利，薄壁结构有利于散热，厚壁结构不利于散热；②对外界温度变化的反应，薄壁结构敏感，而厚壁结构不敏感。

由于薄壁结构对外界温度变化很敏感，在计算温度应力时，应该对温度场的边界条件进行细致分析，气温和水温的变化及日照影响都要考虑，而且要注意可能出现的特殊工况[3]。如图7.2.3所示的简支渡槽，如冬季槽内有水（如南水北调渡槽），槽外遭遇特别低温，槽内水是从上游南方引来的，即使气温在0℃以下，水温仍在0℃以上，外面气温可能达到−20～−40℃，这一温差可能引起很大拉应力。另外，在施工中，渡槽通常是先浇筑底板、后浇筑边墙，施工顺序带来的温度应力也较大；一般情况下，最好用有限元法进行仿真分析，必要时应采取一定温控措施。

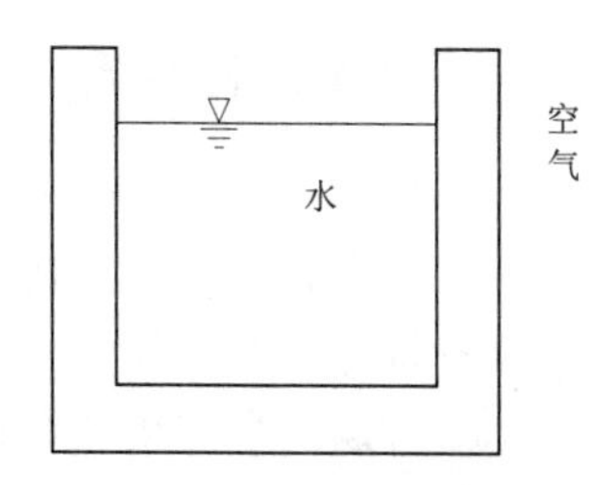

图7.2.3　渡槽剖面示意图

7.2.2.2　配筋影响

对于钢筋混凝土结构而言，由于钢筋与素混凝土热学和力学性能相差较大，混凝土配置钢筋后，原来素混凝土材料的热学和力学性能发生变化[4-5]，如比热、热传导系数、极限拉伸等和原混凝土相比都会有所不同，这就直接影响到结构的温度场、应力场及混凝土的变形性能，进而影响到混凝土裂缝。

从温度角度来看，结构中钢筋的导热系数是混凝土导热系数的15～30倍左右。因此，配置钢筋后，混凝土的导热性能得到很大提高，促进了混凝土内部不同区域之间热量的传递和交换，使得混凝土内部温度分布趋于均匀，减少混凝土结构的内外温差和温度梯度，从而减小结构由于温差引起的应力。钢筋的比热约是混凝土比热的1/2左右。配置钢筋后，混凝土的整体比热减小，结构在水泥水化反应一定的前提下，结构的温升速率加快，并与外界环境较早地形成温差，加速了水泥水化热量的散发，降低了混凝土结构的最高温度、基础温差和后期的整体收缩。通过上面的分析可以看出钢筋的特性对混凝土温控是有利的，另外，由于钢筋大都布置在结构的表层附近，会使得结构内温度分布更趋均匀、热量向环境散发也更加方便，对减小内外温差是有利的。

从应力角度来看，钢筋和混凝土的热膨胀系数在数值上比较接近，钢筋热膨胀系数一般为1.2×10^{-5}/℃，混凝土为1.0×10^{-5}/℃。在发生同样的温度变化时，钢筋与混凝土之间基本上能共同变形，只发生很小的内应力；当混凝土的含筋率很小时，加筋对结构的温度应力影响更小。但在某些条件下，如结构内发生不均匀温度变化，钢筋的温度变形由其所在位置的温度变化所决定，并不能与结构的整体温度变形相协调，就会发生内应力。

从裂缝角度来看，钢筋的弹性模量约为200GPa，屈服强度为250～500MPa，当钢筋应力达到100MPa时，应变为$\varepsilon_s=5\times10^{-4}$；混凝土的极限拉伸只有$0.8\times10^{-4}$～$1.0\times10^{-4}$。可见钢筋发挥作用时，混凝土早已开裂，利用钢筋防止混凝土出现裂缝是困难的。钢筋虽然不能抗裂，但却可以限裂即混凝土中适当布置钢筋可以限制裂缝的扩展。素混凝土结构内发生的裂缝往往比较集中、条数少而比较宽深，而配筋以后裂缝就变得分散，条数多而比较窄浅，使裂缝严重程度得以减轻。

综上所述，虽然钢筋对混凝土的温控防裂和限裂是有利的，因其对结构内力影响较小可以忽略不计；另从安全角度来看，可作为一种安全储备来考虑。因此，对于混凝土渡槽结构而言，可近似地按素混凝土结构进行温度应力分析。

7.2.3 渡槽温控特点

以矩形渡槽为例，渡槽底板在长、宽方向尺寸较大而厚度较薄，闸墩在长、高方向尺寸较大而厚度较薄，属于典型薄壁混凝土结构，相比大体积混凝土，渡槽结构的温控防裂问题具有特殊性；另外，考虑到薄壁结构易受外界环境温度影响的自身特点，渡槽结构施工期和运行期间易产生超标拉应力，温控防裂问题不容忽视。

对于底板而言，温度裂缝通常发生在混凝土浇筑初期或后期，产生裂缝的时间短暂且迅速，在拆模以后往往就能够发现；在浇筑早期（通常1～3d之内），极易在底板中央部位出现表面浅层裂缝，在浇筑后期，底板内部中间偏下部部位有出现贯穿性裂缝的可能性。对于墩墙而言，其温度裂缝按出现时机可分为早期裂缝和后期裂缝两类；早期裂缝多数发生在浇筑初期3～7d以内，裂缝表现形式是“由表及里”型，迹线长而高，启裂点往往位于混凝土的表面，当表面裂缝出现后，很可能向纵深发展，最终形成贯穿性或深层裂缝；后期裂缝出现主要是由于内部较大温降和外在较强约束，其表现形式往往为“由里及表”型，迹线短和位置低，启裂点通常位于混凝土内部，由内向外发展，最终形成贯穿性裂缝[6]。

综合来看，渡槽施工期温控问题主要是后浇部件受先行浇筑并已冷却部件的约束而产生拉应力，渡槽运行期的温度应力决定于温度场边界条件，如气温、水温的变化及日照影响等。

7.2.4 防裂措施研究[7]

南水北调渡槽施工实践表明，温度应力对裂缝的形成和发展起到至关重要的作用，而适当地进行温控对于防止出现危害性裂缝和限制裂缝宽度是十分有利的。总体上看，为防止温度裂缝，渡槽混凝土结构温控防裂主要可从控制温度和改善约束两方面入手。温控方面除了改善材料性能、降低浇筑温度及规定合理拆模时间外，主要采用“内降外保”的综合温控措施即外部采用保温措施、内部采用通水冷却，南水北调东中线多座渡槽工程实践表明，该措施对于防止裂缝十分有效。

7.2.4.1 材料方面

现代渡槽工程大流量、大跨度等结构特点以及恶劣的使用环境，要求混凝土具备高工作性能（低坍落度、高流态、稳定泵送）、高抗裂性能（低收缩）、高抗渗性能、高抗冻性能及防止碱骨料反应的高耐久性能，目前多采用C50高性能泵送混凝土。由于高性能混凝土温度收缩和自收缩均较大，一般都掺加高效减水剂和粉煤灰，以降低水灰比，减少水泥和水的用量，减少水化热，提高混凝土的强度，减少混凝土的收缩，改善混凝土的抗裂和抗渗性能。渡槽属于典型的薄壁结构，比表面积比大坝等大体积混凝土大得多，且混凝土早期内部温度较高，温湿耦合作用较为明显，水分散发速度和散发量相对快和大，干缩变形突出。如洺河渡槽高性能混凝土抗干缩试验的情况，发现适宜的水胶比和适量的粉煤灰掺量，对于减小干缩变形以及可能产生的干缩裂缝是有效的，特别是在早期，抗干缩作用尤为显著。

7.2.4.2 设计方面

现场浇筑的渡槽通常分两层施工，如漕河渡槽第1次浇筑底板及纵梁至槽壁底“八”

字以上垂直段25cm处，采用移动模架（也称造槽机）技术很容易实现。此方法能明显降低底板附近的竖向温度梯度，改善底板对侧墙的变形约束条件，降低底板强约束区部位的拉应力。但应控制上下层混凝土之间的浇筑间歇期，较长的浇筑间歇会导致新老混凝土接合面处温度梯度加大和收缩变形不协调，使得外部约束应力加大，容易导致混凝土开裂；此外，长间歇浇筑的底板一旦遭遇寒潮也容易开裂。预制与现浇相结合的混凝土浇筑方式目前已成为大型渡槽施工技术的发展趋势，这样的技术在施工进度及施工顺序安排方面更具灵活性。根据国外大型预制桥梁温控防裂经验，室内预制时采取控制混凝土入模温度和环境温度两项基本措施，并以保温和埋设冷却水管作为辅助温控措施，该温控措施在室内操控十分方便。目前沙河渡槽主体预应力混凝土结构采用现场预制架槽机架设施工方法（图7.2.4），填补了国内外水利行业大流量渡槽施工的技术空白。室内预制使得渡槽温控防裂难度相对较小，合理的温控能降低早期混凝土的开裂风险，消除初始温度应力，对于后期预应力的施加和正常运行意义重大。

图7.2.4　沙河渡槽槽身钢模台车施工方法

7.2.4.3　施工方面

（1）控制浇筑温度。为了控制混凝土的最高温度，一般在不同季节制定不同的浇筑温度。对于夏季施工的混凝土，现场控制浇筑温度的主要措施是：在原料拌和前将骨料放入加冰的浸泡池，由于混凝土浇筑量与大坝混凝土相比较少，一般很少采用二次风冷技术；延长水泥储存时间，保证入罐温度在55℃左右；水泥的拌和温度不能超60℃。上述措施是控制出机口温度的有力保障。此外，应尽量减少运输距离、减少运输过程中的太阳辐射，以减少温度回升。同时，冬季应规定混凝土的最低浇筑温度（一般不宜低于5℃）。混凝土一般在夜晚低温时段浇筑，对于白天太阳辐射较强的施工时段应实施仓面喷雾，形成低温小气候，浇筑完成后应及时覆盖保温材料以减少混凝土热量倒灌。对高温时段浇筑的混凝土应保持慎重，由于渡槽体型较薄，在太阳辐射较强时段，短时间内容易“热透”，即形成高温区，低温入仓容易造成冷击，导致老混凝土开裂。

（2）水管冷却。水管冷却技术在大坝等大体积混凝土温控中使用较多，目前在闸墩等薄壁结构中均有使用，具有明显的导热降温作用，尤其是在混凝土浇筑早期，在外表面保温的前提下，内部采用水管冷却可有效地减小内外温差，从而达到减小应力、预防早期表面开裂的目的。但在采用水管冷却技术时，应严格控制通水温度、降温速度和通水时间，防止因水温过低、降温过快或通水时间过长而导致混凝土开裂，一旦出现裂缝往往都是贯穿性的。因此，对水管冷却技术的使用应该合理规划。移动式冷水站具有提高冷却水的回收利用率、降低施工成本、节约施工时间、易实现个性化通水等诸多优点，目前在混凝土坝温控中使用较多。由于渡槽施工流动性较强，移动式冷水站的优势非常明显，值得推广使用。

（3）表面保温。表面保护包括表面保温和流水养护。表面保温措施通过降低混凝土的表面散热能力来减小混凝土的早期内外温差，从而达到减小混凝土表面拉应力的目的。但表面保温对渡槽混凝土内部温度的有一定影响，保温性能越强，混凝土内部早期温升和后期温降幅度也越大，从而会增加后期混凝土内部的拉应力，另外，拆模将引起混凝土表面温度和拉应力的急剧变化，相当于承受了寒潮袭击，对于保温材料和拆模时机的选择，应从理论上进行分析。为防止拆模后混凝土出现干缩裂缝，通常进行流水养护，但应注意水温的选择，水温过低会对混凝土造成冷击，导致混凝土表面产生裂缝。值得一提的是：南水北调工程部分标段渡槽早期在寒冷季节采用暖棚蒸汽养护，营造了较为稳定的暖环境，不但能减小混凝土内外温差，而且能提高早龄期混凝土的成熟度，即能提高其抗裂能力。南水北调中线京石段水北沟渡槽采用蒸汽养护防裂效果十分显著。实际工程中，上述温控措施通常是一并使用，形成“内降外保”的综合温控措施。南水北调中线工程大型渡槽实践表明，上述温控措施对于防止裂缝十分有效。

7.2.4.4　特殊气候方面

实践表明，温度应力受外界条件影响较大，尤其是我国北方地区，寒潮频繁、夏季太阳辐射大、冬季气温低、干湿交替等气候条件复杂多变，对于渡槽的温控防裂十分不利。

（1）早期气温骤降。早龄期混凝土表面开裂是工程中普遍存在的问题，主要是由于混凝土抗拉强度低，一旦遭遇气温骤降等极端天气，表面附近温度梯度增大，混凝土就会产生裂缝。在年变化温度场中，渡槽体型很薄，内外温差小；而在寒潮作用下，由于温度变化时间很短，内部温度下降得少，内外温差大，内部对外部的约束作用大，因此，寒潮在渡槽表面引起的拉应力往往较大。

（2）夏季运行期太阳辐射。对于大坝等大体积混凝土结构，考虑日照的计算时一般将太阳辐射强度折算成等效温度值。由于渡槽体型较薄且内部有流动的水，夏季太阳辐射时段内外温差较大，引起较大的温度应力。此外，由于太阳入射角度不同，太阳辐射差异会造成渡槽边墙局部应力集中，容易产生表面裂缝[8-9]。

（3）冬季运行期内外温差和冰胀压力。例如南水北调中线工程部分大型渡槽位于河北省境内，冬季该区域会发生冰冻现象。冬季结冰过程中，槽外遭遇特别低温，槽内的水是从上游流来的，即使气温在0℃以下，槽底部的水温不低于0℃，外面气温可能达到－30～－40℃，甚至更低，这一温差可引起很大的拉应力。冰层冻结在渡槽结构中，后者是前者的边界，并对之形成约束。当外界环境温度回升，冰层内部的温度场发生变化，冰层受到渡槽边墙的约束就会产生温度应力，并对结构产生温度膨胀力。

在上述三种特殊气候条件下，无论是渡槽自身内外温差引起的温度应力，还是冰膨胀力都会给渡槽带来较大的开裂风险。解决办法是在渡槽外边（底面和侧面）用外部涂有保护层的聚苯乙烯泡沫板进行永久保温，寒冷地区渡槽顶部则应加盖封闭。

7.3　施工期温控问题研究

7.3.1　水管冷却效应模拟方法

7.3.1.1　数学方程

为了控制温度裂缝，大体积混凝土工程已经形成了多样化的温控措施，如采用低发热胶凝材料、骨料预冷、人工冷却、表面保温等。其中，以预埋冷却水管为代表的人工冷却措施的应用最为广泛，可以实现对浇筑后混凝土的温度调控，是现代化大体积混凝土施工过程中的关键技术[10]。目前，在大体积混凝土的布设模式比较统一，即一根直径大约在2cm左右的水管平均控制直径在1～3m范围的混凝土。随着现代化土木工程中施工技术的提高、工程规模的扩大以及质量要求的精细，水管冷却技术也在众多非坝工混凝土工程中得到广泛应用，在诸如大型建筑物基础、渡槽、桥梁承台及支撑结构、墩墙、岩石、隧道等工程中都能找到冷却水管的应用实例。

含水管混凝土的温度场很复杂，是一种典型的大体积固体内含有大量小口径管内流体边界条件的问题。含水管混凝土的热传导问题，如图7.3.1所示，混凝土与空气之间热对流发生在混凝土外部与空气的接触部分 Γ_a，一般看成Robin边界条件（即第三类边界条件）。图中小圆圈代表水管，混凝土内部与水管之间的热对流发生在混凝土与水管的接触部分 Γ_p，金属水管情况一般看成Dirichlet边界条件（即第一类边界条件），非金属水管（如塑料管）情况一般看成Robin边界条件（即第三类边界条件）。

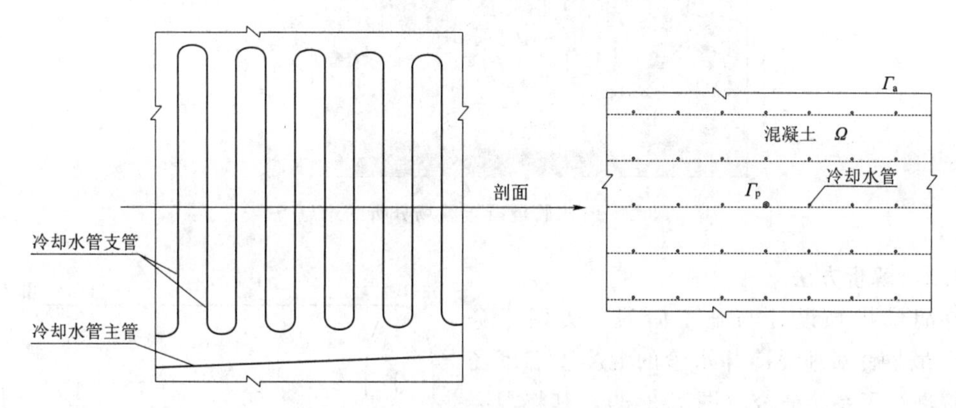

图7.3.1　含水管混凝土传热问题示意图

含水管混凝土传热问题的控制方程可表示为

$$\begin{cases} \text{控制方程} \quad \rho c\dfrac{\partial T}{\partial t}=\nabla(\lambda\nabla T)+Q(\tau) & \text{混凝土内部}\ \Omega \\ \text{初始条件} \quad T=T_0(x) & \text{当}\ \tau=0\ \text{时，混凝土内部} \\ \text{边界条件} \quad \lambda\dfrac{\partial T}{\partial n}=-\beta_p(T-T_w) & \text{边界}\ \Gamma_p\ \text{上} \\ \text{边界条件} \quad \lambda\dfrac{\partial T}{\partial n}=-\beta_a(T-T_w) & \text{边界}\ \Gamma_a\ \text{上} \end{cases} \tag{7.3.1}$$

式中：τ 为时间；ρ 为密度；λ 为导热系数；c 为比热容；T 为混凝土温度；T_0 为初始温度；β_a 为混凝土与环境的换热系数，与材料的表面性质有关；T_a 为外界温度，与时间有关；β_p 为管壁的换热系数；T_w 为水温，沿水管分布复杂，与空间位置、时间相关；$Q(\tau)$ 为内部热源，与混凝土自身的水化反应有关。

含水管混凝土传热问题本质是小口径管内循环流体与固体间的传热分析问题，如图7.3.2所示。研究难点主要体现在两个方面[11]：①依靠外界提供的有压力环境，冷却流体在管内循环流动，自一入管开始，流体就与混凝土固体之间通过水管管壁进行换热，吸收热量同时导致管内流体温度的变化，沿着水管轴向方向而言，各位置的热交换量与流体温度具有较强的非线性特征；②一般来说，水管的口径较小，而每根水管负责冷却的固体范围却较大，造成离水管近的固体冷却地快，离水管远的固体的冷却则相对滞后，这样在水管附近将形成自水管中心向四周辐射的高温度梯度，距离水管越远，梯度越缓和，温度场在垂直于水管轴向的平面上呈现强烈的非线性特征。

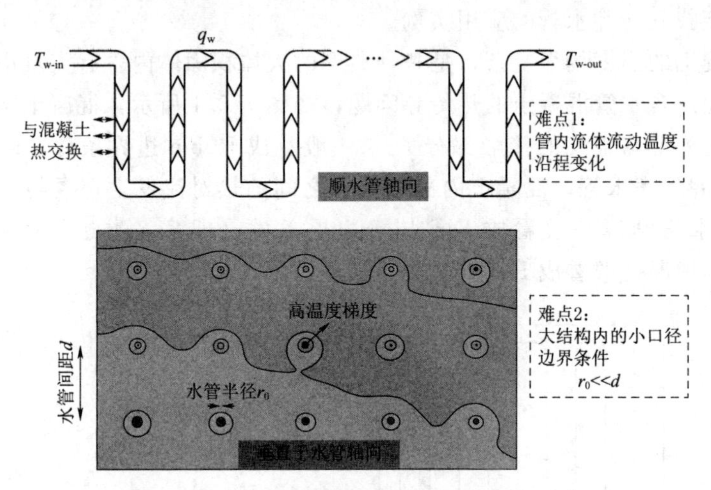

图 7.3.2　含水管混凝土温场分析的难点[11]

7.3.1.2　解析方法

在胡佛拱坝设计与施工阶段，美国垦务局[12-13]最早针对埋设冷却水管的混凝土温度场的求解进行了系统研究（图 7.3.3），其将混凝土视为各向同性传热材料，铁质水管与混凝土的热接触视为第一类边界条件，即管壁处混凝土温度为通水水温，进而推导出温度代表变量 X、Y、Z 的空间温度场理论解，即

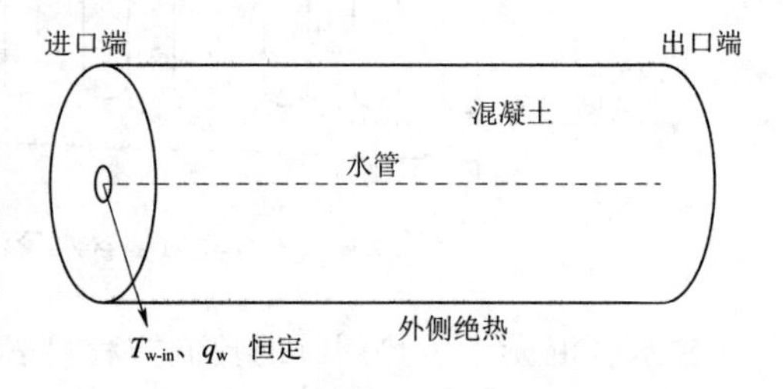

图 7.3.3　数学模型求解示意图

$$
\begin{cases}
X=\dfrac{T_m-T_w}{T_0-T_w}\\[2ex]
Y=\dfrac{T_{Lw}-T_w}{T_0-T_w}\\[2ex]
Z=\dfrac{T_{Lm}-T_w}{T_0-T_w}
\end{cases}
\tag{7.3.2}
$$

式中：X、Y、Z 为温度代表变量；T_0 为混凝土均匀初温；T_w 为进口水温；L 为长度；T_m 为 L 范围内的混凝土平均温度；T_{Lm} 为 L 处的断面平均温度；T_{Lw} 为 L 处的断面水温。

X、Y、Z 分别表征了整体混凝土的平均度变化情况、沿程水温的变化情况和沿程水温平均值的变化情况，美国垦务局利用分离变量法对式（7.3.2）进行求解，并给出了 X、Y、Z 的解析解。上述简化的数学求解的局限性在于：只能考虑混凝土形状为圆筒的长埋直管情况；只能考虑通水流量恒定下的情况；不能考虑混凝土自身的水化生热；不能考虑混凝土边界的温度边界条件。

在美国垦务局方法的基础上，朱伯芳[14-19]开展了丰富的水管冷却理论解的研究：利用拉普拉斯变换对问题进行了求解；通过在热传导方程中引入均匀热源项，对混凝土的水化热实现了模拟，解决了美国垦务局理论求解的不足；引入了第三类边界条件对非金属管的管壁进行了处理，给出了非金属管的理论解，部分解决了美国垦务局理论求解的不足；利用理论方法对混凝土坝一期冷却效果实现了近似分析，具体如下。

1. 解析解

(1) 金属水管。

控制方程：

$$\frac{\partial T}{\partial \tau}=a\left(\frac{\partial^2 T}{\partial r^2}+\frac{1}{r}\frac{\partial T}{\partial r}\right) \tag{7.3.3}$$

边界条件：

$$\begin{cases} \text{当 } \tau=0, c\leqslant r\leqslant b \text{ 时} & T(r,0)=T_0 \\ \text{当 } \tau>0, r=c \text{ 时} & T(c,\tau)=0 \\ \text{当 } \tau>0, r=b \text{ 时} & \dfrac{\partial T}{\partial r}=0 \end{cases} \tag{7.3.4}$$

解析解：

$$\begin{cases} T(r,t)=T_0\sum\limits_{n=1}^{\infty}\dfrac{2\mathrm{e}^{-a\alpha_n^2\tau}}{\alpha_n b}\dfrac{J_1(\alpha_n b)Y_0(\alpha_n r)-Y_1(\alpha_n b)J_0(\alpha_n r)}{R(\alpha_n b)} \\ R(\alpha_n b)=(c/b)[J_1(\alpha_n b)Y_1(\alpha_n c)-J_1(\alpha_n c)Y_1(\alpha_n b)] \\ \qquad +[J_0(\alpha_n c)Y_0(\alpha_n b)-J_0(\alpha_n b)Y_0(\alpha_n c)] \end{cases} \tag{7.3.5}$$

平均温度：

$$\begin{cases} T_{\mathrm{m}}=\int_c^b 2\pi r T(r,\tau)\mathrm{d}r\Big/\int_c^b 2\pi r\,\mathrm{d}r=T_0\sum\limits_{n=1}^{\infty}H_n\mathrm{e}^{-2\alpha_n^2 ba\tau/b^2}=T_0F(\tau) \\ H_n=\dfrac{4bc}{b^2-c^2}\dfrac{Y_1(\alpha_n b)J_1(\alpha_n c)-J_1(\alpha_n b)Y_1(\alpha_n c)}{\alpha_n^2 b^2 R(\alpha_n b)} \end{cases} \tag{7.3.6}$$

式中：T 为温度；τ 为时间；a 为导温系数；r 为变量；b 为无限长空心圆柱体外半径；c 为无限长空心圆柱体内半径；T_0 为圆柱体初始温度；J_0、J_1 为零阶和一阶第一类贝塞尔函数；Y_0、Y_1 为零阶和一阶第二类贝塞尔函数；T_{m} 为平均温度。

(2) 非金属水管。

控制方程：

$$\frac{\partial T}{\partial \tau}=a\left(\frac{\partial^2 T}{\partial r^2}+\frac{1}{r}\frac{\partial T}{\partial r}\right) \tag{7.3.7}$$

边界条件：

$$\begin{cases} \text{当 } \tau=0, c\leqslant r\leqslant b \text{ 时} & T(r,0)=T_0 \\ \text{当 } \tau>0, r=c \text{ 时} & -\lambda\dfrac{\partial T}{\partial r}+\dfrac{\lambda_1}{c\ln(c/r_0)}=0 \\ \text{当 } \tau>0, r=b \text{ 时} & \dfrac{\partial T}{\partial r}=0 \end{cases} \tag{7.3.8}$$

解析解：

$$\begin{cases} T(r,t)=T_0\sum_{n=1}^{\infty}\dfrac{2e^{-a\alpha_n^2\tau}}{\alpha_n b}\dfrac{J_1(\alpha_n b)Y_0(\alpha_n r)-Y_1(\alpha_n b)J_0(\alpha_n r)}{R_1(\alpha_n b)} \\ R_1(\alpha_n b)=-\left(\dfrac{c\lambda}{b\lambda_1}\right)\ln\left(\dfrac{c}{r_0}\right)\alpha_n b\left\{\dfrac{c}{b}[J_1(\alpha_n b)Y_0(\alpha_n c)-J_0(\alpha_n c)Y_1(\alpha_n b)]\right. \\ \qquad \left.[J_0(\alpha_n b)Y_1(\alpha_n c)-J_1(\alpha_n c)Y_0(\alpha_n b)]\right\} \\ \qquad +\dfrac{c}{b}[J_1(\alpha_n b)Y_1(\alpha_n c)-J_1(\alpha_n c)Y_1(\alpha_n b)] \\ \qquad +[J_0(\alpha_n c)Y_0(\alpha_n b)-J_0(\alpha_n b)Y_0(\alpha_n c)] \end{cases} \tag{7.3.9}$$

平均温度：

$$\begin{cases} T_m=T_0\sum_{n=1}^{\infty}H_n e^{-2\alpha_n^2 ba\tau/b^2} \\ H_n=\dfrac{4bc}{b^2-c^2}\dfrac{Y_1(\alpha_n b)J_1(\alpha_n c)-J_1(\alpha_n b)Y_1(\alpha_n c)}{\alpha_n^2 b^2 R_1(\alpha_n b)} \end{cases} \tag{7.3.10}$$

式中：T 为温度；τ 为时间；a 为导温系数；λ_1 为水管的导热系数；λ 为混凝土导热系数；r_0 为水管的内半径；r 为变量；b 为无限长空心圆柱体外半径；c 为水管的外半径；T_0 为圆柱体初始温度；J_0、J_1 为零阶和一阶第一类贝塞尔函数；Y_0、Y_1 为零阶和一阶第二类贝塞尔函数；T_m 为平均温度。

(3) 考虑混凝土水化热情况。

控制方程：

$$\frac{\partial T}{\partial\tau}=a\left(\frac{\partial^2 T}{\partial r^2}+\frac{1}{r}\frac{\partial T}{\partial r}\right)+\theta_0 m e^{-m\tau} \tag{7.3.11}$$

边界条件（考虑金属水管的冷却）：

$$\begin{cases} 当\ \tau=0,c\leqslant r\leqslant b\ 时 \quad T(r,0)=0 \\ 当\ \tau>0,r=c\ 时 \quad T(c,\tau)=0 \\ 当\ \tau>0,r=b\ 时 \quad \dfrac{\partial T}{\partial r}=0 \end{cases} \tag{7.3.12}$$

解析解：

$$\begin{cases} T(r,t)=\theta_0 e^{-(b\sqrt{m/a})^2 at/b^2}\left[\dfrac{Y_1(b\sqrt{m/a})J_0(r\sqrt{m/a})-J_1(b\sqrt{m/a})Y_0(r\sqrt{m/a})}{Y_1(b\sqrt{m/a})J_0(c\sqrt{m/a})-J_1(b\sqrt{m/a})Y_0(c\sqrt{m/a})}-1\right] \\ \qquad +2\theta_0\sum_{n=1}^{\infty}\dfrac{e^{-\alpha_n^2 b^2 at/b^2}}{\left[1-\dfrac{\alpha_n^2 b^2}{(b\sqrt{m/a})^2}\right]\alpha_n b}\dfrac{Y_0(\alpha_n r)J_1(\alpha_n b)-Y_1(\alpha_n b)J_0(\alpha_n r)}{R(\alpha_n b)} \\ R(\alpha_n b)=(c/b)[J_1(\alpha_n b)Y_1(\alpha_n c)-J_1(\alpha_n c)Y_1(\alpha_n b)] \\ \qquad +[J_0(\alpha_n c)Y_0(\alpha_n b)-J_0(\alpha_n b)Y_0(\alpha_n c)] \end{cases} \tag{7.3.13}$$

平均温度：

$$T_{\mathrm{m}}=\theta_0 \mathrm{e}^{-(b\sqrt{m/a})^2 at/b^2}\times\left[\frac{2bc}{(b^2-c^2)b\sqrt{m/a}}\right.$$
$$\left.\times\frac{Y_1(b\sqrt{m/a})J_0(r\sqrt{m/a})-J_1(b\sqrt{m/a})Y_0(r\sqrt{m/a})}{Y_1(b\sqrt{m/a})J_0(c\sqrt{m/a})-J_1(b\sqrt{m/a})Y_0(c\sqrt{m/a})}-1\right]+\frac{4\theta_0 bc}{b^2-c^2}$$
$$\times\sum_{n=1}^{\infty}\frac{\mathrm{e}^{-\alpha_n^2 b^2 at/b^2}}{\left[1-\dfrac{\alpha_n^2 b^2}{(b\sqrt{m/a})^2}\right]\alpha_n^2 b^2}\frac{Y_0(\alpha_n r)J_1(\alpha_n b)-Y_1(\alpha_n b)J_0(\alpha_n r)}{R(\alpha_n b)} \tag{7.3.14}$$

式中：T 为温度；a 为导温系数；θ_0 为绝热温升；m 为参数；τ 为龄期；r 为变量；b 为无限长空心圆柱体外半径；c 为无限长空心圆柱体内半径；J_0、J_1 为零阶和一阶第一类贝塞尔函数；Y_0、Y_1 为零阶和一阶第二类贝塞尔函数；T_{m} 为平均温度。

2. 近似解

基于上述冷却水管的解析解，朱伯芳提出了水管水温近似解，具体如下：

$$\begin{cases}T_{L\mathrm{w}}=T_{\mathrm{w0}}+(T_0-T_{\mathrm{w0}})w(\xi,\eta)+\sum\Delta\theta(\tau)w(\xi,\eta')\\ w(\xi,\eta)=[1-(1-g_3)\mathrm{e}^{-\xi}](1-\mathrm{e}^{-2.70\xi})\exp[-2.40\eta^{0.50}\mathrm{e}^{-\xi}]\\ w(\xi,\eta')=[1-(1-g_3)\mathrm{e}^{-\xi}](1-\mathrm{e}^{-2.70\xi})\exp[-2.40\eta'^{0.50}\mathrm{e}^{-\xi}]\\ g_3=\dfrac{\ln 100}{\ln(b/c)+(\lambda/\lambda_1)\ln(c/r_0)}\\ \xi=\dfrac{\lambda L}{c_{\mathrm{w}}\rho_{\mathrm{w}}q_{\mathrm{w}}}\\ \eta=g_3\dfrac{a\tau}{D^2}\\ \eta'=g_3\dfrac{a(t-\tau)}{D^2}\end{cases} \tag{7.3.15}$$

式中：T_{w0}为进口水温；$T_{L\mathrm{w}}$为管长 L 处水温；T_0 为混凝土初温；$\Delta\theta(\tau)$ 为混凝土绝热温升增量；L 为水管长度；c_{w}、ρ_{w}、q_{w} 为冷却水比热、密度和流量；λ 为混凝土导热系数；λ_1 为水管导热系数。

综合来看，数学求解方法能够得到理论解，对初步温度控制设计来讲具有一定支撑作用，缺点在于只能建立在特定理论假设前提下，如基于圆柱混凝土、长直水管、恒定通水流量等假定，与实际工程不相符。当需要全面、透彻地了解实际温度情况时，数学求解方法常常捉襟见肘，随着以有限元法等为代表的数值分析方法广泛应用，基于数值分析的水管冷却效应计算方法已经开始应用到实际工程中。

7.3.1.3 数值方法——等效算法

由于实际工程中详细地剖分网格来精细求解温度场具有一定的难度，可以从平均意义上等效考虑水管的冷却效果。朱伯芳在美国垦务局提出的平均冷却效果概念基础上，利用水冷函数 ϕ 来表示 X，并对其解析解进行曲线拟合，提出了适用

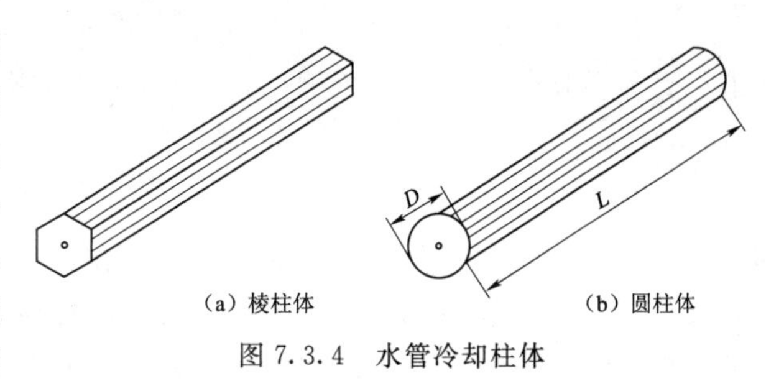

(a) 棱柱体　　(b) 圆柱体

图 7.3.4 水管冷却柱体

于工程计算的经验函数表达式，从而使得在有限元计算中，平均冷却效果可以作为一种“负热源”加到每个混凝土单元上（图 7.3.4），即在标准热传导方程右端增加一项，形成等效热传导方程[20]，具体如下。

$$\begin{cases}\dfrac{\partial T}{\partial \tau}=a\left(\dfrac{\partial^2 T}{\partial x^2}+\dfrac{\partial^2 T}{\partial y^2}+\dfrac{\partial^2 T}{\partial z^2}\right)+(T_0-T_w)\dfrac{\partial \phi}{\partial t}+\theta_0\dfrac{\partial \psi}{\partial t}\\ \phi(t)=e^{-k_2 gat/D^2}\\ k_2=2.09-1.35\dfrac{\lambda L}{c_w\rho_w q_w}+0.32\left(\dfrac{\lambda L}{c_w\rho_w q_w}\right)^2\\ g=1.67\exp\left\{-0.0628\left[\dfrac{b}{c}\left(\dfrac{c}{r_0}\right)^{\lambda/\lambda_1}-20\right]^{0.48}\right\}\text{或 } g=\dfrac{\ln 100}{\ln(b/c)+(\lambda/\lambda_1)\ln(c/r_0)}\end{cases} \tag{7.3.16}$$

式中：T 为温度；T_w 为水温；T_0 为混凝土初温；a 为导温系数；$\phi(t)$ 为水冷函数；L 为水管长度；c_w、ρ_w、q_w 为冷却水比热、密度和流量；θ_0 为混凝土绝热温升；$\dfrac{\partial \phi}{\partial t}$为考虑初始温差（$T_0-T_w$）的影响；$\dfrac{\partial \psi}{\partial t}$为考虑混凝土绝热温升的影响；$\lambda$ 为混凝土导热系数；λ_1 为水管导热系数；c、b 为冷却圆柱体的内半径、外半径［如图 7.3.4（b）所示］；D 为冷却圆柱体的直径；r_0 为冷却水管壁厚；

其中，$\theta_0\dfrac{\partial \psi}{\partial t}$为混凝土水化热温升引起，具体形式由所采用的水化热温升函数决定，目前可采用指数型、双曲线型、组合指数型及任意型式（需要进行分段离散）。

在此基础上，董福品、朱伯芳[21-23]等考虑了与空气间对流换热的影响，在热源项增加了表面散热的影响，具体见式（7.3.17）；其他学者也对冷却水管等效算法做了一定改进，可参见相应文献[24]。

$$\frac{\partial T}{\partial \tau}=a\left(\frac{\partial^2 T}{\partial x^2}+\frac{\partial^2 T}{\partial y^2}+\frac{\partial^2 T}{\partial z^2}\right)+(T_0-T_w)\frac{\partial \phi}{\partial t}+\theta_0\frac{\partial \psi}{\partial t}+\frac{\partial \eta}{\partial t} \tag{7.3.17}$$

$$\begin{cases}\text{单面冷却}\quad \eta(t)=\sum\limits_i T_{ai}\sum\limits_j[e^{-p(t-t_j)}]\Delta\mathrm{erf}\left(\dfrac{h_1}{2\sqrt{a(t_j-t_i)}}\right)\\ \text{双面冷却}\quad \eta(t)=\sum\limits_i T_{ai}\sum\limits_j[e^{-p(t-t_j)}]\Delta\mathrm{erf}\left(\dfrac{h_1h_2}{2\sqrt{a(t_j-t_i)}}\right)\\ \text{三面冷却}\quad \eta(t)=\sum\limits_i T_{ai}\sum\limits_j[e^{-p(t-t_j)}]\Delta\mathrm{erf}\left(\dfrac{h_1h_2h_3}{2\sqrt{a(t_j-t_i)}}\right)\end{cases} \tag{7.3.18}$$

式中：$\dfrac{\partial \eta}{\partial t}$为考虑外界温度的影响；$h_1$、$h_2$、$h_3$ 为水管距表面的距离；其他符号意义见式（7.3.16）。

根据多年的工程实例经验可知，基于平均冷却效果的等效热传导方程已经成为计算冷却效果的主流方法，它不需要额外的前处理工作，计算简单、程序编制方便，即使使用商业有限元软件，也较容易实现，因此在工程领域得到了广泛应用。但是由于这种方法是基于平均意义出发的，不能反映水管周边区域强烈温度梯度变化的分布规律，当需要精细分析水管附近温度场时，这种方法则不再适用。对于渡槽等水工薄壁混凝土结构而言，若准确计算考虑冷却水管时的施工期结构温度应力，上述冷却水管等效算法不适用。

7.3.1.4 数值方法——精细算法

等效算法只能从平均意义的角度来反映水管冷却的整体效果，为了能够正确反映水管附近的温度梯度，需要采用冷却水管精细算法。这类算法具有两个特点：①水管壁需要在建模中作为单元边界，按照第一类或第三类边界条件在单元边界上积分水管与混凝土的换热效应，但由于水管边壁与混凝土的尺寸相差较大，这样造成了在水管附近必须要布置较密集的单元以正确反映水管壁附近的温度梯度，目前，每个水管附近 1～2m 范围内的单元数量一般在 20 个以上；②由于混凝土与冷却水管的热交换带来水管内水温的沿程升高，这样在计算过程中需要给出沿程水温的分布，按照水温未知量处理及求解方式不同，可分为解耦计算和耦合计算两种。解耦计算就是有限元方程中只存在混凝土温度自由度，由混凝土温度场与边界条件等给出水温的分布；耦合计算就是把水温作为一种自由度来考虑，组装到有限元方程中与混凝土温度同时求解。

1. 水温解耦算法

朱伯芳等提出的混凝土温度与通水温度解耦计算的思路，即通过上一步的混凝土温度分布首先计算该步的水温，然后将该步的水温作为边界条件从而计算该步的混凝土温度[25]。为了增加算法精确性，朱伯芳给出了沿程水温的迭代计算方法[26]，首先假设水管全长恒温，求出混凝土温度后按照能量守恒定律求出沿程水温，反复计算直至收敛，这种方法在实践工作中取得了较好的效果。

$$\frac{\partial T}{\partial \tau}=a\left(\frac{\partial^2 T}{\partial x^2}+\frac{\partial^2 T}{\partial y^2}+\frac{\partial^2 T}{\partial z^2}\right)+\frac{\partial \theta}{\partial t} \tag{7.3.19}$$

初始条件：当 $t=0$，

$$T(x,y,z,0)=T_0(x,y,z) \tag{7.3.20}$$

边界条件：

一般边界 C：

$$-\lambda\frac{\partial T}{\partial n}=\beta(T-T_a) \tag{7.3.21}$$

水管边界 B：

$$-\lambda\frac{\partial T}{\partial n}=\frac{\lambda_1}{c\ln(c/r_0)}(T-T_w) \tag{7.3.22}$$

在空间域用有限元离散，时间域用差分法离散，得到线性方程组如下：

$$\left([H]+\frac{1}{s\Delta\tau_n}[R]\right)\{T_{n+1}\}+\left(\frac{1-s}{s}[H]-\frac{1}{s\Delta\tau_n}[R]\right)\{T_n\}+\frac{1-s}{s}\{F_n\}+\{F_{n+1}\}=0 \tag{7.3.23}$$

沿着水管切取一系列剖面，设在截面 i 和截面 $i+1$ 上（图 7.3.5），孔口边缘（水管外缘）沿半径方向的混凝土温度梯度分别为 $(\partial T/\partial r)_i$ 和 $(\partial T/\partial r)_{i+1}$（梯度 $\partial T/\partial r$ 沿 θ 方向是变化的），由于吸收混凝土散发的热量，水温升高的增量为

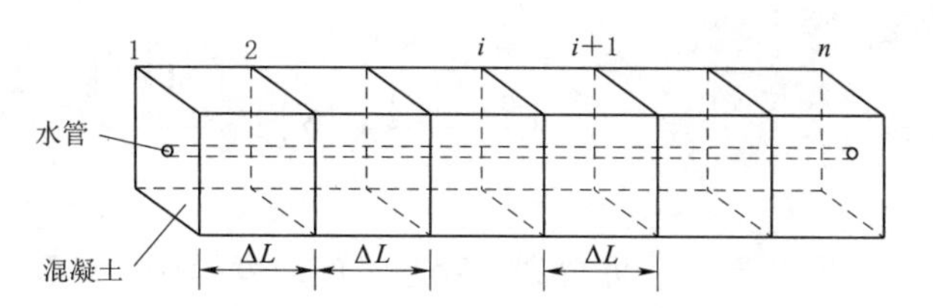

图 7.3.5 混凝土的水管冷却

$$\Delta T_{wi}=\frac{\lambda\Delta L}{2c_w\rho_w q_w}\left[\left(\int_{B_0}\frac{\partial T}{\partial r}\mathrm{d}s\right)_i+\left(\int_{B_0}\frac{\partial T}{\partial r}\mathrm{d}s\right)_{i+1}\right] \tag{7.3.24}$$

式中：B_0 为混凝土与水管接触的表面；$\frac{\partial T}{\partial r}$ 为混凝土温度梯度；其余符号意义见式(7.3.16)。

则沿途水温为

$$T_{wi}=T_{w1}+\sum_{j=1}^{i-1}\Delta T_{wj}\quad(i=2,3,4)\tag{7.3.25}$$

事先只知道进口水温，其他各点水温未知，因此要采用迭代算法。

第一步迭代，假定各截面的水温都等于进口水温，求出温度场，进而计算各截面的第一次近似水温 T_{wi}。

第二步迭代，以 T_{wi} 作为各截面上的水温，求出温度，进而求出各截面第二次近似水温 T_{wi}。

如此重复计算，直至各截面的水温趋于稳定时，结束迭代计算。控制指标为

$$\max_i\left|\frac{T_{wi}^k-T_{wi}^{k+1}}{T_{wi}^{k+1}}\right|\leqslant\varepsilon\tag{7.3.26}$$

式中：k 为迭代次数；ε 为指定的小数。

计算结果表明：当取 $\varepsilon=0.01$ 时，迭代次数一般为3～4次。

为了提高$\frac{\partial T}{\partial r}$的计算精度，要么在孔口附近采用密集的计算网格；要么提高孔口附近的局部插值域插值函数，采用高阶或解析，以有限元富集技术或构造具有解析性质的形函数。

鉴于低阶单元无法准确反映出水管周围混凝土温度场温度梯度大且不均匀的特点，朱振泱等[27]基于高阶单元提出了合理的热流量积分断面；张军[28]则利用等效热传导原理，推导出任意区间内的平均温度，提出一种将求解沿程水温所需水管外缘的高温度梯度转变为求解离水管较近距离处较低温度梯度的新算法。

蔡建波等在采用常用多项式插值获取节点温度后，再采用拉格朗日插值公式去逼近半径方向的温度分布[29]，具体见式(7.3.27)。

$$T_n(r)=\sum_{k=1}^{n}T_k\left(\prod_{\substack{j=1\\j\neq k}}^{n}\frac{r-r_j}{r_k-r_j}\right)\tag{7.3.27}$$

式中：n 为半径方向所取的节点数。

对上式求导数，可得

$$\frac{\mathrm{d}T_n(r)}{\mathrm{d}r}=\sum_{k=1}^{n}T_k\frac{\prod\limits_{j=1,j\neq k}^{n}\left[\prod\limits_{i=1,i\neq j,j\neq k}^{n}(r-r_i)\right]}{\prod\limits_{j=1,j\neq k}^{n}(r_k-r_j)}\tag{7.3.28}$$

代入 $r=c$，即得到水管边缘的温度梯度。计算结果表明，经过这样处理，温度梯度计算精度得到明显提高。

左正等[30]则通过对解析解空间的近似拟合（不完备），构造了适用该问题的扩充形函数，具体如下：

$$\psi=\mathrm{span}\{1,\mathrm{e}^{-b(r/r_b)}\}\tag{7.3.29}$$

从计算力学角度来看，水温解耦算法就是变边界条件下温度场边值问题求解。目前，主流商业有限元软件如ANSYS、ABAQUS及ADINA等没有上述水温解耦算法，需要自行开发计算程序才能实现。

2. 水温耦合算法

水温解耦算法需要对水温进行迭代计算，鉴于水管冷却是一个典型的温度与流体耦合的问题，即冷却水的流动造成热量从混凝土通过对流热交换的方式传递到水体并随水流带走；水温耦合算法将水温作为一种自由度来考虑，组装到有限元方程中与混凝土温度同时求解[31]，热流耦合单元如图7.3.6所示。这种水温耦合计算方式可避免对水温迭代求解，如果有限元计算采用传统标准单元如等参单元，为保证水管附近获取较准确的计算精度，水管周边仍需布设精细化网格；也可以在水管周边附近引入富有特殊形函数的单元[式(7.3.29)]，以准确反映水管周边强烈温度梯度变化。水温耦合算法[32-33]具体细节如下：

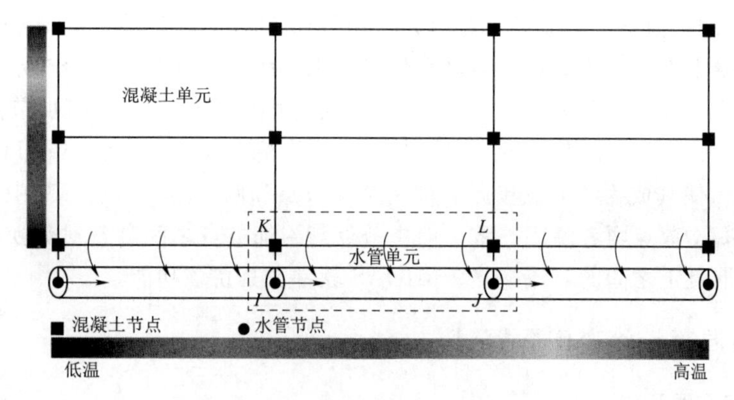

图7.3.6 热流耦合单元示意图[33]

(1) 控制方程：

$$\begin{bmatrix} K_c & -K_{cw} \\ -K_{wc} & K_w \end{bmatrix} \begin{Bmatrix} T_c \\ T_w \end{Bmatrix} + \begin{bmatrix} C_c & 0 \\ 0 & C_w \end{bmatrix} \begin{Bmatrix} \dot{T}_c \\ \dot{T}_w \end{Bmatrix} = \begin{Bmatrix} Q_c \\ Q_w \end{Bmatrix} \tag{7.3.30}$$

(2) 热流管单元与混凝土之间的热交换关系：

$$Q_w \rho c_w \frac{\partial T_w}{\partial s} + \Gamma \beta (T_w - T_c) = 0 \tag{7.3.31}$$

式中：T_w为水温；T_c为水管附近混凝土温度；Q_c为由混凝土水化热产生的等效节点热流荷载；q_w为通水流量；c_w为水的比热；ρ_w为水的密度；s为水流方向；β为水管对流换热系数；Γ为单位长度水管流通面（与混凝土接触面积），$\Gamma = \pi D$；D为冷却水管的水力直径；C_w为冷却水管的比热矩阵，具体表达见式（7.3.31）；C_c为混凝土的比热矩阵；K_c为混凝土的热传导矩阵；K_w为冷却水管的热传导矩阵，具体表达见式（7.3.33）。

$$C_{wc} = \frac{\rho_w AL}{2} \begin{bmatrix} 1 & 0 & 0 & 0 \\ 0 & 1 & 0 & 0 \\ 0 & 0 & 0 & 0 \\ 0 & 0 & 0 & 0 \end{bmatrix} \tag{7.3.32}$$

$$K_{wc}=\begin{bmatrix} k_1+k_2-k_4 & -k_1+k_4 & -k_2 & 0 \\ -k_1-k_5 & k_1+k_3-k_5 & 0 & -k_3 \\ -k_2 & 0 & k_2 & 0 \\ 0 & -k_3 & 0 & k_3 \end{bmatrix} \tag{7.3.33}$$

其中

$$k_1=A\lambda_c/L;\ k_2=\beta_w A_I;\ k_3=\beta_w A_J$$

$$k_4=\begin{cases} 0 & \text{水流由 } i \text{ 流向 } j \\ Q_w\rho_w c_w & \text{水流由 } j \text{ 流向 } i \end{cases};k_5=\begin{cases} Q_w\rho_w c_w & \text{水流由 } i \text{ 流向 } j \\ 0 & \text{水流由 } j \text{ 流向 } i \end{cases}$$

k_2、k_3 定义了考虑流管内的水与水管之间的热交换过程的量（对流传导），k_4、k_5 定义了计算水管沿程的能量变化过程的量（温度变化），从而考虑水温沿程上升这样一个过程。式中：A 为水管横截面，$A=\pi D^2/4$；$A_I=A_J=\pi DL/2$；λ_c 为混凝土导热系数。

目前，主流商业软件如 ANSYS、MIDAS、ADINA 等均具有热流耦合单元，可通过与实体单元耦合实现上述水温耦合算法。以 ANSYS 为例，混凝土由三维热实体单元 Solid278 离散，冷却水由三维热流耦合管单元 Fluid116 离散，对于塑料冷却水管的影响可通过冷却水与混凝土之间的等效对流换热系数来考虑，而对于混凝土与冷却水之间的对流换热既可以设置表面效应单元来实现[34]，也可以通过耦合流体单元的附加节点与同一位置的混凝土节点来模拟[35]。如果使用后者，需对热流耦合管单元 Fluid116，通过指定 Keyopt(2)=2，使其成为 4 节点单元，即两个主节点和两个附加节点；其中，附加节点与同一位置的混凝土节点两者温度一致，而主节点与附加节点之间具备对流换热特性，即可模拟冷却水与混凝土之间的对流换热。MIDAS 软件也具备该功能。

7.3.2　钢筋混凝土徐变问题探讨

7.3.2.1　徐变机理及假设

钢筋混凝土结构在外荷载作用和强迫变形下，混凝土徐变会引起应力状态和变形状态的变化。大量试验和理论研究证明，受徐变影响，结构应力重新分布，即钢筋应力将增长而混凝土应力则有所减小。对于具有不同配筋率构件的超静定结构，徐变除引起混凝土与钢筋间的应力重分配外，在各构件间也有内力重分配现象产生，因为混凝土徐变要改变构件的刚度，而不同配筋率构件的刚度改变比例是不同的。钢筋混凝土构件的徐变分析，属于两种不同材料的组合作用问题，在分析中一般略去钢筋的徐变，因为常温下钢筋与混凝土相比，其徐变是很微小的，钢筋与混凝土的变形位移认为是协调的，它们之间不产生相对滑移。

徐变是在持续荷载作用下，混凝土结构的变形随时间不断增加的现象，它是混凝土材料的固有现象，一般徐变变形比瞬时弹性变形大 1～3 倍；因此，在结构设计计算分析中，徐变是一个不可忽略的重要因素。混凝土在正常工作应力持续作用下，将产生瞬时变形和徐变变形，而瞬时变形包括可恢复的塑性变形，徐变变形包括可恢复的迟后弹性变形和不可恢复的流动变形[36-37]，见表 7.3.1 及图 7.3.7。

表 7.3.1　　混 凝 土 变 形

变形	瞬时变形	随时间变化的徐变变形
可恢复	弹性变形	迟后弹性变形
不可恢复	塑性变形	流动变形

目前，解释混凝土徐变机理的理论很

多，一般都以水泥浆体的微观结构为基础，从微观角度分析水泥浆体结构及其与骨料的交互作用，并借鉴已有的物理和固体力学理论，试图说明混凝土徐变现象。这些理论主要有黏弹性理论、渗出理论、黏性流动理论、塑性流动理论、内力平衡理论及微裂缝理论等，上述这些理论在解释徐变机理方面，没有一种理论能得到满意的解释，但是把几种理论结合起来解释可能会得到比较满意的结果。加荷初期，混凝土徐变速率很大，而后随时间而减小，且产生可恢复徐变（迟后弹性变形），这可用黏弹性理论和黏性流动理论来解释；这期间还产生不可恢复徐变，这可采用渗出理论解释；继续加荷，主要产生不可恢复徐变，可用黏性流动理论来解释；当加荷应力超过正常工作能力时，徐变速率又迅速增大，应力-应变呈非线性关系，这可用塑性理论和微裂纹理论来解释；不过，该阶段徐变在实际结构中很少发生，通常混凝土结构的徐变最终会趋于稳定。由于没有一种现有的徐变理论能够解释所有的徐变现象，各国学者提出了许多徐变假设来解释徐变现象，如凯斯勒（C. E. Kesler）假设、罗特慈（W. Ruetz）假设、塞劳西尼（Z. N. Cilosani）假设、费尔德曼（R. F. Feldman）和西里台（P. J. Sereda）假设、爱沙（O. Ishai）假设等。具体参见黄国兴等的著作《混凝土徐变与收缩》[38]。

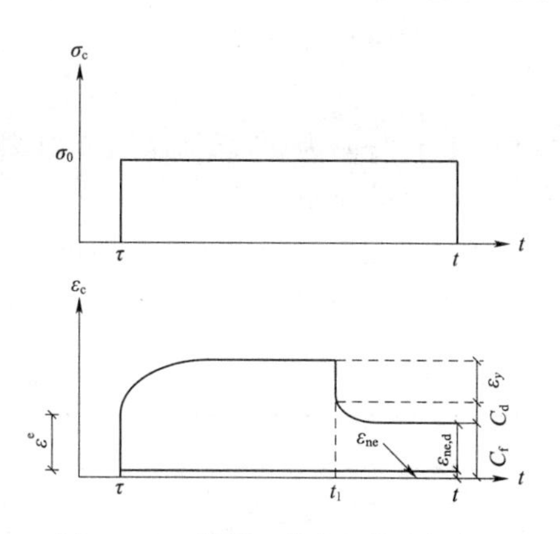

图 7.3.7 混凝土徐变与徐变恢复

虽然混凝土徐变机理尚未完全弄清楚，从定性角度来看，Vaishnav 和 Kesler 等学者认为，混凝土在持续荷载作用下以及卸荷后的特征，与流变性质相类似。模拟混凝土特性的流变模型应具有以下特性：瞬时弹性变形、迟后弹性变形、与应力和时间有关的徐变特性、瞬时弹性恢复、迟后弹性恢复及永久残余变形。大致说，混凝土在施加荷载后的初期阶段，可以用 Kelvin 模型模拟，后期阶段可以采用 Maxwell 模型模拟；这样，可以近似地用线性 Burgers 模型描述在持续荷载作用下混凝土的变形特性。但在应用中需进行若干改进，特别是希望改进后的 Burgers 模型能够反映无穷时间后混凝土的徐变极限值是一个有限量值这一个普遍承认的观点。在此基础上产生了若干修改模型，如 Burgers 修正模型、Ross 模型、Flugge 模型、Freudenthal 和 Roll 模型、Powers 模型、Gopalakrisman - Neville - Ghali 模型、Torroja 和 Paez 模型、Ishai 模型等，具体参见董哲仁的著作《钢筋混凝土非线性有限元法原理与应用》[39]。上述流变模型，如果采用合适的经验参数，流变模型的计算值与试验值会有较好的符合。但是，流变模型有严重的缺点，它仅仅是一种经验性地近似，既不能对徐变延伸出新的认识，更不能导出对现象本质的理解。另外，大部分流变模型只可以符合一些特定条件下的混凝土试验，不具有一般性。

7.3.2.2 徐变效应表示

徐变效应与应力作用密切相关，徐变效应预测模型不仅与时间有关，还应考虑与应力、应变等物理量建立联系，因此通常采用以下 3 种表达形式[40]：

(1) 徐变系数 $\phi(t,\tau)$。

$$\varepsilon_{cr}(t,\tau)=\phi(t,\tau)\varepsilon_e(\tau) \tag{7.3.34}$$

式中：$\varepsilon_{cr}(t,\tau)$ 为 τ 时刻加荷至 t 时刻的徐变应变；$\phi(t,\tau)$ 为单位应力作用下徐变应变与弹性应变的比值，在长期荷载作用下，$\phi(t,\tau)$ 量值为1.0～6.0，典型值可取2.5，目前在各国设计规范（ACI、CEB-FIP、JTG、JTJ）中广泛使用；$\varepsilon_e(\tau)$ 为 τ 时刻瞬时弹性应变。

（2）徐变柔量 $J(t,\tau)$。

$$\varepsilon(t,\tau)=\varepsilon_e(\tau)+\varepsilon_{cr}(t,\tau)=\sigma(\tau)J(t,\tau) \tag{7.3.35}$$

式中：$\varepsilon(t,\tau)$ 为 τ 时刻加荷至 t 时刻的总应变（徐变+弹性应变）；$J(t,\tau)$ 为 τ 时刻加荷至 t 时刻的徐变柔量。

徐变柔量又称徐变函数，即单位应力作用下混凝土的徐变应变与瞬时弹性应变之和，一般由理论研究提出。表7.3.2列出比较常见的混凝土徐变函数表达式。

表7.3.2 徐变函数表达式汇总表

序号	公式表达式	说明	备注
1	$J(t,\tau)=\dfrac{1}{E(\tau)}+\alpha[1-e^{-v(t-\tau)}]+\beta e^{-P\tau}[1-e^{-m(t-\tau)}]$，$\alpha$、$\beta$、$v$、$P$、$m$ 分别由试验确定的经验参数。	McHenry (1943)	
2	$J(t,\tau)=\dfrac{1}{E(\tau)}+\left[a+\dfrac{b}{\tau}\right]\sum_{K=0}^{m}\beta_K e^{-v_K(t-\tau)}$，$a$、$b$、$\beta_K$、$v_K$ 为经验参数。	Arutyunyan (1952)	
3	$J(t,\tau)=\dfrac{1}{E(\tau)}\sum_{i=1}^{3}\sum_{j=1}^{4}\alpha_i a_j \tau^{-0.1(j-i)}[1-e^{-K_i(t-\tau)}]$，$\alpha_i$、$a_j$、$K_i$ 共计10个经验参数。	Selna (1969)	
4	$J(t,\tau)=\dfrac{1}{E_c(\tau)}+\dfrac{1}{E_c(28)}\phi(\infty,\tau)\beta_c(t-\tau)$	CEB-FIP (MC90) 模型	参数见式(7.3.37)
5	$J(t,\tau)=\dfrac{1}{E_c(\tau)}\left[1+\dfrac{(t-\tau)^{0.6}}{10+(t-\tau)^{0.6}}\phi(\infty,\tau)\right]$	ACI209-82/92 模型	参数见式(7.3.38)
6	$J(t,\tau)=\dfrac{1}{E_0}+C_0(t,\tau)+\widetilde{C}_s(t,\tau,t_0)-C_p(t,\tau,t_0)$	BP-2模型 (Bazant 1978)	参数见式(7.3.40)
7	$J(t,\tau)=q_1+C_0(t,\tau)+C_d(t,\tau,t_0)$	B3模型 (Bazant 1995)	参数见式(7.3.41)
8	$J(t,\tau)=\dfrac{1}{C\ln(\tau^b+1)}+(A_0+A_1\tau^{-B_1})\ln(t-\tau+1)$	朱伯芳 (2012)	幂函数-对数表达式

（3）徐变度 $C(t,\tau)$。

$$\varepsilon_{cr}(t,\tau)=\sigma(\tau)C(t,\tau) \tag{7.3.36}$$

式中：$C(t,\tau)$ 为 τ 时刻加荷至 t 时刻的徐变度。

徐变度表示单位应力作用下混凝土的徐变变形，该函数一般多用于水工及大体积混凝土结构中。表7.3.3给出基于常应力徐变试验拟合得到的几种常见徐变度。从数学模型来分，表中8种徐变表达式可分为4种类型：幂函数、对数函数、双曲函数和指数函数，而指数函数又派生出指数和、幂指数、多项指数和复合幂指数函数等。从表达式来看，徐变度表达式可分为两大类：一类是表示徐变与持荷时间之间的关系；另一类是表示徐变与加荷龄期及持荷时间之间的关系。其中，前5种属于前者，后3种属于后者。前5种形式简单，计算方便，但其表示徐变与持续时间之间的关系，也就是仅表示某一特点加荷龄期的徐变表达式，不同加荷龄期有不同的表达式，在使用上不太方便；后2个虽然形式复杂，计算麻烦，但其表示徐变与加荷龄期及持续时间之间的关系，一个徐变公式可以计算不同龄期各持荷时间的徐变值，使用方便。特别是用有限元法计算结构应力时，采用后3种徐变表达式很方便，且其计算精度能满足工程要求。

表 7.3.3　几种常见的混凝土徐变度函数汇总表

序号	公式类型	表达式	作者及时间	备注
1	幂函数式	$C(t,\tau)=A(t-\tau)^B$	L. G. straub（20世纪30年代）	
2	对数函数式	$\dfrac{dC(t-\tau)}{d(t-\tau)}=\dfrac{F(\tau)}{(t-\tau)+A}$	美国垦物局（1956）	
3	双曲函数式	$C(t,\tau)=\dfrac{t-\tau}{A+B(t-\tau)};C(t,\tau)=A+\dfrac{B}{t-\tau}$	A. D. Ross（1937） L. Ai 和 C. E. Kesler	
4	指数函数式	$\dfrac{dC(t-\tau)}{d(t-\tau)}=A[C_\infty-C(t,\tau)]$	F. G. Thomas（1933）	
5	指数和式	$C(t,\tau)=C_d(t-\tau)+C_f(t-\tau)=\sum C_i[1-e^{-\gamma_i(t-\tau)}]+\sum C_j[1-e^{-\gamma_j(t-\tau)}]$	唐崇钊（1982）	
6	幂指数函数式	$C(t,\tau)=(\varphi_0+\varphi_1\tau^{-p})[1-e^{-(\gamma_0+\gamma_1\tau^{-q})(t-\tau)^s}]$	朱伯芳（1985）	
7	多项指数函数式	$C(t,\tau)=\sum_{i=1}^{n}(f_i+g_i\tau^{-p_i})[1-e^{-\gamma_i(t-\tau)}]+\sum_{i=1}^{m}D_i(e^{-s_i\tau}-e^{-s_it})$	朱伯芳（1985）	
8	复合幂指数函数式	$C(t,\tau)=(\psi_0+\psi_1\tau^{-p})\{1-\exp[-(r_0+r_1\tau^{-q})(t-\tau)^s]\}$	朱伯芳（1985）	

7.3.2.3 徐变估算方式

当前国内外应用最为广泛的混凝土徐变效应预测模型大多是基于试验研究而达到的经验或半经验公式，少数模型中结合了较深的理论研究成果。对这些常见预测模型采用统一的徐变柔量形式进行描述，并根据模型函数类型分类，具体如下[40]：

(1) 第一类模型是对徐变性质进行整体描述，不细分基本徐变和干燥徐变，也不区分可恢复徐变和不可恢复徐变，其中代表的徐变模型包括CEB-FIP（MC90）模型、ACI209-82/92模型等，两者均采用双曲线幂函数表达式计算徐变系数。

1）CEB-FIP（MC90）模型。

$$J(t,\tau)=\frac{1}{E_c(\tau)}+\frac{1}{E_c(28)}\phi(\infty,\tau)\beta_c(t-\tau) \tag{7.3.37}$$

式中：$\phi(\infty,\tau)$ 为标准条件下混凝土徐变系数终值；$\beta_c(t-\tau)$ 为与时间有关的函数。

2）ACI209-82/92模型：

$$J(t,\tau)=\frac{1}{E_c(\tau)}\left[1+\frac{(t-\tau)^{0.6}}{10+(t-\tau)^{0.6}}\phi(\infty,\tau)\right] \tag{7.3.38}$$

其中，极限徐变系数 $\phi(\infty,\tau)$ 为一系列相关影响系数的乘积。

(2) 第二类模型中徐变度或徐变系数采用指数函数及其衍生表达形式，包括老化理论表达式、混合理论表达式等。该类模型参数较多，且多用于水工混凝土分析，不过有一个重要优点，即可利用指数函数的数学特征建立递推关系式，在徐变计算中可不记录应力历史。其应用徐变柔量的表达式如下：

$$\begin{cases} J(t,\tau)=\dfrac{1}{E_c(\tau)}+c_1[1+9.2\tau^{-0.45}][1-e^{0.30(t-\tau)}] \\ \qquad +c_2[1+1.7\tau^{-0.45}][1-e^{-0.005(t-\tau)}] \\ E_c(\tau)=E_0(1-e^{-0.4\tau^{0.34}}) \end{cases} \tag{7.3.39}$$

式中：$c_1=0.23/E_0$；$c_2=0.52/E_0$；$E_0\approx1.05E(360)$ 或 $E_0\approx1.20E(90)$，$E(90)$ 和 $E(360)$ 分别为龄期 90d 和 360d 的弹性模量。

（3）第三类模型是将徐变行为区分为基本徐变和干燥徐变求和表示，最具与代表的模型包括 BP-2 模型、B3 模型等，集成了 Bazant 等人多年的试验研究和理论分析成果。

1）BP-2 模型（Bazant，78）。

$$J(t,\tau)=\frac{1}{E_0}+C_0(t,\tau)+\widetilde{C}_s(t,\tau,t_0)-C_p(t,\tau,t_0) \tag{7.3.40}$$

式中：E_0 为渐进模量，由极短时间荷载历史（小于微妙）外延变形曲线得到的渐进线值；τ 为加荷龄期；t_0 为养护结束时被暴露在干燥环境开始时的龄期；$C_0(t,\tau)$ 为基本徐变的徐变度；$\widetilde{C}_s(t,\tau,t_0)$ 为干燥徐变相应的徐变度；$C_p(t,\tau,t_0)$ 为徐变接近终值时降低趋向特性，常被忽略，特别当构件尺寸较薄（<10cm）或升温情况时更可以略去。

2）B3 模型（Bazant，1995）。

$$J(t,\tau)=q_1+C_0(t,\tau)+C_d(t,\tau,t_0) \tag{7.3.41}$$

式中：q_1 为瞬时应变；$C_d(t,\tau,t_0)$ 为干燥徐变相应的徐变度；$C_0(t,\tau)$ 意义同式（7.3.7）。

（4）第四类模型是将徐变效应表示为可恢复徐变与不可恢复徐变求和的形式，其中最典型的是 CEB-FIP(78) 模型，该模型也被我国公路、铁路桥涵设计规范等引用，其徐变柔量表达如下：

$$J(t,\tau)=F_i(\tau)+\frac{\phi_d\beta_d(t-\tau)}{E_{c28}}+\frac{\phi_f[\beta_f(t)-\beta_f(\tau)]}{E_{c28}} \tag{7.3.42}$$

式中：$F_i(\tau)$ 为瞬时弹性应变与最初几天产生的不可恢复的徐变之和；$\phi_d\beta_d(t-\tau)$ 为可恢复的徐变部分；$\phi_f[\beta_f(t)-\beta_f(\tau)]$ 为不可恢复的徐变部分；E_{c28} 为混凝土 28d 龄期的弹性模量；$\phi_d=0.4$；ϕ_f 为系数，与环境湿度和构件的有效厚度有关；β_f 为时间及有效厚度的函数；β_d 为持荷时间 $(t-\tau)$ 的函数。

以上四类徐变估算公式，第二类模型主要是针对大体积混凝土。ACI 模型中，考虑了诸多影响因素，较为周全；其缺点是在构件尺寸效应的处理方法上，存在不合理之处。CEB-FIB(78) 模型将徐变划分可恢复徐变和不可恢复徐变。对于时效材料而言，可恢复徐变缺乏热力学方面的理论依据，无法被唯一确定，另外该模型不遵循扩散理论中尺寸效应的规律。BP-2 模型曾用 80 组由不同实验室得到试验数据进行复核计算，效果较好。BP-2 模型是少有的考虑温度影响的徐变估算模型之一，而且温度效应对收缩、基本徐变和收缩徐变都产生影响。从时间方面说，公式包含了加荷龄期、养护结束龄期及即时龄期。时间顺序方面，加荷时间可在构件暴露在干燥环境以后，另外也可以考虑收缩后期徐变降低等现象。从应用范围来说，对于有限的时间范围（持荷时间从 1 周到 1 年，加荷龄期从 1 周到 6 个月）以及对于尺寸较小的试件，ACI 公式和 CEB－FIB 公式的计算结果与试验值符合较好。对极短的加荷龄期（<10 天）或极长的加荷龄期（>10 年）以及厚的试件（>30cm），BP－2 模型的计算结果要好些。从应用的方便程度来讲，用公式表达的 ACI 模型及 BP－2 模型更易于在计算机上应用。

7.3.2.4 徐变计算方法

徐变计算理论，是指如何将在持续常应力作用下获得的徐变试验结果推广到变应力作用下的结构构件徐变分析中去的理论，即变应力下构件的徐变分析方法。

徐变计算理论可分为两类：一类是线性方法，另一类是非线性方法[41-42]。线性方法是假定徐变与应力呈线性关系，这种假定是有一定试验基础的。一些试验料表明，在工作应力范围内（或者在 1/2 强度范围内），徐变近似与应力呈线性关系，严格说，在此应力范围内的混凝土被处理为线性黏弹性时效材料会更接近于实际情况。线性方法使徐变计算大为简化。线性方法中徐变计算将遵循叠加原理。叠加原理是假设两个或两个以上应力（或应变）历史过程所产生的某种效应，等于每个应力（或应变）过程分别产生的效应之和。可以说，叠加原理也就是线性假设。把叠加原理应用于徐变计算中可以假设：由于存在一个应力历史过程 $\sigma(\tau)$，相应产生了总应变 $\varepsilon(t)$，可以把应力历史过程 $\sigma(\tau)$ 看作是在各个 τ 时刻所对应的各应力增量 $\mathrm{d}\sigma(\tau)$ 的总和（$0<\tau<t$），而各应力增量 $\mathrm{d}\sigma(\tau)$ 对应产生的应力总和，即总应变 $\varepsilon(t)$。根据式（7.3.35）可得

$$\varepsilon(t)=\int_0^t J(t,\tau)\mathrm{d}\sigma(\tau)+\varepsilon^0(t)=\sigma(\tau_0)J(t,\tau_0)+\int_{\tau_0}^t J(t,\tau)\mathrm{d}\sigma(\tau)+\varepsilon^0(t) \tag{7.3.43}$$

叠加原理有其应用范围，在这个范围内计算值与试验值有一定程度的符合。其应用范围包括：①应力值低于 40%强度或者在工作应力范围内；②应变值在过程中没有减小；③试件在徐变过程中没有经历显著的干燥；④在初始加载以后应力量值没有大幅度的增加。与前 3 个条件的任何一个相比，违背最后一个条件引起的误差较小，最后一个条件在计算时通常可以忽略。第 2 个条件最重要，应变递减引起的效应必须采用非线性理论来处理。在叠加原理（应力 $\sigma\leqslant 0.5\sigma_c$，$\sigma_c$ 是混凝土强度）和线性徐变假设条件下，总应变可表示为

$$\varepsilon(t)=\sigma(\tau_0)J(t,\tau_0)+\int_{\tau_0}^t J(t,\tau)\mathrm{d}\sigma(\tau)+\varepsilon^0(t) \tag{7.3.44}$$

1. 经典徐变方法

最早的徐变计算方法是 McMillan 于 1916 年提出的有效模量法，后来的研究者在此基础上不断提出了几种更加复杂的方法。这些方法基本是通过使用柔度函数的简化形式进行结构的徐变分析，如徐变率法（老化理论）、流动率法等多种方法，各种方法的徐变柔量及其优缺点见表 7.3.4。随着徐变实验数据的增加和更长时间数据的提供，Bazant 和 Panula 对徐变计算方法进行了系统分析，认为前面提到的几种方法总体上不如有效模量法准确，当时提出这些方法的主要目的是将徐变求解的积分方程转化为代数线性方程。随着计算机技术的进步，许多研究者也将这些方法应用到逐步计算法中去，使这些方法焕发了

新的生命力。

表 7.3.4　　经典徐变计算方法汇总表

徐变计算方法	公式及优点	缺点
有效模量法	$C(t,\tau)=\dfrac{\varphi(t,\tau)}{E(\tau)}$ 用折减弹性模量的方法来考虑混凝土徐变的影响；在以下两种情况下与试验结果较为符合：一是应力无明显变化；二是混凝土龄期可以忽略不计	对于短龄期的混凝土长期加载时候的误差非常大；应力递增高估徐变变形，应力递减低估徐变变形
老化理论（徐变率法或迪辛格尔法）	$C(t,\tau)=C(t,\tau_0)-C(\tau,\tau)$ 假定混凝土徐变曲线具有（沿变形轴）"平行"的性质，也就是徐变速率与加荷龄期无关，计算徐变时只需要一条徐变曲线	徐变随龄期的增长很快减小，老混凝土（3～5年）的徐变几乎为 0，不符合实际；把可复徐变缩小为 0，忽略了卸荷后的徐变恢复，反映不了早期加载时徐变迅速发展的特点；与有效模量法相反，应力递增低估徐变变形，应力递减高估徐变变形
流动率法（弹性老化理论）	$C(t,\tau)=C_1(t,\tau)+C_2(t,\tau)$ 徐变度由迟后弹性变形（可恢复徐变）和流动变形（不可恢复徐变）两部分组成，能较好地描述早龄期的混凝土在卸荷状态下的徐变部分可恢复的性质	不可恢复徐变的减少仅仅归结为材料的老化并假定各龄期不可恢复流动变形曲线平行；一般低估老混凝土的徐变
弹性徐变理论（叠加法）	$C(t,\tau)=\left(C_0+\dfrac{A}{\tau}\right)[1-e^{-r(t-\tau)}]$ 假定徐变恢复曲线与加荷曲线相同而且变形与应力之间呈线性关系；能反应徐变的基本特征——徐变恢复，其计算结果与试验结果基本相符	认为混凝土徐变可完全恢复，与实际不相符合；不能很好地反映早期加载的混凝土徐变的迅速发展情况
继效流动理论	计算精度较高，对于应力衰减问题能得到满意的结果	计算比较烦琐

2. 现代徐变方法

Bazant 在 2001 年简要总结了现代常用的 3 种徐变计算方法[43]：基于龄期调整的有效模量法一步近似求解方法；根据叠加原理的积分型徐变定律的逐步计算法；基于 Kelvin 或者 Maxwell 模型的率型徐变模型（应变率方法）的逐步计算法。另外，国内若干学者也提出了结构徐变应力分析的全量分析计算方法。

目前高性能计算机已非常普及，通用有限元程序广泛应用于大型结构物的设计中，所采用的徐变分析基本上是基于逐步计算的有限元方法。该方法的基本原理是把整个计算时段划分为多个时间小段，分别计算各个时段内的徐变变形和内力，并逐时段进行叠加。每个时段内的徐变变形和内力的数值计算，根据需要，可采用矩形公式、梯形公式或抛物线形辛普森积分公式，徐变函数值可以取小段时间内的下限值、上限值或者中值。

(1) 近似求解方法——AEMME 法（按照龄期调整的有效模量法）。按龄期调整的有效模量法是由 Trost 于 1967 年建立的，后来 Bazant 进行了改进。他们将按龄期调整的有效模量法与有限单元法相结合，使得混凝土结构的徐变计算能够采用更逼近实际的有限单元法、逐步计算法。

$$E_{\varphi}=\frac{E_0}{1+\rho\varphi(t,\tau_0)} \tag{7.3.45}$$

式中：E_{φ} 为按龄期调整的有效模量；E_0 为瞬时弹性模量；ρ 为老化系数；$\varphi(t,\tau_0)$ 为徐变系数。

Trost 利用松弛条件（应变不变时，混凝土中的应力随时间的延长而逐渐衰减的现象称为应力松弛）近似确定 ρ 值，$\rho=0.5\sim1.0$，建议取用 $\rho=0.8$。龄期调整有效模量法就是用老化系数来考虑混凝土老化对最终徐变值的影响，实质上是用积分中值定理将徐变计算的积分方程转化为代数方程。按龄期调整的有效模量法用于弹性有限元程序分析时，不需要编制专门的徐变分析程序，使得有限元法很简单，并可以快速、近似地确定徐变和收缩应力。AEMME 法在我国应用最多，尤其在桥梁工程界，国内许多论文都是基于此方法，也有较成熟的软件，但其整体计算精度取决于时效系数 ρ。目前，SAP2000 及 Midas Civil 软件采用 TB 法来考虑徐变效应，具体技术细节可参见软件的帮助手册。

（2）逐步计算法——积分退化核方法。如果积分型徐变定律能转换为一阶微分方程组给出的率型徐变定律，就可以不要储存和应用全部应力或应变历史，可采用近似的特殊徐变函数，即用退化积分核来代替当前积分核 $J(t,\tau)$。常取 Dirichlet 级数形式退化核，其表达式为

$$J(t,\tau)=\sum_{i=1}^{n}a_i(\tau)\left[1-\mathrm{e}^{y(\tau)-y_i(t)}\right] \tag{7.3.46}$$

式中：$a_i(\tau)$、$y_i(\tau)$ 为取决于实验的函数；n 为级数项数。

若取 $y_i(\tau)=\lambda_i\phi(T)t$，得到应用极为广泛的 Kabir 公式，即

$$J(t,\tau)=\sum_{i=1}^{n}a_i(\tau)\left[1-\mathrm{e}^{\lambda_i\phi(T)(t-\tau)}\right] \tag{7.3.47}$$

式中：$\phi(T)$ 为取决于温度的函数。

目前，Midas FEA 软件采用该方法来解决徐变问题，具体技术细节可参见软件的帮助手册。

（3）逐步计算法——率型本构方程。如 7.3.2.1 节所述，关于混凝土的徐变机理目前尚未明确，但从其徐变性能上来看，可以利用流变模型进行分析和计算徐变。通常认为 Maxwell 模型更适合松弛问题，而 Kelvin 模型更适合徐变问题。在徐变分析中 Kelvin 模型得到了比较广泛的应用，其形式像 Dirichlet 级数。

通常采用 Kelvin 链（图 7.3.8）来模拟黏弹性并表现混凝土的老化作用和迟后效应的时间，其表达式为

$$J(t,\tau)=\sum_{\alpha=0}^{n}\frac{1}{E_{\alpha}(\tau)}\left(1-\mathrm{e}^{\frac{t-\tau}{\lambda_{\alpha}}}\right)=\frac{1}{E_0(\tau)}+\sum_{\alpha=1}^{n}\frac{1}{E_{\alpha}(\tau)}\left(1-\mathrm{e}^{\frac{t-\tau}{\lambda_{\alpha}}}\right) \tag{7.3.48}$$

$$\lambda_{\alpha}=\frac{\eta_{\alpha}}{E_{\alpha}} \tag{7.3.49}$$

式中：η_{α} 为第 α 个 Kevlin 体的黏滞阻尼系数；E_{α} 为第 α 个 Kevlin 体的弹性模量，在计算中一般取常数，也可以取随时间变化的参数。

式（7.3.48）本质上是叠加法的 Dirichlet 展开近似。每个 Kelvin 链的参数可通过基本徐变实验结果或者规范提供的徐变系数经最小二乘法方法拟合得到。目前，主流有限元

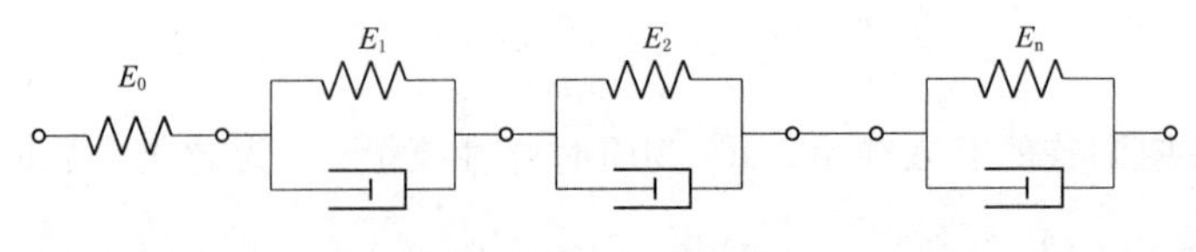

图 7.3.8　Kelvin 链

商业软件如 ANSYS、ABAQUS、ADINA 等均具有常规流变学元件，可根据商业软件自身具体情况，构建上述 Kelvin 链来研究混凝土徐变问题。

率型本构关系也可写成指数函数形式，优点是不需要储存应力和应变历史，但是率型的徐变本构关系限制了徐变函数的形式。Zienkiewicz、朱伯芳等利用率型徐变模型中指数函数的特点，建立了只记录当前应力的徐变应变增量递推式，能够大幅度提高计算效率，并成为水利水电行业主要的混凝土徐变效应计算方法，具体实现方法见 7.3.3 节。目前，主流商业软件如 ANSYS、ABAQUS、ADINA 等不具备该徐变本构模型，需要自行开发计算程序或在现有商业有限元软件的基础上进行二次开发。以 ANSYS 软件为例，通过修改 ANSYS 提供的 USERMAT. F 源程序，将混凝土徐变模型和本构方程引入 ANSYS，实现混凝土温度徐变应力分析；其他商业有限元如 ABAQUS、ADINA 二次开发与 ANSYS 相类似。

另外，对于各国应用更广泛的非指数函数形式的徐变预测模型，如 ACI209－92、CEB－FIB(78/90)，BP－2 等，转化为指数形式较困难，局限性较大，该方法不再适用。为此，可将非指数函数形式表示的徐变系数拟合为多项指数函数形式来处理[44]，具体处理过程如下。另外，7.3.4 节有该处理方法的工程案例应用。

根据线性徐变理论，第 n 个时段 $\Delta t_n = t_n - t_{n-1}$ 的徐变应变增量可表示为

$$\Delta\varepsilon_{cc}(t_n, t_{n-1}) = \sum_{j=0}^{n-1} \frac{\Delta\sigma_c(t_j)}{E_c(t_j)}[\varphi(t_n, t_j) - \varphi(t_{n-1}, t_j)] \tag{7.3.50}$$

式中：$\Delta\varepsilon_{cc}(t_n, t_{n-1})$ 为第 n 个时段 $\Delta t_n = t_n - t_{n-1}$ 的徐变应变增量；$\Delta\sigma_c(t_j)$ 为时刻 t_j 的应力增量；$E_c(t_j)$ 为时刻 t_j 的弹性模量；$\varphi(t_n, t_j)$ 为从 t_j 至 t_n 的徐变系数；$\varphi(t_{n-1}, t_j)$ 为从 t_j 至 t_{n-1} 的徐变系数。

对于非指数形式表示的徐变系数，以 CEB－FIB（78/90）规范及《公路钢筋混凝土及预应力混凝土桥涵设计规范》（JTG D62—2004）为例，混凝土徐变系数随时间发展规律采用式（7.3.51）表示，可将其拟合成以 e 为底的多项指数函数形式，具体见式（7.3.52）。

$$\varphi(t, t_0) = \varphi_0\beta_c(t, t_0) = \varphi_0\left[\frac{t - t_0}{\beta_H + (t - t_0)}\right]^{0.3} \tag{7.3.51}$$

$$\varphi(t, t_0) = \varphi_0\sum_{i=1}^{m} C_i e^{q_i(t-t_0)/\beta_H} \tag{7.3.52}$$

式中：φ_0 为名义徐变系数；$\beta_c(t, t_0)$ 为加载后徐变随时间变化的系数；β_H 为与 RH、h 有关的参数；C_i、q_i 为拟合系数。

将式（7.3.52）代入式（7.3.50），可得

$$\Delta\varepsilon_{cc}(t_n, t_{n-1}) = \sum_{j=0}^{n-1} \frac{\Delta\sigma_c(t_j)}{E_c(t_j)}\varphi_j \sum_{i=1}^{m} C_i e^{q_i(t_n-t_j)/\beta_H}(1 - e^{-q_i\Delta t_n/\beta_H}) \tag{7.3.53}$$

对式（7.3.53）中累加项重组，并令

$$S_n^i = \sum_{j=0}^{n-1} \frac{\Delta\sigma_c(t_j)}{E_c(t_j)} \varphi_j C_i e^{q_i(t_n - t_j)/\beta_H} \tag{7.3.54}$$

可得到式（7.3.55）：

$$\Delta\varepsilon_{cc}(t_n, t_{n-1}) = \sum_{i=1}^{m} S_n^i (1 - e^{-q_i \Delta t_n/\beta_H}) \tag{7.3.55}$$

经递推分析可得

$$S_{n+1}^i = S_n^i e^{q_i \Delta t_{n+1}/\beta_H} + \frac{\Delta\sigma_c(t_n)}{E_c(t_n)} \varphi_n C_i e^{q_i \Delta t_{n+1}/\beta_H} \tag{7.3.56}$$

利用上述递推关系，同时考虑收缩影响，则第 n 个时段 $\Delta t_n = t_n - t_{n-1}$ 的徐变、收缩应变增量可按如下公式进行计算：

$$\Delta\varepsilon_c(t_n, t_{n-1}) = \sum_{i=1}^{m} S_n^i (1 - e^{-q_i \Delta t_n/\beta_H}) + \Delta\varepsilon_{cs}(t_n, t_{n-1}) \tag{7.3.57}$$

$$\left\{\begin{aligned} S_n^i &= S_{n-1}^i e^{q_i \Delta t_n/\beta_H} + \frac{\Delta\sigma_c(t_{n-1})}{E_c(t_{n-1})} \varphi_{n-1} C_i e^{q_i \Delta t_n/\beta_H} \quad (n>1) \\ S_1^i &= \frac{\Delta\sigma_c(t_0)}{E_c(t_0)} \varphi_0 C_i \end{aligned}\right\} \tag{7.3.58}$$

（4）结构徐变应力分析的全量方法。全量方法是将非线性求解问题转化为一系列线性计算过程。

将 $d\sigma(\tau) = \frac{d\sigma(\tau)}{d\tau} d\tau$ 代入式（7.3.10），经分部积分可得

$$\varepsilon(t) = \frac{\sigma(t)}{E(t)} + \int_{\tau_0}^{t} L(t,\tau)\sigma(\tau) d\tau + \varepsilon^0(t) \tag{7.3.59}$$

其中

$$L(t,\tau) = -\frac{\partial L(t,\tau)}{\partial\tau}$$

式中：$L(t, \tau)$ 为应力脉冲记忆函数。

基于应力脉冲记忆函数的方法起初因为缺乏计算效率而很少应用。高政国等[45]提出了混凝土结构徐变应力分析的全量方法，以应力全量的形式进行徐变应力分析。全量方法的基本原理是把荷载全部作用于结构，然后逐级调整位移，直到平衡条件得到满足。孙璨等[46]应用徐变恢复效应理论及应力脉冲记忆函数，建立了无需记录全部应力历史的全量递推方法并推导了应变全量递推表达式，算例表明该方法能大幅度提高徐变分析的计算效率，计算精度也能满足工程需要。

7.3.3　混凝土弹性徐变温度应力分析[47]

将混凝土视为弹性徐变体，则混凝土的徐变柔量可表示如下：

$$J(t,\tau) = \frac{1}{E(\tau)} + C(t,\tau) \tag{7.3.60}$$

混凝土的瞬时弹性模量 $E(\tau)$ 用以下两式之一表示：

$$E(\tau) = E_0(1 - e^{-a\tau^b}) \tag{7.3.61}$$

$$E(\tau)=\frac{E_0\tau}{q+\tau} \tag{7.3.62}$$

混凝土徐变度 $C(t,\tau)$ 表示如下：

$$C(t,\tau)=\sum_{s=1}^{m}\Psi_s(\tau)[1-e^{-r_s(t-\tau)}] \tag{7.3.63}$$

$$\begin{cases}当\ s=1\sim m-1\ 时 & \Psi_s(\tau)=f_s+g_s\tau^{-p}\\ 当\ s=m\ 时 & \Psi_s(\tau)=De^{-r_s\tau}\end{cases} \tag{7.3.64}$$

式中：E_0、a、b、q、f_s、g_s、p_s、D、r_s 等均为材料常数。

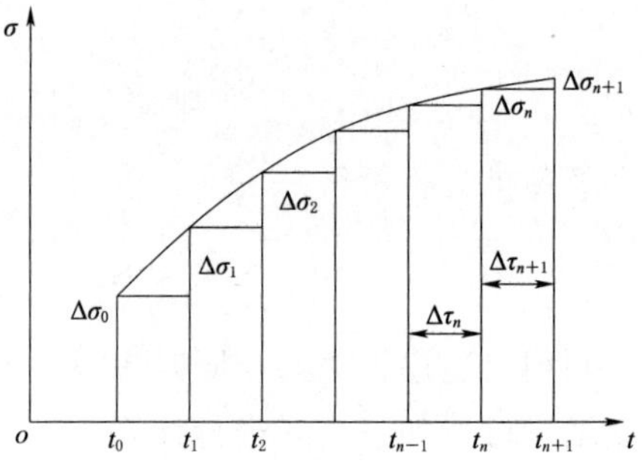

图 7.3.9 应力增量

由于弹性模量和徐变度都随时间变化，故用增量法进行分析。把时间 τ 划分为一系列时段：

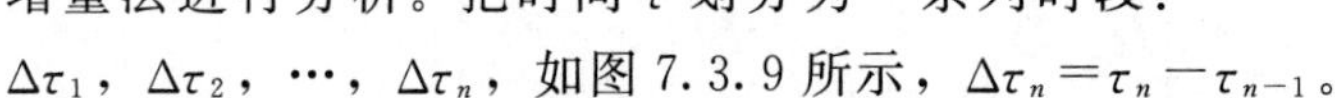

$\Delta\tau_1$，$\Delta\tau_2$，…，$\Delta\tau_n$，如图 7.3.9 所示，$\Delta\tau_n=\tau_n-\tau_{n-1}$。

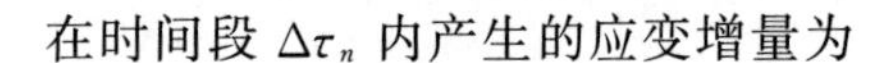

在时间段 $\Delta\tau_n$ 内产生的应变增量为

$$\{\Delta\varepsilon_n\}=\{\varepsilon(t_n)-\varepsilon(t_{n-1})\}=\{\Delta\varepsilon_n^e\}+\{\Delta\varepsilon_n^c\}+\{\Delta\varepsilon_n^T\}+\{\Delta\varepsilon_n^0\}+\{\Delta\varepsilon_n^s\} \tag{7.3.65}$$

式中：$\{\Delta\varepsilon_n^e\}$ 为弹性应变增量；$\{\Delta\varepsilon_n^c\}$ 为徐变应变增量；$\{\Delta\varepsilon_n^T\}$ 为温度应变增量；$\{\Delta\varepsilon_n^0\}$ 为自生体积应变增量；$\{\Delta\varepsilon_n^0\}$ 为干缩应变增量。

采用隐式解法，假定在 $\Delta\tau_n$ 内应力速率$\partial\sigma/\partial\tau=$常量，得到弹性应变增量 $\{\Delta\varepsilon_n^e\}$ 如下：

$$\{\Delta\varepsilon_n^e\}=\frac{1}{E(\overline{\tau}_n)}[Q]\{\Delta\sigma_n\} \tag{7.3.66}$$

式中：$E(\overline{\tau}_n)$ 为中点龄期 $\overline{\tau}_n=(\tau_{n-1}+\tau_n)/2=\tau_{n-1}+0.5\Delta\tau_n$ 的弹性模量，$[Q]$ 为材料刚度矩阵，具体形式参见《大体积混凝土温度应力与温度控制（第二版）》式（9.2.25）～式(9.2.27)。

式（7.3.65）中徐变应变增量 $\{\Delta\varepsilon_n^c\}$ 由下式计算：

$$\{\Delta\varepsilon_n^c\}=\{\eta_n\}+C(t,\overline{\tau}_n)[Q]\{\Delta\sigma_n\} \tag{7.3.67}$$

其中

$$\{\eta_n\}=\sum_s(1-e^{-r_s\Delta\tau_n})\{\omega_{sn}\} \tag{7.3.68}$$

$$\{\omega_{sn}\}=\{\omega_{s,n-1}\}e^{-r_s\Delta_{n-1}}+[Q]\{\Delta\sigma_{n-1}\}\Psi_s(\overline{\tau}_{n-1})e^{-0.5r_s\Delta\tau_{n-1}} \tag{7.3.69}$$

应力增量与应变增量的关系为

$$\{\Delta\sigma_n\}=[\overline{D}_n](\{\Delta\varepsilon_n\}-\{\eta_n\}-\{\Delta\varepsilon_n^T\}-\{\Delta\varepsilon_n^0\}-\{\Delta\varepsilon_n^s\}) \tag{7.3.70}$$

其中

$$[\overline{D}_n]=\overline{E}_n[Q]^{-1} \tag{7.3.71}$$

$$\overline{E}_n=\frac{E(\overline{\tau}_n)}{1+E(\overline{\tau}_n)C(t_n,\overline{\tau}_n)} \tag{7.3.72}$$

单元节点力增量可由下式计算：

$$\{\Delta F\}^e=\iiint[B]^T\{\Delta\sigma\}dxdydz \tag{7.3.73}$$

将式（7.3.70）代入式（7.3.73），得

$$\{\Delta F\}^e=[k]^e\{\Delta\delta_n\}^e-\iiint[B]^T[\overline{D}_n](\{\eta_n\}+\{\Delta\varepsilon_n^T\}+\{\Delta\varepsilon_n^0\}+\{\Delta\varepsilon_n^s\})\mathrm{d}x\mathrm{d}y\mathrm{d}z \tag{7.3.74}$$

单元刚度矩阵为

$$[k]^e=\iiint[B]^T[\overline{D}_n][B]\mathrm{d}x\mathrm{d}y\mathrm{d}z \tag{7.3.75}$$

令

$$\{\Delta P_n\}_e^c=\iiint[B]^T[\overline{D}_n]\{\eta_n\}\mathrm{d}x\mathrm{d}y\mathrm{d}z \tag{7.3.76}$$

$$\{\Delta P_n\}_e^T=\iiint[B]^T[\overline{D}_n]\{\Delta\varepsilon_n^T\}\mathrm{d}x\mathrm{d}y\mathrm{d}z \tag{7.3.77}$$

$$\{\Delta P_n\}_e^0=\iiint[B]^T[\overline{D}_n]\{\Delta\varepsilon_n^0\}\mathrm{d}x\mathrm{d}y\mathrm{d}z \tag{7.3.78}$$

$$\{\Delta P_n\}_e^s=\iiint[B]^T[\overline{D}_n]\{\Delta\varepsilon_n^s\}\mathrm{d}x\mathrm{d}y\mathrm{d}z \tag{7.3.79}$$

式中：$\{\Delta P_n\}_e^c$、$\{\Delta P_n\}_e^T$、$\{\Delta P_n\}_e^0$、$\{\Delta P_n\}_e^s$ 分别为徐变、温度、自生体积变形以及干缩引起的单元节点荷载增量。

把节点力和节点荷载用编码法加以集合，得到整体平衡方程：

$$[K]\{\Delta\delta_n\}=\{\Delta P_n\}^L+\{\Delta P_n\}^C+\{\Delta P_n\}^T+\{\Delta P_n\}^0+\{\Delta P_n\}^S \tag{7.3.80}$$

式中：$[K]$ 为整体刚度矩阵；$\{\Delta\delta_n\}$ 为节点位移增量；$\{\Delta P_n\}^L$、$\{\Delta P_n\}^C$、$\{\Delta P_n\}^T$、$\{\Delta P_n\}^0$ 及 $\{\Delta P_n\}^S$ 为外荷载、徐变、温度、自生体积变形及干缩引起的节点荷载增量。

求解方程得到 $\{\Delta\delta_n\}$ 后，可算出单元应力增量 $\{\Delta\sigma_n\}$，累加后，即得到各单元应力如下：

$$\{\sigma_n\}=\sum\{\Delta\sigma_n\} \tag{7.3.81}$$

7.3.4 工程案例[48]

由于渡槽为钢筋混凝土结构，而混凝土具有收缩和徐变的特性，因此渡槽在长期荷载作用下挠度随时间增长将不断增大，导致由徐变收缩产生的位移变形远大于由应力引起的位移变形。根据西南某连拱渡槽施工特点（该连拱渡槽整体模型见 2.5.2 节），本节对于单个拱圈的分段、分环施工方式，采用混凝土全过程仿真技术，进行拱圈施工期收缩徐变应力分析，研究施工期拱圈的工作性态。

7.3.4.1 计算模型

鉴于该连拱渡槽支架现浇法的施工特点以及按分环分段和纵、横两岸对称均衡原则进行加载的受力特点，选取 1 号拱圈进行施工期拱圈混凝土收缩及徐变应力分析。考虑到支架法施工特点，拱圈与支架之间存在联合受力问题，为考虑支架对拱圈受力的影响，计算模型中除包含拱圈以外，还应包含拱架、拱座及中墩。实际工程中，拱架为支承结构体系，力学上为梁柱结构体系；为建模方便，基于力学等效原理将拱架简化为实体模型，来模拟其对拱圈的约束效应。另外，计算模型中不考虑钢筋对徐变收缩的影响，根据已有类似桥梁的研究成果，混凝土收缩、徐变在钢筋混凝土拱圈截面会引起应力重分布，混凝土应力减小，而钢筋应力增加，但由于混凝土保持在弹性阶段，钢筋应力不会很大。

按照设计资料建立渡槽拱圈—拱架及拱座的有限元模型。其中，坐标原点取 1 号拱圈

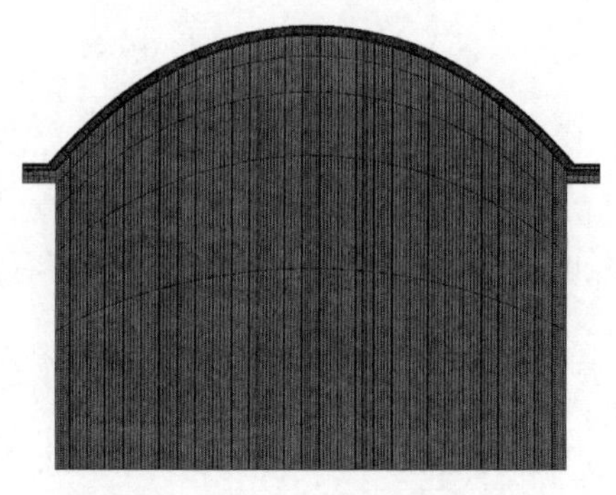

图 7.3.10　拱圈、拱架及拱座有限元模型

拱脚处，x 向取渡槽横向，y 向取渡槽纵向，以沿渡槽桩号增大方向为正；z 轴位于渡槽截面中心线上，方向取铅直方向，以向上为正。有限元建模时，拱圈与拱架均采用实体单元，拱圈与拱架之间设置接触单元，以模拟两者之间的相互传力。划分网格时，拱圈及拱架均采用六面体单元，共形成节点 177725 个、单元 140808 个、其中拱圈单元 102408 个、拱架单元 29952 个、拱座单元 8448 个；拱圈与拱架之间共形成接触单元 7488 个。拱圈、拱架及拱座有限元模型如图 7.3.10～图 7.3.12 所示。

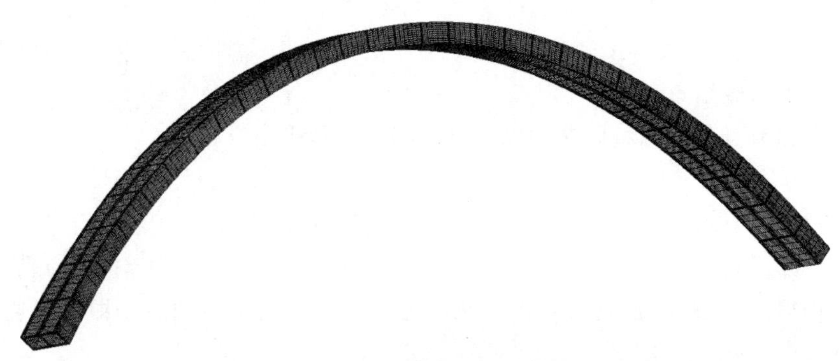

图 7.3.11　拱圈有限元模型

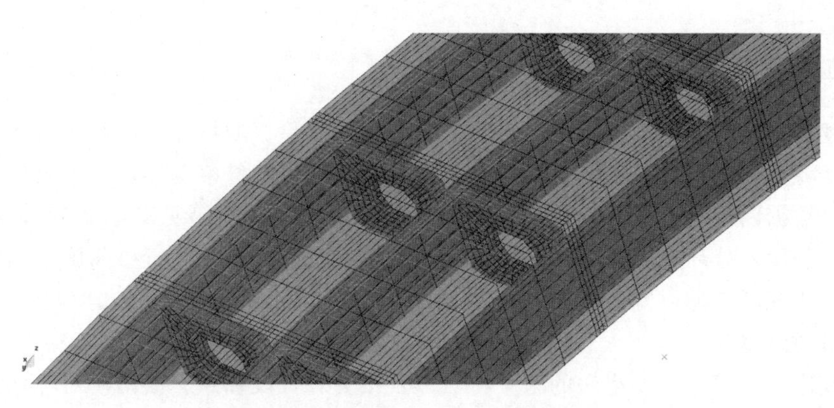

图 7.3.12　拱圈细部结构有限元模型

7.3.4.2　收缩徐变模式及参数

该连拱渡槽支撑结构为拱结构，属于典型钢筋混凝土结构，故按照《公路钢筋混凝土及预应力混凝土桥涵设计规范》(JTG D62—2004) 附录 F 规定确定拱圈混凝土的徐变参数，具体计算公式如下：

$$\phi(t,t_0)=\phi_0\beta_c(t-t_0) \tag{7.3.82}$$

$$\phi_0=\phi_{RH}\beta(f_{cm})\beta(t_0) \tag{7.3.83}$$

$$\phi_{RH}=1+\frac{1-RH/RH_0}{0.46\,(h/h_0)^{\frac{1}{3}}} \tag{7.3.84}$$

$$\beta(f_{cm})=\frac{5.3}{(f_{cm}/f_{cm0})^{0.5}} \tag{7.3.85}$$

$$\beta(t_0)=\frac{1}{0.1+(t_0/t_1)^{0.2}} \tag{7.3.86}$$

$$\beta_c(t-t_0)=\left[\frac{(t-t_0)/t_1}{\beta_H+(t-t_0)/t_1}\right]^{0.3} \tag{7.3.87}$$

$$\beta_H=150\left[1+\left(1.2\frac{RH}{RH_0}\right)^{18}\right]\frac{h}{h_0}+250\leqslant1500 \tag{7.3.88}$$

式中：t_0 为加载时的混凝土龄期，d；t 为计算考虑时刻的混凝土龄期，d；$\phi(t,\ t_0)$ 为加载龄期 t_0，计算考虑龄期 t 时的混凝土徐变系数；ϕ_0 为名义徐变系数；β_c 为加载后徐变随时间发展的系数；f_{cm}、f_{cm0}、RH、RH_0、h、h_0、t_1 等参数同收缩应变参数。

鉴于该徐变系数［式（7.3.83）～式（7.3.88）］采用非指数形式表达，在仿真计算时需要储存应力和应变历史，给计算带来不便，可以按照7.3.2.4节将其拟合为多项指数函数形式来处理。对于拱圈混凝土，其腹板、顶板及底板的徐变系数变化曲线如图7.3.13所示；其中，腹板理论厚度400mm，顶板及底板的理论厚度取300mm，横隔板的理论厚度取250mm。

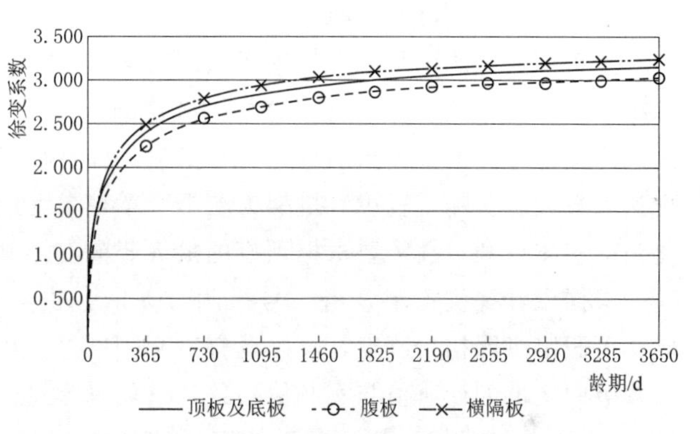

图7.3.13 拱圈混凝土徐变系数变化曲线图

7.3.4.3 浇筑顺序

主拱圈混凝土采用分段、分环对称的方法进行施工，即整个拱圈结构体系分为3个浇筑段；每个浇筑段分为上、中、下三环，第一环为底板，第二环为腹板和横隔板，第三环为顶板，如图7.3.14所示。为了避免支架局部异常变形，考虑拱圈混凝土浇筑与支架变形之间的相互影响关系，为防止支架异常变形，破坏主拱轴线，甚至产生混凝土裂缝，同时遵循“分段灌注顺序应使支架在混凝土灌注过程中发生的变形幅度最小”的施工原则，将主拱圈分为3段，如图7.3.15所示。第一浇筑阶段：底-1→底-2→底-3；第二浇筑阶

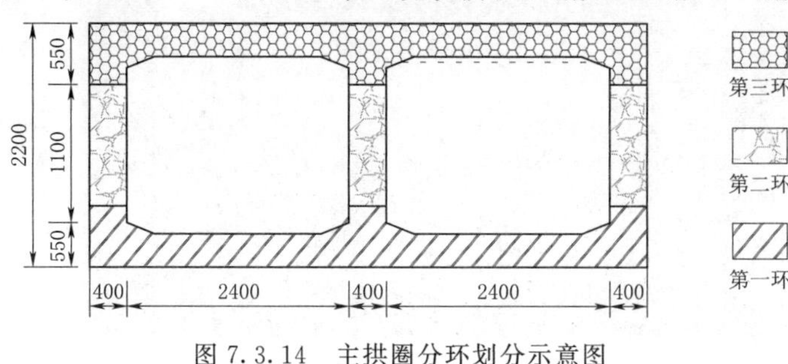

图7.3.14 主拱圈分环划分示意图

段：浇筑间隔槽合龙底板；第三浇筑阶段：底板强度 90%→腹-1→腹-2→腹-3；第四浇筑阶段：浇筑间隔槽合龙腹板；第五浇筑阶段：腹板强度 90%→顶-1→顶-2→顶-3；第六浇筑阶段：浇筑间隔槽合龙顶板。

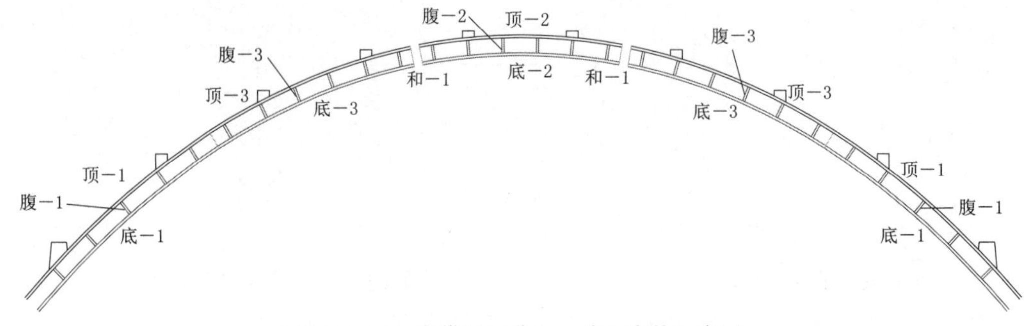

图 7.3.15　主拱圈的分段、分环浇筑示意图

7.3.4.4　拱架等效刚度确定

鉴于该连拱渡槽采取支架现浇法进行施工，拱架在搭建完毕后，需进行预压处理以消除拱架的非弹性变形，而后才进行拱圈浇筑；在拱圈自重作用下，拱圈与拱架联合受力，拱架产生弹性变形，当拱圈合龙时，拱架的弹性变形达到最大，拱架顶拱位置的竖向变形也达到最大。实际工程中，拱架为若干个梁柱单元组成的空间支撑体系，在计算中将其简化为一实体拱圈，故需要根据顶拱的最大竖向变形确定拱架的等效刚度。

根据设计提供资料，当 1 号拱圈合龙时，拱架顶拱位置的竖向变形达到 1.2cm。因此，可假定拱圈初始刚度，反复调整拱圈刚度进行拱圈施工过程仿真计算，直至拱架顶拱位置竖向变形的计算值与实测值一致，进而确定拱圈的等效刚度。假定拱圈初始的弹性模量为 1GPa，经反复计算，当弹性模量达到 140MPa 时，顶拱处的竖向变形约为 1.2cm，拱架具体变形如图 7.3.16 和图 7.3.17 所示。

图 7.3.16　拱架竖向变形图（单位：m）

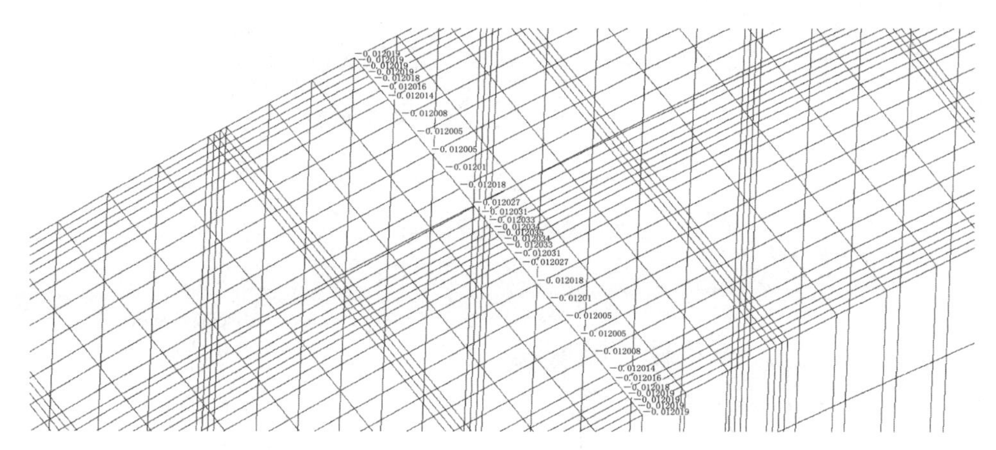

图 7.3.17 拱架顶拱位置竖向变形图（单位：m）

7.3.4.5 拱圈应力分析

拱圈及拱端区域施工期主拉应力包络图如图 7.3.18 和图 7.3.19 所示，主压应力包络图如图 7.3.20 所示。由主拉应力包络图可知，拱圈主拉应力呈左右对称分布，这与拱圈按分环分段和纵、横两岸对称均衡原则进行加载的施工特点有关；拱端上缘角点处以及横隔板内空腔部分角点处存在一定程度的应力集中。在拱圈整个施工期，由混凝土收缩徐变引起拱圈最大主拉应力基本在 0.5MPa 以内，拱端顶板、部分腹板、底板上表面及横隔板下部区域的最大主拉应力超过 0.5MPa，其中拱端主拉应力最大可达 0.9MPa。由主压应力包络图可知，拱圈施工期的最大主压应力基本在 2.0MPa 以内，拱端部分区域会超过 2.0MPa，最大为 3.0MPa。

图 7.3.18 拱圈施工期主拉应力包络图（单位：0.01MPa）

拱圈合龙后 28 天的主拉应力、主压应力分布云图如图 7.3.21～图 7.3.26 所示。由拱圈应力云图可知，拱圈合龙 28 天后，除拱端外，拱圈底板的主拉应力基本在 0.1MP 以内，顶板的主拉应力基本在 0.1～0.4MPa 之间，腹板的主拉应力基本不超过 0.2MPa；横

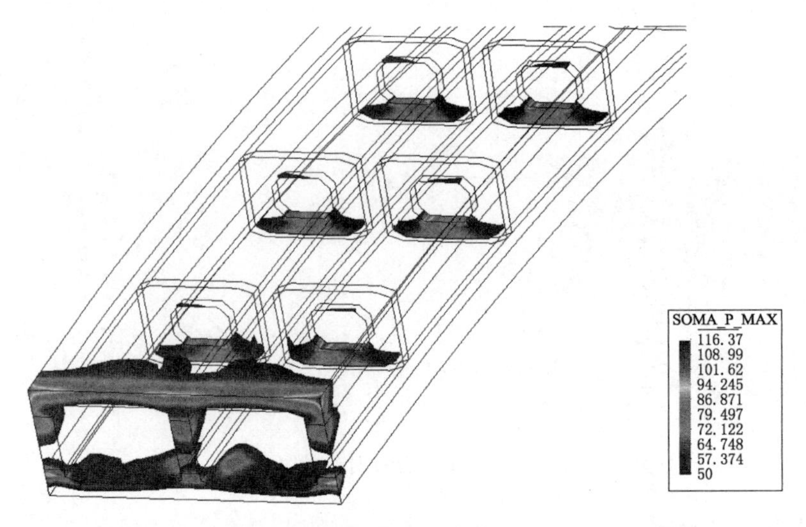

图7.3.19　拱端施工期主拉应力包络图（单位：0.01MPa）

图7.3.20　拱圈施工期主压应力包络图（单位：0.01MPa）

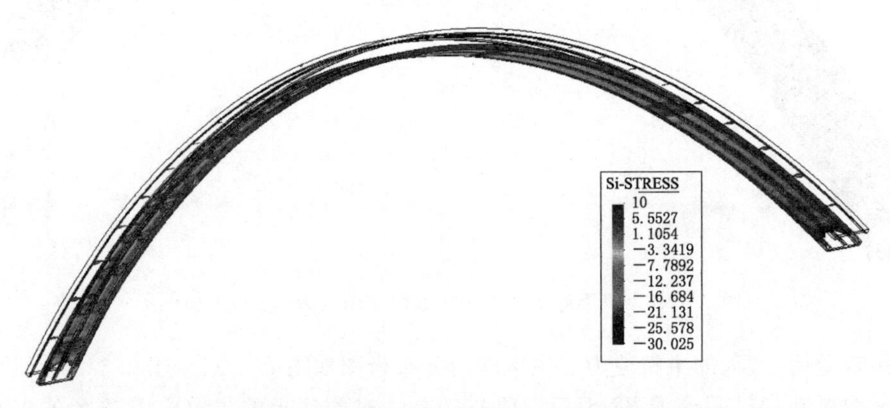

图7.3.21　拱圈合龙后28天底板主拉应力应力分布云图（单位：0.01MPa）

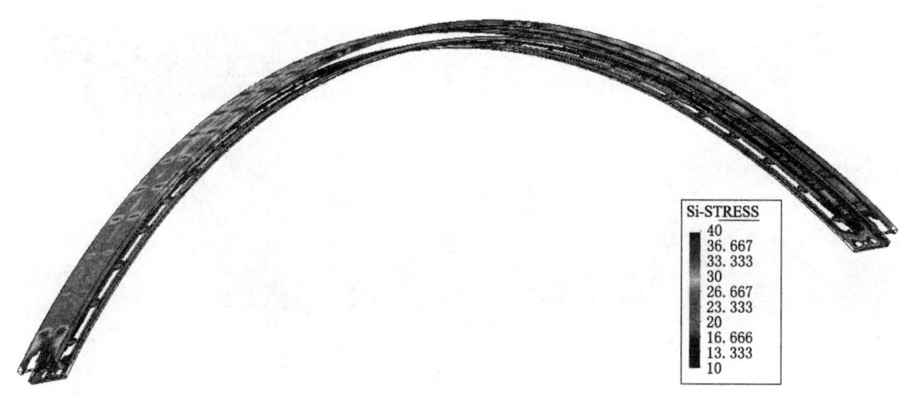

图 7.3.22 拱圈合龙后 28 天顶板主拉应力应力分布云图（单位：0.01MPa）

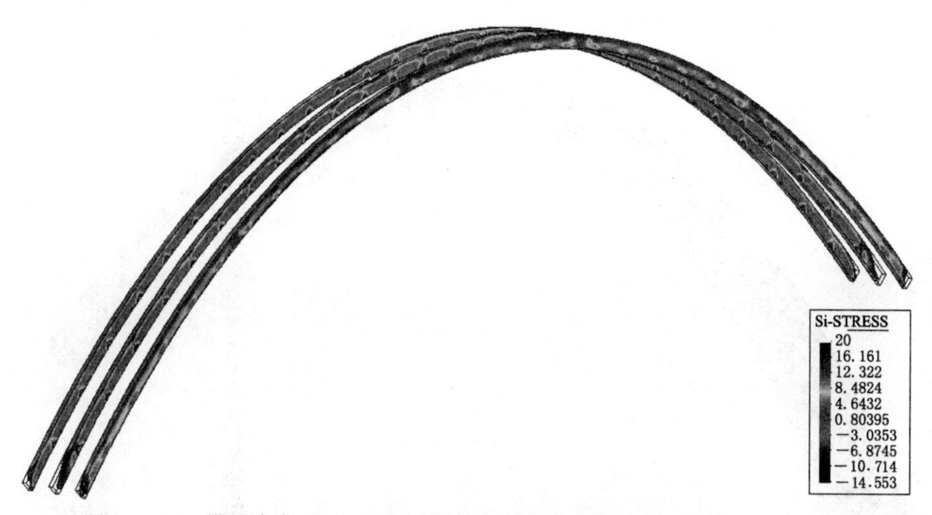

图 7.3.23 拱圈合龙后 28 天腹板主压应力应力分布云图（单位：0.01MPa）

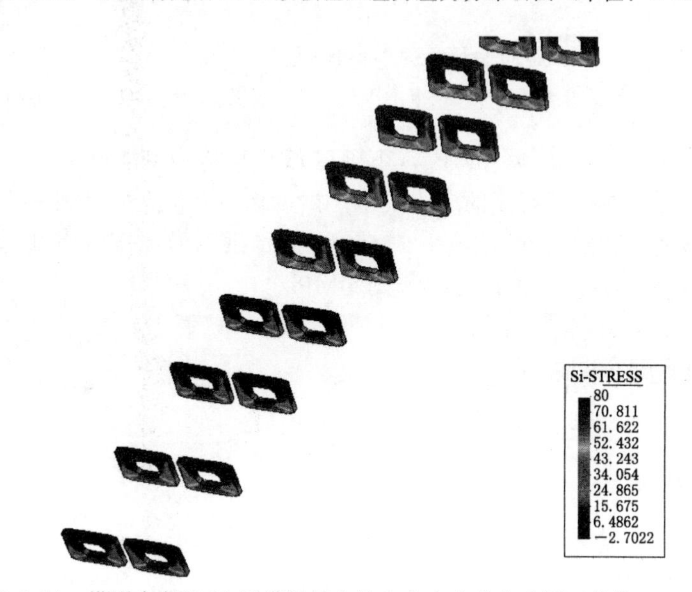

图 7.3.24 拱圈合龙后 28 天横隔板主拉应力应力分布云图（单位：0.01MPa）

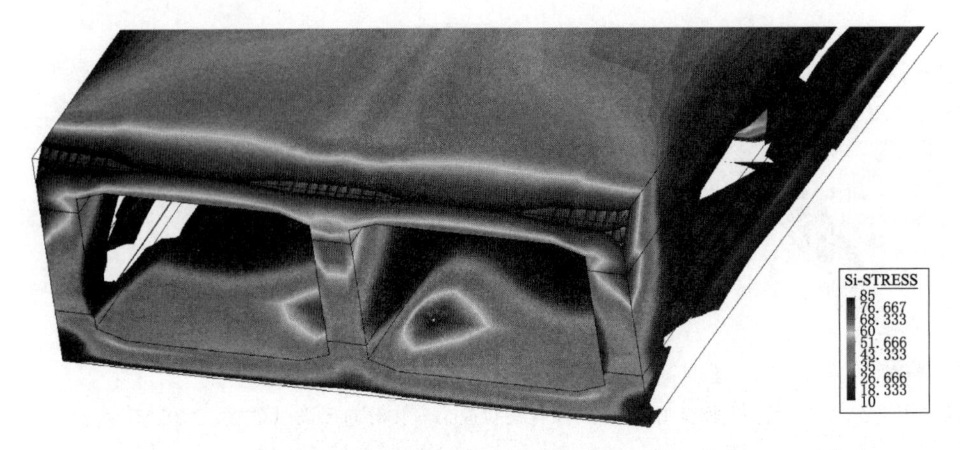

图 7.3.25　拱圈合龙后 28 天拱端主拉应力应力分布云图（单位：0.01MPa）

图 7.3.26　拱圈合龙后 28 天底板主压应力应力分布云图（单位：0.01MPa）

隔板的上部区域主拉应力小于 0.15MPa，下部区域主拉应力基本在 0.3～0.8MPa 之间，横隔板内空腔角点处存在一定程度的应力集中；拱端除部分角点处存在一定程度的应力集中外，大部分区域的主拉应力在 0.3～0.8MPa 之间；拱圈的主压应力基本在 2.0MPa 以内，拱端部分区域会超过 2.0MPa，最大为 3.0MPa。

7.4　运行期保温问题研究

7.4.1　保温计算思路

实践经验表明：混凝土所产生的裂缝，起初绝大多数都是表面裂缝，但其中有一部分后来会发展成深层或贯穿性裂缝，影响结构的整体性和耐久性，危害很大。引起表面裂缝的原因是干缩和温度应力。干缩问题主要靠养护解决，引起表面拉应力的温度因素有：气温变化、水化热和初始温差。渡槽属于空间薄壁结构，进入运行期后，对外界温度变化很敏感，日温度变化、温度骤升骤降、太阳辐射等都会对槽身温度带来很大影响。另外，理论分析与实践经验表明，表面保温是防止表面裂缝的最有效的措施。

关于混凝土保温问题，朱伯芳院士以大坝混凝土浇筑块为例，提出了一套在单向及双向散热条件下的表面保温能力计算方法，在大坝浇筑块中得到广泛应用。虽然该方法对渡槽保温问题具有借鉴意义，但考虑到渡槽属于典型的空间薄壁结构，又是钢筋混凝土结构，与素混凝土结构特别是大体积混凝土结构相比，在温度应力方面差别很大，故渡槽保温问题需要单独研究。渡槽保温问题主要涉及保温效应模拟、保温材料选择、保温铺设范围及厚度等，具体保温计算可按如下步骤开展研究：

第一步，基于有限元方法开展渡槽设计工况下槽身应力分析，同时开展单独温度荷载作用下槽身应力分析，通过对比分析，确定渡槽允许温度荷载。

第二步，假定槽身不同铺设范围，以短周期温度荷载为边界条件，开展考虑太阳辐射影响下的槽身瞬态温度场分析，进而确定保温层铺设范围。

第三步，假定槽身不同铺设厚度，以长周期温度荷载为边界条件，开展槽身瞬态温度场分析，进而确定保温层铺设厚度。

第四步，基于上述研究成果，提出考虑保温措施后的槽身外表面允许等效表面放热系数，同时给出推荐的保温措施（保温材料、铺设范围及铺设厚度）。

第五步，开展设置保温措施后槽身工作性态分析，进而验证槽身温度荷载是否满足允许值，槽身应力分布及峰值是否满足允许值；如果满足，说明提出的保温措施满足要求，如果不满足需要重新进行第二步。

7.4.2 保温效应模拟

目前，关于保温效应模拟可以采用实体单元法、缩尺单元法以及等效模拟法。

1. 实体单元法

实体单元法就是按照保温层的真实尺寸建立有限元模型，采用实体单元模拟其热学性能。鉴于实际工程中保温层厚度一般取 3～5cm，基本是槽壁厚度的 1/10，两者在厚度方面相差一个数量级，远小于坝工混凝土，故该方法在水工薄壁混凝土工程中应用较多。图 7.4.1 为保温层细部模型，其中，上部为保温层，下部为槽身。

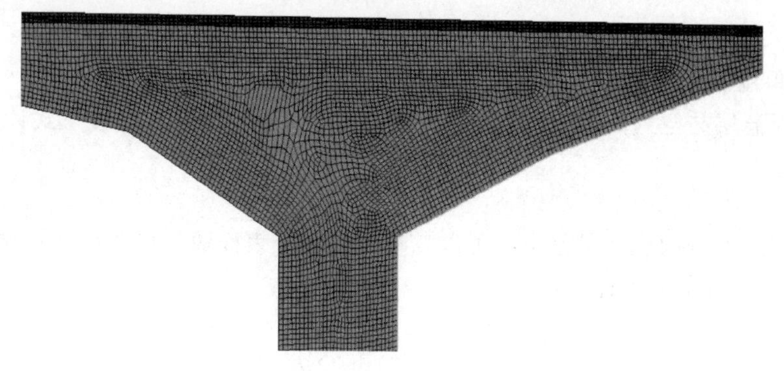

图 7.4.1 保温层细部模型示意图

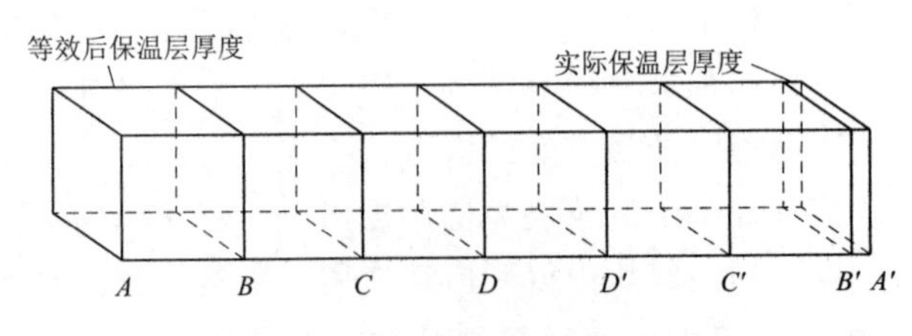

图 7.4.2　缩尺单元法模拟示意图

2. 缩尺单元法

在高坝有限元计算中，坝体单元特征尺寸为米量级，而保温层实际厚度多为厘米量级。如果按实际厚度模拟，不仅操作存在困难，而且所建单元两个维度尺寸悬殊且单元形态差。为此，王进廷等提出了类似于渗流分析中缩尺单元法的保温层模拟方法[49]（图 7.4.2），具体如下。

为了能够采用放大的单元来模拟实际保温层并采用统一网格模拟不同厚度的保温层，需要进行等效换算。保温材料的热力学参数如热导率、比热容等随厚度应做相应等效。等效前后的保温层欲达到相同的等效放热系数，其热导率需满足如下关系式：

$$\lambda_2=\frac{\delta_2}{\delta_1}\lambda_1 \tag{7.4.1}$$

式中：λ_1 为保温材料的实际热导率；δ_1 为保温层的实际厚度；λ_2 为缩尺单元的热导率；δ_2 为保温层缩尺单元的实际厚度。

比热容 c 表征单位质量的材料温度升高 1K 所需吸收的热量，质量为 m 的材料温度升高 ΔT 所需吸收的热量 $Q=cm\Delta T$。保温材料等效增厚以后，升高相同温度所吸收的热量应与等效前相同，在温度计算中可令保温材料等效前后的密度不变，即 $\rho_1=\rho_2$，则 $c_1\delta_1=c_2\delta_2$，得到模型中的等效比热容为

$$c_2=\frac{\delta_1}{\delta_2}c_1 \tag{7.4.2}$$

3. 等效模拟法

关于表面保温层计算，朱伯芳院士在《大体积混凝土温度应力与温度控制（第二版）》中提出了等效模拟法，即将保温层视为一种边界条件来处理，其热学性能经过变换处理后等效为第三类边界条件，具体如下。

当混凝土表面附有模板或保温层，仍可按第三类边界条件计算，但可选用放热系数 β 的方法来考虑模板或保温层对温度层的影响，如图 7.4.3 所示。

设在混凝土表面外附有若干保温层，每层保温材料的热阻为

$$R_i=\frac{h_i}{\lambda_i} \tag{7.4.3}$$

式中：h_i 为保温层厚度；λ_i 为保温层的导热系数。

最外面保温层与空气间的热阻为 $1/\beta$，所以若干保温层总热阻可按下式计算：

$$R_i=\frac{1}{\beta}+\sum\frac{h_i}{\lambda_i} \tag{7.4.4}$$

通常保温层本身的热容量很小，可以忽略。混凝土表面通过保温层向周围介质放热的等效放热系数 β_s 可由下式计算：

$$\beta_s=\frac{1}{R_s}=\frac{1}{(1/\beta)+(\sum h_i/\lambda_i)} \tag{7.4.5}$$

通过计算，已知需要的等效放热系数为 β_s，那么保温材料所提供的热阻可由下式

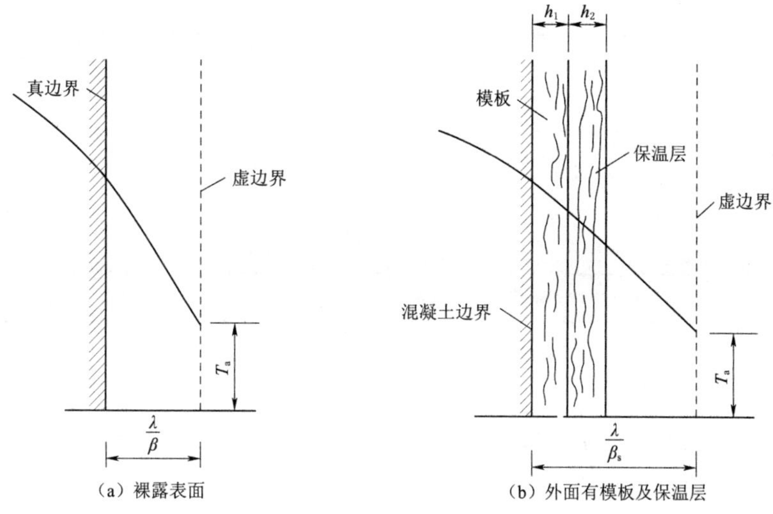

（a）裸露表面　　（b）外面有模板及保温层

图 7.4.3　边界条件的近似处理

计算：

$$\sum\frac{h_i}{\lambda_i}=\frac{1}{\beta_s}-\frac{1}{\beta} \tag{7.4.6}$$

如果有一层保温材料，其导热系数为

$$h_1=k_1k_2\lambda_1\left(\frac{1}{\beta_s}-\frac{1}{\beta}\right) \tag{7.4.7}$$

式中：k_1 为风速修正系数，具体取值见表 7.4.1；k_2 为潮湿程度修正系数，潮湿材料取 3.0～5.0，干燥材料取 1.0。

表 7.4.1　　风速修正系数 k_1

保温层透风性		风速<4m/s	风速≥4m/s
易透风保温层（稻草锯末等）	不加隔层	2.6	3.0
	外面加不透风隔层	1.6	1.9
	内面加不透风隔层	2.0	2.3
	内外加不透风隔层	1.3	1.5
不透风保温层		1.3	1.5

各种保温材料的导热系数见表 7.4.2。

表 7.4.2　　各种保温材料的导热系数　　单位：kJ/(m²·h·℃)

材料名称	导热系数 λ	材料名称	导热系数 λ
泡沫塑料	0.1256	膨胀珍珠岩	0.1675
玻璃棉毡	0.1674	沥青	0.938
木板	0.837	干棉絮	0.1549
木屑	0.628	油毛毡	0.167

续表

材料名称	导热系数 λ	材料名称	导热系数 λ
麦秆或稻草席	0.502	干砂	1.172
炉渣	1.674	湿砂	4.06
甘蔗板	0.167	矿物棉	0.209
石棉毡	0.419	麻毡	0.188
泡沫混凝土	0.377	普通纸板	0.628

7.4.3 保温材料选择

保温材料的选用要根据实际情况分析而定，渡槽保温材料的应用也要满足大型渡槽的运行特点。与一般建筑墙体保温材料相比，相同之处是长期暴露于自然环境中，日照强烈、雨雪多且风载高，要求保温材料应具有黏结强度高、吸水率低、防老化等特性，不同之处在于槽身外表面是曲面，保温材料多布置在槽身下侧、多采用无锚固定形式，同时保温材料应具备抗折强度高、抗裂性能好等特点。从大型渡槽的结构特点来看，只能采取外保温的方式。目前，国内应用比较广泛的外保温形式有以下几种：①外挂式外保温；②聚苯板与墙体一次浇注成型；③硬质聚氨酯泡沫塑料外保温系统；④聚苯颗粒保温砂浆外保温系统；⑤无机保温砂浆。

1. 聚苯板

聚苯板全称聚苯乙烯泡沫板，又名泡沫板或 EPS 板，是由含有挥发性液体发泡剂的可发性聚苯乙烯珠粒，经加热预发后在模具中加热成型的具有微细闭孔结构的白色固体。聚苯板作为一种新型保温材料，其导热系数非常小，$\lambda \leqslant 0.041$W/(m·K)，抗压强度高于 0.10MPa，为闭孔结构，吸水率小于 1.9%，且符合《绝热用模塑聚苯乙烯泡沫塑料》（GB/T 10801.1—2002）和《绝热用挤塑聚苯乙烯泡沫塑料（XPS）》（GB/T 10801.2—2018）的要求，可作为绝热材料使用。其阻燃性符合《建筑材料及制品燃烧性能分级》（GB 8624—2012）的阻燃性 C 级材料的要求，可作为阻燃材料使用。聚苯板一般采用人工涂刷黏结剂＋人工黏结聚苯板＋防水涂料的施工工艺。聚苯板工厂加工，质量容易控制，形状规则，施工简单，保温效果较好，不会因为人为因素出现厚度不均的现象。涂刷防水剂后颜色与混凝土表面相近。聚苯板性能指标参见相关技术规范。

2. 硬质聚氨酯泡沫塑料

硬质聚氨酯是以多元醇、异氰酸酯为基料适量添加多种助剂，经直接喷涂发生化学反应产生高闭孔率、渗水性能差、防水保温为一体的新型硬质聚氨酯防水保温材料。该材料具有无毒、无污染、自重轻、强度高、导热性能低、闭孔率高、不透水、不吸湿、绝热、耐化学腐蚀、保温性能好等特点。目前，关于硬质聚氨酯泡沫塑料有专门的规范，见《建筑绝热用硬质聚氨酯泡沫塑料》(GB/T 21558—2008)。

国内聚氨酯硬泡外墙外保温系统的施工方法有 4 种，包括喷涂法、浇注法、粘贴法和干挂法。其中喷涂法利用了独特的聚氨酯现场发泡性能及自黏结能力，它可以使外保温施工方便，提高施工效率，施工速度快，且保温隔热层整体性好；喷涂法对基层墙面适应性强，既可用于新建建筑，也可用于旧房改造，适应于任何形状结构，特别是异型层面，目前我国正在进行的聚氨酯硬泡保温系统的施工多采用喷涂法。

（1）聚氨酯的主要理化特性。聚氨酯硬质泡沫由主料与其他辅助材料组合而成：

1）发泡剂——在反应时加入低沸点氯氟烃，受热挥发形成气体，被聚氨酯料液包裹形成泡沫；对发泡剂有两个要求：一是低沸点，易形成气体；二是热导率低。

2）催化剂——主要用来控制主反应的快慢，催化剂可以将反应时间控制在1～15s之间，满足喷涂条件的反应时间一般为3～5s。

3）稳定剂——主要用来控制泡孔的均匀程度以及泡孔的大小，稳定剂可以促进乳状液与溶液之间的混溶，同时可以降低体系的表面张力，增加泡沫的稳定性。

4）阻燃剂——针对泡沫表面积大，易燃而作出的防范措施。

（2）喷涂施工工艺。由于喷涂施工工艺的好坏直接影响聚氨酯的各项性能指标，因此可选用双组分涂料喷涂系统，并对其部件进行改配，使其具有变功率加热及可任意设定温度的温控系统，随着环境的变化，温度可进行自动补偿，良好温度的设定能确保不同流层物料加热的均匀性，避免了自聚反应。通过三路加热，可保证系统连续无间歇工作。选配改进后，枪体内设有空气自动清洁装置，用气体可以干净彻底地完成清洁工作，能避免一般设备在活塞清洁枪体时，由于活塞自身黏物而引起的阻塞。

3. 玻化微珠保温砂浆

传统无机保温砂浆，如膨胀珍珠岩保温砂浆，虽然其理化性能稳定，不易老化，但是存在着吸水率大（吸水率高达200%～900%），且砂浆在凝结硬化过程中由于失水产生的干燥收缩较大，致使保温材料产生空鼓、龟裂、脱落的现象，严重影响了其性能，在实际应用中已经被淘汰。吸水率高是目前无机保温材料的通病，通常是在保温层外施加一层很薄的抗裂砂浆，然后在抗裂砂浆上做涂料防水层或添加面砖，成为一个保温系统，使保温材料不吸水，这种处理方式效果显著，但是成本较高。在保温层外施加一层防水抗裂砂浆，通过研究降低防水抗裂砂浆的成本，既能保证保温层的安全，又能减少施工工序和降低成本。

玻化微珠，是一种酸性玻璃质溶岩矿物质（松脂岩矿砂），经过特种技术处理和生产工艺加工形成内部多孔、表面玻化封闭，呈球状体细径颗粒，是一种具有高性能的新型无机轻质绝热材料。主要化学成分是SiO_2、Al_2O_3、CaO，颗粒粒径为0.1～2mm，容重为50～100kg/m^3，导热系数为0.028～0.048W/(m·K)，漂浮率大于95%，成球玻化率大于95%，吸水率小于50%，熔融温度为1200℃。玻化微珠理化性能稳定，具有质轻、隔热防火、耐高低温、抗老化、吸水率小等优良特性，拥有潜在的火山灰活性与水泥基体相容性好，界面黏结好。可替代粉煤灰漂珠、玻璃漂珠、普通膨胀珍珠岩、聚苯颗粒等诸多轻质骨料在不同制品中的应用，是一种环保型高性能无机轻质绝热材料。

保温材料的应用要根据实际情况分析，渡槽保温材料的选取也要根据大型渡槽的特点。由于大型渡槽长期暴露于自然环境中，承受荷载复杂多变，因此渡槽保温材料应具备黏结强度高、无锚固定、抗压折强度高、抗裂性能好、抗风压能力强等特点，另外还应具有抗太阳辐射、抗老化、吸水率低、透气性好及耐久性好等特点。综合来看，这几种外保温形式都有各自的优势和劣势，外挂式保温的抗风压和压剪黏结性较差，易出现表面裂缝、空鼓和脱落等技术问题。聚苯板和聚氨酯保温系统，虽然保温效果好，但有机保温材料易老化、黏结强度低，且价格略贵；聚苯颗粒保温系统，由于颗粒为有机材料，颗粒质量良莠不齐，使质量难以控制，易出现施工问题，且耐久性也不好；无机保温材料理化性能良好，但吸水率高，易导致保温材料失效，反而增加混凝土结构的负担。从保温效果来看，有机保温材料的保温效果优于无机保温材料，硬质聚安酯泡沫塑料的保温效果优于聚苯板。

7.4.4　工程案例[50]

南水北调工程某 U 形渡槽为薄壁混凝土结构，由于南水北调工程沿线部分地段四季温差或昼夜温差大，易使大型渡槽混凝土产生较大的温度应力，对渡槽的安全运营产生极大的威胁，因此，采取必要措施降低大型渡槽稳定运行期的温度应力具有重要的工程意义。对于大体积水工混凝土结构裸露面铺设保温层是一种常见的保温防裂措施，且取得了较好的效果，但对大型渡槽运行期采用保温措施的研究较少。

7.4.4.1　渡槽温度荷载允许值的确定

该渡槽计算模型详见 2.5.1 节，温度荷载取值详见 3.2.3 节，即冬季最大温降荷载为 7.7℃，夏季最大温升荷载为 6.6℃。

对于槽身结构而言，温升时温度荷载使外壁趋向于受压，内壁趋向于受拉；温降时，外壁趋向于受拉，内壁趋向于受压；也就是内壁控制工况为温升工况，外壁为温降工况。设计状态下及已施工完成的渡槽在水荷载、温升荷载、风荷载等外界荷载作用下，内壁存在拉应力，环向最大可达 0.64MPa，纵向最大可达 0.5MPa，详见图 7.4.4。另外，渡槽

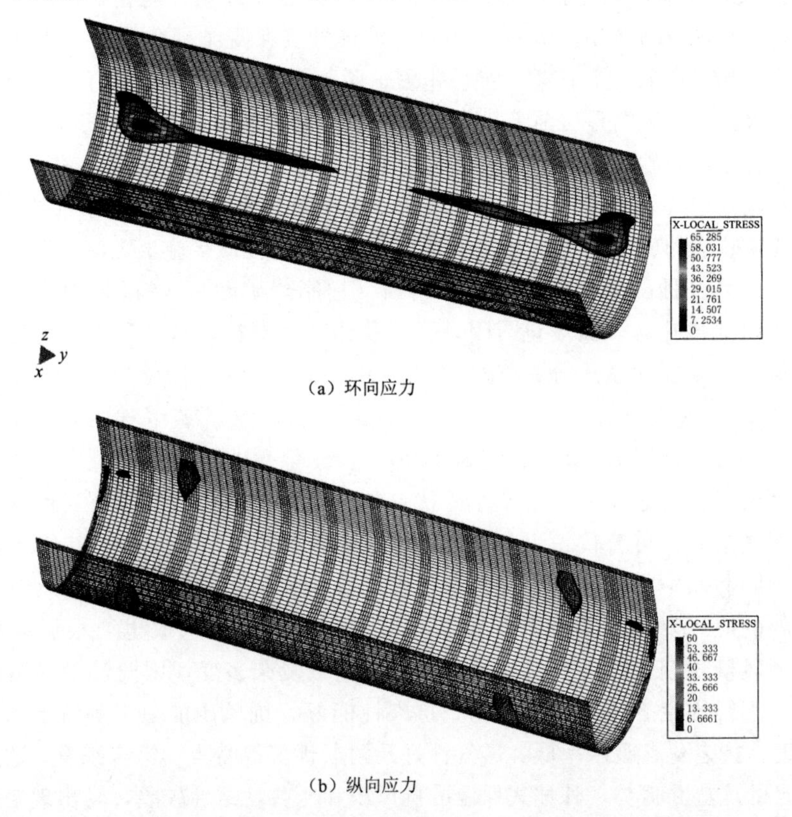

(a) 环向应力

(b) 纵向应力

图 7.4.4　温升＋设计预应力＋满槽水深时内壁应力分布云图（单位：0.01MPa）

在单独温升作用下，环向应力最大为 2.08～2.15MPa，纵向应力最大为 1.66～1.88MPa，见图 7.4.5。

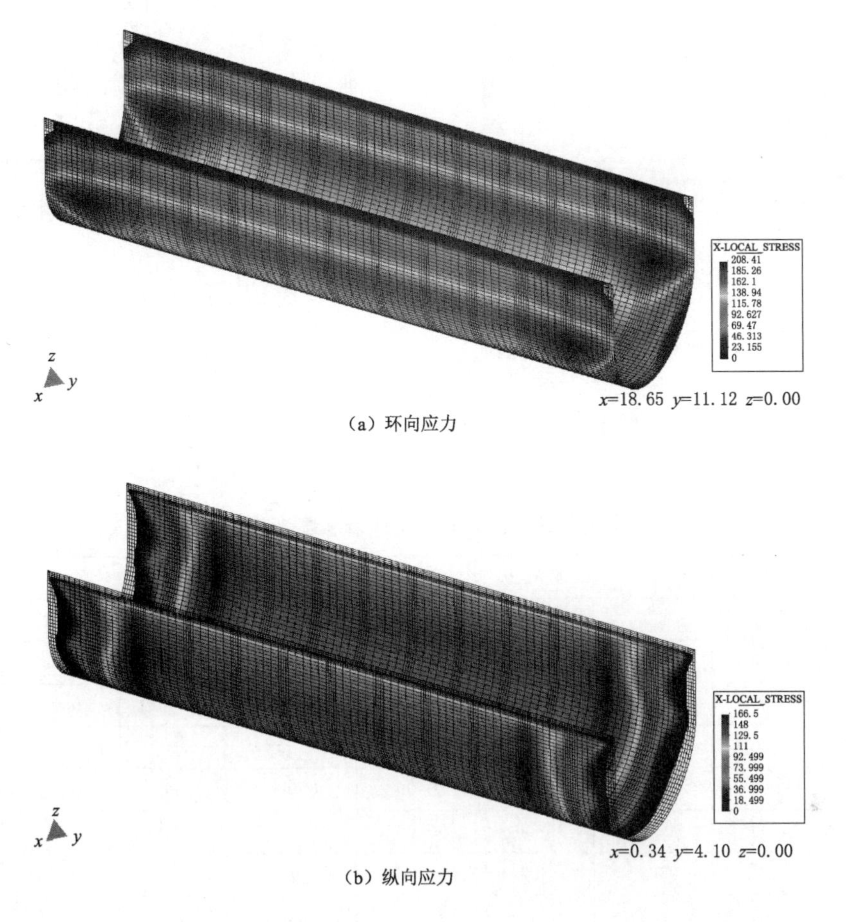

（a）环向应力

（b）纵向应力

图 7.4.5 满槽水深时单独温升的内壁应力分布云图（单位：0.01MPa）

鉴于现有渡槽模型为线弹性模型，外界荷载与引起的结构响应可近似认为呈线性关系变化，也就是 1℃的温升荷载引起的环向最大应力为 0.32～0.330MPa，引起的纵向最大应力为 0.25～0.28MPa。考虑到渡槽模型为线弹性力学模型，荷载响应满足叠加原理，减小外界温升荷载便可减小内壁拉应力；减小 2℃ 的温升荷载可减少环向应力为 0.64～0.66MPa，纵向应力为 0.5～0.56MPa，正好抵消现有状态下渡槽内壁存在的拉应力。综上所述，出于安全考虑，作用在渡槽内外壁的温升荷载应该减少 2.5℃，即通过保温措施使得渡槽内外壁的温升荷载控制在 4℃左右。

7.4.4.2 保温层铺设范围

考虑到渡槽的主要功能是输水，为确保水质安全，保温层应设置在渡槽外壁。由于渡槽置于复杂的自然环境中，经受着各种自然环境条件变化的影响，外表面不同区域的温度分布是不同的且随时都在变化，与所处的地理位置、地形地貌条件、渡槽方位、朝向以及季节、太阳辐射强度、气温变化、云、雾、雨、雪等有关，因此，保温层的铺设

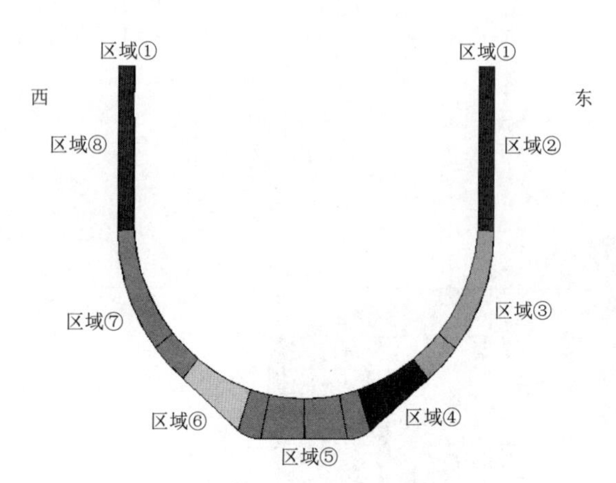

图 7.4.6　跨中典型断面示意图

范围应与渡槽外表面温度分布相一致。本节通过研究太阳日辐射作用下的渡槽温度分布规律，针对渡槽外表面不同区域（图 7.4.6）设置不同保温层，进而研究保温层铺设范围问题。

根据 3.2.2.2 节短周期温度荷载计算方法可得到典型断面各区域的太阳日辐射强度（包括直射、散射及反射），具体见表 7.4.3。

受太阳辐射影响，渡槽外表面不同区域的日照温升也不同，不同区域设置保温层也不尽相同。拟定 5 种工况进行计算（表 7.4.4），其中，保温材料暂按硬质聚氨酯泡沫塑料，保温厚度按 2cm 考虑；水深按满槽考虑。

表 7.4.3　　　　典型断面各区域的太阳日辐射强度汇总表

时间	区域①	区域②	区域③	区域④	区域⑤	区域⑥	区域⑦	区域⑧
0：00	0.00	0.00	0.00	0.00	0.00	0.00	0.00	0.00
1：00	0.00	0.00	0.00	0.00	0.00	0.00	0.00	0.00
2：00	0.00	0.00	0.00	0.00	0.00	0.00	0.00	0.00
3：00	0.00	0.00	0.00	0.00	0.00	0.00	0.00	0.00
4：00	0.00	0.00	0.00	0.00	0.00	0.00	0.00	0.00
5：00	0.00	0.00	0.00	0.00	0.00	0.00	0.00	0.00
6：00	40.93	93.25	73.39	52.99	8.19	11.25	14.43	20.67
7：00	201.61	465.00	336.31	212.55	40.32	43.75	47.31	54.29
8：00	410.56	656.85	415.01	210.22	82.11	81.87	81.62	81.13
9：00	615.39	692.05	357.25	118.28	123.08	118.28	113.29	103.50
10：00	789.39	619.03	218.27	148.89	157.88	148.89	139.56	121.24
11：00	915.59	467.98	158.41	171.00	183.12	171.00	158.41	133.71
12：00	983.14	267.02	168.46	182.81	196.63	182.81	168.46	140.29
13：00	986.61	140.63	168.97	183.42	197.32	183.42	168.97	237.44
14：00	925.74	134.70	159.92	172.77	185.15	172.77	159.92	443.25
15：00	805.38	122.84	141.96	151.70	161.08	151.70	197.54	603.17
16：00	635.80	105.63	116.39	121.88	127.16	121.88	345.41	688.60
17：00	433.22	83.73	85.19	85.93	86.64	200.95	411.91	664.45
18：00	222.92	57.40	50.99	47.73	44.58	216.77	349.91	490.72
19：00	53.13	24.77	17.70	14.09	10.63	74.15	104.03	132.67
20：00	0.00	0.00	0.00	0.00	0.00	0.00	0.00	0.00

续表

时间	区域①	区域②	区域③	区域④	区域⑤	区域⑥	区域⑦	区域⑧
21：00	0.00	0.00	0.00	0.00	0.00	0.00	0.00	0.00
22：00	0.00	0.00	0.00	0.00	0.00	0.00	0.00	0.00
23：00	0.00	0.00	0.00	0.00	0.00	0.00	0.00	0.00
0：00	0.00	0.00	0.00	0.00	0.00	0.00	0.00	0.00

表 7.4.4　　　计算工况汇总表

计算工况	保温层铺设范围	计算工况	保温层铺设范围
工况 1	不铺设保温层	工况 4	区域②、③、④、⑥、⑦、⑧
工况 2	区域②和⑧	工况 5	区域②、③、④、⑤、⑥、⑦、⑧
工况 3	区域②、③、⑦、⑧		

考虑到太阳日辐射作用，夏季时渡槽外表面温度在 14：00 左右达到最高，渡槽内外壁温差也达到最大，因此，取 14：00 的计算结果进行分析，该时刻断面温度分布见图 7.4.7～图 7.4.11。由等值线图可知，在未设置保温措施时，由于太阳日辐射的影响，直墙段的顶面与侧面温度已超过夏季最高气温 31.6℃，其中顶面温度最大，为 44.5℃，而圆弧段与底面温度基本在 31.6℃以内。直墙段外侧设置保温层后（图 7.4.8），可明显削减太阳辐射影响，外侧温度由 33℃降为 26℃左右，其他区域基本不受影响。保温层铺设范围延伸至圆弧段 45°左右位置（图 7.4.9），可使圆弧段 0°～45°区域的外表面温度得到很大削减，基本降为 26℃左右。若外表面全部铺设保温层（图 7.4.11），则渡槽外侧温度基本降为 26.5℃以内，可见设置保温层对于削减太阳日辐射影响非常明显。

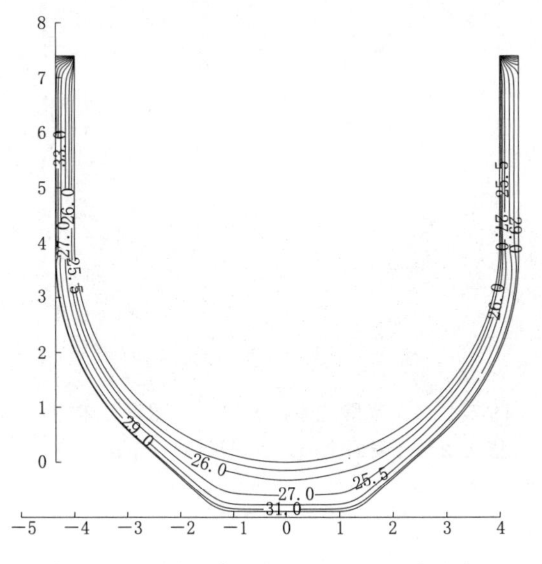

图 7.4.7　渡槽典型断面 14：00 温度分布等值线图（未设置保温层）（单位：℃）

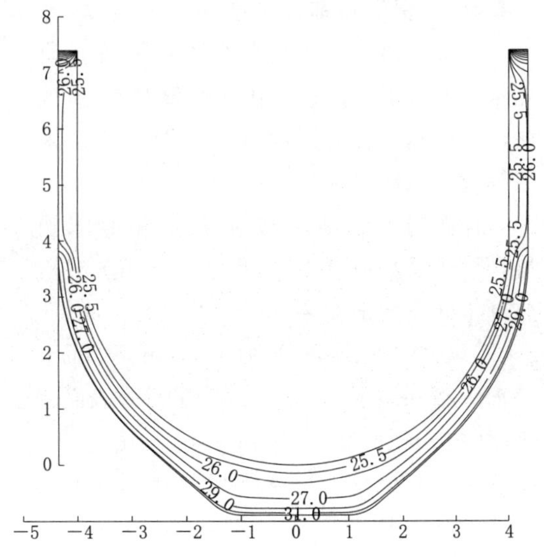

图 7.4.8　渡槽典型断面 14：00 温度分布等值线图（区域②和⑧设置保温层）（单位：℃）

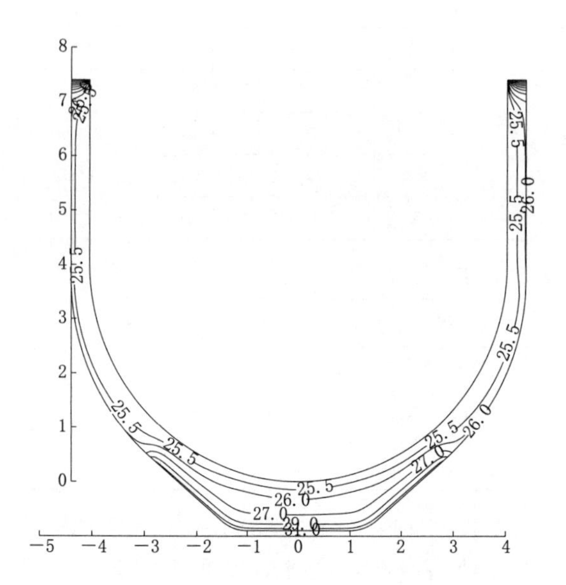

图 7.4.9　渡槽典型断面 14：00 温度分布等值线图（区域②、③、⑦、⑧设置保温层）（单位:℃）

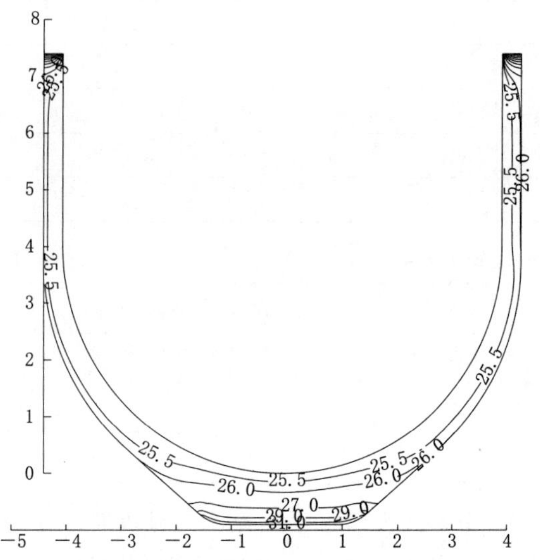

图 7.4.10　渡槽典型断面 14：00 温度分布等值线图（区域②、③、④、⑥、⑦、⑧设置保温层）（单位:℃）

考虑到夏季时渡槽内壁拉应力出现在直墙段与圆弧段连接处，外部保温层宜设置在渡槽直墙段与圆弧段 0°～45°的外表面。

7.4.4.3　保温层铺设厚度

本节通过拟定不同的保温层厚度，研究年变化温度荷载作用下的渡槽保温效果，进而确定保温层厚度。保温层模拟采用等效模拟法具体见 7.4.3 节。

保温材料假定为硬质聚氨酯泡沫塑料，导热系数取 0.08625kJ/(m·h·℃)，混凝土的表面放热系数取 83.72kJ/(m^2·h·℃)。保温层厚度分别取 0.5cm、1.0cm、2.0cm、3.0cm 及 5.0cm，对应的等效表面放热系数分别为 12.84kJ/(m·h·℃)、7.367kJ/(m·h·℃)、3.97kJ/(m·h·℃)、2.73kJ/(m·h·℃) 及 1.67kJ/(m^2·h·℃)，具体见表 7.4.5。

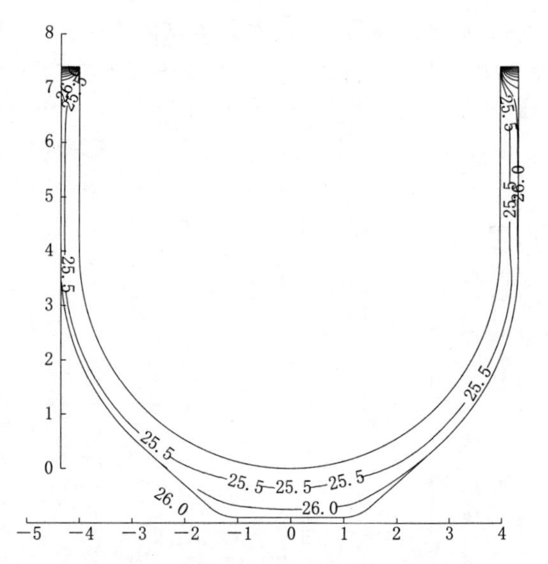

图 7.4.11　渡槽典型断面 14：00 温度分布等值线图（外表面全部设置保温层）（单位:℃）

正常水位、不同保温层厚度下，渡槽不同部位处的内外壁夏季与冬季最大温差汇总见表 7.4.6，不同保温层厚度下渡槽不同部位处外表面点的温度变化曲线见图 7.4.12～图 7.4.14。

表 7.4.5 不同保温层厚度下等效表面放热系数汇总表

保温材料	保温层厚度/cm	等效表面放热系数/[kJ/(m^2·h·℃)]
硬质聚氨酯泡沫塑料	0.5	12.84
	1.0	7.367
	2.0	3.97
	3.0	2.73
	5.0	1.67

表 7.4.6 不同保温层厚度下渡槽不同部位的内外壁最大温差汇总表

渡槽不同部位	保温层厚度/cm	夏季最大温差/℃	冬季最大温差/℃
壁厚为 0.35m 处即直墙段	0.0	5.69	−6.97
	0.5	2.85	−3.48
	1.0	1.91	−2.32
	2.0	1.17	−1.43
	3.0	0.86	−1.05
	5.0	0.59	−0.70
壁厚为 0.45m 处即圆弧段 45°	0.0	6.71	−8.21
	0.5	4.04	−4.92
	1.0	2.92	−3.55
	2.0	1.94	−2.35
	3.0	1.48	−1.79
	5.0	1.05	−1.25
壁厚为 0.90m 处即渡槽底部	0.0	7.98	−9.75
	0.5	6.09	−7.40
	1.0	4.97	−5.99
	2.0	3.74	−4.48
	3.0	3.08	−3.66
	5.0	2.53	−2.80

由表 7.4.6 可知，当不设置保温措施时，渡槽壁厚 0.35m、0.45m 及 0.90m 处的内外壁夏季最大温差分别为 5.69℃、6.71℃、7.98℃，冬季最大温差为−6.97℃、−8.21℃、−9.75℃；当设置 0.5cm 保温层厚，渡槽内外壁最大温差有明显降幅，不同壁厚处的内外壁夏季最大温差分别降至 2.85℃、4.04℃、6.09℃，冬季最大温差降至−3.48℃、−4.92℃、−7.4℃；当保温层厚度取 1.0cm，夏季内外壁最大温差降至 1.91℃、2.92℃、4.97℃，冬季内外壁最大温差降至−2.32℃、−3.55℃、−5.99℃；当保温层厚度取 2.0cm 时，夏季最大温差降为 1.17℃、1.94℃、3.74℃，冬季最大温差降为−1.43℃、−2.35℃、−4.48℃，这正好满足渡槽温升荷载允许值 4℃的要求；当保温层取 5.0cm 时，内外壁最大温差削减得更明显，夏季最大温差降至 0.59℃、1.05℃、2.53℃，冬季最大温差降至−0.7℃、−1.25℃、−2.8℃。

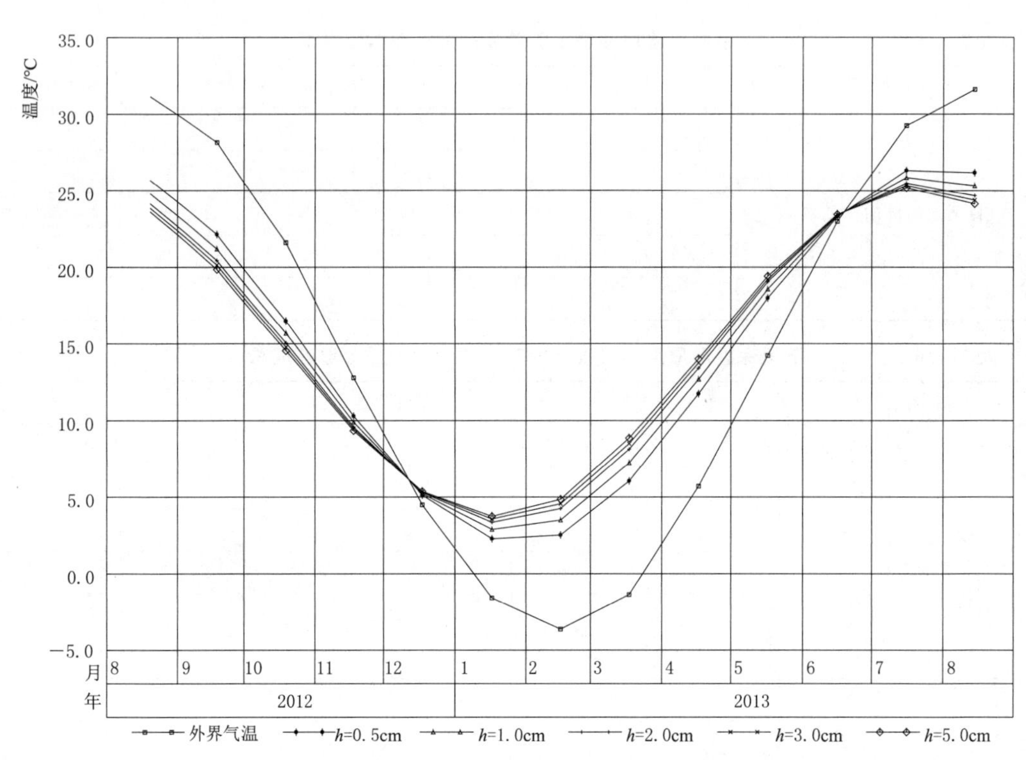

图 7.4.12　不同保温层厚度下表面点的温度变化曲线（壁厚为 0.35m 处区域）

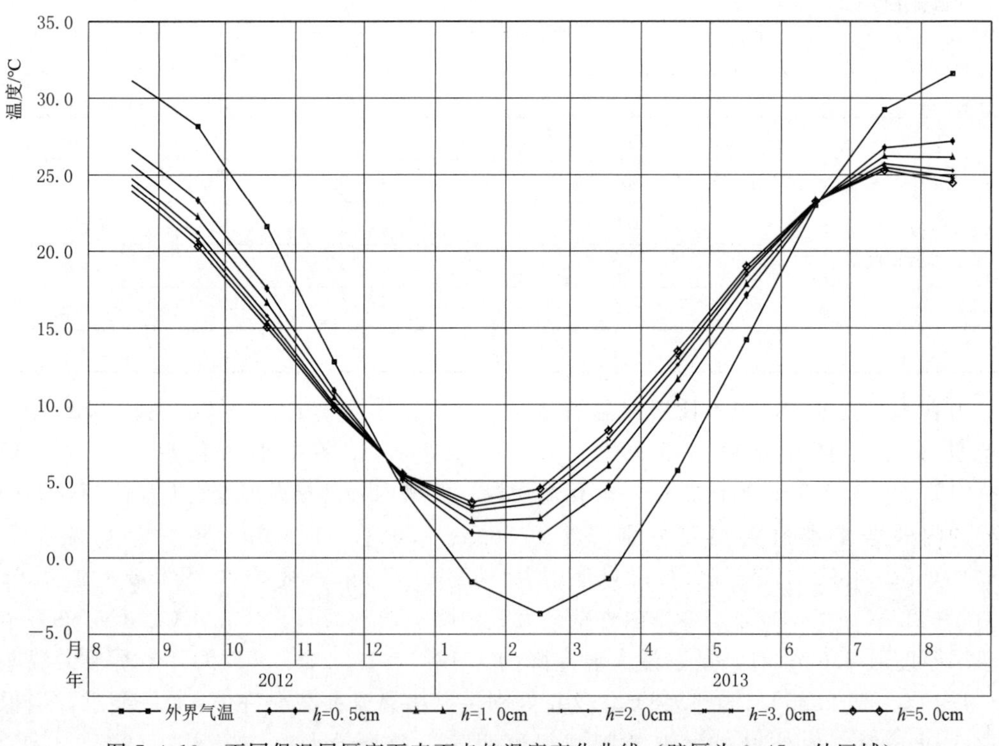

图 7.4.13　不同保温层厚度下表面点的温度变化曲线（壁厚为 0.45m 处区域）

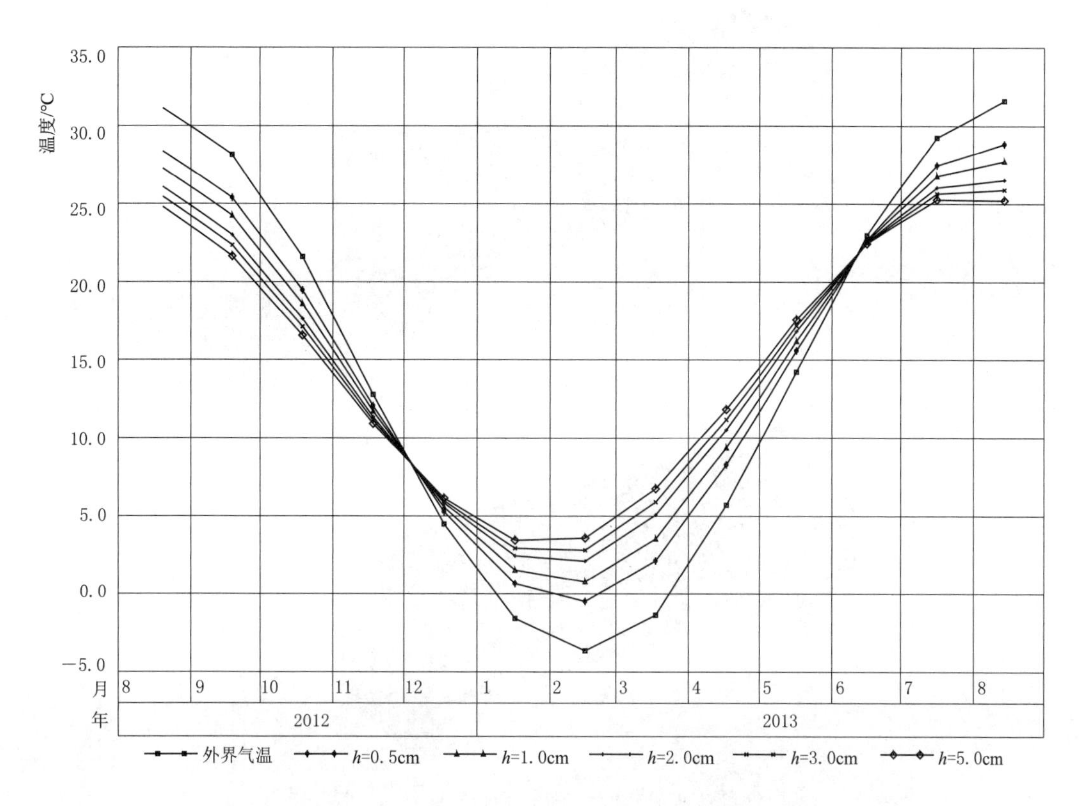

图 7.4.14　不同保温层厚度下表面点的温度变化曲线（壁厚为 0.90m 处区域）

根据以上分析，为使渡槽内外壁夏季最大温差小于 4℃，进而满足“在任何荷载组合条件下，槽身内壁表面不允许出现拉应力”的技术要求，硬质聚氨酯泡沫塑料的最小厚度应取 2.0cm，即设置保温层后的等效表面放热系数必须小于 96kJ/(m²·d·℃)；根据式（7.4.5）可反算其他保温材料的最小厚度，聚苯板的最小厚度为 3.5cm，玻化微珠保温砂浆最小厚度为 6.5cm。

鉴于渡槽的运行特点，考虑到保温材料耐久性、施工可操作性以及其他不可预知的因素等，若选取聚苯板、硬质聚氨酯泡沫塑料等有机材料作为保温材料，保温层厚度取 5cm。

7.4.4.4　设置保温后槽身工作性态分析

根据上节的分析，为满足“在任何荷载组合条件下，槽身内壁表面不允许出现拉应力”的技术要求，设置保温层后的等效表面放热系数必须小于 96kJ/(m²·d·℃)，若选取聚苯板、硬质聚氨酯泡沫塑料等有机材料作为保温材料，保温层厚度应取 5cm，其等效表面放热系数基本为 40～65kJ/(m²·d·℃)。

渡槽部分区域（即直墙段与圆弧段 0°～45°的外表面）设置保温后，渡槽正常水深时温升荷载分布情况见图 7.4.15 和图 7.4.16。由温度荷载分布图可知，渡槽外壁设置部分保温措施后，槽身内外壁温度荷载有一定程度减小，夏季时直墙段与圆弧段 0°～45°的最大温差由 6.6℃减小为 4.0℃，冬季时该区域最大温差由 −7.7℃减小到 −5.0℃，满足 7.4.4.1 节中所要求的温升荷载允许值。

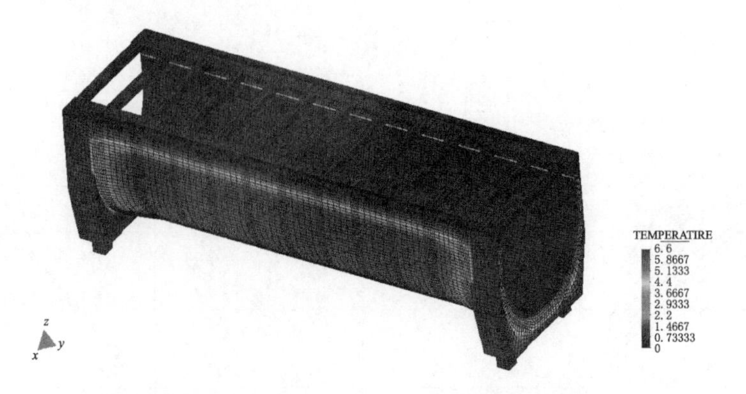

图 7.4.15　正常水深时的温升荷载分布图（单位：℃）

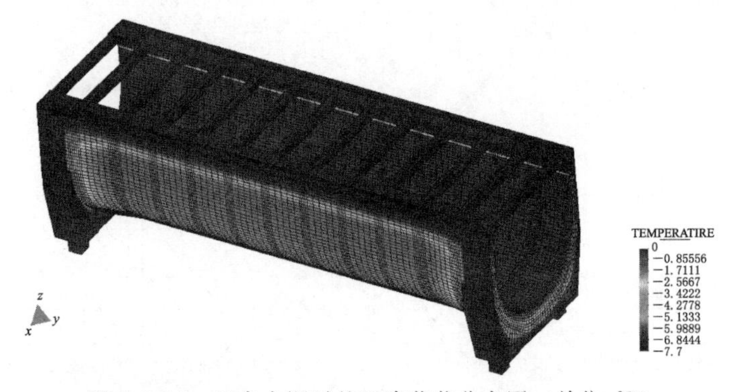

图 7.4.16　正常水深时的温降荷载分布图（单位：℃）

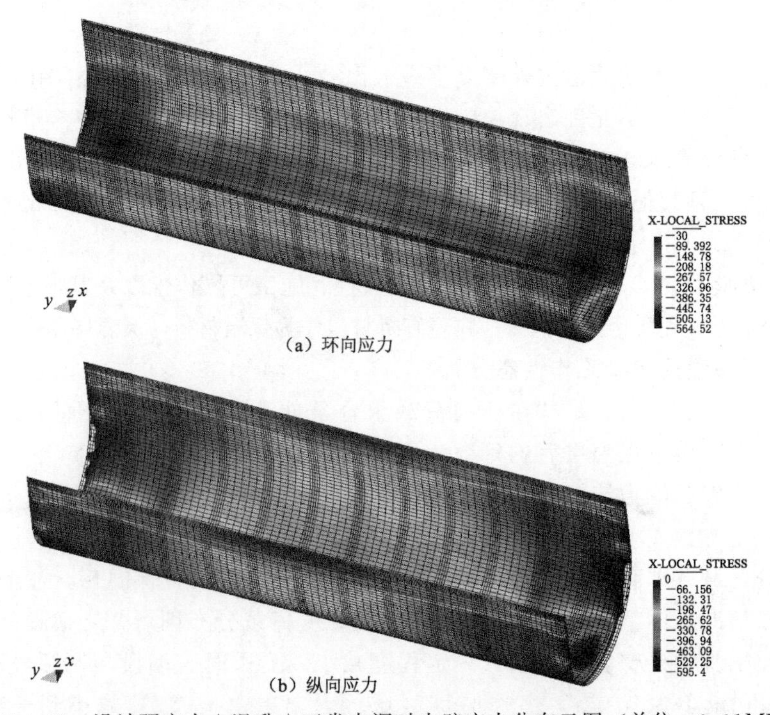

（a）环向应力

（b）纵向应力

图 7.4.17　设计预应力＋温升＋正常水深时内壁应力分布云图（单位：0.01MPa）

在设置保温措施后，槽身应力状态得到较大改善，应力分布情况见图 7.14.17；温升时，内壁环向和纵向均不出现拉应力，第一主应力最大不超过 0.8MPa；温降时，外壁环向和纵向应力较未设置保温措施时有所降低，环向和纵向最大拉应力不超过 1.35MPa，第一主应最大不超过 1.50MPa；渡槽内外壁应力状态满足设计规定要求。

参 考 文 献

[1] 王同生. 涵闸混凝土的温度应力与温度控制 [M]. 北京：中国环境科学出版社，2010.

[2] 朱伯芳. 大体积混凝土温度应力与温度控制 [M]. 2 版. 北京：中国水利水电出版社，2012.

[3] 朱伯芳. 水工钢筋混凝土结构的温度应力及其控制 [J]. 水利水电技术，2008.39 (9)：31-35.

[4] 王铁梦. 工程结构裂缝控制 [M]. 北京：中国建筑工业出版社，1997.

[5] 王振红，于书萍. 水工混凝土薄壁结构的温控防裂 [M]. 北京：中国水利水电出版社，2016.

[6] 许朴，朱岳明，贲能慧. 倒 T 形混凝土薄壁结构施工期温度裂缝控制研究 [J]. 水利学报，2009，40 (8)：969-975.

[7] 陈彦玉，黄达海. 大型渡槽温控防裂技术及发展趋势 [J]. 水利水电科技进展，2011，31 (2)：16.22.

[8] 刘兴法. 混凝土结构的温度应力分析 [M]. 北京：人民交通出版社，1991.

[9] 凯尔别克，刘兴法. 太阳辐射对桥梁结构的影响 [M]. 北京：中国铁道出版社，1981.

[10] 朱伯芳，论混凝土坝的水管冷却 [J]. 水利学报，2010，41 (5)：505-513.

[11] 左正，胡昱，李庆斌. 含水管混凝土温度场分析方法进展 [J]. 水力发电学报，2018，v.37；No.192 (7)：76-92.

[12] The Bureau of Reclamation. The bureau of reclamation：history essays from the centennial symposium [M]. Denver：Interior Dept.，Bureau of Reclamation，2008：962.

[13] The Bureau of Reclamation. Cooling of concrete dams：Final reports [M]. Washington：United States Department of the Interior，1949：236.

[14] 朱伯芳. 混凝土坝的温度计算 [J]. 中国水利，1956 (11)：10-22.

[15] 朱伯芳. 有内部热源的大块混凝土用埋设水管冷却的降温计算 [J]. 水利学报，1957 (4)：87-106.

[16] Zhu B F. Effect of pipe cooling in mass concrete with internal source of heat [J]. Scientia Sinica，1961，10 (4)：483.

[17] Zhu B F. Effect of cooling by water flowing in nonmetal pipes embedded in mass concrete [J]. Journal of Construction Engineering and Management，1999，125 (1)：61-68.

[18] 朱伯芳. 大体积混凝土非金属水管冷却的降温计算 [J]. 水力发电，1996，32 (12)：26-29.

[19] 朱伯芳. 大体积混凝土非金属水管冷却的降温计算 [J]. 水利水电技术，1997，28 (6)：30-33.

[20] 朱伯芳. 考虑水管冷却效果的混凝土等效热传导方程 [J]. 水利学报，1991 (3)：28-34.

[21] 朱伯芳. 考虑外界温度影响的水管冷却等效热传导方程 [J]. 水利学报，2003 (3)：49-54.

[22] 董福品. 考虑表面散热对冷却效果影响的混凝土结构水管冷却等效分析 [J]. 水利水电技术 (6)：16-19.

[23] Dong F，Liu H，Xie W，et al. The method for analyzing the influence of the heat loss from surface of concrete on the effect of pipe cooling system [C]// Materials for Renewable Energy and Environment (ICMREE)，2013 International Conference on：IEEE：2014：642-645.

[24] 左正，胡昱，段云岭，等. 考虑双层异质水管的大体积混凝土施工期温度场仿真 [J]. 清华大学学报 (自然科学版)，2012 (2)：186-189.

[25] 朱伯芳，王同生，丁宝瑛，等. 水工混凝土结构的温度应力与温度控制 [M]. 北京：水利电力出版社，1976.

[26] 朱伯芳，蔡建波. 混凝土坝水管冷却效果的有限元分析 [J]. 水利学报，1985 (4)：29-38.

[27] 朱振泱，强晟，等. 含水管混凝土温度场的改进离散迭代算法 [J]. 应用基础与工程科学学报，2014 (3).

[28] 张军，段亚辉. 混凝土冷却水管的有限元沿程水温改进算法 [J]. 华中科技大学学报（自然科学版），2014 (2)：56-58.

[29] 蔡建波. 用杂交元求解有冷却水管的平面不稳定温度场 [J]. 水利学报，1984 (5)：20-27.

[30] Zuo Z, Hu Y, Li Q, et al. An extended finite element method for pipe-embedded plane thermal analysis [J]. Finite Elements in Analysis and Design, 2015, 102: 52-64.

[31] 佐藤英明，佐谷靖郎. マスコンクリートにおけるパイプクーリング効果に関する研究 [J]. 土木学会論文集，1986，372：111-120.

[32] 段寅，向正林，常晓林，等. 大体积混凝土水管冷却热流耦合算法与等效算法对比分析 [J]. 武汉大学学报（工学版），2010 (6)：703-707.

[33] 刘杏红，马刚，常晓林，等. 基于热-流耦合精细算法的大体积混凝土水管冷却数值模拟 [J]. 工程力学，2012 (8)：159-164.

[34] 于丙子，张德文. ANSYS在三峡导流底孔封堵温度场分析中的应用 [J]. 人民长江，2003，34 (2)：40-42.

[35] 张利雷，张胜利. 基于ANSYS的冷却水与混凝土之间对流换热模拟方法 [J]. 水电能源科学，2015，33 (4)：116-118，146.

[36] 傅作新. 工程徐变力学 [M]. 北京：水利电力出版社，1985.

[37] 唐崇钊，黄卫兰，陈灿明. 工程混凝土的徐变测试与计算 [M]. 北京：东南大学出版社，2013.

[38] 黄国兴，惠荣炎，王秀军. 混凝土徐变与收缩 [M]. 北京：中国电力出版社，2012.

[39] 董哲仁. 钢筋混凝土非线性有限元法原理与应用 [M]. 北京：中国水利水电出版社，2002.

[40] 孙璨. 钢筋混凝土结构长期徐变收缩效应研究应用 [D]. 哈尔滨：哈尔滨工业大学，2012.

[41] 孙海林，叶列平，丁建彤. 混凝土徐变计算分析方法 [C]//高强高性能混凝土及其应用第五届学术讨论会，中国土木工程学会，青岛，2004.

[42] 卓旬，梅明荣. 混凝土徐变计算理论和方法综述 [J]. 水利与建筑工程学报，2012，10 (2)：14-19.

[43] Z P Bazant. Prediction of concrete creep and shrinkage-past, present and future [J]. Nuclear Engineering And Design 2001, 203: 27-38.

[44] 苏永刚，李国平. 基于《04公路桥规》的混凝土徐变递推分析 [J]. 中国市政工程，2007 (S2)：29-30.

[45] 高政国，黄达海，赵国藩. 混凝土结构徐变应力分析的全量方法 [J]. 土木工程学报，2001，34 (4)：10-14.

[46] 孙璨，傅学怡. 应用徐变恢复效应建立的应变全量递推方法 [J]. 哈尔滨工业大学学报，2010 (4)：562-567.

[47] 朱伯芳. 混凝土结构徐变应力分析的隐式解法 [J]. 水利学报，1983 (5)：42-48.

[48] 中国水利水电科学研究院. 黔中水利枢纽一期输配水工程××大跨连拱渡槽结构计算研究报告 [R]. 北京：中国水利水电科学研究院，2014.

[49] 汪强，王进廷，金峰. 坝体保温层的等效模拟及保温效果分析 [J]. 水利水电科技进展，2007 (2)：62-65.

[50] 中国水利水电科学研究院. ××渡槽上部结构保温措施研究报告 [R]. 北京：中国水利水电科学研究院，2012.

第 8 章　渡槽安全监控问题研究

8.1　概述

调水工程的安全运行至关重要，调水工程的安全管理工作不容忽视。随着我国众多调水工程的完建和长期运行，相关运行管理部门也采取各种手段和措施来加强安全管理工作，但调水工程失事的案例仍时有发生。国内有关保障调水工程安全运行的研究工作起步较晚，虽然也取得了不错的研究成果，但是尚未形成完备的理论和技术体系，仍存在诸多关键问题亟待解决。调水工程建设阶段在不同建筑物及重点部位安装的各类监测仪器积累了大量数据资料，如何合理利用这些监测数据，结合工程实际的运行性态开展相关的研究工作显得十分必要。其中，在调水工程的长期运行过程中，最为关键的安全保障工作包括：①监控，建立合适的调水工程安全运行监控模型，提出合理的安全监控指标及其预警阈值，实现调水工程的在线监控预警；②检测，根据工程的易损结构和破坏机理，确定必要的检测对象和合理的检测指标，通过检测结果准确地掌握工程的病患部位，及时采取处理措施避免进一步破坏的发生；③评估，基于工程的监测资料和实际运行状态，提出合理的安全评估方法，定期开展安全评估工作，以便及时地掌握调水工程的实际运行健康状况。本章将重点研究渡槽结构安全监控问题。

目前，对于大坝安全监控指标与阈值研究已有较多研究成果[1]，渠道、渡槽、输水隧洞、输水管道等其他调水工程建筑物安全监控指标与阈值的研究较少。本章基于以往研究成果，提出了调水工程安全监控指标及阈值确定的统一技术路径，即先开展建筑物破坏模式与破坏路径识别，结合现有监测物理量分析，进行安全监控指标初选，然后开展典型建筑物性态与易损性分析，进行安全监控指标的分级，最后采用统计理论与结构分析方法确定相应的监控阈值。在上述研究基础上，将该方法用于南水北调工程某三厢互联预应力渡槽中，基于该渡槽典型破坏阶段，按照“概念清晰，层次分明，标准一致，工程实用”的原则可将该渡槽结构监控状态分为三级，在此基础上建立三厢互联预应力渡槽结构的主从协作、多重配合的三级监控预警指标体系，其中，不均匀沉降变形测值是整体、核心监控指标，钢筋计测值是局部、辅助监控指标。

8.2　安全监控指标确定原则及途径

8.2.1　安全监控指标确定原则

安全监控指标是对工程结构的荷载或效应量所规定的安全界限值。这种指标用以衡量工程结构的运用是否正常、安全，当实测值在指标规定范围以内或数值以下时，一般可认为工程结构是安全或正常的，否则认为工程结构可能是不安全的或不正常的。《混凝土坝安全监测技术规范》（DL/T 5178—2016）规定[2]：监控指标是运行阶段根据大坝监测资料、结构和地质模型等综合分析成果确定的大坝各种工作状态下的监测效应的量值及其变化速率的允许值。《水电站大坝运行安全在线监控系统技术规范》（DL/T 2096—2020）第 3.3 条规定[3]：监控指标是评判监测量所反映的结构运行性态是否正常的监测物理量限值和变化速率限值的总称。

由此可见，安全监控指标应对结构运行过程中出现异常情况有较为敏感的响应或与工程结构安全状态具有紧密联系的特征，确定合理的安全监控指标对评价结构工作性态和保障结构安全运行具有重要意义。在实际工程中，安全监测项目和测点数量通常都很多，为了及时有效地进行安全监控，应选择一部分有控制作用的项目和有代表性的测点建立监控指标。安全监控指标确定包括安全监控指标拟定、安全监控指标分级及安全监控阈值确定三部分内容。

安全监控指标拟定主要是依据工程结构在历史荷载下的承载力表现，对将来可能出现的荷载作用下的安全性进行预测和评估，通常有数学模型法的定量表述和综合对比法的定性判定。《水电站大坝运行安全在线监控系统技术规范》（DL/T 2096—2020）第 5.3.2 条款规定[3]：监控指标可通过结构正反分析计算确定，或通过同类工程对比分析，按工程经验确定，或通过监测量数学模型计算限制确定，也可以通过库水位、出入库流量、降雨量等环境量根据设计取值和管理需要确定。上述方法中，考虑置信区间的数学模型法较为有效且应用较广泛。

在确定监控指标之后，为便于实际操作，通常需要对监控指标进行分级处理，目的就是为了全面监控结构运行期的工作性态。在进行监控指标分级时需处理好两个问题：一是监控指标需划分为多少个等级；二是每个等级监控指标对应着什么样的工作状态或安全状态。通常，监控指标分级按照“概念清晰，层次分明，标准一致，工程实用”的原则进行分级，分级过少，监控指标对结构工作性态识别度不高；分级过多，虽然可以全面把控结构工作性态但不便于实际操作。因此，在确定具体指标的分级时，应当综合考虑各分级指标之间的协同作用对结构整体影响，从而确定监控指标取值大小或变化趋势对应的结构安全级别，最终得到结构监控指标的分级标准。

在确定监控指标的分级标准之后，需要给出相应的监测阈值即确定监控预警指标，用于判断工程所处的安全状态，根据具体情况确定出需要采取的处理措施。监控阈值一般有单指标预警阈值和多指标预警阈值，如单指标预警阈值可采用变形监控，多指标预警阈值可综合变形、应力、渗压等因素。阈值取值有固定阈值、波动阈值，各监控指标预警阈值的确定方法不同。工程中常用于确定阈值的方法有：置信区间法、典型效应量小概率法、结构分析法、极限状态法等。

8.2.2　安全监控指标确定技术路径

根据监控指标确定原则，提出工程结构安全监控指标及阈值确定的统一技术路径[4]，如图 8.2.1 所示，具体步骤如下：

第一步，通过调研梳理破坏模式及破坏路径。

第二步，开展现有监测量综合分析，包括监测对象、部位及项目，确定监测物理量。

第三步，基于监测物理量与破坏模式的敏感程度，拟定监控指标。

第四步，开展典型建筑物工作性态与易损性分析，基于工程运行特点和破坏机理提出监测效应量监控指标等级的划分方法，即监控指标分级问题。

第五步，基于监控指标分级标准，采用统计理论、结构分析方法等多种方法，确定监控指标分级控制阈值，即监控阈值。

其中，破坏模式及路径识别、现有监测量分析是基础，安全监控指标拟定、典型建筑物性态与易损性分析是关键，安全监控指标分级是核心，监控阈值确定是结果。

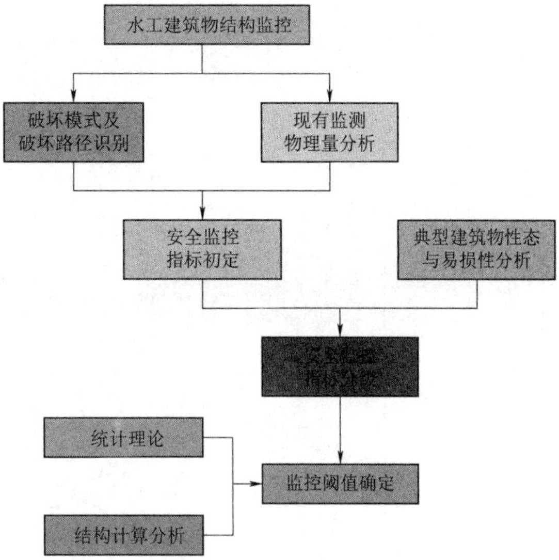

图 8.2.1　工程结构监控指标及阈值确定统一技术路径

8.3　渡槽典型破坏模式分析

8.3.1　破坏因素分析

针对渡槽结构破坏问题，南京水科院顾培英教授曾根据收集到的文献资料[5]，统计分析了国内部分渡槽破坏实例[6]，详见表 8.3.1。

由表 8.3.1 可知，渡槽破坏原因主要包括地震、风致、水毁、耐久性问题（包括混凝土裂缝、混凝土碳化、钢筋锈蚀、混凝土剥落或剥蚀、渗漏、地基变形）、超载破坏及设计不合理或施工质量差等，其中地震、风致、水毁破坏具有突发型。

1. 地震破坏特征

实际工程（陕西汉中市石门水库灌区沥水沟渡槽、四川玉溪河引水工程团结渡槽和大石板渡槽）表明，架空结构对地震效应非常敏感，尤其是高度或跨度大的架空结构水平地震作用响应，其破坏主要集中在下部结构与基础部分，渡槽槽墩及下部基础作为渡槽的支撑结构，对渡槽整体安全稳定至关重要。

2. 风致破坏特征

从调查到的渡槽（湖北枣阳滚河渡槽、湖北孝感下分场渡槽、广西上思县那布渡槽和湖北宜昌宋家嘴渡槽）风致破坏实际状况看，渡槽均是在顺风向风力作用下，沿渡槽横向（与输水方向垂直）倒塌，顺风向破坏为结构的主要破坏形式。这主要是由于风载作用于渡槽槽体，造成槽体横向位移过大，从而导致槽墩或支撑排架无法承受而出现破坏。渡槽风致破坏具有突发毁灭性。

表 8.3.1　部分渡槽破坏实例

序号	工程名称	工程概况	结构型式	破坏时间	破坏情况	破坏原因	破坏原因分类
1	湖北孝感下分场渡槽	1968年建成，全长290m，13跨，23榀排架	矩形双悬臂单排架渡槽	1974年2月22日	空槽时被大风吹倒240m，风力7～8级	大风吹倒	风致破坏
2	湖北枣阳滚河渡槽	1970年建成，全长2060m，跨度15m	矩形双悬臂空心墩、简支桁架单排架	1974年4月17日	9跨简支单排架槽身（共135m）被大风吹倒	低估了结构静风荷载，忽略了结构脉动风荷载效应，且结构自身抗风构造存在缺陷	风致破坏
3	甘肃白银市靖会电力提灌工程总干二泵祖厉河渡槽		U形薄壁排架结构	1977年7月28日	渡槽2号墩冲垮，2跨槽身倒塌	祖厉河发生洪水	水毁破坏
4	甘肃白银市靖会电力提灌工程总干渠野糜川渡槽			1977年11月25日	22跨330m长的槽身和排架几分钟内全部倒塌	渡槽出水口东侧渐变段漏水沉陷	水毁破坏
5	广西上思县那布渡槽	1977年建成，全长1300m，30m跨桁架拱36跨，10m跨三铰拱22跨	矩形截面桁架拱及三铰拱	1980年7月23日	32个桁架拱北台风吹倒，风力7～8级	未考虑风荷载作用，横向稳定性差是风致破坏的主要原因	风致破坏
6	沈阳张沙布渡槽	1969年建成，长35m，7跨，宽4.28m	排架结构	1976年、1986年	1976年排架明显开裂，裂缝逐年扩大，1978年加固，1986年再次在加固段顶部附近发现裂缝	设计未考虑冻胀荷载作用	土体冻胀破坏
7	甘肃景泰川电力提灌工程	一期工程1969—1974年建成，渡槽41座，长6.167km 二期工程1984—1994年建成，渡槽94座，长11495m	多为U形薄壁简支梁式排架或重力墩结构	1982年春灌前（一期）、1996—2004年（二期）	1982年春灌前一期工程总干渠83%槽身开裂，西干渠86%槽身开裂。1996—2004年，混凝土保护层剥落；钢筋外露并锈蚀严重；部分构件棱角变圆；槽身漏水严重；基础部位混凝土膨松	施工质量差，保护层薄；设计未考虑温度影响，端部未设置附加钢筋，纵向钢筋短，断面厚度小，混凝土抗裂强度不够；基础受地下水侵蚀；混凝土产生冻融破坏；裸露在空气中的结构主要为碳化破坏	施工质量差；设计不合理；腐蚀破坏；冻融破坏；碳化破坏

续表

序号	工程名称	工程概况	结构型式	破坏时间	破坏情况	破坏原因	破坏原因分类
8	湖北宜昌宋家嘴渡槽	1971年建成，全长1990m，123榀排架，124节槽身	矩形简支梁式排架结构	1983年	1983年4月25日16榀排架和17节槽身（共272m长）被大风吹垮。1983年8月28日33榀排架和35节槽身（共560m长）被大风吹垮	静风荷载估计过小，未考虑脉动风载，致使结构配筋严重不足，刚架横梁首先发生破坏，导致整个结构倒塌	风致破坏
9	甘肃白银市靖会电力提灌工程	1972—1973年建成（野糜川渡槽1977年失事重建），7座渡槽，长1855m，跨度15m	U形薄壁排架或重力墩结构	1986年发现裂缝，大面积渗漏，1991年全面检查观测	排架：70榀排架中64榀有525条裂缝，最长10.09m，最宽2.7mm；大多位于排架柱棱角上，竖向开裂；数量、速度逐年增加；保护层普遍脱落。槽身：发生开裂和大面积渗漏现象，混凝土剥落，钢筋锈蚀	排架：保护层厚度不足；施工用水和骨料中含大量氯离子，混凝土碳化也加剧了钢筋锈蚀，产生裂缝。 槽身：破坏原因同上，裂缝产生渗漏，渗漏使裂缝进一步扩展，并产生冻融破坏	施工质量差；腐蚀破坏；碳化破坏；冻融破坏
10	宁夏固海扬黄灌溉工程白府都渡槽	灌溉工程1978年开工，1986年竣工	U形薄壁结构	1993年11月23日	冬灌期间槽身突然整节垮落	由于连年冻融交替破坏，冬灌期间槽身突然整节垮落	冻融破坏
11	浙江衢州市铜山源灌区会泽里渡槽	1978年建成，全长705m，由46榀排架和47节槽身组成，跨度15m	U形薄壁排架结构	2000年左右	47节槽身均有5～16条横向贯穿裂缝，间隔0.5～1.0m，槽身外侧有游离氧化钙析出，漏水严重。混凝土浇筑质量较差，部分底板厚度仅8cm（原设计10cm）。构件承载力、抗裂不满足规范要求	混凝土浇筑质量较差，工程日趋老化，经常超负荷运行	施工质量差；碳化破坏；超载破坏
12	陕西宝鸡市冯家山水库灌区北干渠肖家桥渡槽	1973年建成，全长36m，3跨	U形薄壁排架结构	2002年8月1日	渡槽出口码头和第3跨槽身塌落至沟内，连接段与渐变段损坏，总长19m	渗漏水作用下土壤饱和，砌石支墩处土体软化，承载力降低，下游岸坡滑坡，导致事故发生	水毁破坏
13	齐齐哈尔市富拉尔基区工农兵灌区干渠渡槽	1963年建成，全长36m，6跨	矩形连续梁式灌注桩排架结构	2004年前（根据部分资料推测）	桩基表面混凝土剥离；进出口浆砌石翼墙多处开裂，整体向内倾斜，渗水漏水；侧墙与底板多处开裂，缝宽5～8mm，渗水漏水严重	桩基多年受水流冲刷，表面混凝土剥离；翼墙基础长期浸泡、冲刷；桩基冻拔导致槽身不均匀沉降，引起侧墙与底板开裂，槽身渗水漏水	水流冲刷土；体冻胀破坏

续表

序号	工程名称	工程概况	结构型式	破坏时间	破坏情况	破坏原因	破坏原因分类
14	宁夏固海扬水工程	1978—1992年建成，共62座渡槽	多为U形薄壁简支梁式排架结构	2007年左右	排架、槽身开裂，混凝土碳化严重，槽身多处渗水，渗水处混凝土疏松剥落，钢筋外露锈蚀严重。1.6%的渡槽基本完好；61.3%需维修；37.1%基本不能使用	渡槽砂石料及施工用水含有害可溶性盐，存在长期冻融破坏、混凝土碳化现象，且设计不合理，施工质量差	腐蚀破坏；设计不合理；施工质量差；碳化破坏；冻融破坏
15	陕西汉中市石门水库灌区沥水沟渡槽	1972年建成，全长214.1m，最大高度43.3m，最大跨度17.13m	U形薄壁排架结构	2008年5月12日	混凝土碳化、开裂破损严重，汶川地震后整体受损严重，基本无法正常运行	施工质量差，经几十年运行，槽箱和排架混凝土碳化、开裂破损严重，汶川地震加剧了渡槽破坏	施工质量差；碳化破坏；地震破坏
16	四川玉溪河引水工程团结渡槽	20世纪70年代末建成，全长102m，3跨	U形双悬臂支撑墩结构	2013年4月30日	2～5号桩帽牛腿发生剪切破坏，裂缝上下贯通，缝宽上大下小；支撑摇轴下部混凝土被压碎	渡槽距雅安地震震中很近，轴线与地震传播方向大致呈90°，横向破坏性大，槽身侧倾，槽内水体横向震荡，桩帽牛腿偏心受压；原荷载和地震合力超过混凝土承载力	地震破坏
17	四川玉溪河引水工程大石板渡槽	20世纪70年代末建成，全长68m，2跨	U形双悬臂承台结构	2013年4月30日	2号、3号承台左右牛腿剪切破坏，牛腿根部产生竖向贯穿裂缝，缝宽0.5mm	牛腿偏心受压，引起剪切破坏	地震破坏
18	湖北宜昌市善溪冲水库老林河渡槽	20世纪70年代初建成，全长377m	砌体槽身双曲连拱式排架结构	2014年左右	槽身开裂、漏水严重，拱圈和排架钢筋外露锈蚀	设计不合理，混凝土强度不满足要求，施工质量差，钢筋保护层厚度不足，混凝土碳化严重，侧墙止水老化及底板出现裂缝，基础存在不均匀沉降	设计不合理；施工质量差；碳化破坏；止水老化；不均匀沉降
19	新疆喀什地区疏附近县克孜河渡槽	建于2017年，全长747m	双厢互联式矩形渡槽	2017年	槽身开裂，腹板受压区出现裂缝，部分为贯穿性裂缝	原材料品质控制不严、高强混凝土配合比自收缩大、温控措施及养护不当、底板和腹板施工间隔时间长	施工质量差

上述的风致破坏案例，基本发生在20世纪80年代前后。这主要是当时渡槽结构的抗风问题未得到足够重视，其研究的深度及广度远不及建筑和桥梁领域；再加上当时我国渡槽设计正在编制中，缺乏原始的针对渡槽的抗风研究资料，使得其中的抗风设计条文难以确定，只能借鉴已有的建筑和桥梁抗风研究成果。由于渡槽结构多处于野外空旷或峡谷地区，地表风速较大，渡槽顶端槽身迎风面大，体形特殊，槽内有大量水体，头重脚轻，某些渡槽结构（如高墩及高排架等）刚度较弱，结构的自振周期较长，风振问题很突出，结构风振时还伴随着流固耦合问题。所有这些都使得渡槽结构的抗风问题有别于建筑和桥梁结构，有其自身特点，建筑和桥梁结构抗风经验也只能参考。目前渡槽设计已对风载作用有较为清楚的认识，抗风设计得到重视，一般情况下这类新建渡槽风致破坏的可能性不大，除非出现实际风载远大于设计值的极端台风天气。

3. 水毁破坏特征

根据甘肃省白银市靖会电力提灌工程总干二泵祖厉河渡槽和陕西宝鸡市冯家山水库灌区北干渠肖家桥渡槽工程实例并结合其他水毁破坏情况，渡槽水毁破坏最终是由地基变形引起，主要有以下两种情况：①大多数渡槽修建于河床上，基础往往会遭遇水流冲刷、挖沙船挖沙、洪水袭击，地基易被掏空，加之洪水长时间浸泡，地基承载力下降且不均匀，导致基础不均匀沉降，引起槽身倾斜或开裂，甚至出现基础被冲毁，渡槽整体倒塌的现象；②对于非河床式渡槽，若遭遇暴雨洪涝灾害，地基被洪水长时间浸泡，同样会导致基础不均匀沉降，甚至会引发滑坡、泥石流等地质灾害，造成槽身倾斜或开裂，甚至基础被冲毁，渡槽整体倒塌。

4. 耐久性破坏表现形式

渡槽耐久性破坏主要包括混凝土裂缝、混凝土碳化、钢筋锈蚀、混凝土剥落或剥蚀、渗漏、地基变形（尤其是不均匀沉降）等。

（1）混凝土裂缝。混凝土裂缝是渡槽结构最常见的病害形式，一般位于槽身和支承结构上。裂缝主要有以下两种：①结构性裂缝（又称受力裂缝），由承载能力不足引起；②非结构性裂缝，主要由变形引起。裂缝具有直观性，不同原因引起的裂缝具有不同特征，裂缝分布及扩展程度不同，结构受损程度亦不同。严重开裂将破坏结构整体性，削弱结构承载力，影响渡槽正常运行，甚至丧失承载能力而毁损。同时，渡槽裂缝会导致其他病害的发生、发展，如环境水侵蚀、渗漏溶蚀、冻融破坏、混凝土碳化和钢筋锈蚀等，以上病害与裂缝病害恶性循环，对渡槽耐久性产生较大危害。

（2）混凝土碳化与钢筋锈蚀。

1）以下情况会引起钢筋锈蚀：①混凝土碳化；②混凝土中含有硫酸盐、氯离子；③外在侵蚀性介质渗入；④应力腐蚀。

2）钢筋锈蚀对结构性能影响如下：①钢筋与混凝土间黏结力降低，发生黏结破坏；②钢筋有效截面面积减小，钢筋承载力降低；③钢筋锈蚀后体积膨胀，引起混凝土开裂、剥落，截面有效尺寸减小，结构承载力降低。

（3）混凝土剥落或剥蚀。混凝土剥落或剥蚀破坏是一个由表及里、由浅到深的破坏过程，引起因素如下：①水流冲刷；②混凝土质量差，暴露在空气中出现风化或剥落现象；③冻融作用；④混凝土碳化；⑤侵蚀性介质作用。

（4）渗漏。渡槽渗漏原因如下：①槽身裂缝，尤其是贯穿性裂缝；②止水结构失效；③混凝土施工质量差。渡槽渗漏导致水量损失，引起或加剧混凝土溶蚀、侵蚀、钢筋锈蚀等病害，加速渡槽老化，影响结构耐久性。此外，还可能冲蚀基础及岸坡，危及渡槽整体稳定。

（5）地基变形。渡槽地基变形包括如下情况：①地基不均匀沉降，纵向会使槽身产生错位或拉裂，横向则会引起槽墩或排架倾斜，影响渡槽正常运行；②进出口段渗漏及沉降，由于我国早期修建的很多渡槽的槽身与渠道进出口连接段置于填方基础上，填土质量差，部分未采取有效防渗或排水措施，过水时在渗流作用下，容易引起槽身与连接段错动、止水拉裂，可能发生边坡失稳破坏，危及渡槽边跨基础及排架安全；③土体冻胀导致基础变形，如基础上抬或拉断，由于基础各处土壤性质、含水量不同，上抬不均匀，纵向槽身呈“罗锅”形，横向支承结构倾斜，产生平面弯曲，可能导致槽身漏水、槽墩（架）倾斜、边坡失稳，甚至整体倒塌等严重后果。

我国北方大部分地区每年约在11月进入冻结期，并持续5个月左右，最大冻土层深度达1.5m。水工建筑物冻害发生普遍，涵、闸、渡槽、渠道、桥梁和挡土墙等中小型建筑物的冻胀、融沉、滑坡破坏更为突出，往往建成第1年冬季即出现上抬、裂缝和严重变形，并逐年加剧，有些3～5年即完全破坏。北方不少渡槽因基础冻害发生不同程度的断裂、倾斜、上抬等破坏，最终使渡槽无法运行。例如黑龙江佳木斯桦南县共和灌区南干渠钢渡槽中间桩基冻拔上抬，向阳山三合干渠清茶渡槽也因冻害导致槽身上抬，新兴八支渠渡槽因冻害而毁弃等。

位于寒旱区的西部，由于独特的地理和气候特点，地面灌溉造成土地大量盐分滞留和堆聚，致使结构遭到侵蚀破坏，加之冻融交替环境因素影响，导致寒旱地区渡槽结构及基础遭受严重破坏。据统计，我国西部地区水工混凝土建筑物70%的破坏受损与冻融破坏、硫酸盐侵蚀、氯离子侵蚀有关，其中35%左右因严重盐冻破坏而导致提前失效。

8.3.2　破坏路径分析

对于渡槽而言，常发生槽身开裂、接缝止水破坏、支撑结构开裂、整体垮塌等破坏模式，其破坏路径如下。

1. 槽身开裂

（1）设计、施工存在不足⟶碱骨料反应、冻融、老化、腐蚀⟶强度、密实度降低⟶槽身开裂。

（2）设计不足⟶混凝土强度不满足要求/钢筋保护层厚度不足/混凝土碳化严重/侧墙止水老化及底板出现裂缝。

（3）基础处理不到位⟶出现不均匀沉降⟶槽身应力超标⟶槽身开裂。

（4）锚索预应力失效⟶槽身应力超标⟶槽身开裂。

2. 接缝止水破坏

止水材料本身老化破坏、止水材料与混凝土接缝处破坏及槽身结构大变形⟶止水结构失效⟶渡槽漏水。

3. 支撑结构开裂

地震⟶支撑结构应力超标⟶支撑结构开裂。

4. 整体垮塌

(1) 静风载估计不足、未考虑脉动风载──→支撑结构配筋不足──→支撑结构局部失稳──→整体垮塌。

(2) 水流冲刷、挖沙船挖沙、洪水袭击等──→地基被掏空──→洪水长时间浸泡──→地基承载力下降──→基础不均匀沉降──→槽身倾斜或开裂──→基础被冲毁──→整体垮塌。

(3) 遭遇暴雨洪涝灾害──→洪水长时间浸泡──→地基承载力下降──→基础不均匀沉降──→槽身倾斜或开裂──→基础被冲毁──→整体垮塌。

(4) 土体冻胀──→基础变形(上抬或拉断)不均匀──→横向支撑结构倾斜──→槽身漏水、槽墩(架)倾斜、边坡失稳──→整体垮塌。

8.4 渡槽监测物理量分析

8.4.1 监测项目及频次

为监控渡槽结构的运行状态,渡槽结构依据自身工程的实际情况,通常按照表8.4.1进行监测项目分类和选择,并埋设大量温度计、无应力计、应力应变计、钢筋计、侧缝计、测斜计、位移计、渗压计等不同类型和功能的安全监测仪器。渡槽工程各监测仪器安装埋设后可参照表8.4.2,按不同阶段的实际情况进行日常观测[7]。

表8.4.1　渡槽安全监测项目分类

监测项目	建筑物级别		
	1	2	3
垂直位移	●	●	●
水平位移	●	●	○
渗流	●	●	○
应力应变	●	○	
水位	●	●	●
流量	●	●	○
冲刷	○	○	
风速、风向、气温	●	○	

注　●为必设项目;○为可选项目;空格为可不监测。

表8.4.2　渡槽安全监测项目监测频次

监测项目	监测频次		
	施工期	试运行或运行初期	正常运行期
垂直位移	3～1次/月	3～1次/旬	1次/月
水平位移	3～1次/月	3～1次/旬	1次/月
渗流	1次/旬	5～2次/旬	2～1次/旬

续表

监测项目	监测频次		
	施工期	试运行或运行初期	正常运行期
应力应变	2～1次/旬	3～1次/旬	2～1次/月
水位		4～2次/天	2次/天
流量		4～2次/天	按需要
冲刷	初始值	按需要	按需要
风速、风向、气温	逐日量	逐日量	按需要

注　以上各项观测如遇特殊情况应加密测次。

8.4.2　监测物理量分析

上述监测量大体上可概括为：设计条件类监测量、结构变形监测量、结构受力状态监测量[8-9]。

1. 设计条件类监测量

设计条件类监测量主要包括：工程运行水位、地下水位、建基面扬压力、土压力、结构表面或内部温度等物理量，该部分物理量不涉及工程建设过程，不同时段的状态值均可通过监测仪器直接获取。因此，工程建设及运行期间，对于工程运行水位、地下水位、建基面扬压力、土压力、结构表面或内部温度物理量的监测值可直接用于复核工程结构是否符合设计条件。

2. 结构变形监测量

结构变形监测量主要包括：建筑物沉降变形、不同结构块之间或同一结构块不同部位之间差异沉降、结构缝张开度、建筑物结构表面不同点相对位移监测、渠道开挖边坡表面及坡体内部变形监测等。

由于建筑物沉降及结构变形在建筑物结构形成过程中，伴随结构材料性能变化、荷载施加、结构特征变化等因素不断积累，且呈非线性变化，这些变形与施工误差交织在一起，绝大部分建筑物的实际沉降变形或工程结构实际变形过程难以通过监测手段直接获取，甚至永远无法知道。因此，在利用变形类监测量对建筑物结构性能进行评价时，应结合其他检测或检查成果综合分析，不宜直接以变形监测值进行判断。对于部分结构的基础变形，理论上基础变形在其形成过程中已经开始，然而对结构产生实质性影响的只是在结构形成过程及形成之后的变形，对于建筑物基础评价方面应全方位分析，但对建筑物结构方面则主要是结构形成过程及形成后部分变形。然而实际上有条件获取的主要是工程结构形成，安全监测设施具备监测条件之后的部分监测数据。

考虑到上述原因，考虑到监测数据的有效性、可分析性、变形对工程结构影响的失效性，在变形安全监测参考值中，变形类安全监测数据参考值主要从结构适应性方面，结合同类工程经验提出，采用的监测数据主要包括：

（1）结构形成后，相邻的不同结构块之间或同一结构块不同部位之间的相对变形，如永久缝处相邻结构块错台、结构块不同部位沉降差等。

（2）在后续施工、充水加载及运行期间变形增量，如充水加载后渡槽挠度增量、槽台沉降变形增量、挖方渠道抗滑桩水平位移、渠道充水后沉降变形等。

（3）建筑物地基周边隆起与开裂、建筑物结构开裂及裂缝产生与发展过程等。

3. 结构受力状态监测量

结构受力状态监测量主要包括：建筑物结构应力应变、钢筋应力、预应力张力等监测量。建筑物结构受力后，结构应力呈复杂三维分布，且变化梯度大。

（1）监测点的实际应力状态与监测仪器埋设精度、监测仪器埋设时温度环境、钢筋温度、建筑物结构混凝土施工过程中的温度环境、建筑物模板刚度、混凝土浇筑过程、监测部位混凝土局部实际配合比等诸多难以精确控制的不确定因素有关，与变形监测类似无法通过监测手段直接精确获取建筑物结构在监测点处的结构实际应力状态。

（2）混凝土结构受力状态需要通过实测应变值进行换算，而在换算过程中，需要准确知道监测点处混凝土的弹性模量、泊松比等物理力学指标，尽管在结构混凝土浇筑施工期间按相关规范要求在混凝土浇筑前采用同灌混凝土埋设无应力计获得初始应变，但是由于结构混凝土与大体积混凝土浇筑条件差异，实际监测部位混凝土构成与无应力试样混凝土构成不可避免存在差异。

（3）建筑物结构设计中，将结构体视为均值材料，而实际结构材料却是普通钢筋、预应力钢绞线、混凝土骨料、水泥结石集合体，即使结构体完全按设计几何尺寸施工、且没有误差，结构计算获得结构应力分布与实际应力分布亦存在一定差距，对于具体点的设计计算应力状态与实测应力状态同样存在一定差距。

因此，在利用应力状态类监测量对建筑物结构受力状态进行评价时，需要结合建筑物结构变形、开裂的资料综合分析，必要时进行辅助性检查，不宜直接以应力应变监测值进行判断。而在应力应变监测值的利用方面，以结构形成后，在后续施工、充水加载及运行期间由于加载或变形引起的应力应变增量分析为主，有条件时可通过适当拟合近似评价。

8.5 监控指标确定的具体方法[10]

8.5.1 监控指标拟定方法

如前所述，安全监控指标的拟定主要是依据工程结构在历史荷载下的承载力表现，对将来可能出现的荷载作用下的安全性进行预测和评估，通常有数学模型法的定量表述和综合对比法的定性判定。

8.5.1.1 数学模型法

数学模型法是指监测量与各环境量间的定量关系式或自身随时间的规律性变化。数学模型是基于既往时段内工程结构正常状态下建立的，反映的是工程结构的正常变化，可以此为依据衡量新测值正常与否。数学模型建立时涵盖了监测量与各环境量在一定范围内变化时的关系，因而可用于各常规状况下的监控。统计分析模型、确定性模型和混合模型等监测量数学模型都可以用来进行工程结构安全监控。

1. 统计分析模型

传统统计分析模型适用于各种监测量的分析与监控，因而得到广泛应用。主要以监测效应量作为随机变量，显著影响效应量的影响因子作为自变量，基于实测资料进行回归分析，建立出回归数学模型，从本质上讲都是经验模型。常用的回归分析方法有：差值回归、加权回归、逐步回归、正交多项式回归、多元回归等。根据所选分析测点的数量分为单测点统计模型、二维分布模型等，具体如下：

（1）单测点统计模型。统计模型的一般表达式为

$$\hat{Y}(H,T,t)=f_1(H)+f_2(T)+f_3(t) \tag{8.5.1}$$

式中：$\hat{Y}(H,T,t)$ 为效应量；$f_1(H)$、$f_2(T)$ 和 $f_3(t)$ 分别为水位分量、温度分量和时效分量；H、T 和 t 分别为水位因子、温度因子和时间因子，均为无量纲量。

其中：水位分量 $f_1(H)$ 指水位变化的压力和自重对效应量产生的影响，通常可用水位的线性多项式表示；温度分量 $f_2(T)$ 指温度场的变化对效应量产生的影响，结合温度监测资料的分析结果，考虑稳定运行期温度场的变化一般具有周期性，故通常可用周期函数来表示；时效分量 $f_3(t)$ 指效应量随着时间推移产生的一种朝某一方向不可逆的变化量，通常与时间 t 成曲线关系，常用线性式、对数式、指数式等的组合来表示。

根据相关研究成果，最常用的一种统计模型的影响因子集包含备选因子11个，所需环境量因子最少，模型具有较高的有效性，模型表达式为

$$\hat{Y}(H,T,t)=\sum_{i=1}^{m}a_iH^i+\sum_{i=1}^{n}[b_{1i}\sin(is)+b_{2i}\cos(is)] \\ +c_1t+c_2e^{-kt}+c_3\ln(1+t) \tag{8.5.2}$$

式中：$\sum_{i=1}^{m}a_iH^i$ 为水位分量，多项式最高次数 m 则依据工程类型来选择；H 为与水位相关的无量纲量；$\sum_{i=1}^{n}[b_{1i}\sin(is)+b_{2i}\cos(is)]$ 为温度分量，通常 n 取2，s 为与温度相关的无量纲量；$c_1t+c_2e^{-kt}+c_3\ln(1+t)$ 为时效分量，t 为与时间相关的无量纲量。

（2）二维分布模型。二维分布模型的形式为

$$\delta(H,T,t,x,y)=\delta(H,x,y)+\delta(T,x,y)+\delta(t,x,y) \tag{8.5.3}$$

式中：H，T，t 为单点统计模型分析；x，y 为测点位置参数。

对各分量采用幂级数逼近原函数，即利用三元多项式展开来描述各分量，将三个分量组成总体方程，各项作为一个因子便于化为线性问题采用逐步回归方法求解。二维分布模型可以直接定量了解荷载作用下位移场的变化规律，包括测点变形之间的空间连续性、一致性、对称性等。

2. 确定性模型

确定性模型是指基于数值分析的相关理论和技术，根据工程实际的几何结构和尺寸信息，选取合适的计算条件和参数：材料本构关系、力学参数、接触形式和边界条件等，经过适当简化后建立能够反映工程实际工作性态的数值仿真模型。结合实际工程和经验，针对选定的效应量设置能够表征工程实际的计算工况，开展基于监测资料的反演分析。通过

对比实测值与计算值的吻合情况来不断调整计算条件和参数，取精度符合要求时的计算条件和参数建立确定性模型，并使用该模型计算出效应量的预测值。同时，根据计算值与实测值的拟合情况确定出调整系数，用于调整预测计算值，提高模型的精度，优化预测效果。确定性模型综合考虑了工程的实际结构、力学机理和工作性态等，结合实测资料反演分析确定的计算条件和参数，在一定程度上消除了取值不合理所带来的误差，这使得模型计算预测的可靠性和精度大大提高。此外，确定性模型还具备如下优势：

（1）更加明确的物理概念能够更为客观反映影响因子与效应量之间的关系。

（2）模型与工程设计的结构理论和材料一致，工程实测值模型预测值的关系能够反映出工程运行状况是否满足设计要求。

（3）确定性模型可以预测历史时段内未曾出现过的荷载组合。可预测的时间较长。

（4）确定性模型可同时提供多个效应量的有效信息，如当位移的预测值和实测值吻合较好时，模型计算出的应力值很可能具备极大的参考价值。

3. 混合模型

经过学者们的研究与实践发现统计模型和确定性模型在使用过程中也存在诸多局限性。对统计模型而言：

（1）当监测资料的测值序列较短或测值序列中不包含荷载极值时，所建立的模型不适合用于预测和监控。

（2）在环境较复杂，随机影响较大的情况下，模型精度一般较低，且外延预测时间较短。

（3）通常时效、温度和水位之间具有一定的相关性，基于统计数学的模型在变量分离时可能会失真，导致模型预测和监控的可靠性差。

（4）模型更多是在统计数学层面的操作，与工程本身的结构性态联系较少，难以从本质上解释复杂的力学概念等。

对于确定性模型而言：

（1）要保证模型的可靠度和精度，需建立精度较好的有限元模型，尽可能真实地反映工程的实际情况。

（2）确定性模型需要考虑荷载条件、初始条件、边界条件、接触形式、本构模型、材料参数等诸多问题，要保证模型精度则需严格控制。

（3）并非所有效应量的影响因子分量都适合用确定性模型来分析预测，比如温度分量的反演分析及预测就是一大难题等。

基于此，学者们有机地结合了二者的特点建立了混合模型。简言之，混合模型就是在对效应量的分析预测过程中，一部分影响因子分量采用确定性模型进行计算，另一部分仍采用传统的统计分析模型计算，比如在大坝变形分析预测中，时效分量和温度分量采用的是统计分析模型的计算值，而水位分量采用的是确定性模型的计算值。然后将实测值与两部分的计算值进行优化拟合，应用逐步回归分析法建立混合模型的统计方程，使用该方程即可计算出效应量的预测值。

4. 数学模型法的通用表达形式

如前所述，统计分析模型、确定性模型和混合模型等监测量数学模型都可以用来进行

工程结构安全监控，其通式可写为

$$y=f(X_1,X_2,\cdots,X_n)+\varepsilon \tag{8.5.4}$$

或写为

$$\hat{y}=f(X_1,X_2,\cdots,X_n) \tag{8.5.5}$$

式中：y 为监测效应量，被看作是随机变量；$\hat{y}$ 为监测效应量的数学期望；$X_1,X_2,\cdots,X_n$ 为环境变量因子，也可以为 y 的前期数值；ε 为 y 与 $\hat{y}$ 的差值，称作残差，一般认为 ε 服从正态分布 $N(0,\sigma^2)$。

式（8.5.5）作为监控指标基础的数学模型应能较全面、准确地反映监测量自身变化或与有关因素的关系。因此，建立模型的步骤包括：①建模前，对原始数据要先进行粗差识别和剔除，并消除系统误差；②建模时，做好物理分析工作，选取充分适当的因子集和合理的模型结构，并采用正确的数学方法及计算软件求出模型有关参数；③建模后，对模型的残差系列用正确的数学方法及计算软件求出模型有关参数；④对模型的残差系列 $\varepsilon_j(j=1,2,\cdots,m)$ 作检验。当 ε 的均值接近于0，其分布为正态随机分布，不再存在某种规律性变化（周期变化、趋势变化等）时，才可用 $\hat{y}$ 来估计 y 的数学期望，用 ε 的方差 S^2 来估计 y 的方差 σ^2，S 是式（8.5.5）的剩余标准差，在建立模型式（8.5.5）时通过方差分析得出。

8.5.1.2 综合对比法

判断工程结构性态是否正常的基本方法之一就是对监测值的综合对比法，其分析工作通常包含两方面：①监测量数值大小、变化范围、变化幅度是否符合历史测值的变化规律和情况；通常有测值过程线、数据统计表、历史测值包络图来判断比较；②测量值时效分量的大小、变化趋势及变化速度是否显现出结构或地基的异常变化。当测量值变量分离得到的时效分量比较准确，时效分量的变化主要由地基和结构的性态变化引起，不包含环境分量的周期性和趋势性变化。此时，如果时效分量的数值不大且变化速率较小，则说明地基和结构性态是稳定的，如果时效分量数值较大或变化速率较快或向着不利方向发展时，则很有可能地基或结构出现了异常状况。

综上所述，使用基于综合对比法的监控指标对工程的结构性态进行评价时，并不是直观的数字关系比较，而是若干原则的判断，决策者需要具有丰富的分析经验以及对工程结构情况了解深入，因此存在一定的局限性。

8.5.2 监控指标分级标准

目前，对于大坝及边坡安全监控分级问题研究比较多，但对于渡槽安全监控指标分级问题研究较少。其中，《南水北调中线干线工程安全监测数据采集和初步分析技术指南》（Q/NSBDZX G01—2016）对监测物理量异常情况分级、监控标准分级、渠道和建筑物安全状态分级等作出了规定，具体如下。

（1）该技术指南第5.1.2条对监测物理量异常的分类做出了如下规定：

1）监测物理量变化突然超过监控标准的速率指标限值加速变化的现象，为加速异常。

2）监测物理量变化速率呈等速率变化时，为警示速率；等速率变化使监测物理量接近监控标准指标限值，仍无收敛趋势时，或监测物理量变化出现与已知原因量无关的变化速率时，为速率异常。

3）监测物理量出现超过极值（观测值中的最大或最小量值）、或超过安全监控标准的指标限值或监测数学模型预报值等情况，为超限异常。

4）监测物理量变化趋势突然加剧或变缓，或发生逆转，如从正向增长变位负向增长，而从已知原因量变化不能作出解释，为趋势异常。

5）监测物理量呈震荡变化，是物理量变化速率反复增、减的变化过程，变化极值超过监控标准指标限值，为震荡异常。

6）监测物理量变化分布规律超过监控标准指标限值，为分布异常。

（2）该技术指南第5.2.1条对监控标准分级做出了规定：工程运行初期的监控标准是以设计给出的设计值（包括设计参考值、设计警戒值、设计初判指标、设计经验值等）为标准指标，运行过程中，应根据监测资料分析和数学模型计算预测值，随时进行调整，逐渐形成符合工程实际安全度的控制指标。监控标准的指标分为三级。为了提高指标的安全性，每级采用监测物理量和变化速率双控指标，进行控制。

1）一级指标为控制指标。监控标准指标限值为0.9倍设计值，或变化速率小于0.9倍前1年最大速率值。

2）二级指标为警戒指标。监控标准指标限值为设计值，或变化速率介于0.9～1.1倍前1年最大速率值。

3）三级指标为临界指标。监控标准指标限值为1.2倍设计值，或变化速率大于1.1倍前1年最大速率值。

（3）该技术指南第5.2.2条将监测物理量异常分级按监控标准指标分级分为三级：

1）监测物理量变化超过一级监控指标限值时，为一（黄）级监测物理量异常。

2）监测物理量变化超过二级监控指标限值时，为二（橙）级监测物理量异常。

3）监测物理量变化超过三级监控指标限值时，为三（红）级监测物理量异常。

（4）该技术指南第6.5.1条和第7.5.1条均将渠道安全状态和建筑物安全状态划分为三级（A级、B级、C级）：

1）正常状态（A级）。A级指各主要监测物理量处于正常状态，工程达到设计功能，不存在影响正常使用的缺陷。

2）异常状态（B级）。B级指各主要监测物理量出现了某些异常，工程的某些功能已不能完全满足设计要求，因而影响工程的正常使用。

3）险情状态（C级）。C级指各主要监测物理量出现较大异常，工程出现危及安全的严重缺陷，或环境中某些危及工程安全的因素正在加剧，按设计条件继续运行将出现大事故。

（5）中国水利水电科学研究院范哲等从单个测点与建筑物两个方面研究监控指标分级问题[11]。对于单个测点而言，在排除测量错误数据或粗差后，可将测点状态评价等级分为A、B、C、D、E，见表8.5.1。其中，等级A表示测点状态良好，测值在监控指标范围内；等级B和C表示测值超界，不在监控指标范围内；等级D和E表示数据变化趋势异常，时效分量呈现加速发展的趋势，需加以重视。

表 8.5.1　测点状态评价

等级	描　述	判　断　方　法
A	正常	非以下任何一种情况
B	特征值超界	单向：测值大于历史最大值 双向类型测点：测值大于历史最大值或小于历史最小值
	统计模型超界	统计模型计算值$>3S$或$<-3S$，或速率超标准（超统计模型标准）
C	设计指标超界	测值大于或小于设计指标
D	特征值超界或模型超界＋时效加速发展	特征值超界或模型超界，并且时效加速发展
E	设计指标超界＋时效加速发展	设计指标或监控指标超界，并且时效加速发展

注　S为由统计模型计算得到的标准差。

在单个测点监控分级基础上，借鉴美国垦务局对大坝安全评价和风险管理办法，可将建筑物评价等级可分为以下4个等级（表8.5.2），分别以绿、蓝、黄、橙4种不同颜色表示。其中，绿色代表各因素测量数据都在模型指标和监控指标范围内，建筑物运行正常，巡视检查未发现异常；黄色代表各因素测量数据出现超过模型指标的情况，但设计指标和监控指标未超界，建筑物的运行基本正常，巡视检查未发现异常；橙色代表各因素测量数据出现异常测点，或者是在巡视检查中发现异常，结构可能存在一定的破坏；红色代表建筑物存在严重的安全问题。

表 8.5.2　建筑物安全评价等级及判断标准

等级	描述	判　别　依　据	含　　义
1：绿色	正常	无异常测点＋巡视检查无异常	各因素测量数据均在模型指标和监控指标范围内，建筑物运行正常，巡视检查未见异常
2：黄色	基本正常/轻微异常	有异常点（模型超界但无设计指标超界也无监控指标超界）＋巡视检查无异常	各因素测量数据有超模型指标情况，建筑物运行基本正常，巡视检查未见异常
3：橙色	异常	巡视检查异常，或有异常测点（设计指标超界或监控指标超界），或有异常测点（模型超界但无设计指标超界也无监控指标超界）＋有测点在加速发展	各因素测量数据有超模型指标情况和监控指标情况，建筑物运行有受到影响的可能，或巡视检查发现异常，结构可能存在一定的损坏
4：红色	险情	巡视检查严重异常，或有异常测点（设计指标超界或监控指标超界）＋有测点在加速发展＋巡视检查异常	各因素测量数据有超模型指标情况和监控指标情况，且发展趋势异常，或巡视检查发现严重异常，建筑物存在严重安全问题，有随时有发生事故的可能性

综合以上分析，监控指标分级问题是一个涉及评价目的、已有方法或相应规范、实践经验、人类心理活动与认知能力等多方面因素的问题，具体划分多少等级并不是很重要，重点是要确保监控指标分级要有区分度，即每个等级监控指标对应建筑物处于不同演化阶段的工作性态或安全状态，进而能够全面监控结构运行期的工作性态。

8.5.3 监控阈值确定方法

在确定监控指标的分级标准之后，需要给出相应的监测阈值即确定监控预警指标，用于判断工程所处的安全状态，根据具体情况确定出需要采取的处理措施。监控阈值一般有单指标预警阈值和多指标预警阈值，如单指标预警阈值可采用变形监控，多指标预警阈值可综合变形、应力、渗压等因素。阈值取值有固定阈值、波动阈值，各监控指标预警阈值的确定方法不同。工程中常用于确定阈值的方法有：置信区间法、典型监测效应量小概率法、极限状态法、结构分析法等。

1. 置信区间法

置信区间法是国内外应用最为广泛的方法。记监测量的当前测值为 Y，模型计算值为 $\hat{Y}$，此时用于监控的表达式为

$$|Y-\hat{Y}|\leqslant Ks \tag{8.5.6}$$

式中：K 为限值参数；s 为模型剩余量标准差。

K 取不同值代表不同置信区间，对应不同的置信概率，比如置信概率取95%时，对应的 K 值取1.96，概率表示为 $P(|Y-\hat{Y}|\leqslant Ks)=0.95$。此时的监控阈值为 $\left(y-\frac{Ks}{2},\ y+\frac{Ks}{2}\right)$。实际监控过程中，式（8.5.6）成立时表示测值正常或无明显趋势性变化，不成立时此测值异常或超界。因此，置信区间的选择和用于监控模型的好坏将直接影响到工程安全监测的效果。

置信区间法的基本原理是数理统计中的小概率事件，原理和操作都比较简单，但是存在几点局限性：①K 选取基本靠经验，没有成熟理论依据，具有一定任意性，选择不合理时会直接影响监控效果，出现漏报情况可能影响工程安全；②用于建立模型的监测数据序列不同，s 结果值也不相同，工程在运行过程中外延变化会影响监控精度，需定期更新监控模型和监控式中的 s 值；③监控模型不同，监控预测值 Y 也就不同，由监控可知对监控效果的影响也比较大；④置信区间法是完全数理统计理论的方法，没有联系工程实际，确定监控阈值时没有明确的物理概念。因此，置信区间法通常作为辅助方法应用于监控指标的阈值确定中。

2. 典型监测效应量小概率法

典型监测效应量小概率法也是基于数理统计理论的一种典型方法。结合工程实际情况，依据监测资料选取典型监测效应量 E_{m}。此量旨在反映工程的运行性态，可以是不利荷载工况下的监测效应量，也可以是各效应量的水位、温度、时效等分量。不难发现，$E_{\mathrm{m}i}$ 是一个随机变量，以年为单位进行取样形成一个子样样本空间，表示为

$$E_{\mathrm{m}i}=\{E_{\mathrm{m}1},E_{\mathrm{m}2},\cdots,E_{\mathrm{m}n}\} \tag{8.5.7}$$

式中：n 为样本个数，也即取样的年分数。

此样本集一阶原点矩表示为

$$\overline{E}=\frac{1}{n}\sum_{i=1}^{n}E_{\mathrm{m}i} \tag{8.5.8}$$

标准差的无偏估计量表示为

$$\sigma_E = \sqrt{\frac{1}{n-1}\left(\sum_{i=1}^{n} E_{mi}^2 - n\overline{E}^2\right)} \tag{8.5.9}$$

结合随机变量的统计特性，假定该样本集的分布类型，结合随机变量特点使用A-D法、K-S法、皮尔逊法等进行分布检验，然后求出分布函数为$F(E)$，概率密度函数为$f(E)$。以E_m为监控指标，结合工程重要等级定出工程失事概率为$P_\alpha(\alpha)$，当实测值超出监控值时，表明工程有安全隐患存在，需及时排查处理，失事概率可用下式求解为

$$P_\alpha(\alpha) = P(E > E_m) = \int_{E_m}^{\infty} f(E)\mathrm{d}E \tag{8.5.10}$$

反之，根据工程重要性确定失事概率后，结合既定的分布函数即可求出监控指标E_m。

小概率法的局限性在于：①当监测序列较短或依据历史数据建立的子样本空间中不包含较不利的工况时，使用此法建立的监控阈值只代表现行工况下的极值，不利于监控预警；②样本集的选择和失事概率的确定大量依靠工程经验，没有标准规范可以参考，因此此法建立的监控阈值具备不确定性；③监控指标的确定虽从定性的角度联系了不利荷载组合工况下的效应量，但是没有定量考虑工程自身的稳定条件、强度等。

3. 其他阈值确定方法

（1）极限状态法。极限状态法其核心思想是看监控指标在不同荷载工况下效应量S和工程结构相应工作阶段的抗力R是否满足极限方程$R-S\geqslant 0$，若满足则工程安全，反之表明工程可能出现异常。其中，抗力R确定是依据工程在不利荷载工况下效应量的极限值，并且还留有安全余度。R和S的计算通常有一阶、二阶矩极限状态法和安全系数法。使用极限状态法来确定监控指标的阈值考虑了工程结构的稳定性和强度等约束条件，但是极限值合理确定存在困难，比如大坝应力计算中的应力集中现象、边坡稳定分析中的滑动面假定等都会对监控指标阈值的准确性造成影响。

（2）结构分析法。结构分析法就是依据工程失事的机理，结合工程实际结构特征等建立能够反映工程工作性态的数值计算模型，根据各种失效模式下的不利荷载工况计算监测效应量的大小，并依据不同的险情级别建立各级监控指标。该方法力学定义和物理概念都很清晰，可计算未出现过的不利荷载工况，适用于监测资料缺失或序列较短的工程中。但是拟定监控阈值时，需要建立复杂的数值计算模型，并不便于工程应用，且数值计算模型与实际工程总会存在偏差，影响监控阈值的准确性。

当监控指标、监控模型、指标阈值等都确定后，在工程实际安全监控过程中主要是看实测值是否在模型预测的阈值范围内。此外，宜根据实测值的偏离程度对异常情况进行分级，所谓偏离程度就是实测值和预测值之间的残差，并针对不同异常等级制定应对措施。另外，通过分析残差的变化趋势和分布规律，对历史残差进行数理统计分析，也可建立基于残差的监控阈值。在长期监测监控过程中，当某一测点的测值出现单向连续超界时，需分析模型适应性、测量和结构等方面的原因，比如随着工程运行，水位、时间、温度等因子相对建立模型时所用样本外延幅度较大时，模型预测有效性会受到影响，需考虑基于新的实测数据重新建立模型并确定预警阈值。

8.6 工程案例[12]

南水北调中线工程某渡槽是一座大型建筑物，由进出口渐变段、进出口检修闸、渡槽槽身段组成，总长2300m。其中进口渐变段长45m，出口渐变段长36m，均采用钢筋混凝土直线扭曲面结构。槽身段由落地槽段和梁式渡槽组成，单孔断面尺寸为6.0m×5.4m，槽身纵坡1/3900，其中落地槽段全长248.4m，由25节组成，其中第1节长8.4m，第2～25节每节长10m；梁式渡槽全长1930m，共76跨，其中跨径20m共35跨，跨径30m共41跨，均为三槽一联钢筋混凝土预应力结构。渡槽设计输水流量为125m³/s，设计水深4.15m，加大流量为150m³/s，加大水深4.792m。

槽身布置横断面为三槽，单跨单槽断面净宽6.0m，槽高5.4m；底板及侧墙设置底肋及侧肋，其间距为2.7m，因顶部冰压力较大，设置拉杆。槽身底板厚0.5m，侧墙厚0.6m，中墙厚0.7m，拉杆断面0.3m×0.4m，肋断面尺寸为0.5m×0.7m，底肋断面尺寸为0.5m×1.0m，具体如图8.6.1所示，预应力锚索布置情况如图8.6.2所示。

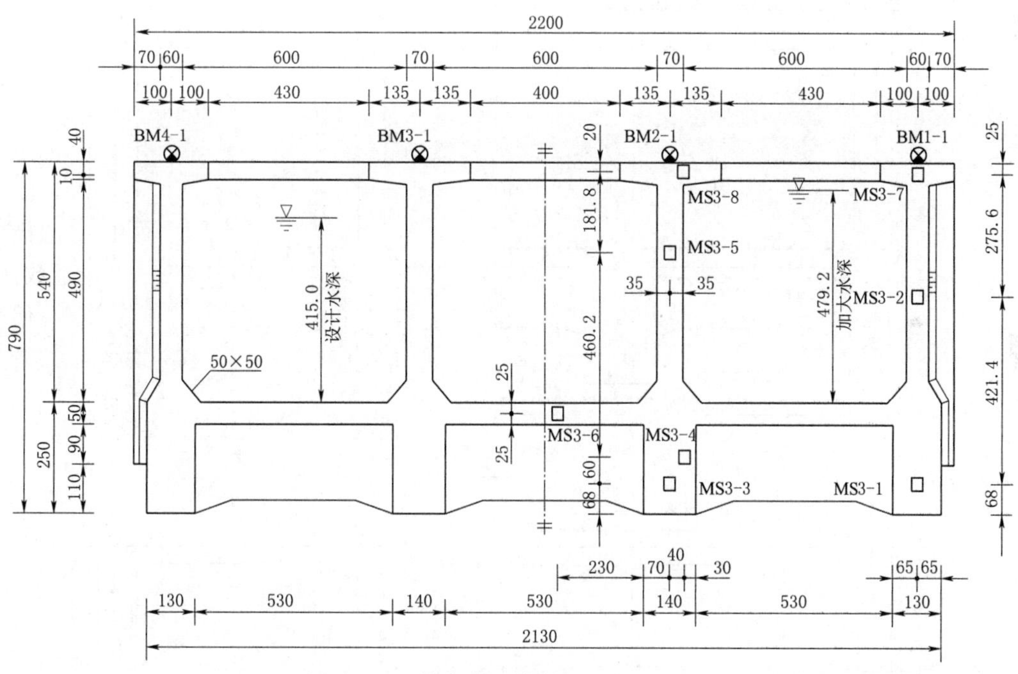

图8.6.1 槽身典型横断面（单位：cm）

8.6.1 监测物理量分析

该渡槽选择典型20m跨和30m跨各一跨作为观测跨，槽身监测包括变形监测、不均匀沉降及倾斜监测及应力应变监测。其中，30m观测跨布置7个观测断面，其中应变计30支、无应力计4套、温度计12支、钢筋计72支、锚索测力计14套和沉降标点12个，分布在中墙、边墙、次梁、底板、肋板及翼缘板等部位。监测仪器的分布位置如图8.6.3和图8.6.4所示。

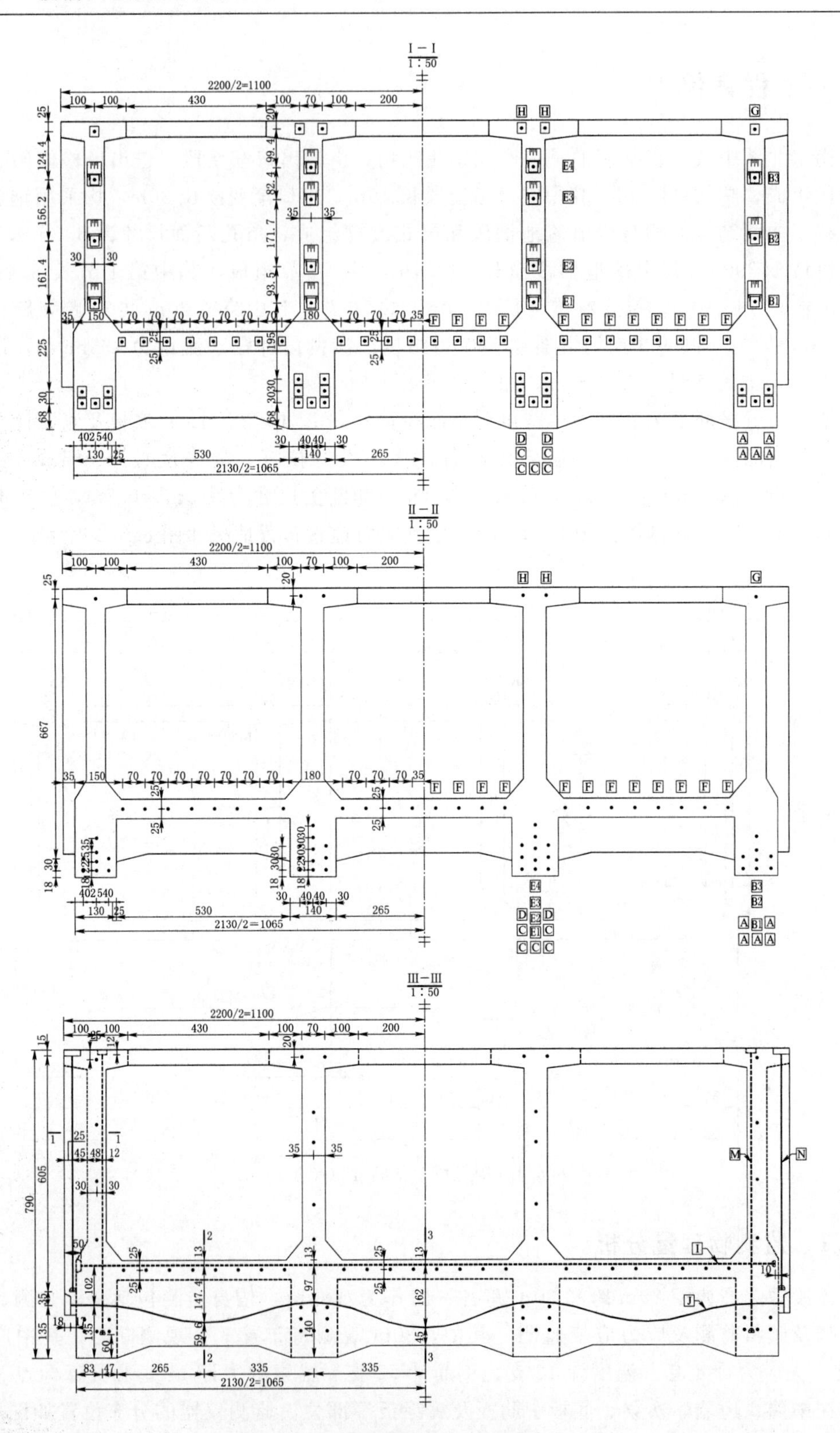

图 8.6.2　预应力锚索布置（单位：cm）

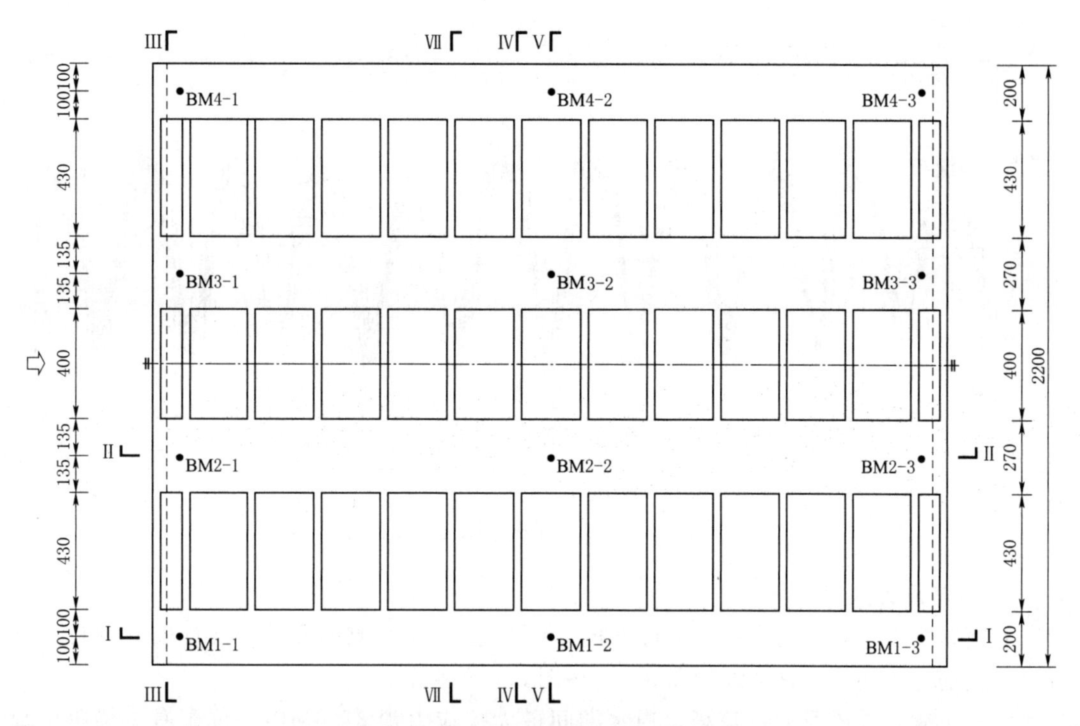

图 8.6.3 30m 跨观测仪器平面布置

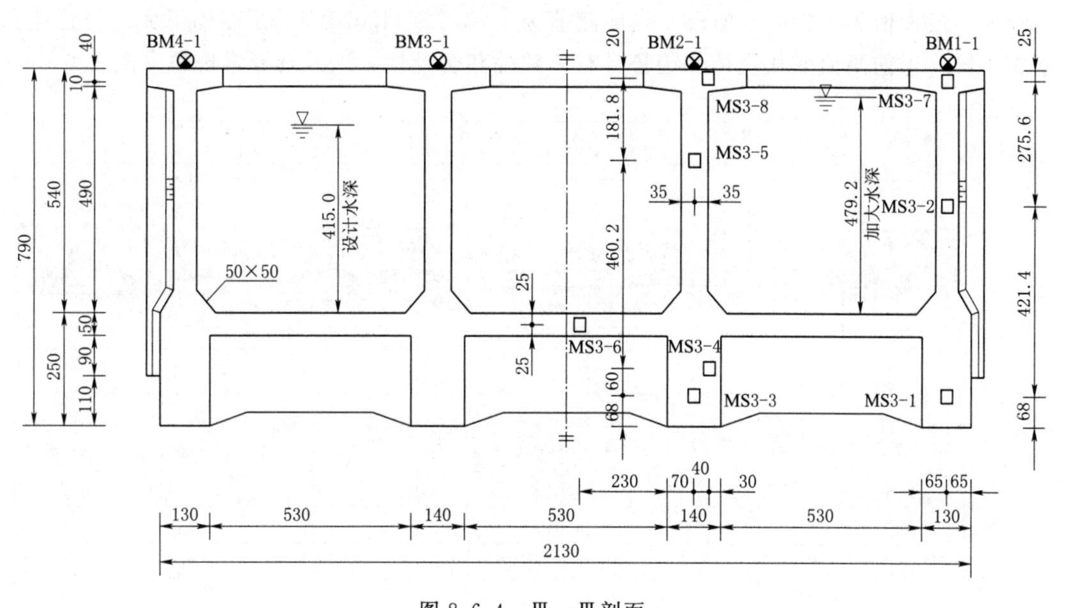

图 8.6.4 Ⅲ—Ⅲ剖面

1. 温度监测分析

30m 跨槽身左边墙、底板和右边墙混凝土温度在冬季可下降至 0℃以下，最低温度分别为－7.2℃、－8.1℃和－8.5℃。当前温度为 15.3～25.3℃，具体温度变化过程如图 8.6.5 所示。

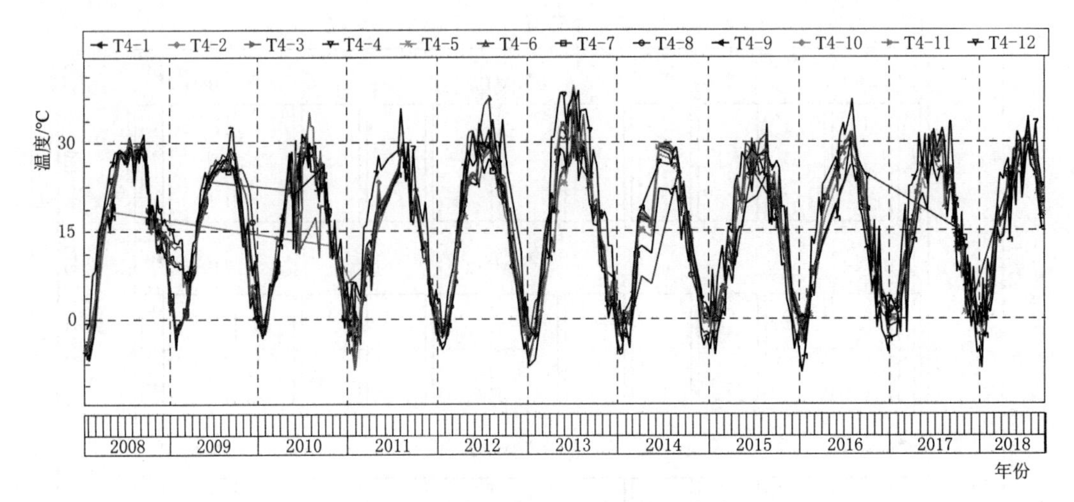

图 8.6.5　槽身混凝土温度变化过程线

2. 钢筋应力监测分析

观测跨内右主梁、右中梁、人行道板、4 号次梁、4 号侧肋和跨中底板安装埋设了钢筋计，钢筋应力测值变化曲线如图 8.6.6～图 8.6.9 所示。

（1）主梁、中梁及人行道板。通水期间最大拉应力为 37.6MPa，位于右主梁跨中部位；相同位置的右中梁跨中测点的最大拉应力为 5.6MPa。人行道板各测点所受压应力均比较大，最大值为－104.67MPa。当前测值为－73.3～34.5MPa，月变幅不大，与往年数据相比较，当前测值变化规律和趋势具有一致性和合理性，未发现异常现象（图 8.6.6）。

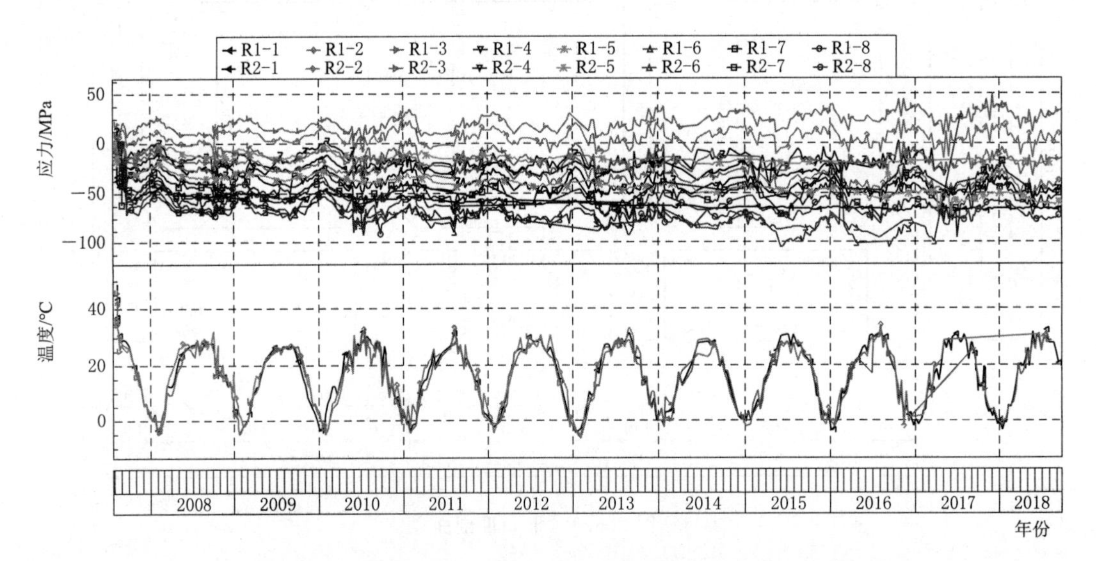

图 8.6.6　槽身主梁、中梁及人行道板钢筋应力变化过程线

（2）次梁。当前槽身次梁监测断面内左孔上方顶板拉杆 R4－18 测点横向钢筋自施工期始终为拉应力，当前测值为 50.5MPa，测值变化规律正常。其他测点始终承受压应力，钢筋应力为－74.6～－33.9MPa，与往年数据相比较，当前测值变化规律和趋势具有一致

性和合理性，未发现异常现象（图 8.6.7）。

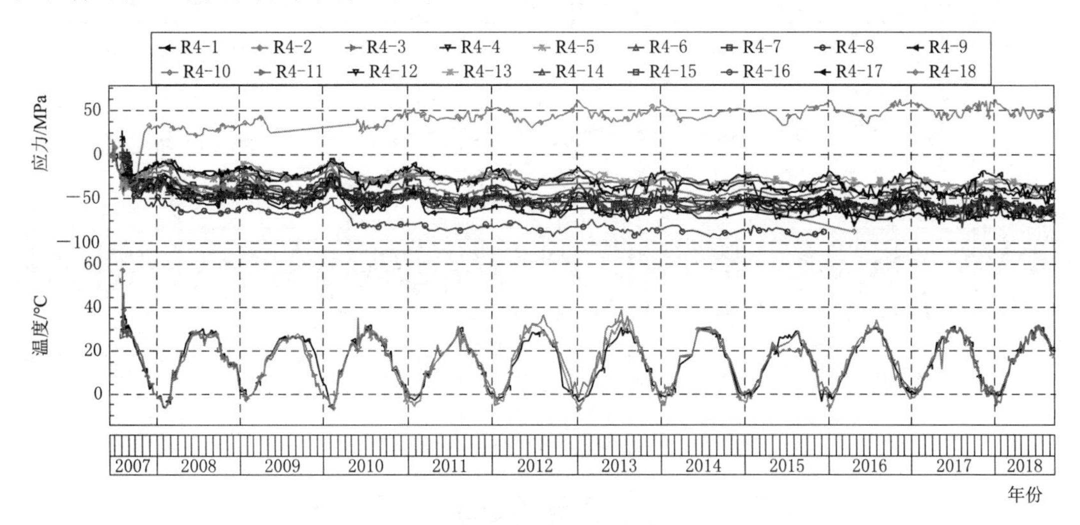

图 8.6.7　槽身主次梁钢筋应力变化过程线

（3）侧肋。槽身侧肋内钢筋在通水期间始终呈受压应力状态，当前应力为－84.6～－63.2MPa，变化符合一般规律，未发现异常（图 8.6.8）。

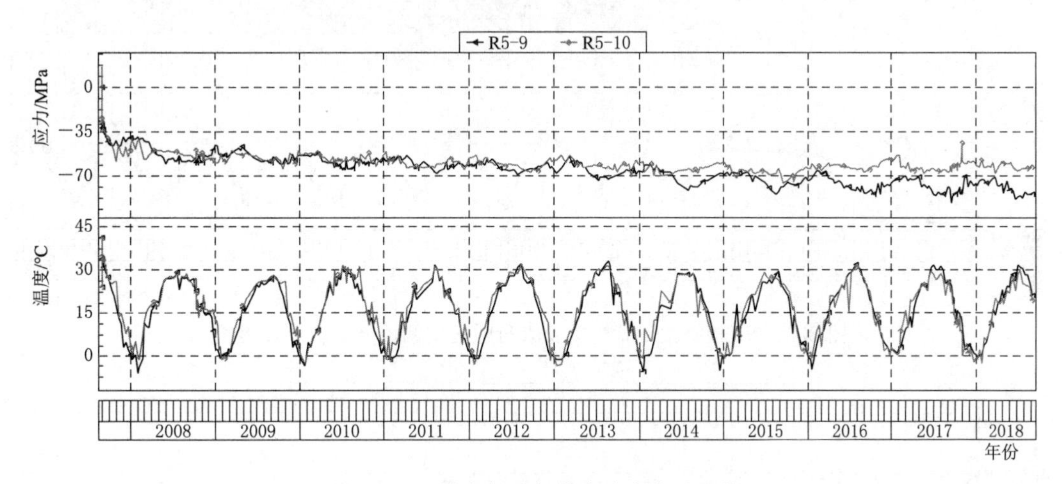

图 8.6.8　槽身侧肋钢筋应力变化过程线

（4）底板。当前通水期间观测跨Ⅴ—Ⅴ断面跨中底板纵向钢筋均承受压应力，当前钢筋应力为－117.2～－33.3MPa，最大钢筋压应力为－117.2MPa，位于左孔底板上层钢筋；当前钢筋应力主要随温度的变化而呈周期性变化，与往年数据相比较，当前钢筋应力变化规律和趋势具有一致性和合理性，未发现异常现象（图 8.6.9）。

3. 混凝土应变监测分析

各部位的实测混凝土总应变测值与温度相关性良好，通水前后温度始终是其变化的主因。当前，观测跨槽身混凝土实测总应变与温度相关性良好，测值为－650.3$\mu\varepsilon$～－112.5$\mu\varepsilon$，变化符合一般规律，与往年数据相比较，当前测值变化规律和趋势具有一致性和合理性，未发现异常现象。混凝土应变测值变化曲线如图 8.6.10 和图 8.6.11 所示。

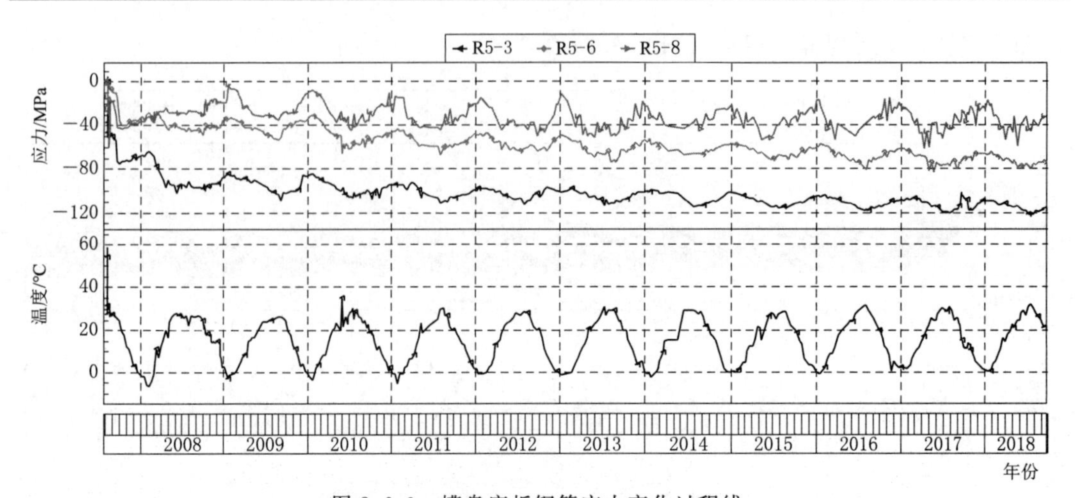

图 8.6.9　槽身底板钢筋应力变化过程线

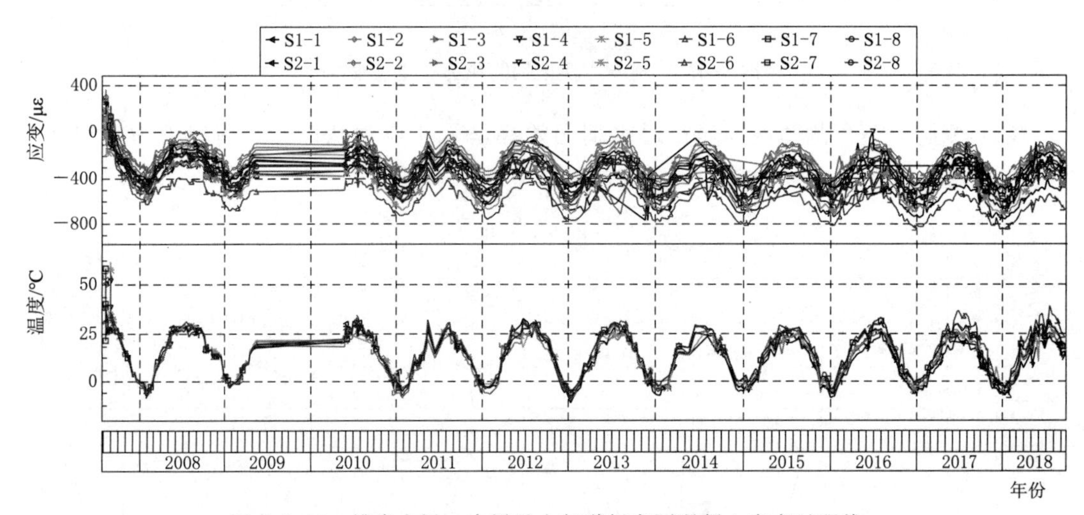

图 8.6.10　槽身主梁、中梁及人行道板实测混凝土应变过程线

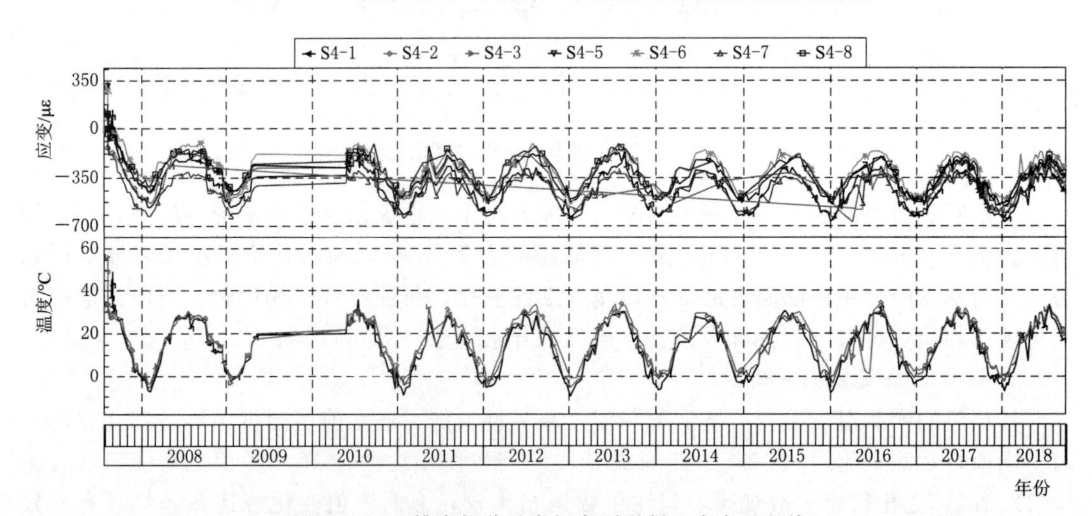

图 8.6.11　槽身侧肋及底板实测混凝土应变过程线

4. 锚索荷载监测分析

纵向、横向及竖向锚索典型异化时间段及预应力损失分别见表8.6.1～表8.6.3。分析锚索典型变化时间段可发现，锚索预应力最大损失量为－4.7～191.9kN，损失比例为－4.1%～9.5%。除个别锚索（MS3－8，MS6－1）基本保持稳定状态，其余锚索预应力均有一定程度变化。锚索预应力变化第41跨锚索测点锚索荷载变化过程线如图8.6.12～图8.6.24，各锚索预应力变化如下：

表8.6.1　纵向锚索特征值统计

锚索编号	起始日期	应力值/kN	终止日期	应力值/kN	损失吨位/t	预应力损失	当前应力值/kN	备　注
MS3－1	2016－08－08	693.4	2019－02－08	718.6	25.2	3.6%	718.6	右边墙底梁，纵向
MS3－2	2016－08－08	1857.7	2019－02－22	1906.3	48.6	2.6%	1908.1	右边墙中部，纵向
MS3－4	2011－02－15	1398.2	2019－02－22	1442.1	43.9	3.13%	1442.1	右中墙底梁，纵向
MS3－5	2009－01－23	1600.8	2018－11－21	1695.7	94.9	5.93%	1695.7	右中墙中部，纵向
MS3－6	2016－09－15	618.0	2018－11－21	809.9	191.9	31%	809.9	中孔底板，纵向
MS3－7	2009－03－25	1471.9	2018－11－21	1544.6	72.1	4.7%	1544.6	右边墙顶部，纵向
MS3－8	2007－09－03	1346.5	2019－02－22	1348.2	1.7	基本稳定	1346.0	右中墙顶部，纵向

表8.6.2　横向锚索特征值统计

锚索编号	起始日期	应力值/kN	终止日期	应力值/kN	损失吨位	预应力损失	当前应力值/kN	备　注
MS6－1	2008－10－05	622.5	2018－02－22	622.7	0.2	基本稳定	622.7	底板左侧，横向，端头处
MS6－2	2008－09－27	2201.1	2019－02－22	2395.1	194.0	8.8%	2395.1	右侧肋，横向，端头处
MS7－1	2013－09－06	817.6	2018－12－11	845.7	28.1	3.43%	832.2	底板左侧，横向，距进口端10.25m
MS7－2	2018－03－23	953.5	2018－12－11	967.0	13.5	1.42%	967	右侧肋，横向，距进口端10.25m

表8.6.3　竖向锚索特征值统计

锚索编号	起始日期	应力值/kN	终止日期	应力值/kN	损失吨位	预应力损失	当前应力值/kN	备　注
MS7－3	2009－01－23	1043.3	2018－12－11	1142.5	99.2	9.5%	1142.5	右边墙，竖向，距进口端10.25m
MS7－4	2008－09－15	114.1	2018－12－11	109.4	－4.7	－4.1%	109.4	右侧肋，竖向，距进口端10.25m

（1）MS3－1监测点在2007年9月至2016年8月应力值由1262.8kN减小到1196.2kN；2016年7月锚索应力突变减小到690kN，在2016年8月至2019年2月应力值增大，由693.4kN增大至718.6kN，预应力损失率为3.6%。

（2）MS3－2监测点在2007年9月至2016年8月应力值先减小后趋于稳定；在2016年8月应力值突然增大至1857.7kN，随后至2019年2月应力值增大，由1857.7kN增大至1906.3kN，预应力损失率为2.6%。

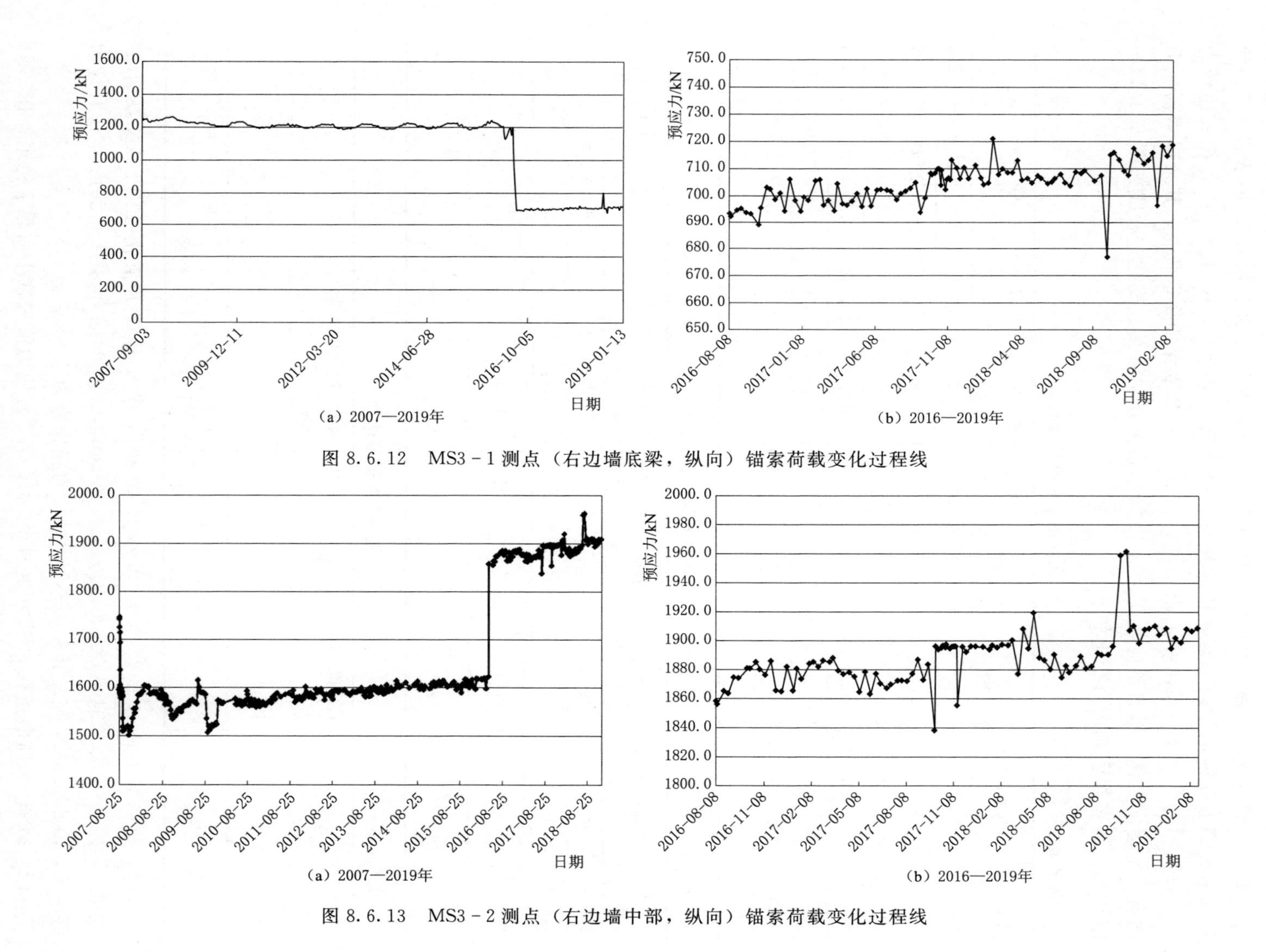

图 8.6.12 MS3-1测点（右边墙底梁，纵向）锚索荷载变化过程线

图 8.6.13 MS3-2测点（右边墙中部，纵向）锚索荷载变化过程线

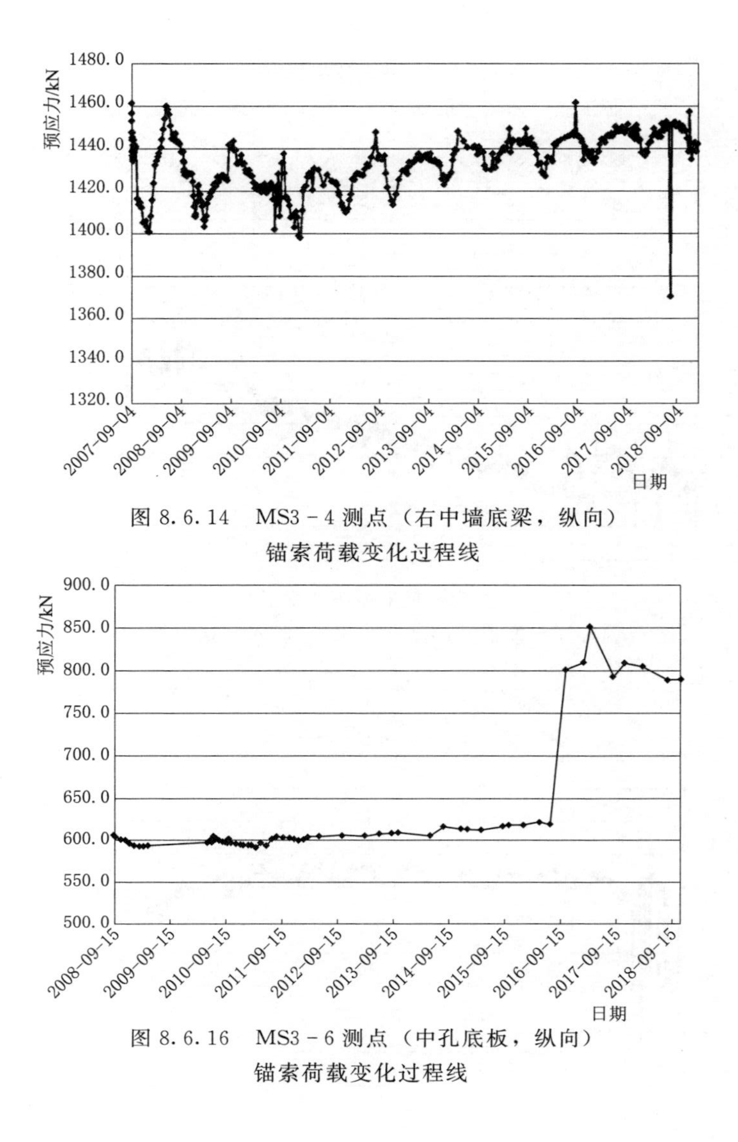

图 8.6.14　MS3－4 测点（右中墙底梁，纵向）锚索荷载变化过程线

图 8.6.16　MS3－6 测点（中孔底板，纵向）锚索荷载变化过程线

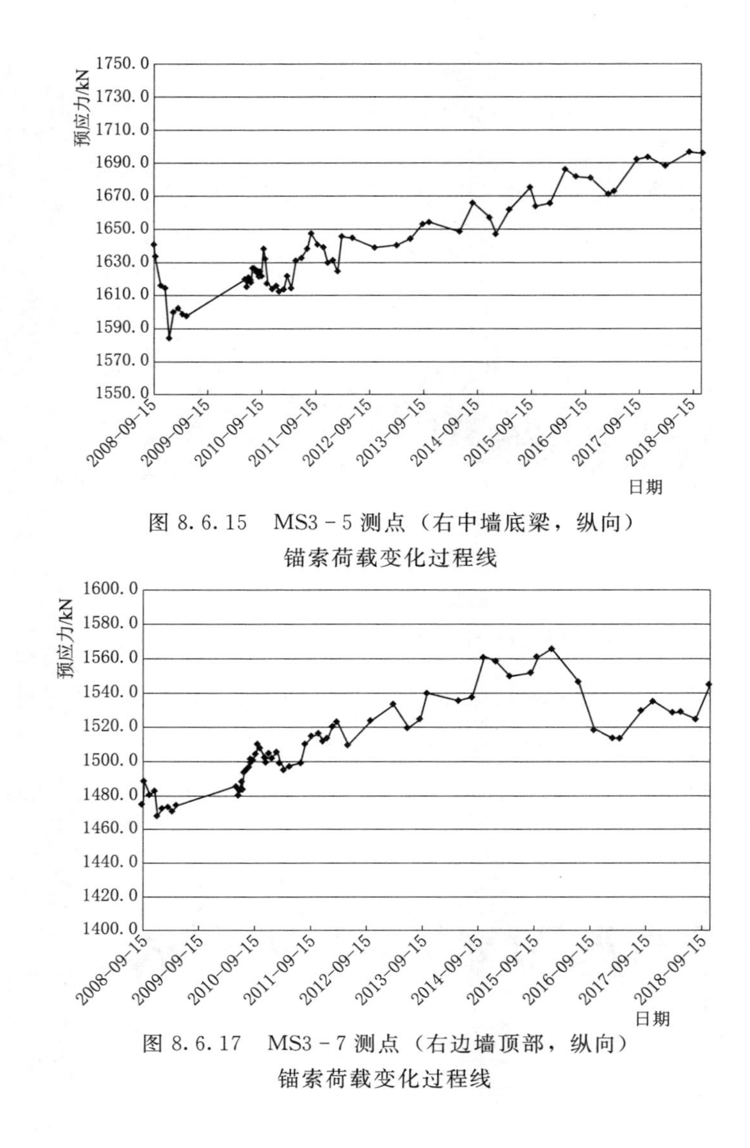

图 8.6.15　MS3－5 测点（右中墙底梁，纵向）锚索荷载变化过程线

图 8.6.17　MS3－7 测点（右边墙顶部，纵向）锚索荷载变化过程线

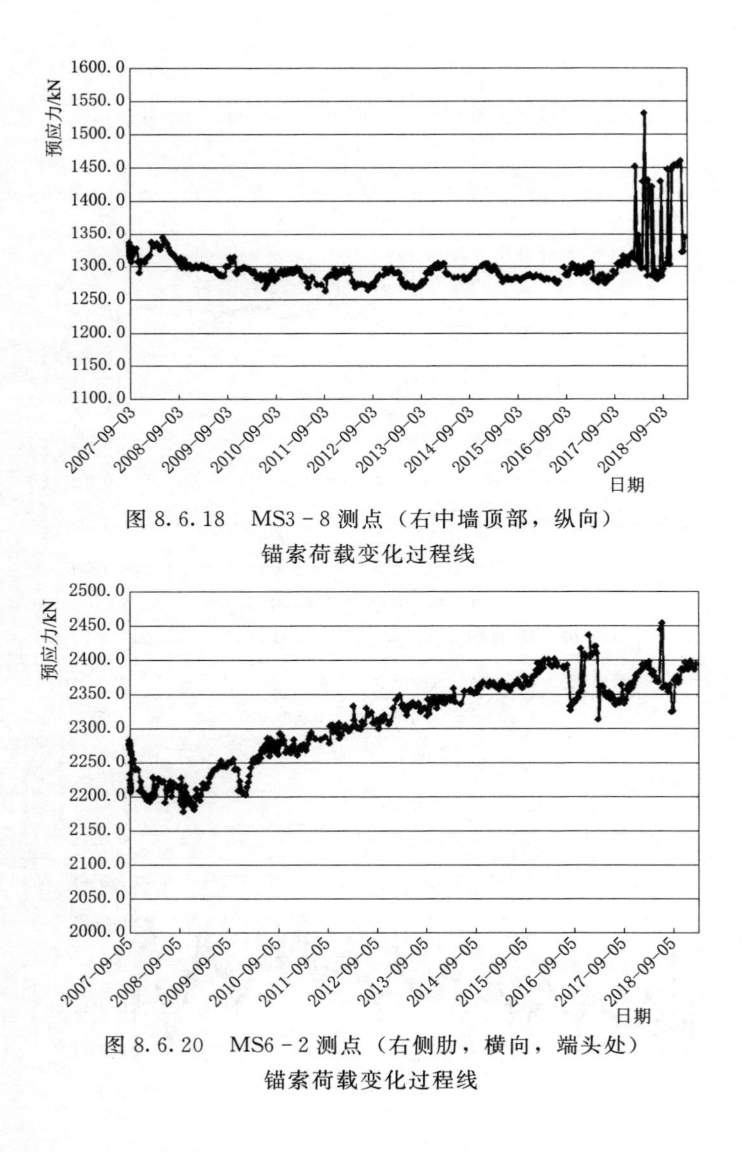

图 8.6.18　MS3-8 测点（右中墙顶部，纵向）锚索荷载变化过程线

图 8.6.20　MS6-2 测点（右侧肋，横向，端头处）锚索荷载变化过程线

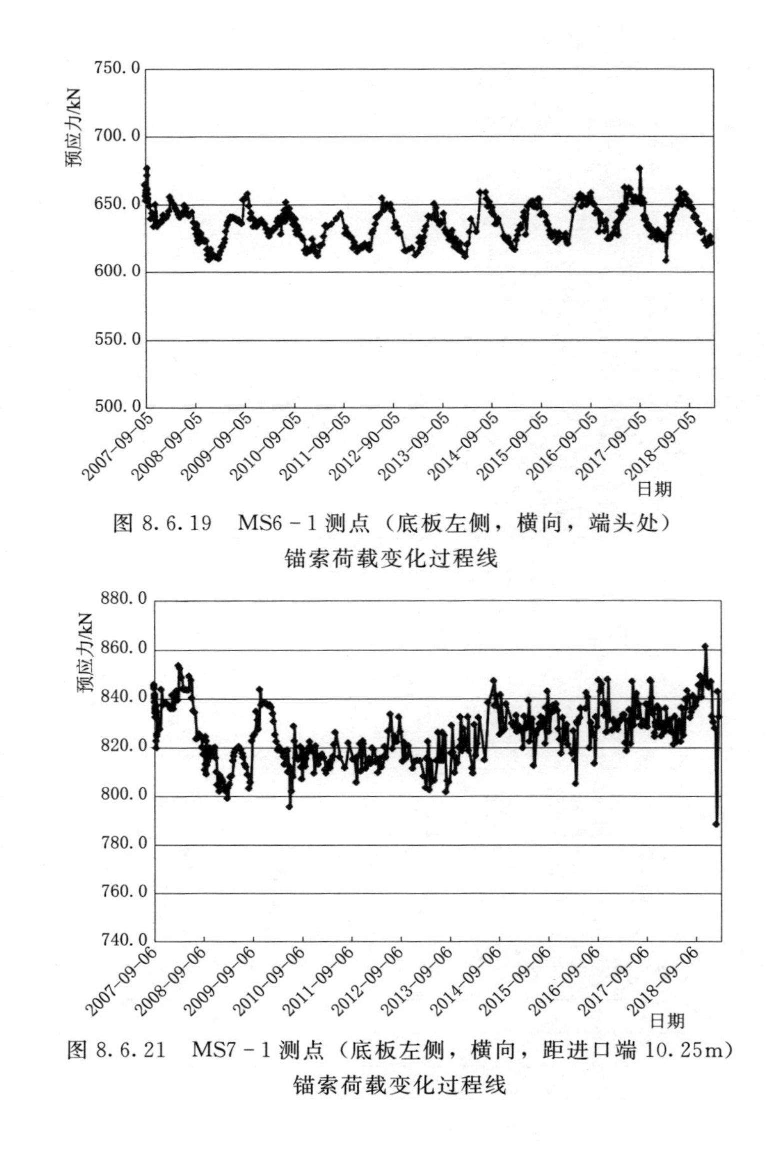

图 8.6.19　MS6-1 测点（底板左侧，横向，端头处）锚索荷载变化过程线

图 8.6.21　MS7-1 测点（底板左侧，横向，距进口端 10.25m）锚索荷载变化过程线

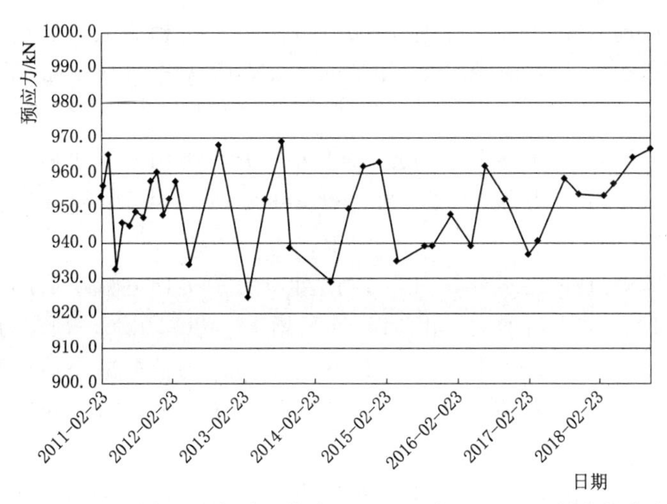

图 8.6.22 MS7-2测点（右侧肋，横向，距进口端10.25m）锚索荷载变化过程线

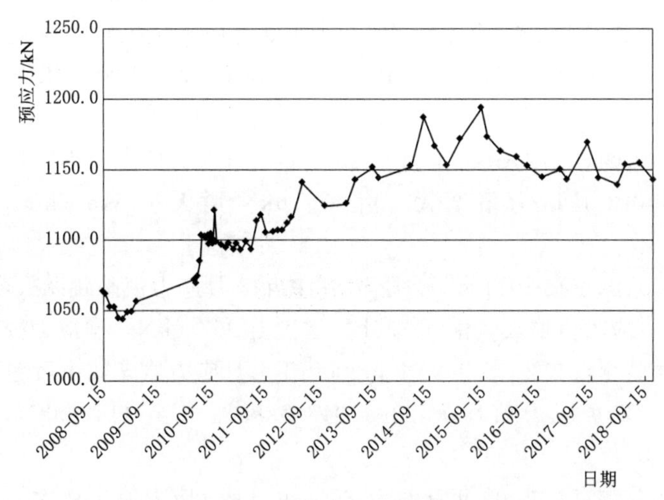

图 8.6.23 MS7-3测点（右边墙，竖向，距进口端10.25m）锚索荷载变化过程线

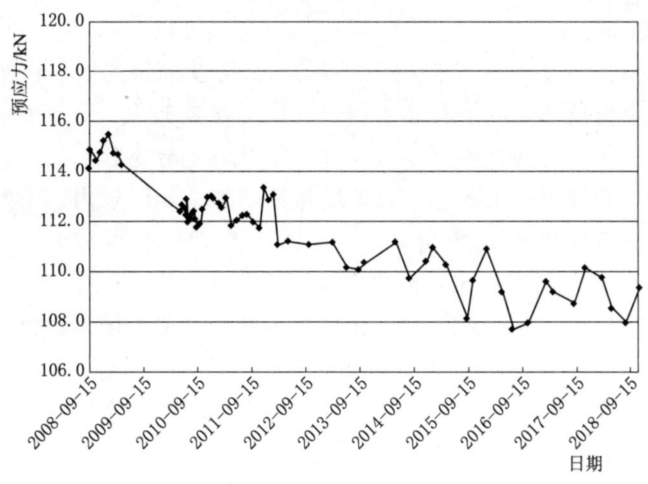

图 8.6.24 MS7-4测点（右侧肋，竖向，距进口端10.25m）锚索荷载变化过程线

(3) MS3-4监测点在2007年9月至2011年2月应力值先减小后趋于稳定;在2011年2月至2019年2月应力值增大,由1398.2kN增大至1442.1kN,预应力损失率为3.13%。

(4) MS3-5监测点在2008年9月至2009年1月应力值先减小后趋于稳定;在2009年1月至2018年12月应力值增大,由1600.8kN增大至1695.7kN,预应力损失率为5.93%。

(5) MS3-6监测点在2008年9月至2016年9月应力值先减小后趋于稳定;在2016年9月至2018年12月应力值增大,由618.0kN增大至809.9kN,预应力损失率为31%。

(6) MS3-7监测点在2008年9月至2009年3月应力值先减小后趋于稳定;在2009年3月至2018年12月应力值增大,由1471.9kN增大至1544.6kN,预应力损失率为4.7%。

(7) MS3-8监测点在2007年9月至2018年12月应力值先减小后趋于稳定。

(8) MS6-1监测点在2007年9月至2018年12月应力值先减小后趋于稳定。

(9) MS6-2监测点在2007年9月至2008年9月应力值先减小后趋于稳定;在2008年9月至2019年2月应力值增大,由2201.1kN增大至2395.1kN,预应力损失率为8.8%。

(10) MS7-1监测点在2007年9月至2013年9月应力值先减小后趋于稳定;在2013年9月至2018年12月应力值增大,由817.6kN增大至845.7kN,预应力损失率为3.43%。

(11) MS7-2监测点在2011年11月至2018年3月应力值呈跳跃式变化;在2018年3月至2018年12月应力值增大,由953.5kN增大至967.0kN,预应力损失率为1.42%。

(12) MS7-3监测点在2008年9月至2009年1月应力值先减小后趋于稳定;在2009年1月至2018年12月应力值增大,由1043.3kN增大至1142.5kN,预应力损失率为9.5%。

(13) MS7-4监测点在2008年9月至2008年11月应力值先增大;在2008年11月至2018年12月应力值减小,由114.1kN减小至109.4kN,预应力损失率为-4.1%。

5. 沉降变形监测

在槽身运行和检修情况下,必然会产生不均匀沉降及倾斜变形,在槽身侧墙下侧布置振弦式倾斜仪,用来监测槽身的横断面不均匀沉降及倾斜变形。

(1) 沉降位移。槽身沉降观测点变形一致,夏季呈上抬变形,冬季下沉。当前,多侧墙段槽身测点绝大多数处于下沉状态,累计沉降量在20.0mm以内,未发现异常现象,渡槽位移沉降监测点布置如图8.6.25所示。

从曲线(图8.6.26)可以看出,渡槽槽身沉降量由2008年到2011年沉降变形很小,沉降位移最大约5mm;2011年到2016年沉降变形开始呈逐年增大趋势,最大沉降位移约为15mm;2016—2018年沉降位移增加幅度较2011—2016年沉降位移增加幅度减小,当前沉降量与上两个年度沉降量基本一致,表明渡槽槽身沉降变形基本稳定。

(2) 不均匀沉降。分别选取渡槽沉降监测点BM1-1、BM1-2、BM1-3、BM2-1、BM2-2、BM2-3、BM3-1、BM3-2、BM3-3、BM4-1、BM4-2、BM4-3进行不均

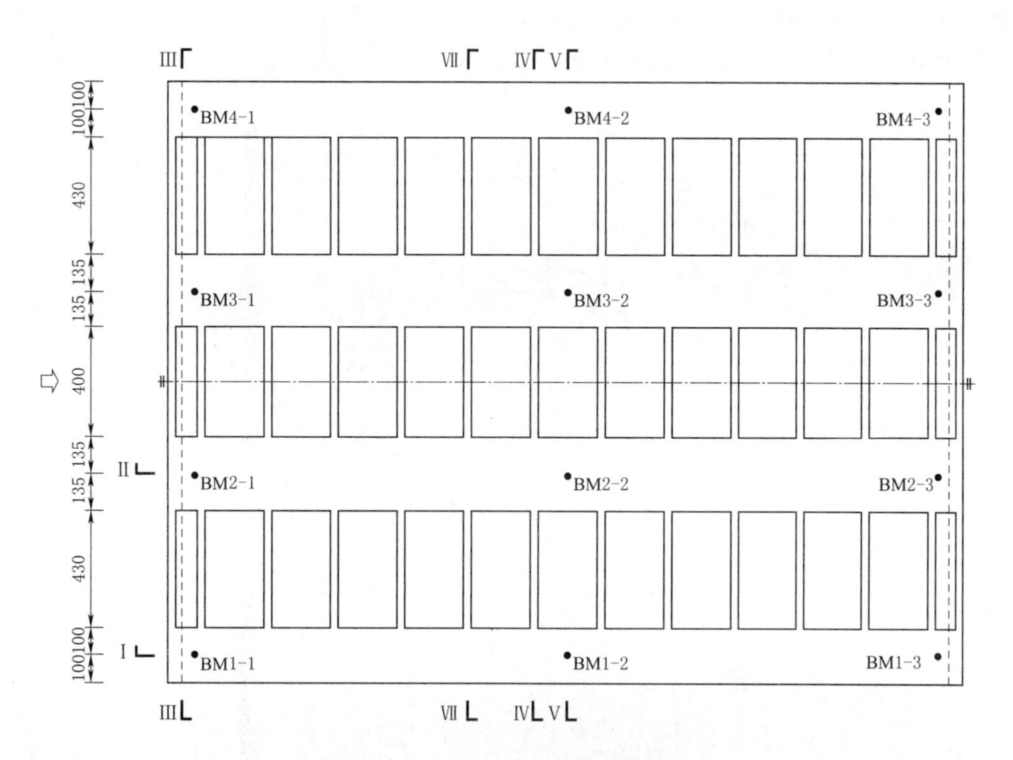

图 8.6.25 渡槽位移沉降监测点

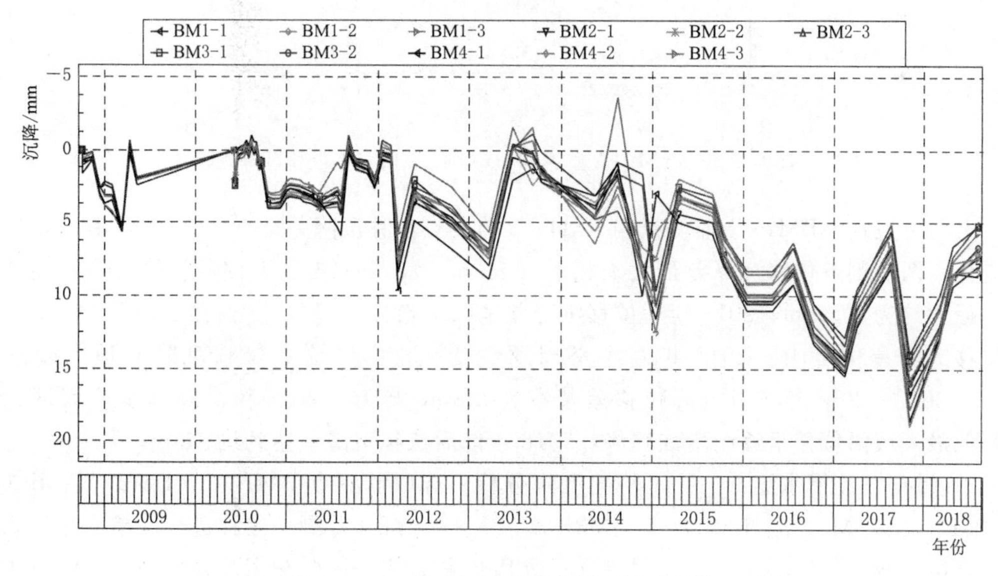

图 8.6.26 槽身沉降变形监测成果过程线

匀沉降分析。

1）对角不均匀沉降分析。选取监测点 BM1－1、BM4－3、BM1－3、BM4－1 沉降监测点位移进行渡槽对角不均匀沉降分析。分别采用 BM1－1 监测点沉降位移减去 BM4－3

监测点位移沉降、BM1－3监测点沉降位移减去BM4－1监测点位移沉降，得到渡槽对角不均匀沉降变化规律，如图8.6.27和图8.6.28所示。

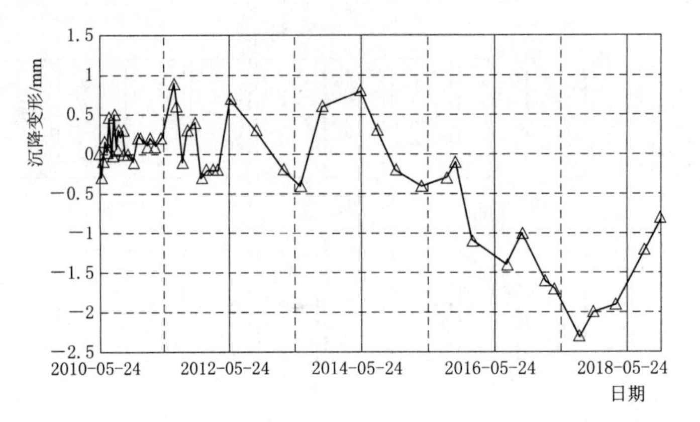

图8.6.27　BM1－1监测点与BM4－3监测点位移沉降差

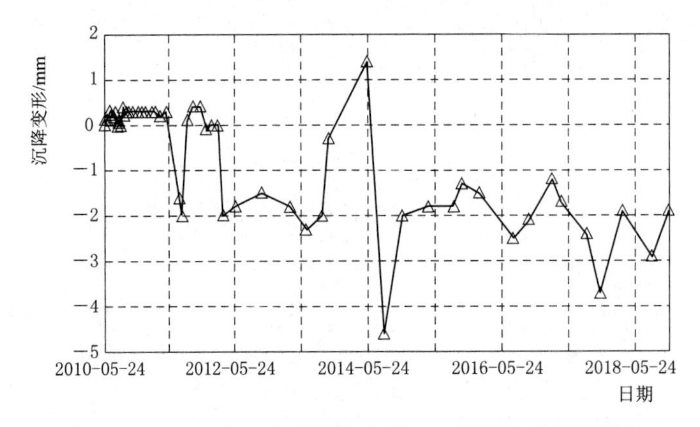

图8.6.28　BM1－3监测点与BM4－1监测点位移沉降差

由图可发现，BM1－1监测点与BM4－3监测点位移沉降差2008—2014年基本呈周期性变化，两监测点位移沉降差最大未超过0.5mm；2014—2017年二者位移沉降差逐渐增大，最大约为2.5mm；2018年后位移沉降差呈减小趋势。BM1－3监测点与BM4－1监测点位移沉降差由2010—2012年基本呈周期性变化，两监测点位移沉降差最大未超过2mm；2012—2014年二者沉降位移差基本为2mm；2015—2018年沉降基本呈周期性变化，但最大沉降位移呈逐渐增加趋势，2018年前后位移沉降差达到约4mm。

2）纵向（渡槽水流方向）不均匀沉降分析。选取监测点BM1－1、BM2－1、BM3－1、BM4－1、BM1－3、BM2－3、BM3－3、BM4－3沉降监测点位移进行渡槽对角不均匀沉降分析。分别采用BM1－1监测点沉降位移减去BM1－3监测点位移沉降、BM2－1监测点沉降位移减去BM2－3监测点位移沉降、BM3－1监测点沉降位移减去BM3－3监测点位移沉降和BM4－1监测点沉降位移减去BM4－3监测点位移沉降，得到渡槽对角不均匀沉降变化规律，如图8.6.29～图8.6.32所示。由图可发现，BM1－1监测点与BM1－3监测点位移沉降差、BM2－1监测点与BM2－3监测点位移沉降差、BM3－1监测点与

BM3－3监测点位移沉降差，三个监测点沉降差在2008—2010年位移沉降差基本很小，小于0.5mm；2010年开始位移沉降差开始逐渐增大，其位移沉降差最大值分别为1.5mm、3mm和4mm。BM4－1监测点与BM4－3监测点位移沉降差由2012年突然增大为4.5mm，此后呈逐渐减小趋势，减小为1mm。

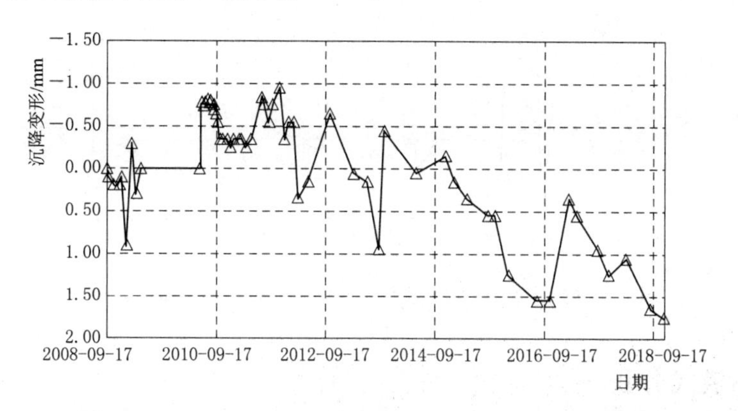

图8.6.29　BM1－1监测点与BM1－3监测点位移沉降差

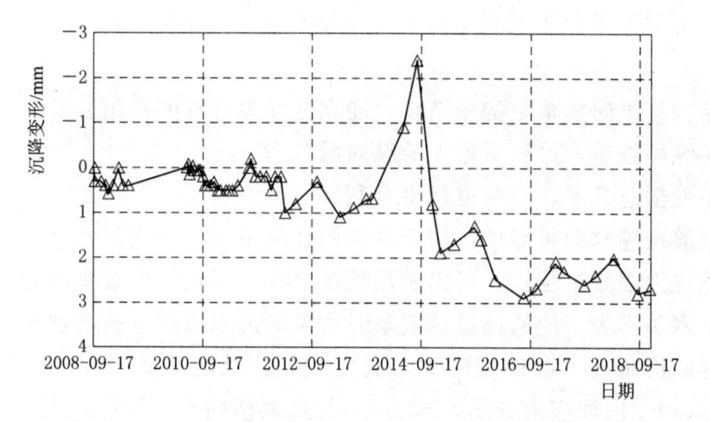

图8.6.30　BM2－1监测点与BM2－3监测点位移沉降差

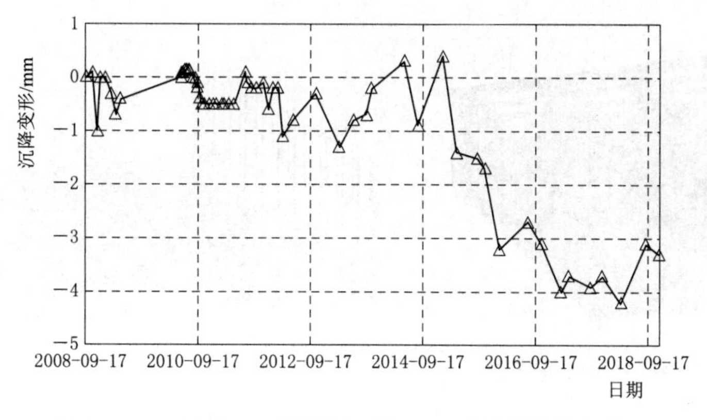

图8.6.31　BM3－1监测点与BM3－3监测点位移沉降差

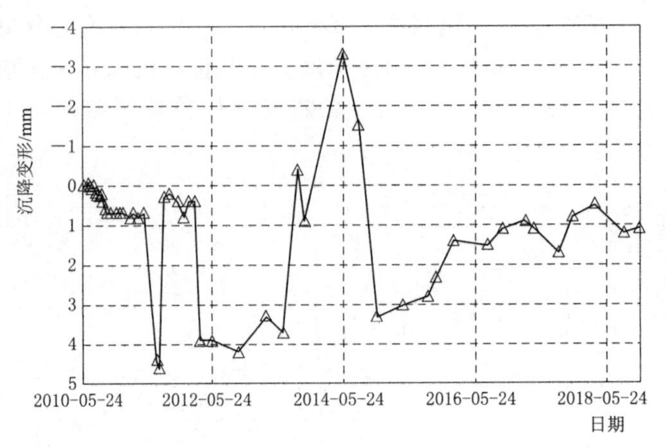

图 8.6.32　BM4 - 1 监测点与 BM4 - 3 监测点位移沉降差

8.6.2　破坏模式分析

该渡槽采用三槽一联钢筋混凝土预应力结构形式，这种结构形式属于典型的多厢互联渡槽[13-14]。多厢互联渡槽是为了满足南水北调输水量巨大而应运而生的，这类渡槽具有以下特点：

（1）输水结构与纵向承重结构相结合，能充分发挥材料的作用。

（2）增加了纵墙数量，可获得较大的纵向承载力。

（3）减少了渡槽总高度，对河道行洪有利。

（4）可提高渡槽输水的可靠性，便于分槽检修而不至于全线停水。

（5）采用预应力混凝土结构，可以满足抗裂要求，不致发生漏水问题。

（6）增大了水头损失，使通过设计流量时所需的过水面积有所增加。

与传统单厢渡槽相比，这种渡槽横向宽度 22m，纵向长度 30m，两者相差不多（图 8.6.33），并且采用三向预应力（图 8.6.34），导致其横向刚度与纵向刚度相差不大，承载以后的受力表现更像一个板，而不是梁；这种结构的挠度变形很小，但对不均匀沉降变形异常敏感。

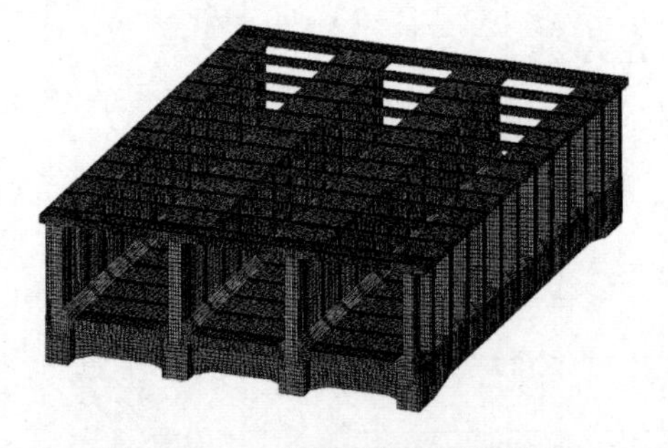
图 8.6.33　渡槽有限元网格模型

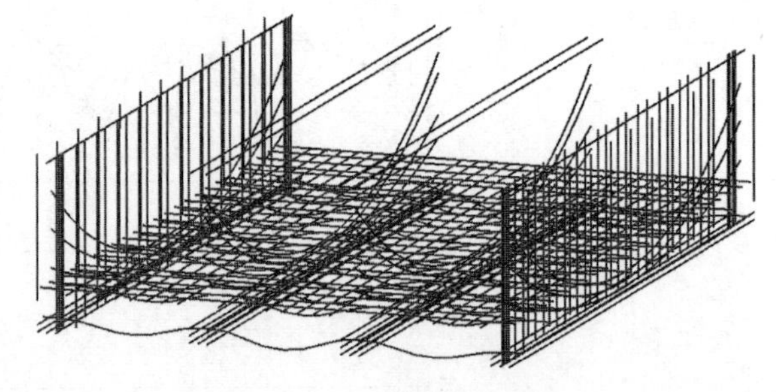
图 8.6.34　锚索单元模型

另外，根据 8.6.1 节中监测分析可知，渡槽横截面方向一侧与另一侧的沉降差由 2010 年到 2018 年基本呈逐渐增加趋势，最大沉降差约为 2mm；顺水流方向上游侧与下游侧的沉降差从 2010 年开始逐渐增大，且分布不均匀；上下游侧对角测点的沉降差随时间增长呈逐渐增加之势，且两条对角线沉降差值相差近 1.5mm。这说明该渡槽不仅发生了“一头倒”的沉降变形，而且还发生了“扭麻花”式的沉降变形，具体如图 8.6.35～图 8.6.37 所示。实际中，该渡槽发生的是上述两种不均匀沉降变形的复合形式，具体见表 8.6.4。

由于这种三厢互联渡槽横向与纵向刚度相差不大，且比同等跨度规模的桥梁结构刚度要大得多，因此，槽身结构应力变化对盖梁或承台的不均匀沉降变形异常敏感。为此，基于表 8.6.4 所列的不均匀沉降变形边界条件，开展了不均匀沉降条件下槽身变形与应力分析[15]。

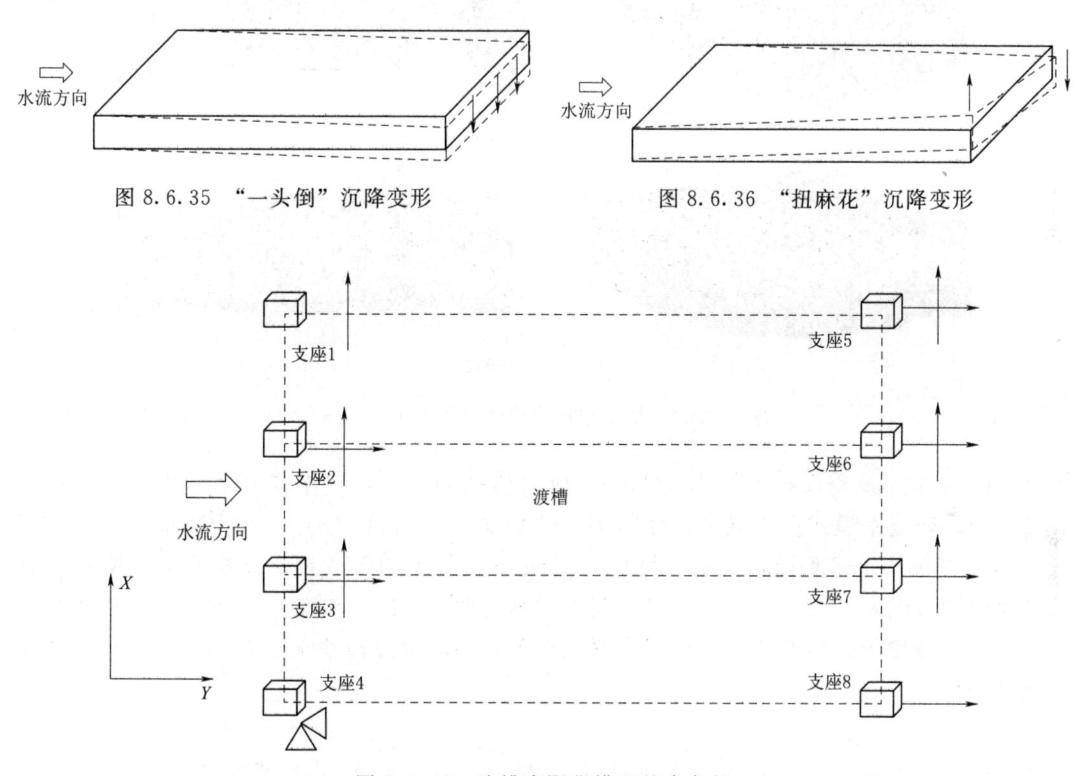

图 8.6.35 “一头倒”沉降变形

图 8.6.36 “扭麻花”沉降变形

图 8.6.37 渡槽有限元模型约束条件

表 8.6.4　　变形模式及边界条件

时　间　段	变形模式	支座 1	支座 2	支座 3	支座 4	支座 5	支座 6	支座 7	支座 8	备注
2010-07-22 至 2018-08-28	真实模式 1	−3.58	−0.29	−2.7	−2.86	−2.37	−3.54	0	−0.39	夏季模式
2011-01-07 至 2017-02-23	真实模式 2	−2.2	0	−1.9	−1.4	−2	−3.5	−0.3	−0.7	冬季模式

由变形图（图 8.6.38）可知，水荷载作用下槽身沿水流方向呈整体变形；由于支座处的不均匀沉降变形，导致槽身沿横截面方向产生不同程度的向下变形，其中，中墙向下的变形要明显大于边墙，这种变形趋势与支座处不均匀沉降变形是一致的。另外，夏季模式下的槽身变形要明显大于冬季模式。考虑不均匀沉降后，环向最大拉应力由无沉降时的

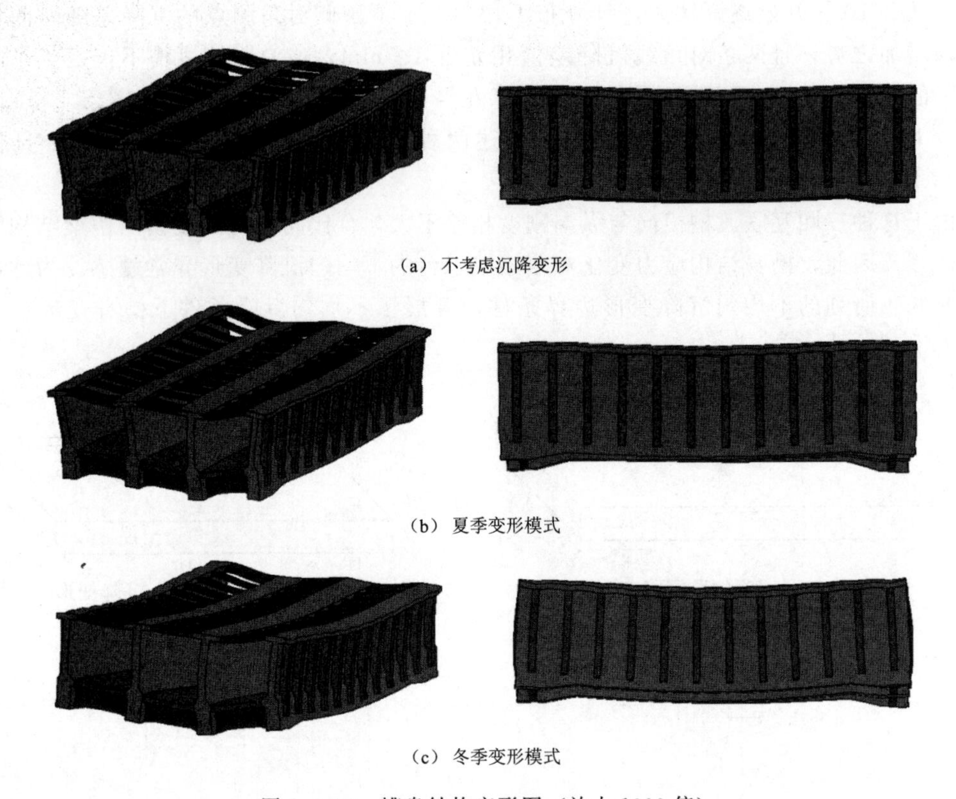

（a）不考虑沉降变形

（b）夏季变形模式

（c）冬季变形模式

图 8.6.38　槽身结构变形图（放大 1000 倍）

0.59MPa 增加至夏季模式下的 1.12MPa，应力值增加显著，冬季模式下最大拉应力值为 1.07MPa，较夏季模式有所减小；环向第一主应力由无沉降时的 0.59MPa 增加至夏季模式下的 1.26MPa，冬季模式下最大拉应力值减小为 1.21MPa。对比分析不同沉降模式计算结果可知（图 8.6.39～图 8.6.42），在考虑不均匀沉降时，渡槽第一主应力作用区域明显增大，在渡槽内壁底部位置出现应力变化显著；不同沉降模式下，各剖面应力值和作用范围均增加。

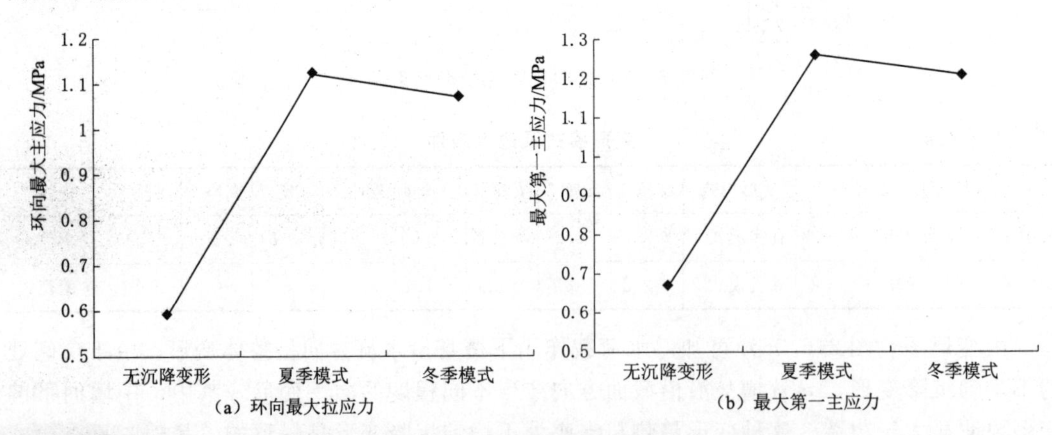

（a）环向最大拉应力　　（b）最大第一主应力

图 8.6.39　内壁环向最大拉应力和最大第一主应力

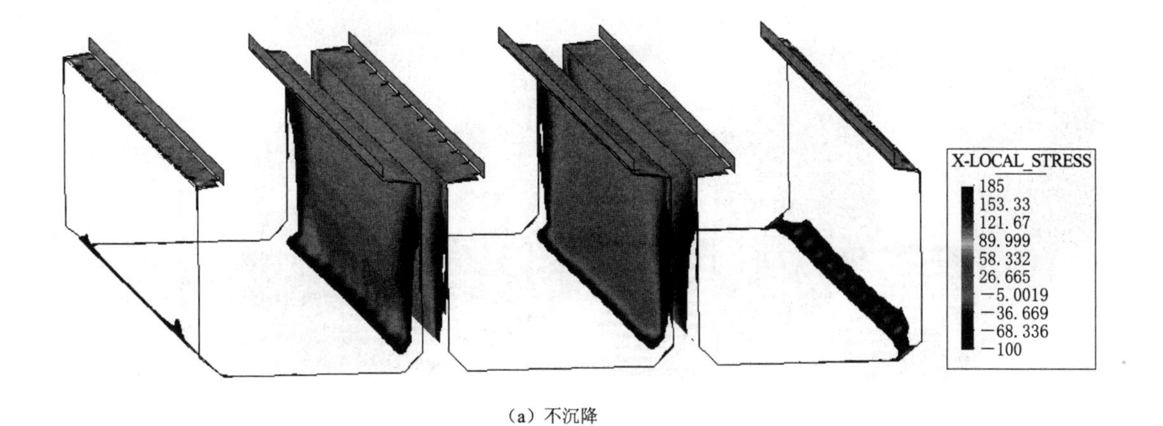

(a) 不沉降

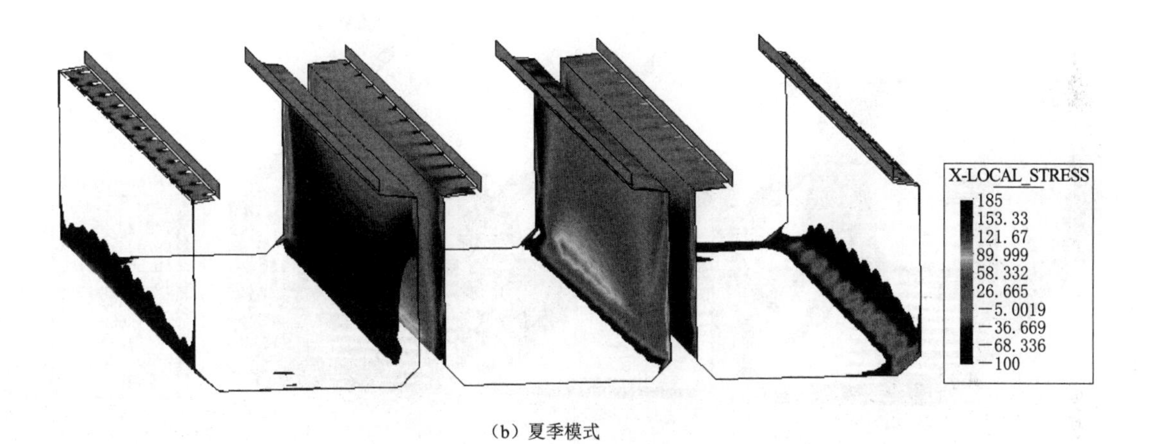

(b) 夏季模式

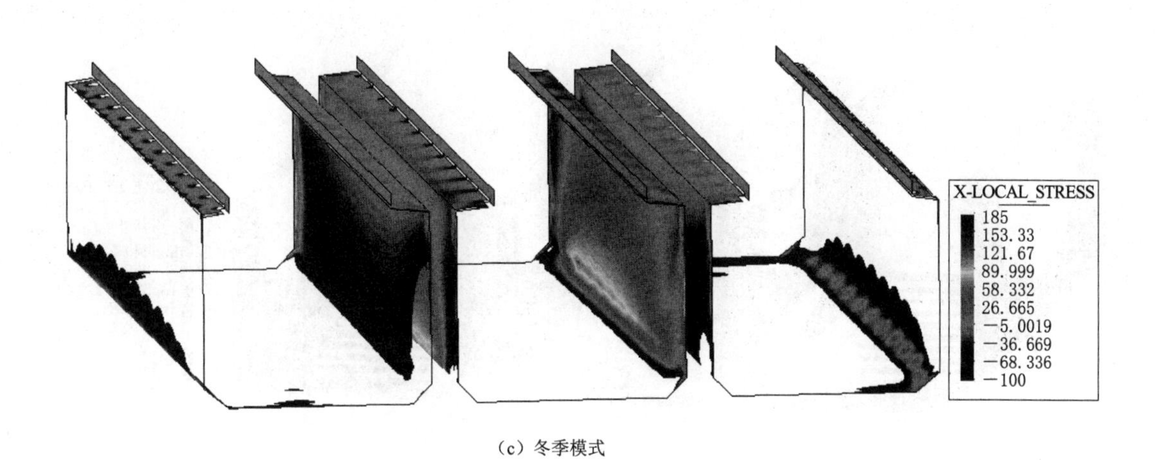

(c) 冬季模式

图 8.6.40 内壁环向应力分布云图（单位：0.01MPa）

（a）不沉降

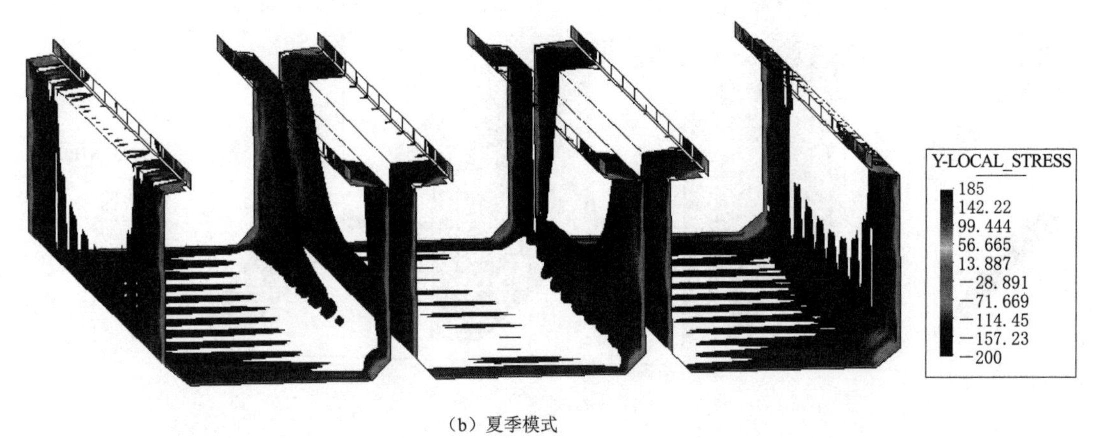

（b）夏季模式

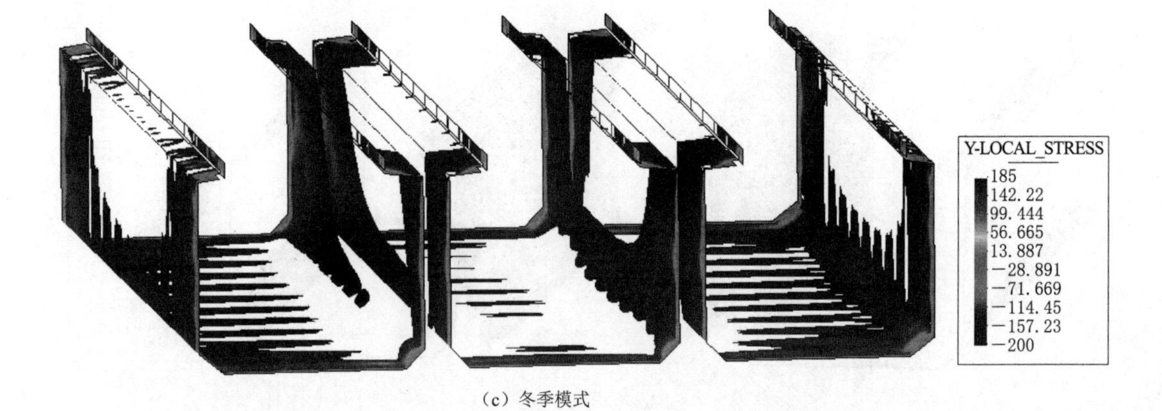

（c）冬季模式

图 8.6.41　内壁纵向应力分布云图（单位：0.01MPa）

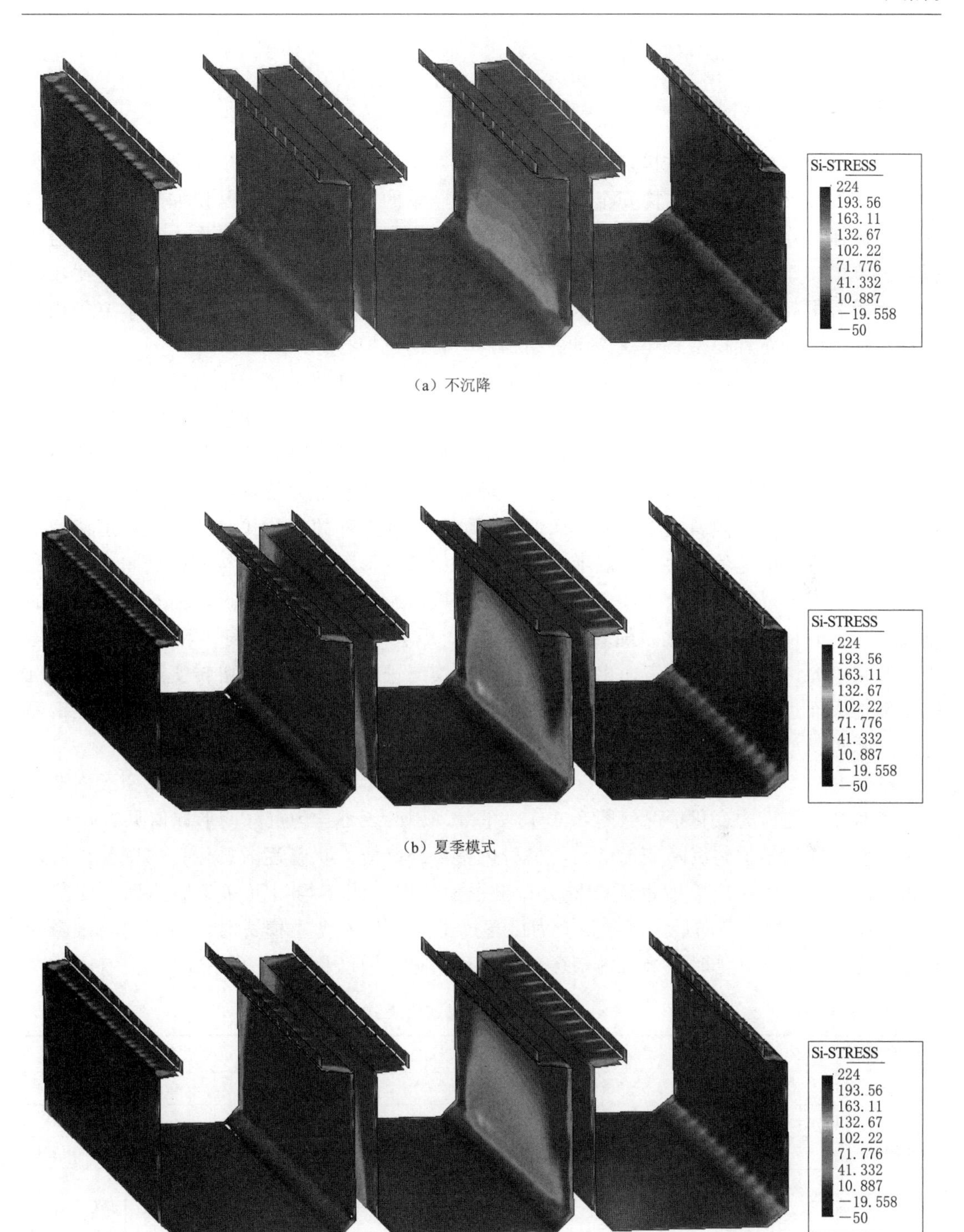

(a) 不沉降

(b) 夏季模式

(c) 冬季模式

图 8.6.42 内壁第一主应力分布云图（单位：0.01MPa）

基于 8.3.2 节中所整理出 10 类典型渡槽破坏路径，结合该渡槽实际运行特点可知，该渡槽在运行初期有可能发生的破坏模式是槽身开裂，其可能发生的破坏路径是出现不均匀沉降→槽身应力超标→槽身开裂。

8.6.3　监控指标拟定

根据前面分析可知，结构安全监控指标应是对结构运行过程中出现异常情况具有较为敏感响应的监测量或是与结构安全状态具有紧密联系的监测量，也就是说如果某一监测量对结构总体工作性态较为敏感，可实时表征且易于表现，则该监测量可作为该结构的监控指标。渡槽属于典型的水工钢筋混凝土结构，目前对钢筋混凝土结构破坏机理研究比较深入，基于有限元方法的数值模拟技术可基本再现渡槽结构破坏全过程。因此，本节采用数学模型法中的确定性模型来建立该渡槽结构的运行期监控指标。

根据 8.6.2 节破坏模式分析可知，该渡槽在运行期最有可能发生的破坏是槽身开裂，其破坏路径是出现不均匀沉降→槽身应力超标→槽身开裂。基于上述破坏路径并结合现有监测布置可知，当盖梁或承台发生不均匀沉降变形时，位于槽身底部的盆式支座能够通过自身局部调节缓解一部分不均匀沉降变形；随着该变形特别是“扭麻花”变形模式的逐渐增大，槽身必然发生倾斜扭转变形，而位于侧墙底部和底部的振弦式倾斜仪能够迅速捕捉到这种变形并予以测值波动变化展示；在该倾斜扭转变形下，受侧墙与底板之间相互制约影响，侧墙内壁环向应力状态逐渐由受压（受预应力影响）转变为受拉，而布置在附近的钢筋计可适时反映这一变化；随着不均匀沉降变形进一步加大，槽身内壁拉应力急剧增大，并超过允许应力，内壁表面出现裂缝；随后裂缝进水，槽身倾斜扭转变形随不均匀沉降变形增大而进一步加剧，槽身内壁裂缝进一步扩展，钢筋计测值进一步增大，直至钢筋计测值超过钢筋允许强度出现断裂或者槽身裂缝贯通，导致渡槽漏水。

依据 8.6.2 节建立的渡槽有限元模型，模拟了正常运行工况下不均匀沉降变形逐渐增大时槽身变形与应力变化情况（图 8.6.43～图 8.6.48），不均匀沉降变形取值见表 8.6.5。整体来看，随着不均匀沉降变形增大，槽身内壁及外壁应力状态逐渐恶化；内壁受拉区范围逐渐增大，最大拉应力值也逐渐增大；夏季模式时，当不均匀沉降变形达到当前状态 1.5 倍时，槽身内壁环向最大环向正应力已超过 1.70MPa；冬季模式时，当不均匀沉降变形达到当前状态 2.0 倍时，槽身内壁环向最大环向正应力已超过 1.70MPa。

表 8.6.5　　不均匀沉降变形取值表　　单位：mm

变形模式	支座 1	支座 2	支座 3	支座 4	支座 5	支座 6	支座 7	支座 8	说明
夏季模式	−3.58	−0.29	−2.70	−2.86	−2.37	−3.54	0.00	−0.39	1.0 倍
	−5.37	−0.44	−4.05	−4.29	−3.56	−5.31	0.00	−0.59	1.5 倍
	−7.16	−0.58	−5.40	−5.72	−4.74	−7.08	0.00	−0.78	2.0 倍
	−8.95	−0.73	−6.75	−7.15	−5.93	−8.85	0.00	−0.98	2.5 倍
	−10.74	−0.87	−8.10	−8.58	−7.11	−10.62	0.00	−1.17	3.0 倍
冬季模式	−2.20	0.00	−1.90	−1.40	−2.00	−3.50	−0.30	−0.70	1.0 倍
	−3.30	0.00	−2.85	−2.10	−3.00	−5.25	−0.45	−1.05	1.5 倍
	−4.40	0.00	−3.80	−2.80	−4.00	−7.00	−0.60	−1.40	2.0 倍
	−5.50	0.00	−4.75	−3.50	−5.00	−8.75	−0.75	−1.75	2.5 倍
	−6.60	0.00	−5.70	−4.20	−6.00	−10.50	−0.90	−2.10	3.0 倍

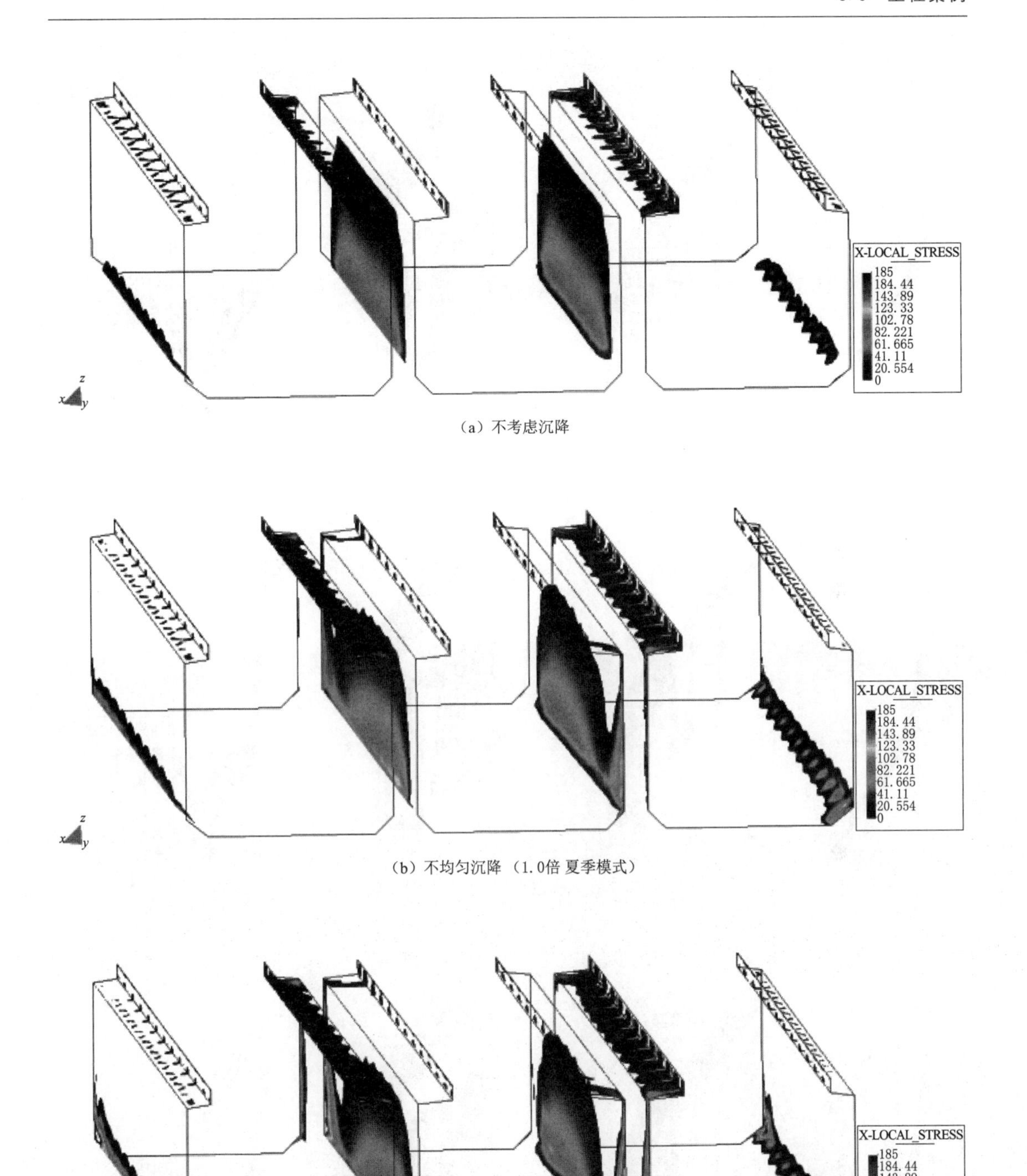

(a) 不考虑沉降

(b) 不均匀沉降（1.0倍 夏季模式）

(c) 不均匀沉降（1.5倍 夏季模式）

图 8.6.43（一） 正常+温升工况下内壁环向应力分布云图（单位：0.01MPa）

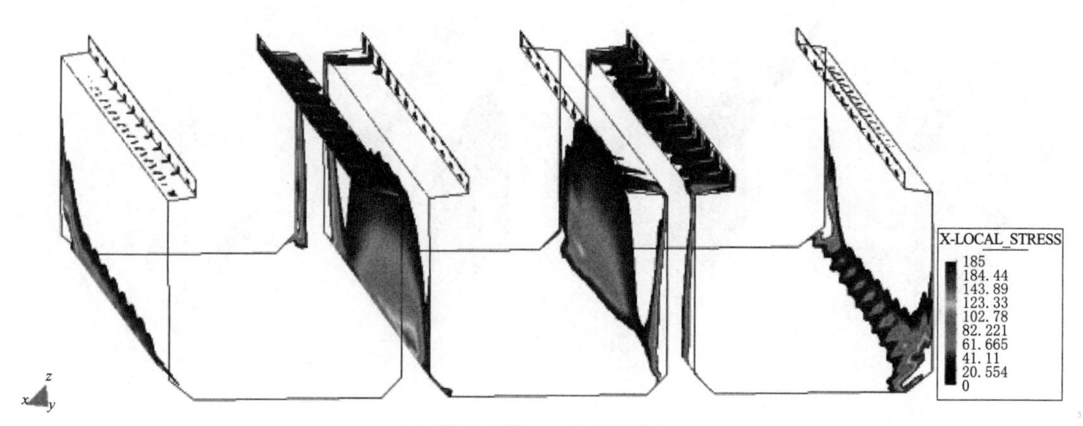

（d）不均匀沉降（2.0倍 夏季模式）

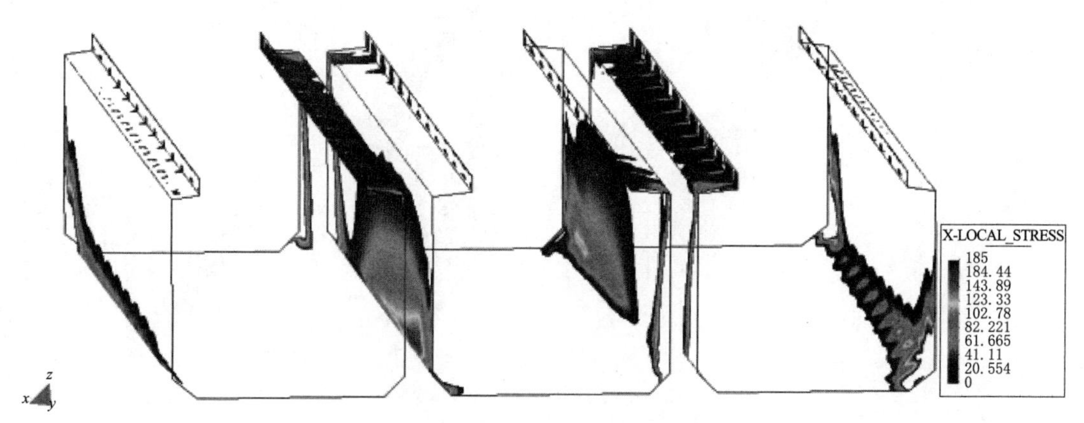

（e）不均匀沉降（2.5倍 夏季模式）

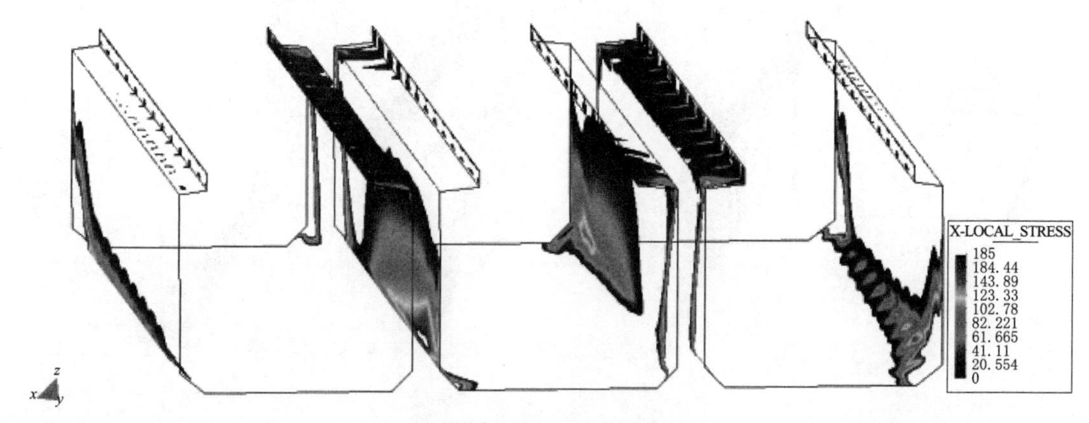

（f）不均匀沉降（3.0倍 夏季模式）

图 8.6.43（二）　正常＋温升工况下内壁环向应力分布云图（单位：0.01MPa）

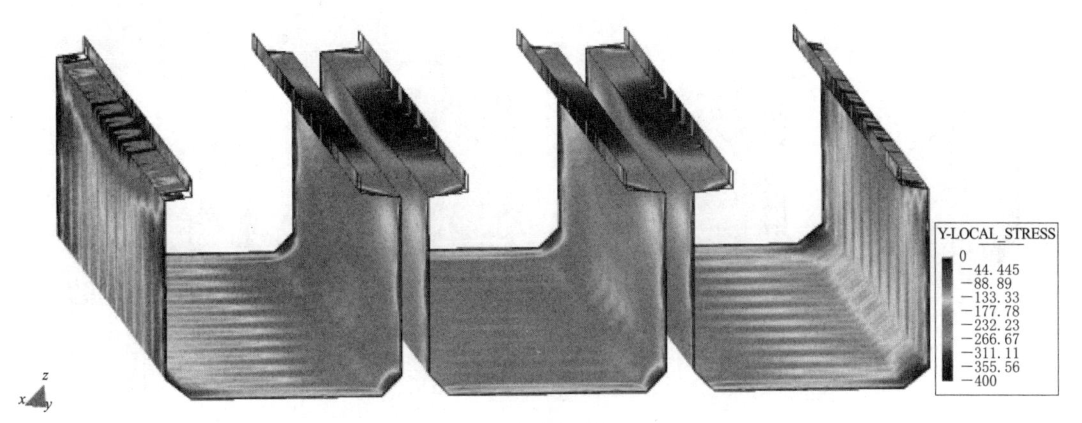

(a) 不考虑沉降

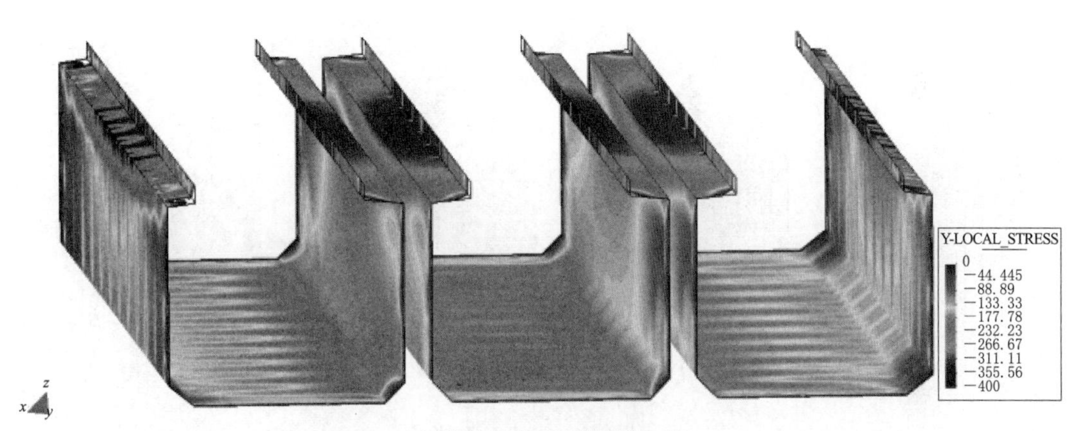

(b) 不均匀沉降（1.0倍 夏季模式）

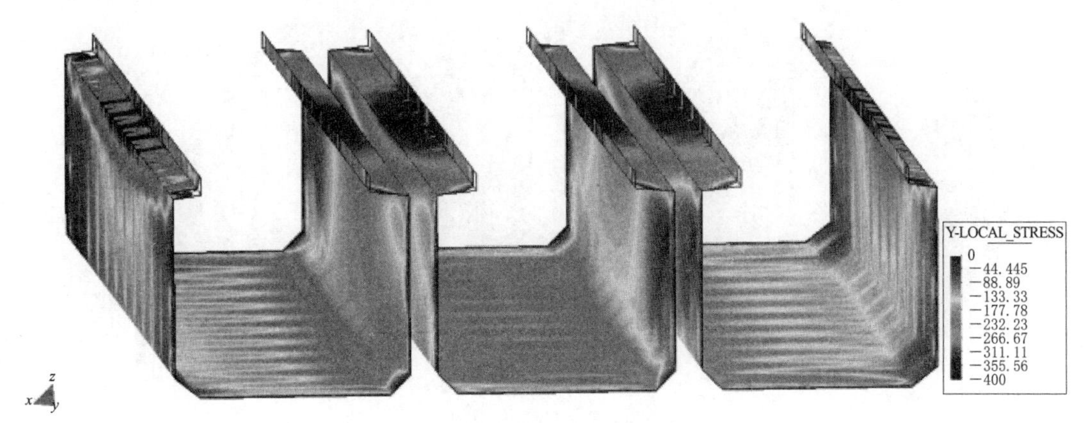

(c) 不均匀沉降（1.5倍 夏季模式）

图 8.6.44（一） 正常+温升工况下内壁纵向应力分布云图（单位：0.01MPa）

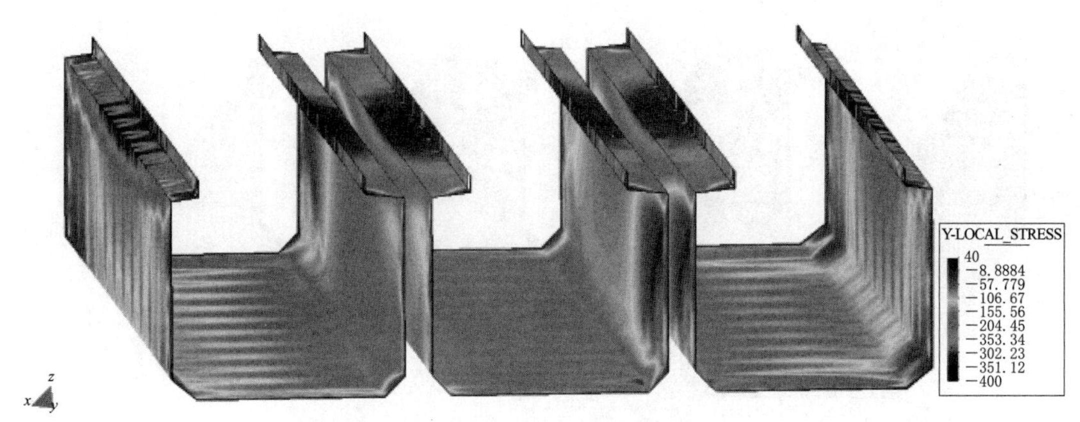

(d) 不均匀沉降 (2.0倍 夏季模式)

(e) 不均匀沉降 (2.5倍 夏季模式)

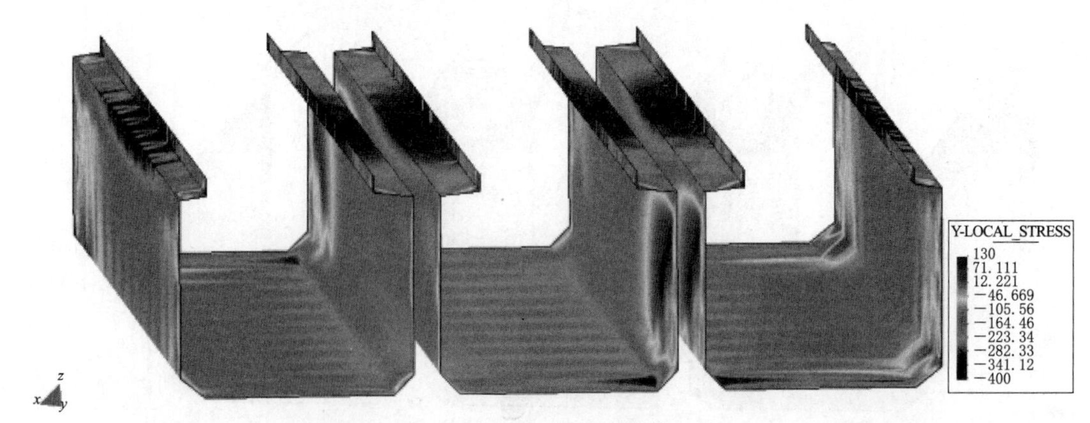

(f) 不均匀沉降 (3.0倍 夏季模式)

图 8.6.44 (二)　正常+温升工况下内壁纵向应力分布云图 (单位：0.01MPa)

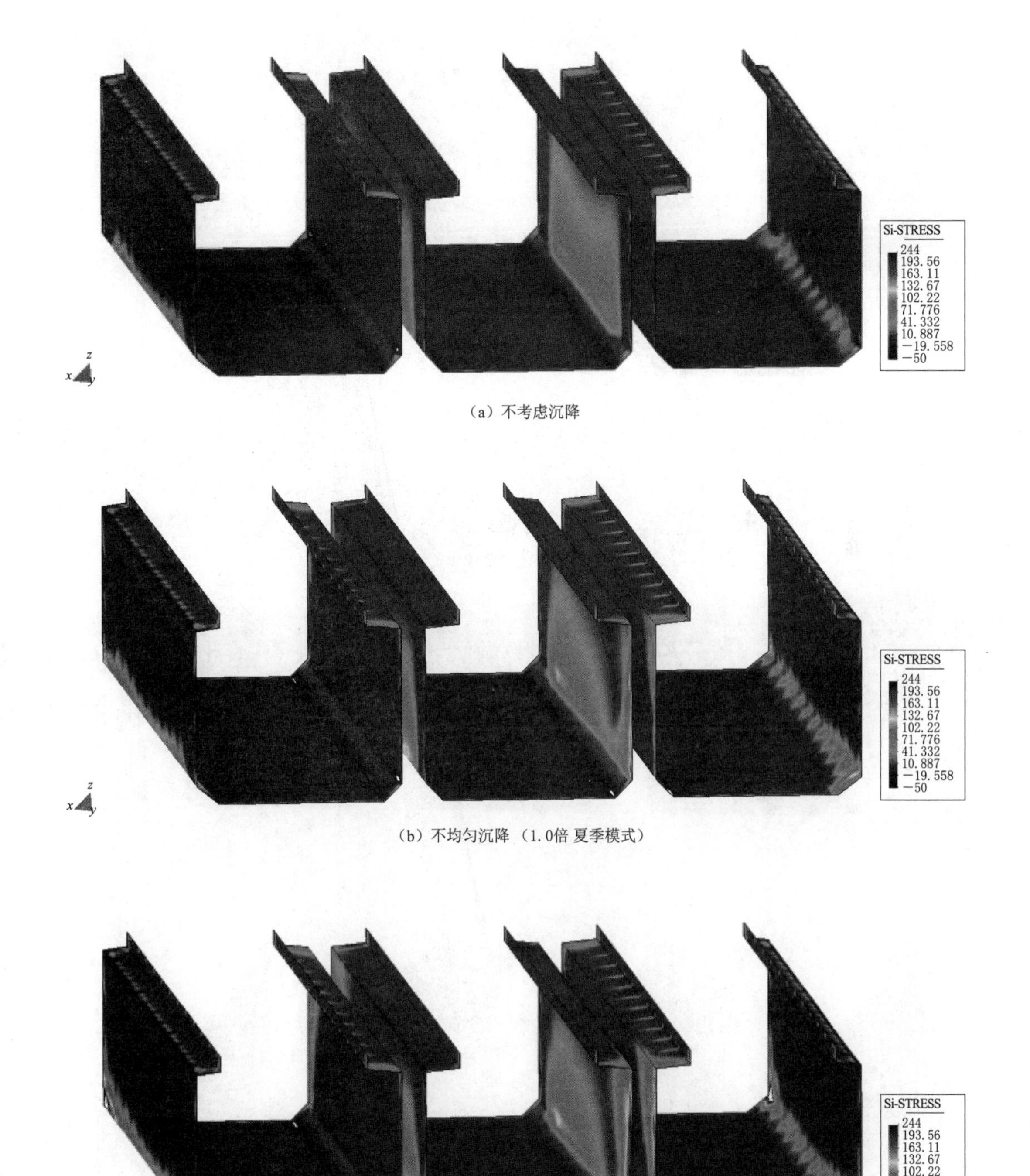

(a) 不考虑沉降

(b) 不均匀沉降（1.0倍 夏季模式）

(c) 不均匀沉降（1.5倍 夏季模式）

图 8.6.45（一） 正常+温升工况下内壁第一主应力分布云图（单位：0.01MPa）

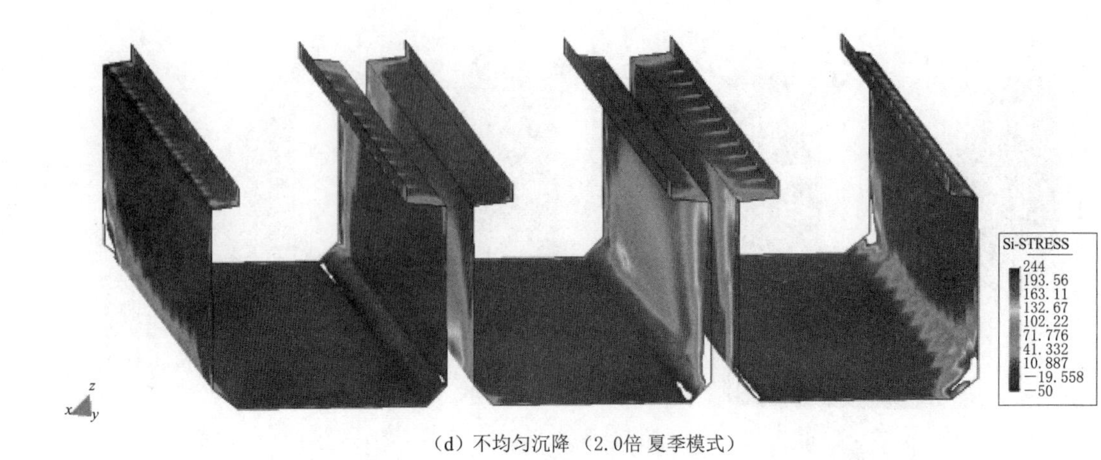

(d) 不均匀沉降（2.0倍 夏季模式）

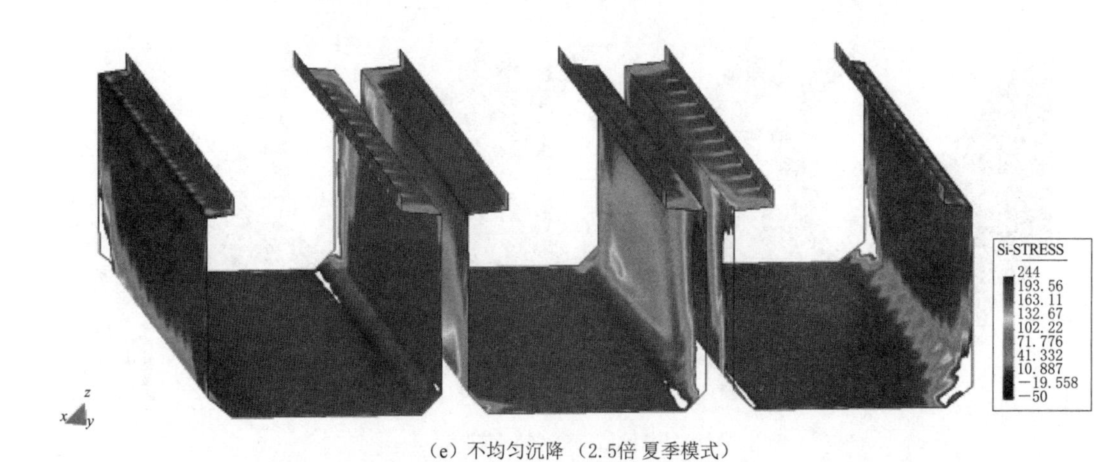

(e) 不均匀沉降（2.5倍 夏季模式）

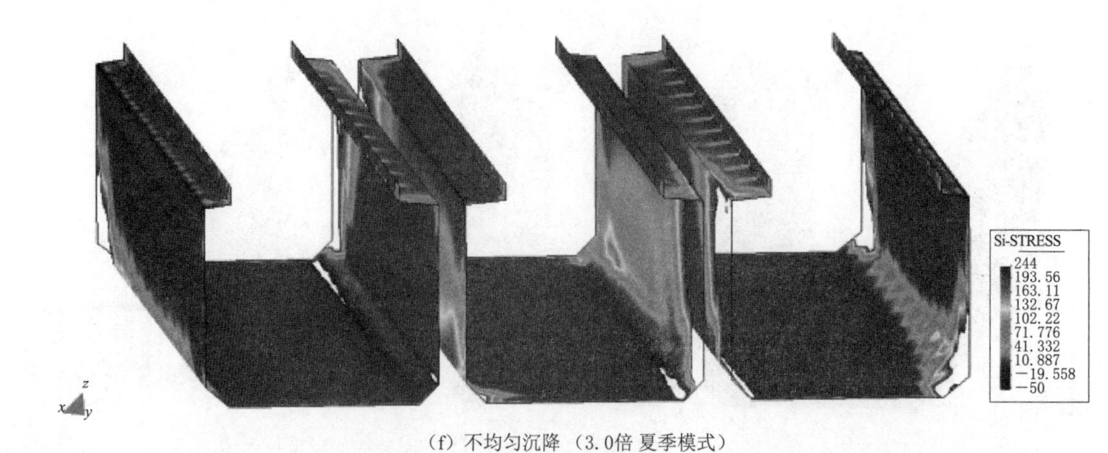

(f) 不均匀沉降（3.0倍 夏季模式）

图 8.6.45（二）　正常＋温升工况下内壁第一主应力分布云图（单位：0.01MPa）

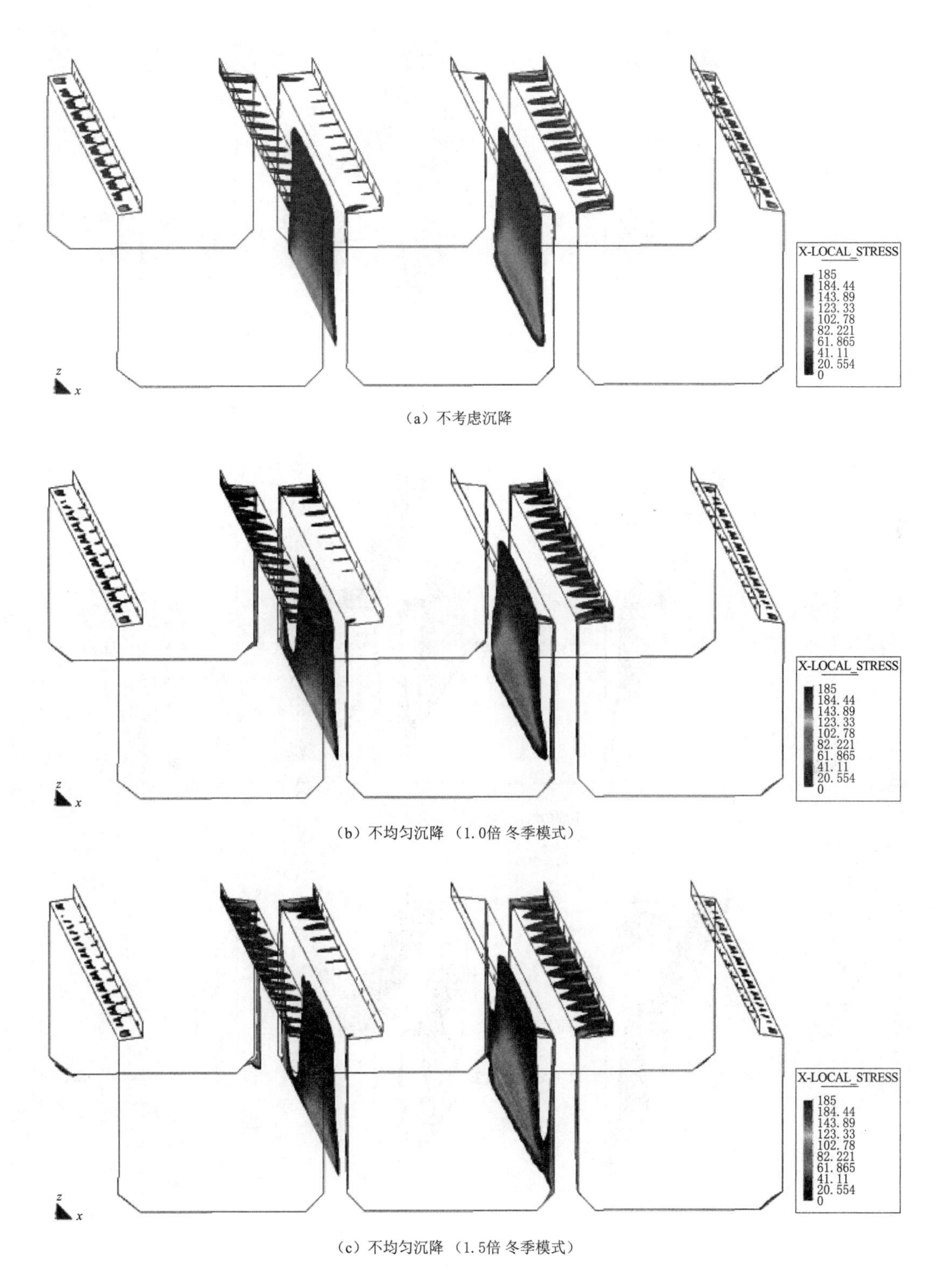

（a）不考虑沉降

（b）不均匀沉降（1.0倍 冬季模式）

（c）不均匀沉降（1.5倍 冬季模式）

图 8.6.46（一） 正常＋温降工况下内壁环向应力分布云图（单位：0.01MPa）

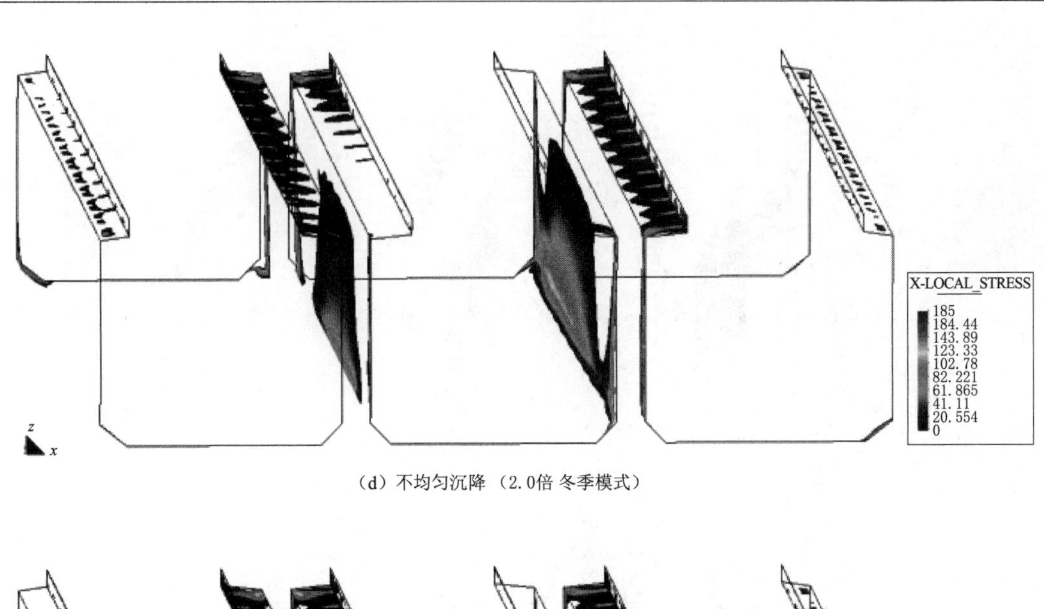

(d) 不均匀沉降（2.0倍 冬季模式）

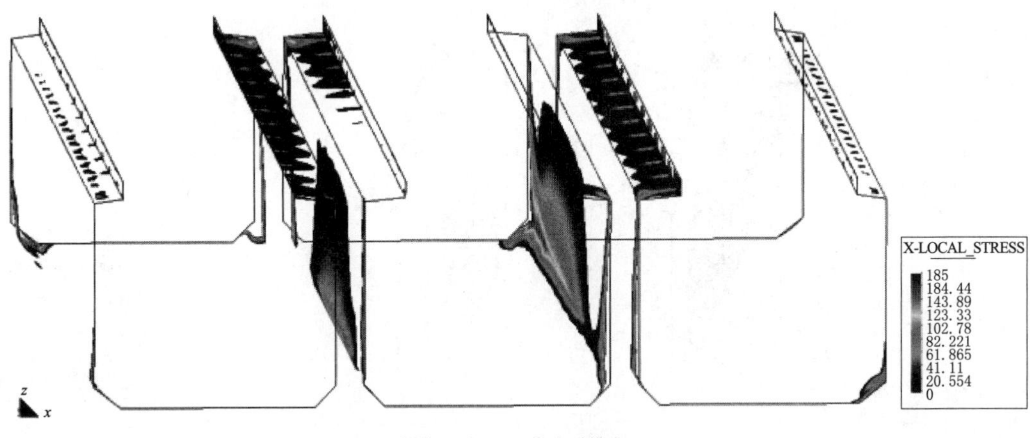

(e) 不均匀沉降（2.5倍 冬季模式）

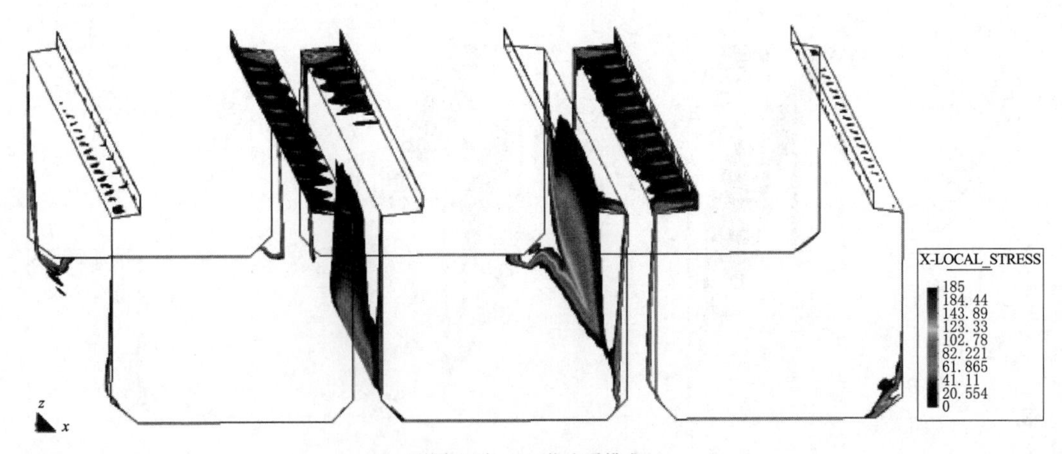

(f) 不均匀沉降（4.0倍 冬季模式）

图 8.6.46（二）　正常＋温降工况下内壁环向应力分布云图（单位：0.01MPa）

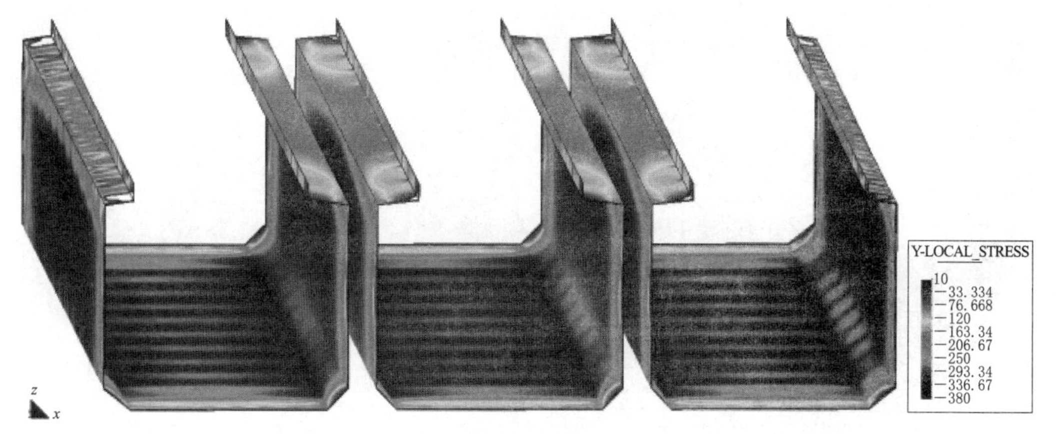

(a) 不考虑沉降

(b) 不均匀沉降（1.0倍 冬季模式）

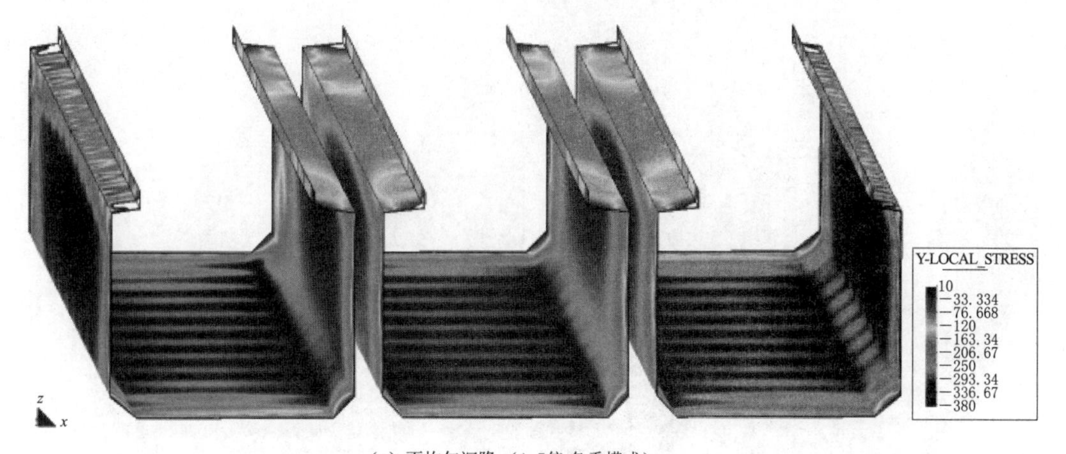

(c) 不均匀沉降（1.5倍 冬季模式）

图 8.6.47（一） 正常+温降工况下内壁纵向应力分布云图（单位：0.01MPa）

（d）不均匀沉降（2.0倍 冬季模式）

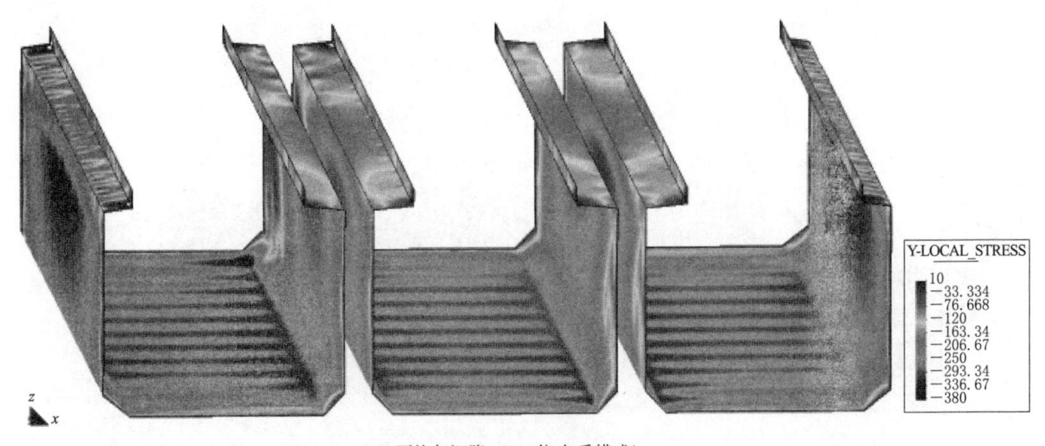

（e）不均匀沉降（2.5倍 冬季模式）

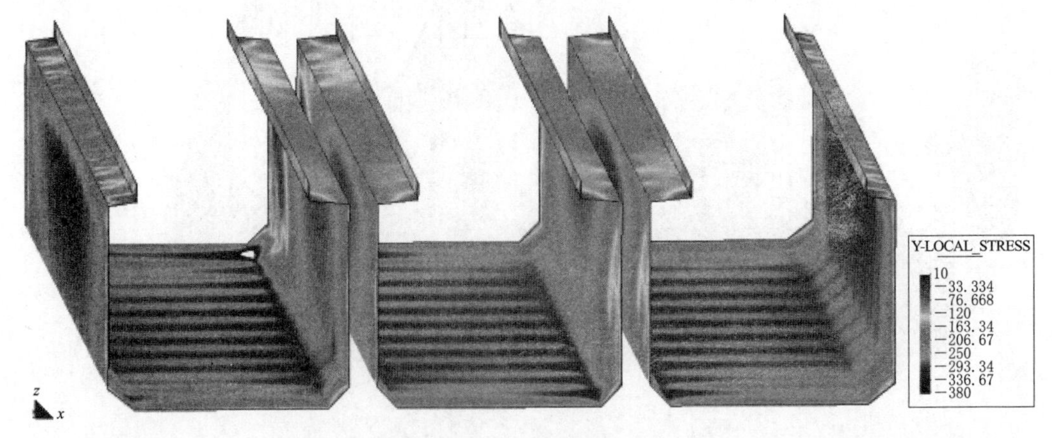

（f）不均匀沉降（3.0倍 冬季模式）

图 8.6.47（二）　正常+温降工况下内壁纵向应力分布云图（单位：0.01MPa）

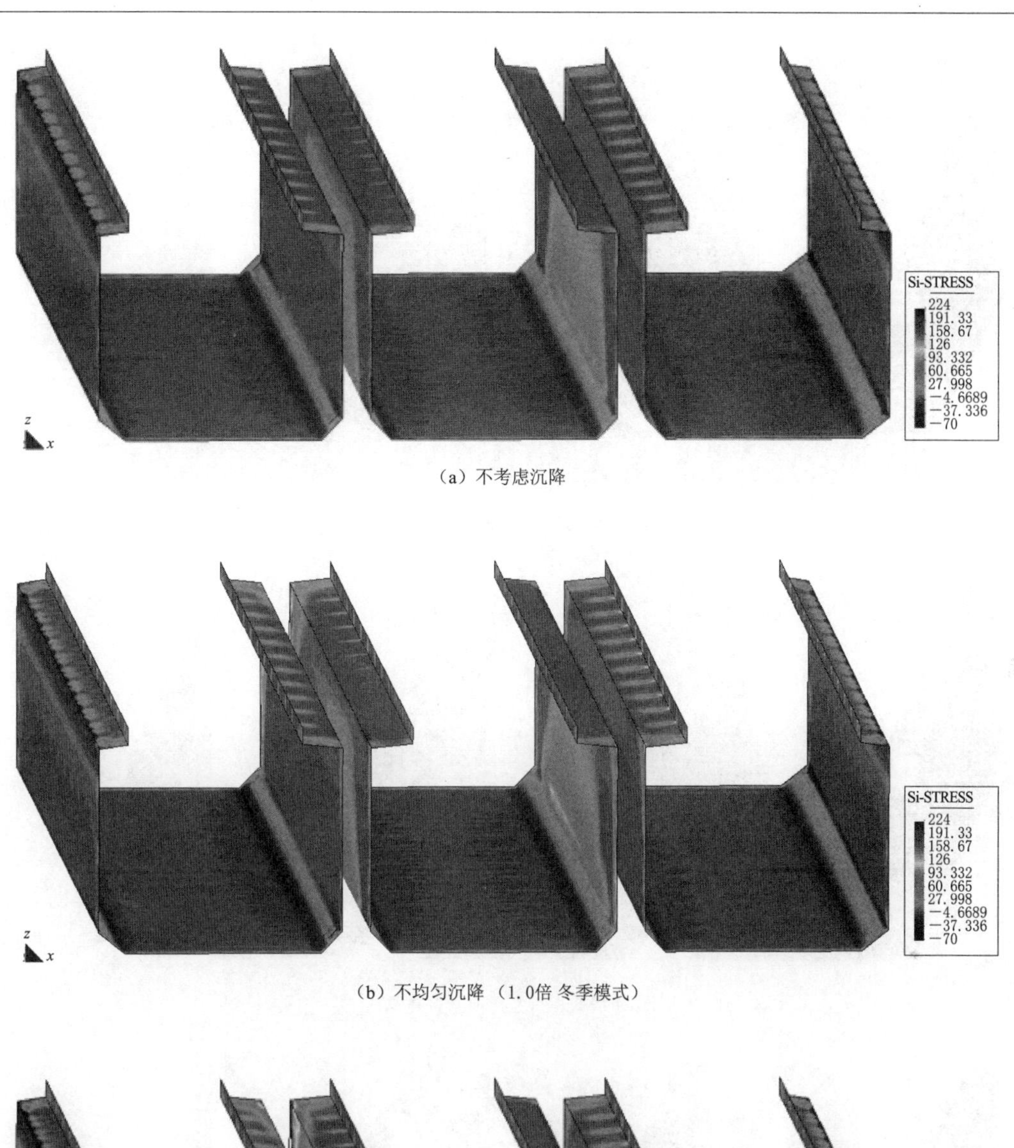

（a）不考虑沉降

（b）不均匀沉降（1.0倍 冬季模式）

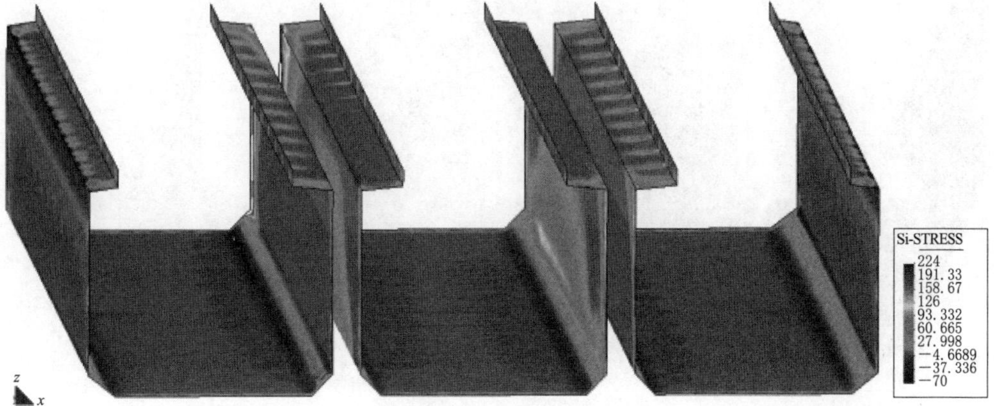

（c）不均匀沉降（1.5倍 冬季模式）

图 8.6.48（一） 正常＋温降工况下内壁第一主应力分布云图（单位：0.01MPa）

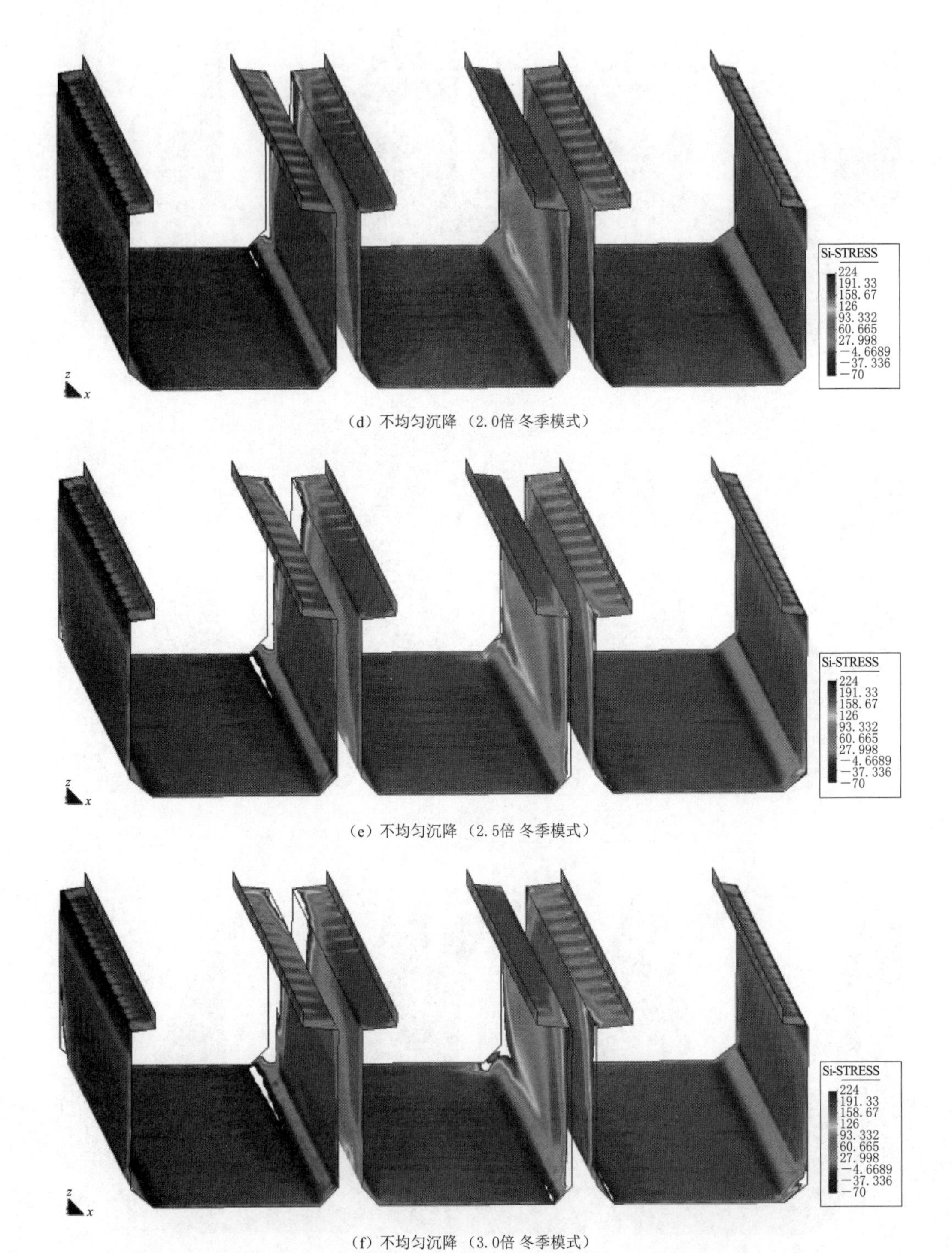

（d）不均匀沉降（2.0倍 冬季模式）

（e）不均匀沉降（2.5倍 冬季模式）

（f）不均匀沉降（3.0倍 冬季模式）

图 8.6.48（二）　正常＋温降工况下内壁第一主应力分布云图（单位：0.01MPa）

另外，常规桥梁结构以及一般单厢渡槽，其横向刚度与纵向刚度相差较大，受力方面可简化为梁，按受弯构件进行分析。对于受弯构件，其受力状态可划分为3个阶段，即未裂阶段（第Ⅰ阶段）、裂缝工作阶段（第Ⅱ阶段）、破坏阶段（第Ⅲ阶段），具体如图8.6.49所示；因此，对于单厢渡槽，可选择挠度作为渡槽监控指标，根据《水工混凝土结构设计规范》（SL 191—2008）[16]，并按照承载能力极限状态来确定槽身挠度变形的监控阈值。但对于该渡槽而言，属于多厢互联结构型式，其横向刚度与纵向刚度相差不大，承载以后的受力表现更像一个板，这种结构的挠度变形很小，且变化不是很敏感（这一点将在第10章中的工程案例进行说明）。综合以上分析，挠度变形不适合作为该类渡槽的监控指标。

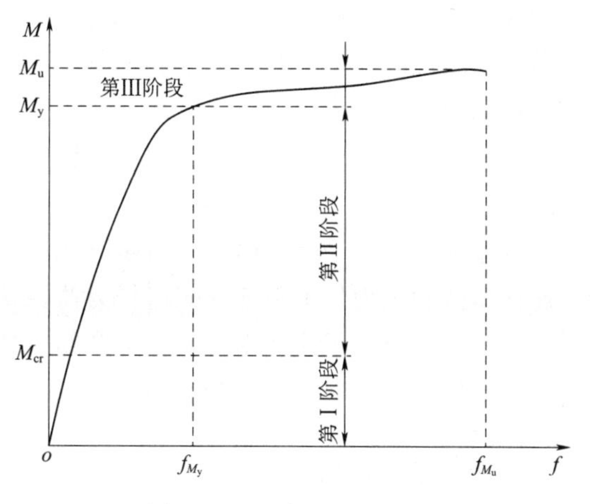

图 8.6.49 弯矩-挠度曲线

基于渡槽破坏模式与监测物理量的敏感程度可知，钢筋计和不均匀沉降变形测值均可作为这种三槽一联预应力渡槽的监控指标；但是钢筋计是局部监测量，而不均匀沉降变形可较全面反映槽身整体变形情况。因此，选取不均匀沉降变形测值作为该渡槽的核心监控指标，槽身内壁附近钢筋计测值作为辅助监控指标。

8.6.4 监控指标分级

根据前面渡槽破坏路径分析可知，不均匀沉降变形逐步增大，槽身开裂至裂缝贯通漏水，共经历3个阶段。第一阶段是槽身内壁应力状态由受压转变为受拉，此时附近的钢筋计测值基本为正；第二阶段是槽身内壁环向正应力或主拉应力超过允许抗拉强度，可能产生裂缝；第三阶段是内壁面裂缝宽度进一步增大，裂缝进一步向里扩展，直至贯通槽身导致渡槽漏水。

另外，考虑到该渡槽属于预应力混凝土结构，根据《水工混凝土结构设计规范》（SL 191—2008）第3.2.7条规定，预应力混凝土结构构件设计时，可根据环境类别选用不同的裂缝控制等级：

一级——严格要求不出现裂缝的构件，应按荷载效应标准组合验算，构件受拉边缘混凝土不应产生拉应力。

二级——一般要求不出现裂缝的构件，应按荷载效应标准组合验算，构件受拉边缘混凝土的拉应力不应超过混凝土轴心抗拉强度标准值的0.7倍。

三级——允许出现裂缝的构件，应按荷载效应标准组合进行裂缝宽度验算，构件正截面最大裂缝宽度计算值不应超过规定限值，具体限值可参见《水工混凝土结构设计规范》（SL 191—2008）表3.2.7。

将渡槽破坏阶段与上述裂缝控制等级进行对比分析可知，该渡槽三个破坏阶段分别对应于预应力混凝土结构所满足不同裂缝控制等级，按照“概念清晰，层次分明，标准一致，工程实用”的原则，并结合 8.5.2 节提及的已有监控指标分级研究成果，可将该渡槽结构监控状态分为三级，具体分级如下：

一级监控，对应于槽身内壁应力由受压转为受拉的工作状态，可选择钢筋计测值和不均匀沉降变形测值作为监控指标。

二级监控，对应于槽身内壁应力超过允许抗拉强度、可能出现裂缝的工作状态，可选择钢筋计测值和不均匀沉降变形测值作为监控指标。

三级监控，对应于槽身内壁裂缝宽度超过规范规定允许值的工作状态，可选择钢筋计测值和不均匀沉降变形测值作为监控指标。

8.6.5　监控阈值确定

综合以上监控指标以及监控分级，可建立三厢联预应力渡槽结构的主从协作、多重配合的三级监控预警指标体系。其中，不均匀沉降变形测值是整体、核心监控指标，钢筋计测值是局部、辅助监控指标。

8.6.5.1　局部、辅助监控指标——钢筋计测值

1. 钢筋计测值的组成及分解

施加于钢筋上的不仅有荷载产生的应力，而且还有各种非荷载原因造成的附加应力，钢筋计测到的是这些应力的总和[17-22]。

$$\sigma_s=\sigma_{s荷}+\sigma_{s非} \tag{8.6.1}$$

式中：σ_s、$\sigma_{s荷}$、$\sigma_{s非}$分别为钢筋上实测应力、荷载应力和非荷载应力。

所谓荷载应力，是指外荷载在构件内所引起的应力，其特点是混凝土和钢筋上应力方向（拉、压）一致，而且和弹模成正比，符合工程上的估算方法，可按照式（8.6.2）进行计算。

$$\sigma_{s荷}=\sigma_c\frac{E_s}{E_c} \tag{8.6.2}$$

式中：σ_c 为混凝土应力；E_c 为混凝土弹性模量；E_s 为钢筋弹性模量。

所谓非荷载应力（也称为附加应力），是指由于钢筋和混凝土本身性质差异在构件中引起的应力，其特点是钢筋和混凝土上应力方向相反。这种非荷载应力是造成钢筋计测值混乱的根本原因。而引起非荷载应力的原因主要有：①混凝土干缩和湿胀；②构件温度变化；③混凝土自生体积变形；④混凝土徐变。其中，前三者计算相对简单，可按照式（8.6.3）进行计算，混凝土徐变引起的钢筋附加应力计算比较复杂，需要根据混凝土徐变理论按照增量格式进行计算。

$$\sigma_{s非_1}=E_s k[\alpha_s\Delta T-(\varepsilon_g+\varepsilon_w+\alpha_c\Delta T)] \tag{8.6.3}$$

式中：$\sigma_{s非_1}$为由混凝土自生体积变形、干缩、湿胀及构件温度变化引起的钢筋非荷载应力；k 为约束系数以反映钢筋对混凝土的约束作用，取 0.6～0.8；ε_g 为混凝土自生体积变形；ε_w 为混凝土干缩、湿胀变形；α_s 为钢筋热膨胀系数；α_c 为混凝土热膨胀系数；ΔT 为温度变化。

由于混凝土徐变与应力是非线性关系，而且前面任何时段的应力变化都会给后面时段带来影响，因此需要采用分段叠加的方法进行计算。为求解某 n 时段徐变变形引起的附加应力，可先求出各时段混凝土的应力增量 $\Delta\sigma_i$，及相应的徐变增量 $\Delta C(t_n, \tau_i)$，然后进行叠加。

混凝土应变可按下式确定：

$$\varepsilon_c = \sigma_s / E_s + \alpha_s \Delta T - (\varepsilon_g + \varepsilon_w + \alpha_c \Delta T) \tag{8.6.4}$$

根据式（8.6.4）的 ε_c 变化曲线，可沿时程将它分为 n 个小段，其应变分别为 ε_{c1}，$\varepsilon_{c2}, \cdots, \varepsilon_{cn}$，则各时段应力增量的计算公式为

$$\begin{cases} \Delta\sigma_1 = \varepsilon_{c1} E'(t_1, \tau_1) \\ \Delta\sigma_2 = E'(t_2, \tau_2)\left[\varepsilon_{c2} - \dfrac{\Delta\sigma_1}{E'(t_2, \tau_1)}\right] \\ \cdots \\ \Delta\sigma_n = E'(t_n, \tau_{2n})\left[\varepsilon_{cn} - \displaystyle\sum_{i=1}^{n-1} \dfrac{\Delta\sigma_i}{E'(t_n, \tau_i)}\right] \end{cases} \tag{8.6.5}$$

式中：$E'(t, \tau)$ 为混凝土持续弹模，$E'(t,\tau) = 1/[1/E_c(t) + C(t,\tau)]$，$C(t, \tau)$ 为徐变度，即 τ 龄期加荷单位应力持续作用到 t 时刻所产生的变形。

根据式（8.6.5）可求得在 n 时段的徐变变形，即

$$\varepsilon_{\tau n} = \sum_{i=1}^{n} \Delta\sigma_i C(t_n, \tau_i) \tag{8.6.6}$$

钢筋的徐变附加应力为

$$\sigma_\tau = k E_s \varepsilon_\tau \tag{8.6.7}$$

2. 基于钢筋计测值的监控预警指标

对于钢筋而言，当钢筋与周边混凝土变形协调、联合受力时，其应力一般较小；当周边混凝土应变超过允许极限拉应变时，混凝土可能出现裂缝；随着荷载逐步增大，钢筋应力逐渐增大，直至超过钢筋设计强度，出现断裂。基于上述钢筋应力变化特点并考虑水工混凝土结构裂缝控制等级分级方法，对于钢筋应力监控指标采用三级预警。

一级预警：将周边混凝土出现裂缝时钢筋的应力测值作为一级预警值；混凝土的极限拉应变一般为 $0.1\times10^{-3} \sim 0.15\times10^{-3}$，根据《水工混凝土结构设计规范》（SL 191—2008），常用的 HPB235 普通钢筋的弹性模量一般为 2.1×10^5 MPa，HRB400、HRB335 和 RRB400 钢筋的弹性模量一般为 2.0×10^5 MPa，则由此可以大致推算钢筋应力约为 20～30MPa。

二级预警：根据工程经验，并参照《水工混凝土结构设计规范》（SL 191—2008）中对裂缝控制等级“二级：一般要求不出现裂缝”情况下“构件受拉边缘混凝土的拉应力不应超过混凝土轴心抗拉强度标准值的 0.7 倍”的规定，取钢筋强度设计值的 70%作为钢筋计实测钢筋应力的二级预警值。

三级预警：考虑钢筋拉断情况，选取钢筋强度设计值作为钢筋应力的三级预警值。

综合以上分析，可得钢筋应力的监测阈值，具体见表 8.6.6。

表 8.6.6　　钢筋应力测值监控阈值　　单位：MPa

钢筋种类		f_{yk}	f_y	一级预警	二级预警	三级预警
热轧钢筋	Ⅰ级钢筋（HPB235）	235	210	20～30	150	210
	Ⅱ级钢筋（HRB335）	335	300		210	300
	Ⅲ级钢筋（HRB400）	400	360		250	360
	Ⅳ级钢筋（RRB400）	400	360		250	360

根据 8.6.1 节监测物理量分析成果可知，通水期间右主梁跨中部位的钢筋计测值最大达到 37.6MPa（图 8.6.50）；槽身次梁监测断面内左孔上方顶板拉杆 R4－18 测点横向钢筋自施工期始终为拉应力，当前测值为 50.5MPa，如图 8.6.51 所示。按照表 8.6.6 给出

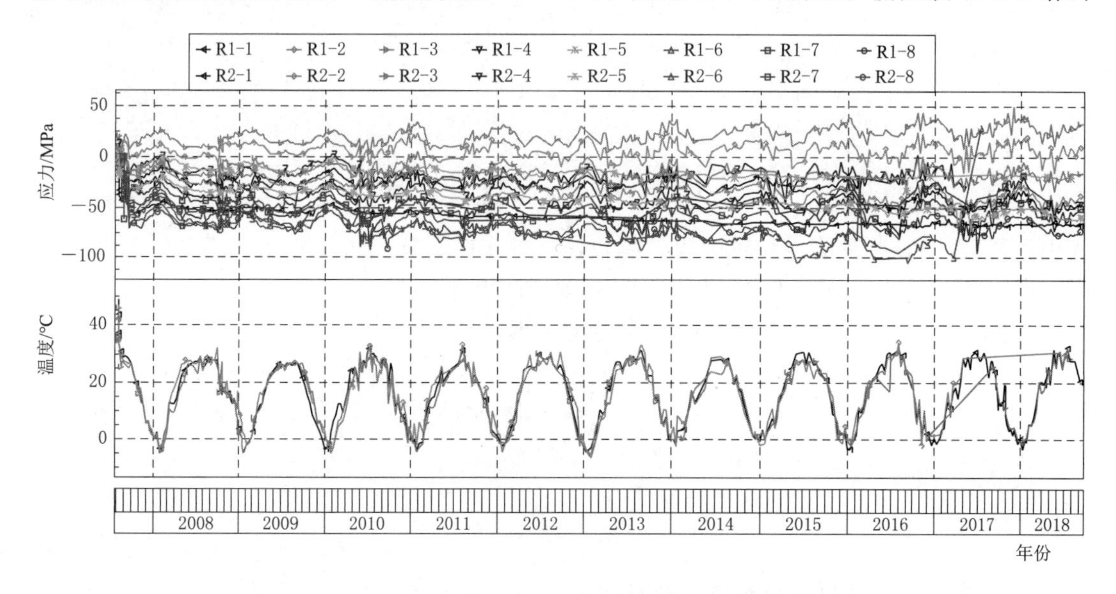

图 8.6.50　槽身主梁、中梁及人行道板钢筋应力变化过程线

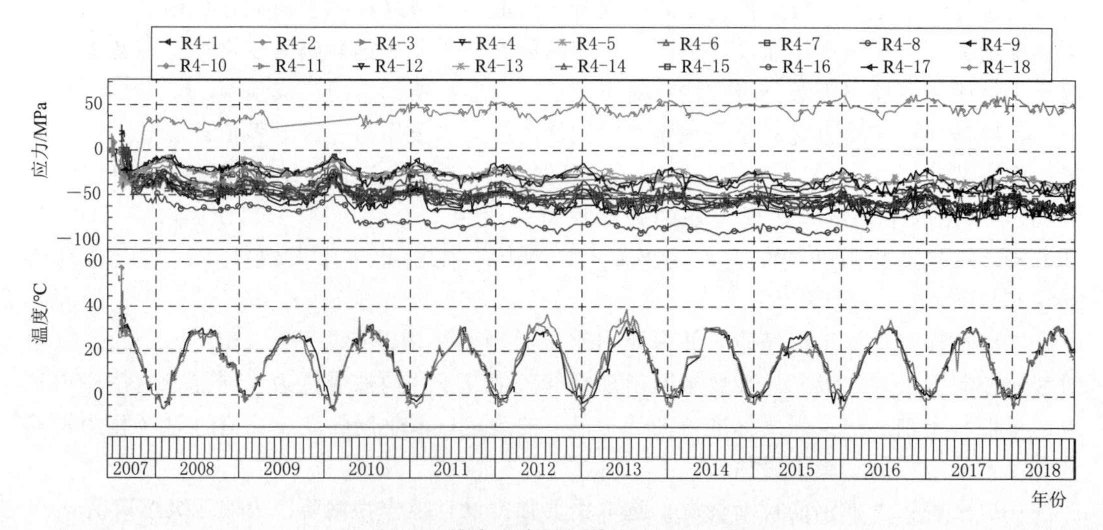

图 8.6.51　槽身主次梁钢筋应力变化过程线

钢筋计测值监控阈值可知，上述两处的钢筋应力已超过一级监控阈值，应检查槽身结构是否出现裂缝、加强监测。

主梁、中梁及人行道板——通水期间最大拉应力为37.6MPa，位于右主梁跨中部位；相同位置的右中梁跨中测点的最大拉应力为5.6MPa。人行道板各测点所受压应力均比较大，最大值为－104.67MPa。当前测值在－73.3～34.5MPa，月变幅不大，与往年数据相比较，当前测值变化规律和趋势具有一致性和合理性，未发现异常现象。

8.6.5.2 整体、核心监控指标——不均匀沉降变形

由8.6.4节监控指标分级可知，不均匀沉降变形可以作为三厢一联预应力渡槽的整体监控指标，其分级状态分别对应于预应力混凝土结构所满足不同裂缝控制等级。因此，该监控指标可分为三级预警，其监控阈值可根据槽身内壁裂缝控制等级经钢筋混凝土有限元计算得到，具体见表8.6.7。

表8.6.7 盖梁或承台沉降变形（不均匀沉降变形）的监控阈值

监测阈值	盖梁或承台沉降变形（不均匀变形）
一级预警值	对应于槽身内壁满足一级裂缝控制等级的不均匀变形值 该值由钢筋混凝土有限元计算并结合渡槽实际情况进行确定
二级预警值	对应于槽身内壁满足二级裂缝控制等级的不均匀变形值 该值由钢筋混凝土有限元计算并结合渡槽实际情况进行确定
三级预警值	对应于槽身内壁满足三级裂缝控制等级的不均匀变形值 该值由钢筋混凝土有限元计算并结合渡槽实际情况进行确定

根据前面分析可知，目前该渡槽已发生不同程度的不均匀沉降变形。若该不均匀变形持续增大（图8.6.52和图8.6.53），若该不均匀沉降变形达到当前状态的1.5倍时，槽身内壁环向正应力将超过1.70MPa，内壁存在很大的开裂风险，渡槽将达到二级预警状态；应当加强观测，重点关注不均匀沉降变形的发展趋势，必要时采取工程措施以减缓该变化进一步增大。

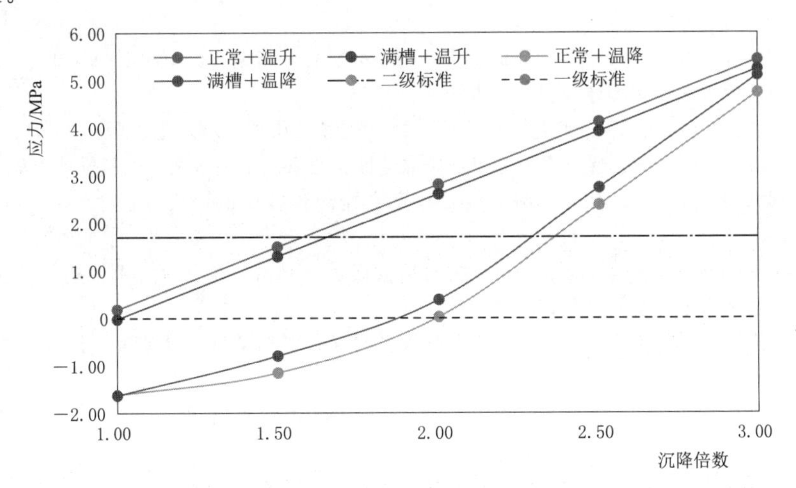

图8.6.52 边墙最大环向应力变化曲线（支座处剖面）

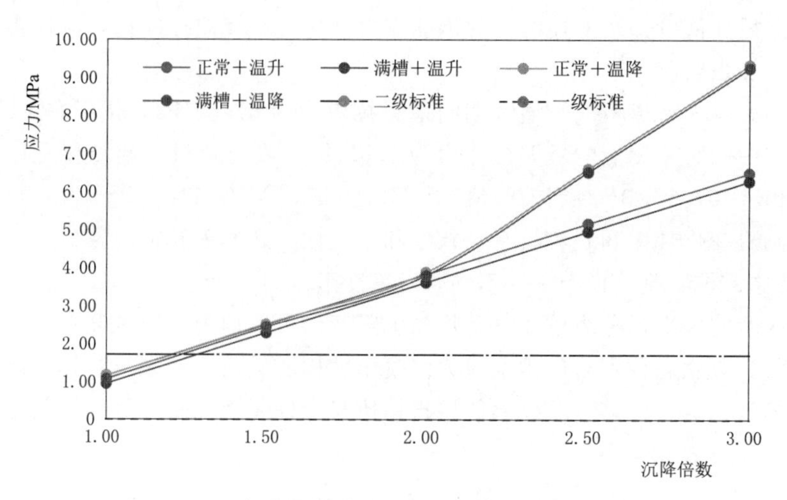

图 8.6.53 中墙最大环向应力变化曲线（支座处剖面）

参 考 文 献

［1］ 吴中如. 水工建筑物安全监控理论及其应用［M］. 北京：高等教育出版社，2003.

［2］ 国家能源局. 混凝土坝安全监测技术规范：DL/T 5178—2016［S］. 北京：中国电力出版社，2016.

［3］ 国家能源局. 水电站大坝运行安全在线监控系统技术规范：DL/T 2096—2020［S］. 北京：中国电力出版社，2021.

［4］ 刘毅，李海枫，商峰. 双层复合衬砌隧洞运行安全预警监控指标研究［J］. 中国水利水电科学研究院院报，2021，19（1）：74-80.

［5］ 顾培英，王岚岚，邓昌，等. 我国渡槽结构典型破坏特征研究综述［J］. 水利水电科技进展，2017，37（5）：1-8.

［6］ 蒋海英. 克孜河渡槽槽身裂缝成因分析及处置措施［J］. 水利规划与设计，2019（4）：114-117.

［7］ 索丽生，刘宁. 水工设计手册：第 11 卷 水工安全监测［M］. 2 版. 北京：中国水利水电出版社，2013.

［8］ 南水北调中线干线工程安全监测数据采集和初步分析技术指南：Q/NSBDZX G011—2016［S］. 北京：国务院南水北调工程建设委员会办公室，2016.

［9］ 顾辉. 输水建筑物渡槽工程勘察设计 95 例［M］. 北京：中国水利水电出版社，2010.

［10］ 杨天凯. 调水工程安全运行若干关键问题研究［D］. 北京：中国水利水电科学研究院，2020.

［11］ 范哲，黎利兵，商玉洁. 南水北调中线工程安全监测预警机制研究［J］. 水利水电快报，2019，40（4）：57-60.

［12］ 中国水利水电科学研究院. 南水北调中线输水工程××渡槽三维仿真计算分析研究报告［R］. 北京：中国水利水电科学研究院，2012.

［13］ 王长德，朱以文，何英明. 南水北调中线新型多厢梁式渡槽结构设计研究［J］. 水利学报，1998，29（3）：52-56.

［14］ 何英明，王长德，雷声昂，等. 多厢互联预应力混凝土渡槽设计方法［J］. 水利水电技术，1999（2）：1-3.

［15］ 李慧媛，李海枫，李炳奇，等. 考虑不均匀沉降影响的多厢互联预应力渡槽安全评估研究［J］. 水利水电技术，2021，52（3）：50-60.

[16] 中华人民共和国水利部. 水工混凝土结构设计规范：SL 191—2008 [S]. 北京：中国水利水电出版社，2008.
[17] 邵乃辰. 关于钢筋混凝土内的应力分析 [J]. 水力发电，1985 (7)：26-29.
[18] 冯兴常. 钢筋混凝土结构原型观测资料分析 [J]. 水利学报，1986 (10)：60-65.
[19] 邵乃辰. 钢筋计观测资料整理方法 [J]. 水电自动化与大坝监测，1991，15 (2)：16-22.
[20] 赵志仁，朱化广. 水工钢筋混凝土结构实测钢筋应力的分析与计算 [J]. 水利学报，1992 (1)：75-81.
[21] 储华平，范光亚，赵阳，等. 钢筋计应用中若干问题 [J]. 大坝与安全，2018，110 (6)：37-41.
[22] 王崙，黄耀英，刘钰，等. 大型渡槽实测钢筋应力定量与可靠性分析 [J]. 长江科学院院报，2019，36 (11)：21-26.

第9章 渡槽安全检测问题研究

9.1 概述

渡槽结构安全和寿命主要受到恶劣的工作环境、复杂荷载、服役时间漫长、结构损伤与材料劣化等因素影响，渡槽设计、施工和后期运行管理对其服役时间也产生重要影响。根据设计规范，渡槽设计考虑温度荷载、基础地质条件、风荷载、地震荷载等因素，由于设计理念和设计标准差异，往往会造成渡槽存在先天缺陷；渡槽施工时，由于施工工艺差异和质量把关不严，也会为渡槽后期的服役造成严重的初始损伤。在渡槽后期服役时，由于受到地震、超标洪水、台风等极端工况情况下，导致渡槽结构振动、基础不均匀沉降、槽身错位等缺陷，严重时会造成渡槽结构“即时破坏”的严重事故；在长周期（疲劳）荷载、环境侵（腐）蚀作用下，也会造成渡槽结构的钢筋锈蚀膨胀、材料劣化（冻融）、损伤积累、抗力衰减等，严重影响渡槽的结构安全和服役期限。对建设期与运行期的渡槽进行工程缺陷检测、安全评价和病害处理是保障渡槽结构运行安全和提高服役寿命的基础和关键。图9.1.1给出了渡槽结构安全与寿命示意图，T_1 为设计服役期，T_1-T_i 为剩余服役期，T_2-T_1 为修补加固后的延长服役期，R_0 为设计服役性能，R_1 为最低性能指标，当 $f(R_i/S)>1$ 时渡槽结构安全。

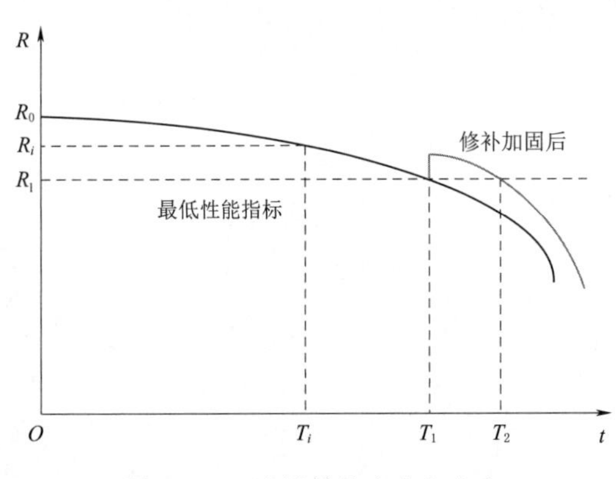

图9.1.1 渡槽结构安全与寿命

9.2 结构无损检测方法

我国对混凝土无损检测的研究工作开始于20世纪50年代中期，引进了瑞士、英国、波兰等国的回弹仪和超声仪，并结合工程应用开展了一定的研究工作。60年代初，我国开始批量生产回弹仪，并陆续研制成功多种型号的超声检测仪，广泛开展混凝土无损检测技术的研究和应用。在检测方法上也取得了很大的进展，但研究重点侧重于混凝土的质量与强度的检测。80年代混凝土无损检测技术在我国得到快速发展，并取得了一定的研究成果，除了超声、回弹等无损检测方法外，还进行了钻芯取样法、后装拔出法的研究。90年代以来，雷达技术、红外成像技术、冲击回波技术等进入实用阶段，同时超声波检测仪器也由模拟式发展为数字式，可将测试数据传入计算机进行各种数据处理，以进一步提高检测的可靠性。进入21世纪以来，混凝土无损检测技术主要有超声波法、冲击回波法、电磁波法等方法。超声波法采用可以对穿混凝土材料的P波，但受探头频率范围有限和钢筋网密布的影响，大型预应力渡槽结构检测无法使用。冲击回波法可测量混凝土内部缺陷及其构件厚度，但信号稳定性差，纵向分辨率低，易受钢筋分布和含水量影响，同时该方法作业效率低，不适合大范围检测。电磁波法（如探地雷达）能够检测到混凝土内部孔洞或蜂窝等缺陷，针对三向预应力渡槽的钢筋网及波纹管内含水等高导材料对其影响较大，且雷达检测精度不足以检测空鼓裂缝，不宜采用此法。

9.2.1 钻芯取样法

钻芯取样法是利用空心薄壁钻头机械，按一定抽检比例从混凝土结构中钻取芯样以检测混凝土内部缺陷的一种方法。该方法直观可靠，但对结构会造成一定的损伤，且工作量大、效率低、费用较高。因此，不宜大面积使用钻芯取样法进行检测，一般只有在用无损检测法发现异常后，才使用该方法做进一步的确认判断。

9.2.2 超声波法

超声波法是目前最为常用的无损检测方法，它利用发射器连续不断地发射超声波脉冲，使超声波在所检测的混凝土中传播，接着由换能器接收信号，首先将接收到的超声波信号转化为电信号，然后再经超声仪将点信号放大显示在示波屏上。当超声波经过混凝土后，接收到的超声波信号就包含了混凝土内部结构、材料性能等信息。经过精确测定声速、波幅和频率等声学参数的相对变化情况，就可以分析判断出混凝土内部缺陷的情况。

用超声波检测预应力混凝土管道压浆质量与检测混凝土内部普通缺陷的基本原理一样，但是超声波通常收到钢筋、波纹管和测试面等因素的影响，限制了该方法在预应力管道压浆质量检测领域的发展。

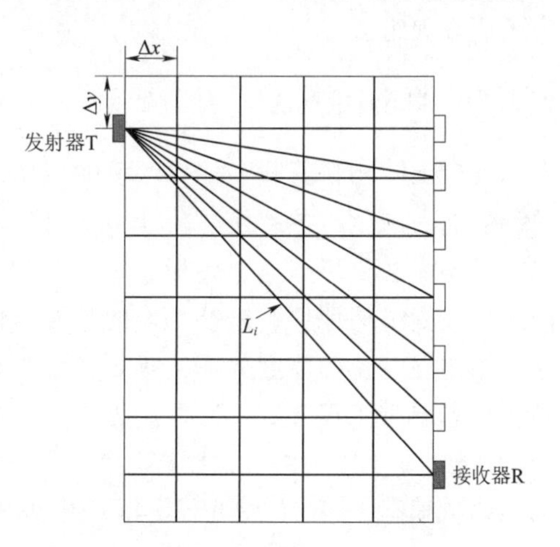

图9.2.1 超声波CT测试原理

超声波CT是计算机层析成像技术（computer tomography，CT）的一种，是一项快速发展的现代无损检测技术，其理论基础来自医学CT成像技术，即通过物体外部检测到的超声波数据重建内部信息的技术。它是把被检测对象离散分割成小的单元，分别给出每一单元上的物体图像，然后把这一系列图像叠加起来，就得到了物体内部的图像，是一种由数据到图像的重建技术，可以通过伪彩色图像反映被测材料或制件内部质量，对缺陷进行定性、定量分析，从而提高检测的可能性（图9.2.1）。

超声波CT技术要点是测试穿过检测剖面上的超声波走时，再采用适当的算法反演检测剖面上超声波速度的分布状况，最后根据超声波速与材料的关系确定检测剖面上不同材料的分布，从而显示检测对象内部结构。由于超声波的波长比较短，超声波CT检测的分辨率高，合理布置测线密度和反演网格单元就可以保证在测试区域内有足够的分辨率。

假设测区共有 I 条测线通过，由 Radon 公式可得从激发点到接收点的实测走时。

$$\tau_i = \int_{L_i} \frac{1}{V_j(x,y)} \mathrm{d}l = \int_{L_i} f_i(x,y) \mathrm{d}l \tag{9.2.1}$$

式中：$V_j(x, y)$ 为第 j 个成像单元的超声波速；$f_j(x, y)$ 为第 j 个成像单元的慢度。

若成像单元足够小，则可将每个单元的 $f_j(x, y)$ 视为常数，则式（9.2.1）可写成如下的级数形式：

$$\tau_i = \sum_{j=1}^{J} a_{ij} f_j \tag{9.2.2}$$

式中：a_{ij} 为第 i 条射线在第 j 个成像单元内的线段长。

从数学上看，式（9.2.2）是一个线性方程组，并可写成矩阵方程：

$$\boldsymbol{\tau} = \mathbf{A} \cdot \boldsymbol{f} \tag{9.2.3}$$

求解式（9.2.3），即根据射线走时 $\boldsymbol{\tau}$，寻求向量 $\boldsymbol{f}$，使 $\| e \|^2 = \| \boldsymbol{\tau} - \mathbf{A}\boldsymbol{f} \|^2$ 为最小。式（9.2.3）的特点为：①由于测线数与单元网格数不等，该式为超定或欠定方程组；②由于 Radon 变换的不适定，方程组的解也不适定，需要进行正则化处理和解估计的评价；③成像单元数一般很大，直接算法解方程则要求计算机的内存较大；④系数矩阵 **A** 是稀疏矩阵，矩阵每一行有 J 个元素（成像单元数），而每一条测线只是通过其中的部分单元，因此，**A** 的大部分元素为 0；⑤测线走时测值不可避免地存在误差，方程组不相容，为矛盾方程组。

9.2.3　冲击回波法

混凝土结构在荷载和外界环境的作用下会出现结构裂缝破坏、钢筋锈蚀等问题。其中内部裂缝的产生与扩展使混凝土强度下降并最终导致混凝土的破坏[1]。目前，混凝土结构，如路面、机场跑道、底板、护坡、挡土墙、隧道衬砌、大坝等，只存在单一测试面，而从事混凝结构评估、修补工作的工程师们往往对以上结构混凝土的厚度比较重视，因为这些结构混凝土的厚度如不达标，将会影响结构的整体强度及其耐久性，造成工程隐患，甚至引起严重工程事故，所以用无损检测方法测试结构混凝土的厚度是有重要意义和实用价值的[2-3]。无损检测方法很多，为了检测只存在单一测试面的结构混凝土的厚度及其内部缺陷，国际上从 20 世纪 80 年代中期开始研究一种新的无损检测方法——冲击回波法（Impact Echo，IE）。冲击回波法应用于混凝土结构物无损检测，具有简便、快速、设备轻便、干扰小、可重复测试等特点。冲击回波法是基于应力波的一种检测结构厚度、缺陷的无损检测方法。

在 80 年代，国外一些专家就对该方法进行了研究。冲击回波法是利用一个短时的机械冲击（用一个小钢球或小锤轻敲混凝土表面）产生低频的应力波，应力波传播到结构内部，被缺陷和构件底面反射回来，这些反射波被安装在冲击点附近的传感器接收下来（图 9.2.2）并被送到一个内置高速数据采集及信号处理的便携式仪器。将所记录的信号进行幅值谱分析，谱图中的明显波峰正是由于冲击表面、缺陷及其他外表面之间的多次反射产生瞬态共振所致，它可以被识别出来并被用来确定结构物的厚度和缺陷位置。

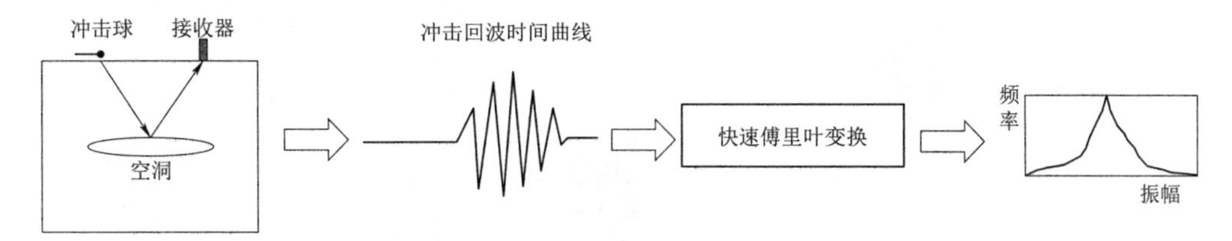

图 9.2.2 冲击回波技术基本原理

冲击回波法测试混凝土测点厚度 D 可采用式（9.2.4）计算：

$$D=\frac{bV_{\mathrm{p}}}{2f}=\frac{bL}{2f\Delta t} \tag{9.2.4}$$

式中：V_{p} 为 P 波波速值，m/s；b 为形状系数，对于板墙可取 0.96；f 为结构主频，kHz；L 为两个接收装置间的直线距离，m；Δt 为两个接收装置所接收到信号的时间差，s。

冲击回波法相对于超声波法的优点：①冲击回波法只需要一个测试面，而超声波方法需要两个测试面，这在很多情况受到限制；②冲击回波法使用比超声波低频的声波（IE 频率范围通常在 2～20kHz），这使得冲击回波方法避免了超声波测试中遇到的高频信号衰减和过多杂波干扰问题；③冲击回波法不需要耦合剂，一个接收器标定每个测点后可直接得出结构厚度或缺陷位置、深度信息。而超声波方法需要耦合剂，两个探头测试也加大了操作的难度。

冲击回波法是在结构表面施加微小冲击（直径 3～20mm 的小钢球，主要是 P 波），在检测目标物上接收波形，通过分析波频谱中的卓越频率，确定回波点离激发表面的距离或结构厚度，从而推测混凝土结构内部的裂缝缺陷。在隧道衬砌、桥梁的制作质量与厚度的检测具有重要的应用价值。工程实践表明，由于冲击回波法受激发小球激发质量影响，检测结构表面不平整或不光滑的不利影响，以及检波器只接收 P 波，且含水的钢筋混凝土对冲击回波主频也产生影响，在三向预应力渡槽缺陷检测中，冲击回波法检测结果与钻芯及室内试验相比误差较大。

9.2.4 地质雷达法

地质雷达法（ground penetrating radar method，GPR）是利用雷达发射天线向建筑物发射高频脉冲电磁波，由接收天线接收目的体的反射电磁波，探测目的体分布的一种勘测方法。其实际是利用介质等电磁波的反射特性，对介质内部的构造和缺陷（或其他不均匀体）进行探测。

地质雷达是近年来一种新兴的地下探测与混凝土建筑物无损检测的新技术，它是利用宽频带高频电磁波信号探测介质结构分布的非破坏性探测仪器，是目前国内外用于测量混凝土内部缺陷最先进、最便捷的仪器之一，天线屏蔽干扰小，探测范围广，分辨率高等优点，故地质雷达可进行连续透视扫描，现场实时显示二维彩色图像，地质雷达工作示意图如图 9.2.3 所示。

地质雷达通过雷达天线对隐蔽目标体进行全断面扫描的方式获得断面的扫描图像，具

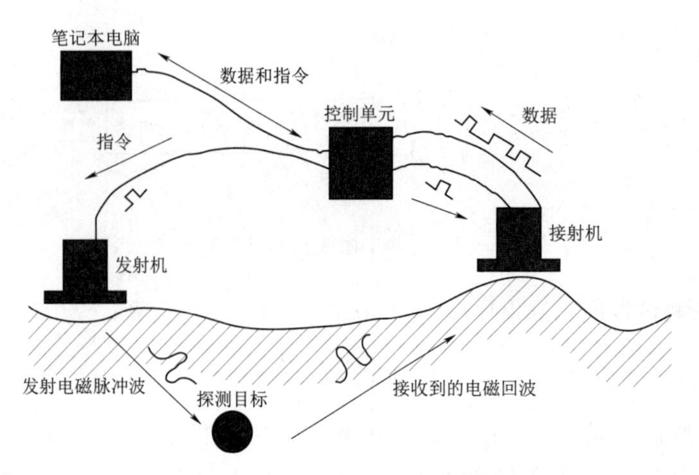

图 9.2.3　地质雷达工作示意图

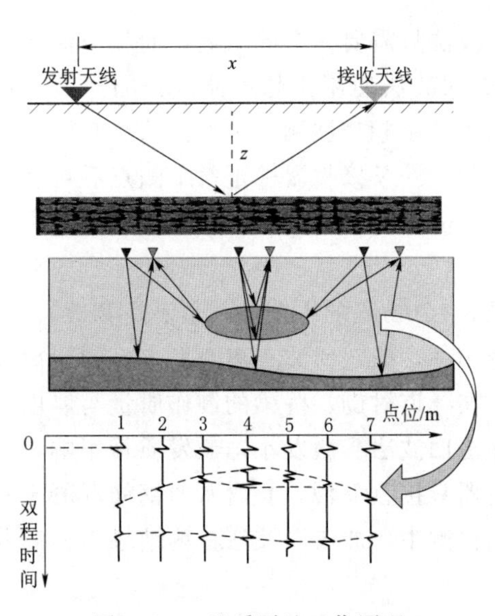

图 9.2.4　地质雷达工作原理

体工作原理是：当雷达系统利用天线向地下发射宽频带高频电磁波，电磁波信号在介质内部传播时遇到介电差异较大的介质界面时，就会发生反射、透射和折射。两种介质的介电常数差异越大，反射的电磁波能量也越大；反射回的电磁波被与发射天线同步移动的接收天线接收后，由雷达主机精确记录下反射回的电磁波的运动特征，再通过信号技术处理，形成全断面的扫描图，工程技术人员通过对雷达图像的判读，判断出地下目标物的实际结构情况。地质雷达工作原理如图 9.2.4 所示。

地质雷达主要利用宽带高频时域电磁脉冲波的反射探测目标体，根据式 (9.2.5)，雷达根据测得的雷达波走时，自动求出反射物的深度 z 和范围：

$$t=\sqrt{4z^2+x^2}/v \tag{9.2.5}$$

电磁波的传播取决于介质的电性，介质的电性主要有电导率 μ 和介电常数 ε，前者主要影响电磁波的穿透（探测）深度，在电导率适中的情况下，后者决定电磁波在该物体中的传播速度，因此，电性介面也就是电磁波传播的速度介面。不同的地质体（物体）具有不同的电性，因此，在不同电性地质体的分界面上，都会产生回波。基本目标体探测原理如图 9.2.5 所示。

地质雷达基本参数如下。

(1) 电磁脉冲波旅行时间：

$$t=\sqrt{4z^2+x^2}/v\approx 2z/v \tag{9.2.6}$$

式中：z 为待查目标体的埋深；x 为发射、接收天线的距离（式中因 $z\gg x$，故 x 可忽

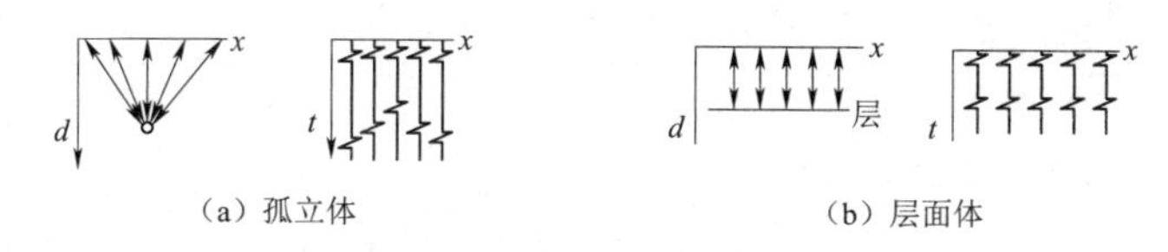

图 9.2.5　基本目标体探测原理示意图

d—埋深；t—电磁波传播时间；x—发射与接收天线的距离

略）；v 为电磁波在介质中的传播速度。

（2）电磁波在介质中的传播速度：

$$v=c/\sqrt{\varepsilon_r\mu_r}\approx c/\sqrt{\varepsilon_r} \tag{9.2.7}$$

式中：c 为电磁波在真空中的传播速度，为 0.29979m/ns；ε_r 为介质的相对介电常数；μ_r 为介质的相对磁导率（一般 $\mu_r\approx1$）。

（3）电磁波的反射系数：

电磁波在介质传播过程中，当遇到相对介电常数明显变化的地质现象时，电磁波将产生反射及透射现象，其反射和透射能量的分配主要与异常变化界面的电磁波反射系数有关：

$$r=\frac{(\sqrt{\varepsilon_2\mu_2}-\sqrt{\varepsilon_1\mu_1})^2}{(\sqrt{\varepsilon_2\mu_2}+\sqrt{\varepsilon_1\mu_1})^2}\approx\frac{(\sqrt{\varepsilon_2}-\sqrt{\varepsilon_1})^2}{(\sqrt{\varepsilon_2}+\sqrt{\varepsilon_1})^2} \tag{9.2.8}$$

式中：r 为界面电磁波反射系数；ε_1 为第一层介质的相对介电常数；ε_2 为第二层介质的相对介电常数。

空气的相对介电常数为 1，最小；水的相对介电常数为 81，最大。常见介质的电性特征见表 9.2.1。

表 9.2.1　常见介质的电性特征

介　质	电导率/(S/m)	相对介电常数	速度/(m/ns)	衰减系数/(dB/m)
空气	0	1	0.3	0
新鲜水	5×10^{-4}	81	0.033	0.1
混凝土		6.4	0.12	
花岗岩（干）	10^{-8}	5	0.15	0.01～1
花岗岩（湿）	10^{-3}	7	0.1	0.01～1
灰岩（干）	10^{-9}	7	0.11	0.4～1
灰岩（湿）	2.5×10^{-2}	8		0.4～1
砂岩（湿）	4×10^{-2}	6		
页岩（湿）	0.1	7	0.09	1～100
淤泥	10^{-3}～0.1	5～30	0.07	1～100

检测时，电磁波由空气进入二次衬砌的混凝土，会出现强反射；同样，当电磁波由二次衬砌传播至一次支护，继而由一次支护传播到岩层时，如果交界处贴合不好，或存在空隙，也会导致雷达剖面相位和幅度发生变化，由此可以确定衬砌厚度和发现施工缺陷。当电磁波遇到以传导电流为主的介质时，如二次衬砌中的钢筋和一次支护的钢拱架，会出现

全反射，接收到的能量非常强，在雷达剖面上显示强异常，由此可以确定钢筋和钢拱架的分布情况。

（4）地质雷达记录时间和勘查深度的关系：

$$z=\frac{1}{2}vt=\frac{1}{2}\frac{c}{\sqrt{\varepsilon_r}}t \tag{9.2.9}$$

式中：z 为勘查目标体的深度；t 为雷达记录时间。

探地雷达主要用于检测混凝土围岩衬砌脱空等明显缺陷问题，效果显著，如图 9.2.6 所示。探地雷达能检测渡槽中的钢筋分布，以及渡槽波纹管灌浆不密实等缺陷问题，如图 9.2.7 所示。但对于渡槽中存在的缝宽很小空鼓缝（<5mm），其检测精度不能满足要求。

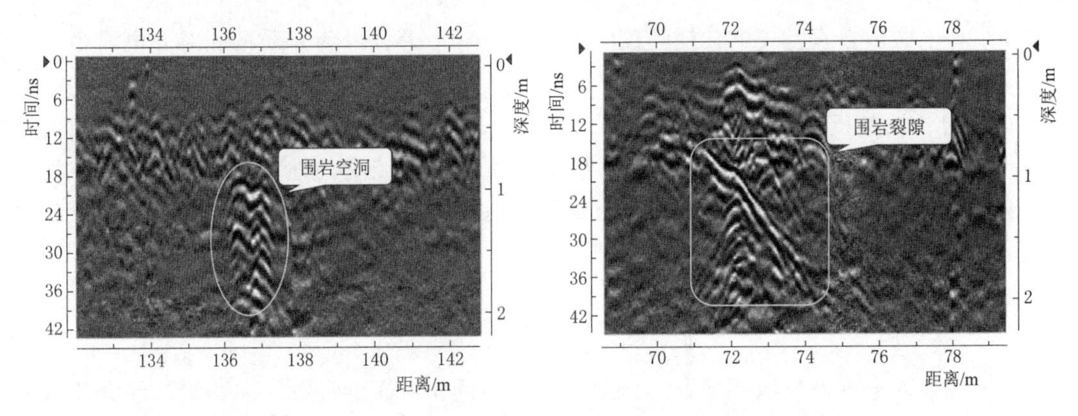

图 9.2.6　地质雷达检测围岩空洞及裂隙

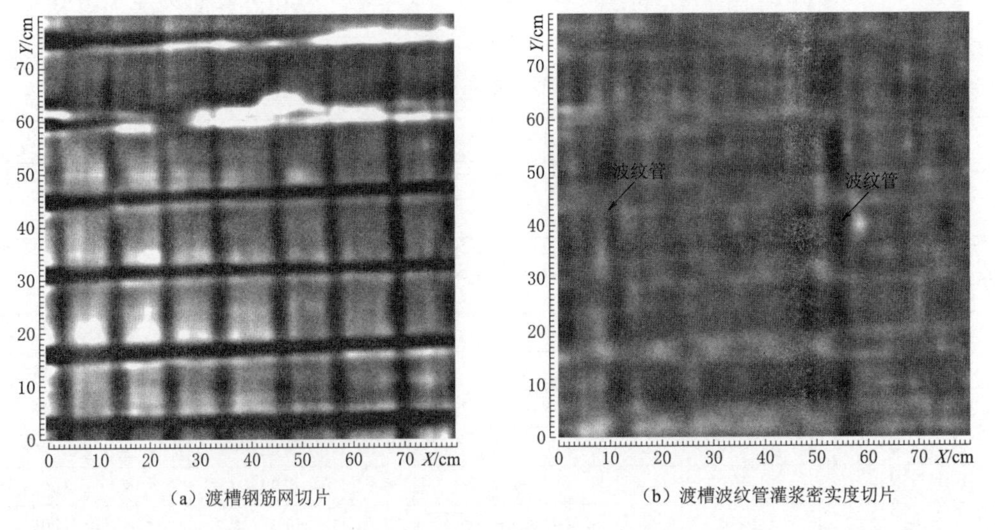

（a）渡槽钢筋网切片　　（b）渡槽波纹管灌浆密实度切片

图 9.2.7　探地雷达检测渡槽钢筋网及波纹管灌浆质量

9.2.5　冲击映像法

冲击映像法起源于石油勘探使用的地震映像法，其基本原理与冲击回波法类似，但与两者相比，又有很大的区别。地震映像法利用纵波反射波同相轴技术判断地下土层的情况，所适应的检测对象尺度往往较大，为百米甚至千米级别，分辨率较低，反映在接收到的响应波形信号上，各波形成分容易区分，波幅突变的信号点明显。而冲击映像法所面对的大型混凝土结构主要以板、梁、柱结构为主，其特点是尺度小，波速快，观测到的响应波形数据有直达波、反射波、面波等，这些波形成分往往是无法区别和提取的，这时就需要在充分研究弹性波传播原理的基础上，发展特殊计算分析方法。冲击映像法与冲击回波法相比，在激发方式、接收检波器上类似，均采用钢球或检测锤激发，通过不断移动震源偏移距内接收响应波形信号。但两者在检测原理及数据分析方法上有很大不同。冲击回波法利用的是响应波形的峰值频率推测反射面深度，选取的是其中的高频声波信号（P 波），而冲击映像法则可综合利用各个频率段的响应信号，其接收的是反射 P 波和瑞雷面波的垂直分量[4]。当裂缝深度较浅时，则可根据反射波走时以及褶积运算精确求解，充分利用弹性波的动力学信息提高勘探分辨率和精度。冲击回波法最终显示结果为各个检测点的厚度值，而冲击映像法能产生检测面的构造图、等厚图和速度平面图等对混凝土结构内部介质进行解释。

9.3 冲击映像法检测原理

9.3.1 波动问题基本方程[5]

在弹性固体介质中，所有的质点都彼此紧密联系在一起，因此任何一个质点的振动都可以传递给周围的质点，使其发生振动。在弹性固体介质内，质点振动的传播过程被称为波动，振动是以波的形式向周围传播的，这种波被称为弹性波或应力波。

弹性波的类型和属性主要取决于介质中质点运动方向与波传播方向的关系，依次可以将波分为纵波、横波和表面波。纵波传播方向与质点运动方向平行，它会使弹性体内产生交替的拉伸和压缩变形，从而在弹性体内沿波的传播方向引起交替的拉压应力，本书中冲击回波法所利用的波就是这一类纵波。横波又称为剪切波，其传播方向与弹性体介质质点的振动方向相垂直，这种波不会引起材料密度的改变，且所有纵向应变 ε_{11}、ε_{22}、ε_{33} 均为 0。表面波是一种沿介质表面传播的波，形成于介质表面交替变化的表面张力使得介质表面的质点做由纵向和横向运动合成的椭圆振动。

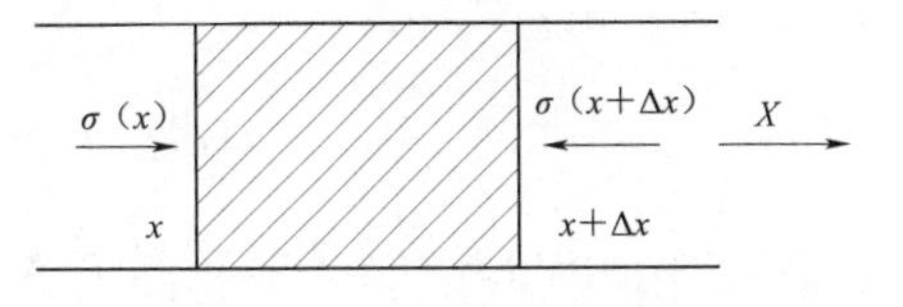

图 9.3.1 杆件内的弹性波

1. 一维波动方程及求解

以一维问题为例，在此说明波动方程。现从一维杆件中取一段长为 Δx 的微元体，两端截面的坐标分别为 x 和 $x+\Delta x$，如图 9.3.1 所示。

若设杆件材料的质量密度和横截面面积分别为 ρ 和 A，则根据牛顿第二定律有：

$$\rho A\Delta x\frac{\partial^2 u}{\partial t^2}=A\sigma(x+\Delta x)-A\sigma(x)=A\left[\sigma(x)+\frac{\partial\sigma(x)}{\partial x}\right]-A\sigma(x) \tag{9.3.1}$$

式（9.3.1）中$\frac{\partial^2 u}{\partial t^2}$为杆微元的加速度，简化后得

$$\rho \frac{\partial^2 u}{\partial t^2}=\frac{\partial \sigma(x)}{\partial x} \tag{9.3.2}$$

因为杆的变形是弹性的，并且满足胡克定律$\sigma=E\varepsilon$，而$\varepsilon=\frac{\partial u}{\partial x}$，则有

$$\frac{\partial^2 u}{\partial t^2}\approx\frac{E}{\rho}\frac{\partial^2 u}{\partial x^2} \tag{9.3.3}$$

令$C\approx\sqrt{E/\rho}$，那么式（9.3.3）可以写为

$$\frac{\partial^2 u}{\partial t^2}=C^2\frac{\partial^2 u}{\partial x^2} \tag{9.3.4}$$

这便是一维情况下的波动微分方程。式中C就是弹性波的传播速度，即纵波波速。

由波动微分方程可知，波动函数$u(t,x)$为时间t和截面坐标x的函数。当x等于常数时，波动函数描述的是某一固定截面上质点的位移随时间的变化状态；而当t等于常数时，波动函数描述的是某一固定时刻不同截面上的质点振动位移状态。因此，称$u(t, x=x_0)$为振动曲线图，称$u(t=t_0, x)$为波动曲线图。

通过求解波动微分方程，可以获得波动函数的具体解析解。已知振动位移具有如下形式的解：

$$u(t)=a\cos\omega t \tag{9.3.5}$$

式中：a为振幅；ω为圆频率；t为从振动开始时刻起算的时间。

在杆件单元中取任一质点A，A的横坐标为x，振动从坐标原点传到点A的时间间隔为

$$\tau=\frac{x}{C} \tag{9.3.6}$$

式中：C为弹性波的传播速度。假定不考虑波传播中的阻尼衰减作用，则当波到达点A时，点A的振动位移为

$$u(t)=a\cos\omega(t-\tau)=a\cos\omega\left(t-\frac{x}{C}\right) \tag{9.3.7}$$

式（9.3.7）就是无阻尼情况下波动函数的一般表达。

2. 连续体中的波动方程

在垂直坐标轴OX_1、OX_2和OX_3的不同轴平面上有作用应力$\sigma_{ij}(i, j=1, 2, 3)$，其中第一个下标表示应力的方向，而第二个下标定义为应力作用在与该轴垂直的面。u_1、u_2、u_3分别为空间坐标X_1、X_2、X_3的位移函数。

如图9.3.2中的静态应力微元体，在静态平衡条件下满足：

$$\begin{cases}\sum F=0\\ \sum M=0\end{cases} \tag{9.3.8}$$

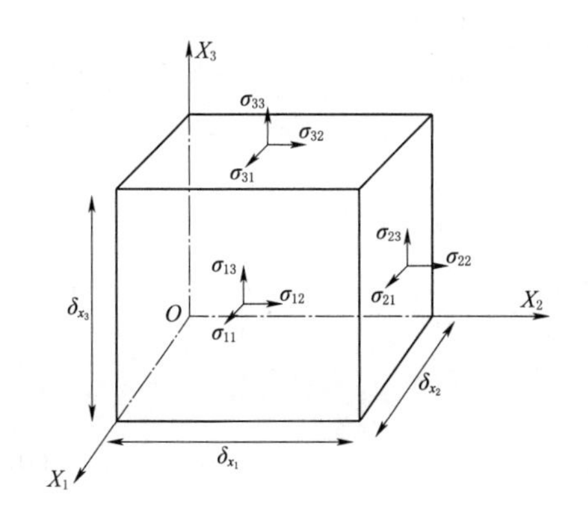

图 9.3.2 静态应力微元体图

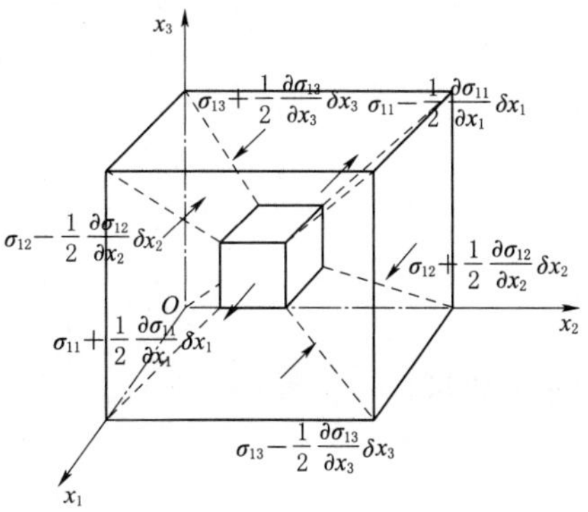

图 9.3.3 动态应力微元体图

如图 9.3.3 中动态应力微元体图所示，微元体处于动态平衡即静态非平衡状态，此时作用在相对面的应力将不相等。为获取弹性波在连续体中的传播方程，取一微元体与坐标值 x_1 平行的四个侧面上的应力变化。沿 3 个坐标轴方向的牛顿定律可以表示为

$$\begin{cases} F_{x_1}=ma_{x_1} \\ F_{x_2}=ma_{x_2} \\ F_{x_3}=ma_{x_3} \end{cases} \tag{9.3.9}$$

在 Ox_1 向仅有，

$$\sum F_{x_1}=\rho\delta x_1\delta x_2\delta x_3\ \frac{\partial^2 u_1}{\partial t^2} \tag{9.3.10}$$

作用在 Ox_1 方向的所有应力在图 9.3.3 中已标出，在静态应力微元体（尺寸为 δx_1，δx_2，δx_3），有正应力 σ_{11}、σ_{22}、σ_{33} 和剪应力 σ_{12}、σ_{23}、σ_{31}。图 9.3.3 动态应力微元体上，在每个面上的应力这时有

$$\sigma_{11}+\frac{1}{2}\frac{\partial\sigma_{11}}{\partial x_1}\delta x_1,\sigma_{12}+\frac{1}{2}\frac{\partial\sigma_{12}}{\partial x_2}\delta x_2,\sigma_{13}+\frac{1}{2}\frac{\partial\sigma_{13}}{\partial x_3}\delta x_3$$

$$\sigma_{11}-\frac{1}{2}\frac{\partial\sigma_{11}}{\partial x_1}\delta x_1,\sigma_{12}-\frac{1}{2}\frac{\partial\sigma_{12}}{\partial x_2}\delta x_2,\sigma_{13}-\frac{1}{2}\frac{\partial\sigma_{13}}{\partial x_3}\delta x_3$$

其中 $\pm\frac{\partial\sigma_{11}}{\partial x_1}\delta x_1$ 项表示 σ_{11} 从微元体中心沿 Ox_1 轴的变分（+代表正轴向，−代表负轴向），其他各项同理。

从图 9.3.3 中可以看出，作用的 6 个分力均平行于 Ox_1 轴，若不计体积力的影响，考虑在 Ox_1 向的力平衡，可得

$$\begin{aligned}&\left(\sigma_{11}+\frac{1}{2}\frac{\partial\sigma_{11}}{\partial x_1}\delta x_1-\sigma_{11}+\frac{1}{2}\frac{\partial\sigma_{11}}{\partial x_1}\delta x_1\right)\delta x_2\delta x_3\\&+\left(\sigma_{12}+\frac{1}{2}\frac{\partial\sigma_{12}}{\partial x_2}\delta x_2-\sigma_{12}+\frac{1}{2}\frac{\partial\sigma_{12}}{\partial x_2}\delta x_2\right)\delta x_1\delta x_3\\&+\left(\sigma_{13}+\frac{1}{2}\frac{\partial\sigma_{13}}{\partial x_3}\delta x_3-\sigma_{13}+\frac{1}{2}\frac{\partial\sigma_{13}}{\partial x_3}\delta x_3\right)\delta x_1\delta x_2=\sum Fx_1\end{aligned} \tag{9.3.11}$$

将式（9.3.9）代入式（9.3.11）可得

$$\frac{\partial \sigma_{11}}{\partial x_1}+\frac{\partial \sigma_{12}}{\partial x_2}+\frac{\partial \sigma_{13}}{\partial x_3}=\rho \frac{\partial^2 u_1}{\partial t^2}$$

同理可得

$$\frac{\partial \sigma_{21}}{\partial x_1}+\frac{\partial \sigma_{22}}{\partial x_2}+\frac{\partial \sigma_{23}}{\partial x_3}=\rho \frac{\partial^2 u_2}{\partial t^2}$$

$$\frac{\partial \sigma_{31}}{\partial x_1}+\frac{\partial \sigma_{32}}{\partial x_2}+\frac{\partial \sigma_{33}}{\partial x_3}=\rho \frac{\partial^2 u_3}{\partial t^2}$$

采用张量表示：

$$\frac{\partial \sigma_{ij}}{\partial x_j}=\rho \frac{\partial^2 u_i}{\partial t^2} \tag{9.3.12}$$

已知空间物理方程和 Lame 常数 λ，μ：

$$\begin{cases} \sigma_{11}=\dfrac{E}{1+\gamma}\left(\dfrac{\gamma}{1-2\gamma}\Delta+\varepsilon_{11}\right) \\ \sigma_{22}=\dfrac{E}{1+\gamma}\left(\dfrac{\gamma}{1-2\gamma}\Delta+\varepsilon_{22}\right) \\ \sigma_{33}=\dfrac{E}{1+\gamma}\left(\dfrac{\gamma}{1-2\gamma}\Delta+\varepsilon_{33}\right) \\ \sigma_{12}=\dfrac{E}{1+\gamma}\varepsilon_{12} \\ \sigma_{13}=\dfrac{E}{1+\gamma}\varepsilon_{13} \\ \sigma_{23}=\dfrac{E}{1+\gamma}\varepsilon_{23} \end{cases} \tag{9.3.13}$$

$$\begin{cases} \mu=\dfrac{E}{2(1+\gamma)} \\ \lambda=\dfrac{\gamma E}{(1+\lambda)(1-2\gamma)} \end{cases} \tag{9.3.14}$$

将式（9.3.13）和式（9.3.14）代入式（9.3.12），可得

$$\begin{cases} \rho \dfrac{\partial^2 u_1}{\partial t^2}=\dfrac{\partial(\lambda\Delta+2\mu\varepsilon_{11})}{\partial x_1}+\dfrac{\partial(2\mu\varepsilon_{12})}{\partial x_2}+\dfrac{\partial(2\mu\varepsilon_{13})}{\partial x_3} \\ \rho \dfrac{\partial^2 u_2}{\partial t^2}=\dfrac{\partial(\lambda\Delta+2\mu\varepsilon_{22})}{\partial x_2}+\dfrac{\partial(2\mu\varepsilon_{21})}{\partial x_1}+\dfrac{\partial(2\mu\varepsilon_{23})}{\partial x_3} \\ \rho \dfrac{\partial^2 u_3}{\partial t^2}=\dfrac{\partial(\lambda\Delta+2\mu\varepsilon_{33})}{\partial x_3}+\dfrac{\partial(2\mu\varepsilon_{31})}{\partial x_1}+\dfrac{\partial(2\mu\varepsilon_{32})}{\partial x_2} \end{cases} \tag{9.3.15}$$

其中，$\Delta=\dfrac{\partial u_1}{\partial x_1}+\dfrac{\partial u_2}{\partial x_2}+\dfrac{\partial u_3}{\partial x_3}=\varepsilon_{11}+\varepsilon_{22}+\varepsilon_{33}=\dfrac{\partial u_i}{\partial x_i}$是体积变形。

根据应变的定义，有

$$\begin{cases} \varepsilon_{ii}=\dfrac{\partial u_i}{\partial x_i} \\ \varepsilon_{ij}=\dfrac{1}{2}\left(\dfrac{\partial u_i}{\partial x_j}+\dfrac{\partial u_j}{\partial x_i}\right) \end{cases} \tag{9.3.16}$$

式（9.3.16）代入式（9.3.15）有

$$\begin{cases}\rho\dfrac{\partial^2 u_1}{\partial t^2}=(\lambda+\mu)\dfrac{\partial\Delta}{\partial x_1}+\mu\left(\dfrac{\partial^2}{\partial x_1^2}+\dfrac{\partial^2}{\partial x_2^2}+\dfrac{\partial^2}{\partial x_3^2}\right)u_1\\ \rho\dfrac{\partial^2 u_2}{\partial t^2}=(\lambda+\mu)\dfrac{\partial\Delta}{\partial x_2}+\mu\left(\dfrac{\partial^2}{\partial x_1^2}+\dfrac{\partial^2}{\partial x_2^2}+\dfrac{\partial^2}{\partial x_3^2}\right)u_2\\ \rho\dfrac{\partial^2 u_3}{\partial t^2}=(\lambda+\mu)\dfrac{\partial\Delta}{\partial x_3}+\mu\left(\dfrac{\partial^2}{\partial x_1^2}+\dfrac{\partial^2}{\partial x_2^2}+\dfrac{\partial^2}{\partial x_3^2}\right)u_3\end{cases}\tag{9.3.17}$$

把式（9.3.17）中的3个公式分别对 x_1、x_2、x_3 微分后相加则可得

$$\rho\frac{\partial^2\Delta}{\partial t^2}=(\lambda+2\mu)\left(\frac{\partial^2}{\partial x_1^2}+\frac{\partial^2}{\partial x_2^2}+\frac{\partial^2}{\partial x_3^2}\right)\Delta\tag{9.3.18}$$

令算子$\nabla^2=\dfrac{\partial^2}{\partial x_1^2}+\dfrac{\partial^2}{\partial x_2^2}+\dfrac{\partial^2}{\partial x_3^2}$，那么式（9.3.18）可以写为

$$\frac{\partial^2\Delta}{\partial t^2}=\frac{\lambda+2\mu}{\rho}\nabla^2\Delta\tag{9.3.19}$$

对于体积变形 $\Delta=\varepsilon_{11}+\varepsilon_{22}+\varepsilon_{33}$ 的线性双曲型偏微分方程，表示体积变形以波速 C_P 传播，且

$$C_P=\left(\frac{\lambda+2\mu}{\rho}\right)^{1/2}\tag{9.3.20}$$

如果把式（9.3.17）中第一式对 x_2 微分，对第二式对 x_1 微分，相减后消去 Δ，则可得

$$\rho\frac{\partial^2}{\partial t^2}\left(\frac{\partial u_1}{\partial x_2}-\frac{\partial u_2}{\partial x_1}\right)=\mu\left(\frac{\partial^2}{\partial x_1^2}+\frac{\partial^2}{\partial x_2^2}+\frac{\partial^2}{\partial x_3^2}\right)\left(\frac{\partial u_1}{\partial x_2}-\frac{\partial u_2}{\partial x_1}\right)\tag{9.3.21}$$

根据定义，刚体的旋转角位移是

$$\omega_{ij}=\frac{1}{2}\left(\frac{\partial u_i}{\partial x_j}-\frac{\partial u_j}{\partial x_i}\right)\tag{9.3.22}$$

式（9.3.22）代入式（9.3.21）得

$$\rho\frac{\partial^2\omega_{12}}{\partial t^2}=\mu\nabla^2\omega_{12}\tag{9.3.23}$$

这就表示旋转角位移 ω_{12} 以波速 C_ω 传播，即 $C_\omega=\left(\dfrac{\mu}{\rho}\right)^{1/2}$，同理可得 $C_{\omega13}$，$C_{\omega23}$。

若假设膨胀为0，由式（9.3.17）可得

$$\begin{cases}\rho\dfrac{\partial^2 u_1}{\partial t^2}=\mu\nabla^2 u_1\\ \rho\dfrac{\partial^2 u_2}{\partial t^2}=\mu\nabla^2 u_2\\ \rho\dfrac{\partial^2 u_3}{\partial t^2}=\mu\nabla^2 u_3\end{cases}$$

等容波将以波速 $C_\omega=\left(\dfrac{\mu}{\rho}\right)^{1/2}$ 传播。因此在无限大各向同性介质中可有两种波速：

$$C_P=\left(\frac{\lambda+2\mu}{\rho}\right)^{1/2} \tag{9.3.24}$$

$$C_S=\left(\frac{\mu}{\rho}\right)^{1/2} \tag{9.3.25}$$

第一种波是无旋波（$\omega=0$）、纵波或膨胀波；第二种波没有体积膨胀，是剪切波或旋转波。

9.3.2　弹性波分类及适用范围

1. 弹性波分类

在混凝土、岩土、金属等固体物质中，通过力或应变发振产生的扰动波称为弹性波。根据波动的传播方向与粒子的振动方向的关系分类如下：①P 波（纵波、又叫疏密波）：波的传播方向与粒子运动方向一致，且在介质中传播时，仅使各质点改变体积而无转动；当无限均匀的弹性介质受到冲击荷载时，质点产生交替变化的拉伸和压缩变形；②S 波：波的传播方向与粒子运动方向垂直（粒子的运动方向与结构物表面平行的 S 波也称为 SH 波，与表面垂直的 S 波为 SV 波）。P 波与 S 波存在于物体的内部，因此称为体波。另外，在边界面附近，由于边界条件的约束则产生表面波，如 Rayleigh 波（简称 R 波）、Love、Lame 波等。R 波的大部分能量集中在约 1 个波长深度范围内，是代表性的表面波。由于它的衰减比其他的体波少，在结构物表面激振和传播的信号主要是 R 波。当下层材料坚硬、上层结构松软时，在上表面由 SH 波合成产生 Love 波。Lame 波又叫板波，是板厚度较薄的板状弹性体由上下两个表面反射的波相互干涉合成的。图 9.3.4 给出了各弹性波成分的相互关系。

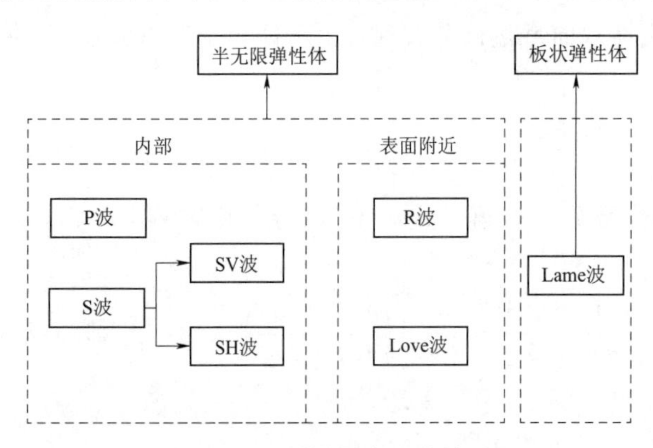

图 9.3.4　弹性波各成分关系

2. 不同类型冲击波的适用范围

冲击映像法利用的是近源弹性波。所谓近源，是指接收点离激发点很近，体波和面波以及体波的直达波和反射波等混杂在一起，不能用通常的地震反射法的方法去分析数据。如果介质模型比较简单，缺陷属性单一（例如只存在脱空，或只存在厚度变化等），检测时只需要确定缺陷的平面位置，这时可以不对波场进行分离，直接从波形特征变化判断。如果介质模型复杂，存在多种缺陷，就需要通过复杂的数学方法对波场进行分离分析。一般说来，频率越高，波速越低，各种波就越容易分离。但是，频率越高，激发力度和冲击锤的质量就需要越小，激发信号就越弱，信号也越不稳定。同时弹性波频率越高，衰减就越大，检测深度就越浅，因此需要根据实际检测综合考虑以平衡各种优缺点。

横波（S 波）冲击映像法，根据弹性波传播理论，弹性波由激发点向外传播，遇到界面会产生反射、折射和类型转换等。由于冲击映像法设置的接收点离激发点很近，波动几乎是垂直入射到介质内部的界面上，然后又被垂直地反射回来，形成一次反射波，一次反射波入射到介质表面后，一部分能量又被反射回去，然后再次被反射回来形成二次反射波，依次类推。为了从理论上进行分析，可以把这一过程展开成图 9.3.5 的形式，各反射波可以表达为

$$\begin{cases} A_1 = A_0 R_1 \mathrm{e}^{wi} \\ A_2 = A_1 R_0 R_1^{iw} = A_0 R_0 R_1^2 \mathrm{e}^{2wi} \\ \cdots \\ A_{n-1} = A_{n-1} R_0 R_1^{iw} = A_0 R_0^{n-2} R_1^{n-1} \mathrm{e}^{(n-1)wi} \\ A_n = A_n R_0 R_1^{iw} = A_0 R_0^{n-1} R_1^n \mathrm{e}^{nwi} \end{cases} \tag{9.3.26}$$

上述分析可知，由检波器接收到的弹性波是各次反射波信号的叠加，信号强度以及波动的延续时间主要由界面的反射系数和介质对弹性波的衰减特性决定，由于衰减特性是材料本身的物理性质，因此，接收到的弹性波主要反映介质内部界面的反射系数。由弹性波理论可知，当弹性波垂直入射时，反射系数可表示为

$$\begin{cases} R_{0\mathrm{p}} = \dfrac{\rho_\mathrm{a} V_\mathrm{pa} - \rho_1 V_\mathrm{p1}}{\rho_\mathrm{a} V_\mathrm{pa} + \rho_1 V_\mathrm{p1}} \\ R_{0\mathrm{s}} = \dfrac{\rho_\mathrm{a} V_\mathrm{sa} - \rho_1 V_\mathrm{s1}}{\rho_\mathrm{a} V_\mathrm{sa} + \rho_1 V_\mathrm{s1}} \\ R_{1\mathrm{p}} = \dfrac{\rho_2 V_\mathrm{p2} - \rho_1 V_\mathrm{p1}}{\rho_2 V_\mathrm{p2} + \rho_1 V_\mathrm{p1}} \\ R_{1\mathrm{s}} = \dfrac{\rho_2 V_\mathrm{s2} - \rho_1 V_\mathrm{s1}}{\rho_2 V_\mathrm{s2} + \rho_1 V_\mathrm{s1}} \end{cases} \tag{9.3.27}$$

式中：V_pa、V_sa、ρ_a 分别为空气的 P 波速度、S 波速度（$\equiv 0$）和密度；V_p1、V_s1、ρ_1 分别表示介质 1（结构物本身）的 P 波速度、S 波速度（$\equiv 0$）和密度；V_p2、V_s2、ρ_2 分别表示介质 2（缺陷处）的 P 波速度、S 波速度（$\equiv 0$）和密度。

对于介质表面，$V_\mathrm{sa} \equiv 0$，$\rho_\mathrm{a} \approx 0$，因此，无论是 P 波还是 S 波的反射系数都为$-1$，即产生全反射（$-1$ 表示反射波和入射波相位相反）。介质内部的反射界面一般为缺陷区域的包络面，V_p2、V_s2、ρ_2 即为缺陷的介质物理参数。对于水面下的脱空区，其内部充满水或软泥，$V_\mathrm{p2} \approx V_\mathrm{pw}$（水的 P 波速度），$V_\mathrm{s2} \approx 0$，因此，反射系数 $|R_\mathrm{s}| \gg |R_\mathrm{p}|$（横波反射系数远大于纵波反射系数），可见如果采用 S 波的冲击映像法检测混凝土底板下脱空情况会比利用 P 波更为有效。

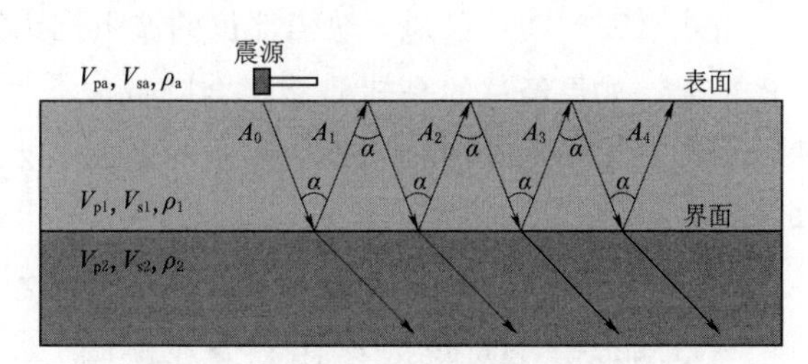

图 9.3.5 弹性波在界面间的多次反射

9.3.3 多层介质传播理论[6,7]

冲击映像法类似于传统的单道地震记录，其原理是基于由地下介质的局部变化引起的弹性波动场的变化。

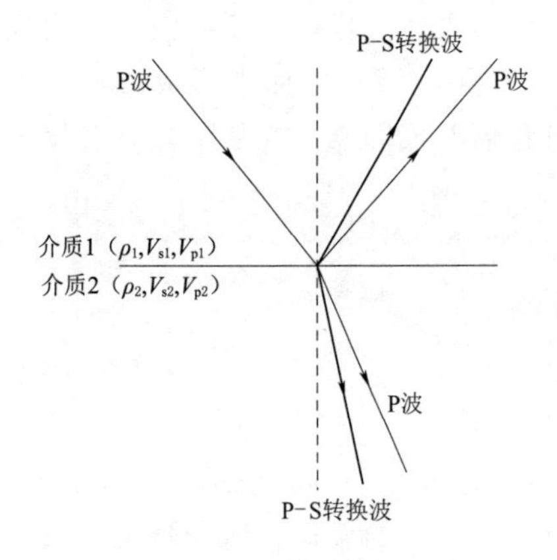

图 9.3.6 不同材质界面处弹性波传播特性

1. 弹性波沿不同材质界面传播的理论

弹性波在混凝土介质中传播遇到不连续介质面，理论研究时，通常将其简化为层状介质模型，以研究弹性波在该交界面上的反射和投射以及转换，从而造成弹性波的衰减和成分改变，如图 9.3.6 所示。

从纵波和横波的波动方程出发，根据斯奈尔定理，不同介质内 P 波、SV 波的波函数可表达如下：

$$\begin{cases}\varphi_1=\mathrm{e}^{j(wt-\sigma x-p_1 z)}+R_{\mathrm{pp}}\mathrm{e}^{j(wt-\sigma x+p_1 z)}\\ \psi_1=R_{\mathrm{ps}}\mathrm{e}^{j(wt-\sigma x+s_1 z)}\\ \varphi_2=T_{\mathrm{pp}}\mathrm{e}^{j(wt-\sigma x-p_2 z)}\\ \psi_2=T_{\mathrm{ps}}\mathrm{e}^{j(wt-\sigma x-s_2 z)}\end{cases} \tag{9.3.28}$$

式中：φ_1、ψ_1 为介质 1 中 P 波和 S 波位函数；φ_2、ψ_2 为介质 2 中 P 波、S 波位函数；σ 为视波参数，$\sigma=\Lambda_{\mathrm{p}}^{n+1}\sin i_{\mathrm{p}}^{n+1}=\Lambda_{\mathrm{s}}^{n+1}\sin i_{\mathrm{s}}^{n+1}=\dfrac{w}{c}$，$\Lambda_{\mathrm{p}}^{n+1}=\dfrac{w}{V_{\mathrm{p,n+1}}}$，$\Lambda_{\mathrm{s}}^{n+1}=\dfrac{w}{V_{\mathrm{s,n+1}}}$；$c$ 为波沿界面方向的视波速度，$c=\dfrac{V_{\mathrm{p,n+1}}}{\sin i_{\mathrm{s}}^{n+1}}$，$p^{n+1}=\sqrt{(\Lambda_{\mathrm{p}}^{n+1})^2-\sigma^2}$，$s^{n+1}=\sqrt{(\Lambda_{\mathrm{s}}^{n+1})^2-\sigma^2}$；$R_{\mathrm{pp}}$、$R_{\mathrm{ps}}$、$T_{\mathrm{pp}}$、$T_{\mathrm{ps}}$分别以位移振幅比表示 P 波反射系数、SV 波反射系数、P 波透射系数和 SV 波透射系数。

这里，我们考虑入射波垂直进入介质，即入射角 $i=0°$，此时不存在转换波，分界面的 P 波和 S 波的反射系数可表示为

$$\begin{cases}R_{\mathrm{pp}}=\dfrac{\rho_2 V_{\mathrm{p},2}-\rho_1 V_{\mathrm{p},1}}{\rho_2 V_{\mathrm{p},2}+\rho_1 V_{\mathrm{p},1}}\\ R_{\mathrm{ss}}=\dfrac{\rho_2 V_{\mathrm{s},2}-\rho_1 V_{\mathrm{s},1}}{\rho_2 V_{\mathrm{s},2}+\rho_1 V_{\mathrm{s},1}}\end{cases} \tag{9.3.29}$$

由式（9.3.29）可知，缺陷部位的波阻抗比完整部分的要大，弹性波经过缺陷部分会形成反射，如果经过的是软弱夹层会降低波速，因此在其表面接收到较为明显的反射回波。

2. 混凝土层间缺陷问题弹性理论

当检测混凝土对象内存在裂缝或缺陷时，我们将该处的混凝土结构介质简化为层状半空间弹性介质模型，推到多层介质界面反射系数递推解，如图 9.3.7 所示。理论上各介质界面互相平行、界面处连续，且介质均匀各向同性，其最上层为自由表面。当自由表面激励一个波源后，弹性波在层状半空间介质中传播，在传播过程中遇到分界面，弹性波场在分界面上产生反射波和透射波，

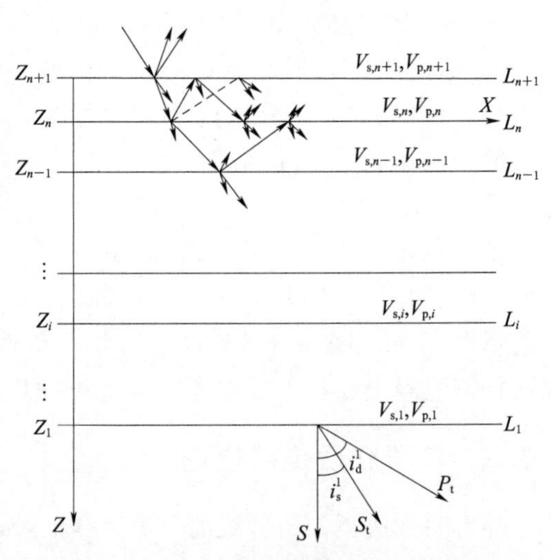

图 9.3.7 弹性波在不同层介质中的传播特性

距离震源一定距离处自由表面的响应波形可视为多种波形成分的叠加。

假设入射第 $n+1$ 层，即自由表面的波的位函数为

$$\psi_1=R_{ps}e^{j(wt-\sigma x+s_1z)} \tag{9.3.30}$$

$$\psi_{n+1}=(B_1^{n+1}e^{-js^{n+1}z}+B_2^{n+1}e^{js^{n+1}z})e^{j(\sigma x-wt)} \tag{9.3.31}$$

对以上公式进行叠加分析，可以得到第 n 层中纵波和横波的位函数分别为

$$\begin{cases}\varphi_n=(A_1^ne^{-jd^nz}+A_2^ne^{jd^nz})e^{j(\sigma x-wt)}\\ \psi_n=(B_1^ne^{-js^nz}+B_2^ne^{js^nz})e^{j(\sigma x-wt)}\end{cases} \tag{9.3.32}$$

当 $n=1$ 时，
$$\begin{cases}\varphi_1=A_1^1e^{-jd^1z}e^{j(\sigma x-wt)}\\ \psi_1=B_1^1e^{-js^1z}e^{j(\sigma x-wt)}\end{cases}$$

式中 $d^1=\sqrt{(\Lambda_d^1)^2-\sigma^2}$，$s^1=\sqrt{(\Lambda_s^1)^2-\sigma^2}$，$\sigma=\Lambda_d^1\sin i_d^1=\Lambda_s^1\sin i_s^1$

通过连续条件和边界条件进一步推导，各个分界面上的位移表示为 u、w 和应力为 σ_z、τ_{zx}：

$$\begin{cases}u=\dfrac{\partial\varphi}{\partial x}-\dfrac{\partial\psi}{\partial z}\\ w=\dfrac{\partial\varphi}{\partial z}+\dfrac{\partial\psi}{\partial x}\end{cases} \tag{9.3.33}$$

$$\begin{cases}\sigma_z=\lambda\left(\dfrac{\partial u}{\partial x}+\dfrac{\partial w}{\partial z}\right)+2\mu\dfrac{\partial w}{\partial z}\\ \tau_{zx}=\mu\left(\dfrac{\partial u}{\partial z}+\dfrac{\partial w}{\partial x}\right)\end{cases} \tag{9.3.34}$$

将第 n 层中的位移和应力设置为 $u^{(n)}$，$w^{(n)}$，$\sigma_z^{(n)}$，$\tau_{zx}^{(n)}$，将式（9.3.31）、式（9.3.32）代入式（9.3.33）、式（9.3.34），可以得到矩阵形式：

$$\begin{bmatrix}u^{(n)}\\ w^{(n)}\\ \sigma_z^{(n)}\\ \dfrac{1}{2\mu_n}\tau_{zx}^{(n)}\end{bmatrix}=(B_{ij})\begin{bmatrix}A_2^n+A_1^n\\ A_2^n-A_1^n\\ B_2^n-B_1^n\\ B_2^n+B_1^n\end{bmatrix}e^{j(\sigma x-wt)} \tag{9.3.35}$$

式中，(B_{ij}) 为 4×4 方阵，具体形式为

$$(B_{ij})=\begin{bmatrix}j\sigma\cos d^n & -\sigma\sin d^n & -js^n\cos Q^n & s^n\sin Q\\ -p^n\sin d^n & j\sigma\cos d^n & -\sigma\sin Q^n & j\sigma\cos Q^n\\ -[\lambda_n(k^n)^2+2\mu_n(p^n)^2]\cos d^n & -j[\lambda_n(k^n)^2+2\mu_n(p^n)^2]\sin d^n & -2\mu_n\sigma s^n\cos Q^n & -2j\mu\sigma s^n\sin Q^n\\ -jp^n\sigma\sin d^n & -p^n\sigma\sin d^n & \dfrac{1}{2}j(s^n-\sigma^n)\sin Q^n & \dfrac{1}{2}(s^n-\sigma^n)\cos Q^n\end{bmatrix} \tag{9.3.36}$$

其中，$d^n=p^nh$，$Q^n=s^nh$，$(k^n)^2=\sigma^2+(p^n)^2$。

根据边界条件和连续条件设置 $u^{(n-1)}$、$w^{(n-1)}$、$\sigma_z^{(n-1)}$、$\tau_{zx}^{(n-1)}$，当 $z=0$ 时 $d^n=0$，$Q^n=0$，矩阵式（9.3.36）可以得到：

$$(B_{ij})\Big|_{\substack{d^n=0\\Q^n=0}}=\begin{bmatrix} j\sigma & 0 & -js^n & 0\\ 0 & jp^n & 0 & j\sigma\\ -[\lambda_n(k^n)^2+2\mu_n(p^n)^2] & 0 & -2\mu_n\sigma s^n & 0\\ 0 & -p^n\sigma & 0 & \dfrac{1}{2}(s^n-\sigma^n)\end{bmatrix} \tag{9.3.37}$$

第 $n-1$ 层顶面上的位移与应力分量值可表示为

$$\begin{bmatrix} u^{(n-1)}\\ w^{(n-1)}\\ \sigma_z^{(n-1)}\\ \dfrac{1}{2\mu_{n-1}}\tau_{zx}^{(n-1)}\end{bmatrix}=(B_{ij})\Big|_{\substack{d^n=0\\Q^n=0}}\begin{bmatrix} A_2^n+A_1^n\\ A_2^n-A_1^n\\ B_2^n-B_1^n\\ B_2^n+B_1^n\end{bmatrix}e^{j(\sigma x-wt)} \tag{9.3.38}$$

通过对第 n 层与 $n-1$ 层进行联系，可以得到夹层各分界面上的位移分量和应力分量的递推公式：

$$\begin{bmatrix} u^{(n)}\\ w^{(n)}\\ \sigma_z^{(n)}\\ \dfrac{1}{2\mu_n}\tau_{zx}^{(n)}\end{bmatrix}=(a_{ij})\begin{bmatrix} u^{(n-1)}\\ w^{(n-1)}\\ \sigma_z^{(n-1)}\\ \dfrac{1}{2\mu_{n-1}}\tau_{zx}^{(n-1)}\end{bmatrix} \tag{9.3.39}$$

式中，$a_{ij}{}^n=(B_{ij})(b_{ij})$。

其中

$$(b_{ij})=\begin{bmatrix} -2j\sigma/\Lambda_s^2 & 0 & -1/(\mu_n\Lambda_s^2) & 0\\ 0 & -j(s^n-\sigma^n)/(p^n\Lambda_s^2) & 0 & -2\sigma/(p^n\Lambda_s^2)\\ j\left[\dfrac{\lambda_n}{\mu_n}(k^n)^2+2(p^n)^2/(s^n\Lambda_s^2)\right] & 0 & -\sigma/(\mu_n s^n\Lambda_s^2) & 0\\ 0 & -2j\sigma/\Lambda_s^2 & 0 & 2/\Lambda_s^2\end{bmatrix}$$

满足公式（9.3.39）递推得到：

$$\begin{bmatrix} u^{(n)}\\ w^{(n)}\\ \sigma_z^{(n)}\\ \dfrac{1}{2\mu_n}\tau_{zx}^{(n)}\end{bmatrix}=(a_{ij}^n)(a_{ij}^{n-1})\cdots(a_{ij}^2)\begin{bmatrix} u^{(1)}\\ w^{(1)}\\ \sigma_z^{(1)}\\ \dfrac{1}{2\mu_1}\tau_{zx}^{(1)}\end{bmatrix} \tag{9.3.40}$$

将式（9.3.30）～式（9.3.34）代入递推方程式（9.3.40）可得到4个代数方程，求解后可以获得夹层的反射系数 R 和透射系数 T。如果讨论纵波的入射情况，则式（9.3.32）中的 $\Psi_e=0$，有：

$$\begin{cases} R_{\mathrm{pp}}=\dfrac{A_2^{n+1}}{A_1^{n+1}} \\ R_{\mathrm{ps}}=\dfrac{B_2^{n+1}}{A_1^{n+1}} \\ T_{\mathrm{pp}}=\dfrac{A_1^1}{A_1^{n+1}} \\ T_{\mathrm{ps}}=\dfrac{B_1^1}{A_1^{n+1}} \end{cases} \tag{9.3.41}$$

式（9.3.40）表示层状介质第 n 层界面上的波，是入射波经由初始界面传递而来，其强度有各个界面传递系数的乘积决定，而每个界面的传递系数由界面两侧的弹性参数决定，因而可以根据在表面的检测数据反推地下各层弹性参数。由此可知，冲击映像法接收到的响应波形可以视作为直达波、反射波和转换波的综合反映。显然在层间缺陷的位置，反射系数大幅增大，便会在内部形成强反射面，表现在响应波形振幅上，则靠近缺陷的周围激发并接收到的响应波形振幅存在明显的放大。

9.4 冲击映像法检测实现过程[8-9]

9.4.1 总体实现过程

冲击映像法的总体实现过程如下：首先用冲击锤击打混凝土表面，离开击打点一定距离接收弹性波，然后保持击打点与接收点间的距离不变，沿测线向前移动进行下一个测点的检测，最后按距离大小依次把波形展开，通过对波形特征进行分析，进而推断混凝土内部结构变化。冲击映像法的整个工作流程可以简化为图 9.4.1 给出的 4 个流程：数据采集、记录波形、数据分析、平面分布图。

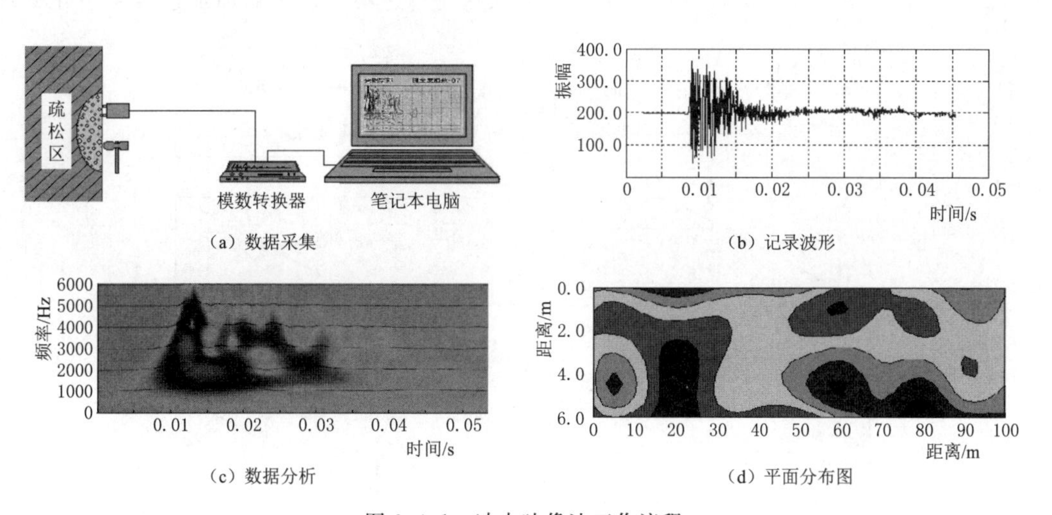

（a）数据采集　（b）记录波形　（c）数据分析　（d）平面分布图

图 9.4.1　冲击映像法工作流程

9.4.2　数据采集

冲击映像法的现场数据采集系统一般由宽频带记录仪，高频弹性波检波器和激发用冲击锤构成，如图 9.4.2 所示。

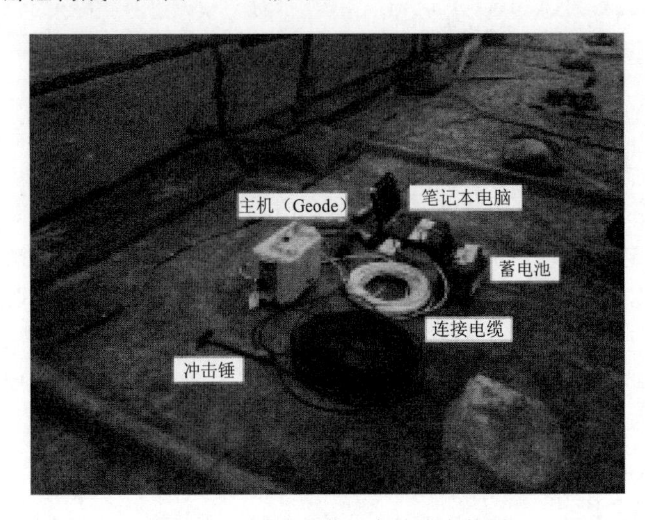

图 9.4.2　冲击映像设备连线实物图

如图 9.4.3 所示，沿着预定的测线，以一定的间隔，逐个地在介质表面施加振动信号，在离开冲击点偏移距 D 的位置，用地震检波器接收响应波形信号，并用仪器记录下来。以某渡槽为例，该渡槽竖墙长 40m、高 5m。竖墙上测线和测点布置和采集过程如图 9.4.4 和图 9.4.5 所示，每面竖墙划定 6 条测线，考虑到底部区域破损严重，底部测线间隔 0.5m，上部测线间隔 1m。测线距底高程距离分别为 0.6m、1.1m、1.6m、2.6m、3.6m、4.6m，并依次命名为测线 1～测线 6。每条测线共布置 n 个测点，设定测点等间隔 20cm 排布在测线上，图 9.4.5 中黑点表示锤击点或检测点位置。锤击点位于测线 1 的起点位置 P1，检波器至少需要 2 个，检波器 1 位于 P2，检波器 2 位于 P3，敲击激发锤时，记录仪自动记录一个波形数据文件；激发锤和检波器同时向前移动一个间隔 20cm，锤击点位于 P2，检波器 1 位于 P3，检波器 2 位于 P4，再锤击记录下一个波形数据文件，依次在测线 1 上的测点完成检测工作。依照测线 1 的检测步骤，依次完成后面 5 条测线的检测工作，后续如图 9.4.5 所示。需要注意一点，在检测过程中锤击的力度保持均匀适中，避免后面加速度均一化处理

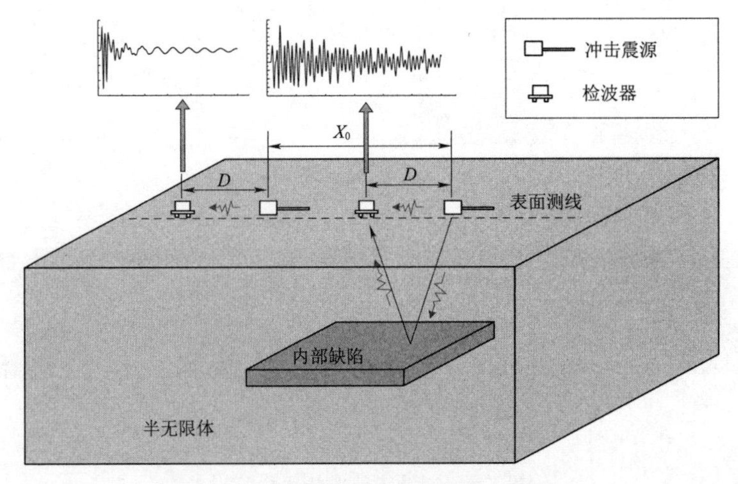

图 9.4.3　冲击映像法的数据采集方法

过程中给冲击振幅带来较大误差。

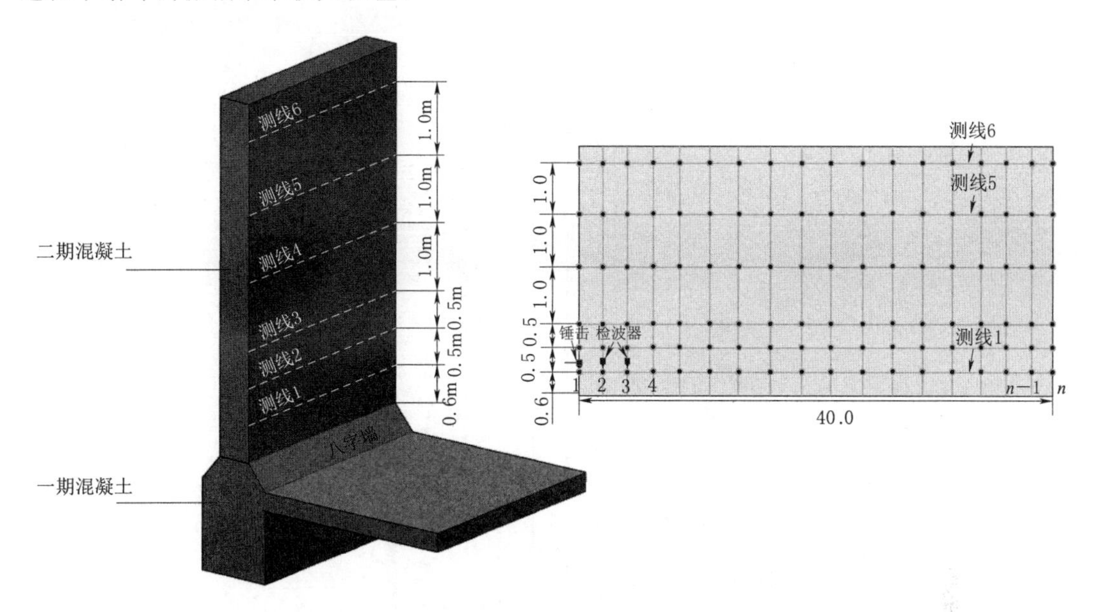

图 9.4.4 竖墙测线及测点示意布置图（单位：m）

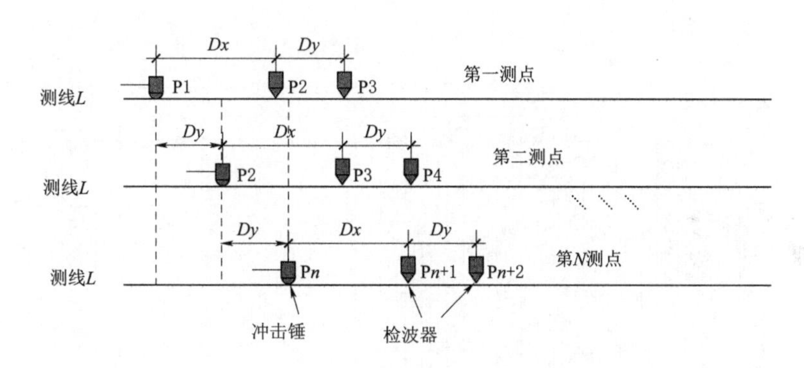

图 9.4.5 每条测线数据采集过程示意图

9.4.3 记录波形

图 9.4.6 给出了单点测试波形图，由于波形采集选用 Geode24，有效波形为第 15、第 16 道。图 9.4.7 给出了冲击映像法原始数据的一条测线上选出的冲击响应波形图，通过给测线的不同位置波形数据添加坐标后，可得到的覆盖整条测线的波形图，由图可见，采集到的数据分两种波形：一种振幅大、持续时间长，另一种振幅小、持续时间短。部分大振幅波形对应位置，激发弹性波时发音较沉闷，甚至能听到空鼓声，而小振幅波形对应位置，激发音清脆，反映混凝土内部密实。通过波形图可看出测线位置 4m、16m、24～28m 处波形能量高，振幅变化很大，这反映测线下面混凝土质量的存在差异。图 9.4.8 给出测线强度响应的平均振幅图，通过对比分析，可以看出冲击强度响应振幅图在位置 4m、16m、24～28m 位置处振幅变化大，和图 9.4.7 给出单条测线波形图相对应。

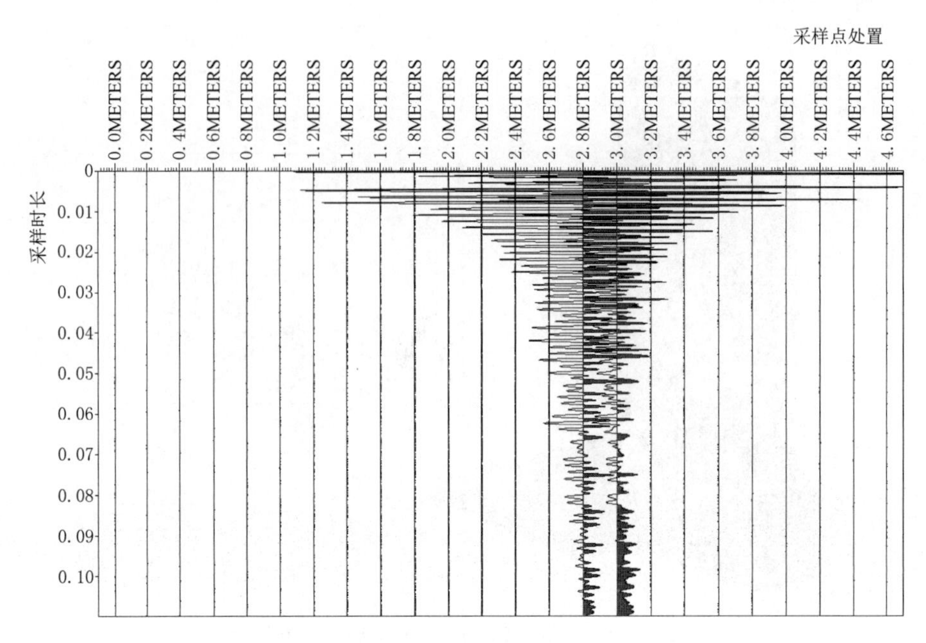

图 9.4.6　单点记录波形

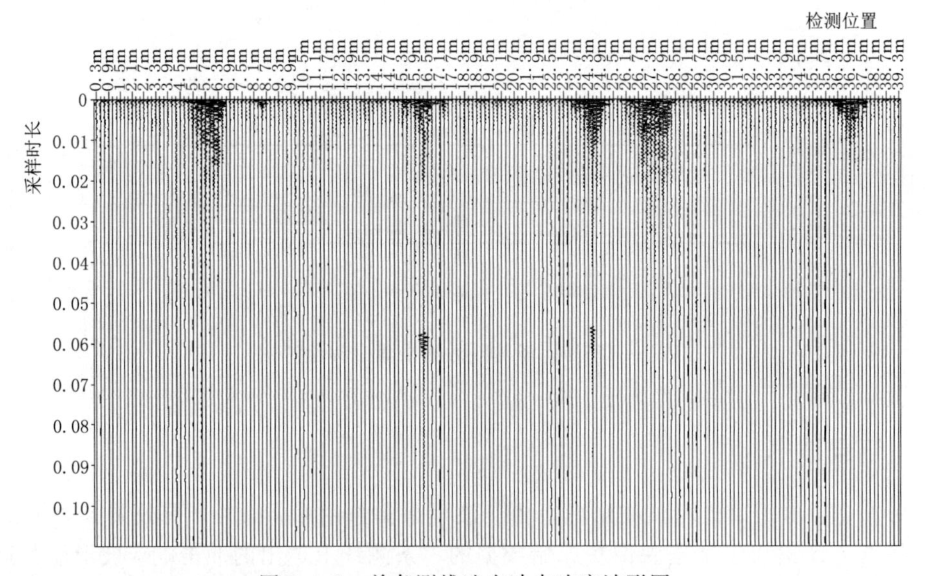

图 9.4.7　单条测线选出冲击响应波形图

9.4.4　数据分析

数据分析工作可分为数据处理、数值模拟和结果解释三大部分，具体过程见图 9.4.9。数据处理的目的是对检测数据进行编辑、滤波和数学变换等，压制数据中的噪音，并把有用信息按特定的表现形式表现出来。

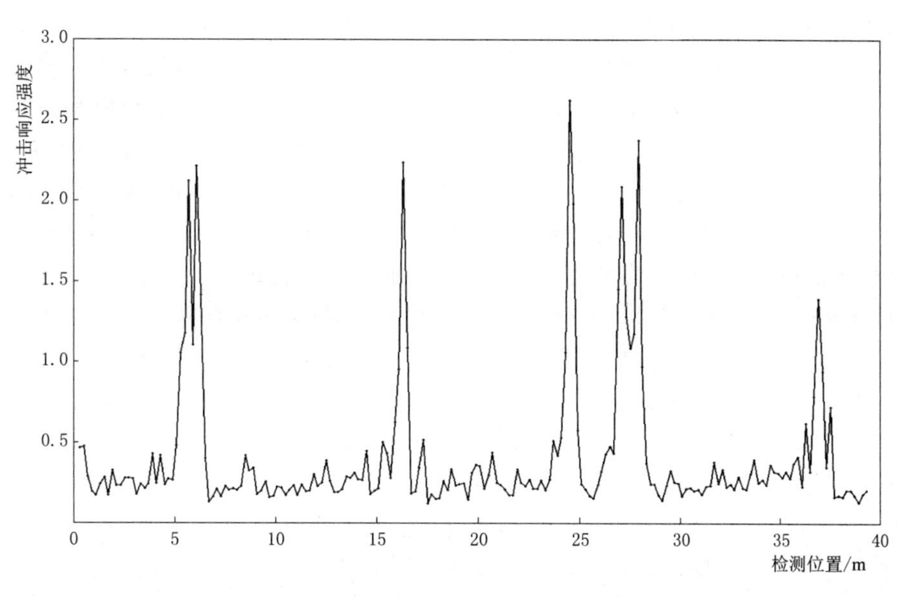

图 9.4.8 单条测线冲击响应强度的平均振幅图

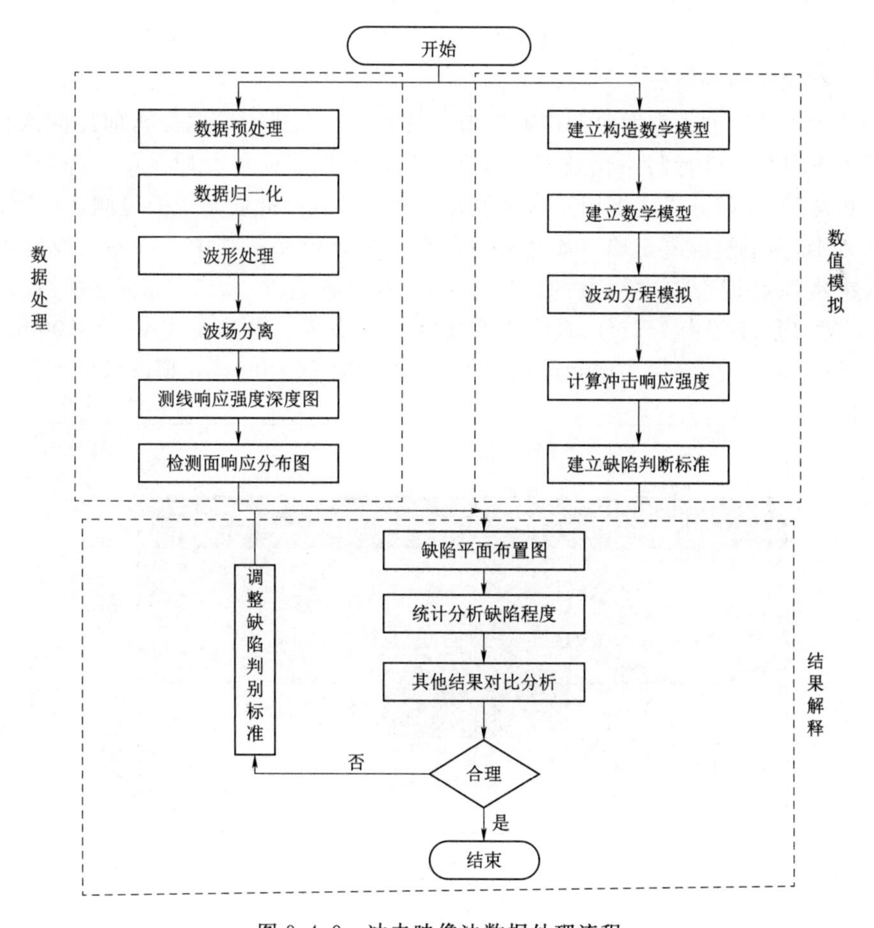

图 9.4.9 冲击映像法数据处理流程

数据处理主要包括数据预处理、数据归一化、波形处理、波场分离以及计算冲击响应强度等。数值模拟是根据检测物的内部结构建立待检结构物的数学物理模型，然后根据检测原理和检测参数，建立检测方法的数学模型，最后通过数值求解给定模型下的波动方程，从理论上分析结构物内部存在裂缝时裂缝与冲击响应强度的对应关系，为实际检测数据的分析和结果解释提供依据。数值模拟分析结果的工程解释是将冲击响应强度分布图释义为工程上所需要的信息，亦即混凝土内部结构缺陷类型及分布情况。冲击映像法是基于沿测线冲击响应波形特征的变化来分析介质内部结构变化的，其分析方法有波形分析法（时间域分析法）、频谱分析法（频率域分析法）和时-频分析法。

（1）波形分析法：主要分析沿测线波形特征（振幅大小、衰减快慢以及持续时间等）的变化；通过计算平均振幅沿测线的变化得到冲击响应强度分布，进而确定缺陷平面位置。该方法简单明了，分析速度快，适合于检测均匀结构物的内部裂缝等。

（2）频谱分析法：主要分析沿测线频谱特征的变化，包括频率成分、卓越频率以及频谱峰值的大小变化。与波形分析不同，频谱分析法能分析不同频率的变化情况，尤其是通过卓越频率分析，不仅能分析缺陷的平面位置，还能确定缺陷深度，适合分析检测深度较大、波形异常不够明显的复杂介质结构的情况。

（3）时-频分析法：主要是利用连续小波变换和短时 FFT 变换等分析波形的卓越频率成分随时间的变化等，适合分析检测深度较深、波形持续时间较长的情况，例如大厚度混凝土底板下有无空洞等情况。

此外，为了消除冲击力度对冲击响应波形的影响，在进行数据分析前还应该利用所记录的冲击力度对数据进行归一化处理。波形分析法多用于简单介质（单一介质）的检测，而频谱分析法和时-频分析法多用于有多种介质构成的复杂介质系统的检测数据分析。

图 9.4.10 为浇筑混凝土墙（或底板）的数学物理模型，其中，第一层厚度为 0.5m，对应于后来在原底板上二次浇筑的混凝土层，纵波波速 $V_p=4500$m/s，横波波速 $V_s=2000$m/s，第 2 层厚度为 1.5m，对应于原先浇筑的底板，纵波波速 $V_p=4000$m/s，横波波速 $V_s=1800$m/s，第 3 层为底板基础，纵波波速 $V_p=2000$m/s，横波波速 $V_s=800$m/s，

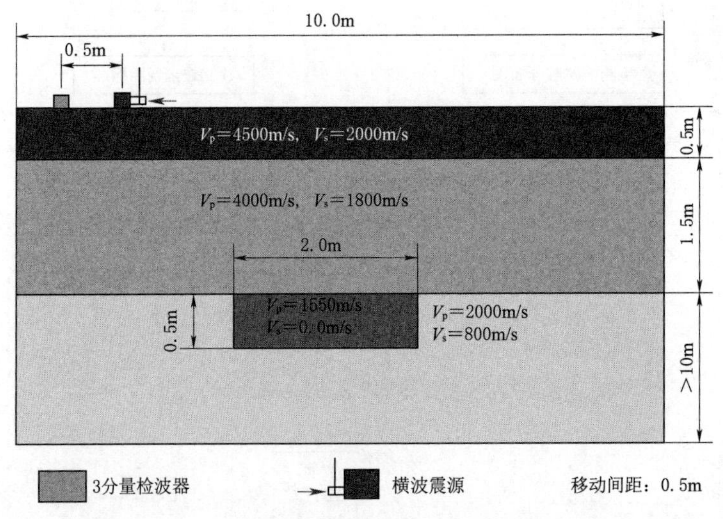

图 9.4.10　浇筑混凝土墙（底板）的数学物理模型

在中间设置了 2m（长）×0.5m（厚）的模拟脱空区域，脱空区内设定充满水，纵波波速 V_p=1550m/s，横波波速 V_s=0m/s。波动方程数值求解采用有限差分法。为了减少拼接效应的影响，除了采用透射-吸收混合型边界条件外，还在模型的左右两侧各增加 5m 的附加计算域，计算网格大小为 0.05m 的正方形网格。

冲击映像法的数学模型：冲击映像法的数学模型主要指震源子波波型、频率范围以及采集参数等。数值模拟所用震源子波波形如图 9.4.11 所示，其特征频谱（振幅谱）如图 9.4.12 所示，由图可知，所用震源子波的频谱在 250～2500Hz 的频率范围内，其幅值基本不变，平坦、平滑，符合震源波形的特点。

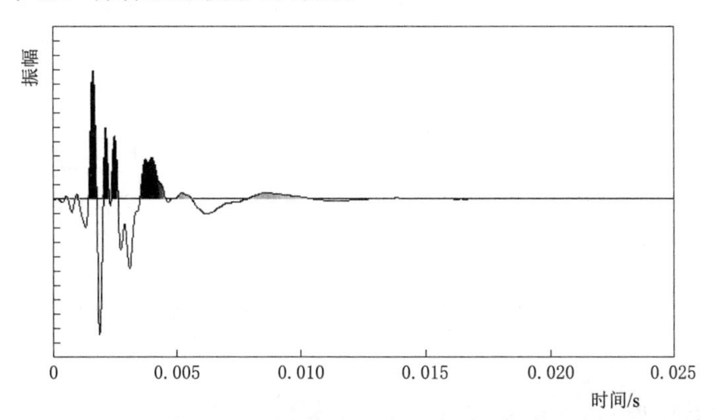

图 9.4.11 数值模拟所用震源子波波形

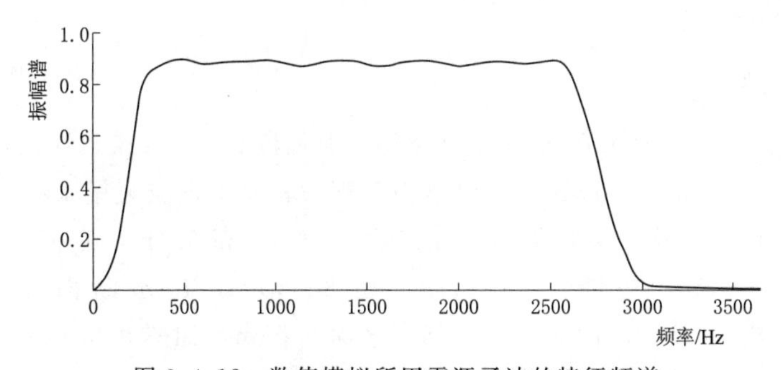

图 9.4.12 数值模拟所用震源子波的特征频谱

9.4.5 缺陷判断标准

一般说来，由冲击响应强度判断密实状况需要根据数值模拟结果和少量的取芯数据，不断调整判断标准。可根据理论计算波形，获取冲击响应强度与输入模型脱空范围的对应关系。由于数值模拟并不能完全模拟渡槽空鼓裂缝情况的细节，这势必影响结果的判定。另外，在脱空区的边界附近，当激发点和接收点分别位于脱空区边界的两侧时，无法精确判定脱空区的边界。考虑到以上因素，在给定脱空判断标准时，设有疑似脱空区域（过渡区）。

冲击映像法得到的是沿测线的冲击响应波形和响应强度分布。为了确立冲击响应强度与缺陷间的对应关系，需要有限元数值模型结合现场试验结果确定冲击响应强度（平均响应振幅）与缺陷严重程度的对应关系。本次检测中通过有限元模型模拟出缺陷与响应强度的对应关系，根据冲击响应强度大小将检测区域分为密实区、疑似空鼓区和空鼓区域共 3

个等级。

(1) 密实区域(冲击响应强度0.0～1.0，敲击声音清脆)。

(2) 不明区域或者疑似空鼓区(冲击响应强度1.0～1.75，敲击无异常音或无明显异常)。

(3) 空鼓区域(冲击响应强度1.75及以上，敲击有明显异常音)。

图9.4.13根据图中折线的振幅强度给出了空鼓区域、不明区域、密实区域的判定示意图。

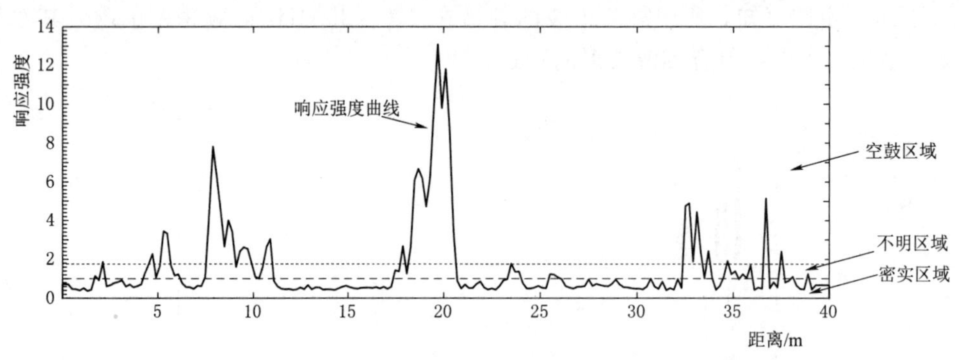

图9.4.13 冲击映像法不同缺陷的判定标准(响应强度无量纲)

9.5 工程案例[10-12]

9.5.1 工程概述

北方某大型渡槽工程全长0.93km，由829m渡槽段和101m渠道连接段组成，渡槽设计流量230m³/s，加大流量250m³/s。渡槽为三槽一联简支预应力梁式结构，采用满堂脚手架现场浇筑，共计16跨，单跨长40.0m、宽24.3m、高9.1m，底板厚0.4m，底板横梁宽0.45m，高0.7m，边墙厚0.6m，中墙厚0.7m，过水断面为7.0m(宽)×6.8m(高)×3(槽)，设计水深5.66m，加大水深6.06m，如图9.5.1所示。渡槽采用三向预应力设计，边墙、中墙分贝采用纵向为1860MPa级7ϕ^{ps}15.2、9ϕ^{ps}15.2预应力钢绞线，竖向为PSB785MPa级ϕ^{ps}32mm精轧螺纹钢筋；底板纵向为4ϕ^{ps}15.2钢绞线，横向采用7ϕ^{ps}15.2钢绞线。2012年10月对施工现场进行例行巡检时，发现已浇的5跨槽墙存在很多竖向表面裂缝(图9.5.2)，对槽身墙面敲击检查，发出类似敲击梆鼓的声音，初步推断出现空鼓破坏，为查明原因并保证工程顺利施工，由此决定开展渡槽缺陷无损检测。

9.5.2 检测内容及方法

针对该渡槽出现的表面裂缝以及可能空鼓破坏，现场开展渡槽无损检测，检测工作主要包括渡槽竖墙空鼓区分布、面积以及竖墙空鼓缝深度、宽度等方面检测和竖墙表面裂缝位置、分布、宽度及深度等方面检测。上述缺陷具体检测方法如下。

(1) 空鼓区范围及深度检测。空鼓是混凝土墙内部由于存在平行或近乎平行于墙面的裂缝，使表面混凝土与内部混凝土产生局部脱离，在表面敲击时出现类似于敲击梆鼓的声

图 9.5.1 某大型渡槽现场面貌图

图 9.5.2 渡槽内墙裂缝图

音的现象。本节采用冲击映像法检测空鼓区范围，并用钻孔法进行验证和空鼓裂缝深度检测。冲击映像法属于《水利水电工程物探规程》(SL 326—2005) 第 2.1.13 条的垂直反射法，是“利用弹性波的反射原理，通过在混凝土表面激发冲击波 (P 波)，采用极小等偏移距的观测方式对目的体进行探测，根据反射信息的相位、振幅、频率等变化特征进行分析和解释的一种弹性波勘探方法”。具体检测方法见 9.4 节。

(2) 混凝土内部构造检测。《水利水电工程物探规程》(SL 326—2005) 中 3.3.2 第 4 条规定，探地雷达“不能探测极高电导体屏蔽下的目的体或目的层”，第 5 条规定“测区内不应有大范围的金属构件或无线电发射频源等较强的电磁波干扰”。该渡槽为三槽一联的三向预应力新型结构型式，主筋、副筋、精轧螺纹钢密度很大，因此探地雷达不适用于渡槽空鼓缺陷检测。另外，采用 RAMAC 探地雷达 1.6GHz 天线检测渡槽竖墙，只能检测到第一层钢筋，无法辨别第二层钢筋，也无法看到精轧螺纹钢，因此采用 HILTI PS - 1000 混凝土透视仪去检测混凝土竖墙内的钢筋与波纹管。

(3) 裂缝深度检测。根据《水工混凝土试验规程》(SL 352—2006) 第 7.4 条的规定“超声波法检测混凝土裂缝深度 (平测法)”。《超声法检测混凝土缺陷技术规程》(CECS 21：2000) 中 1.0.2、1.0.3 条中规定适用于各种混凝土和钢筋混凝土的缺陷检测。1.0.3 条中规定“缺陷检测系指对混凝土内部空洞和不密实区的位置和范围、裂缝深度、表面损伤层厚度、不同时间浇筑的混凝土结合面质量、灌注桩和钢筋混凝土中的缺陷进行检测。”《超声法检测混凝土缺陷技术规程》(CECS 21：2000) 中 5.1.1 条中规定“本章适用于超声法检测混凝土裂缝的深度。”5.1.2 条中规定“被测裂缝中不得有积水或泥浆。”第 5.2.1 条规定“当结构裂缝部位只有一个可测表面，估计裂缝深度又不大于 500mm 时，可采用单面平测法。平测时应在裂缝的被测部位，以不同的测距，按跨缝和不跨缝布置测点进行检测。”本案例采用超声波法检测裂缝深度，采用设备为瑞士 TICO 混凝土检测仪。

(4) 裂缝宽度检测。康科瑞裂缝宽度检测仪能智能判读斜向裂缝，自动判读时不要求屏幕中裂缝必须呈竖直走向，可以自动识别斜向裂缝走向并精确判读出垂直于倾斜方向的真实缝宽值。除自动判读外，还能人工判读裂缝宽度值。人工移动游标界定裂缝边界，屏幕上显示有刻度标尺显示裂缝宽度值，裂缝图像和刻度标尺可以适度放大缩小，满足《超声法检测混凝土缺陷技术规程》(CECS 21：2000)；数据与图像同时存储，U 盘可导出数据和图像，并具有查看、删除功能。

9.5.3 竖墙空鼓检测

9.5.3.1 检测仪器设备

冲击映像法的现场数据采集系统一般由宽频带记录仪、高频弹性波检波器和激发用冲击锤构成。本次检测工作所用仪器是两台美国 Geode 数字地震仪，主要参数是记录通道为 24 道，模数转换 Δ-Σ为 24bit，高截频为 20000Hz，低截频为 1.75Hz，生产厂家为美国 Geometrics。具体参数和仪器设备见表 9.5.1 及图 9.5.3、图 9.5.4。

表 9.5.1 冲击映像法所用仪器参数一览表

名 称	生产商	主 要 技 术 指 标
Geode24 道记录仪	Geometrics 公司	24 通道，24bitΔ-Σ模数转换，低截频 1.75Hz，高截频 20000Hz
笔记本电脑	Panasonic 公司	野外用防水防尘防震动笔记本
检波器	重庆地质仪器厂	固有频率 100Hz 动圈式速度型垂直分量检波器
大线（电缆）	重庆地质仪器厂	地震勘探用 27 芯信号电缆
冲击锤		质量 200g 的硬质金属锤
其他		12V 蓄电池、电源转换器等

图 9.5.3 地震仪 Geode 主机

图 9.5.4 冲击映像连线

9.5.3.2 测线测点布置

鉴于该渡槽为三厢互联型式，因此需对不同竖墙进行命名。其中左槽为：左槽左墙，左槽右墙；中槽为：中槽左墙，中槽右墙；右槽为：右槽左墙，右槽右墙；外墙是由左槽左墙外墙和右槽右墙外墙组成，具体见图 9.5.5。

对于每个竖墙，其测线布置见图 9.5.6 和图 9.5.7。具体为：测线 0 距八字墙距离为 0.3m，测线 1 距八字墙距离为 0.6m，测线 2 距八字墙距离为 1.1m，测线 3 距八字墙距离为 1.6m，测线 4 距八字墙距离为 2.6m，测线 5 距八字墙距离为 3.6m，测线 6 距八字墙距离为 4.6m。检测时，测线上检波器间隔设定为 0.2m，锤击偏移距设为 0.2m，锤击点定于第一个检波器后面，如图 9.5.7 所示，第一锤击完激发记录数据后，激发锤、检波器同时向前移动 0.2m，再锤击记录数据，以此类推，沿着测线方向向前检测。

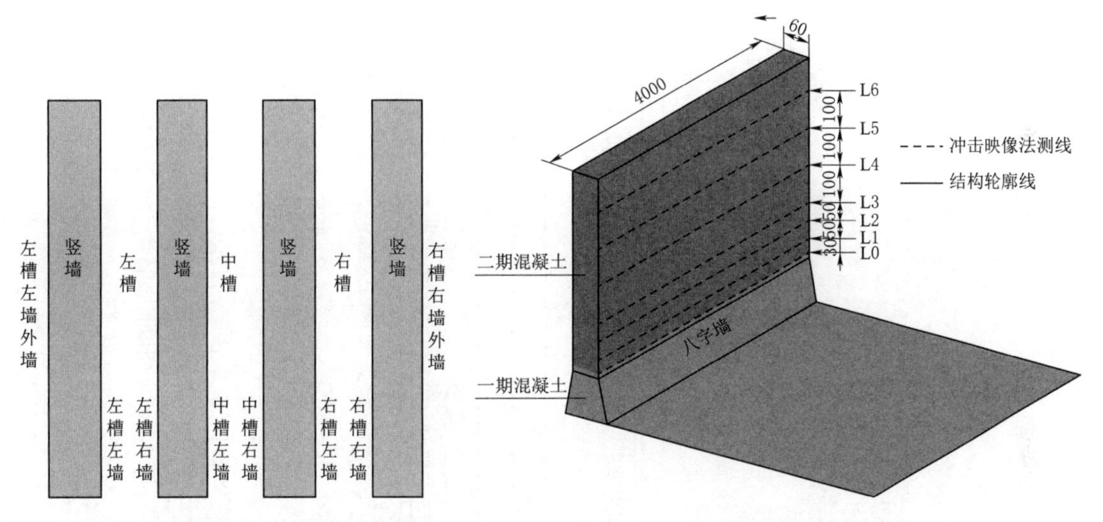

图 9.5.5 不同竖墙定义说明示意图

图 9.5.6 竖墙测线布置图（单位：cm）

9.5.3.3 检测结果分析

1. 空鼓区检测判定标准

冲击映像法主要根据冲击响应强度（平均响应振幅）确定缺陷的严重程度，需要结合现场实验等确定判断标准。本次检测，根据冲击响应强度大小、现场敲击实验以及钻孔取芯结果，将检测区域分为空鼓区域、不明区域和密实区域共 3 个等级。其中各等级又根据冲击响应强度的大小细分为密实（冲击响应强度 0.0～1.0，敲击声音清脆）、无法明确判断区域（冲击响应强度 1.0～1.75，敲击无异常音或无明显异常）、空鼓（冲击响应强度在 1.75 以上，敲击有明显异常音）共 3 个等级。图 9.5.8 根据图中折线的振幅强度给出了空鼓区域、不明区域、密实区域的判定示意图。

2. 空鼓区检测结果

在所检测的 5 跨渡槽共 30 面内墙中，共有 10 面墙的空鼓区域接近或超过 15%。其中

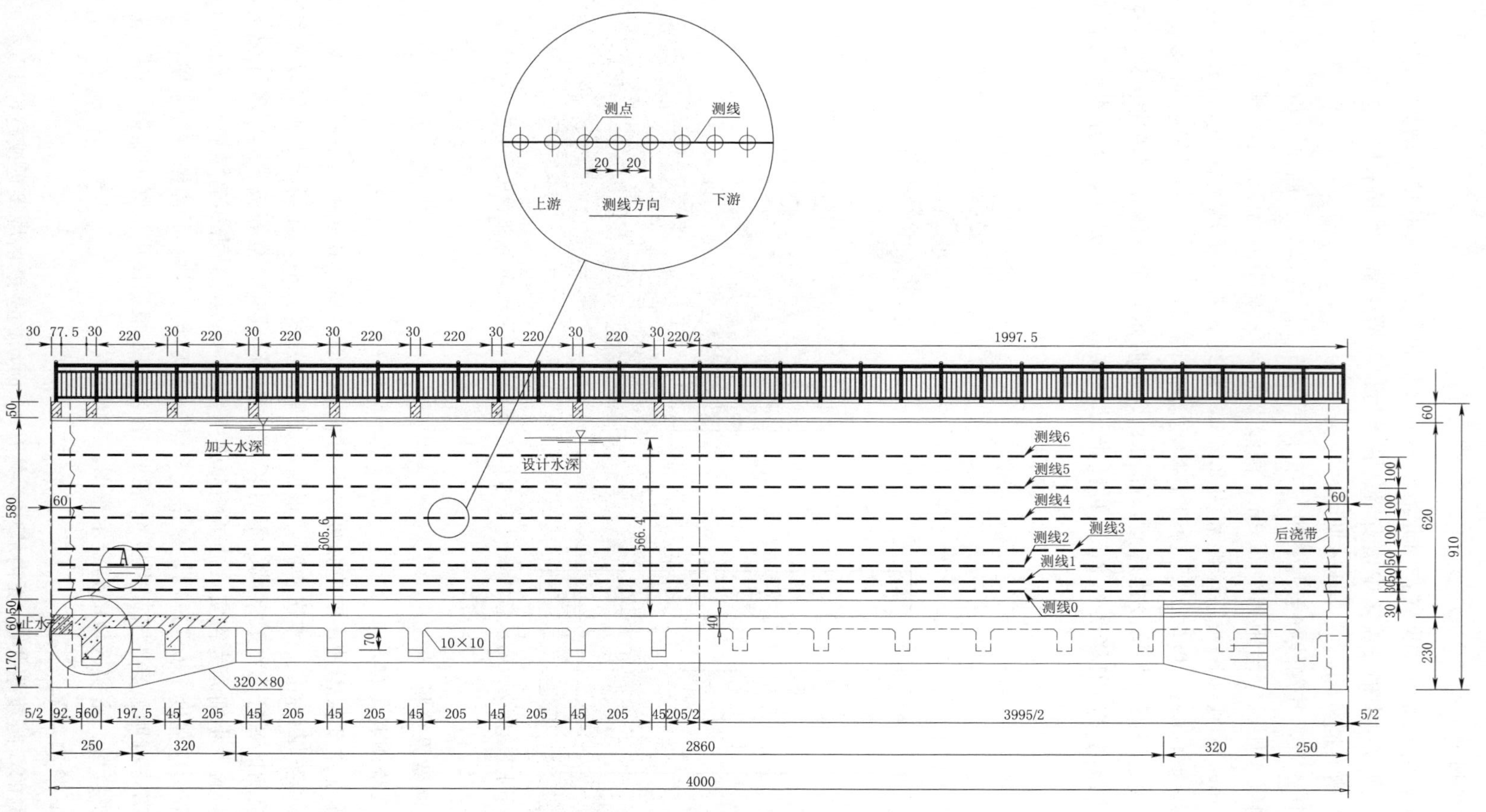

图 9.5.7　竖墙检波器测点水平布置图

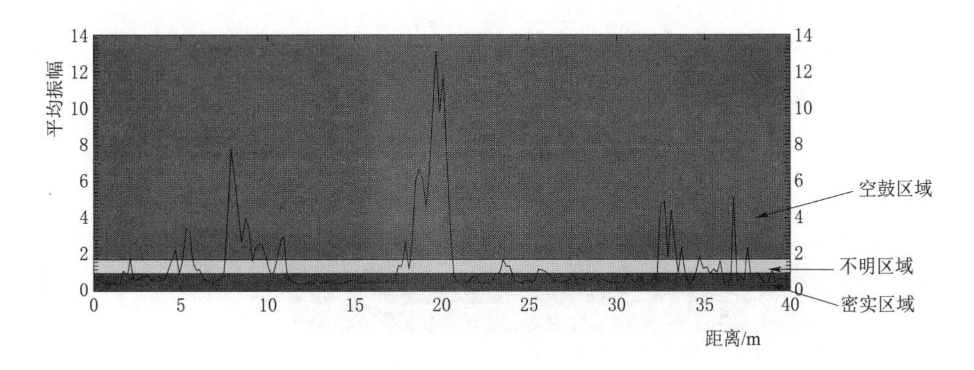

图 9.5.8 冲击映像法不同缺陷的判定标准

第 13 号跨右槽的左、右两墙的空鼓面积分别为 45.2%和 37.23%；第 14 号跨的中槽左墙和右槽左墙的空鼓面积分别为 42.9%和 38.10%，具体统计见表 9.5.2。12 号、13 号跨槽身竖墙空鼓分布及统计占比情况见图 9.5.9～图 9.5.12。

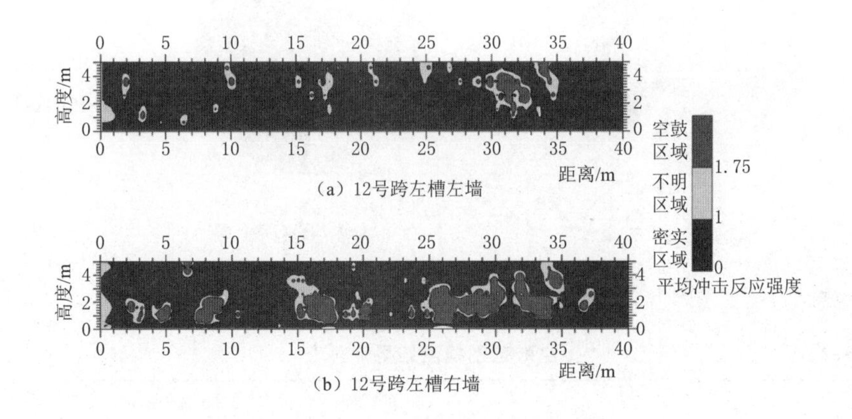

图 9.5.9 第 12 号跨左槽缺陷区域分布图

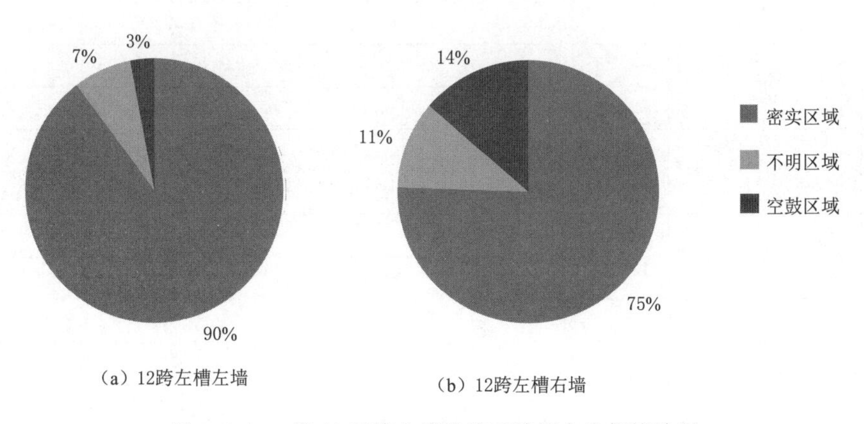

图 9.5.10 第 12 号跨左槽缺陷区域所占比例统计图

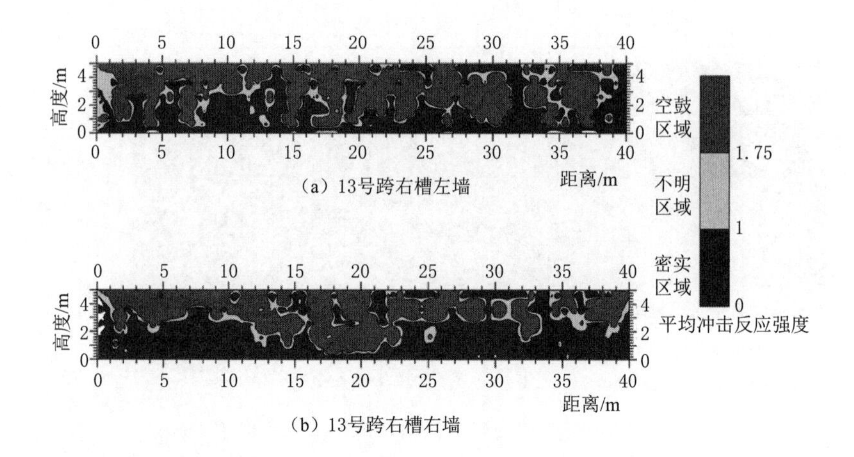

图 9.5.11　第13号跨右槽缺陷区域分布图

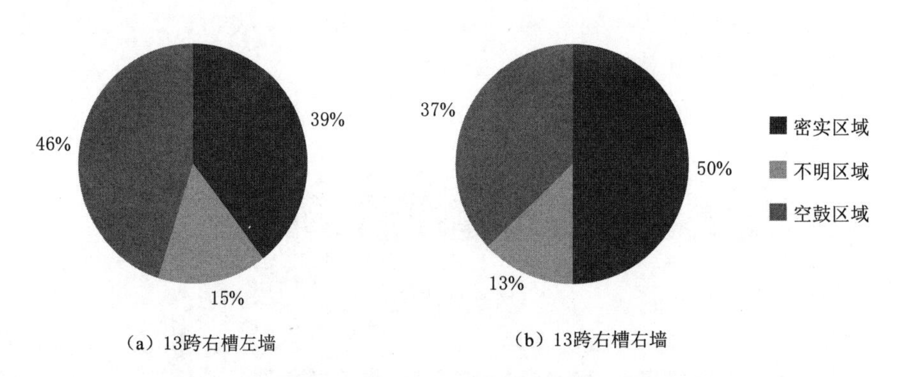

图 9.5.12　第13号跨右槽缺陷区域所占比例统计图

表 9.5.2　　空鼓范围检测结果汇总表　　%

渡槽跨数	槽身号	墙面	密实区域所占百分比	不明区域所占百分比	空鼓区域所占百分比
12号	左	左	89.59	7.48	2.93
		右	75.63	10.73	13.64
	中	左	80.44	11.23	8.33
		右	82.14	8.45	9.41
	右	左	84.39	10.12	5.49
		右	68.19	15.68	16.12
13号	左	左	72.90	12.73	14.36
		右	85.58	8.24	6.18
	中	左	82.58	9.37	8.05
		右	77.81	8.79	13.41
	右	左	39.48	15.32	45.20
		右	50.00	12.77	37.23

续表

渡槽跨数	槽身号	墙面	密实区域所占百分比	不明区域所占百分比	空鼓区域所占百分比
14号	左	左	69.58	12.04	18.38
		右	80.28	8.78	10.93
	中	左	45.80	11.29	42.90
		右	75.69	7.99	16.32
	右	左	49.90	11.99	38.10
		右	87.37	7.61	5.03
15号	左	左	85.64	8.04	6.33
		右	89.21	3.58	7.21
	中	左	86.46	5.32	8.21
		右	84.62	8.23	7.14
	右	左	75.43	9.03	15.53
		右	74.60	10.82	14.59
16号	左	左	95.76	3.50	0.74
		右	98.67	1.17	0.16
	中	左	96.11	2.84	1.06
		右	94.22	2.85	2.93
	右	左	93.32	3.72	2.96
		右	89.76	6.67	3.57

9.5.3.4 冲击映像法与敲击法检测结果对比

本小节主要是通过对比冲击映像法得出的空鼓区范围与人敲击判断得到的空鼓区范围，验证冲击映像法的科学性及准确性。图 9.5.13～图 9.5.17 给出了冲击映像法和敲击法的 12～16 号跨右槽左墙的空鼓区分布图，图中竖线表示表面竖向裂缝。对比分析可以得出以下结论。

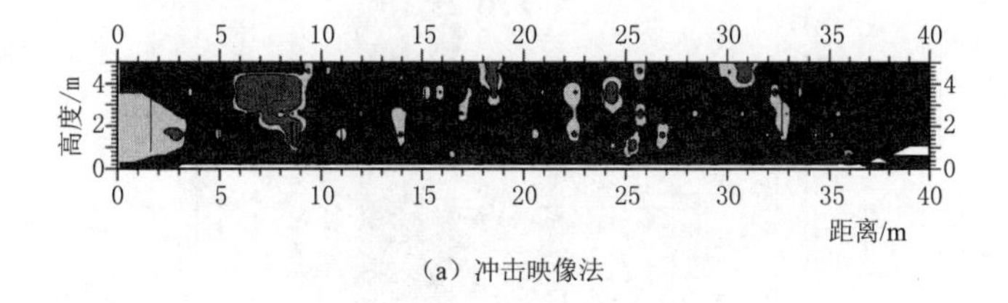

（a）冲击映像法

12跨右孔左墙空鼓区、裂缝相对位置示意图

4000

55

297

570

施工缝

426 120 940 400 1250

50

说明：
1. 图中标注尺寸以厘米为单位。
2. 图中裂缝只表明与空鼓区位置关系，以及裂缝是否超出空鼓区，长度与实际尺寸不符。
3. 12跨右孔左墙空鼓区单个最大面积为1.89m^2，累计面积占墙体面积的2.8%。

（b）人工敲击法

图 9.5.13 12 号跨右槽左墙两种方法测得空鼓分布对比图

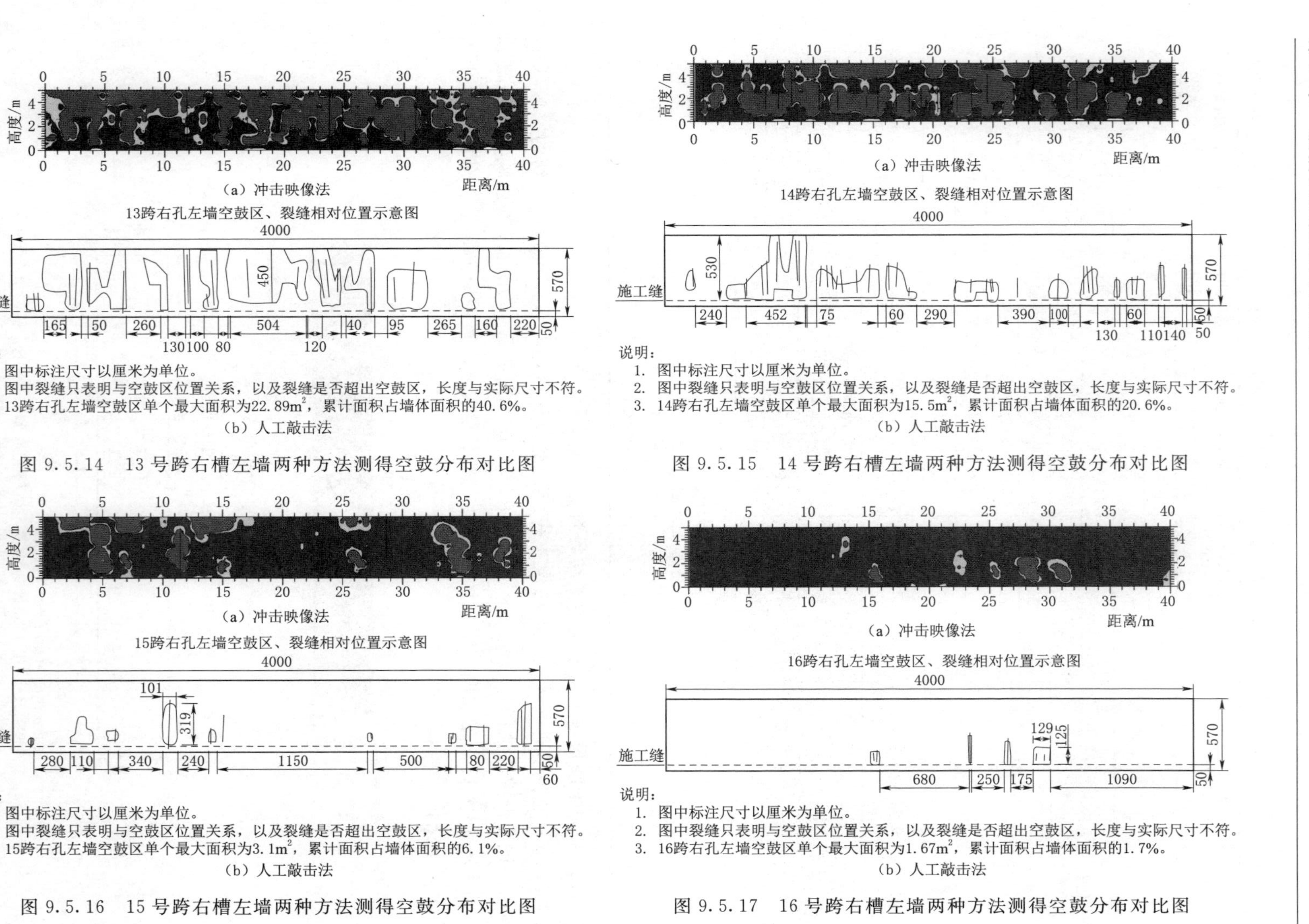

（a）冲击映像法

13跨右孔左墙空鼓区、裂缝相对位置示意图

说明：
1. 图中标注尺寸以厘米为单位。
2. 图中裂缝只表明与空鼓区位置关系，以及裂缝是否超出空鼓区，长度与实际尺寸不符。
3. 13跨右孔左墙空鼓区单个最大面积为22.89m²，累计面积占墙体面积的40.6%。

（b）人工敲击法

图 9.5.14　13号跨右槽左墙两种方法测得空鼓分布对比图

（a）冲击映像法

14跨右孔左墙空鼓区、裂缝相对位置示意图

说明：
1. 图中标注尺寸以厘米为单位。
2. 图中裂缝只表明与空鼓区位置关系，以及裂缝是否超出空鼓区，长度与实际尺寸不符。
3. 14跨右孔左墙空鼓区单个最大面积为15.5m²，累计面积占墙体面积的20.6%。

（b）人工敲击法

图 9.5.15　14号跨右槽左墙两种方法测得空鼓分布对比图

（a）冲击映像法

15跨右孔左墙空鼓区、裂缝相对位置示意图

说明：
1. 图中标注尺寸以厘米为单位。
2. 图中裂缝只表明与空鼓区位置关系，以及裂缝是否超出空鼓区，长度与实际尺寸不符。
3. 15跨右孔左墙空鼓区单个最大面积为3.1m²，累计面积占墙体面积的6.1%。

（b）人工敲击法

图 9.5.16　15号跨右槽左墙两种方法测得空鼓分布对比图

（a）冲击映像法

16跨右孔左墙空鼓区、裂缝相对位置示意图

说明：
1. 图中标注尺寸以厘米为单位。
2. 图中裂缝只表明与空鼓区位置关系，以及裂缝是否超出空鼓区，长度与实际尺寸不符。
3. 16跨右孔左墙空鼓区单个最大面积为1.67m²，累计面积占墙体面积的1.7%。

（b）人工敲击法

图 9.5.17　16号跨右槽左墙两种方法测得空鼓分布对比图

（1）从空鼓区分布位置、分布范围上比较，冲击映像法和人工敲击法判断得到的结果基本一致，特别通过图 9.5.13～图 9.5.17 两种方法所得结果相互对比验证，可以看出空鼓区宏观分布位置可以一一对应，仅在局部分布稍有偏差。

（2）人工敲击法所得到的空鼓区与冲击映像法所得到的空鼓区相比较可以看出，冲击映像得到的空鼓区百分比大于人工敲击法得到的空鼓区百分比，二者空鼓率百分比在数量级上具有可比性。表 9.5.3 给出人工敲击法和冲击映像法得到空鼓区百分比汇总。

表 9.5.3　　12～16 号跨外墙空鼓区占总墙面百分比汇总表　　%

检测方法比较	12 号跨 右槽左墙	13 号跨 右槽左墙	14 号跨 右槽左墙	15 号跨 右槽左墙	16 号跨 右槽左墙
人工敲击法空鼓率	2.8	40.6	20.6	6.1	1.7
冲击映像法空鼓率	5.5	45.2	38.1	15.5	3.0

总之，冲击映像法和人工敲击法都能够反映空鼓区的位置与范围，但冲击映像法得到的空鼓区位置及范围能够定位、定量的反映出来，对竖墙的后期处理具有更高的参考价值。

9.5.4　钻芯取样检测

9.5.4.1　钻芯取样的目的

钻芯取样主要目的是：①确定渡槽竖墙的空鼓缝深度及开度；②通过钻芯取样验证冲击映像法得到的空鼓区范围。

钻芯取样机主要有固定式钻芯取样机和手持式简易钻芯取样机两种，钻头直径为 $\phi 50$。图 9.5.18、图 9.5.19 给出了钻芯取样设备的图片。

图 9.5.18　固定式钻芯取样机

图 9.5.19　手持式简易钻芯取样机

9.5.4.2　钻芯取样点的布置

在 12～16 号跨渡槽的左槽左墙、左槽右墙、中槽左墙、中槽右墙、右槽左墙、右槽右墙上钻芯取样，其中大部分布置在空鼓范围内，少数芯样点布置在不明区域内，个别布置在密实区域内。每面竖墙选取 2 个位置点取芯，共取芯样 59 个芯样（14 跨中槽右墙漏取一个芯样）。

钻芯取样点布置的原则如下。

（1）取芯点首先布置在空鼓区范围内，其次布置在不明区域内，最后才布置在密实区域内。取芯时首先要用PS-1000透视仪扫描混凝土内部构造，定位钢筋、波纹管的位置，为了避开钢筋和波纹管，故而造成实际取芯点与最初确定的取芯点的位置有所偏差。

(2) 渡槽墙面的空鼓率的大小和空鼓区的位置也影响了取芯的位置。一方面竖墙空鼓率小的情况，不能保证取芯点都布置在空鼓区内；另一方面取芯点不能布置在空鼓区的高点位置上，便于进行钻芯取样。

钻芯取样点布置结果：钻芯取样点主要布置在空鼓区范围内，少数布置在不明区域内，也有个别点布置在密实区域内。

12～16号跨钻芯取样点坐标布置见表9.5.4，图9.5.20给出了渡槽竖墙钻芯取样点布置示意图。表9.5.5给出了取芯点的布置与竖墙上各空鼓区域分布的相对位置的关系，由表9.5.5可以得出以下结论：

表9.5.4　渡槽竖墙钻芯取样点坐标　单位：m

左　槽					
编　号	距上游	距底（八字墙）	编　号	距上游	距底（八字墙）
12号左槽左墙1号芯	2.65	1.10	12号左槽右墙1号芯	33.27	1.24
12号左槽左墙2号芯	31.15	1.38	12号左槽右墙2号芯	26.80	1.36
13号左槽左墙1号芯	19.34	1.42	13号左槽右墙1号芯	8.39	1.39
13号左槽左墙2号芯	14.75	1.42	13号左槽右墙2号芯	19.96	1.62
14号左槽左墙1号芯	10.57	1.21	14号左槽右墙1号芯	29.30	1.50
14号左槽左墙2号芯	4.13	1.51	14号左槽右墙2号芯	17.96	1.06
15号左槽左墙1号芯	27.68	1.36	15号左槽右墙1号芯	6.42	1.06
15号左槽左墙2号芯	5.98	1.03	15号左槽右墙2号芯	34.95	1.22
16号左槽左墙1号芯	22.45	1.08	16号左槽右墙1号芯	9.30	1.39
16号左槽左墙2号芯	10.30	1.14	16号左槽右墙2号芯	6.73	1.39
中　槽					
编　号	距上游	距底（八字墙）	编　号	距上游	距底（八字墙）
12号中槽左墙1号芯	32.11	1.37	12号中槽右墙1号芯	13.59	1.05
12号中槽左墙2号芯	31.14	1.68	12号中槽右墙2号芯	21.93	1.23
13号中槽左墙1号芯	8.78	1.48	13号中槽右墙1号芯	23.25	1.45
13号中槽左墙2号芯	16.93	1.46	13号中槽右墙2号芯	6.65	0.89
14号中槽左墙1号芯	24.96	1.39	14号中槽右墙1号芯	35.58	1.23
14号中槽左墙2号芯	10.65	1.33	14号中槽右墙2号芯	无	
15号中槽左墙1号芯	13.13	1.23	15号中槽右墙1号芯	28.75	1.31
15号中槽左墙2号芯	35.80	1.69	15号中槽右墙2号芯	6.51	1.63
16号中槽左墙1号芯	39.11	1.06	16号中槽右墙1号芯	30.98	1.01
16号中槽左墙2号芯	4.53	1.19	16号中槽右墙2号芯	14.53	0.85

续表

右槽					
编　号	距上游	距底（八字墙）	编　号	距上游	距底（八字墙）
12 号右槽左墙 1 号芯	25.53	1.06	12 号右槽右墙 1 号芯	32.21	1.36
12 号右槽左墙 2 号芯	8.69	1.47	12 号右槽右墙 2 号芯	23.71	1.41
13 号右槽左墙 1 号芯	37.53	1.14	13 号右槽右墙 1 号芯	19.68	1.00
13 号右槽左墙 2 号芯	30.42	0.97	13 号右槽右墙 2 号芯	16.86	1.53
14 号右槽左墙 1 号芯	9.87	1.04	14 号右槽右墙 1 号芯	31.12	1.23
14 号右槽左墙 2 号芯	7.24	0.96	14 号右槽右墙 2 号芯	23.03	1.19
15 号右槽左墙 1 号芯	5.13	1.04	15 号右槽右墙 1 号芯	36.23	0.98
15 号右槽左墙 2 号芯	11.90	1.40	15 号右槽右墙 2 号芯	10.14	1.06
16 号右槽左墙 1 号芯	15.76	0.84	16 号右槽右墙 1 号芯	36.68	1.53
16 号右槽左墙 2 号芯	28.53	1.01	16 号右槽右墙 2 号芯	23.28	0.86

表 9.5.5　钻芯取样点布置区域统计表

钻芯取样		16 号跨		15 号跨		14 号跨		13 号跨		12 号跨	
		第 1 组	第 2 组	第 1 组	第 2 组	第 1 组	第 2 组	第 1 组	第 2 组	第 1 组	第 2 组
右槽-左墙	取芯相对位置	空鼓区域	空鼓区域	空鼓区域	空鼓区域	空鼓区域	空鼓区域	空鼓区域	空鼓区域	空鼓区域	空鼓区域
右槽-右墙	取芯相对位置	密实区域	空鼓区域	空鼓区域	空鼓区域	空鼓区域	空鼓区域	空鼓区域	空鼓区域	空鼓区域	空鼓区域
中槽-左墙	取芯相对位置	不明区域	不明区域	不明区域	空鼓区域	空鼓区域	空鼓区域	空鼓区域	不明区域	不明区域	空鼓区域
中槽-右墙	取芯相对位置	空鼓区域	空鼓区域	空鼓区域	空鼓区域	空鼓区域	未取芯	空鼓区域	空鼓区域	空鼓区域	空鼓区域
左槽-左墙	取芯相对位置	不明区域	不明区域	空鼓区域	空鼓区域	空鼓区域	不明区域	空鼓区域	空鼓区域	密实区域	空鼓区域
左槽-右墙	取芯相对位置	密实区域	不明区域	不明区域	空鼓区域	空鼓区域	空鼓区域	不明区域	空鼓区域	空鼓区域	空鼓区域

（1）钻芯取样点布置在不明区域内的有 16 号跨中槽左墙的 1 号芯、2 号芯；15 号跨中槽左墙 1 号芯；13 号跨中槽左墙 2 号芯；12 号跨中槽左墙 1 号芯；16 号跨左槽左墙的 1 号芯、2 号芯；14 号跨左槽左墙的 2 号芯；16 号跨左槽右墙的 2 号芯；15 号跨左槽右墙的 1 号芯；13 号跨左槽右墙的 1 号芯。

（2）钻芯取样点布置在密实区域内的有 16 号跨右槽右墙的 1 号芯样；16 号跨左槽右墙的 1 号芯样。

（3）其余芯样点均布置在空鼓区范围内。

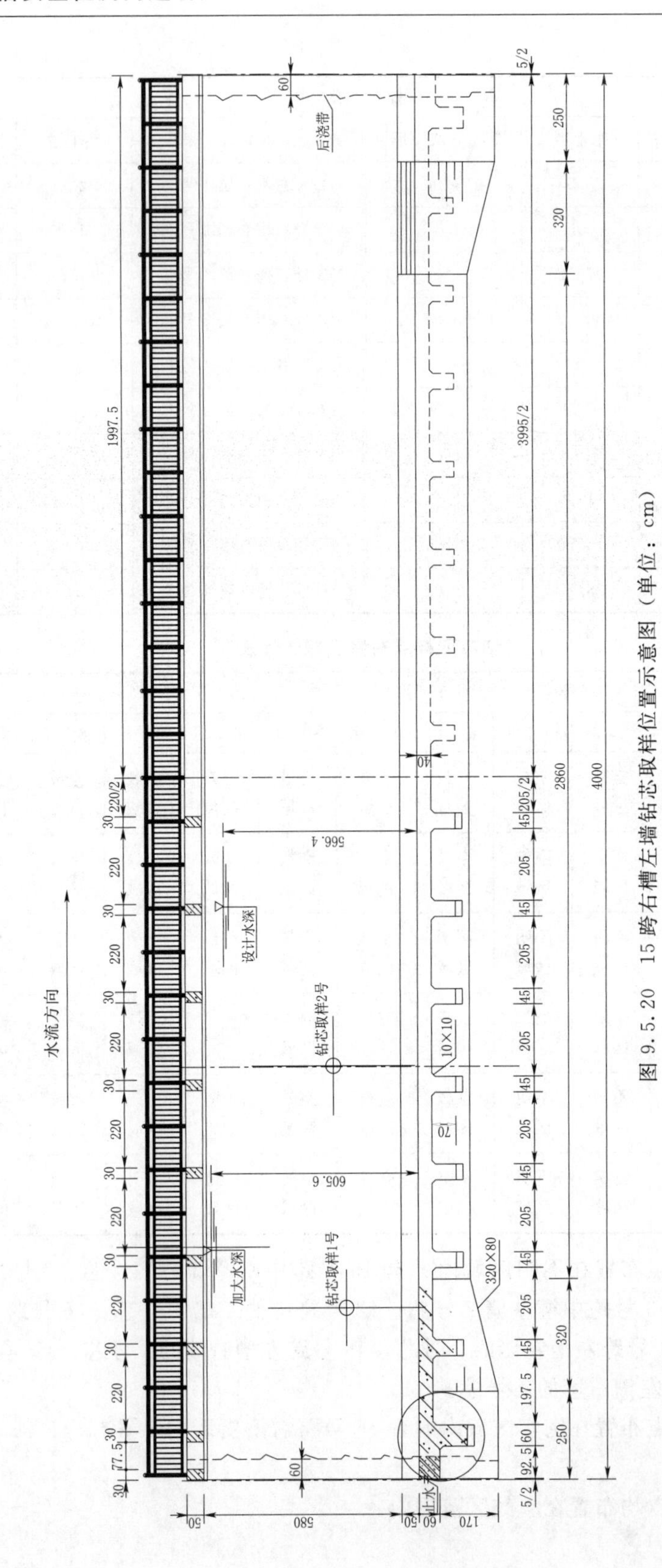

图 9.5.20　15 跨右槽左墙钻芯取样位置示意图（单位：cm）

9.5.4.3 空鼓缝深度及宽度

表 9.5.6 给出了钻芯取样得到的空鼓缝的深度和宽度统计表。图 9.5.21 给出了钻芯取样得到的空鼓缝深度统计图。对空鼓缝结果分析，可以看出空鼓缝的基本特征如下。

表 9.5.6　　钻芯取样空鼓缝统计表

钻芯取样		16 号跨		15 号跨		14 号跨		13 号跨		12 号跨	
		1 号芯样	2 号芯样	1 号芯样	2 号芯样	1 号芯样	2 号芯样	1 号芯样	2 号芯样	1 号芯样	2 号芯样
右槽-左墙	缝深/cm	4.5	遇到钢筋	8.5	7.5	7.0	7.0	8.0	8.0	7.5	8.0
	缝宽/mm	1		1	1.5	1.5	1	1.5	1	1.5	1
右槽-右墙	缝深/cm	密实区域	遇到钢筋	3.0	7.0	8.6	8.0	9.0	5.0	5.0	5.0
	缝宽/mm			1.5	1	1.5	1	1.5	1	1.5	1
中槽-左墙	缝深/cm	不明区域	不明区域	不明区域	7	10	7.0	不明区域	4.5	不明区域	7.0
	缝宽/mm				1	1	1		1		1
中槽-右墙	缝深/cm	5.2	6.0	8.5	6.0	10.0	未取芯	5.0	8.0	5.0	9.0
	缝宽/mm	1	1	0.5	1	1		1	1	1	0.5
左槽-左墙	缝深/cm	不明区域	不明区域	4.5	7	8.0	不明区域	8.0	7.5	密实区域	6.0
	缝宽/mm			1	1	0.5		1	0.5		1
左槽-右墙	缝深/cm	密实区域	不明区域	5.5	6.5	3.0	5.0	不明区域	6.5	8.0	6.5
	缝宽/mm			1	1.5	0.5	0.5		0.5	1	1

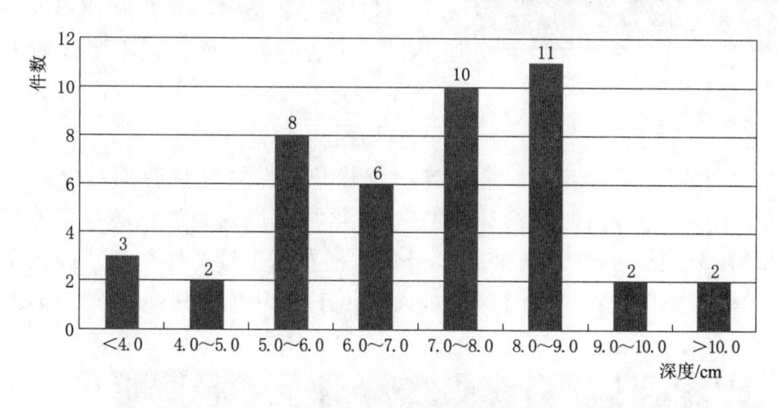

图 9.5.21　空鼓区钻芯取样空鼓缝的深度统计图

(1) 空鼓缝深度主要在 5.0～10.0cm 范围内变化，有个别空鼓缝深度为 3.0cm，也有少数空鼓缝深度超过 10cm。空鼓缝主要发生在竖墙波纹管和竖墙第一层钢筋之间。

(2) 空鼓缝开度在 1～1.5mm 范围内。

(3) 钻芯结果表明，大部分空鼓区只有一条纵向空鼓缝，也有少数部位呈双层开裂（图 9.5.22）。图 9.5.23、图 9.5.24 为芯样的裂缝深度照片图。

9.5.4.4 冲击映像法检测结果的验证

钻芯取样的空鼓缝结果如下。

(1) 除 16 号跨右槽左墙 2 号芯和 16 号跨右槽右墙 2 号芯取芯点虽然在空鼓区范围

内，但取芯时遇到钢筋，放弃继续取芯，故而没有最终取到空鼓缝，其余空鼓区范围内取样点的芯样均有空鼓缝。

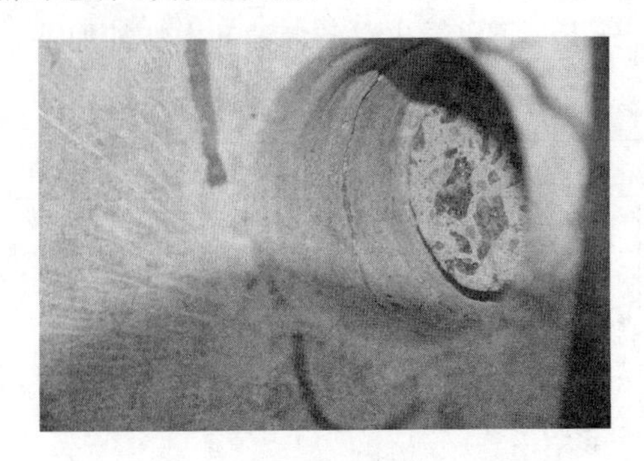

图 9.5.22　16 号中槽右墙-1 号钻芯取样有双层裂缝

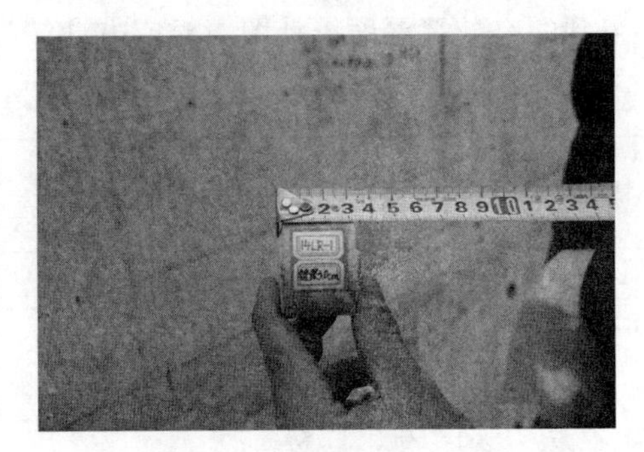

图 9.5.23　14 号左槽右墙-1 号钻芯取样缝深 3.0cm

图 9.5.24　15 号中槽右墙-1 号钻芯取样缝深 8.5cm

(2) 15 号跨左槽右墙 1 号芯样点位置取在了不明区域范围内，钻孔芯样有空鼓裂缝面；其余不明区域范围内取样点的芯样均没有空鼓缝，如 12 号跨中槽左墙的 1 号芯样取在了混凝土不明区域范围内，没有见到空鼓缝面。

(3) 密实区域内的芯样均没有空鼓缝。

取芯结果表明，如果在空鼓区范围内取芯，芯样一定有空鼓缝面，在不明区域内的钻芯芯样不一定有空鼓缝，密实区域内的钻芯芯样一定没有空鼓缝。

图 9.5.25、图 9.5.26 给出了钻芯取样的位置和空鼓区分布的相对位置关系。由图可知，12 号跨左槽左墙 1 号芯样位置点布置在密实区域范围内，故钻芯没有见到裂缝面，其他组的取芯芯样上均见到了空鼓缝面；16 号跨右槽左墙 1 号芯样取在空鼓区范围内，并且见到裂缝面，2 号芯样也取在了空鼓区范围内，由于遇到钢筋没有见到空鼓缝面；16 号跨

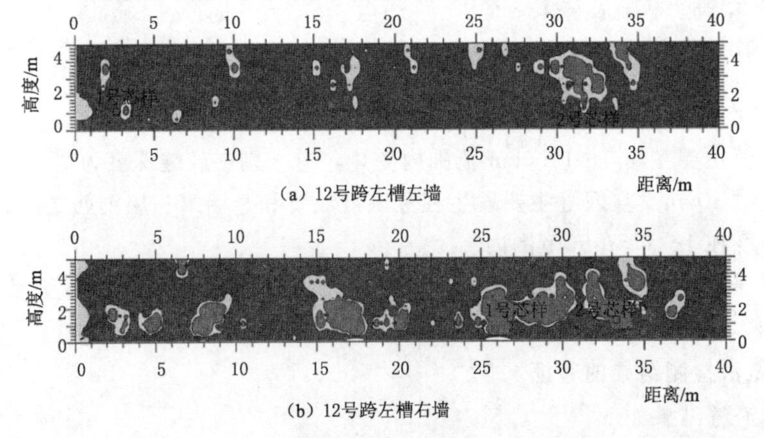

图 9.5.25　12 号跨左槽取芯位置与空鼓区分布相对位置示意图

右槽右墙均未见到裂缝，其中1号芯布置在空鼓区范围之外，2号芯取芯布置在空鼓区范围内，但取芯过程中遇到了钢筋，最终没有见到空鼓缝面。

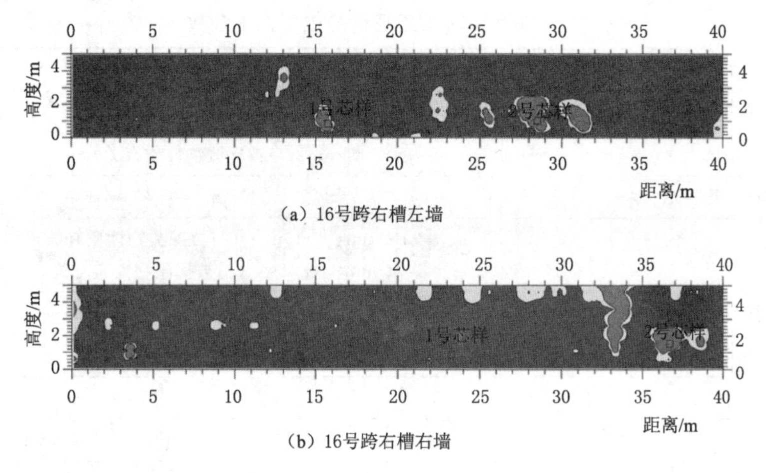

图 9.5.26 16号跨右槽取芯位置与空鼓区分布相对位置示意图

9.5.5 内部构造检测

在进行渡槽现场检测时，突遇大雨。降雨过程中，有的模板螺栓孔冒出白浆；降雨后，部分竖墙上多处模板螺栓孔流出白浆，如图 9.5.27 所示。考虑到漏水处螺栓孔内部可能存水，采用 PS-1000 混凝土透视仪开展内部构造检测。

9.5.5.1 检测设备

PS-1000 混凝土透视仪是基于相控阵电磁波脉冲技术的一种仪器设备，主要功能有：①能够探测钢筋混凝土结构和内部埋置物体，定位深度不超过 30cm 的各类金属埋置物，如钢筋、预应力钢绞线、铜管、铝管、钢筋网、钢板、压型钢板等；②能探测各类非金属埋置物，如木材、空孔、塑料管道（水管）、电缆等；③高效评估和检查钢筋、钢筋网等（比如：曲度，密度，深度等）；④确定原先未知的钢筋，用于后安装钢筋的连接，还能在结构改造中，将原有的钢筋加长，检测物体内部的空心楼板、空腔等。图 9.5.28 是

图 9.5.27 雨后模板螺栓孔多处泌白浆

图 9.5.28 PS-1000 混凝土透视仪

PS-1000 混凝土透视仪外观照片，表 9.5.7 给出了 PS-1000 混凝土透视仪的主要技术参

数。目前 PS－1000 透视仪已成功应用在钢筋、钢板定位探测，也能在结构分析中发挥作用，如对预应力板/墙、地暖采暖系统、板/墙厚度等结构扫描进行结构分析。

表 9.5.7　PS－1000 混凝土透视仪的主要技术参数

技术参数	数　值
最大探测深度	300mm（与被探测物性质有关）
水平定位精度	±5mm（与被探测物性质有关）
建议最小被探测物间距	40mm
埋置深度指示精度	<100mm：±10mm（与被探测物性质有关） >100mm：±15%（与被探测物性质有关）
最小扫描距离	320mm
最大扫描距离	10m
显示屏类型	TFT5.7″，640×480，256 色
存储量	约 200 幅扫描结果（SD），约 10 幅扫描结果（内部缓存）
存储介质	SD 卡，内部缓存
锂电池工作时间	4h
尺寸/重量	318mm×190mm×143mm，2.45kg
工作/储存温度	工作：－10～50℃　储存：－25～63℃
环境湿度限制	95%@40℃
IP 防护等级	IP 54

9.5.5.2　检测过程

具体检测过程是，首先采用 PS－1000 混凝土透视仪对 12～16 号跨渡槽的波纹管扫描定位后，并用电钻对波纹管进行打孔排水处理，最后针对打孔出水的波纹管进行统计。

图 9.5.29 给出 PS－1000 混凝土透视仪扫描现场图。由图 9.5.30 可知，PS－1000 可以清晰扫描出主筋、副筋、波纹管，另外在波纹管后面可以明显看到第二条线，此线为水流动产生的痕迹线，1 号波纹管、2 号波纹管后面都存在明显的水线。出现水线原因可能是波纹管灌浆质量差或封堵不好导致波纹管内部有存水，冬季过冬时，水冻胀引起波纹管管壁开裂，形成水流通道。

在采用 PS－1000 透视仪对波纹管扫描定位完毕后，可进行打孔排水处理，现场可见有水排除，具体见图 9.5.31、图 9.5.32。图 9.5.33 为波纹管打孔排水时出现射流现象，严重情况下连续 6 个波纹管打孔后都能排出水来，如图 9.5.34 所示。如果波纹管存水过冬时，冻胀就会引起竖墙产生大面积的空鼓区，由图 9.5.35 可知，波纹管排完水后，在凿开波纹管底部区域时，发现内部有大量的灰浆，这些内部有存水或灰浆的波纹管在渡槽过冬时，波纹管内部的水发生冻胀，故而引起渡槽竖墙空鼓。

图 9.5.29　PS－1000 混凝土透视仪扫描现场图

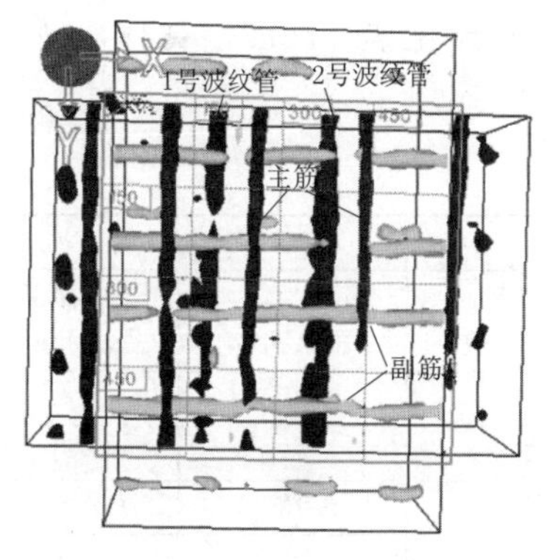

(a) PS-1000扫描的主观图

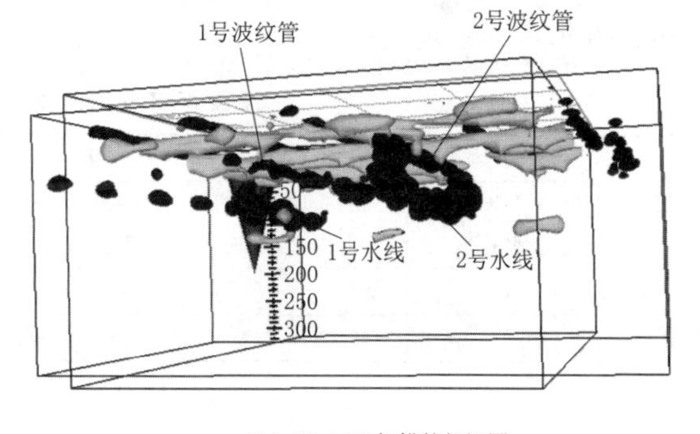

(b) PS-1000扫描的仰视图

图 9.5.30　PS-1000 扫描出的波纹管有异常（含有水线）

图 9.5.31　打孔排水照片

图 9.5.32　泌白浆的模板螺栓孔打孔后放出水来

图 9.5.33　波纹管打孔排水（射流）

图 9.5.34　波纹管打孔排水（6 个波纹管都有排水）

从模板螺栓孔泌白浆现象，到 PS-1000 扫描定位波纹管，然后打孔放水，进一步说明了渡槽空鼓是由于波纹管内部有水，过冬时波纹管内部积水冻胀，进而引起渡槽竖墙表面裂缝内部劈裂空鼓，严重情况引起渡槽竖墙产生大面积空鼓缝。

图 9.5.35　凿开波纹管底部区域看到内部大量的灰浆

9.5.5.3　检测结果

对 12～16 号跨进行 PS-1000 扫描定位波纹管的准确位置后，再打孔放水，打孔出水的波纹管总数为436个。各跨竖墙波纹管打孔出水情况统计见表9.5.8，具体分布见图9.5.36、图9.5.37。

表9.5.8　波纹管打孔出水情况统计表

跨号	左槽		中槽		右槽	
	左墙出水孔数	右墙出水孔数	左墙出水孔数	右墙出水孔数	左墙出水孔数	右墙出水孔数
12	19	5	5	19	9	4
13	34	21	4	13	17	1
14	4	8	13	20	13	53
15	1	38	22	7	25	25
16	11	7	4	4	18	12

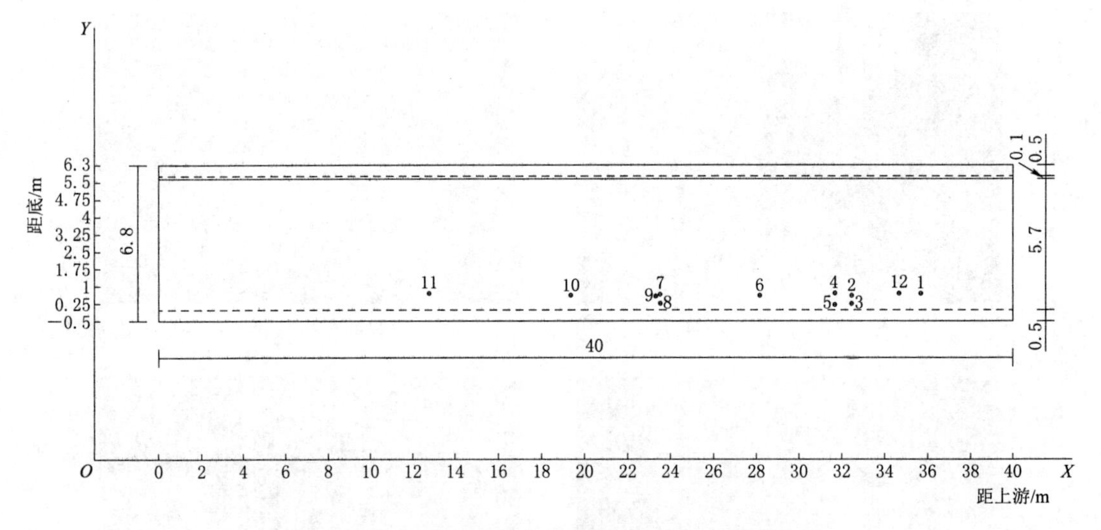

图9.5.36　16号跨右槽右墙打孔出水的波纹管分布图

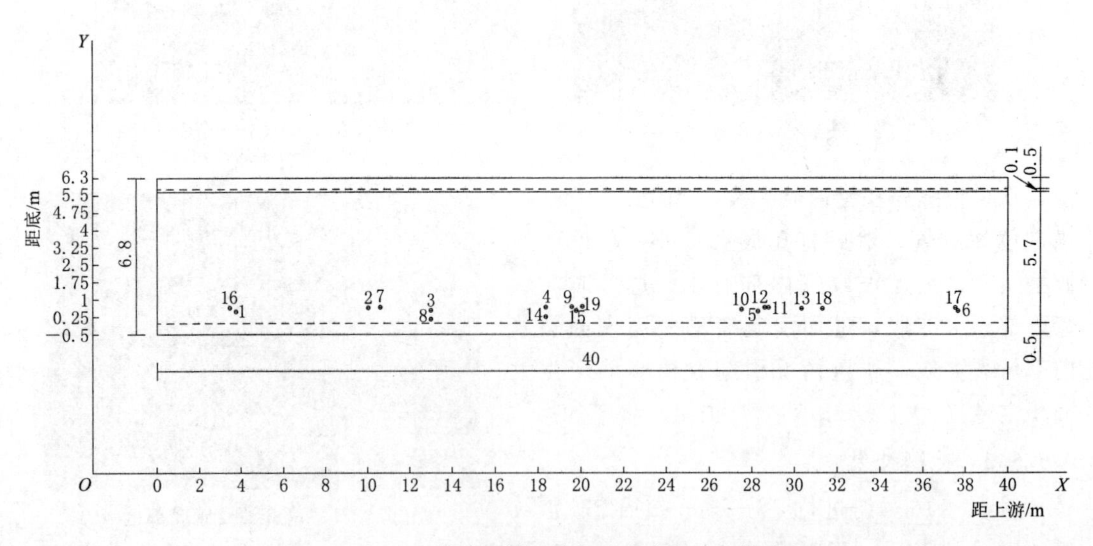

图9.5.37　12号跨左槽左墙打孔出水的波纹管分布

9.5.6 墙面裂缝检测

图 9.5.38 裂缝现场分布

9.5.6.1 检测方法

渡槽的 12～16 号跨竖墙的表面发现大量的竖向裂缝。裂缝最长的可贯穿墙面竖向，间距最小的仅有 30cm，如图 9.5.38 所示。

本书中对 12～16 号跨各墙面裂缝的产状，包括长度、缝宽、缝深，进行了检测并统计。缝长采用直尺测量。缝宽采用康科瑞 KON－FK(B) 裂缝宽度检测仪检测。缝深采用瑞士 TICO 超声波混凝土检测仪检测。图 9.5.39、图 9.5.40 为所用到的检测仪器。

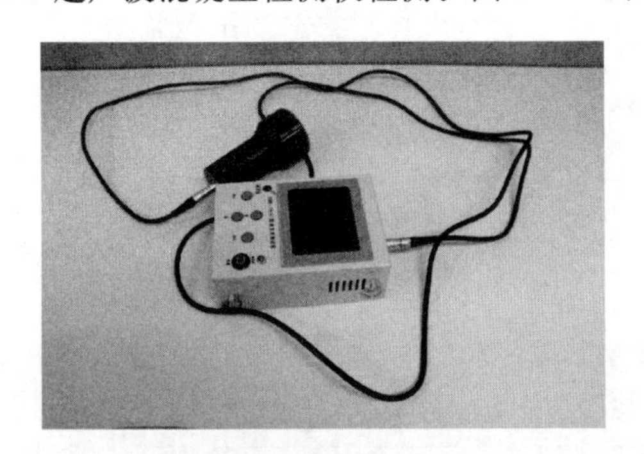

图 9.5.39 康科瑞裂缝宽度检测仪 KON－FK(B)

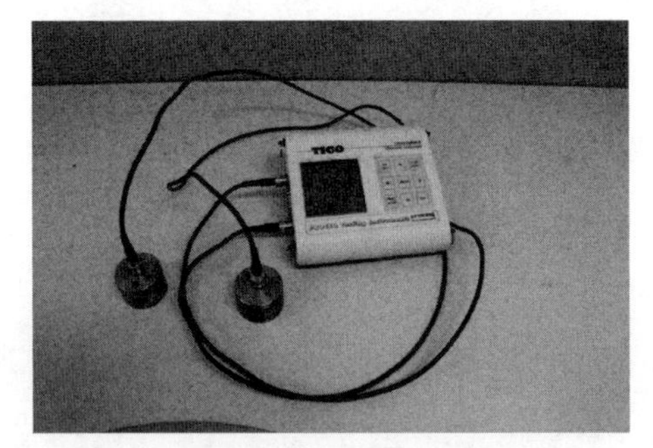

图 9.5.40 瑞士 TICO 超声波混凝土检测仪

9.5.6.2 检测结果

本次裂缝检测范围为 12～16 号跨左、中和右槽槽墙的所有内、外墙，共计 5 跨，每跨三联渡槽 8 面墙，共 40 面竖墙，具体可见图 9.5.5。槽身竖墙竖向裂缝统计情况见表 9.5.9，由表可知，槽身竖墙共计发现裂缝 502 条，裂缝累计总长度达到 1099m。图 9.5.41～图 9.5.43 分别给出各跨渡槽裂缝长度、宽度及深度统计信息，图 9.5.44 和图 9.5.45 给出了部分跨渡槽竖墙的裂缝分布示意图。由图可知，其中最长裂缝出现在 12 号跨右槽右墙，长约 5m；最宽裂缝出现在 14 号跨右槽左墙，宽为 0.46mm；最深裂缝深度达 415mm。另外，竖墙裂缝条数超过 20 条的有 12 号跨右槽左墙、12 号跨右槽右墙、13 号跨左槽右墙、13 号跨中槽左墙、14 号跨左槽右槽、14 号跨中槽左墙、14 号跨中槽右墙、14 号跨右槽左墙、14 号跨右槽右墙、16 号跨右槽左墙。

表 9.5.9 裂缝统计表

渡槽跨号	左槽						中槽				右槽					
	左外		左		右		左		右		左		右		右外	
	条数	总长/m	条数	总长/m	条数	总长/m	条数	总长/m	条数	总长/m	条数	总长/m	条数	总长/m	条数	总长/m
12	7	15.5	10	26	14	27.5	17	28.3	13	17.5	24	60.9	26	61.1	6	16.5
13	8	18	14	34.9	20	34.2	21	50.2	12	28.1	13	27.6	3	7.2	7	12.5

续表

渡槽跨号	左槽						中槽				右槽					
	左外		左		右		左		右		左		右		右外	
	条数	总长/m	条数	总长/m	条数	总长/m	条数	总长/m	条数	总长/m	条数	总长/m	条数	总长/m	条数	总长/m
14	8	18.5	15	35.4	27	54.4	22	50.1	28	80.4	27	58.3	28	74.5	9	17.6
15	5	11	3	5.25	9	18	6	11.3	5	9.05	4	12.1	1	3.2	7	9.3
16	0	0	12	22.4	7	16.3	14	22	17	32.8	21	44.8	12	26.7	0	0

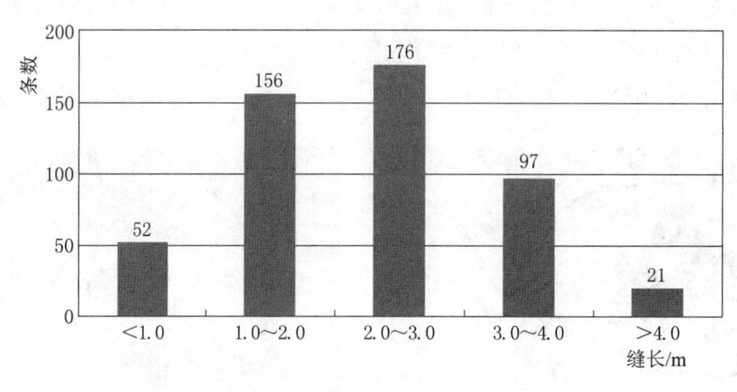

图 9.5.41　12～16 号跨缝长统计图

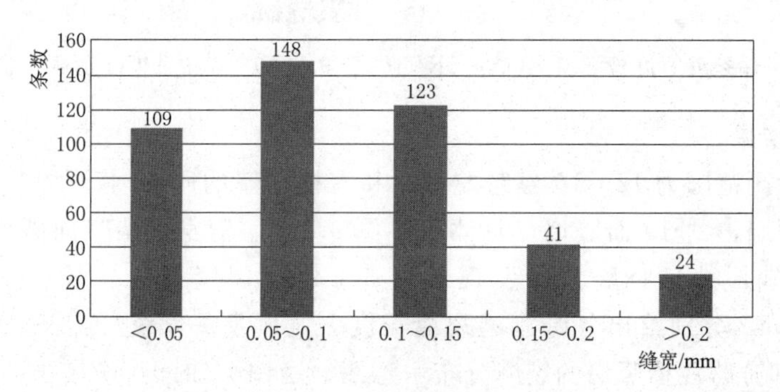

图 9.5.42　12～16 号跨裂缝宽度统计图

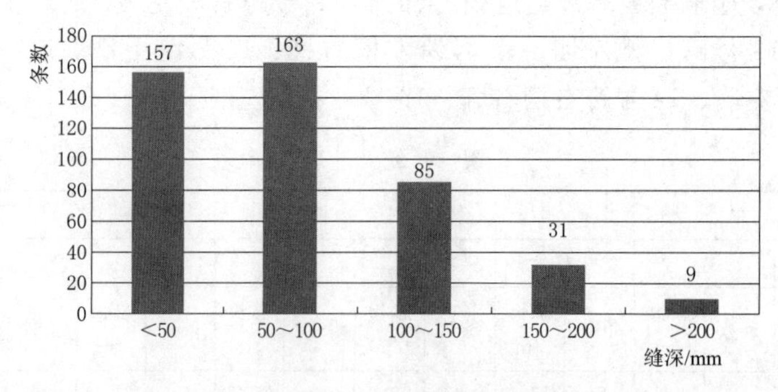

图 9.5.43　12～16 号跨缝深统计图

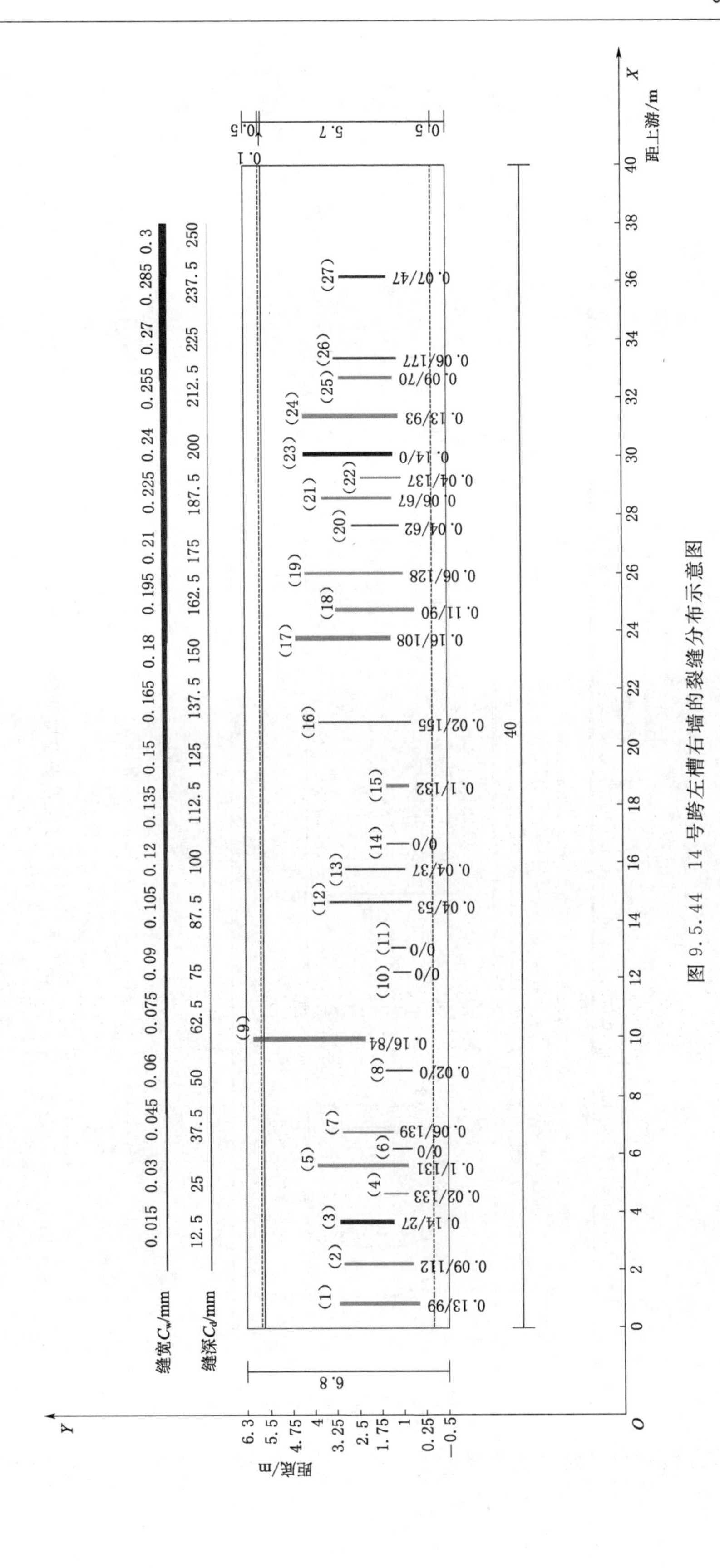

图 9.5.44 14号跨左槽右墙的裂缝分布示意图

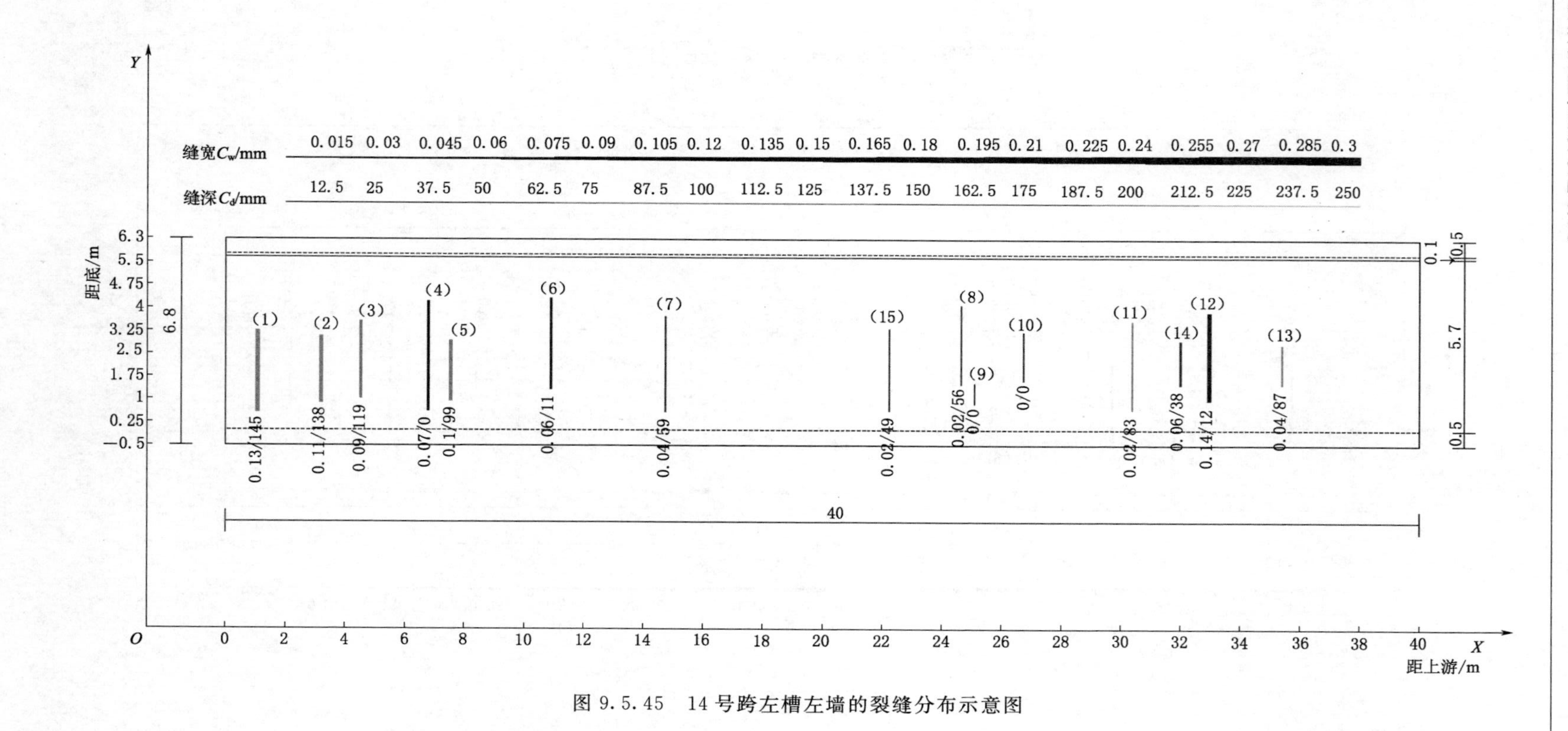

图 9.5.45　14 号跨左槽左墙的裂缝分布示意图

9.5.7 小结

通过对北方某大型梁式渡槽出现的表面裂缝及内部空鼓等缺陷开展无损检测，可得出以下结论：

（1）冲击映像法和人工敲击法都能够反映空鼓区的位置与范围，经钻芯取样检查验证可知，冲击映像法得到的空鼓区域分布是准确的和可靠的；但冲击映像法得到的空鼓区位置及范围能够定位、定量地反映出来，对竖墙的后期处理具有更高的参考价值。

（2）鉴于渡槽多为预应力钢筋混凝土结构，钢筋配筋较多且与锚索孔道相互交错，如何准确识别出槽身内部构造，从而判断内部是否存在局部缺陷是一个技术难题。经 PS－1000 混凝土透视仪扫描定位有问题的波纹管，打孔后出水就说明 PS－1000 混凝土透视仪可以准确、便捷地实现内部构造或缺陷的快速识别。

参考文献

[1] 崔德密，吕列民，黄从斌，等. 基于冲击回波法的混凝土厚度测试研究与评价 [J]. 人民黄河，2018，40 (10)：127－130.

[2] 申永利，孙永波. 基于超声波 CT 技术的混凝土内部缺陷探测 [J]. 工程地球物理学报，2013，10 (4)：560－565.

[3] 刘洋希. 基于冲击回波法的预应力管道压浆质量检测 [D]. 长沙：湖南大学，2013.

[4] Grechka V，Theophanis S，Tsvankin I. Joint inversion of P－and PS－waves in orthorhombic media：Theory and a physical modeling study [J]. Geophysics，1999，64 (1)：146－161.

[5] 刘喜武. 弹性波场论基础 [M]. 青岛：中国海洋大学出版社，2008.

[6] 彭冬. 大型混凝土结构裂缝无损检测方法研究及裂缝成因分析 [D]. 上海：上海交通大学，2016.

[7] 程宏远. 冲击弹性波技术在水环境混凝土中的检测及应用研究 [D]. 重庆：重庆交通大学，2017.

[8] 黄涛，冯少孔，朱新民，等. 冲击映像法在渡槽竖墙空鼓裂缝检测中的应用 [J]. 水利水电技术，2015，46 (1)：60－64.

[9] 黄涛，冯少孔，朱新民，等. 基于横波冲击映像法的水闸底板脱空缺陷检测 [J]. 南水北调与水利科技，2017，15 (5)：134－140.

[10] 冯少孔，黄涛，李海枫. 大型预应力混凝土立墙内裂缝检测与成因浅析 [J]. 上海交通大学学报，2015 (7)：977－982.

[11] 黄涛，张国新，李江，等. 寒冷地区某渡槽裂缝成因及钢筋锈蚀对耐久性影响 [J]. 水利水电技术，2019，50 (12)：120－129.

[12] 中国水利水电科学研究院. ××渡槽混凝土缺陷检测及安全评估 [R]. 北京：中国水利水电科学研究院，2012.

第10章 渡槽安全评估问题研究

10.1 概述

渡槽在建成运行后，由于受到气候、氧化、腐蚀等因素的影响而自然老化，以及长期在静载或地震荷载作用下遭受损伤，其强度和刚度会随着时间而降低，结构的性能会逐步恶化，从而危及渡槽的安全性。此外，渡槽在设计和施工中都可能存在缺陷。无论是设计、施工、使用等方面存在缺陷，还是受到气候作用、化学侵蚀等引起的结构老化，均会造成工程隐患，降低渡槽结构的安全性和耐久性。为了确保渡槽结构的安全运行，需要对其安全性做出科学的评价，然后采取工程对策，以提高渡槽结构的安全性，延长其使用寿命。

目前对于渡槽结构的安全性评价尚不多见[1-3]，虽然中国水利学会推出了渡槽安全评价的团体标准[4]，部分省份也推出了渡槽安全鉴定的地方标准[5]，但是上述标准仅给出安全评价或安全鉴定的基本原则、基本思路及基本内容，如何对已建渡槽开展具体的安全评估特别是承载能力评估未做明确规定。鉴于渡槽与桥梁结构型式相似性、受力特点相近性，进行渡槽结构的安全评估时，可借鉴桥梁行业相关经验。近年来，我国积极开展桥梁评估方面的研究工作[6-9]，并已经颁布了基于设计规范的《公路桥梁承载能力检测评定规程》(JTG/T J21—2011)；该规程通过对桥梁缺损状况检查、材质状况与状态参数检测和结构检算，必要时再进行荷载试验的方法评定桥梁承载能力[10]。

由于大型渡槽工程沿线较长，所以危及其安全的因素众多，既有内因也有外因，既有自然因素也有人为因素。渡槽结构的安全性主要取决于渡槽的设计、施工水准及结构的正常使用（维护、检测）[11]。从评估方法来看，渡槽安全评估应该是基于现场检测、实时监测以及结构验算三者相融合的真实安全评估；其中，现场检测成果为安全评估提供渡槽材质状况与状态参数，实时监测成果为安全评估提供边界约束条件，结构验算为安全评估提供判断依据。从评估内容来看，渡槽安全评估应包括承载能力评估、抗震安全评估以及耐久性评估。

10.2 承载能力评估

对于渡槽而言，承载能力评估应包括持久状态下承载能力极限状态和正常使用极限状态。承载能力极限状态针对的是结构或构件的截面强度和稳定性，正常使用极限状态主要针对结构或构件的刚度和抗裂性[12]。

10.2.1 承载能力极限状态的安全评估

《水工混凝土结构设计规范》(SL 191—2008) 第3.2.1条规定：承载力极限状态设计

时，应采用下列设计表达式[13]：

$$KS \leqslant R \tag{10.2.1}$$

式中：K 为承载力安全系数，按该规范第 3.2.4 条的规定采用；S 为荷载效应组合设计值，按该规范的 3.2.2 条的规定计算；R 为结构构件的截面承载力设计值，按该标准相关章节的承载力计算公式，由材料的强度设计值及截面尺寸等因素计算得出。

渡槽运行一段时间后，受外界荷载影响，必然会产生混凝土裂缝、混凝土碳化、钢筋锈蚀、混凝土剥落或剥蚀等各种形式的损伤，因此在进行渡槽评估特别是槽身安全评估时必须考虑该损伤。现有的水利行业规范虽然对设计状态下水工混凝土结构应满足的承载能力极限状态有所规定，但水工混凝土结构运行一段时间后，各种损伤引起的承载能力劣化以及如何考虑这种劣化等问题，水利行业相关规范没有做出明确规定。

而交通行业较早开展既有桥梁结构的承载能力检测评定工作，并编制相应的技术规范，如《公路桥梁承载能力检测评定规程》（JTG/T J21—2011）通过桥梁缺损状态检查、材质状况与状态参数额和结构验算，必要时再进行荷载试验的方式评定桥梁承载能力；其中，结构验算主要依据现行规范，根据桥梁检测结果，采用引入分项检算系数修正极限状态设计表达式的方法进行。对于配筋混凝土桥梁承载能力极限状态评定问题，该规范采用引入桥梁检算系数、承载能力恶化系数、截面折减系数和活载修正系数分别对极限状态方程中结构抗力效应和荷载效应进行修正，并通过比较判定结构或构件的承载能力状态，具体如下。

《公路桥梁承载能力检测评定规程》（JTG/TJ21—2011）第 7.3.1 条规定：配筋混凝土桥梁承载能力极限状态，应根据桥梁检测结果进行计算评定，具体如下：

$$\gamma_0 S \leqslant R(f_d, \xi_c \alpha_{dc}, \xi_s \alpha_{ds}) Z_1 (1-\xi_e) \tag{10.2.2}$$

式中：γ_0 为结构的重要性系数；S 为荷载效应函数；$R(\cdot)$ 为抗力效应函数；f_d 为材料强度设计值；α_{dc}为构件混凝土几何参数值；α_{ds}为构件钢筋几何参数值；Z_1 为承载能力检算系数；ξ_e 为承载能力恶化系数；ξ_c 为配筋混凝土结构的截面折减系数；ξ_s 为钢筋的截面折减系数。

《水工混凝土结构设计规范》（SL 191—2008）关于结构或构件的安全度表达式，是在考虑荷载与材料强度的不同变异性的基础上，将结构系数 γ_d、结构重要性系数 γ_0 以及设计状况系数 ψ 三者合并形成承载能力安全系数 K，表现形式上虽与传统的安全系数法有些相似，但本质上还是遵循极限状态方程[14]。而《公路桥梁承载能力检测评定规程》（JTG/T J21—2011）关于结构或构件的安全表达严格遵守极限状态方程。

鉴于渡槽与桥梁结构型式相似性、受力特点相近性及其承载能力极限状态表达式相同性，可借鉴桥梁行业相关经验，来考虑渡槽运行一段时间后槽体本身各种损伤所引起结构承载能力劣化问题及其安全评估问题。综合以上分析，结合式（10.2.1）、式（10.2.2），考虑到渡槽运行过程中外界荷载所产生的各种损伤导致渡槽结构承载能力折减，可得出考虑截面折减系数的渡槽结构承载能力状态的安全评估应满足以下公式：

$$KS \leqslant R(f_d, \xi_c \alpha_{dc}, \xi_s \alpha_{ds}) Z_1 (1-\xi_e) \tag{10.2.3}$$

式（10.2.3）中的符号意义可参考式（10.2.1）和式（10.2.2）中的说明。

考虑到渡槽实际运行环境条件，参数 Z_1、ξ_e、ξ_c 及 ξ_s 取值如下。

1. 承载能力检算系数 Z_1

《公路桥梁承载能力检测评定规程》（JTG/T J21—2011）在既有旧桥承载能力评定的基础上，通过表观缺损检查结果、混凝土强度检测和结构模态测试结果综合确定承载能力检算系数 Z_1，以反映桥梁总体技术状态。考虑到渡槽结构的自身特点，并参考渡槽安全鉴定方面已有的成果，渡槽承载能力检算系数 Z_1 值可根据渡槽实际的工程质量分级予以确定，具体见表 10.2.1。

表 10.2.1　承载能力检算系数 Z_1 值

工程质量分级	性 态 描 述	承载能力检算系数 Z_1
A 级	检测结果均满足设计和标准要求，运行中未发现质量缺陷，且满足工程安全运行要求的	1.00
B 级	检测结果基本满足设计和标准要求，运行中发现质量缺陷，但尚不影响工程运行要求的	0.90
C 级	检测结果大部分不满足设计和标准要求，或运行中已发现质量问题，影响工程安全运行要求的	0.80

2. 承载能力恶化系数 ξ_e

对于渡槽结构，为考虑评估期内渡槽结构质量状况进一步衰退恶化产生的不利影响，通过承载能力恶化系数 ξ_e 来反映这一不利影响可能造成的结构抗力效应的降低。引入承载能力恶化系数的目的是使结构质量状况进一步衰退至某一阶段时，承载能力评估结果仍能维持在一定的可靠度水平之上。承载能力恶化系数主要考虑了结构或构件的缺损状况、钢筋锈蚀电位、钢筋保护层以及混凝土强度、电阻率、氯离子含量和碳化状况等影响因素，通过专家调查方式确定各因素的影响权重，并综合考虑渡槽实际运行环境加以确定。

根据渡槽现场检测结果，可按照表 10.2.2 来确定渡槽构件恶化状况评定标度 E；其中，各监测指标的评定标度取值可参考《公路桥梁承载能力检测评定规程》（JTG/T J21—2011）相关规定予以确定。根据恶化状况评定标度 E 以及渡槽所处的环境条件，按表 10.2.3 确定混凝土渡槽的承载能力恶化系数 ξ_e。

表 10.2.2　混凝土渡槽结构恶化状况评定标度

序号	检测指标名称	权重 α_i	综合评定方法
1	缺损状况	0.32	恶化状况评定标度 E 按下式计算：$E=\sum_{j=1}^{7}E_j\alpha_j$ 式中：E_j 为结构或构件某项检测评定指标的评定标度；α_j 为某项检测评定指标的权重，$\sum_{j=1}^{7}\alpha_j=1$
2	钢筋锈蚀电位	0.11	
3	混凝土电阻率	0.05	
4	混凝土碳化情况	0.20	
5	钢筋混凝土保护层厚度	0.12	
6	氯离子含量	0.15	
7	混凝土强度	0.05	

表 10.2.3 混凝土渡槽的承载能力恶化系数 ξ_e 值

恶化状况评定标度	ξ_e	
	环境条件：干、湿交替；不冻；无侵蚀介质	环境条件：干、湿交替；冻；无侵蚀介质
1	0.02	0.05
2	0.04	0.07
3	0.07	0.10
4	0.12	0.14
5	0.17	0.20

3. 结构的截面折减系数 ξ_c

对于渡槽而言，由于材料风化、碳化、物理与化学损伤（如混凝土剥落、空鼓、疏松、掉棱、缺角等）引起的结构或构件有效截面损失，以及由于钢筋腐蚀剥落造成的钢筋有效面积损失，对结构构件截面抗力效应会产生影响。在检算结构抗力效应时，可用截面折减系数计及这一影响。

依据材料风化、碳化、物理与化学损伤三项检测指标的评定标度，可按表 10.2.4 计算确定结构或构件截面损伤的综合评定标度 R。材料风化、物理与化学损伤检测指标的评定标度详见表 10.2.5、表 10.2.6，混凝土碳化检测指标可参考《公路桥梁承载能力检测评定规程》（JTG/T J21—2011）相关规定。

表 10.2.4 截面损伤的综合评定标度 *R*

序号	检测指标名称	权重 α_i	综合评定方法
1	材料风化	0.10	截面损伤综合评定标度 R 按下式计算：$$R=\sum_{j=1}^{3}R_j\alpha_j$$ 式中：R_j 为某项检测指标的评定标度；α_j 为某项检测指标的权重值，$\sum_{j=1}^{3}\alpha_j=1$
2	混凝土碳化	0.35	
3	物理与化学损伤	0.55	

表 10.2.5 混凝土材料风化评定标准

评定标准	材料风化状况	性态描述
1	微风化	手搓构件表面，无砂粒滚动摩擦的感觉，手掌上粘有构件材料粉末，无砂粒；构件表面直观较光洁
2	弱风化	手搓构件表面，有砂粒滚动摩擦的感觉，手掌上附着物大多为构件材料粉末，砂粒较少；构件表面砂粒附着不明显或略显粗糙
3	中度风化	手搓构件表面，有较强的砂粒滚动摩擦的感觉或粗糙感，手掌上附着物大多为砂粒，粉末较少；构件表面明显可见砂粒附着或明显粗糙
4	较强风化	手搓构件表面，有强烈的砂粒滚动摩擦的感觉或粗糙感，手掌上附着物基本为砂粒，粉末很少；构件表面可见大量砂粒附着或有轻微剥落
5	严重风化	构件表面可见大量砂粒附着，且构件部分表层剥离或混凝土已露粗骨料

表 10.2.6　物理与化学损伤评定标准

评定标度	性状描述
1	构件表面较好，局部表面有轻微剥落
2	构件表面剥落面积在 5%以内；或损伤最大深度与截面损伤发生部位构件最小尺寸之比小于 0.02
3	构件表面剥落面积为 5%～10%；或损伤最大深度与截面损伤发生部位构件最小尺寸之比小于 0.04
4	构件表面剥落面积为 10%～15%；或损伤最大深度与截面损伤发生部位构件最小尺寸之比小于 0.10
5	构件表面剥落面积为 15%～20%；或损伤最大深度与截面损伤发生部位构件最小尺寸之比大于 0.02

依据截面损伤的综合评定标度，可按表 10.2.7 确定截面折减系数 ξ_c。

表 10.2.7　配筋混凝土桥梁截面折减系数 ξ_c 值

截面损伤综合评定标度 R	截面折减系数 ξ_c	截面损伤综合评定标度 R	截面折减系数 ξ_c
$1\leqslant R<2$	(0.98，1.00]	$3\leqslant R<4$	(0.85，0.93]
$2\leqslant R<3$	(0.93，0.98]	$4\leqslant R<5$	$\leqslant$0.85

4. 钢筋的截面折减系数 ξ_s

对于渡槽而言，发生腐蚀的钢筋截面折减系数 ξ_s，可按表 10.2.8 确定。

表 10.2.8　钢筋截面折减系数 ξ_s 值

评定标度	性状描述	截面折减系数 ξ_s
1	沿钢筋出现裂缝，宽度小于限值	(0.98，1.00]
2	沿钢筋出现裂缝，宽度大于限值，或钢筋锈蚀引起混凝土发生层离	(0.95，0.98]
3	钢筋锈蚀引起混凝土剥落，钢筋外露，表面有膨胀薄锈层或坑蚀	(0.90，0.95]
4	钢筋锈蚀引起混凝土剥落，钢筋外露，表面有膨胀薄锈层显著，钢筋断面损失在 10%以内	(0.80，0.90]
5	钢筋锈蚀引起混凝土剥落，钢筋外露，出现锈蚀剥落，钢筋断面损失在 10%以上	$\leqslant$0.80

从受力角度来看，槽体主要是受弯构件，在进行承载能力极限状态验算时，主要进行正截面与斜截面验算，具体验算公式可参见《水工混凝土结构设计规范》(SL 191—2008) 相关规定。

10.2.2　正常使用极限状态的安全评估

《水工混凝土结构设计规范》(SL 191—2008) 第 3.2.5 条规定，正常使用极限状态验算应按荷载效应的标准组合进行，并采用下列设计表达式：

$$S_k(G_k, Q_k, f_k, a_k)\leqslant c \tag{10.2.4}$$

式中：$S_k(\cdot)$ 为正常使用极限状态的荷载效应标准组合值函数；c 为结构构件达到正常使用要求所规定的变形、裂缝宽度或应力等的限值；G_k、Q_k 为永久荷载、可变荷载标准值，按《水工建筑荷载设计规范》(DL 5077—1997) 的规定取用；f_k 为材料强度标准值；a_k 为结构构件几何参数的标准值。

《水工混凝土结构设计规范》(SL 191—2008) 第 3.2.7 条规定：预应力混凝土结构构件设计时，应根据表 10.2.9，根据环境类别选用不同的裂缝控制等级：

表 10.2.9　　结构构件的裂缝控制等级及最大裂缝宽度限值

环境等级	钢筋混凝土结构	预应力混凝土结构	
	w_{lim}/mm	裂缝控制等级	w_{lim}/mm
一	0.40	三	0.20
二	0.30	二	—
三	0.25	一	—
四	0.20	一	—
五	0.10	一	—

一级：严格要求不出现裂缝的构件，应按荷载效应标准组合验算，构件受拉边缘混凝土不应产生拉应力。

二级：一般要求不出现裂缝的构件，应按荷载效应标准组合验算，构件受拉边缘混凝土的拉应力不应超过混凝土轴心抗拉强度标准值的0.7倍。

三级：允许出现裂缝的构件，应按荷载效应标准组合进行裂缝宽度验算，构件正截面最大裂缝宽度计算值不应超过表10.2.9所规定的限值。

按《水工混凝土结构设计规范》(SL 191—2008) 中第8.7.1条规定，对严格要求不出现裂缝的构件，应力须满足以下条件。

(1) 正截面验算。

1) 对严格要求不出现裂缝的构件，在荷载效应标准组合下，正截面混凝土法向应力应符合下列规定：

$$\sigma_{ck}-\sigma_{pc}\leqslant 0 \tag{10.2.5}$$

2) 对一般要求不出现裂缝的构件，在载荷效应标准组合下，正截面混凝土法向应力应符合下列规定：

$$\sigma_{ck}-\sigma_{pc}\leqslant 0.7\gamma f_{tk} \tag{10.2.6}$$

(2) 斜截面验算。

1) 对严格要求不出现裂缝的构件，在荷载效应标准组合下，斜截面混凝土主拉应力应符合下列要求：

$$\sigma_{tp}\leqslant 0.85 f_{tk} \tag{10.2.7}$$

2) 对严格要求和一般要求不出现裂缝的构件，在荷载效应标准组合下，斜截面混凝土的主压应力应符合下列要求：

$$\sigma_{cp}\leqslant 0.6 f_{ck} \tag{10.2.8}$$

式中：σ_{ck}为荷载标准值（结构预应力除外）作用下构件正截面抗裂验算边缘的混凝土法向应力；σ_{pc}为扣除全部预应力损失后在构件抗裂验算边缘的混凝土预压应力；σ_{tp}、σ_{cp}为混凝土主拉应力、主压应力；f_{tk}、f_{ck}为混凝土轴心抗拉强度、轴心抗压强度标准值；γ为受拉区混凝土塑性影响系数。

10.3 抗震安全评估

10.3.1 抗震验算方法及公式

根据《水工建筑物抗震设计标准》(GB 51247—2018) 相关规定可知，各类水工建筑物在综合静态、动态作用下最不利组合下的抗震强度和稳定应满足如下[15]：

$$\gamma_0\psi S(\gamma_G G_k,\gamma_Q Q_k,\gamma_E E_k,a_k)\leqslant\frac{1}{\gamma_d}R\left(\frac{f_k}{\gamma_m},\alpha_k\right) \tag{10.3.1}$$

式中：γ_0 为结构重要性系数，取值为 1.1；ψ 为设计状况系数，取值为 0.85；$S(\cdot)$ 为结构的作用效应函数；γ_G 为永久作用的分项系数，取值为 1.1；G_k 为永久作用的标准值；γ_Q 为可变作用的分项系数，Q_k 为可变作用的标准值；γ_E 为地震作用的分项系数，取值为 1.0；α_k 为几何参数的标准值；γ_d 为承载力极限状态的结构系数，一般取值为 1.25，槽墩取值为 1.30；f_k 为材料性能的标准值；γ_m 为材料性能的分项系数。

鉴于渡槽与桥梁结构型式相似性、受力特点相近性及其承载能力极限状态表达式相同性，可借鉴桥梁行业相关经验，来考虑渡槽运行一段时间后槽体本身各种损伤所引起结构承载能力劣化问题及其安全评估问题。综合以上分析，结合式（10.3.1）及式（10.2.2），考虑到工程实际结构的损伤导致渡槽结构承载能力折减，可得出考虑截面折减系数的渡槽抗震安全公式，具体如下：

$$\gamma_0\varphi S(\gamma_G G_k,\gamma_Q Q_k,\gamma_E E_k,a_k)\leqslant\frac{1}{\gamma_d}R\left(\frac{f_k}{\gamma_m},\xi_c\alpha_{dc},\xi_s\alpha_{ds}\right)Z_1(1-\xi_e) \tag{10.3.2}$$

上式中的符号意义可参考式（10.3.1）和式（10.2.2）中的说明；其中，参数 Z_1、ξ_e、ξ_c 及 ξ_s 取值见第 10.2.1 章节。

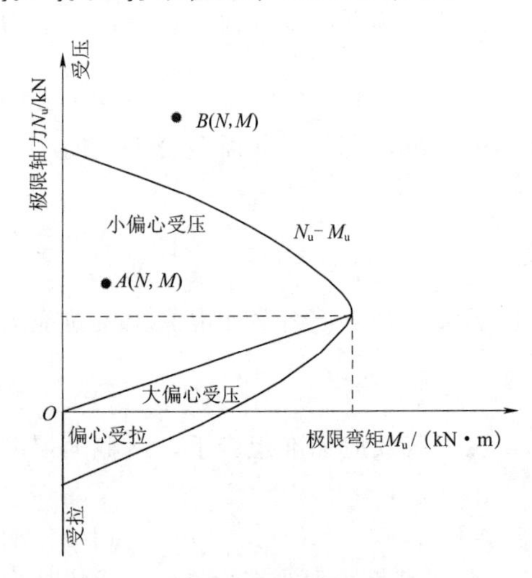

图 10.3.1　截面校核 N_u-M_u 关系曲线

对梁柱截面处于复杂的弯、剪、扭状态，故截面的校核过程主要分为 3 个部分：正截面校核、斜截面校核、抗扭校核[16]。梁柱截面承载能力极限状态验算的基本原理简述如下，具体验算公式可参见《水工混凝土结构设计规范》(SL 191—2008) 相关规定。

由于截面通常处于偏心受拉或偏心受压，校核的基本原理是：首先做出待校核截面极限轴力和极限弯矩（N_u-M_u）的关系图；然后，将该截面轴力和弯矩的计算结果（N，M）点画到相应的 N_x-M_x 关系图上去，如图 10.3.1 所示。若（N，M）点落在 N_u-M_u 曲线以内，则表明截面是安全的，如图中的 A 点；否则为不完全，如图中的 B 点。N_u-M_u 关系曲线的作图原理说明见图 10.3.1，相关计算公式参见《水工混凝土结构设计规范》(SL 191—2008)。

10.3.2　橡胶支座及挡块抗震验算

1. 橡胶支座剪切变形验算

橡胶支座剪切变形验算所采用的基本公式为

$$\sum t\geqslant\frac{X_e}{\tan\gamma} \tag{10.3.3}$$

式中：$\sum t$ 为橡胶支座的总厚度；X_e 为橡胶支座顶面相对于底面的水平地震位移。

2. 橡胶支座抗滑稳定性验算

$$\mu_d R_b \geqslant E_{hzb} \tag{10.3.4}$$

式中：μ_d 为橡胶支座的动摩阻系数，取为 0.1；R_b 为上部结构重力在支座上产生反力的 95%；E_{hzb} 为橡胶支座上的水平地震作用标准值。

3. 挡块抗震验算。

当横向抗滑稳定性不满足时，需进行挡块的抗震验算，验算公式为

$$Q_j < R \tag{10.3.5}$$

式中：Q_j 为作用在挡块上的水平地震力；R 为挡块的水平承载力。

10.4 耐久性评估

10.4.1 耐久性损伤及其影响因素

大量混凝土工程由于环境侵蚀、材料老化及使用维护不当等原因产生累积损伤，会使得结构的耐久性能下降，如何评价其耐久性已成为工程技术界关心的问题[17-18]。对于水工混凝土结构的耐久性损伤主要为钢筋锈蚀及水工混凝土腐蚀和损伤。钢筋锈蚀是混凝土结构最普遍的、危害最大的耐久性损伤，根据美国标准局 1975 年的调查，美国全年由于混凝土中钢筋锈蚀造成的损失为 280 亿美元，英国、挪威、荷兰的钢筋混凝土结构在 20 世纪 80 年代均花费了巨资进行维修。荷兰曾对沿海的水工建筑物进行调查，包括泄水闸、突堤码头、顺岸码头、浮码头等，在建造完成后的 3～63 年间，可见损伤多见于混凝土保护层、钢筋腐蚀、混凝土表面风化剥落、碳化等；我国 20 世纪 60 年代对华南、华东地区 27 座海港的钢筋混凝土进行调查，发现钢筋锈蚀导致结构破坏的占 74%，1981 年对华南 18 座使用了 7～25 年的海港码头进行调查，发现钢筋锈蚀导致结构破坏的占 89%。在严寒地区和寒冷地区，冻融破坏也是常见的耐久性损伤。对于高水头作用的挡水建筑物，混凝土的抗渗性能和抗磨蚀性能也是不容忽视的耐久性指标；在存在硫酸盐腐蚀及碱-骨料反应环境下两类耐久性问题还需要提高重视程度。耐久性问题的影响因素众多，混凝土结构的劣化机理非常复杂，损伤往往是多因素作用，环境和材料特性又有很大的不确定性，除了碳化、氯盐、冻融、渗透压、硫酸盐、磨蚀、碱-骨料等环境因素外，化学腐蚀环境尚无劣化模型可供参考。

目前对于化学腐蚀、高水头渗透和磨蚀下的耐久性评价方法还缺乏深入的研究，其他特殊问题还应结合相关规范进行评估。近年来，氯离子侵蚀等已有相对成熟的理论预测公式，但对混凝土结构的剩余寿命的准确预测仍存在困难。当前，关于混凝土结构耐久性评估的规范主要有《既有混凝土结构耐久性评定标准》（GB/T 51355—2019）、《混凝土结构耐久性评定标准》（CECS 220：2007）、《水工混凝土结构耐久性评定规范》（SL 775—2018）等。上述耐久性技术标准大多是从设计角度对未建工程考虑耐久性问题，而对于已建工程耐久性的评价方面可参考不多[19-21]。

10.4.2 碳化环境下钢筋锈蚀预测模型

鉴于钢筋锈蚀是混凝土结构最普遍的、危害最大的耐久性损伤，并考虑到渡槽实际运行环境，本节重点介绍碳化环境下钢筋锈蚀预测问题。根据《水工混凝土结构耐久性评定规范》（SL 775—2018）相关条文可知，对于不同环境下钢筋锈蚀问题，在进行耐久性评估时存在几个关键时间节点，即钢筋开始锈蚀时间、保护层锈胀开裂时间以及出现可接受最大外观损伤时间。

1. 钢筋开始锈蚀时间 t_i

一般环境即碳化环境下，钢筋开始锈蚀时间计算可采用直接计算法和查表法，查表法是根据直接计算法计算给出的简化计算方法，在常用范围内与公式计算相比误差很小。直接计算法见式（10.4.1），查表法见式（10.4.2）：

$$\begin{cases} t_i=\left(\dfrac{c-x_0}{k}\right)^2 \\ k=\dfrac{x_c}{\sqrt{t_0}} \\ x_0=(1.2-0.35k^{0.5})D_c-\dfrac{6.0}{m+1.6}(1.5+0.84k) \end{cases} \tag{10.4.1}$$

式中：t_i 为结构建成值钢筋开始锈蚀的时间，a；c 为保护层厚度实测值，mm；x_0 为碳化残量，mm；k 为碳化系数；m 为局部环境系数；D_c 为与保护层厚度及碳化系数有关的参数，具体取值如下。

当 $c\leqslant 28$mm 时：若 $k\geqslant 0.8$，$D_c=c$；若 $k<0.8$，$D_c=c-\dfrac{0.16}{k}$。

当 $c>28$mm 时：若 $k\geqslant 1.0$($k>3.3$，取 $k=3.3$)，$D_c=c+0.066(c-28)^{0.47k}$；若 $k<1.0$，$D_c=c-0.389(c-28)\left(\dfrac{0.16}{k}\right)^{1.5}$。

$$t_i=15.2K_kK_cK_m \tag{10.4.2}$$

式中：K_k 为碳化速率影响系数；K_c 为保护层厚度影响系数；K_m 为局部环境影响系数；K_k、K_c 及 K_m 可通过查表得到。

2. 钢筋开始锈蚀至保护层开裂时间 t_c

钢筋开始锈蚀至保护层锈胀开裂的时间 t_c 应考虑保护层厚度、混凝土强度、钢筋直径、环境温度、环境湿度以及局部环境的影响，可采用直接计算法或查表法估算，直接计算法见式（10.4.3），查表法见式（10.4.6）：

$$t_c=\frac{\delta_{cr}}{\lambda_0} \tag{10.4.3}$$

式中：t_c 为钢筋开始锈蚀至保护层锈胀开裂的时间，a；δ_{cr} 为保护层锈胀开裂时的临界钢筋锈蚀深度，mm，按式（10.4.4）进行估算；λ_0 为保护层锈胀开裂前的年平均钢筋锈蚀速率，mm/a，按式（10.4.5）进行估算：

$$\delta_{cr}=\begin{cases} 0.012c/d+0.00084f_{cu,k}+0.018 & \text{杆件(角部钢筋)} \\ 0.015(c/d)^2+0.0014f_{cu,k}+0.016 & \text{墙、板(非角部钢筋)} \end{cases} \tag{10.4.4}$$

式中：c 为钢筋保护层厚度实测值，mm；d 为钢筋直径，mm；$f_{cu,k}$为混凝土抗压强度设计标准值，MPa。

$$\lambda_0=\begin{cases}7.53K_{c1}m(0.75+0.0125T)(RH-0.45)^{2/3}c^{-0.675}f_{cu,k}^{-1.8} & 室外\\ 5.92K_{c1}m(0.75+0.0125T)(RH-0.5)^{2/3}c^{-0.675}f_{cu,k}^{-1.8} & 室内\end{cases} \tag{10.4.5}$$

式中：K_{c1}为钢筋位置影响系数，钢筋位于角部时 $K_{c1}=1.6$，钢筋位于非角部时 $K_{c1}=1.0$；T 为年平均温度，℃；RH 为年平均相对湿度，$RH>0.8$ 时，取 $RH=0.80$；c、$f_{cu,k}$意义同式（10.4.4）。

$$t_c=t_sH_cH_fH_dH_TH_{RH}H_m \tag{10.4.6}$$

式中：t_s 为特定条件下（各项影响系数为 1.0 时）构件自钢筋开始锈蚀到保护层锈胀开裂的时间，a，对室外杆件取 1.9，室外墙及板取 3.9，室内杆件取 3.8，室内墙及板取 11.0；H_c、H_f、H_d、H_T、H_{RH}、H_m 分别为保护层厚度、混凝土强度、钢筋直径、环境温度、环境湿度、局部环境对保护层锈胀开裂时间的影响系数，可通过查表得到。

3. 钢筋开始锈蚀至混凝土表面出现可接受最大外观损伤时间 t_{c1}

钢筋开始锈蚀至混凝土表面出现可接受最大外观损伤时间 t_{c1}应考虑保护层厚度、混凝土强度、钢筋直径、环境温度、环境湿度以及局部环境的影响，可采用直接计算法或查表法估算，直接计算法见式（10.4.7），查表法见式（10.4.8）：

$$t_{c1}=t_c+\frac{\delta_d-\delta_{cr}}{\lambda_1} \tag{10.4.7}$$

式中：t_{c1}为钢筋开始锈蚀至混凝土表面出现可接受最大外观损伤时间，a；t_c、δ_{cr}意义同式（10.4.3）；δ_d 为混凝土表面出现可接受最大外观损伤时的钢筋锈蚀深度，mm，按式（10.4.8）估算；λ_1 为保护层锈胀开裂后的年平均钢筋锈蚀速率，mm/a，按式（10.4.9）估算：

$$\delta_d=\begin{cases}0.255+0.012c/d+0.00084f_{cu,k} & 配有圆形钢筋的杆件\\ 0.273+0.008c/d+0.00055f_{cu,k} & 配有带肋钢筋的杆件\\ 0.3 & 墙、板类构件\end{cases} \tag{10.4.8}$$

式中：c、d、$f_{cu,k}$意义同式（10.4.4）。

$$\lambda_1=(4.5-340\lambda_0)\lambda_0 \tag{10.4.9}$$

式中：λ_0 取值同式（10.4.5）。当 $\lambda_1<1.8\lambda_0$ 时，取 $\lambda_1=1.8\lambda_0$。

$$t_{c1}=BF_cF_fF_dF_TF_{RH}F_m \tag{10.4.10}$$

式中：B 为特定条件下（各项影响系数为 1.0 时）构件自钢筋开始锈蚀到混凝土表面出现可接受最大外观损伤时间，a，对室外杆件取 7.04，室外墙及板取 38.09，室内杆件取 8.84，室内墙及板取 14.48；F_c、F_f、F_d、F_T、F_{RH}、F_m 分别为保护层厚度、混凝土强度、钢筋直径、环境温度、环境湿度、局部环境对混凝土表面出现可接受最大外观损伤时间的影响系数，可通过查表得到。

10.4.3 碳化环境下结构耐久性评估

如前所述，影响混凝土结构耐久性的主要因素之一是混凝土中的钢筋锈蚀，由于目前尚不能够很好地把握混凝土中钢筋锈蚀的全过程，致使在混凝土结构耐久性极限状态的确定上未能达成共识。在混凝土结构耐久性评估中，主要有以下几种寿命准则，即碳化寿命准则、锈胀开裂寿命准则、裂缝宽度与钢筋锈蚀量限值寿命准则及承载力寿命准则。

碳化寿命准则是将混凝土保护层出现碳化进而失去对钢筋的保护作用，导致钢筋开始产生锈蚀的时间作为混凝土结构的寿命；该准则主要考虑钢筋一旦开始锈蚀，不大的锈蚀量、不长的时间就足以使混凝土开裂，而开裂后锈蚀受到众多随机因素的影响，很难做出定量的估计。这一准则比较适合不允许钢筋锈蚀的钢筋混凝土构件（如预应力构件等），但对大多数混凝土结构来讲，以钢筋开始锈蚀作为结构适用寿命终止的标志，显然过于保守也不现实。锈胀开裂寿命准则是以混凝土表面出现沿筋的锈胀裂缝所需时间作为结构的使用寿命；该准则认为混凝土中的钢筋锈蚀使混凝土纵裂以后，钢筋锈蚀速度明显加快，将这一界限视为危及结构安全，需要维修加固的前兆。但试验表明，在一般的保护层厚度、钢筋直径和混凝土强度情况下，保护层开裂所需要的锈蚀失重率只有0.5%～1.9%，比规范所允许的钢筋截面误差±5%要小得多。裂缝宽度与钢筋锈蚀量限值寿命准则认为锈胀裂缝宽度或钢筋锈蚀量达到某一界限值时寿命终止。承载力寿命理论是考虑钢筋锈蚀等引起的抗力退化，以构件承载力降低到某一界限值作为耐久性极限状态。

由于混凝土结构性能退化过程是一个极其复杂的演化过程，不仅取决于结构本身，而且与结构所处环境有非常密切的关系；有些情况下，钢筋锈蚀并不十分严重，但却发生了构件破坏现象；而有时钢筋锈蚀已出现明显的断面损失，却未发生破坏，构件还在“正常”使用。因此，并不存在一个固定不变的耐久性评估准则，对于不同类型的结构、不同部位区域的构件、不同的使用环境等应区别对待。从结构失效破坏角度来看，混凝土结构耐久性失效首先受控于正常使用极限状态、而非承载能力极限状态。当混凝土结构因各种因素招致不可接受的外观损伤，如裂缝宽大、混凝土剥落、钢筋外露和锈蚀等，已不能满足使用功能，首先达到适用性极限状态。此时，结构的承载能力损失有限，并不立刻失效。当然，经过了更长的时间，材料劣化严重和损伤积累扩张后，仍有可能进入承载能力极限状态。

另外，《水工混凝土结构耐久性评定规范》（SL 775—2018）第4.1.3条规定：碳化环境和氯盐环境下的耐久性极限状态可按下列规定确定。

（1）对期望使用年限内不允许钢筋锈蚀的构件，可将钢筋开始锈蚀作为耐久性极限状态。

（2）对期望使用年限内不允许保护层出现锈胀裂缝的构件，可将保护层锈胀开裂作为耐久性极限状态。

（3）对期望使用年限内允许出现锈胀裂缝或局部破损的构件，可将混凝土表面出现最大可接受外观损伤作为耐久性极限状态。

根据以上分析，可根据水工混凝土结构应满足的不同裂缝控制等级来确定耐久性极限状态，具体参见《水工混凝土结构耐久性评定规范》（SL 775—2018）表3.2.7。对于一般水工混凝土结构，可采用混凝土表面可接受最大外观损伤的时间确定其剩余使用年限。

《水工混凝土结构耐久性评定规范》（SL 775—2018）第 4.2.2 条及第 4.2.3 条规定：保护层锈胀开裂的时间 t_{cr} 应考虑保护层厚度、混凝土强度、钢筋直径、环境温度、环境湿度及局部环境的影响，可按下式估算：

$$t_{cr}=t_i+t_c \tag{10.4.11}$$

式中：t_{cr} 为保护层锈胀开裂的时间，a；t_i、t_c 的意义及取值见式（10.4.1）和式（10.4.3）。

混凝土表面出现可接受最大外观损伤的时间 t_{cr} 应保护层厚度、混凝土强度、钢筋直径、环境温度、环境湿度及局部环境的影响，可按下式估算：

$$t_d=t_i+t_{c1} \tag{10.4.12}$$

式中：t_d 为混凝土表面出现可接受最大外观损伤的时间，a；t_i、t_{c1} 的意义及取值见式（10.4.1）和式（10.4.7）。

10.5 工程案例[22]

10.5.1 工程概述

北方某大型渡槽工程全长 0.93km，由 829m 渡槽段和 101m 渠道连接段组成，渡槽为三槽一联简支预应力梁式结构，采用满堂脚手架现场浇筑，共计 16 跨，单跨长 40.0m、宽 24.3m、高 9.1m，底板厚 0.4m，边墙厚 0.6m，中墙厚 0.7m；槽身采用三向预应力设计，边墙、中墙分别采用纵向为 1860MPa 级 7 Φ^{ps}15.2、9 Φ^{ps}15.2 预应力钢绞线，竖向为 PSB785MPa 级 Φ^{ps}32mm 精轧螺纹钢筋；底板纵向为 4 Φ^{ps}15.2 钢绞线，横向采用 7 Φ^{ps}15.2 钢绞线。在该渡槽施工现场进行例行巡检时，发现已浇的 5 跨槽墙存在很多竖向表面裂缝，对槽身墙面敲击检查，发出类似敲击梆鼓的声音。后经缺陷无损检测可知，12～16 号跨渡槽槽身混凝土空鼓及裂缝主要出现纵梁，而底板基本没有裂缝，具体见第 9.5 章。

由于空鼓、裂缝问题会对槽墙的预应力和承载力造成不利影响。竖向裂缝的存在部分或全部地释放裂缝深度范围内的纵向预应力，空鼓的存在部分或全部地释放空鼓以外的竖向预应力，不利条件下波纹管周边还会因冻胀引起混凝土损伤，槽身混凝土耐久性难以得到保障。调查研究表明对于渡槽等水工钢筋混凝土结构而言，钢筋锈蚀问题是影响其耐久性的关键因素。由于钢筋锈蚀不仅会削弱钢筋截面，而且锈蚀产物的体积膨胀会导致钢筋保护层出现裂缝，破坏钢筋和混凝土之间的黏结作用，直至造成保护层剥落，减小构件承载截面；因而，钢筋锈蚀会带来结构刚度下降、承载力降低，甚至使得结构破坏形式发生改变等一系列后果。与此同时，由于预应力钢筋已经受到张拉作用，钢筋在拉应力和腐蚀介质的共同作用下，可能会进一步产生应力腐蚀现象，并可能导致在低于材料强度的情况下突然发生脆性断裂。

为此，根据前面提供的方法，基于渡槽现场检测成果（具体检测成果详见第 9 章），开展该渡槽安全评估，具体包括如下内容：基于结构力学法的渡槽存在缺陷条件下承载力极限状态与正常使用极限状态评估；渡槽存在缺陷状态下槽身结构的三维有限元应力分析与安全评估；缺陷条件下渡槽耐久性评估[22]。

10.5.2 渡槽承载能力极限状态评估

10.5.2.1 纵向承载能力评估

1. 计算模式

渡槽纵向荷载由纵墙和底板承载，底板可简化为以底部横梁（低肋）为支承、跨度为2.5m（横梁间距）、承受板自重和槽内水荷载的多跨连续板；边梁可简化为承担其自重和半槽水重荷载不对称的“[”形简支梁，中梁简化为承载其自重和整槽水荷载的工字形简支梁。根据该渡槽现场检测结果可知（详见第9.5章节），12～16号跨渡槽槽身混凝土空鼓及裂缝主要出现在纵梁，而底板基本没有裂缝；这些空鼓及裂缝的存在削弱纵梁截面，降低横截面纵向承载能力，而对底板影响较小。因此，本节主要对纵梁进行承载能力极限状态复核。

2. 纵向内力计算

由于边梁和中梁均可简化为简支梁结构，温度荷载不起作用，承载力计算中主要考虑自重、水荷载和人群荷载的影响。具体内力计算结果见表10.5.1。

表10.5.1 边梁与中梁内力计算成果汇总表

计算工况		设计值		标准值	
		跨中弯矩/(kN·m)	支座剪力/kN	跨中弯矩/(kN·m)	支座剪力/kN
边梁	正常水位	95909.85	9590.985	85493	8549.3
	加大水位	99209.85	9920.985	88243	8824.3
	满槽水位	99319.65	9931.965	92179	9217.9
中梁	正常水位	145047.5	14504.75	126441	12644.1
	加大水位	151647.5	15164.75	131941	13194.1
	满槽水位	151867.1	15186.71	139813	13981.3

3. 纵梁承载能力极限状态分析

在进行纵向承载力计算时，纵梁按受弯构件计算承载力，纵梁的最危险截面出现在跨中，其截面承载力可按式（10.2.4）进行核算。

根据现场12～16号跨渡槽445条竖向裂缝统计资料（详见第9.5章节）可知，多数裂缝缝深在15cm以内，有少数裂缝深度超过20cm，其中以5～10cm的为最多。拟定不同裂缝深度来研究竖向裂缝对纵梁抗弯承载能力的影响，具体缝深取8cm、15cm和20cm。

不同裂缝深度下中梁横截面几何特性参数见表10.5.2，不同裂缝深度下边梁横截面几何特性参数见表10.5.3，不同裂缝深度下中梁及边梁纵向承载能力安全系数计算结果见表10.5.4、表10.5.5。

表 10.5.2　　不同裂缝深度下中梁横截面几何特性参数变化汇总表

裂缝深度/m	截面积		截面惯性矩		形心距底边距离/m
	A/m^2	削弱比	I_y/m^4	削弱比	
0.00	8.4750	0.00	67.6950	0.00	4.1883
0.08	7.5630	−12.06	64.7780	−4.50	4.1085
0.15	6.7650	−25.28	62.1270	−8.96	4.0210
0.20	6.1950	−36.80	60.1560	−12.53	3.9447

表 10.5.3　　不同裂缝深度下边梁横截面几何特性参数变化汇总表

裂缝深度/m	截面积		截面惯性矩		形心距底边距离/m
	A/m^2	削弱比	I_y/m^4	削弱比	
0.00	7.36	0.00	59.342	0.00	4.2139
0.08	6.45	−14.14	56.451	−5.12	4.1239
0.15	5.65	−30.27	53.811	−10.28	4.0214
0.20	5.08	−44.88	51.832	−14.49	3.9284

表 10.5.4　　不同裂缝深度下中梁纵向承载能力安全系数计算汇总表

不同水深	破坏深度/m			
	0.0	0.08	0.15	0.20
正常水位	1.79	1.65	1.61	1.59
加大水位	1.71	1.59	1.54	1.52
满槽水位	1.71	1.59	1.54	1.52

表 10.5.5　　不同裂缝深度下边梁纵向承载能力安全系数计算汇总表

不同水深	破坏深度/m			
	0.0	0.08	0.15	0.20
正常水位	2.54	2.32	2.23	2.19
加大水位	2.45	2.25	2.16	2.11
满槽水位	2.45	2.24	2.16	2.11

由表 10.5.2、表 10.5.3 可知，当纵梁竖墙出现竖向裂缝后，中梁和边梁横截面受到削弱，截面几何特性参数呈不同程度减少，截面承载力安全系数也随着降低。当竖墙两侧竖向裂缝深度达到 8cm 时，中梁截面积由 8.475m^2 降至 7.563m^2，削弱 12%，惯性矩由 67.6950m^4 降至 64.7780m^4，削弱 4.5%，截面抗弯安全系数由未破损前的 1.71～1.79 降至 1.59～1.67，降幅约为 7%；边梁截面积则由 7.36m^2 降至 6.45m^2，削弱 14%，惯性矩由 59.342m^4 降至 56.451m^4，削弱 5.12%；截面安全系数则由 2.45～2.54 减小为 2.24～2.32，降幅约为 8%。当竖墙两侧竖向裂缝深度达到 15cm 时，中梁截面积和惯性矩降至 6.7650m^2、62.1270m^4，削弱 25.28%和 8.96%，截面安全系数降为 1.54～1.61，降幅约为 10%；边梁截面积和惯性矩降至 5.65m^2、53.811m^4，分别削弱 30.27%和 10.28%，截面安全系数则降为 2.16～2.23，降幅约为 12%。当竖墙两侧竖向裂缝深度达到 20cm 时，截面和惯性矩削弱更厉害，纵梁抗弯承载力安全系数会降至更低。

由以上分析可知，截面的削弱导致截面惯性矩和抗弯承载能力的降低，基本呈线性变化关系，这也符合受弯构件的力学特性。槽墙竖向裂缝产生降低纵梁抗弯承载力，当竖向裂缝深度达到 8cm 时，基本荷载组合下中梁抗弯承载力安全系数降至 1.59，边梁安全系数降至 2.25；当裂缝深度达到 20cm 时，中梁降为 1.52，边梁降为 2.11，满足《水工混凝土结构设计规范》（SL 191—2008）中“预应力混凝土结构构件承载能力安全系数不小于 1.35”的规定。鉴于竖墙多数表面裂缝深度均为 5～15cm，因此槽墙出现空鼓及竖向裂缝，渡槽纵向抗弯极限承载能力满足规定要求。

10.5.2.2　横向承载能力评估

1. 计算模式

进行横向分析时，沿水流方向取跨中附近一根横梁及其两侧各 1/2 底板净跨长度的槽段作为计算单元，结构力学计算按三跨平面刚架进行计算；另外，在竖向荷载作用下，边墙和中墙底部会产生相对位移 Δw，内力分析时应考虑其影响，Δw 值可由三维有限元分析确定，计算简图见图 10.5.1。根据现场检测资料，12～16 号渡槽槽身混凝土仅在竖墙出现大面积空鼓，底板等其他区域均未出现空鼓。因此，本节主要对竖墙进行承载能力复核，并进行正常使用极限状态验算。

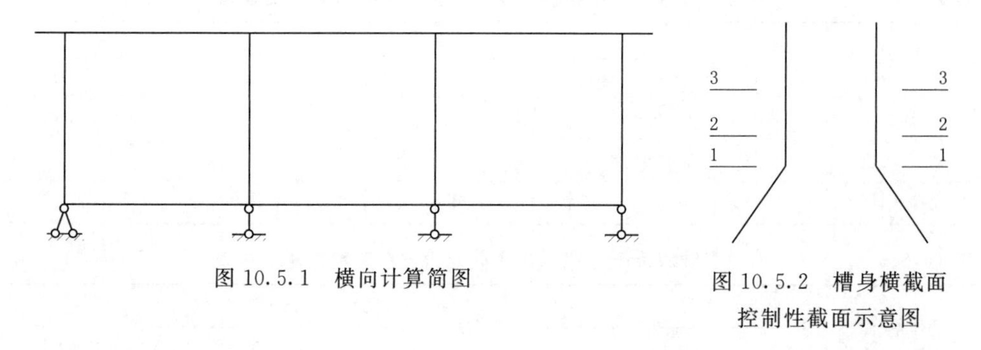

图 10.5.1　横向计算简图

图 10.5.2　槽身横截面控制性截面示意图

2. 竖墙内力计算

鉴于渡槽在横向被简化为三跨刚架结构，在进行竖墙横向承载力分析时需要考虑自重、水荷载、人群荷载、风荷载、温度荷载等。对于不同工况，分别用结构力学方法计算各控制断面（图 10.5.2）的内力，其中边墙底和中墙底在正常、加大和满槽水深时的最大内力计算结果见表 10.5.6。

表 10.5.6　　　边墙底与中墙底不同水深时最大内力计算成果汇总表

计算工况		设计值		标准值	
		轴力/kN	弯矩/(kN·m)	轴力/kN	弯矩/(kN·m)
边墙底	正常水位	750.11	702.18	637.54	590.61
	加大水位	793.63	766.65	676.31	644.34
	满槽水位	792.89	782.45	725.03	712.41
中墙底	正常水位	1624.49	713.91	1385.54	593.98
	加大水位	1715.17	776.32	1461.29	645.99
	满槽水位	1739.62	79.51	1592.96	68.62

3. 竖墙承载能力极限状态评估

由于竖墙横向截面为矩形截面且在横向和竖向荷载作用下可简化为偏心受压构件，并且底部承受的轴力和弯矩为最大。因此选取竖墙底部横剖面进行抗压承载能力计算，计算公式可参见《水工混凝土结构设计规范》（SL 191—2008）相关规定。空鼓出现破坏了竖墙整体性，部分或全部地释放空鼓外混凝土的预压应力，同时一定程度上降低混凝土强度。从构件承载力方面来看，受拉区存在空鼓，会部分或全部地释放空鼓外混凝土预压应力，减小混凝土预压面积，而受压区存在空鼓破坏截面的整体性，在一定程度上降低混凝土的强度，综合来看，空鼓的存在降低竖墙横向抗压承载能力。另外，根据现场空鼓区钻芯取样可知，竖墙空鼓深度主要集中在5.0～10.0cm范围内变化，也有少数个别3.0cm深度，空鼓主要集中在精轧螺纹钢和混凝土竖墙表面之间。基于以上分析，假定受拉区空鼓外侧混凝土预压应力全部释放，拟定不同空鼓深度研究竖墙横截面抗压承载能力，空鼓深度取5cm、8cm、10cm。

（1）假定受压区空鼓外侧混凝土预压应力部分或全部释放。空鼓出现部分或全部地释放空鼓外混凝土的预压应力，假定空鼓外侧混凝土预压应力按10%、20%、50%以及100%（极端情况）释放考虑，进行横截面抗压承载力计算。不同空鼓深度下边墙和中墙横截面几何特性参数见表10.5.7、表10.5.8，不同空鼓深度下边墙底和中墙底横向承载能力计算结果见表10.5.9、表10.5.10。

表10.5.7　　不同空鼓深度下边墙底横截面几何特性参数汇总表

空鼓深度/m	截面积		截面惯性矩		形心距受压侧底边距离/m
	A/m^2	削弱比/%	I_y/m^4	削弱比/%	
0.00	0.60	0.00	0.018000	0.00	0.300
0.05	0.55	−8.33	0.013865	−22.97	0.275
0.08	0.52	−13.33	0.011717	−34.90	0.260
0.10	0.50	−16.67	0.010417	−42.13	0.250

表10.5.8　　不同空鼓深度下中墙底横截面几何特性参数汇总表

空鼓深度/m	截面积		截面惯性矩		形心距受压侧底边距离/m
	A/m^2	削弱比/%	I_y/m^4	削弱比/%	
0.00	0.7000	0.00	0.0286	0.00	0.35
0.05	0.6500	−7.14	0.0229	−19.93	0.325
0.08	0.6200	−11.43	0.0199	−30.52	0.31
0.10	0.6000	−14.29	0.0180	−37.03	0.30

表10.5.9　　不同空鼓深度下边墙底横向承载力计算汇总表

空鼓深度/m	工况	弯矩/(kN·m)	轴力/kN	受压区高度/m	极限承载力/kN	抗压安全系数
0.00	正常水位	702.18	750.11	0.142	1227.9	1.64
	加大水位	766.65	793.63	0.140	1188.1	1.49
	满槽水位	782.45	792.89	0.138	1152.0	1.45

续表

空鼓深度/m	工况	弯矩/(kN·m)	轴力/kN	受压区高度/m	极限承载力/kN	抗压安全系数
0.05	正常水位	702.18	750.11	0.139	1186.2	1.58
	加大水位	766.65	793.63	0.138	1148.8	1.44
	满槽水位	782.45	792.89	0.136	1114.9	1.41
0.08	正常水位	702.18	750.11	0.138	1162.1	1.55
	加大水位	766.65	793.63	0.137	1126.0	1.41
	满槽水位	782.45	792.89	0.135	1093.3	1.38
0.10	正常水位	702.18	750.11	0.137	1121.6	1.50
	加大水位	766.65	793.63	0.136	1087.6	1.37
	满槽水位	782.45	792.89	0.134	1055.8	1.33

表10.5.10 不同空鼓深度下中墙底横向承载力计算汇总表

空鼓深度/m	工况	弯矩/(kN·m)	轴力/kN	受压区高度/m	极限承载力/kN	抗压安全系数
0.00	正常水位	713.91	1624.49	0.270	4217.70	2.60
	加大水位	776.32	1715.17	0.264	4067.60	2.37
	满槽水位	79.51	1739.62	—	—	—
0.05	正常水位	713.91	1624.49	0.258	3931.70	2.42
	加大水位	776.32	1715.17	0.252	3796.40	2.21
	满槽水位	79.51	1739.62	—	—	—
0.08	正常水位	713.91	1624.49	0.251	3772.60	2.32
	加大水位	776.32	1715.17	0.245	3645.60	2.13
	满槽水位	79.51	1739.62	—	—	—
0.10	正常水位	713.91	1624.49	0.246	3671.50	2.26
	加大水位	776.32	1715.17	0.241	3549.60	2.07
	满槽水位	79.51	1739.62	—	—	—

通常受压区空鼓外侧混凝土预压应力是否释放对截面抗压承载能力基本不影响。由表10.5.7、表10.5.8可知，当纵梁竖墙出现空鼓后，中梁和边梁横截面受到削弱，截面几何特性参数呈不同程度减少，截面承载力安全系数也随着降低。当竖墙空鼓深度达到5cm时，边墙横向单宽截面积由0.60m^2降至0.55m^2，削弱8.33%，单宽惯性矩由0.018000m^4降至0.013865m^4，削弱22.97%，截面承载力安全系数由未出现空鼓前的1.45～1.64降至1.41～1.58，平均降幅约为3%；中墙横向单宽截面积则由0.7000m^2降至0.6500m^2，削弱7.14%，单宽惯性矩由0.0286m^4降至0.0229m^4，削弱19.93%；截面安全系数则由2.37～2.60减小为2.21～2.42，降幅约为6.8%。当空鼓深度达到8cm时，边墙单宽截面积和惯性矩降至0.52m^2、0.011717m^4，分别削弱13.33%和34.90%，截面安全系数降为1.38～1.55，平均降幅约为5%；中墙单宽截面积和惯性矩降至0.6200m^2、0.0199m^4，分别削弱11.43%和30.52%，截面安全系数则降为2.13～2.32，降幅约为10%。当竖墙两侧空鼓深度达到10cm时，边墙横向单宽截面积和惯性矩降至

0.50m²、0.010417m⁴，削弱 16.67%和 42.13%，截面安全系数降为 1.33～1.50，平均降幅约为 8.3%；中墙横向单宽截面积和惯性矩降至 0.6000m²、0.0180m⁴，分别削弱 14.29%和 37.03%，截面安全系数则降为 2.07～2.26，降幅约为 13%。

由以上分析可知，截面削弱导致截面惯性矩和抗压承载能力的降低，基本呈线性变化关系，这符合偏心受压构件力学特性。当边墙空鼓深度超过 8cm 时，满槽水深时边墙抗压承载力安全系数已降至 1.35 以下，不满足《水工混凝土结构设计规范》(SL 191—2008) 中"预应力混凝土结构构件承载能力安全系数不小于 1.35"规定。而中墙横向抗压安全系数在竖墙出现空鼓后会出现一定程度降低，均在 2.0 以上，其截面抗压承载力能够满足规范要求。

(2) 假定受压区空鼓外侧混凝土预压应力部分或全部释放，同时混凝土强度在一定程度上也降低。根据 12～16 号跨渡槽空鼓检测结果可知，在 5 跨 30 面墙中，共有 10 面墙的空鼓区域接近或超过 15%；其中第 13 跨右槽左、右两墙空鼓区面积分别达到 45.2%和 37.23%；第 14 跨中槽左墙和右槽左墙空鼓区面积分别达到 42.9%和 38.10%。空鼓出现释放了空鼓外侧混凝土预压应力，同时在一定程度也降低了空鼓外侧混凝土强度。因此，假定受压区空鼓外侧混凝土强度按降低 10%、20%、50%以及 100%（极端情况），进行横截面抗压承载力安全系数计算。不同空鼓深度下边墙底和中墙底横向承载能力计算结果见表 10.5.11～表 10.5.16。

表 10.5.11　空鼓深度为 5cm 时边墙底横向承载力计算汇总表

空鼓外侧混凝土强度降低	工　况	弯矩 /(kN·m)	轴力 /kN	受压区高度 /m	极限承载力 /kN	抗压安全系数
10%	正常水位	702.18	750.11	0.144	1176.20	1.57
	加大水位	766.65	793.63	0.142	1139.20	1.43
	满槽水位	782.45	792.89	0.141	1105.60	1.40
20%	正常水位	702.18	750.11	0.149	1166.20	1.55
	加大水位	766.65	793.63	0.147	1129.60	1.42
	满槽水位	782.45	792.89	0.146	1096.40	1.38
50%	正常水位	702.18	750.11	0.162	1136.67	1.52
	加大水位	766.65	793.63	0.161	1101.23	1.38
	满槽水位	782.45	792.89	0.159	1069.14	1.35
100%	正常水位	702.18	750.11	0.133	1028.50	1.37
	加大水位	766.65	793.63	0.131	996.80	1.25
	满槽水位	782.45	792.89	0.130	968.00	1.22

表 10.5.12　空鼓深度为 8cm 时边墙底横向承载力计算汇总表

空鼓外侧混凝土强度降低	工　况	弯矩 /(kN·m)	轴力 /kN	受压区高度 /m	极限承载力 /kN	抗压安全系数
10%	正常水位	702.18	750.11	0.146	1146.46	1.53
	加大水位	766.65	793.63	0.144	1111.01	1.40
	满槽水位	782.45	792.89	0.143	1078.89	1.36

续表

空鼓外侧混凝土强度降低	工　况	弯矩 /(kN·m)	轴力 /kN	受压区高度 /m	极限承载力 /kN	抗压安全系数
20%	正常水位	702.18	750.11	0.153	1131.00	1.51
	加大水位	766.65	793.63	0.151	1096.16	1.38
	满槽水位	782.45	792.89	0.150	1064.59	1.34
50%	正常水位	702.18	750.11	0.175	1085.42	1.45
	加大水位	766.65	793.63	0.174	1052.38	1.32
	满槽水位	782.45	792.89	0.172	1022.41	1.29
100%	正常水位	702.18	750.11	0.128	919.40	1.23
	加大水位	766.65	793.63	0.127	891.90	1.12
	满槽水位	782.45	792.89	0.126	866.80	1.09

表 10.5.13　空鼓深度为 10cm 时边墙底横向承载力计算汇总表

空鼓外侧混凝土强度降低	工　况	弯矩 /(kN·m)	轴力 /kN	受压区高度 /m	极限承载力 /kN	抗压安全系数
10%	正常水位	702.18	750.11	0.147	1127.13	1.50
	加大水位	766.65	793.63	0.145	1092.69	1.37
	满槽水位	782.45	792.89	0.144	1061.46	1.34
20%	正常水位	702.18	750.11	0.156	1108.18	1.48
	加大水位	766.65	793.63	0.154	1074.49	1.35
	满槽水位	782.45	792.89	0.153	1043.92	1.32
50%	正常水位	702.18	750.11	0.183	1052.58	1.40
	加大水位	766.65	793.63	0.182	1021.04	1.28
	满槽水位	782.45	792.89	0.181	992.42	1.25
100%	正常水位	702.18	750.11	0.125	850.90	1.13
	加大水位	766.65	793.63	0.124	825.90	1.04
	满槽水位	782.45	792.89	0.123	803.10	1.01

表 10.5.14　空鼓深度为 5cm 时中墙底横向承载力计算汇总表

空鼓外侧混凝土强度降低	工　况	弯矩 /(kN·m)	轴力 /kN	受压区高度 /m	极限承载力 /kN	抗压安全系数
10%	正常水位	713.91	1624.49	0.261	3887.10	2.39
	加大水位	776.32	1715.17	0.255	3753.77	2.19
	满槽水位	79.51	1739.62	—	—	—
20%	正常水位	713.91	1624.49	0.264	3847.65	2.37
	加大水位	776.32	1715.17	0.259	3715.96	2.17
	满槽水位	79.51	1739.62	—	—	—
50%	正常水位	713.91	1624.49	0.274	3731.36	2.30
	加大水位	776.32	1715.17	0.269	3604.52	2.10
	满槽水位	79.51	1739.62	—	—	—

续表

空鼓外侧混凝土强度降低	工　况	弯矩 /(kN·m)	轴力 /kN	受压区高度 /m	极限承载力 /kN	抗压安全系数
100%	正常水位	713.91	1624.49	0.236	3404.40	2.10
	加大水位	776.32	1715.17	0.231	3288.60	1.92
	满槽水位	79.51	1739.62	—	—	—

表 10.5.15　　空鼓深度为 8cm 时中墙底横向承载力计算汇总表

空鼓外侧混凝土强度降低	工　况	弯矩 /(kN·m)	轴力 /kN	受压区高度 /m	极限承载力 /kN	抗压安全系数
10%	正常水位	713.91	1624.49	0.256	3709.85	2.28
	加大水位	776.32	1715.17	0.251	3585.44	2.09
	满槽水位	79.51	1739.62	—	—	—
20%	正常水位	713.91	1624.49	0.262	3650.22	2.25
	加大水位	776.32	1715.17	0.256	3528.26	2.06
	满槽水位	79.51	1739.62	—	—	—
50%	正常水位	713.91	1624.49	0.278	3476.33	2.14
	加大水位	776.32	1715.17	0.273	3361.54	1.96
	满槽水位	79.51	1739.62	—	—	—
100%	正常水位	713.91	1624.49	0.219	2983.8	1.84
	加大水位	776.32	1715.17	0.214	2885.5	1.68
	满槽水位	79.51	1739.62	—	—	—

表 10.5.16　　空鼓深度为 10cm 时中墙底横向承载力计算汇总表

空鼓外侧混凝土强度降低	工　况	弯矩 /(kN·m)	轴力 /kN	受压区高度 /m	极限承载力 /kN	抗压安全系数
10%	正常水位	713.91	1624.49	0.253	3597.89	2.21
	加大水位	776.32	1715.17	0.248	3479.08	2.03
	满槽水位	79.51	1739.62	—	—	—
20%	正常水位	713.91	1624.49	0.260	3526.12	2.17
	加大水位	776.32	1715.17	0.255	3410.24	1.99
	满槽水位	79.51	1739.62	—	—	—
50%	正常水位	713.91	1624.49	0.281	3318.30	2.04
	加大水位	776.32	1715.17	0.276	3210.92	1.87
	满槽水位	79.51	1739.62	—	—	—
100%	正常水位	713.91	1624.49	0.208	2726.4	1.68
	加大水位	776.32	1715.17	0.204	2638.7	1.54
	满槽水位	79.51	1739.62	—	—	—

通常受压区空鼓外侧混凝土强度降低，将导致截面抗压承载能力的降低。由表 10.5.11～表 10.5.16 可知，对于边墙而言，空鼓深度为 5cm 时，空鼓外侧混凝土强度降

低 10%导致截面承载力安全系降至 1.40～1.57，强度降低 20%时安全系数降为 1.38～1.55，强度降低一半时安全系数降为 1.35～1.52，空鼓外侧混凝土强度完全丧失时安全系数降为 1.22～1.37；当空鼓深度为 8cm 时，空鼓外侧混凝土强度降低 20%时，安全系数降至 1.34～1.51，当空鼓外侧混凝土强度完全丧失时安全系数降为 1.09～1.23；当空鼓深度达到 10cm 时，空鼓外侧混凝土强度完全丧失时安全系数降为 1.01～1.13。对于中墙而言，空鼓深度达到 5cm 时，空鼓外侧混凝土强度完全丧失时，最小安全系数降为 1.92；空鼓深度达到 8cm 时，空鼓外侧混凝土强度完全丧失时最小安全系数降至 1.68；当空鼓深度达到 10cm 时，空鼓外侧混凝土强度完全丧失时最小安全系数降至 1.54。

10.5.3　渡槽正常使用极限状态评估

10.5.3.1　基于规范条文的正常使用极限状态验算

根据 12～16 号跨渡槽空鼓检测结果可知，在 5 跨 30 面墙中，共有 10 面墙的空鼓区域接近或超过 15%；其中第 13 号跨右槽左、右两墙空鼓区面积分别达到 45.2%和 37.23%；第 14 号跨中槽左墙和右槽左墙空鼓区面积分别达到 42.9%和 38.10%。空鼓出现会部分或全部释放空鼓外侧混凝土预压应力，同时在一定程度也降低空鼓外侧混凝土强度。在进行正常使用状态验算时，按如下两种情况考虑。

1. 假定空鼓外侧混凝土预压应力部分或全部释放

根据空鼓面积，假定空鼓外侧混凝土预压应力释放 10%、20%、50%以及 100%。不同水深下边墙和中墙内外侧应力计算结果见表 10.5.17、表 10.5.18。由表 10.5.17、表 10.5.18 可知，对于边墙底部内侧而言，正常水深时，空鼓外混凝土预压应力释放 20%以上时，内侧出现拉应力，当预压应力释放超过 50%时，内侧开始出现裂缝；加大水深和满槽水深时，预压应力释放超过 10%时，出现拉应力，预压应力释放达到 50%时，出现裂缝。对于中墙底部受拉侧而言，正常水深时，预压应力释放超过 20%时，出现拉应力，超过 50%时，出现裂缝；加大水深时，预压应力释放超过 10%，出现拉应力，超过 50%，出现裂缝。

表 10.5.17　　不同水深下中墙受拉侧正截面应力计算结果　　单位：MPa

不同水深	预应力损失	σ_{ck}	σ_{pc}	$\sigma_{ck}-\sigma_{pc}$	$0.7\gamma f_{tk}$
正常水深	0	4.06	−5.14	−1.08	2.86
	10%	4.06	−4.63	−0.57	2.86
	20%	4.06	−4.11	−0.05	2.86
	50%	4.06	−2.57	1.49	2.86
	100%	4.06	0.00	4.06	2.86
加大水深	0	4.65	−5.14	−0.49	2.86
	10%	4.65	−4.63	0.02	2.86
	20%	4.65	−4.11	0.54	2.86
	50%	4.65	−2.57	2.08	2.86
	100%	4.65	0.00	4.65	2.86

表 10.5.18　　不同水深下边墙内侧正截面应力计算结果　　单位：MPa

不同水深	预应力损失	σ_{ck}	σ_{pc}	$\sigma_{ck}-\sigma_{pc}$	$0.7\gamma f_{tk}$
正常水深	0	5.78	−7.37	−1.59	2.86
	10%	5.78	−6.63	−0.85	2.86
	20%	5.78	−5.90	−0.12	2.86
	50%	5.78	−3.69	2.09	2.86
	100%	5.78	0.00	5.78	2.86
加大水深	0	6.71	−7.37	−0.66	2.86
	10%	6.71	−6.63	0.08	2.86
	20%	6.71	−5.90	0.81	2.86
	50%	6.71	−3.69	3.02	2.86
	100%	6.71	0.00	6.71	2.86
满槽水深	0	6.96	−7.37	−0.41	2.86
	10%	6.96	−6.63	0.33	2.86
	20%	6.96	−5.90	1.06	2.86
	50%	6.96	−3.69	3.27	2.86
	100%	6.96	0.00	6.96	2.86

2. 假定空鼓外侧混凝土预压应力部分或全部释放，同时混凝土强度在一定程度上也降低

根据空鼓面积，假定空鼓外侧混凝土预压应力释放及空鼓外混凝土强度损失按10%、20%、50%以及100%考虑。不同水深下边墙和中墙内外侧应力计算结果见表10.5.19、表10.5.20。由表可知，对于边墙底部内侧而言，当空鼓外混凝土预压应力和混凝土强度同比例降低超过20%时，内侧出现裂缝。对于中墙底部受拉侧而言，当达到50%时，出现裂缝。

表 10.5.19　　不同水深下边墙内侧正截面应力计算结果　　单位：MPa

不同水深	预应力损失及混凝土强度降低	σ_{ck}	σ_{pc}	$\sigma_{ck}-\sigma_{pc}$	f_{tk}	$0.7\gamma f_{tk}$
正常水深	0	5.78	−7.37	−1.59	2.64	2.86
	10%	5.78	−6.63	−0.85	2.38	2.58
	20%	5.78	−5.90	−0.12	2.11	2.29
	50%	5.78	−3.69	2.09	1.32	1.43
	100%	5.78	0.00	5.78	0.00	0.00
加大水深	0	6.71	−7.37	−0.66	2.64	2.86
	10%	6.71	−6.63	0.08	2.38	2.58
	20%	6.71	−5.90	0.81	2.11	2.29
	50%	6.71	−3.69	3.02	1.32	1.43
	100%	6.71	0.00	6.71	0.00	0.00

续表

不同水深	预应力损失及混凝土强度降低	σ_{ck}	σ_{pc}	$\sigma_{ck}-\sigma_{pc}$	f_{tk}	$0.7\gamma f_{tk}$
满槽水深	0	6.96	−7.37	−0.41	2.64	2.86
	10%	6.96	−6.63	0.33	2.38	2.58
	20%	6.96	−5.90	1.06	2.11	2.29
	50%	6.96	−3.69	3.27	1.32	1.43
	100%	6.96	0.00	6.96	0.00	0.00

表 10.5.20　　不同水深下中墙受拉侧正截面应力计算结果　　单位：MPa

不同水深	预应力损失及混凝土强度降低	σ_{ck}	σ_{pc}	$\sigma_{ck}-\sigma_{pc}$	f_{tk}	$0.7\gamma f_{tk}$
正常水深	0	4.06	−5.14	−1.08	2.64	2.86
	10%	4.06	−4.63	−0.57	2.38	2.58
	20%	4.06	−4.11	−0.05	2.11	2.29
	50%	4.06	−2.57	1.49	1.32	1.43
	100%	4.06	0.00	4.06	0.00	0.00
加大水深	0	4.65	−5.14	−0.49	2.64	2.86
	10%	4.65	−4.63	0.02	2.38	2.58
	20%	4.65	−4.11	0.54	2.11	2.29
	50%	4.65	−2.57	2.08	1.32	1.43
	100%	4.65	0.00	4.65	0.00	0.00

10.5.3.2　基于数值分析的正常使用极限状态评估

12～16 号跨渡槽槽身混凝土出现空鼓及裂缝等破坏后，若未经任何修复加固直接加载，相比原有设计状态，渡槽本身的应力状态会恶化，抗裂性能会降低。因此，有必要对缺陷状态下的渡槽进行安全评估。

1. 计算模型及缺陷的模拟

根据资料建立渡槽有限元模型，计算模型取实际渡槽结构的一半来考虑；其中，坐标原点取渡槽一端边墙外侧底部位置，x 向取渡槽横向，y 向取渡槽纵向，z 轴取铅直方向，以向上为正。实体模型采用 8 节点等参单元，锚索采用三维锚索单元，共形成实体单元 183944 个、预应力锚索及钢筋单元 41214 个、节点 224037 个；单个网格尺寸在槽身横向约 0.08m，在纵向为 0.075m（顶部拉杆位置）和 0.2m（顶部无拉杆位置）；渡槽 4 个支撑部位的底部利用不同方向约束的可滑动接触单元模拟简支约束。具体渡槽网格和锚索网格如图 10.5.3、图 10.5.4 所示。

根据现场实测资料可知，对于 12～16 号跨渡槽而言，发生空鼓及裂缝的区域不尽相同，以 13 号和 14 号跨最为严重；另外，空鼓深度主要集中在距墙面以下 5.0～10.0cm 处；鉴于以上分析，拟定空鼓及裂缝发生范围为整个竖墙表面，空鼓深度取 8cm。空鼓及裂缝采用预设裂缝技术来进行模拟。

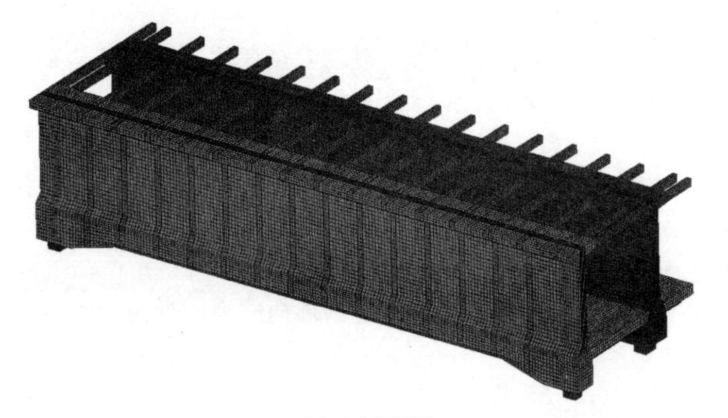

(a) 上部侧视图

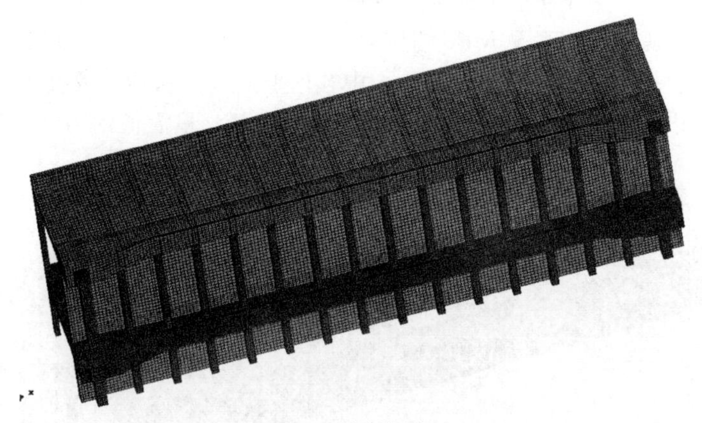

(b) 下部侧视图

图 10.5.3 渡槽有限元网格模型

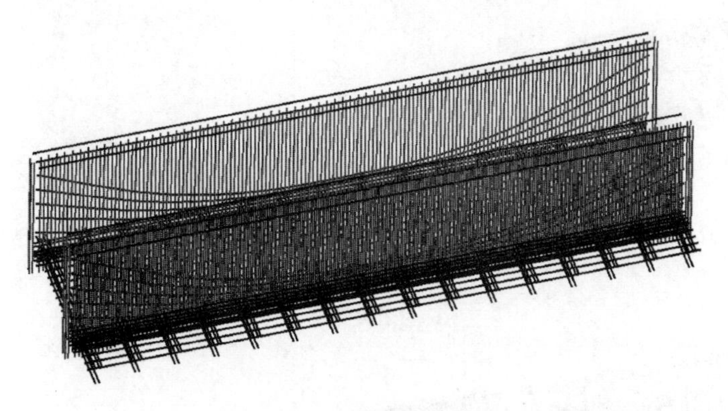

图 10.5.4 锚索网格模型

2. 计算荷载、计算步骤及计算工况

计算考虑自重荷载、水荷载、人群荷载、风荷载、温度荷载、冰荷载、预应力以及施工检修荷载等。计算采用有限元方法，模拟渡槽边墙与中墙混凝土浇筑—预应力张拉—出现空鼓及裂缝—加载等过程；计算共分为 6 步，第 1 步为施加自重荷载，第 2 步为施加预应力，第 3 步为混凝土出现空鼓及裂缝，第 4 步为施加风载及人群荷载，第 5 步为施加水荷载，第 6 步为施加温度荷载。

拟定两种最不利工况进行缺陷状态下的渡槽安全评估，计算工况如下：

工况 1：温升＋中孔空、边孔过水＋满槽水深＋自重荷载＋人群荷载＋风荷载＋预应力，简称温升工况。

工况 2：温降＋中孔空、边孔过水＋满槽水深＋自重荷载＋人群荷载＋风荷载＋预应力，简称温降工况。

3. 加载后的渡槽内外壁应力分析

分别对渡槽在上述两种工况下槽身内外壁的环向应力、纵向应力以及第一主应力进行分析。

(1) 环向应力。图 10.5.5、图 10.5.6 分别为工况 1 与工况 2 下槽身内外壁的环向应力分布云图。工况 1 下，环向应力的分布规律大体为：渡槽竖墙内壁受拉，外壁受压；边孔竖墙内壁底部出现了高达 5.80MPa 的拉应力。工况 2 下，环向应力的分布规律大体为：渡槽外壁与中孔内壁受拉，边孔内壁受压；中孔内壁的最大拉应力发生在竖墙的中部，最大值约为 2.90MPa，外壁最大拉应力发生在竖墙的中部，最大值约为 3.50MPa。

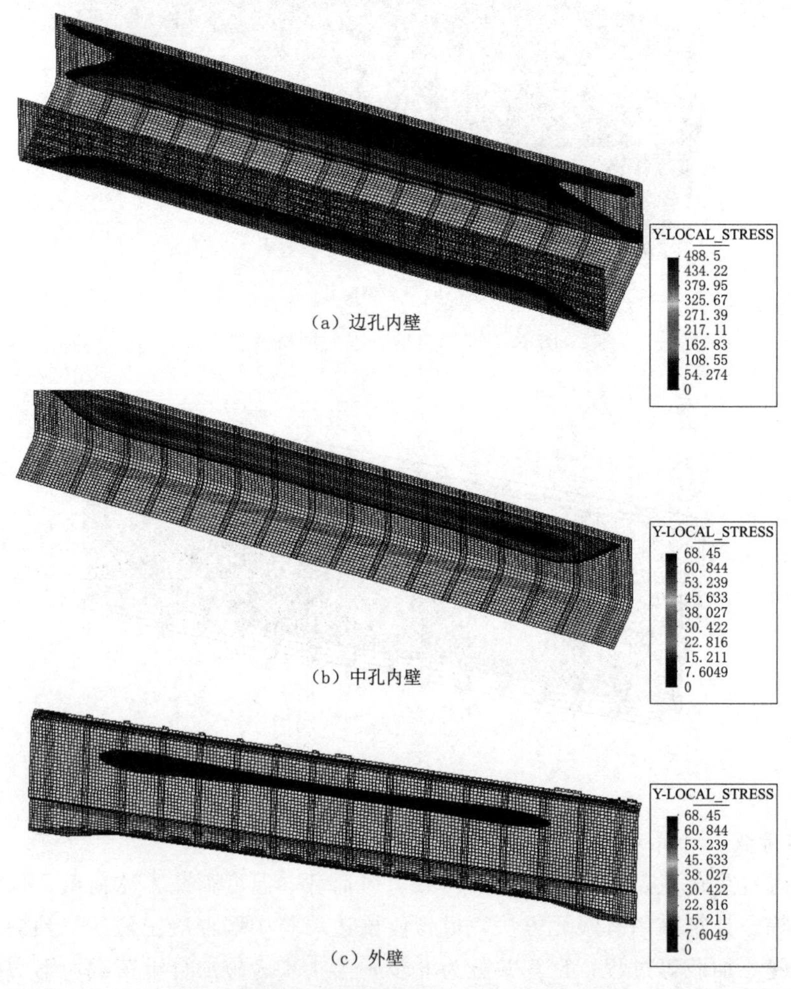

(a) 边孔内壁

(b) 中孔内壁

(c) 外壁

图 10.5.5 工况 1 下渡槽身内外壁环向应力分布云图（单位：0.01MPa）

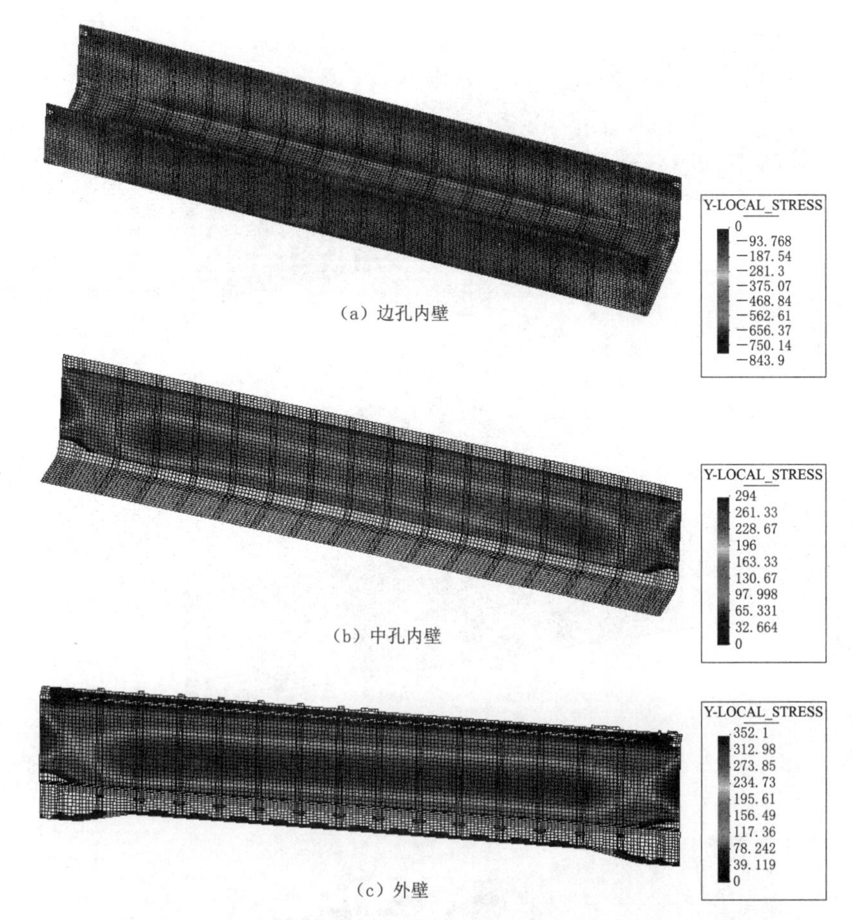

(a) 边孔内壁

(b) 中孔内壁

(c) 外壁

图 10.5.6　工况 1 下渡槽身内外壁环向应力分布云图（单位：0.01MPa）

(2) 纵向应力。图 10.5.7、图 10.5.8 分别为工况 1 与工况 2 下槽身内外壁的纵向应力分布云图。工况 1 下，纵向应力的分布规律大体为：渡槽竖墙边孔内壁受拉，外壁与中孔内壁基本受压。最大拉应力发生在边孔竖墙内壁底部，其值约为 2.90MPa。工况 2 下，纵向应力的分布规律大体为：渡槽外壁与中孔内壁受拉，边孔内壁受压。中孔内壁的最大拉应力发生在靠近槽端的竖墙中部，最大值约为 2.00MPa，外壁最大拉应力发生在跨中竖墙的底部，最大值约为 2.75MPa。

(3) 第一主应力。图 10.5.9、图 10.5.10 分别为工况 1 与工况 2 下槽身内外壁的第一主应力分布云图。工况 1 下，竖墙内外壁均有拉应力，中孔内壁的拉应力值在 1.30MPa 以内，外壁拉应力值在 1.00MPa 以内，而边孔内壁存在较大的拉应力，最大值高达 5.85MPa，边孔内壁拉应力超出 2.00MPa 的部位在边孔内壁的底部，工况 1 下，边孔内壁更为危险。

工况 2 下，渡槽竖墙内外壁均有拉应力，边孔内壁的拉应力值在 1.00MPa 以内，中孔内壁与外壁拉应力存在较大的拉应力，中孔内壁的最大拉应力约为 3.20MPa，发生在靠近槽端竖墙的中部，外壁的最大拉应力约为 3.74MPa，发生在靠近槽端竖墙的中部。因此，工况 2 下，外壁与中孔内壁更为危险。

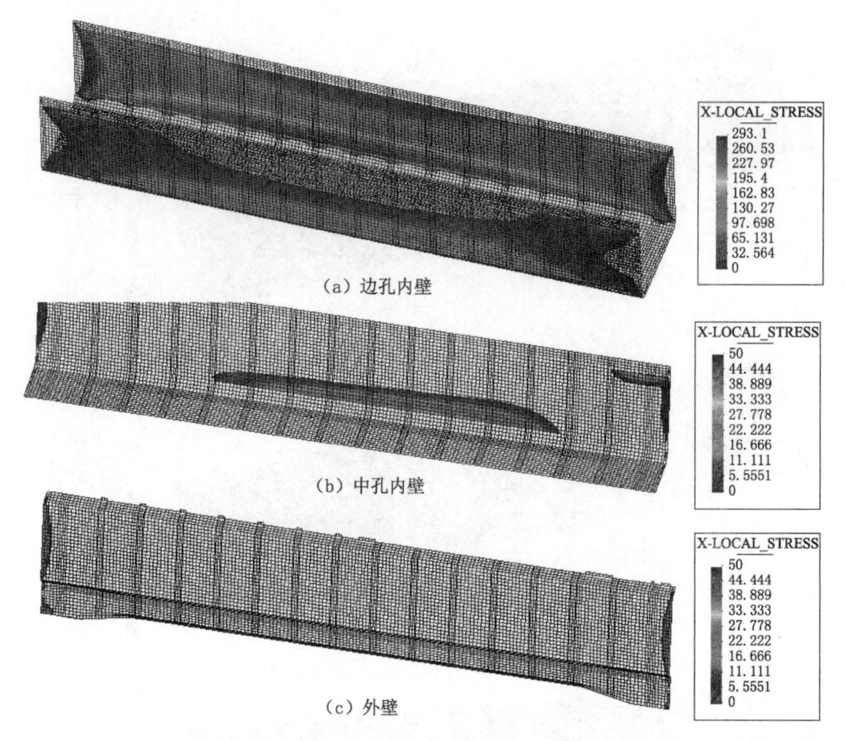

图 10.5.7 工况 1 下渡槽身内外壁纵向应力分布云图（单位：0.01MPa）

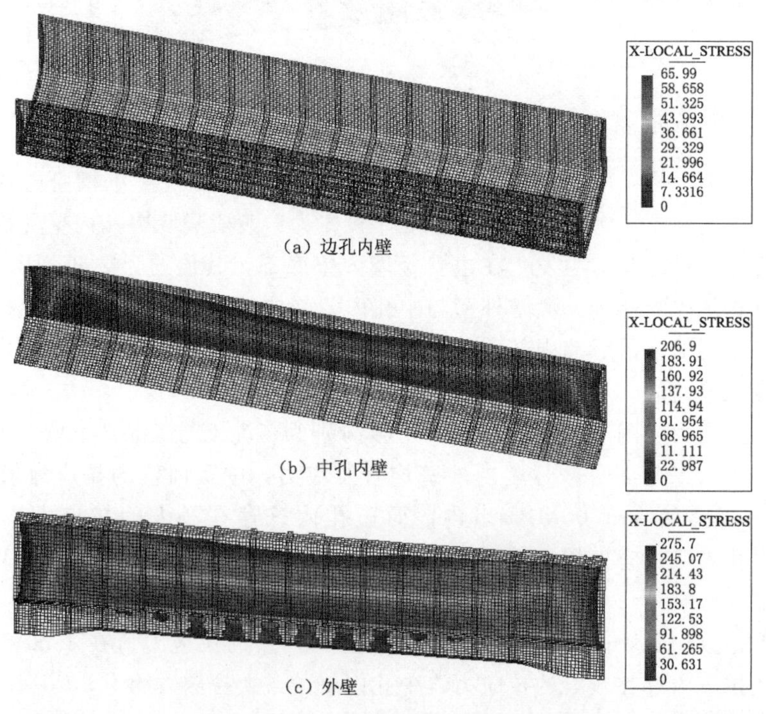

图 10.5.8 工况 2 下渡槽身内外壁纵向应力分布云图（单位：0.01MPa）

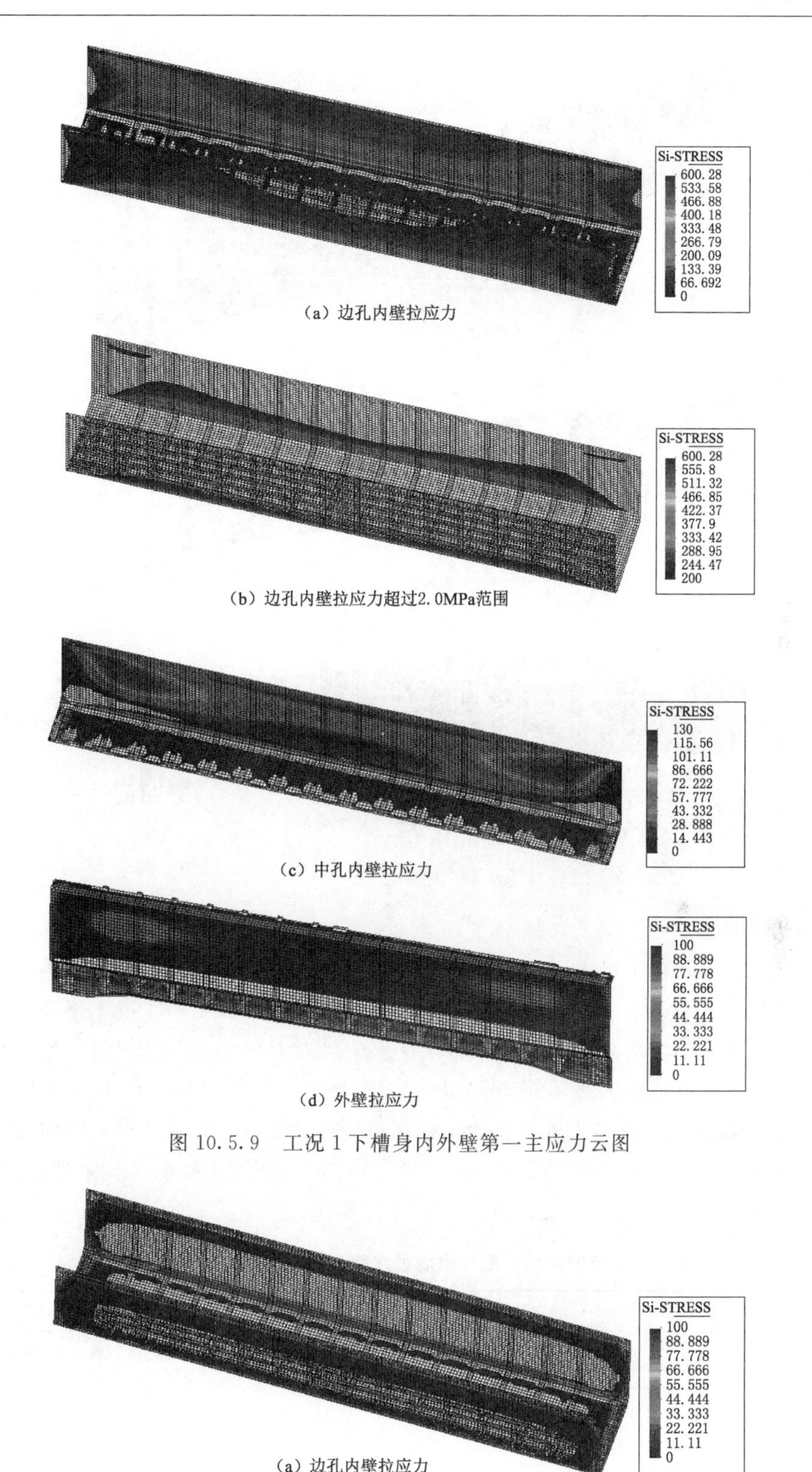

（a）边孔内壁拉应力

（b）边孔内壁拉应力超过2.0MPa范围

（c）中孔内壁拉应力

（d）外壁拉应力

图 10.5.9　工况 1 下槽身内外壁第一主应力云图

（a）边孔内壁拉应力

图 10.5.10（一）　工况 2 下槽身内外壁第一主应力云图

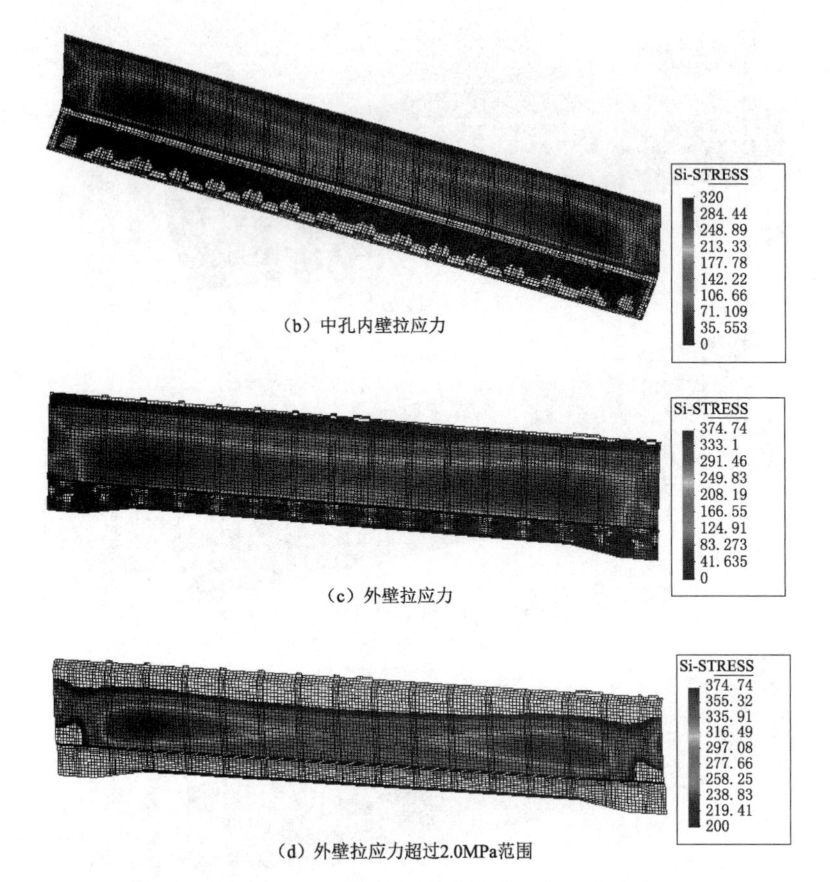

（b）中孔内壁拉应力

（c）外壁拉应力

（d）外壁拉应力超过2.0MPa范围

图 10.5.10（二）　工况 2 下槽身内外壁第一主应力云图

4. 不同工况最大拉应力分布部位及深度

根据上述分析，在工况 1 下，边墙内壁与中墙过水面存在较大的竖向拉应力，工况 2 下，边墙外壁与中墙无水面存在较大的竖向拉应力。表 10.5.21 为工况 1 下跨中边墙内壁与中墙过水面竖向应力沿高度方向的分布，从表中可以看出，温升工况时边墙内壁竖向应力均为拉应力，拉应力沿高度方向逐渐减小，最大拉应力在边墙内壁与八字墙顶部交界处，其值为 5.45MPa，拉应力的深度为空鼓深度（约 8cm）；中墙过水面竖向应力沿高度方向逐渐减小，拉应力的高度约为 2.5m，最大拉应力在边墙内壁与八字墙顶部交界处，其值为 4.10MPa，拉应力的深度为空鼓深度（约 8cm）。

表 10.5.21　工况 1 下跨中边墙内壁与中墙过水面竖向应力沿高度方向分布

距八字墙顶部距离/m	边墙内壁/MPa	中墙过水面/MPa	深度/cm
0.0	5.45	4.10	约 8.0（空鼓深度）
0.5	3.46	2.05	约 8.0（空鼓深度）
1.0	2.55	1.37	约 8.0（空鼓深度）
1.5	1.78	0.80	约 8.0（空鼓深度）
2.0	1.18	0.36	约 8.0（空鼓深度）

续表

距八字墙顶部距离/m	边墙内壁/MPa	中墙过水面/MPa	深度/cm
2.5	0.74	0.03	约8.0（空鼓深度）
3.0	0.43	−0.19	约8.0（空鼓深度）
3.5	0.24	−0.33	约8.0（空鼓深度）
4.0	0.15	−0.38	约8.0（空鼓深度）
4.5	0.16	−0.37	约8.0（空鼓深度）
5.0	0.22	−0.33	约8.0（空鼓深度）
5.5	0.30	−0.36	约8.0（空鼓深度）

表10.5.22为工况2下跨中边墙外壁与中墙无水面竖向应力沿高度方向的分布，从表中可以看出，温降工况时边墙外壁竖向应力均为拉应力，最大拉应力在边墙外壁距八字墙顶部2.0m处，其值为2.98MPa，拉应力的深度为空鼓深度（约8cm）；中墙无水面竖向应力均为拉应力，最大拉应力在墙面距八字墙顶部2.0m处，其值为2.15MPa，拉应力的深度为空鼓深度（约8cm）。

表10.5.22　工况2下跨中边墙外壁与中墙无水面竖向应力沿高度方向分布

距八字墙顶部距离/m	边墙外壁/MPa	中墙无水面/MPa	深度/cm
0.0	1.75	1.53	约8.0（空鼓深度）
0.5	2.03	1.38	约8.0（空鼓深度）
1.0	2.54	1.78	约8.0（空鼓深度）
1.5	2.85	2.03	约8.0（空鼓深度）
2.0	2.98	2.15	约8.0（空鼓深度）
2.5	2.95	2.15	约8.0（空鼓深度）
3.0	2.78	2.05	约8.0（空鼓深度）
3.5	2.49	1.86	约8.0（空鼓深度）
4.0	2.10	1.60	约8.0（空鼓深度）
4.5	1.63	1.27	约8.0（空鼓深度）
5.0	1.09	0.91	约8.0（空鼓深度）
5.5	0.58	0.58	约8.0（空鼓深度）

10.5.4　渡槽耐久性评估[23]

10.5.4.1　预应力钢筋的当前锈蚀状态分析

现场调查表明，部分Φ^{ps}32精轧螺纹钢筋灌浆孔道内灌浆质量很差，填充套管的水泥浆体较少，加之灌浆孔口并未及时封堵，雨水得以渗入孔道，使得孔道内长期处于潮湿环境中，因而钢筋非常容易发生锈蚀。为了考察最不利的极端情况，这里假定孔道内没有水泥浆体，根据电化学原理计算Φ^{ps}32精轧螺纹钢筋的锈蚀速率[24-25]。

钢筋在含有氧气的中性和碱性环境中将发生吸氧腐蚀，如图10.5.11所示。在电池阳极区Fe原子被氧化，通常以+2价阳离子形式溶入钢筋表面的水膜，即

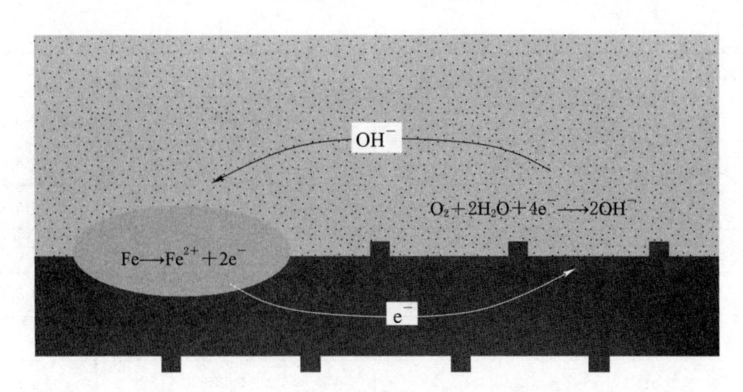

图 10.5.11　钢筋锈蚀的电化学过程示意图

$$Fe \longrightarrow Fe^{2+} + 2e^- \tag{10.5.1}$$

Fe^{2+} 与钢筋表面水膜中的 OH^- 结合形成难溶于水的 $Fe(OH)_2$，见式（10.5.2）；阳极的 $Fe(OH)_2$ 并不稳定，会被进一步氧化。当供氧充足时，会生成变成疏松、多孔的红锈 Fe_2O_3；而当供氧不足时，会生成黑锈 Fe_3O_4。

$$Fe^{2+} + 2OH^- \longrightarrow Fe(OH)_2 \downarrow \tag{10.5.2}$$

在阴极附近，氧气扩散至钢筋表面并溶解于其表面的水膜，发生还原反应，见式（10.5.3）；阴极产生的 OH^- 通过混凝土孔隙中的溶液被送往阳极，从而形成腐蚀电流的闭合回路。

$$O_2 + 2H_2O + 4e^- \longrightarrow 4OH^- \tag{10.5.3}$$

根据电化学原理，可以列出计算方程式如下。

（1）阳极电位能斯特方程：

$$E_a = E_{Fe}^{\ominus} + \frac{RT}{z_{Fe}F}\ln[Fe^{2+}] \tag{10.5.4}$$

（2）阴极电位能斯特方程：

$$E_c = E_{O_2}^{\ominus} + \frac{RT}{z_{O_2}F}\ln\left(\frac{p_{O_2}}{p_{atm}}\right) + 0.06(14 - pH) \tag{10.5.5}$$

（3）阳极极化方程：

$$\eta_a = \frac{2.303RT}{(1-\alpha)z_{Fe}F}\lg\left(\frac{i_a}{i_{a0}}\right) \tag{10.5.6}$$

（4）阴极极化方程

$$\eta_c = -\frac{2.303RT}{\alpha z_{O_2}F}\lg\left(\frac{i_c}{i_{c0}}\right) \tag{10.5.7}$$

根据电位平衡和电荷守恒可以得到

$$\begin{cases} E_a + \eta_a = E_c + \eta_c = E_{corr} \\ i_a = i_c = i_{corr} \end{cases} \tag{10.5.8}$$

上述各式中：R 为气体常数，$R = 8.3144J/(mol \cdot K)$；$T$ 为绝对温度，这里取为 298K；F 为法拉第常数，$F = 96485C/mol$；z_{Fe} 为电化学反应中铁原子丧失的电子数，$z_{Fe} = 2$；

z_{O_2}为氧分子获得的电子数，$z_{O_2}=2$；$E^{\ominus}_{Fe}$为 Fe 在 25℃时的标准电位，$E^{\ominus}_{Fe}=-0.44V$；$E^{\ominus}_{O_2}$为氧分子在 25℃时的标准电位，$E^{\ominus}_{O_2}=0.40V$；p_{O_2}为阴极反应平衡状态下混凝土孔隙溶液中氧气的分压；p_{atm}为标准大气压；i_{a0}为 20℃时阳极交换电流密度，$i_{a0}=1.0\times10^{-5}$ A/m^2；i_{c0}为 20℃时阴极交换电流密度，$i_{c0}=1.0\times10^{-10}A/m^2$。

这里通过联立上述方程式即可求解湿度和供氧都充足的条件下的腐蚀电流密度 i_{corr}，根据法拉第定律就可以计算出钢筋锈蚀速率$\frac{dW}{d\tau}$：

$$\frac{dW}{d\tau}=\frac{M_{Fe}}{z_{Fe}F}I_{corr}=\frac{M_{Fe}}{z_{Fe}F}\int i_{corr}dS_a \tag{10.5.9}$$

式中：M_{Fe}为 Fe 元素的摩尔质量，$M_{Fe}=55.8g/mol$；S_a 为单个微电池的阳极反应面积，对于名义直径为 D，单位长度 L 的钢筋来说，当其暴露在潮湿空气中发生均匀锈蚀时，其宏观腐蚀电流 I_{corr}可以表示为

$$I_{corr}=\int i_{corr}dS_a=i_{corr}\pi DL \tag{10.5.10}$$

则可以得到时间 $d\tau$ 内钢筋锈蚀深度 dh：

$$dh=\frac{dW}{\rho\pi DL}=\frac{M_{Fe}}{z_{Fe}F\rho}i_{corr}d\tau \tag{10.5.11}$$

由于渡槽的 Φ^{ps}32 精轧螺纹钢筋灌浆孔道与大气联通，并长期积水，因而钢筋表面进行微电池反应时湿度条件和供氧条件都是充足的。因此，根据式（10.5.1）～式（10.5.11）即可计算最不利灌浆情况下钢筋锈蚀率。最不利灌浆质量情况下预应力钢筋年锈蚀率计算结果见表 10.5.23、表 10.5.24。

表 10.5.23　　最不利灌浆质量情况下预应力钢筋的年锈蚀速率

孔道内水环境 pH 值	6	7	8	9
钢筋年锈蚀深度/mm	0.218	0.102	0.047	0.022
钢筋年重量损失率/%	2.72	1.27	0.59	0.28

表 10.5.24　　最不利灌浆质量情况下预应力钢筋的年锈蚀速率计算结果

pH 值	阳极电位 E_a /V	阴极电位 E_c /V	阳极极化电位 η_a /V	阴极极化电位 η_c/V	平衡电位	腐蚀电流密度 $i_{corr}/(mA/m^2)$
6	−0.617	0.848	0.160	−1.305	−0.458	186
7	−0.617	0.798	0.147	−1.259	−0.470	86.9
8	−0.617	0.730	0.160	−1.305	−0.482	40.6
9	−0.617	0.670	0.122	−1.165	−0.495	18.7

一般的，当灌浆形成致密的硬化水泥浆体时，其内部孔隙溶液通常为碱性（pH＝12 左右），钢筋在其中将会产生钝化作用，在表面形成致密的氧化膜，从而阻碍锈蚀反应的进行，起到保护钢筋的作用；然而，当灌浆质量较差时，孔道内浆体密实度差、水泥含量少，因此，随着大气中 CO_2 渗入孔道，水泥浆体将很快发生中性化（pH<10），造成钢筋脱钝，引发钢筋锈蚀。

考察最不利情况，即孔道内没有硬化水泥浆体，则随着雨水的反复渗入和排出，孔道

内水溶液应大致呈中性（pH=7 左右）。计算结果表明，钢筋的锈蚀率随着 pH 值的降低而增加，当 pH=7 时，计算得到钢筋的年锈蚀深度约 0.102mm。

10.5.4.2　槽身空鼓及裂缝对预应力钢筋锈蚀的影响分析

现场调查表明该渡槽槽身存在大量竖向裂缝，并在裂缝周边形成空鼓，这给环境中的水、CO_2、O_2 等物质向混凝土内进行渗透提供了便捷的通道。由于部分套管发生损坏，因而，这些物质可以沿着裂缝和缺陷直接深入到Φ^{ps}32 精轧螺纹钢筋的表面。所以，即便对灌浆孔口进行封堵，预应力钢筋仍然存在进一步锈蚀的可能。

假设灌浆孔口被封堵后外界物质不再能通过孔口渗入预应力钢筋，此时，环境中水、CO_2、O_2 等物质只能沿着槽身裂缝及缺陷向预应力钢筋所在部位进行渗透，如图 10.5.12 所示。

预应力钢筋的锈蚀快慢受到孔道内湿度和氧气浓度两个因素共同的影响。由于渡槽在运行工况下内壁受到有压水流的渗透作用，当内壁未做防渗处理时，孔道内会产生渗水，因此，孔道内湿度条件容易得到满足。所以氧气浓度是制约预应力钢筋锈蚀发展的关键因素。氧气从渡槽内壁开始，沿裂缝向混凝土内进行渗透，这里按最不利工况考虑，假定氧气可以直接到达裂尖，则氧气浓度沿渗透路径的分布如图 10.5.13 所示。

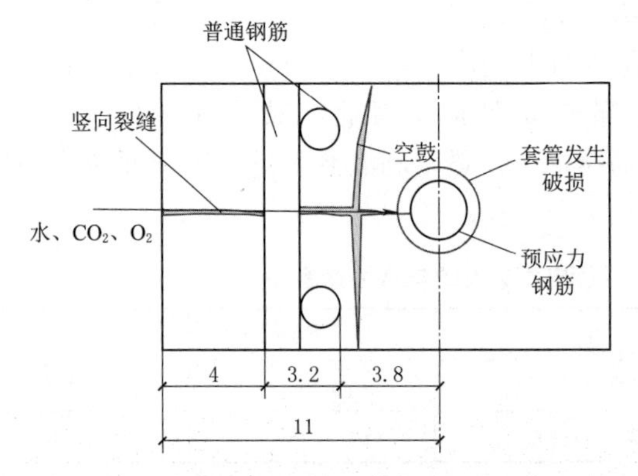

图 10.5.12　水和其他物质沿裂缝和缺陷向预应力钢筋所在部位渗透过程示意图（单位：cm）

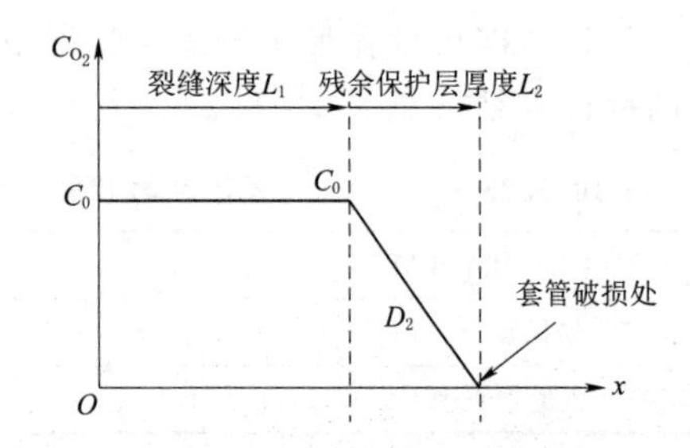

图 10.5.13　环境中氧气浓度沿渗透路径分布曲线（裂缝未修补）

根据 Fick 第一定律，则有

$$N_{O_2}=-D_{O_2}\frac{dC_{O_2}}{dx}=-D_{O_2}\frac{C_0}{L_2} \tag{10.5.12}$$

式中：N_{O_2}为氧气扩散传质通量，负号表示扩散方向与浓度增长方向相反；C_0 为渡槽内壁表面氧气的浓度，一般取为 8.93×10^{-6} mol/cm³；L_1 为裂缝深度；L_2 为残余保护层厚度；D_{O_2}为氧气在混凝土中的有效扩散系数，cm²/s。

D_{O_2}一般可以根据下式进行计算：

$$D_{O_2}=\left(\frac{32.15}{f_{cuk}}-0.44\right)\times10^{-4}(cm^2/s) \tag{10.5.13}$$

式中：f_{cuk}为混凝土强度，对于槽身 C50 混凝土，$f_{cuk}=50$MPa。

所以，在供氧不足时，阴极平均腐蚀电流密度为

$$i_{corr} \leqslant i_{lim} \tag{10.5.14}$$

$$i_{lim} = i_c = \alpha z_{O_2} F N_{O_2} \tag{10.5.15}$$

式中：α 为氧气在水膜中溶解度，$\alpha = 0.0298$；z_{O_2} 为单个氧分子获得的电子数，$z_{O_2} = 2$；F 为法拉第常数，$F = 96485C/mol$。

联立式（10.5.1）～式（10.5.11）和式（10.5.12）～式（10.5.16），则可以求得钢筋的锈蚀速率。现场调查表明，大多数空鼓深度 $L_1 = 5 \sim 10cm$，因此这里对分别取 $L_1 =$ 5cm、6cm、7cm、8cm 和 8.5cm 几种情况进行敏感性分析，计算结果见表 10.5.25。当 $L_1 = 8.5cm$ 时，空鼓深度刚好达到预应力钢筋套管，这种情况下相当于预应力钢筋与大气直接连通。

表 10.5.25　　不同空鼓深度情况下预应力钢筋锈蚀深度计算结果

空鼓深度 L_1 /cm	残余保护层厚度 L_2 /cm	腐蚀电流密度 i_{corr} /(mA/m²)	第 1 年平均锈蚀深度 /(mm/a)
5	3.5	2.98	0.003
6	2.5	4.17	0.005
7	1.5	6.95	0.008
8	0.5	20.8	0.024
8.5	0	86.9	0.102

从表 10.5.25 中可以看出，空鼓深度小于 8.5cm 时，由于槽身原有混凝土强度较高，密实性较好，氧气向其中扩散比较困难，因而预应力钢筋发生锈蚀的速率较低。而对于空鼓深度达到 8.5cm 时，预应力钢筋灌浆孔道直接与大气连通，因而预应力钢筋容易继续发生锈蚀。

假设预应力钢筋发生均匀锈蚀，截面均匀减小，则得到钢筋累积失重率随时间变化关系如图 10.5.14 所示。此时预应力钢筋施工完成后第一年失重率按 10.5.4.1 节估计为 1.27%（详见表 10.5.23），预应力钢筋灌浆孔口在第一年结束时完成封堵。

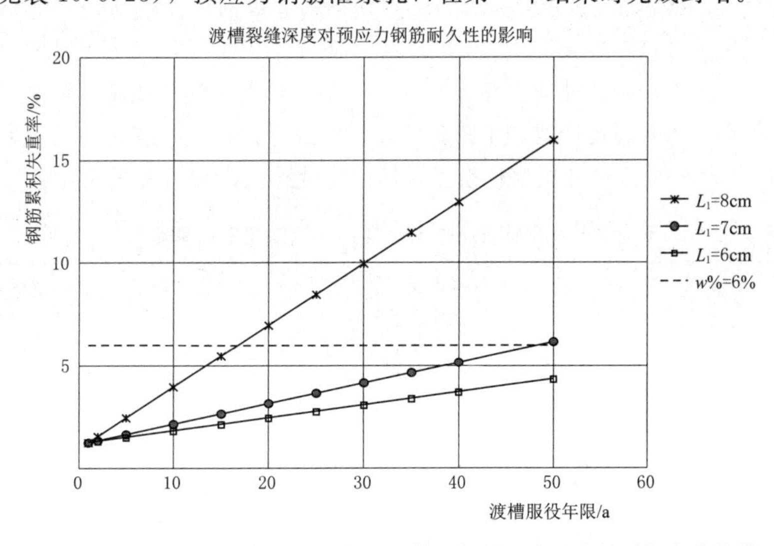

图 10.5.14　灌浆孔口封堵后预应力钢筋逐年累积失重率随时间变化曲线

从图中可以看出，当槽身内空鼓深度达到 8cm 时，预应力钢筋的锈蚀发展很快，15 年后其重量损失率即可达 6%以上。根据《水工混凝土结构耐久性评定规范》（SL 775—2018），此时渡槽结构很容易出现承载力下降、刚度下降等一系列问题。因此，对于深度达到 8cm 以上的空鼓应尽快加以修补。

10.5.4.3 槽身空鼓及裂缝对普通钢筋锈蚀的影响分析

如图 10.5.15 所示，槽身竖向裂缝穿过了墙体内纵向普通钢筋，同时平行于渡槽水流方向的空鼓存在导致槽身墙体内平行于水流方向的纵向钢筋和竖向普通钢筋的保护层厚度减小，易于受到环境中水分、CO_2、O_2 等物质的侵蚀作用，从而产生锈蚀。

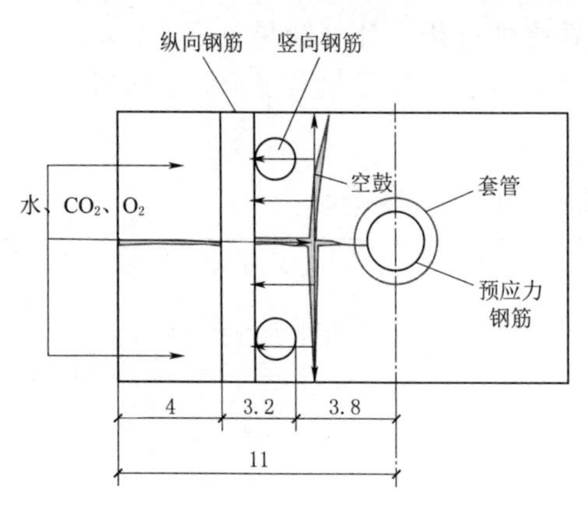

图 10.5.15 环境中水分等物质对槽身普通钢筋的腐蚀作用示意图（单位：cm）

根据《水工混凝土结构耐久性评定规范》（SL 775—2018），分析空鼓及裂缝对普通钢筋锈蚀的影响。

对于室外环境，混凝土保护层未开裂时，其内部钢筋的年平均锈蚀速率 λ_0 可按式（10.4.5）进行计算；而当混凝土保护层开裂后，其内部钢筋的年平均锈蚀速率 λ_1 可按式（10.4.9）进行计算。对于槽身竖墙结构，混凝土保护层开裂时的临界锈蚀深度 δ_{cr} 可按式（10.4.4）计算。

由于环境中的水分、CO_2、O_2 等物质易于通过竖向裂缝和空鼓扩散至渡槽内部，而空鼓及裂缝与钢筋之间距离往往小于渡槽结构原有保护层厚度（图 10.5.15），所以应用式（10.4.4）、式（10.4.5）及式（10.4.9）时，混凝土保护层厚度应理解为空鼓及裂缝到普通钢筋表面的距离 L_x。

这里对根据 L_x 的不同，分别计算了纵向普通钢筋和竖向普通钢筋的环境物质侵蚀作用下的锈蚀发展速率，计算结果见表 10.5.26、表 10.5.27。可以看到，随着 L_x 的减小，纵向普通钢筋和竖向普通钢筋的锈蚀速率显著增大，其中竖向钢筋的锈蚀速率较快，而且其临界锈蚀深度小，因而，当其锈蚀产物产生膨胀时，将导致保护层发生劈裂。计算表明，当空鼓距离结构表面 7～8cm 时，10 年内竖向普通钢筋的锈蚀膨胀将会引发新的裂缝。

表 10.5.26 不同空鼓位置情况下纵向普通钢筋锈蚀速率计算结果

空鼓到结构表面距离 L_x/cm	纵向钢筋实际保护层厚度 c /cm	混凝土保护层开裂前锈蚀速率 λ_0 /(mm/a)	混凝土保护层开裂前锈蚀速率 λ_1 /(mm/a)	混凝土保护层开裂临界锈蚀深度 δ_{cr} /(mm/a)
7.2	1.6	0.008	0.015	0.101
8.2	2.6	0.005	0.014	0.117
9.2	3.6	0.004	0.013	0.138
10.2	4	0.004	0.013	0.148

表 10.5.27　不同空鼓位置情况下竖向普通钢筋锈蚀速率计算结果

空鼓到结构表面距离 L_x/cm	纵向钢筋实际保护层厚度 c /cm	混凝土保护层开裂前锈蚀速率 λ_0 /(mm/a)	混凝土保护层开裂前锈蚀速率 λ_1 /(mm/a)	混凝土保护层开裂临界锈蚀深度 δ_{cr} /(mm/a)
7.7	0.5	0.016	0.030	0.088
8.2	1.0	0.010	0.019	0.093
9.2	2.0	0.004	0.015	0.107
10.2	3.0	0.004	0.014	0.126

由于槽身为墙体结构，由于纵向配筋一般较为密集，钢筋间距较小，因而锈胀裂缝通常表现为沿着多根纵向钢筋轴心的连续扩展（图 10.5.16）。因此，当纵向钢筋产生锈胀裂缝时，将会导致新的裂缝出现，进一步削弱槽身的竖墙整体性。

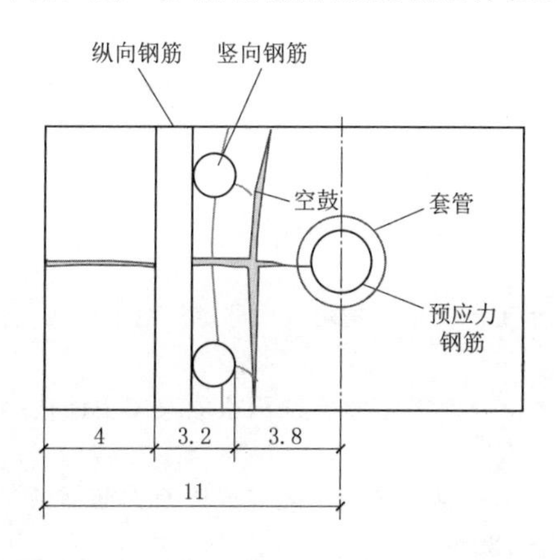

图 10.5.16　普通钢筋的锈胀裂缝示意图

参　考　文　献

[1] 黄春华，袁明道，刘敏，等. 渡槽安全鉴定若干问题的思考 [J]. 广东水利水电，2014 (5)：11-13.

[2] 王梦雅，夏富洲. 基于可拓理论的渡槽结构老化评价 [J]. 武汉大学学报（工学版），2014 (2)：211-216，254.

[3] 黄锦林，李兆恒，罗日洪，等. 渡槽安全综合评价方法研究 [J]. 广东水利水电，2018(12)：52-57.

[4] 广东省质量技术监督局. 渡槽安全鉴定规程：DB44/T 2041—2017 [S]. 北京：中国水利水电出版社，2017.

[5] 中国水利学会. 渡槽安全评价导则：T/CHES 22—2018 [S]. 北京：中国水利水电出版社，2018.

[6] 张劲泉. 我国公路桥梁承载能力检测技术的现状与发展 [J]. 公路交通科技，2006 (23)：15-17.

[7] 张西强，陈慧，齐杰慧. 新规范下公路混凝土梁桥承载能力评定方法 [J]. 重庆交通大学学报（自然科学版），2013 (2)：194-197.

[8] 张新志. 钢筋混凝土旧桥承载能力评估方法研究 [J]. 公路，2013 (1)：274-277.

[9] 李松辉，王松根. 在役桥梁承载能力检算系数的可靠性校准 [J]. 北京工业大学学报，2011 (4)：515-521.

［10］ 中华人民共和国交通运输部. 公路桥梁承载能力检测评定规程：JTG/T J21—2011 ［S］. 北京：人民交通出版社，2011.
［11］ 夏富洲，钱丽云，张军. 大型渡槽结构安全性及评价指标体系的研究 ［J］. 中国农村水利水电，2011 (8)：121 - 123.
［12］ 赵国藩. 高等钢筋混凝土结构学 ［M］. 北京：中国电力出版社，1999.
［13］ 中华人民共和国水利部. 水工混凝土结构设计规范：SL 191—2008 ［S］. 北京：中国水利水电出版社，2008.
［14］ 侯建国，安旭文. 结构可靠度理论在水工结构设计标准中的应用 ［J］. 长江科学院院报，2019，36 (8)：1 - 9.
［15］ 中华人民共和国住房和城乡建设部，中华人民共和国国家质量监督检验检疫总局. 水工建筑物抗震设计标准：GB 51247—2018 ［S］. 北京：中国计划出版社，2018.
［16］ 楼梦麟，潘旦光，任志刚，等. 渡槽结构的抗震安全性分析 ［J］. 水利水电技术，2006，37 (5)：33 - 37.
［17］ 牛荻涛. 混凝土结构耐久性与寿命预测 ［M］. 北京：科学出版社，2003.
［18］ 叶列平. 土木工程科学前沿 ［M］. 北京：清华大学出版社，2006.
［19］ 中华人民共和国住房和城乡建设部，国家市场监督管理总局. 既有混凝土结构耐久性评定标准：GB/T 51355—2019 ［S］. 北京：中国建筑工业出版社，2019.
［20］ 中国工程建设标准化协会. 混凝土结构耐久性评定标准：CECS 220：2007 ［S］. 北京：中国建筑工业出版社，2007.
［21］ 中华人民共和国水利部. 水工混凝土结构耐久性评定规范：SL 775—2018 ［S］. 北京：中国水利水电出版社，2018.
［22］ 中国水利水电科学研究院. ××渡槽混凝土缺陷检测及安全评估 ［R］. 北京：中国水利水电科学研究院，2012.12.
［23］ 黄涛，张国新，李江，等. 寒冷地区某渡槽裂缝成因及钢筋锈蚀对耐久性影响 ［J］. 水利水电技术，2019，50 (12)：120 - 129.
［24］ 刘西拉，苗澍柯. 混凝土结构中的钢筋腐蚀及其耐久性计算 ［J］. 土木工程学报，1990，23 (4)：69 - 78.
［25］ 李田，刘西拉. 混凝土结构耐久性分析与设计 ［M］. 北京：科学出版社，1999.